Dokumente zur Geschichte der Mathematik
Band 8

Dokumente zur Geschichte der Mathematik

Im Auftrag der
Deutschen Mathematiker-Vereinigung
herausgegeben von Winfried Scharlau

Band 1
Richard Dedekind
Vorlesung über Differential- und Integralrechnung

Band 2
Rudolf Lipschitz
Briefwechsel mit
Cantor, Dedekind, Helmholtz, Kronecker, Weierstraß

Band 3
Erich Hecke
Analysis und Zahlentheorie

Band 4
Karl Weierstraß
Einleitung in die Theorie
der analytischen Funktionen

Band 5
Mathematische Institute in Deutschland
1800–1945

Band 6
Ein Jahrhundert Mathematik
1890–1990
Festschrift zum Jubiläum der DMV

Band 7
Felix Klein
Vorlesungen über die moderne Entwicklung
des mathematischen Unterrichts

Band 8
C.G.J. Jacobi
Vorlesungen über analytische Mechanik

Dokumente zur Geschichte der Mathematik
Band 8

Carl Gustav J. Jacobi

Vorlesungen über analytische Mechanik

Berlin 1847/48

Nach einer Mitschrift von
Wilhelm Scheibner

herausgegeben von
Helmut Pulte

Deutsche Mathematiker-Vereinigung

Dr. *Helmut Pulte*
Ruhr-Universität Bochum
Fakultät für Philosophie, Pädagogik und Publizistik
Institut für Philosophie
Universitätsstraße 150
44801 Bochum

ISBN-13: 978-3-322-80290-3   e-ISBN-13: 978-3-322-80289-7
DOI: 10.1007/ 978-3-322-80289-7

Vorwort

„Als mir Joachimsthal erzählte, daß Sie Mechanik lesen, wäre ich am liebsten zu Ihnen gekommen, um bei Ihnen zu hören. Ihre Vorträge hierüber von 1837 sind mir von unendlichem Nutzen, wie alles, was ich von Ihnen gelernt", schrieb 1847 der Königsberger Mathematiker Friedrich Julius Richelot seinem Lehrer C.G.J. Jacobi. Richelots Worte beziehen sich auf die *Vorlesungen über analytische Mechanik*, die Jacobi gerade in Berlin anbot. Fast eineinhalb Jahrhunderte nach ihrer Entstehung, wird mit diesem Band Jacobis letzte Mechanikvorlesung aus dem Wintersemester 1847/48 auf der Grundlage einer Mitschrift Wilhelm Scheibners erstmals veröffentlicht.

Jacobi hat die Grundlagenentwicklung der Analytischen Mechanik im 19. Jahrhundert maßgeblich mitgeprägt - zweifellos stärker als jeder andere deutsche Mathematiker. Neben W.R. Hamilton war er es, der der klassischen Mechanik ihre im wesentlichen endgültige mathematische Gestalt gab. Die „Hamilton-Jacobi-Theorie" gilt als kanonischer Abschluß der „alten" Mechanik, ist aber nicht veraltet: „Niemals sind die formalen Werkzeuge der analytischen Mechanik stärker benutzt worden als in der Zeit, in der die klassische Struktur durch die Intervention der Quanten erschüttert wurde" (R. Dugas). Eine Ausgabe wie die vorliegende, so scheint es also, bedürfe keiner eigenen Rechtfertigung, die historische Statur eines Jacobi und die andauernde Bedeutung seines Werkes seien Rechtfertigung genug.

Andererseits hat Alfred Clebsch bereits 1866 die Königsberger *Vorlesungen über Dynamik* aus dem Wintersemester 1842/43 der Öffentlichkeit zugänglich gemacht, die Jacobis Beitrag zur Analytischen Mechanik ebenfalls eindrucksvoll dokumentieren. Wozu dann der Aufwand einer weiteren, „vergleichbaren" Ausgabe? Lernt hier der historisch interessierte Mathematiker oder Physiker noch etwas Neues über den „altbekannten" Jacobi? Kann der Wissenschaftshistoriker oder historisch orientierte Wissenschaftstheoretiker einem so gründlich erforschten Gebiet wie der klassischen Mechanik durch eine weitere Quellenedition überhaupt noch neue Gesichtspunkte abgewinnen?
Dies ist tatsächlich der Fall, und zwar aus einem einfachen Grund: Jacobis Anschauungen zu den Grundlagen der Mechanik haben sich mit der Zeit entwickelt. Die *Vorlesungen über analytische Mechanik*, abgeschlossen knapp drei Jahre vor seinem Tod, sind nicht nur das späteste, sondern nach Inhalt wie Umfang auch das reichhaltigste Dokument dieser Anschauungen. Insbesondere seine Reflexionen über die Prinzipien der Mechanik und deren Begründung sind ohne Parallele in der älteren *Dynamik*. Carl Neumann, dessen

Leipziger Antrittsvorlesung *Ueber die Principien der Galilei-Newton'schen* selber einen „Wendepunkt" in der Grundlagendiskussion der (*heute* so genannten) „Newtonschen" Mechanik markierte, lernte die *Analytische Mechanik* bereits 1869 kennen und sah in ihr eine „Kritik der Fundamente der Mechanik, wie sie in solcher Schärfe bis zum heutigen Tag noch niemals zur öffentlichen Aussprache gelangt sein dürfte". Bernhard Riemann war der wohl bekannteste Mathematiker, der die *Analytische Mechanik* in Berlin bei Jacobi hörte, und seine Auffassungen über eine „Neue mathematische Naturphilosophie" blieben hiervon nicht unbeeinflußt.

Es sind jedoch nicht nur Grundlagenfragen der Mechanik, die Jacobis *Analytische Mechanik* zu einer lohnenden wissenschaftshistorischen Lektüre machen, sondern auch seine Ausführungen zur Theorie der gewöhnlichen und partiellen Differentialgleichungen, zur Variationsrechnung, zur Determinantentheorie und zu anderen Bereichen der Mathematik. Desweiteren findet man in ihr eine Reihe historischer Exkurse, die aufzeigen, in welche Traditionslinie Jacobi sein eigenes Werk stellt und welcher Wissenschaftsauffassung er dabei folgt. Die ausgedehnte Kritik an Lagrange etwa ist dem gängigen Geschichtsbild, wonach Jacobis Werk in der direkten Tradition der *Méchanique Analitique* steht, geradezu entgegengesetzt. Nicht zuletzt sei hier auch auf diverse Stellungnahmen zum zeitgenössischen Wissenschaftsbetrieb und dessen Vertreter hingewiesen, die die soziale und kulturelle Einbettung der deutschen Mathematik in einer ihrer fruchtbarsten Perioden beleuchten, aber auch manches über eine Wissenschaftlerpersönlichkeit verraten, an der sich die „Geister" der Zeit schieden.

Clebsch ging es seinerzeit mit der Veröffentlichung der *Dynamik* legitimerweise vor allem darum, ein umfassendes, mathematisch „auf der Höhe der Zeit" befindliches Lehrbuch der Analytischen Mechanik bereitzustellen; demgegenüber mußte die getreue Wiedergabe der Vorlage notwendigerweise in den Hintergrund treten. Tatsächlich wurde denn auch Jacobis *Dynamik* für die deutsche Wissenschaft zu dem ersten eigenständigen, d.h. nicht nur die französischen „Klassiker" paraphrasierenden, sondern innovativen Standardwerk der Analytischen Mechanik. Bei der vorliegenden Edition geht es dagegen in erster Linie darum, das umfassendste erhaltene historische Dokument zu Jacobis Sicht der Mechanik möglichst authentisch wiederzugeben und für den Leser aufzubereiten.

Bei dem Versuch, diese Zielsetzung einzulösen, erhielt ich von verschiedenen Seiten wertvolle Unterstützung. Zunächst danke ich recht herzlich Herrn Dipl.-Math. Harald Wenk (Bochum), der als Wissenschaftliche Hilfskraft die Editionsarbeiten von Beginn an begleitete, für seine ebenso engagierte wie kompetente Mithilfe und die jederzeit erfreuliche Kooperation - ganz besonders für die von ihm besorgte schwierige technische Einrichtung des Manuskripts mit seinem umfangreichen Formelapparat. Wenn es gelungen sein sollte, die *Analytische Mechanik* in „gute Form" zu bringen, ist dies allein sein Verdienst. Für Hinweise zu einzelnen Kommentierungsproblemen bin ich den Herren PD Dr. Heinrich Freistühler (Aachen), Prof. Dr. Lutz Geldsetzer (Düsseldorf), Prof. Dr. B. Effe, Prof. Dr. Gert König und Prof. Dr. Burkhardt Moijsisch (alle drei Bochum), Dr. Herbert Pieper (Berlin) sowie Dr. Rüdiger Thiele (Leipzig) zu Dank verpflichtet; verbleibende Ungenauigkeiten oder Fehler gehen allein auf das Konto des Herausgebers. Die Fakultät für Mathematik der Ruhr-Universität Bochum erteilte die freundliche Genehmigung zur Veröffentlichung der Vorlesungsnachschrift Wilhelm Scheibners. Die Deutsche Forschungsgemeinschaft förderte diese Veröffentlichung über mehr als ein Jahr und die Fakultät für Philosophie, Pädagogik und Publizistik der Ruhr-Universität unterstützte den Abschluß der Ausgabe durch eine Sachbeihilfe. Diesen Institutionen gilt ebenso mein Dank wie dem Vieweg-Verlag und der Deutschen Mathematiker-Vereinigung, besonders Herrn Prof. Dr. Winfried Scharlau (Münster), für die Bereitschaft, diesen Band in die Reihe *Dokumente zur Geschichte der Mathematik* aufzunehmen, wie auch für die geleisteten Hilfestellungen vor der Drucklegung. Schließlich danke ich ganz herzlich Herrn Prof. Dr. Gert König für vielfachen Rat und manche Tat, nicht zuletzt für den „Brückenschlag" in den vergangenen Monaten.

Bochum und Cambridge, im Dezember 1995   Helmut Pulte

Geleitwort

Jacobi war zusammen mit seinem Freund und Kollegen Dirichlet der bedeutendste deutsche Mathematiker der Generation zwischen Gauß und Riemann. Dem heutigen Mathematiker begegnet sein Name in vielfältigen Zusammenhängen, von den Jacobischen Varietäten und dem Jacobischen Umkehrsatz in der Theorie der Riemannschen Flächen und dem Jacobi-Symbol in der Zahlentheorie über die Jacobi-Identität bei den Liealgebren und die in der Riemannschen Geometrie zu einem unentbehrlichen Hilfsmittel gewordenen Jacobifelder bis zur Hamilton-Jacobi-Theorie und den Jacobischen Sätzen zur Integration der Bewegungsgleichungen der Mechanik. Die vorliegenden *Vorlesungen über analytische Mechanik* stellen hierbei vielleicht sein wichtigstes wissenschaftliches Vermächtnis dar; sie sind nicht nur von mathematischem, sondern auch von physikalischem, naturphilosophischem, wissenschaftsgeschichtlichem und historischem Interesse. Um dies zu erläutern, mag es mir erlaubt sein, das Leben Jacobis und die Begleitumstände der Entstehung dieser Vorlesungen wie auch der vorliegenden Edition kurz zusammenzufassen, wobei sich in der nachfolgenden Einleitung Helmut Pulte selbstverständlich wesentlich präzisere Angaben finden.

Jacques Simon Jacobi wird 1804 als Sohn eines jüdischen Bankiers in Potsdam geboren, studiert in Berlin, wobei er u.a. Vorlesungen bei Hegel und dem Altphilologen Böckh hört und sich die zeitgenössische Mathematik autodidaktisch erarbeitet, und läßt sich zu Beginn des Studiums taufen, wobei er den Vornamen Carl Gustav Jacob annimmt. Schon 1824 habilitiert er sich, und 1826 geht er nach Königsberg, wo er bald zum Professor befördert wird, und mit dem Physiker Franz Neumann das mathematisch-physikalische Seminar gründet, ein seinerzeit wichtiger Beitrag zur Universitätsreform. 1844 kehrt er nach Berlin an die Akademie der Wissenschaften zurück. Er beteiligte sich auf republikanischer Seite an der Märzrevolution und bekommt nach deren Niederschlagung einige Schwierigkeiten, die allerdings durch das Eingreifen Alexander von Humboldts gemildert werden können. 1851 stirb er 46jährig an den Blattern.

Jacobi war eine ganz andere Persönlichkeit als der verschlossene Gauß und der wohl etwas in sich gekehrte Riemann. Man bewunderte seine intellektuelle Brillianz, beklagte sich aber auch über seine Arroganz. Kritik konnte er mit großer Schärfe formulieren. Er stand mitten im geistigen Leben seiner Zeit, wie beispielsweise seine intensiven Königsberger Kontakte mit Neumann und dem Astronomen Bessel, sein umfangreicher Briefwechsel mit seinem älteren Bruder Moritz Heinrich, der ein bekannter Experimentalphysiker mit wichtigen Beiträgen zum Elektromagnetismus (insbesondere mit der Entdeckung der Galvanoplastik) und Professor in St. Petersburg war und Jacobi über die dortigen physikalischen und astronomischen Entdeckungen unterrichtete, sein Disput mit Fourier und anderen französischen Mathematikern über die Rolle der Mathematik, sein Wettstreit mit Abel bei der Entwicklung der Theorie der elliptischen Integrale, der Abel und Jacobi beide zu Höchstleistungen antrieb und nur durch den - von Jacobi tief bedauerten - frühen Tod von Abel abgebrochen wurde, seine Aufgeschlossenheit gegenüber der Helmholtzschen Konzeption der Erhaltung der Energie (seinerzeit „lebendige Kraft" genannt), seine Beratung Alexander von Humboldts in wissenschaftsgeschichtlichen Fragen, seine Reisen nach Manchester und Paris wie auch seine Teilnahme an der Märzrevolution belegen. Diese intellektuellen Kontakte findet der Leser in der Einleitung durch Helmut Pulte ausführlich erläutert.

Das zweite Viertel des 19. Jahrhunderts, in welchem Jacobi wirkte, war eine eigentümliche Mischung aus Aufbruch und Stagnation. Der Enthusiasmus der Romantik und der französischen Revolution verflog, aber er hatte im Jahre 1812 auch in Preußen zur Emanzipation der Juden geführt. Trotzdem war es nicht selbstverständlich, daß ein getaufter Jude, der sich als „Republikaner" politisch betätigte, sein Leben als Professor in Berlin beschließen konnte, wie das Schicksal von Jacobis Zeitgenossen Heinrich Heine vor Augen führt, der als Emigrant in Paris starb (Allerdings war Jacobi abgesehen von seiner Teilnahme an der Revolution weitgehend unpolitisch.). In Preußen zeigten die angesichts der offenkundigen Unterlegenheit gegenüber der napoleonischen Aggression von Stein und Hardenberg initiierten Reformen ihre Wirkung, und vor allem war es die Zeit der Entfaltung der Humboldtschen Universitätsreform, die zu einem rapiden Aufstieg der Wissenschaften an den Universitäten führte. Auch unter der Herrschaft des eher gutmütigen Friedrich Wilhelm IV. wurde das politische Klima geprägt von der Metternichschen Restauration, die Europa eine lange Periode des Friedens sicherte, allerdings um den Preis der Unterdrückung aller liberalen und nationalen Bestrebungen in Deutschland, welche sich dann 1848 vergeblich Bahn zu brechen versuchten. Jacobis *Vorlesungen über analytischen Mechanik* endeten übrigens - etwas unvermittelt - einen Tag vor Ausbruch der Berliner Märzrevolution. Die letzten Vorlesungen enthalten auch ironische Anspielungen auf die politische Lage. Überhaupt finden sich in den Vorlesungen auch manche Bemerkungen, die die Zeitumstände beleuchten oder aus denen Jacobis Persönlichkeit hervorscheint, von humorvollen Kommentaren über die Mühe des Mathematikers bis zu der makabren Bemerkung „Meine Herren, MacCullagh hat sich den Hals abgeschnitten" am Ende einer der Vorlesungen (MacCullagh war ein Widersacher seines Freundes Neumann gewesen.). Alles dies wird durch die authentische Mitschrift Wilhelm Scheibners wiedergegeben, welche die Grundlage der vorliegenden Ausgabe bildet. Wilhelm Scheibner, ein Schüler Jacobis, war später Professor in Leipzig, wo er sich sehr um die Förderung der Mathematik verdient machte. Nach Scheibners Tod ging die Mitschrift in den Besitz Carl Neumanns über, des Sohnes von Franz Neumann, und konnte nach einigen weiteren Besitzerwechseln schließlich aufgrund einer Initiative von Alfons Skirde im Rahmen eines Bibliotheksankaufs für die Bibliothek der Fakultät für Mathematik der Ruhr-Universität Bochum erworben werden. Eine frühere Vorlesung von Jacobi zu diesem Thema war von Clebsch nach Jacobis Tod zu Lehrbuchzwecken überarbeitet und veröffentlicht worden. Die vorliegende Vorlesung ist jedoch inhaltsreicher und wissenschaftsgeschichtlich interessanter als die von Clebsch herausgegebene.

Inhaltlich faßt die Vorlesung die wissenschaftlichen Ergebnisse und Gedanken Jacobis zur Mechanik, Variationsrechnung und Differentialgleichungstheorie zusammen. An manchen Stellen wirken die Ausführungen Jacobis auf den heutigen Leser etwas umständlich, was unter anderem daran liegt, daß Jacobi sich nicht des Skalarprodukts der *Linealen Ausdehnungslehre* (also der Linearen Algebra) Herbert Grassmanns bedient, welche zwar schon 1844, also vor den Vorlesungen Jacobis, herausgekommen war, aber erst mit beträchtlicher Verspätung von den Mathematikern rezipiert wurde. Grassmann, wie Jacobi ein gutes Beispiel für die damals enge Verbindung zwischen Mathematik und Philologie, wandte sich übrigens aus Enttäuschung über die mangelnde Aufnahme und fehlende Anerkennung seiner Theorie später der Sanskritstudien zu, bei welchen er in dieser Hinsicht erfolgreicher wurde. Abgesehen von diesem Mangel ist aber das meiste in der Vorlesung für den heutigen Mathematiker klar und verständlich. Die vorgestellten und behandelten astronomischen Probleme sowie die wissenschaftsgeschichtlichen Exkurse, beispielsweise zum berühmten Streit über das Prinzip der kleinsten Wirkung, sind in natürlicher Weise in den Zusammenhang der Vorlesungen einbezogen. Auf alle Fälle handelt es sich um einen klassischen Text zur Variationsrechnung, wie kurz ausgeführt werden soll. Dem damaligen Zuhörer und dem heutigen Leser wird die Rolle der später nach Jacobi benannten Funktionaldeterminante bei der Auflösung von Gleichungen demonstriert, die Bedeutung der Lagrangeschen Multiplikatoren und die Herleitung der Euler-Lagrange-Gleichungen der Variationsrechnung vorgeführt, er lernt die Jacobische Theorie der konjugierten Punkte kennen, welche zur Beantwortung der Frage, ob es sich bei einem Extremum eines Funktionals um ein Minimum handelt, wichtig ist, erhält einen kurzen Ausblick auf Jacobis

Theorie der geodätischen Linien auf einem Ellipsoid, sieht einige allgemeine Sätze und Methoden zur Integration der Bewegungsgleichungen der Mechanik und andere Variationsprobleme, wobei u.a. die Poisson-Klammern eingeführt und die Jacobi-Identität formuliert wird, und vor allen Dingen die sog. Hamilton-Jacobi-Theorie mit den kanonischen Differentialgleichungen, und der hierzu gleichwertigen Hamilton-Jacobi-Gleichung, einer partiellen Differentialgleichung erster Ordnung. Diese Gleichung war zuerst von Hamilton aufgestellt worden, aber erst Jacobi hatte ihre volle Bedeutung erkannt, weswegen sie den Namen „Hamilton-Jacobi-Gleichung" sicherlich zu Recht trägt. Im Rahmen dieser Theorie behandelt Jacobi auch Störungsprobleme, wie sie insbesondere in der Astronomie bei der Untersuchung der Planetenbahnen auftreten. (Poincaré entwickelte später einen globalen Ansatz zur Behandlung der Stabilität des Sonnensystem, welcher dann in die Theorie von Kolmogorov, Arnold und Moser mündete.) Während die berühmten Jacobischen Sätze über elliptische und hyperelliptische Integrale später in der umfassenderen Theorie der Riemannschen Flächen aufgegangen sind, ist die Hamilton-Jacobi-Theorie bis heute eine in sich geschlossene Theorie mit vielfältiger Ausstrahlung geblieben. Sie inspirierte Untersuchungen von Weierstraß, Mayer, Kneser, Hilbert u.a. zur Variationsrechnung und die Caratheodorysche geometrische Optik, wie auch die Liesche Theorie der Berührungstransformationen. Die Pontryaginsche Kontrolltheorie kann als eine Verallgemeinerung der Hamilton-Jacobi-Theorie angesehen werden, wobei sogar zu beachten ist, daß auch Jacobi selbst schon die Bedeutung von Zwangsbedingungen in der Form von Ungleichungen herausgestellt hat. Aus der Hamilton-Jacobi-Theorie ist die symplektische Geometrie hervorgegangen, die heutzutage gerade wieder einen enormen Aufschwung erlebt. Vor allen Dingen aber ist die Hamilton-Jacobi-Theorie die heute noch gültige mathematische Antwort auf die Probleme der klassischen Mechanik. In diesem Sinne handelt es sich um eine Theorie der angewandten Mathematik, und dies bedeutet für Jacobi, daß auch die Frage der Rechtfertigung dieser Theorie keine nur innermathematische Antwort erlaubt. Wie Helmut Pulte in seiner Einleitung und seinen begleitenden Publikationen herausstellt, ist Jacobis Antwort wissenschaftsgeschichtlich neu und bedeutsam, auch wenn sie nicht die ihr gebührende Rezeption gefunden hat. Lange vor Poincaré erkennt er die Axiome der Mechanik als Konventionen, welche nicht mehr mathematisch bewiesen, sondern sich nur empirisch bewähren können. Von dem Versuch Kants, die Axiome der newtonschen Mechanik als synthetische Urteile a priori zu erweisen, ist nicht mehr die Rede, ebensowenig von Hegels Primat der Philosophie. Die Schwächen der Ansichten von Lagrange werden schonungslos offengelegt. Jacobis Erkenntnis des Hypothesencharakters des Trägheitsgesetzes führen später zu Carl Neumanns Kritik an Newtons

Konzeption des absoluten Raumes, vor und unabhängig von Ernst Mach. Vielleicht kann die vorliegende Ausgabe daher auch zu einer Neubewertung der wissenschaftsgeschichtlichen Rolle Jacobis führen. Jedenfalls wünsche ich dieser von Helmut Pulte sorgfältig edierten und gründlich kommentierten Ausgabe der Jacobischen Vorlesungen über analytische Mechanik eine interessierte Leserschaft und eine weite Verbreitung.

Bochum, den 30.12.95   Jürgen Jost

Inhaltsverzeichnis

C. Der Übergang zur Dynamik und deren Prinzipien

D. Allgemeine dynamische Gesetze oder Integrale der Bewegung

E. Prinzip der kleinsten Wirkung und Hamilton Prinzip

F. Lagrangesche und Hamiltonsche Form der Dynamik

G. Hamilton-Jacobi-Theorie

H. Störungstheorie

Einleitung

1. C.G.J. Jacobi und die mathematische Physik

„Zu Jacobis wichtigsten Untersuchungen gehören diejenigen über die analytische Mechanik"[1], bemerkt J.P.G. Lejeune Dirichlet in einer Gedächtnisrede auf seinen Kollegen und Freund vor der Berliner Akademie am 1. Juli 1852. Daß sich Jacobi dieses Zweiges der mathematischen Physik annahm, ihn in seiner späteren Laufbahn sogar zu einem seiner Hauptarbeitsgebiete machte, ist keineswegs selbstverständlich, wenn man seine frühe intellektuelle Entwicklung und Mathematikauffassung betrachtet. Die folgende Skizze seines Lebensweges soll daher *auch* seinen Einstellungswandel zur mathematischen Physik beleuchten[2].

Jacques Simon Jacobi wird am 10. Dezember 1804 als Sohn eines Bankiers in Potsdam geboren[3]. Er wächst in materiell gesicherten Verhältnissen und geistig anregendem Umfeld auf. Im November 1816 tritt er in das Potsdamer Viktoria-Gymnasium ein, das später auch Hermann von Helmholtz besuchen wird[4]. Sein Interesse gilt schon früh der Mathematik, aber auch der Philologie und der Geschichte. Bereits als Schüler „entdeckt" er sein mathematisches Vorbild L. Euler und arbeitet dessen *Introductio in analysin infinitorum* durch. Im Abiturzeugnis vom April 1821 wird ihm bescheinigt, daß er „von Gott mit seltenen Anlagen des Geistes beglückt" worden sei; sein Rektor wagt noch die weitergehende Vorhersage: „... in jedem Falle wird er sich einst merkwürdig machen"[5].

Jacobi immatrikuliert sich noch im gleichen Monat an der Universität Berlin. Im ersten Semester tritt er vom jüdischen zum christlichen Glauben

---

[1] Dirichlet 1852; s. Jacobi *Werke* I, 20.

[2] Unter dem Begriff „mathematische Physik" werden hier mathematische Aussagen und Theorien verstanden, deren Aufstellung und Entwicklung im weitesten Sinne physikalische Naturbeschreibung (mit) intendieren. Anders formuliert: Faßt man Mathematik als ein formales System von Zeichen und Regeln (Sprache) auf, so geht es mathematischer Physik nicht (nur) darum, über dieses Zeichensystem selber zu „sprechen", sondern (auch) um „äußerlich überprüfbare" Referenz. Diese Kennzeichnung impliziert Zeit- und Kontextabhängigkeit: Ein Satz aus der Gruppentheorie wird in der Regel nicht als ein Element mathematischer Physik gelten, kann aber (z.B. im Kontext der Kristallographie) zu einem solchen werden.

[3] Die umfassendste Jacobi-Biographie ist immer noch Koenigsberger 1904a, daneben sei verwiesen auf Dirichlet 1852, Ahrens 1904 und 1907a, Cantor 1905, Scriba 1973 und Pieper 1982.

[4] S. Kusch 1896.

[5] Zit. nach Koenigsberger 1904a, 4 bzw. 5.

über und nimmt den Vornamen „Carl Gustav Jacob" an[6]. In den beiden ersten Studienjahren widmet er sich nicht allein der Mathematik, sondern studiert u.a. bei G.W. Hegel Philosophie und bei A. Böckh Altphilologie. Die Vertreter der Berliner Mathematik wie J.P. Grüson, E.H. Dirksen, L. Ideler und M. Ohm in dieser Zeit sind - nicht nur nach Jacobis eigenem, oft recht scharfem Urteil - „höchst mittelmäßige Kräfte"[7]. Als Lehrer scheinen sie zudem wenig daran interessiert zu sein, einen Studenten zu fördern, der sich seiner *eigenen* Fähigkeiten (und mangelnder Fähigkeiten anderer) sehr wohl bewußt ist[8].

Die stärkste Anerkennung findet Jacobi daher zunächst nicht bei den Mathematikern, sondern bei dem berühmten Altphilologen Böckh. Der hat an ihm, so schreibt Jacobi später an seine Frau, nur eines auszusetzen: „... daß ich aus Potsdam sei, da sei noch nie ein berühmter Mann hergekommen"[9]. Trotz seiner altphilologischen und historischen Neigungen und Fähigkeiten entscheidet sich Jacobi schließlich ganz für die Mathematik: „Der ungeheure Koloß, den die Arbeiten eines Euler, Lagrange, Laplace hervorgerufen haben, erfordert die ungeheuerste Kraft und Anstrengung des Nachdenkens, wenn man in seine innere Natur eindringen will, und nicht bloß äußerlich daran herumkramen"[10]. Im wesentlichen autodidaktisch, eignet er sich im Verlauf seines Studiums diesen „Koloß" an. Gerade zwanzig Jahre alt, meldet er sich im Sommer 1824 zum Oberlehrerexamen und erhält neben der Fakultas für Mathematik auch die für die Fächer Latein und Griechisch sowie eine (eingeschränkte) Lehrbefähigung für Geschichte. Bereits im folgenden Jahr legt er nach Einreichung einer Probeschrift mit dem Titel *Meditationes analyticae* die Doktorprüfung vor der philosophischen Fakultät ab; der Prüfungskommission gehören unter anderen auch Dirksen und Hegel an. In der Prüfung vom 13. August 1825 zeigt sich bereits Jacobis Interesse für die Analytische Mechanik[11]. Vor allem aber bringt er bei dieser Gelegenheit

---

[6]Im Briefwechsel mit seinem Bruder Moritz Heinrich, einer der wichtigsten edierten Quellen zur Jacobi-Forschung, bleibt die Anrede „Jacques" bis zu Jacobis Tod bestehen (Ahrens 1907b). F. Klein bemerkt zu Jacobi: „Bekanntlich hatte erst das Jahr 1812 die Emanzipation der Juden in Preußen gebracht. Jacobi ist der erste jüdische Mathematiker, der in Deutschland eine führende Stellung einnimmt" (Klein 1926/1927 I, 114) - allerdings um den Preis der Aufgabe seiner jüdischen Religionszugehörigkeit, wie man hier ergänzen sollte.

[7]Biermann 1973, 19.

[8]Zur Berliner Mathematik in dieser Zeit s. Lorey 1916 und Biermann 1973; vgl. auch S. 24, Anm. 53.

[9]Zit. nach Koenigsberger 1904a, 253.

[10]Brief Jacobis an seinen „Onkel Lehmann"(ebd., 8).

[11]Die fünfte und letzte der von Jacobi verteidigten Thesen lautet: „Theoria Mechanices Analytica causam agnoscere nullam potest, quidni, sicuti differentialia prima velocitatis

erstmals seine Mathematikauffassung akzentuiert zum Ausdruck. Die dritte der von ihm verteidigten Thesen lautet: „Egregie asserit Novalis poeta: Der Begriff der Mathematik ist der Begriff der Wissenschaft überhaupt. Alle Wissenschaften müssen daher streben, Mathematik zu werden"[12]. Nach Jacobi leitet die Mathematik ihre Legitimation weder aus philosophischen Begründungszusammenhängen noch aus ihren praktischen Nutzanwendungen, noch aus anderen Zwecken ab. Sie ist Wissenschaft *per se* und in ihrer Autonomie ein Leitbild für andere Disziplinen[13]. Zeit seines Lebens wird er an diesem Ideal einer zweckfreien, der Anwendung wohl fähigen, aber keineswegs bedürftigen, *reinen Mathematik* auch dann festhalten, wenn er in seiner „praktischen" Forschung der mathematischen Physik einen wichtigen Platz einräumt.

Jacobi habilitiert sich unmittelbar nach seiner Promotion mit einer Probevorlesung über ein funktionentheoretisches Problem bei Lagrange; seine erste (und vorerst einzige) Vorlesung in Berlin im Wintersemester 1825/26 gilt dann der „Anwendung der höheren Analysis auf die Theorie der Oberflächen und Kurven doppelter Krümmung"[14].

Bereits im April 1826 wird Jacobi auf eigenen Wunsch von Berlin nach Königsberg versetzt, wo der frischgebackene Privatdozent bessere Aussichten auf eine feste Anstellung sieht. Tatsächlich wird er dort bereits Ende des folgenden Jahres zum "außerordentlichen" Professor ernannt. In der Zwischenzeit veröffentlicht er seine ersten Aufsätze im gerade gegründeten *Crelleschen Journal*, das auch später sein wichtigstes Publikationsorgan bleibt[15]. In den wenigen Jahren von 1826 bis 1832 steigt Jacobi vom kaum bekannten Privatdozenten zum wichtigsten deutschen Mathematiker neben C.F. Gauß auf: Seine ersten Arbeiten zur Theorie gewöhnlicher und (Pfaffscher) partieller

---

nomine, secunda virium insignimus, simile quid ad altiora quoque differentialia adhibeatur; de quibus theoremata proponi possint prorsus analoga iis, quae de vi et de velocitate circumferuntur" (Jacobi *Werke* III, 44). In Übersetzung: „Die Theorie der analytischen Mechanik kann keinen Grund anerkennen, warum nicht ebenso, wie wir die ersten Differentiale mit dem Namen Geschwindigkeit, die zweiten mit Kräften bezeichnen, etwas ähnliches auch auf höhere Differentiale angewendet werden sollte; darüber könnten ziemlich analoge Theoreme vorgelegt werden wie die, welche über Kraft und über Geschwindigkeiten in Umlauf sind." Vgl. hierzu auch S. 3f., insbes. Anm. 7.

[12] Jacobi *Werke* III, 44. Der Einleitungssatz läßt sich übersetzen als: „Vorzüglich der Dichter Novalis hat behauptet: ... ".

[13] Zum „neuhumanistischen" Hintergrund dieser Haltung s. näher Knobloch/Pieper/Pulte 1995.

[14] Eine Aufstellung aller Vorlesungen Jacobis gibt Kronecker 1891; s. Jacobi *Werke* VII, 409.

[15] Von 1826 (dem ersten Jahrgang des *Journals*) bis 1851 (Jacobis Todesjahr) erscheinen dort pro Jahr durchschnittlich drei Abhandlungen von ihm, wie auch der größte Teil seiner postum veröffentlichten Schriften; s. Jacobi *Werke* VII, 425-440.

Differentialgleichungen, wichtige Beiträge zur Zahlentheorie (einschließlich des Reziprozitätsgesetzes für kubische Reste), zur algebraischen Funktionentheorie (Entwicklungen nach Legendre-Funktionen), zur Differentialgeometrie (Hauptachsen-Transformationen), besonders aber seine Untersuchungen zu der im Wettstreit mit N.H. Abel entwickelten Theorie der elliptischen Funktionen, „Jacobis originellste Leistungen"[16], fallen in diese Periode.

Im März 1829 wird Jacobi zum „ordentlichen" Professor an der Königsberger Albertina ernannt, und im Juli 1832 wird der formelle Eintritt in die philosophische Fakultät vollzogen. Dieser Eintritt sieht eine Disputation vor, die Jacobi nach eigenen Worten „mit einer fulminanten lateinischen Rede, die mit großem Pathos das Wesen der reinen Mathematik verherrlichte", eröffnet[17]. Hatte er schon früher gegen J.-B. Fouriers „Meinung, das Hauptziel der Mathematik sei der Gemeinnutzen und die Erklärung der Naturphänomene" die später oft zitierte These vorgebracht, „daß das einzige Ziel der Wissenschaft die Ehre des menschlichen Geistes ist und daß bei diesem Anspruch eine Frage über Zahlen ebensoviel wert ist wie eine Frage über das Weltsystem"[18], so beklagt er in dieser Rede erneut die starke Anwendungsorientierung der französischen Mathematik, insbesondere „der Schule des berühmten Grafen de Laplace", wodurch „nicht nur die reine Mathematik, sondern auch deren Anwendungen selbst auf physikalische Fragestellungen nicht geringen Schaden" nähme[19]. Hinter dieser These steht hier, beim *frühen* Jacobi, ein handfester Platonismus: „... es gelten dieselben ewigen Gesetze des menschlichen Geistes, dieselben der Natur; das ist die Bedingung, ohne die die Welt nicht verstehbar wäre, ohne die es keine Erkenntnis der Gegenstände der Natur gäbe. ... Die der Natur eingepflanzten mathematischen Ideen hätten nicht wahrgenommen werden können, wenn nicht die Mathematik schon aus eigenem Antrieb des menschlichen Geistes gemäß den der Natur eingepflanzten Gesetzen errichtet worden wäre. ... In dem Maße, wie der menschliche Geist bei der Entfaltung der Kunst Fortschritte macht, in dem Maße entfaltet ihm die Natur auch die ihr eingepflanzte Mathematik"[20]. Eine von Naturphänomenen ausgehende und auf Naturbeschreibung und -erklärung ausgerichtete Mathematik im Sinne Fouriers sieht Jacobi nicht nur als *überflüssig* an, weil die Aufdeckung mathematischer Strukturen *per se* schon Aussagen über die Natur impliziert, insofern nämlich solche Aussagen immer auf intellektuell strukturierter Erfahrung basieren, sondern auch als *schädlich*, weil aus dem „Durcheinander und der Verwirrung der

---

[16]Klein 1926/1927 I, 109.

[17]Brief Jacobis an seinen Bruder Moritz Heinrich vom 9. Aug. 1832 (Ahrens 1907b, 13).

[18]Borchardt 1875, 273.

[19]Jacobi 1901, zit. nach der Übersetzung bei Knobloch/Pieper/Pulte 1995, 114.

[20]Ebd., 112f..

Phänomene"[21] keine wesentlichen, d.h. *mathematischen* Strukturen der Natur abgeleitet werden können.

Dabei kann sich Jacobi der mathematischen Physik, die ja im 18. und frühen 19. Jahrhundert gerade in Frankreich ihre größten Triumphe gefeiert hatte, auf die Dauer weder aus „äußeren" noch aus „inneren" Gründen entziehen:
In Königsberg arbeitet er in einer Fakultät mit dem mathematischen Physiker F.E. Neumann und dem Astronomen F.W. Bessel zusammen. Mit Neumann gründet er 1834 das Königsberger mathematisch-physikalische Seminar, das mit seiner Verknüpfung von Forschung und Lehre Vorbildcharakter für die mathematisch-naturwissenschaftliche Ausbildung in Deutschland bekommt und aus dem später eine Reihe der wichtigsten deutschen Mathematiker und Physiker hervorgehen. Neumann bezieht Jacobi auch in die mathematische Behandlung eigener theoretischer Probleme ein, und mit Bessel pflegte Jacobi bald einen intensiven Austausch, auch zu astronomischen Fragen[22]. Bis zum Jahre 1834 bleibt das so geweckte Interesse Jacobis für die empirischen Wissenschaften „passiv", er veröffentlicht keine Arbeit, die für die Astronomie oder mathematische Physik generell bedeutsam wäre[23]. Eine Wende markiert hier jedoch W.R. Hamiltons berühmter (erster) Essay *On a General Method in Dynamics.* Jacobi lernt diesen Aufsatz bald nach

---

[21] Ebd., 114; s. hierzu näher die Kommentierung der fraglichen Jacobi-Rede (ebd., 122-128).

[22] Moritz Heinrich Jacobi stellt schon bald nach der Ankunft seines Bruders in Königsberg fest, daß dieser beginnt, sich auch mit den empirischen Wissenschaften zu beschäftigen: „Astronomie und Physik, ad 1 im kleinen Bären, Pendelversuche!! Dreiecksnetze und Karten! ... Aber was wird Steiner, was Rötscher, was Hegel dazu sagen, wenn er hört, dass Du dem Werth beilegst, was das Resultat schlechter Wiederholung, beharrlicher Beobachtung ist" (Brief vom 5. Okt. 1826; Ahrens 1907b, 2f.). Jacobis enge Kontakte zu Bessel werden durch den (leider noch nicht edierten) Briefwechsel beider im Nachlaß Bessel (Ms. B15) dokumentiert. S. hierzu auch den folgenden Teil dieser Einleitung.

[23] Diesbezüglich sind bis dahin überhaupt nur die Abhandlungen Jacobi 1827f, 1834 und 1866g zu verzeichnen. Die kleine astronomische Untersuchung Jacobi 1827f geht (nach Koenigsberger 1904a, 50) unmittelbar auf eine Anregung Bessels zurück. Koenigsberger datiert die postum veröffentlichte astronomische Übung Jacobi 1866f auf das Jahr 1834. Es handelt sich dabei um eine Aufzeichnung, die Jacobi „wahrscheinlich im Anschluß an eine im Seminar gestellte Aufgabe" angefertigt hatte (ebd., 155) und die offenbar nicht zur Publikation bestimmt war.
Eine Sonderstellung nimmt allerdings Jacobi 1834 ein: Eine Abhandlung von J. Ivory, die im gleichen Band der *Philosophical Transactions* erscheint wie Hamiltons erster Essay (Ivory 1834), beflügelt seinen „Geist des Widerspruchs". Er schreibt: „In demselben Band hat Ivory bewiesen, wie er sagt, daß ein Ellipsoid mit 3 ungleichen Axen nicht im Gleichgewicht sein kann. Es wird ihn also das Gegenteil interessieren" (Brief an Bessel; zit. ebd., 150). Zu „seiner und gewiss aller Mathematiker grossen Überraschung" (Dirichlet 1852, 19) weist Jacobi hier in der Tat erstmals die Stabilität des *dreiachsigen* Ellipsoids nach.

seiner Veröffentlichung[24] kennen, und es ist zunächst offenbar die „innere"
Motivation des „reinen" Mathematikers, die durch diese Untersuchung ge-
weckt wird: Der von Hamilton aufgedeckte Zusammenhang zwischen Variationsrechnung und der Theorie der partiellen Differentialgleichungen wird
nunmehr zu einem zentralen *Thema* in Jacobis Forschung, und ab 1836
veröffentlicht er eine Reihe von Arbeiten, die diesen theoretischen Zusammenhang, dann aber auch seine *Anwendung* auf astronomische Probleme
zum Gegenstand haben[25]. Jacobis Aufnahme, Kritik und Weiterentwicklung
des Hamiltonschen Ansatzes, d.h. seine Ausarbeitung der Hamilton-Jacobi-
Theorie in ihrer heute bekannten Form, ist in dem Aufsatz *Über die Reduc-*
tion der Integration der partiellen Differentialgleichungen erster Ordnung
zwischen irgend einer Zahl Variabeln auf die Integration eines einzigen Sy-
stems gewöhnlicher Differentialgleichungen zusammengefaßt, den er Anfang
Dezember 1836 für *Crelles Journal* fertigstellt[26].

Jacobi orientiert seine Lehrveranstaltungen gewöhnlich eng an seinen
jeweiligen Forschungen und führt so seine Studenten an die „vorderste Linie" der zeitgenössischen Mathematik heran[27]. So ist es kein Zufall, daß er
bereits im folgenden Wintersemester seine erste Vorlesung über analytische
Mechanik unter dem bezeichnenden Titel *Vorlesungen über die Transforma-*
tion und Integration der Grundgleichungen der Dynamik hält[28]. Nach deren
Beendigung schreibt er seinem Freund F.W. Bessel: „Ich habe mich, wie
Sie wissen, mit den Grundgleichungen der Dynamik beschäftigt ... . Ich bin

---

[24] Nach Koenigsberger (1904a, 150) bereits im Januar *1834*. Er bezieht sich dabei auf
einen Brief Jacobis an Bessel aus dem gleichen Monat (s. Anm. 23). Tatsächlich trägt
Jacobis Brief dieses Datum (Nachlaß Bessel, Ms. B 15, Nr. 35). Es ist aber zu vermuten,
daß es sich hier um einen Schreibfehler Jacobis handelt, und daß der Brief tatsächlich
aus der ersten Januarhälfte 1835 stammt: Hamiltons Essay wird erst am 1. April 1834
der *Royal Society* eingereicht und in der Sitzung vom 10. April gelesen (Hamilton 1834a,
247). Andere Beiträge des gleichen Bandes der *Philosophical Transactions*, darunter der
(von Jacobi im gleichen Brief erwähnte) Beitrag Ivorys, werden erst im Mai und Juni 1834
gelesen. Der Band dürfte kaum vor Spätsommer 1834 veröffentlicht worden sein; Jacobi
stellt seine Erwiderung auf Ivory Mitte Oktober 1834 fertig (ebd., 158f.). Auf Jacobis
mutmaßlichen Schreibfehler geht wohl auch eine (andere) Fehldatierung Koenigsbergers
zurück: Er berichtet nämlich, daß Bessel „am 20. Januar 1834, wahrscheinlich durch Jacobi
auf die Hamiltonschen Arbeiten hingewiesen", den Astronomen W. Olbers über den Inhalt
dieser Arbeiten informiert (ebd., 166). Tatsächlich trägt der Brief an Olbers, der sich nur
auf Hamiltons ersten Essay bezieht, das Datum 20. Jan. 1835 (Ermann 1852, 390f.).

[25] S. die im Literaturverzeichnis aufgeführten Titel, beginnend mit Jacobi 1836b.

[26] Jacobi 1837b; aufschlußreich hierzu ist auch Jacobis „Rechenschaftsbericht" über seine
Untersuchungen zur Analytischen Mechanik im Brief an seinem Bruder vom 20. Dez. 1836
(Ahrens 1907b, 34).

[27] S. hierzu näher Lorey 1916, 61f..

[28] Eine Nachschrift dieser Vorlesung von J.G. Rosenhain nebst Abschrift befindet sich
im Jacobi-Nachlaß (Gr.III, Ms. 8a bzw. 8b).

hierbei auf folgendes fabelhafte Theorem gekommen ...: ‚Wenn in einem Problem der Mechanik der Satz von der lebendigen Kraft gilt, und man kennt irgend zwei Integrale außerdem, so kann man daraus immer nach einer festen Regel durch bloßes Differentiiren ein drittes ableiten, z.B. aus den beiden Flächensätzen den dritten ...‘."[29] Dieses „Jacobi-Poissonsche Theorem" über die Erzeugung von Integralen der Bewegung ist das vielleicht wichtigste unter den für die Theorie der Mechanik verwertbaren Ergebnissen seiner Untersuchungen. Es wird von Jacobi als *Neues Theorem der analytischen Mechanik* bekannt gemacht und weiterentwickelt[30].

In den folgenden sechs „Königsberger" Jahren veröffentlicht Jacobi immer wieder zu Fragen der Analytischen Mechanik. Ab Mitte 1842 entwickelt er sein „Prinzip des letzten Multiplikators" als Verallgemeinerung des Eulerschen integrierenden Faktors und dehnt hierdurch die Hamiltonschen kanonischen Gleichungen auf mechanische Systeme aus, für die keine Kräftefunktion existiert. Als „nouveau principe générale de la Mécanique analytique" wendet er dieses Prinzip auf eine Reihe mechanischer Probleme, u.a. das Dreikörper-Problem, an[31]. Seine große Abhandlung *Theoria novi multiplicatoris*, in zwei Teilen 1844 und 1845 in *Crelles Journal* veröffentlicht[32], faßt seine diesbezüglichen Untersuchungen im wesentlichen abschließend zusammen.

Bereits zuvor macht Jacobi seine Studenten mit der „neuen Theorie" bekannt: Im Wintersemester 1842/43 liest er zum zweiten Mal in Königsberg über Mechanik unter dem Titel *Vorlesungen über Dynamik*, dabei geht er ausführlich auf den „letzten" oder „Jacobischen" Multiplikator ein[33]. Jacobis Schüler C.W. Borchardt verfaßt eine Mitschrift der *Dynamik*[34], die als Vorlage für die 1866 erfolgte Veröffentlichung durch A. Clebsch dient[35]. Die

---

[29] Brief an F.W. Bessel vom 28. Feb. 1838; zit. nach Koenigsberger 1904a, 242.

[30] S. Jacobi 1838b und 1840b.

[31] S. hierzu Jacobi 1842b und die daran anschließenden Arbeiten.

[32] Jacobi 1844a und 1845b.

[33] S. Jacobi *Werke* Suppl.bd., Vorlesungen X - XVIII.

[34] Nachlaß Jacobi (III, Ms. B 40). Im Deckel des Ms. ist vermerkt, es handle sich um eine in Jacobis *Werken* (VII, 412) nicht verzeichnete Nachschrift. Zweifellos handelt es sich um eine Nachschrift der *Dynamik* von 1842/43. Ein Handschriftenvergleich macht die Urheberschaft Borchardts sehr wahrscheinlich; zudem trägt das Ms. Spuren der Bearbeitung, die vermutlich von A. Clebsch herrühren.

[35] Jacobi 1866a, in 2. Aufl. (mit geringen Änderungen) wiedergegeben als Supplementband der *Werke* Jacobis. Hier ist nicht der Ort, im einzelnen zu diskutieren, ob es zutrifft, daß Borchardts Nachschrift von Clebsch nur „mit geringfügigen Abänderungen" veröffentlicht wurde (s. Koenigsberger 1904a, 296), oder ob bereits früh angemeldete Zweifel daran berechtigt sind, daß die *Dynamik* in manchen Fragen tatsächlich Jacobis eigene Ansichten wiedergibt (s. etwa Dühring 1873, Streintz 1883). Clebsch selber hat in einem Brief an Borchardt mit Bezug auf dessen Vorlesungsheft angekündigt, daß „Aenderungen, welche

Dynamik bricht mit der siebenunddreißigsten Vorlesung ab, weil Jacobi Anfang des Jahres 1843 schwer erkrankt[36].

Im Jahr darauf wird er nach einem längeren Genesungsaufenthalt in Italien auf eigenen Wunsch von der Universität Königsberg an die Berliner Akademie versetzt - „in wohlwollender Berücksichtigung der leidenden Gesundheit des Professor Dr. Jacobi ..., damit er daselbst ganz der Wissenschaft leben und an den Vorlesungen der Universität nur in soweit Theil nehmen möge, als er dies selbst mit seinen körperlichen Kräften und seinen wissenschaftlichen Beschäftigungen für verträglich hält"[37].

In Berlin widmet er sich neben der Fertigstellung seiner *Theoria novis multiplicatoris* und ihrer Anwendung auf die Mechanik zunächst vorwiegend der Störungstheorie[38], dann auch wieder der Zahlentheorie und Funktionentheorie. Seine Veröffentlichungen in den folgenden fünf Jahren von 1846 bis 1851 decken nicht nur alle Bereiche der Mathematik ab, sondern schließen, wie unten näher ausgeführt wird, auch ihre Geschichte ein. Besonders aber kann man bei Jacobi in dieser „zweiten" Berliner Zeit mit seinem Biographen

---

mir in demselben als nothwendig vorschweben, jedenfalls geringfügig und von rein aeusserlicher Natur" seien. Er führt dann näher aus, welche (stillschweigenden) Änderungen er vorzunehmen gedenkt. Dabei geht es ihm v.a. um folgendes: (1) die Verbesserung von „Incorrectheiten die offenbar durch eine während des Vortrags eingetretene Modification des Planes hervorgerufen sind"; (2) „kleine, eher nur beiläufig gesprochene Benennungen" werden ggf. ausgelassen; (3) die Notwendigkeit, „Uebergänge hie und da etwas flüssiger zu machen. Dies betrifft namentlich die Einleitung, welche sich etwas abrupt liest. Aber auch später sind wohl einzelne etwas in dieser Art auszuführende Stellen"; (5) „Ueber den Schluss behalte ich mir Weiteres vor" (vgl. Anm. 36); (6) Borchardts Einteilung nach Vorlesungen werde „fast überall ... beizubehalten sein" (Brief von A. Clebsch an C.W. Borchardt vom 17. Dez. 1862; NSUB Göttingen). Bis zur Drucklegung vergingen jedoch vier weitere Jahre, und ein Vergleich der Ausgabe mit Borchardts Vorlesungsheft zeigt, daß Clebsch weitere Änderungen (u.a. in Form von Umgruppierungen und Auslassungen) vorgenommen hat.

[36] „Jacobi ist seit mehreren Wochen unpäßlich", schreibt F.W. Bessel bereits am 14. Feb. 1843 an C.F. Gauß (Koenigsberger 1904a, 305f.). Bei der Erkrankung, die sich bis zum Mai d.J. hinzieht, handelt es sich um den Ausbruch von Diabetes, die Jacobis Arbeitsfähigkeit in seinen letzten acht Lebensjahren erheblich einschränkt. Es ist davon auszugehen, daß Jacobi ein rundes Dutzend seiner Vorlesungen zur *Dynamik* nicht halten konnte. Clebsch hat daher seiner Ausgabe eine nachgelassene Schrift Jacobis über die Integration nicht linearer partieller Differentialgleichungen erster Ordnung beigegeben, um „im Sinne *Jacobis* die Lücke zu ergänzen, welche am Schlusse seiner Vorlesungen über Dynamik geblieben war" (Jacobi *Werke* Suppl.bd, 291-299, insbes. 291).

[37] Kabinettsorder des Königs vom 20. Aug. 1844; zit. nach Koenigsberger 1904a, 325. Neben gesundheitlichen Gründen dürfte auch die akademische „Randlage" Königsbergs ein wichtiger Grund für Jacobis Entscheidung gewesen sein; s. etwa den Brief an seinen Bruder Moritz Heinrich vom 25. Nov. 1844 (Ahrens 1907b, 111f.).

[38] S. die Arbeiten im Literaturverzeichnis ab Jacobi 1845a.

L. Koenigsberger ein „immer mehr wachsendes Interesse für die Entwicklungen der mathematischen Physik"[39] konstatieren. Von seiner früheren Geringschätzung aller Mathematik, die auf Naturbeschreibung und -erklärung abzielt, ist hier keine Spur mehr zu finden. Hatte er umgekehrt früher an Lagranges *Méchanique Analitique* besonders die „rein" analytische Darstellung der Theorie der dynamischen Differentialgleichungen geschätzt, so bemerkt er jetzt kritisch: „Die Natur wird da jedesmal vollständig aus den Augen gerückt, und es tritt an die Stelle der Constitution der Körper ... lediglich die bestimmte Bedingungsgleichung".[40] Die im Wintersemester 1847/48 gehaltenen *Vorlesungen über analytische Mechanik*, Jacobis dritte und letzte seiner Lehrveranstaltungen zur Mechanik, fallen in diese Phase[41].

Die *Analytische Mechanik* endet am 17. März 1848, also buchstäblich am „Vorabend" der Berliner Märzrevolution. Jacobi schaltet sich in die politischen Auseinandersetzungen mit mehreren öffentlichen Reden im „Constitutionellen Club" zugunsten der antimonarchistischen, „republikanischen" Seite ein[42]. Als Folge dieses kurzlebigen politischen Engagements ist er, der für eine neunköpfige Familie Sorge zu tragen hat, in der folgenden Zeit der politischen Reaktion erheblichen finanziellen Repressalien von Seiten der Regierung ausgesetzt. Sein Antrag auf Ernennung zum ordentlichen Professor an der Universität Berlin wird, ebenfalls aus politischen Gründen, abgelehnt. Im Frühjahr 1850 nimmt er daher einen Ruf nach Wien an, und nur die Intervention A. von Humboldts bei der Regierung verhindert seinen Weggang[43]. Doch die Wiederherstellung gesicherter Lebens- und Arbeitsmöglichkeiten erlaubt Jacobi nicht, jene „vielen seiner größeren Arbeiten", die in dem Vierteljahrhundert seines wissenschaftlichen Schaffens unvollendet blieben, fertigzustellen, damit sie „noch erfolgreich in den Gang der Wissenschaften eingreifen"[44] können: Er erkrankt Ende des Jahres und nach kurzer Erholung stirbt er, gerade 46 Jahre alt, am 18. Februar 1851 an den Blattern.

In den folgenden Jahren veröffentlichen C.W. Borchardt, E. Heine, E. Lotter und andere Schüler Jacobis eine Reihe von Manuskripten aus dessen Nachlaß. A. Clebsch, der zwar der „Königsberger Schule" zuzurechnen, aber

---

[39]Koenigsberger 1904b, 427; s. auch Teil 2 dieser Einleitung.

[40]S. Vorlesung XXXI (S. 193).

[41]S. die Teile 2 und 3 dieser Einleitung.

[42]„... schon Cicero schreibt den Untergang des römischen Staates daher, dass sich die anständigen Leute zurückzögen und andern das Feld überliessen" (Brief an M.H. Jacobi vom 16.-22. Juni 1848; Ahrens 1907b, 190). Zu Jacobis politischer Tätigkeit s. Ahrens 1907a und Biermann 1973, 52f..

[43]S. Pieper 1982, 27.

[44]Diese Worte Jacobis berichtet Dirichlet vom letzten Besuch bei seinem Freund und Kollegen vier Tage vor dessen Tod (Dirichlet 1852; Jacobi *Werke* I, 28).

kein „direkter" Jacobi-Schüler ist, publiziert 1866 mit der *Dynamik* verschiedene größere Arbeiten Jacobis zur Analytischen Mechanik, Störungstheorie und der Theorie der partiellen Differentialgleichungen. Jacobis *Werke*, die auf Veranlassung der Berliner Akademie im Zeitraum 1881 bis 1891 von K. Weierstraß, C.W. Borchardt und E. Lotter herausgegeben werden, verzeichnen mehr als 150 Veröffentlichungen, von denen ein gutes Viertel der Analytischen Mechanik und Astronomie zugerechnet werden kann: Der „reine" Mathematiker Jacobi wurde von der wissenschaftlichen Praxis seiner Zeit, die zu einem guten Teil eben auch mathematische Physik war, „eingeholt". Weder seine breiten mathematischen Interessen, noch seine wissenschaftlichen Kontakte innerhalb der *scientific community* waren auf die Dauer mit jener *Selbstbeschränkung*, die eine konsequente Verfolgung des Ideals einer „reinen" Mathematik bedeutet hätte, und die Jacobi zunächst ja auch weitestgehend praktizierte, kompatibel.

Als A. Cayley einige Jahre nach Jacobis Tod für die *British Association of the Advancement of Science* über die Fortschritte der theoretischen Mechanik in den fast 70 Jahren seit dem Erscheinen der *Méchanique Analitique* (1788) berichtet, stehen weder die großen französischen Analytiker noch W.R. Hamilton im Mittelpunkt seiner Darstellung. Cayleys Schlußresümee lautet vielmehr:[45]

> I remark in conclusion, that differential equations of dynamics (including in the expression, as I have done throughout the report, the generalized Lagrangian and Hamiltonian forms) are only one of the classes of differential equations which have occupied the attention of geometers. The greater part of what has been done with respect to the genereal theory of a system of differential equations is due to Jacobi, and he has also considererd in particular, besides the differential equations of dynamics, the Pfaffian system of differential equations ... and the so-called isoperimetric system of differential equations, that is, the system arising from any problem in the calculus of variations.

2. Vorgeschichte, Nachschriften und Inhalt der *Vorlesungen über analytische Mechanik*

Als Mitglied der Akademie ist Jacobi zwar berechtigt, nicht aber verpflichtet, an der Universität Berlin Vorlesungen zu halten. Im Wintersemester 1846/47 und im folgenden Sommersemester verzichtet er aus Gesundheitsgründen auf

---

[45]Cayley 1857, 40.

Lehrveranstaltungen[46]. Zum Wintersemester 1847/48 ist im Verzeichnis seiner Vorlesungen vermerkt: „Jacobi hat keine Vorlesung angekündigt, aber, nach den Akten der Quästur, eine solche über analytische Mechanik ... gehalten"[47]. Daß er sich überhaupt zu einer Lehrveranstaltung entschließt[48], erklärt sich durch seine positive gesundheitliche Entwicklung[49] im Spätsommer 1847; daß er als Gegenstand die *Analytische Mechanik* wählt, wird aus seinen Forschungsinteressen in dieser Zeit verständlich:
Bereits Ende 1846 schreibt Jacobi an A. von Humboldt, daß er in der „Publication mächtiger Arbeiten" unterbrochen werde, „welche eine seit 10 Jahren versprochene Reform der analytischen Mechanik betreffen"[50]. Anders als bei seinen früheren Vorlesungen zur Mechanik, ist er jetzt aber nicht mit neuen Arbeiten zur Integration der dynamischen Differentialgleichungen beschäftigt, sondern es geht ihm offenbar, anknüpfend an frühere Pläne[51], um eine umfassende Gesamtdarstellung seiner bisherigen Untersuchungen, vermutlich in Form eines Lehrwerkes[52].

Dieses Projekt hat Jacobi bekanntlich nicht zum Abschluß gebracht. Es ist aber davon auszugehen, daß zumindest ein Teil seiner diesbezüglichen Anstrengungen in die *Vorlesungen über analytische Mechanik* eingeflossen sind. Daher scheint es angebracht, den Kontext ihrer Entstehung etwas näher zu beleuchten. Es kann hier von einer *Physikalisierung* und einer *Historisierung* bei Jacobi gesprochen werden[53].

Mit dem Stichwort *Physikalisierung* ist Jacobis wachsendes Interesse an naturwissenschaftlichen Phänomenen und deren mathematischer Beschreibung gemeint. Besonders der Briefwechsel mit seinem Bruder, dem Experi-

---

[46]S. Kronecker 1891 (Jacobi *Werke* VII, 411); vgl. auch Koenigsberger 1904a, 395 und 399.

[47]Kronecker 1891 (Jacobi *Werke* VII, 411).

[48]Seinem Bruder schreibt er fünf Tage vor Beginn der Vorlesung: „Ich beabsichtige diesen Winter zu lesen, nachdem ich zwei Semester pausirt" (Brief an M.H. Jacobi vom 20. Oktober 1847; Ahrens 1907b, 161). S. hierzu auch B. Riemanns Brief an seinen Vater vom 29. Nov. 1847 (Teil 4, Zitat 156).

[49]S. Koenigsberger 1904a, 428

[50]Brief an A. von Humboldt vom 21. Dez. 1846 (Pieper 1987, 99); vgl. hierzu auch unten, Anm. 68.

[51]Bereits 1841 schreibt Jacobi: „Ich habe es jetzt aufgegeben, ein grösseres mechanisches Werk unter dem Titel Phoronomie zu schreiben, denn ich habe nicht gehörig langen Athem dazu, Zwanzig [sic!] Abhandlungen wer weiss wie viele Jahre noch zurückzuhalten bis noch zwanzig andre dazu geschrieben [sic!]. Ich werde in irgend einer Form alles was ich fertig habe in einzelnen Abhandlungen vom Stapel laufen lassen ... " (Brief an M.H. Jacobi vom 9. Jan. 1841; Ahrens 1907b, 76f.; vgl. auch 64 und 69f.). Zum Begriff „Phoronomie" s. näher S. 23, Anm. 46.

[52]Vgl. hierzu auch unten, Anm. 68.

[53]Vgl. hierzu auch Pulte 1994, 502-505.

mentalphysiker Moritz Heinrich Jacobi, belegt Jacobis zunehmende Bereitschaft zur Beschäftigung mit physikalischen Fragen[54]. Auch ist auffällig, daß er in seiner „zweiten" Berliner Zeit nicht nur die alten „Königsberger" Kontakte zu mathematischen Physikern und Astronomen pflegt, sondern diese ausweitet und intensiviert. Einige Beispiele sollen Jacobis zunehmendes Interesse an der Physik illustrieren:

Mit F.E. Neumann und W. Weber diskutiert er 1845 und 1846 Fragen der Elektrodynamik. „Ich bin jetzt sehr mit der mathematischen Theorie der Induction beschäftigt, indem Neumann eine Abhandlung darüber vom höchsten Werth in der Akademie drucken lässt, die ich corrigire und dabei Formeln und Construktion umarbeiten muss ... "[55], schreibt er Anfang 1846. Für Neumanns Schüler G.R. Kirchhoff, der im gleichen Jahr von Königsberg nach Berlin kommt und gerade durch eine Arbeit zur Induktion Aufmerksamkeit erregte, interessiert sich Jacobi „in hohem Grade" und hätte „ihn am liebsten in seine Nähe gezogen"[56].

Ein anderes Beispiel betrifft die „Theorie der Centralsonne" des Dorpater Astronomen J.H. von Mädler, die 1846 in wissenschaftlichen Kreisen für beträchtliches Aufsehen sorgte. Mädler glaubt, aus Beobachtungen zu verschiedenen Zeitpunkten eine Eigenbewegung der Fixsterne auf einen gemeinsamen Punkt, eine sog. „Centralsonne" im Bereich der Plejaden, ableiten zu können. *Mathematisch* ist seine Theorie von völlig untergeordnetem Interesse; Jacobi schaltet sich dennoch in die Diskussion um die „Centralsonne" ein und wird zu einem der härtesten Kritikern Mädlers. Dessen „sogenannte Entdeckung" will er nicht als „unschuldigen Scherz" durchgehen lassen, weil sie auf einer methodisch unzulässigen Auswertung einer „ungeheuren Menge von Beobachtungen" beruht[57].

Schließlich sei hier auf den Vortrag *Ueber die Erhaltung der Kraft* verwiesen, den Hermann von Helmholtz am 23. Juli 1847, also knapp drei Monate vor Beginn der *Vorlesungen über analytische Mechanik*, in der Berliner Physikalischen Gesellschaft hält. Der Vortrag, heute als einer der „Klassiker" der theoretischen Physik des 19. Jahrhunderts bekannt, stieß bei den Berliner „physikalischen Autoritäten" auf Ablehnung. Wie Helmholtz selber berichtet, war Jacobi der einzige, der seine Argumentation positiv aufnahm und ihn gegen Angriffe verteidigte[58]. Wiederum ist Jacobis Interesse hier nicht allein

---

[54]S. diesen Briefwechsel im Zeitraum 1844 bis 1848 (Ahrens 1907b, 109-162).

[55]Brief an M.H. Jacobi vom 24. Jan. 1846 (Ahrens 1907b, 132); hierzu näher Pulte 1994, 504.

[56]Koenigsberger 1904a, 365; hierzu auch Jungnickel/McCormmach 1986 I, 153f..

[57]S. seine diesbezüglichen Ausführungen in Vorlesung XXI (S. 123f.) und den dortigen Kommentar zur Vorgeschichte.

[58]Helmholtz 1966, 23; vgl. auch S. 105, Anm. 166.

das des Mathematikers[59]. Er ist *auch* überzeugt, daß es sich bei Helmholtz'
Energieerhaltungssatz um ein physikalisches Gesetz von großer naturphiloso-
phischer Tragweite handelt: Unter den „allgemeinen dynamischen Gesetzen"
ist es ihm „das mächtigste und wichtigste aller Principien ... welches die
ganze Natur beherrscht"[60].

Die Physikalisierung des Denkens Jacobis in seiner „zweiten" Berliner Zeit wird von einer nicht weniger auffälligen *Historisierung* begleitet:
Zwar interessiert er sich bereits früh für die Geschichte seines Faches, wie
besonders einige Nachschriften seiner Königsberger Vorlesungen belegen[61].
Ab Mitte der vierziger Jahre beläßt es Jacobi jedoch nicht mehr bei solch
eher „informellen"[62] historischen Exkursen: Während seines Italienaufent-
haltes stellt er im April 1844 in der Bibliothek des Vatikans Quellenstudien
zu Diophant an; über zahlentheoretische Probleme in den dort aufgefunde-
nen Manuskripten berichtet er der Akademie kurz vor Beginn seiner letzten
Mechanikvorlesung[63]. Seine weiteren Quellenstudien in diesen Jahren beziehen sich u.a. auf C. Ptolemäus[64] und G.W. Leibniz[65]. Im Januar 1846 hält er
in der Berliner „Singakademie" einen vielbeachteten Vortrag *Über Descartes'*
Leben und seine Methode, die Vernunft richtig zu leiten und die Wahrheit
in den Wissenschaften zu suchen[66].
Daß Jacobi seine historischen Forschungen intensiviert und auch auf die
Mechanik ausdehnt, geht auf A. von Humboldt zurück: Humboldt, mit der
Ausarbeitung seines *Kosmos* beschäftigt, bittet im Herbst 1846 Jacobi um
die Beantwortung einer Reihe von Fragen zur Geschichte der griechischen
Mathematik[67]. Jacobi forscht daraufhin einige Monate intensiv über die Geo-

---

[59]Vgl. Teil 3 dieser Einleitung, Anm. 130.

[60]S. Vorlesung XVIII (S. 104).

[61]In dieser Hinsicht sind besonders seine *Vorlesungen über die Theorie der Zahlen* vom
Wintersemester 1836/37 und über *Variationsrechnung* vom Wintersemester 1837/38 interessant. Beide Nachschriften wurden von dem Jacobi-Schüler J.G. Rosenhain (1816-1887)
angefertigt (Nachlaß Jacobi; III, Ms. A6 bzw. Ms. A5). Eine Auflistung der „historischen
Aktivitäten Jacobis" gibt Pieper 1987, 30f. , Anm. 130.

[62]Eine „frühe" Ausnahme stellt hier Jacobis im Mai 1835 gehaltener Vortrag über die
Pariser École Polytechnique dar, der postum veröffentlicht wurde (Jacobi 1891c).

[63]Nämlich im August 1847; s. hierzu Jacobi 1847 (vgl. auch Koenigsberger 1904a, 319
und 413f.). Jacobi versuchte später, eine Diophant-Ausgabe zu initiieren, die jedoch nicht
realisiert wurde (ebd., 464).

[64]Jacobi 1849b und 1850c; s. hierzu auch Koenigsberger 1904a, 466 und 469.

[65]Jacobi 1850d; zu Jacobis Archivrecherchen bezüglich Leibniz s. auch Vorlesung XXIX
(S. 177f.) und Koenigsberger 1904a, 495f..

[66]Jacobi 1846b; zur Rezeption s. Koenigsberger 1904a, 358.

[67]Offenbar erstmals in einem (verschollenen) Brief vom September oder Oktober 1846.
S. hierzu und zu der folgenden Korrespondenz der beiden Gelehrten Pieper 1987, insbes.
73f..

metrie, Algebra, Astronomie und die Mechanik der Antike, wobei der „Ocean von Untersuchungen"[68], in den er durch diese Anfrage gestürzt wird, sich offenbar auch auf die jüngere Wissenschaftsentwicklung erstreckt. Im April 1847 schreibt er an Humboldt: „Was meine eignen Arbeiten über analytische Mechanik betrifft, so macht mir eine historische Einleitung, die ich vorsehen will, eine unglaubliche Mühe"[69].

Jacobis wissenschaftshistorische Untersuchungen in dieser Zeit sind für die *Vorlesungen über analytische* Mechanik in zweifacher Hinsicht wichtig: Zum einen manifestieren sie sich in einer Reihe historischer Exkurse und Notizen, die die Vorlesung enthält; hier ist besonders auf den ersten Teil zu verweisen[70]. Von Interesse sind aber auch Jacobis spätere Ausführungen zur Geschichte des Prinzips der kleinsten Wirkung[71], denn diese dürften inhaltlich im wesentlichen identisch sein mit einem Vortrag, den er am 15. Juli 1847 in der Berliner Akademie hält und der weder veröffentlicht noch als Manuskript erhalten ist[72].

Jacobis historische Ausführungen sind in Detailfragen gelegentlich ungenau und korrekturbedürftig, aber fast immer von einem eigenständigen, pointiert formulierten Urteil geleitet. Sie zeichnen ein Bild von der Entwicklung der Mathematik, das - dem Wissenschaftsgeschichtsverständnis der Zeit gemäß - durch kumulativen, von wenigen großen „Geistesheroen" herbeigeführten Fortschritt geprägt ist. An den Arbeiten seines mathematischen Vorbildes L. Euler schätzt er besonders die Wahl geeigneter konkreter Beispiele, durch die allgemeine mathematische Methoden nicht nur *illustriert*, sondern auch *exhauriert* werden[73]. Das „große Verdienst Lagranges" sieht er

---

[68] Am 31. Dez. 1846 schreibt er seinem Bruder Moritz Heinrich in Petersburg: „Endlich war ich dazu gekommen ein grosses Mémoire über analytische Mechanik zu schreiben ... . Eben als ich die letzte Hand daran legen wollte, erging an mich von Humboldt eine Reihe Fragen über griechische Mathematik. Nun ist bei mir das Unglück, dass mich alles gleich in einen Ocean von Untersuchungen stürzt, so dass ich ohne H's Fragen zu beantworten, doch 2 Monate nur unter diesen Studien verbrachte" (Ahrens 1907b, 143). Jacobi sendet Humboldt im Oktober oder November ein längeres Manuskript und im Dezember nochmals „Aphorismen" zur Geschichte der griechischen Mathematik (Pieper 1987, 74); Auszüge hiervon sind wiedergegeben bei Koenigsberger 1904a, 386-395.

[69] Brief an A. von Humboldt vom 7. April 1847 (Pieper 1987, 120).

[70] S. insbes. die Vorlesungen I, II und IV - VI.

[71] S. hierzu die Vorlesungen XXVI - XXIX (S. 159-182).

[72] Mit dem Titel: *Über die Geschichte des Prinzips der kleinsten Aktion* . S. hierzu Königsberger 1904a, 303; auch S. 159, Anm. 238.

[73] „... denn darin besteht der Vorzug der eulerschen Arbeiten, daß er sie durch particuläre Beispiele illustrirt, die möglichst alle Fälle, die vorkommen können, umfassen. Die Beispiele bei Euler haben nicht allein den Zweck, das Verständnis der allgemeinen Methode zu erläutern, sondern auch zu erschöpfen für den jedesmaligen Standpunkt, welche die Wissenschaft einnimmt ... " (Vorlesung XXXVIII, S. 232). Jacobis Verehrung für Euler

in der Entwicklung eines formalen Kalküls der Analytischen Mechanik mit deutlich *denkökonomischer* Funktion[74], wodurch er „der Analysis den Vortheil erhalten hat, den die Geometrie gewährt, wo man durch Linien Ausdrücke darstellt, die durch Formeln sehr complicirt auszudrücken wären"[75]. Bedeutsamer mathematischer Fortschritt wird nach Jacobi aber nicht allein durch neue mathematische Begriffe und Kalküle erzielt, sondern auch durch neue *Auslegungen* vorhandener Sätze. Hierin sieht er ein Verdienst seiner eigenen Untersuchungen zur Mechanik[76]. In Jacobis Bewunderung für W.R. Hamiltons „schöne Entdeckung" des Zusammenhangs zwischen Variationsrechnung und der Theorie der Differentialgleichungen, konkret für die Zurückführung der dynamischen Differentialgleichungen holonomer Systeme auf die Hamiltonsche partielle Differentialgleichung, mischt sich Kritik an der unvollkommenen Ausführung dieses Gedankens[77].

Die zweite Folge der oben als *Historisierung* skizzierten Entwicklung Jacobis ist grundsätzlicherer Art: Zusammen mit der als *Physikalisierung* bezeichneten Entwicklung führt sie ihn dazu, die Anwendbarkeit der Mathematik zur Naturbeschreibung überhaupt als *Problem* wahrzunehmen[78]. Jacobi beschäftigt sich daher in dieser Vorlesung erstmals ernsthaft mit der Frage, inwieweit die Analytische Mechanik als eine genuin mathematische Disziplin im Sinne Lagranges *auch* als eine physikalische Wissenschaft auf-

---

manifestiert sich am deutlichsten in seinen intensiven Bemühungen um eine Herausgabe von dessen Schriften; s. hierzu Ahrens/Stäckel 1908.

[74] Jacobis Urteil über Lagranges Mechanik ist, bei allen sonstigen Unterschieden, demjenigen E. Machs vergleichbar. Vgl. S. 45, Anm. 81.

[75] Vorlesung VIII (S. 45); vgl. auch Vorlesung XXXI (S. 193).

[76] Besonders in der „Auslegung" von Poisson 1809: In dem „Jacobi-Poissonschen Theorem" zur Erzeugung neuer Integrale der Bewegung sieht er eine Eigenschaft von Differentialgleichungen, bei der „man den Satz, auf welchem dieselbe beruht, dreißig Jahre vor Augen hatte, ohne diesen Umstand daraus abzulesen" (Vorlesung XXIII, S. 132f.; s. dort auch Anm. 206. Vgl. hierzu auch Teil 3, Anm. 134). Es liegt nahe, den „Auslegungscharakter" zumindest mancher neuer mathematischer Sätze bei Jacobi mit seiner frühen „philologischen" Prägung durch A. Böckh (s. Knobloch/Pieper/Pulte 1995, 101f.), konkret: mit der von Böckh propagierten hermeneutischen Methode, in Verbindung zu bringen.

[77] S. die Vorlesungen XXXVIf. (S. 225-227) und XLII (S. 260). In einem Brief an den Astronomen H.C. Schumacher vom 25. Jan. 1847 bemerkt er in typischer Überspitzung: „Hamilton ... hat eine große Fähigkeit, aus einem bedeutenden Gedanken nichts zu machen. Er hätte die ganze Mécanique Analytique von Lagrange umgestalten können, aber er hat nicht verstanden, was er gemacht hat" (Nachlaß Schumacher; M. 21, Bl. 25r; vgl. aber auch S. 226, Anm. 334).

[78] Ein Problem, das sich beim „frühen" Jacobi angesichts dessen Platonismus (vgl. Teil 1) nicht wirklich stellt, aber durch die „Erweiterung" seines Bildes der theoretischen Mechanik um die historische und die physikalische Dimension auf die „Tagesordnung" kommt. Zur Frage der Anwendung der Mathematik in Astronomie und Mechanik im Briefwechsel Jacobis mit Humboldt s. Pieper 1986, 77f., 104-106, 109f. und 124f..

gefaßt werden kann. Zugespitzt tritt dieses Problem als Frage nach dem Status der Prinzipien der Mechanik auf. Gegenüber seiner früheren Position, wonach es apriorische Naturgesetze gibt, die durch die „Eigenbewegung" des mathematischen Denkens erfaßt werden können, kommt er hier zu einer differenzierteren und „moderneren" Sichtweise, wie später näher ausgeführt wird[79].

Die *Vorlesungen über analytische Mechanik* beginnen, wie angekündigt, am 25. Oktober 1847. Wenn Jacobis Bemerkung zutrifft, daß er zuvor mit einer großen „Reform der analytischen Mechanik"[80] beschäftigt war und diese in einer größeren Abhandlung, vermutlich in Form eines Buches, publik machen will, so ist es kein Zufall, daß von seiner letzten Mechanikvorlesung ein sorgfältig angelegtes Heft erhalten ist: Es ist bekannt, daß Jacobi von seinen „ausgezeichnetsten Zuhörern" gezielt „Nachschriften seiner bedeutendsten Vorlesungen" gesammelt hat - auch, „um sie bei der Ausarbeitung von Lehrbüchern zu benutzen, deren Herausgabe er beabsichtigte"[81]. Von der *Analytischen Mechanik* wurde ein Heft von dem Jacobi-Schüler und späteren Leipziger Mathematiker und mathematischen Physiker W. Scheibner[82] angefertigt. Scheibner behält auch nach seinem Weggang von Berlin im Jahre 1848 Kontakt zu Jacobi[83]. Sein Vorlesungsheft gelangt später über Leipzig nach Marburg und befindet sich seit einigen Jahren in Bochum[84].

[79]S. hierzu den folgenden Teil 3 dieser Einleitung.

[80]Vgl. oben, Zitat 50 und Anm. 68.

[81]Koenigsberger 1904a, 517f..

[82]Wilhelm Scheibner (1826-1908) studierte 1844-1845 in Bonn und danach bis 1848 in Berlin. Neben Jacobi hörte er dort bei Dirichlet und Steiner. Er promovierte 1848 in Halle und habilitierte sich 1853 in Leipzig. Von 1853 bis 1856 arbeitete er mit dem Astronomen P.A. Hansen an der Sternwarte Gotha zusammen. In Leipzig wurde er 1856 zum „außerordentlichen" und 1868 zum „ordentlichen" Professor ernannt. Er blieb dort bis zu seiner Emeritierung. Von Hansen und Jacobi beeinflußt, verfaßte Scheibner eine Reihe von Arbeiten zur Störungstheorie; daneben widmete er sich Untersuchungen zur Geometrie, Algebra, Zahlentheorie, Mechanik und Potentialtheorie. Von Interesse für die Geschichtsschreibung der „Newtonschen" Mechanik ist sein Versuch, die Merkur-Anomalie durch eine Abänderung des Gravitationsgesetzes zu erklären. Seine wichtigsten Lebensstationen, Forschungsbeiträge und Veröffentlichungen sind im Nekrolog seines Leipziger Kollegen und Freundes Carl Neumann dargestellt (Neumann 1908b).

[83]Scheibner trifft Jacobi noch Weihnachten 1850 und Anfang 1851, also kurz vor dessen Tod (Scheibner 1882, 306 und 1893, 432).

[84]Mathematische Institutsbibliothek der Ruhr-Universität Bochum, Sign. 30966; 238 Seiten im Quartformat, eingebunden und beidseitig eng beschrieben (vgl. unten, Bildtafel II). Der Name „W. Scheibner" ist auf S. 1 vermerkt; Scheibners Urheberschaft ist auch aufgrund mehrerer Handschriftenvergleiche als sicher anzusehen. Der Weg der Handschrift von Berlin nach Bochum wurde folgendermaßen rekonstruiert: Anders als die Abschrift (vgl. Anm. 85) blieb Scheibners Urschrift wahrscheinlich in dessen Besitz, oder sie gelangte nach Jacobis Tod wieder dorthin. In Leipzig lernte Scheibners Kollege Carl Neumann die

Von dem Heft existiert eine vollständige Abschrift[85], die wahrscheinlich von
F.K.A. Magener[86] stammt. Schließlich ist von der *Analytischen Mechanik*
auch eine unvollständige Mitschrift[87] erhalten, die von dem Jacobi-Schüler
F. Joachimsthal[88] angefertigt wurde.
Tatsächlich ist Scheibners Heft keine *Nach*schrift im wörtlichen Sinne, son-
dern eine *Mit*schrift, an der später allenfalls marginale Korrekturen vor-
genommen wurden[89]. Die Anfertigung einer solchen Mitschrift wird durch
Jacobis Vortragsstil begünstigt, denn Jacobi trägt immer „ganz frei und oh-

---

Mitschrift kennen und erwähnte sie 1869 erstmals in einer kurzen Note (Neumann 1869,
257; vgl. Teil 4). Nach Scheibners Tod im Jahre 1908 ging die Mitschrift in Neumanns
Besitz über; als der 1925 starb, gelangte sie in die Hand seines Neffen E.R. Neumann, der in
Marburg lehrte. E.R. Neumann wiederum war Doktorvater des Marburger Mathematikers
M. Krafft, zu dessen wissenschaftlicher Bibliothek das Heft bei Übernahme derselben durch
die Mathematische Institutsbibliothek im Jahre 1989 gehörte. Für nähere Details hierzu
s. Pulte 1994, 501f..

[85]Nachlaß Jacobi (Gr. III, Ms. B22), 308 Seiten. Scheibners Heft trägt eindeutige Markierungen, die von der Anfertigung dieser Abschrift herrühren. Die Abschrift selber weist
gelegentlich kleinere Verschreiber, aber auch Auslassungen auf. Da das Verzeichnis der Vor-
lesungsausarbeitungen im Jacobi-Nachlaß diese Abschrift als „Ausarbeitung von Scheibner
und Magener" deklariert (Kronecker 1891; s. Jacobi *Werke* VII, 412) und nicht von Scheibners Hand stammt, liegt es nahe, die Abschrift F.W.A. Magener (s. Anm. 86) zuzuordnen.
Schriftproben von Magener, die diese Vermutung erhärten dürften, konnten allerdings nicht
aufgefunden werden. Es ist wahrscheinlich, daß sich Mageners Abschrift in Jacobis Besitz
befand, oder aber im Zuge „des plangemäßen und eifrigen Nachforschens" (Koenigsberger 1904a, 519), das Borchardt bei der Vorbereitung einer Jacobi-Ausgabe betrieb, in den
Jacobi-Nachlaß gelangte. K. Weierstraß, der nach Borchardts Tod 1880 Herausgeber der
Werke Jacobis wurde, schloß die Editionsarbeiten 1891 ab (ebd., 522). Bei der Übergabe
von Nachschriften Jacobischer Vorlesungen an die Akademie legt er ein „Verzeichniss der
Hefte" (mit dem Datum 30. Juli 1891) bei. Die Liste führt an erster Stelle Borchardts Nachschrift der *Dynamik* auf (falsch datiert auf das Wintersemester 1839/40). Dann folgt: „2.
Vorlesungen über analytische Mechanik, gehalten zu Berlin im Wintersemester 1847/48.
Diese von Prof. Scheibner und Prof. Magener (Posen) ausgearbeiteten Vorlesungen sind
wesentlich von den erstgenan[nten] verschieden. Es ist aus ihnen noch nichts veröffentlicht
worden" (Nachlaß E. Du Bois-Reymond, K.9, M.1, Bl. 70).

[86]Friedrich Karl Albert Magener (1824-1889) studierte von 1845 bis 1848 in seiner Hei-
matstadt Berlin, promovierte später in Leipzig und ging danach als Lehrer nach Bromberg.
1877 wurde er Professor in Posen, wo er bis zu seinem Lebensende blieb.

[87]Mathematische Institutsbibliothek der Humboldt-Universität Berlin; Sign. Ls Wj 44,
154 Seiten. Diese Mitschrift ist zusammen mit einer eigenen Vorlesung Joachimsthals über
Analytische Mechanik vom folgenden Wintersemester 1848/49 eingebunden. Sie ist insgesamt weniger sorgfältig ausgeführt als Scheibners Mitschrift und hat in der zweiten Hälfte
nurmehr fragmentarischen Charakter.

[88]Ferdinand Joachimsthal (1818-1861) gehört noch zu den „Königsberger" Schülern Jacobis. Er habilitierte sich 1845 in Berlin und lehrte dort als Privatdozent, bevor er 1853
eine Professur in Halle und 1856 in Breslau erhielt.

[89]Dies läßt sich an verschiedenen Details zeigen, am deutlichsten an Durchstreichungen
von Stellen, bei denen Jacobi sich verrechnet hat; s. z.B. Vorlesung X (S. 57, Anm. 89).

ne Benutzung einer schriftlichen Ausarbeitung"[90] vor, und „er spricht nicht
nur langsam und schwerfällig, er verliert auch oft den Faden des Vortrags,
bringt ungelenke Sätze zusammen, schweigt längere Zeit gänzlich und überlegt, wie er die Rede weiterführen soll. Seine Reden haben aber stets Inhalt,
Zusammenhang und tragen den Stempel der innern Geistesthätigkeit"[91].
Scheibners akribische Vorlesungsmitschrift spiegelt diese Beschreibung wi-
der; sie ist ein authentisches Zeugnis von Jacobis „späten" Anschauungen
zur Analytischen Mechanik. Sie ist aber auch das umfassendste Dokument
zu Jacobis Sicht der Mechanik überhaupt: Die wöchentlich dreistündig ge-
lesene *Analytische Mechanik* umfaßt mit insgesamt 49 Vorlesungsstunden 6
Stunden mehr als Jacobis erste Mechanikvorlesung von 1837/38 und sogar
13 Vorlesungen mehr als die *Dynamik* von 1842/43. Daß von diesen drei
Vorlesungen bisher nur die *Dynamik* in veröffentlichter Form vorliegt, ist in
gewisser Hinsicht ein historischer Zufall, der nur begreiflich wird, wenn man
sich die Geschichte des Jacobi-Nachlasses vor Augen führt[92].

Das dieser Vorlesungsmitschrift beigegebene, ausführliche Inhaltsver-
zeichnis spricht für sich. Daher soll hier nur ein knapper Überblick über den
Inhalt der *Analytischen Mechanik* gegeben und auf einige Besonderheiten
aufmerksam gemacht werden:
Der erste und zugleich auffälligste Unterschied zu Jacobis früherer Darstellung der Mechanik ist die ausführliche Darlegung ihrer Grundlagen (A -
C). Ein gutes Viertel der gesamten Vorlesung ist, unterbrochen durch die
Bereitstellung von Hilfsmitteln der analytischen Geometrie (III) und der
Determinantentheorie (XII - XIV), dem Prinzip der virtuellen Geschwindigkeiten und dessen diversen Beweisversuchen gewidmet. Dies ist nur vor
dem Hintergrund der Tatsache zu verstehen, daß dieses Prinzip in den meisten Theorien der Mechanik seit Lagranges *Méchanique Analitique* an die

---

[90]Koenigsberger 1904a, 517.

[91]Diese Beschreibung ist entnommen aus der Zeitschrift *Die Grenzboten* (8. Jg., Bd. II,
I. Sem., Nr. 18; Leipzig 1849); zit. nach Ahrens 1907b, 246.

[92]Vorlesungshefte zu Jacobis Mechanikvorlesungen liegen von J.G. Rosenhain, C.W.
Borchardt, W. Scheibner bzw. F.K.A. Magener und F. Joachimsthal vor. 1851, als Jacobi
starb, befanden sich von diesen Schülern nur noch Borchardt und Joachimsthal in Berlin;
Joachimsthal verließ Berlin 1853. Borchardt fiel neben Dirichlet die Sichtung und Ord-
nung des Jacobi-Nachlasses zu. Nach Dirichlets Tod im Jahre 1859 trug er die alleinige
Verantwortung für den Nachlaß (Koenigsberger 1904a, 518f.). In A. Clebsch fand er einen
Mathematiker aus der „Königsberger Schule", der ihn unterstützte und an der Herausgabe
einer Mechanikvorlesung Jacobis interessiert war. Es lag für Borchardt nahe, Clebsch die
eigene Nachschrift zur Veröffentlichung zur Verfügung zu stellen, und dies war eben eine
Nachschrift der *Dynamik* von 1842/43 (vgl. Teil 1, Anm. 35). Clebsch war bereits 1860
im Besitz des Heftes von Borchardt (Jacobi 1866a, III). Es ist offen, ob er von Scheibners
Mitschrift bzw. der Abschrift Mageners überhaupt Kenntnis hatte.

„Spitze" gestellt wurde.

Hier verdienen zwei (miteinander zusammenhängende) Punkte besondere Beachtung[93], nämlich die Beziehung von Statik und Dynamik sowie die Untersuchung von nicht freien Bewegungen: In der Dynamik von 1842/43 spielen - *nomen est omen*[94] - Gleichgewichtsuntersuchungen keine Rolle. In der *Analytischen Mechanik* hingegen widmet Jacobi der Statik und dem Übergang von der Statik zur Dynamik im ersten Teil große Aufmerksamkeit. Gegen Lagrange bemerkt er: „Man macht es sich in der Regel etwas leicht, wenn man von der Statik zur Dynamik übergeht, und in der That, wenn man in der mécanique analytique liest, sollte man glauben, daß sich die Formeln der Bewegung aus denen des Gleichgewichts von selbst verstehen. Eigentlich läßt sich auf die Bewegung aber gar nicht schließen, wenn man die Gesetze nur für den Fall kennt, wo die Körper in Ruhe sind. Es sind hier gewisse probable Prinzipien, die von dem Einen ins Andere überführen, und es kommt wesentlich darauf an, daß man nur weiß, daß man die Sachen nicht mathematisch bewiesen hat, daß man hier Etwas annimmt"[95].

Jacobi führt diese Kritik für nichtfreie Bewegungen aus, d.h. für Bewegungen, die durch Bedingungsgleichungen oder -ungleichungen eingeschränkt sind. Bei der ausführlichen Untersuchung von Zwangsbewegungen unter Bedingungsgleichungen nach der Lagrangeschen Multiplikatorenmethode (VI - IX, XV) verwendet er einige Mühe darauf zu zeigen, daß Lagranges Reduktion der Dynamik auf die Statik, wie sie sich in der *Méchanique Analitique* findet, bei solchen Bewegungen nicht statthaft ist: Während im statischen Falle die Lagrangeschen Multiplikatoren nur von den ersten Ableitungen der Bedingungsgleichungen abhängen, gehen im dynamischen Fall auch die zweiten Ableitungen ein, so daß also Lagrange ohne Berechtigung „den gegebenen Bedingungen ein anderes System [von] Bedingungen substituirt"[96]. Der tiefere Grund dieses Versagens ist darin zu suchen, daß Zwangsbewegungen nach Lagranges Konzeption auf starren, durch die Bewegung selber nicht beeinflußbaren Gebilden ablaufen. Die physikalische Bedingung, daß auf einen Punkt von außen eine gegebene Anziehungskraft wirkt, ist zu der (möglicherweise gleichzeitig stattfindenden) mathematischen Bedingung, daß dieser Punkt sich etwa auf einer starren Kurve oder Fläche bewegen soll, etwas „ganz Heterogenes", wie Jacobi sich ausdrückt[97].

---

[93]Daneben verdienen Jacobis historische Ausführungen (s.o.) und seine Diskussion der Prinzipien der Mechanik (Teil 3) große Aufmerksamkeit.

[94]S. hierzu aber auch die wechselnde Bedeutung der Begriffe „Dynamik" und „Statik" nach Jacobis Ausführungen (Vorlesung IV, S. 22).

[95]Vorlesung XI (S. 59).

[96]Vorlesung XV (S. 86); vgl. auch XI.

[97]Vorlesung XV (S. 87).

Während Jacobi sich in der *Dynamik* auf die Behandlung von Bedingungsgleichungen beschränkt, geht er hier auch ausführlich auf den Fall ein, wo die „Bedingungen des Systems nicht durch Gleichungen, sondern durch Ungleichungen dargestellt werden, und dieß ist nicht nur ein besonderer Fall, sondern es ist sogar die Regel"[98]. Anknüpfend an seinen früheren „Kontrahenten" Fourier[99], aber auch an C.F. Gauß und an M.W. Ostrogradsky, dehnt Jacobi daher das Prinzip der virtuellen Geschwindigkeiten auch auf diesen Fall aus. Ein weiterer Kritikpunkt an der *Méchanique Analitique* ist, daß in diesem (gewissermaßen „realitätsnäheren") Fall „das von Lagrange angewandte Räsonement gar nicht mehr anwendbar ist"[100]. Insgesamt ist Jacobis Analyse im ersten Teil, wie diese wenigen Bemerkungen illustrieren mögen, von einer klareren Unterscheidung als früher geprägt, welche Elemente der Analytischen Mechanik „mathematische Fictionen" sind, und was von diesen Fiktionen „in der Natur stattfinden" mag[101].

Aus Jacobis Darstellung der Integrale der Bewegung (D) sollen hier - neben seiner Betonung des „Prinzips von der Erhaltung der lebendigen Kraft"[102] - nur seine Ausführungen zur zeitgenössischen Astronomie und Himmelsmechanik herausgehoben werden, die über die (bereits erwähnte) Kritik der Mädlerschen Theorie weit hinausgehen (XXI - XXIII). Seinen „letzten Multiplikator" handelt Jacobi kürzer ab als in der Dynamik, bei deren Lesung er gerade mit der Ausarbeitung seiner großen *Theoria novi multiplicatoris* befaßt war.

Der folgende Teil (E) zu den Integralprinzipien der Mechanik wird von Jacobis Ausführungen zur Geschichte des Prinzips der kleinsten Wirkung dominiert. In systematischer Hinsicht nimmt er keine Änderungen an seiner früheren Interpretation vor: Anknüpfend an Eulers *Methodus inveniendi*, fordert Jacobi auch hier die Elimination der Zeit aus dem Wirkungsintegral durch das Prinzip der Erhaltung der lebendigen Kraft, „mit dem es innig zusammenhängt"[103]. Diese „zeitfreie" Form des Prinzips der kleinsten Wirkung vertritt er als die einzig legitime: „Wenn Sie dagegen alle Lehrbücher der Mechanik ansehen, die von Lagrange, Poisson und die übrigen, ... so hat das Princip gar keinen Sinn, und es ist nicht möglich, einen Sinn damit zu verbinden ..."[104]. Als „symbolischen Ausdruck" der Differentialgleichungen der Mechanik mit Hilfe der Variationsrechnung zieht Jacobi freilich das

---

[98] Vorlesung VI (S. 35); s. hierzu auch die folgenden Vorlesungen VII - IX und XVIII.
[99] S. Knobloch/Pieper/Pulte 1995, 106-109.
[100] Vorlesung VI (S. 35).
[101] Vorlesung X (S. 56 und S. 58); s. hierzu auch die Bemerkungen zur „Physikalisierung" im Teil 2.
[102] S. Vorlesungen XIX und XX; vgl. auch Teil 2.
[103] Vorlesung XXVI (S. 159).
[104] Vorlesung XXVII (S. 165); vgl. auch S. 166, Anm. 254.

Hamiltonsche Prinzip vor, da dieses „den nicht zu verachtenden Vortheil bietet, daß man ihn auf den Fall ausdehnt, in welchem das Potenzial oder die Kräftefunction U die Zeit noch explicite außer den Coordinaten enthält"[105].

In den beiden anschließenden Kapiteln (F, G) stellt Jacobi die verschiedenen Formen der dynamischen Differentialgleichungen und ihrer Integration in gleicher Ausführlichkeit wie in der *Dynamik* dar. Gibt er dort einen längeren differentialgeometrischen Exkurs zur Bestimmung der Oberfläche und der Geodätischen des Ellipsoides[106], finden sich hier wiederum vermehrt historische Ausführungen, die die Theorie der gewöhnlichen und partiellen Differentialgleichungen seit Euler betreffen (XXXVII, XL - XLII) und so die „Umkehrung" der traditionellen Sichtweise durch die Hamilton-Jacobi-Theorie beleuchten: „Es wird immer von den Analysten als ein großer Vortheil betrachtet, das Integral einer partiellen Differentialgleichung auf die Integration eines Systems gewöhnlicher Differentialgleichungen zurückzuführen: wir sehen aber, daß die Integration eines Systems gewöhnlicher Differentialgleichungen ... gerade dadurch auf eine vorteilhafte Weise sich behandeln und integriren läßt, daß es sich auf eine partielle Differentialgleichung zurückführt"[107].

Die letzten sieben Vorlesungen (H) widmet Jacobi der Störungstheorie, die er in der *Dynamik* nur in einer Stunde berühren konnte[108]. Wie bereits im ersten Viertel der *Analytischen Mechanik*, kommt auch in der ausführlichen Behandlung von Störungsproblemen seine stärker physikalische, an der Beschreibung realer Vorgänge interessierte Orientierung zum Ausdruck. Sein Ausgangspunkt dabei ist, wie er sagt, „eine neue Theorie in der Variation der Constanten, wie sie gegründet wird auf diese Zurückführung der mechanischen Probleme auf eine partielle Differentialgleichung. ... Die Conception, die man hierbei zu nehmen hat, ist nicht ganz leicht: man findet in der Regel, daß die Leichtigkeit der Rechnung im umgekehrten Verhältniß steht zur Leichtigkeit der Betrachtung"[109]. Hier gehen auch Teile der erst 1866 postum veröffentlichten großen Abhandlung Jacobis *Über diejenigen Probleme der Mechanik, in welchen eine Kräftefunction existirt, und über die Theorie der Störungen*[110] ein. Jacobi referiert später die „klassischen" Untersuchungen Lagranges und Laplaces zur „Stabilität des Weltsystems", behandelt dann aber auch Störungen höherer Ordnung. In analytischer Behandlung erweist

---

[105] Vorlesung XXX (S. 188f.).

[106] S. Jacobi *Werke* Suppl.bd., 207-221.

[107] Vorlesung XLII (S. 259f.).

[108] Vgl. hierzu Teil 1, Anm. 35.

[109] Vorlesung XLIII (S. 264).

[110] Jacobi 1866b. Der Aufsatz entstand vermutlich bereits Ende 1836 oder 1837 (Koenigsberger 1904a, 219).

sich das Problem der Größenbestimmung solcher Störungen, wie er seinen
Studenten versichert, als das „allerwiderwärtigste in der Mathematik"[111].

Mit der Behandlung von Störungen nicht freier Systeme endet die *Analytische Mechanik* „am Tage vor der berliner Märzrevolution"[112], d.h. am
Freitag, den 17. März 1848. Die in dieser zeitlichen Koinzidenz liegende Ironie hat Jacobi durchaus gesehen und gehofft, daß die absehbaren *politischen
Störungen* der Stabilität der Preußischen Monarchie die „Bahnen" ihrer „Untertanen" positiv beeinflussen würde: „Das Thema, meine Herren, von dem
wir jetzt handeln, ist sehr zeitgemäß, ich meine die Variation der arbiträren
Constanten"[113].

3. Jacobis Verständnis von Analytischer Mechanik und seine Kritik ihrer Grundlagen

Jacobi bezieht sich mit dem Titel seiner Vorlesung implizit, im Verlaufe der
einzelnen Vorlesungsstunden auch immer wieder explizit besonders auf zwei
Mathematiker: sein großes Vorbild L. Euler und, noch häufiger, J.L. Lagrange. Beide haben das Verständnis von klassischer theoretischer Mechanik mitgeprägt und die Ausbildung einer „Analytischen Mechanik" hauptsächlich
herbeigeführt. Die folgende Skizze soll zeigen, inwiefern Jacobis letzte Mechanikvorlesung hinsichtlich dieser Tradition einen „Wendepunkt" markiert.

Die theoretische oder rationale Mechanik ist mit ihrer Zielsetzung, „Mathematische Prinzipien der Naturphilosophie" (Newton) aufzudecken und geeignet zu formulieren, seit ihren antiken Anfängen eine *Brückenwissenschaft*
zwischen Mathematik einerseits und Naturlehre bzw. Physik andererseits gewesen. Nicht immer ist indessen dieser *verbindende* Charakter gleich stark
hervorgetreten. Vielmehr zeigt sich die Mechanik in ihrer Entwicklung oft
„janusköpfig": einmal mehr von ihrer anschaulich-empirischen Seite als eine
Naturwissenschaft, die von Einzelphänomenen ausgeht und induktiv zu allgemeinsten „Gesetzen der Natur" voranschreitet; ein anderes Mal mehr von
ihrer abstrakt-rationalen Seite als mathematische Disziplin, die aus ersten,
rein formellen „Axiomen" oder „Prinzipien" auf deduktivem Wege zu neuen
Sätzen gelangt, deren Erfahrungsbezug nicht primär intendiert ist, sondern
allenfalls „nützliches Beiwerk" abgibt.

Die zweite, formelle Seite findet in der „Analytischen Mechanik" des
späteren 18. und des 19. Jahrhunderts eine besonders starke Ausprägung.

---

[111] Vorlesung XLV (S. 277).
[112] S. die Überschrift von Vorlesung XLIX (S. 296).
[113] Vorlesung XLV (S. 275); vgl. hierzu auch Teil 1, insbes. Anm. 42.

Der Name kann in einer schwächeren und einer stärkeren Bedeutung als pro-
grammatisch angesehen werden. In der *schwächeren Bedeutung* wird er von
Euler in der *Mechanica sive motus scientia analytice exposita* (1736), dem
ersten Lehrwerk der Analytischen Mechanik, gebraucht. Euler will mit der
Wahl dieses Titels eine Verlagerung der *mathematischen Methode* bezeichnen: Während sich die ältere Mechanik, insbesondere Newtons *Principia*, der
„synthetischen", d.h. geometrischen Methode bediente, gehe es nun darum,
mit den Mitteln des neuen Infinitesimalkaküls eine „analytische" Behandlung der Bewegung zu geben, so daß „jeder, welcher in der Analysis des
Endlichen oder Unendlichen hinreichende Uebung erlangt hat, alles mit be-
wunderungswürdiger Leichtigkeit verstehen und das ganze Werk ohne alle
Hülfe durchlesen könne"[114].
Euler fordert aber weder einen Verzicht auf die Anwendung geometrischer
Methoden noch eine Beschränkung auf *mathematische* Methoden überhaupt.
Seine Mechanik ist vielmehr dadurch gekennzeichnet, daß neben der Entwicklung neuer mathematischer Methoden der naturphilosophischen und
wissenschaftstheoretischen Reflexion grundlegender Konzepte und Gesetze
der rationalen Mechanik breiter Platz eingeräumt wird - wie dies auch in
der älteren, „synthetischen" Mechanik eines Galilei oder Newton der Fall
war. Aber weit davon entfernt, deren Erkenntnisse lediglich in einer neuen
mathematischen Gestalt präsentieren zu wollen, wie es die Geschichtsschreibung der Mechanik bis in die neuere Zeit behauptet, geht es Euler darum, mit
Hilfe des Infinitesimalkalküls allgemeine, sichere und zur Beschreibung der
Naturphänomene *hinreichende* Prinzipien der Mechanik aufzudecken[115]. Die
Prinzipien der „Newtonschen" Mechanik, aber auch das Prinzip der kleinsten Wirkung als ein „Eckpfeiler" der analytischen Mechanik, sieht er dabei
als metaphysisch fundierte, notwendige Naturgesetze an[116].

In ihrer ursprünglichen Bedeutung ist die Unterscheidung „synthetisch-
analytisch" allgemeinerer *wissenschaftstheoretischer* Natur: Sie trennt die
Ableitung von neuen Sätzen aus bekannten Voraussetzungen (Synthese) von

---

[114] Euler 1848/1850 I, 7.

[115] Dies trifft für die rationale Mechanik des 18. Jahrhunderts insgesamt zu; s. Truesdell
1968, Bos 1980 und, insbes. zu Eulers Programm einer rationalen Mechanik, Pulte 1989.
Die These, daß es sich bei der Analytischen Mechanik des 18. und 19. Jahrhunderts, auch
der Eulerschen, um eine lediglich „normalwissenschaftliche", durch formale und ästhesti-
sche Fragen motivierte Artikulation einer „revolutionären" Newtonschen Mechanik handelt, vertritt noch T.S. Kuhn in seiner *Struktur wissenschaftlicher Revolutionen* (Kuhn
1981, 46f.) - und steht damit (unfreiwillig) in einer langen historiographischen Tradition,
die (mindestens) bis auf E. Mach zurückgeht. Diese These hält indessen einer genaueren
historischen und systematischen Prüfung nicht stand; s. hierzu Pulte 1989, 13-22 und 260f..

[116] S. hierzu Pulte 1989, Teil B.

dem Aufsuchen der Bedingungen, unter denen ein bekannter Satz gilt (Analyse). Die neuere, auch von Euler gebrauchte Unterscheidung leitet sich hierher ab - insofern sich nämlich die Algebra, später auch die Infinitesimalrechnung als leistungsfähige Instrumente bei der *Analyse* geometrischer Figuren erwiesen. E. Mach bemerkt hierzu treffend: „Es ist deshalb üblich geworden, das rechnende Verfahren überhaupt das analytische zu nennen. Was heute analytische Mechanik im Gegensatz zur Newtonschen Mechanik heißt, ist genau genommen *rechnende* Mechanik"[117].

In Lagranges *Méchanique Analitique* (1788), dem zweiten und eigentlichen Hauptwerk der analytischen Mechanik, wird diese „rechnende Mechanik" mit einem wesentlich weitergehenden, nämlich in zweifacher Hinsicht ausschließlichen Anspruch vorgetragen: Indem er ihre Beschränkung *allein auf analytische* Methoden propagiert, spricht er sich zunächst und vor allem für eine Befreiung der Mechanik von jeglicher Geometrie aus[118]. Sein Methodenmonismus zeigt sich jedoch auch auf eine „außermathematische" und „antiphilosophische" Weise - im Verzicht auf (explizite) naturphilosophische und wissenschaftstheoretische Begründungen der Mechanik[119]. „Analytische Mechanik" in dieser *stärkeren Bedeutung* unterscheidet sich in beiderlei Hinsicht vom Wissenschaftsverständnis Eulers, *aber etwa auch d'Alemberts.* In einer anderen Hinsicht steht er jedoch voll und ganz in der älteren Tradition und treibt diese gewissermaßen „auf die Spitze": Analytische Mechanik wird weiter als eine axiomatisch-deduktive Wissenschaft verstanden, die von ersten, als allgemein und unfehlbar geltenden mathematischen Grundsätzen fortschreitet und *dennoch* Naturbeschreibung leistet[120]. Konkret stellt Lagrange in der ersten Auflage der *Méchanique Analitique* der gesamten Statik und Dynamik das Prinzip der virtuellen Geschwindigkeiten als „eine Art Axiom" voran[121]. Später gesteht er ein, daß „dieses Prinzip, für sich selbst genommen, nicht genügend evident ist, um als ein ursprüngliches Prinzip

---

[117] Mach 1933, 445.

[118] „On ne trouvera point de Figures dans cet Ouvrage. Les méthodes que j'y expose ne demandent ni constructions, ni raisonnemens géométriques ou méchaniques, mais seulement des Opérations algébraiques, assujetties à une marche réguliere & uniforme. Ceux qui aiment l'Analyse, verront avec plaisir la Méchanique en devenir une nouvelle branche ... " (Lagrange 1788, VI).

[119] S. hierzu Pulte 1989, 232-240.

[120] Das „dennoch" an dieser Stelle ist ein bewußter Anachronismus: Nach dem heutigen, eher fallibilistisch und (oder) relativistisch geprägten Wissenschaftsverständnis kann eine solche Auffassung nur befremdlich erscheinen. Man muß daher die in zeitgenössischen Lehrwerken des frühen 19. Jahrhunderts häufig vorgenommene Parallelisierung von theoretischer Mechanik und einer Euklidischen Geometrie, deren Axiome (in aller Regel) noch unhinterfragt blieben, ernst nehmen, um zu verstehen, welch starker Wissenschaftswandel sich (auch) in der Mechanik vollzogen hat.

[121] Lagrange 1788, 12.

aufgestellt werden zu können"[122]. Er bemüht sich daher, dem Prinzip Evidenz zu verleihen, indem er es - in zwei sogenannten „Beweisen"[123] - zu veranschaulichen sucht.

Die spätere französische Mathematik, für die Wissenschaftsauffassung der theoretischen Mechanik bis weit ins 19. Jahrhundert hinein bestimmend, hat Lagranges *Méchanique Analitique* eine *Mécanique physique* als Grundlage einer mathematischen Physik gegenübergestellt, die stärker an der Beschreibung und Erklärung des Verhaltens „realer" Körper orientiert ist[124]. Eher als im 18. Jahrhundert wird hier der *empirische* Ursprung mechanischer Prinzipien betont. Es wäre jedoch ein Irrtum anzunehmen, daß damit auch ihre Sicherheit und Allgemeinheit in Zweifel gezogen wurden. Beweisversuche zu mechanischen Grundgesetzen, gerade auch zum Prinzip der virtuellen Geschwindigkeiten, sind in dieser Zeit Legion. Sie zielen, wie schon bei Lagrange, auf „Verleihung" von Evidenz und ein „Tieferlegen der Fundamente" ab. Das Verständnis von theoretischer Mechanik als axiomatisch-deduktiver Wissenschaft mit sicheren „ersten" Prinzipien wird in aller Regel auch hier nicht angetastet - wie auch nicht von W.R. Hamilton, auf den sich Jacobi neben Lagrange, Euler und Poisson inhaltlich am stärksten bezieht[125].

Der „frühe" Jacobi vertritt in *dieser* Hinsicht offenbar den gleichen Standpunkt[126]. Mit Grundlegungsfragen der Mechanik hat er sich jedoch bis

---

[122] S. Lagrange *Oeuvres* XI, 24 bzw. 1887, 21.

[123] S. hierzu ausführlich Lindt 1904.

[124] Hier ist besonders auf die Laplace-Poissonsche Schule (vgl. Teil 1) hinzuweisen; s. hierzu näher Duhem 1980 und Grattan-Guinness 1990.

[125] Für einige, fast beliebig vermehrbare Belege zur französischen Tradition s. Pulte 1994, 508f.; als vielleicht interessanteste (aber einflußlose) Ausnahme ist L. Carnot zu nennen (ebd., Anm. 48). Hamilton beruft sich in seiner Begründung der Mechanik (wie übrigens auch der Algebra) verschiedentlich auf Kant, fällt aber mit seiner Unterscheidung einer „aprioischen, metaphysischen" und einer „aposteriorischen, physischen" Wissenschaft der Dynamik hinter Kant zurück. S. hierzu näher Pulte 1993b, 838 und v.a. Hankins 1980, 172-180.

[126] Wenngleich anders begründet und ungeachtet seiner sonstigen Kritik an der französischen mathematischen Physik; s. hierzu seine Ausführungen in der Königsberger Antrittsvorlesung von 1832 (Teil 1). Jacobi geht hier zwar nicht auf „profane" Detailfragen wie die Grundlagen der Mechanik ein. Er läßt jedoch keinen Zweifel daran, daß es für ihn apriorische Naturgesetze gibt, die durch die Mathematik erfaßt werden können - die Prinzipien der Mechanik aber waren zu seiner Zeit die einzigen aussichtsreichen „Anwärter" auf solche Naturgesetze. Daß sein Standpunkt in der *Konsequenz* zu einer ganz ähnlichen Beurteilung des wissenschaftstheoretischen Status' erster, mathematisch formulierter mechanischer Prinzipien führt, zeigt z.B. der Vergleich mit Fourier (vgl. Teil 1, Zitat 18): Fourier geht davon aus, daß das „Studium der Natur" die wichtigste Quelle neuer mathematischer Erkenntnis und die einzige Möglichkeit zur Aufdeckung erster Naturgesetze ist. Jacobi sieht umgekehrt in der Entfaltung des „autonomen" mathematischen Denkens den

zu den *Vorlesungen über analytische Mechanik* nicht näher befaßt, jedenfalls liegen hierzu so gut wie keine Stellungnahmen von ihm vor. Als Begründer der Analytischen Mechanik sieht er Euler[127], seine Arbeiten hierzu knüpfen aber eher an Lagrange an: der weitgehende Verzicht auf geometrische Betrachtungen und auch seine Zurückweisung metaphysischer Begründungen mechanischer Prinzipien[128] folgen dieser, nicht aber der älteren Eulerschen Wissenschaftsauffassung. Die Analytische Mechanik ist für Jacobi zunächst eine Integrationstheorie der dynamischen Differentialgleichungen und, so gesehen, ein „neuer Zweig der Analysis", wie Lagrange es formuliert hatte. Dies zeigt sich in seinen Veröffentlichungen ab 1837, aber auch noch in den vorliegenden *Vorlesungen über analytische Mechanik*: Seine Zurückführung der Erhaltungssätze der Analytischen Mechanik auf Symmetrieeigenschaften des Raumes[129], die *vornehmlich* „instrumentelle" Handhabung des Prinzips der Erhaltung der lebendigen Kraft bei der Integration der dynamischen Differentialgleichungen[130] und, in Verbindung hiermit, seine Auffassung der Variationsprinzipien (Hamilton-Prinzip, Prinzip der kleinsten Wirkung) als zunächst nur „symbolische Ausdrücke" dieser Differentialgleichungen[131] wei-

---

einzigen Weg, „dieselben ewigen Gesetze des menschlichen Geistes, dieselben der Natur" aufzudecken (s. Knobloch/Pieper/Pulte 1995, 112 und 124f., Anm. 82). Die unterschiedlichen Wege führen zum gleichen Ziel: zu sicheren und unwandelbaren Naturgesetzen. Der „Positivist" Fourier stellt einer frühen Untersuchung zum Prinzip der virtuellen Geschwindigkeiten das bezeichnende, nicht gerade positivistisch (im moderneren Sinne) anmutende Motto voran: „Geometriae est probare" (Fourier 1798, 20).

[127] Bereits in der historischen Einleitung seiner *Vorlesungen über Variationsrechnung* von 1837/38 bemerkt er zum Prinzip der kleinsten Wirkung in Eulers *Methodus inveniendi* (vgl. S. 164, Anm. 248 und 249): „Das Wichtigste in diesem Werke ist ein kleiner Anhang, in welchem gezeigt wird, wie bei gewissen Problemen der Mechanik die Kurve, die der Körper beschreibt, ein Minimum wird ... . Allein aus diesem Anfang ist die ganze analytische Mechanik entsprungen" (Nachlaß Jacobi; Gr. III, Ms. A5, S. 6). Jacobis Feststellung, in dieser Ausschließlichkeit natürlich unhaltbar, findet sich ganz ähnlich in der *Analytischen Mechanik* wieder (Vorlesung XXVII; S. 164; vgl. auch 116).

[128] Vgl. Vorlesung XXVII (S. 167, auch Anm. 257), wo Jacobi die Kritik Lagranges an dem „Metaphysiker" Euler im Zusammenhang mit der Begründung des Prinzips der kleinsten Wirkung paraphrasiert. Bereits in der *Dynamik* weist er Eulers diesbezügliche Überlegungen zurück (Jacobi *Werke* Suppl.bd., 43f.).

[129] S. hierzu die Vorlesungen XX - XXIV (insbes. 133-139).

[130] „... die mechanischen Probleme, in denen der Satz von der lebendigen Kraft gilt, sind einer ganz verschiedenen Behandlung fähig, so daß für sie eine ganz eigenthümliche Methode der Integralrechnung existirt, welche für kein andres Problem gilt, und wodurch diese von allen andern Problemen der Integralrechnung herausgehoben sind - die wunderbarsten Sätze, ganz ohne Beispiel und Analogie in der Analysis finden hier statt ..." (Vorlesung XX, S. 115). Jacobi bezieht sich hier auf Hamiltons Ansatz (vgl. Vorlesung XXXIII). S. aber *auch* die Ausführungen zur Erhaltung der lebendigen Kraft in Teil 2, Anm. 60.

[131] Hier ist besonders auf die Differenz zu Hamilton zu verweisen, der seinem dynamischen Prinzip, von der Wellentheorie des Lichtes motiviert, eine stärkere physikalische Interpre-

sen in diese Richtung einer „rein" analytischen, am physikalischen Geschehen nicht interessierten Mechanik. Die von Jacobi selber als „neues allgemeines Prinzip der analytischen Mechanik"[132] und als „Fundamentaltheorem der Dynamik"[133] eingeführten Sätze, nämlich die Anwendung „seines" letzten Multiplikators auf die Mechanik bzw. das Jacobi-Poissonsche Theorem, sind allgemeine Integrationsmethoden der dynamischen Differentialgleichungen, aber nur von sehr beschränktem Nutzen für die Behandlung konkreter mechanischer Probleme. Vom Standpunkt einer Mechanik, die auf Naturbeschreibung ausgeht, können sie als „Prinzipien höherer Ordnung" aufgefaßt werden, die Aussagen *über* die Beziehung gewisser mechanischer Prinzipien (Integrale der Bewegung) machen und daher selber nur von mittelbarem empirischen Interesse sind[134].

Und *dennoch* zeigt sich in den *Vorlesungen über analytische Mechanik* - dort, wo Jacobi die „gewöhnlichen" Prinzipien der Mechanik und die verschiedenen Formen der dynamischen Differentialgleichungen diskutiert - erstmals eine kritische Auseinandersetzung mit und letztlich eine *Abkehr von*

---

tation gab. F. Klein sah sogar in den „Entdeckungen Hamiltons in der Mechanik ... nur Korollare seiner optischen Grundgedanken" und gab sich „viele aber vergebliche Mühe ... Hamiltons optische und mechanische Resultate in Deutschland bekannt zu machen" (Klein 1926/1927 I, 198). Nicht ohne Ironie ist hier, nebenbei bemerkt, daß der *Mathematiker* Klein, gerade in Hinblick auf Jacobis Werk, „vor einem einseitigen Studium" der Analytischen Mechanik warnt und in ihr nur „sozusagen ein Schema mit leeren Fächern" sieht, „in welche die bunte Welt der Erscheinungen erst eingeordnet werden muß, um sie sinnvoll erscheinen zu lassen" (ebd., 207), während der *Physiker* L. Boltzmann sie geradezu als „Eingangspforte" in den „imposanten Bau der theoretischen Physik" bezeichnet (Boltzmann 1903, 5).

[132] S. hierzu den Titel von Jacobi 1842b; vgl. auch Jacobis „vorbereitende" Schrift 1838b.

[133] Vgl. die Vorlesungen XLVIIf. (inbes. S. 292-294). S. hierzu auch Poisson 1809, Jacobi 1840b und 1862.

[134] Jacobi selber macht die Neuartigkeit dieser beiden Sätze deutlich. So bemerkt er zum Prinzip des letzten Multiplikators: „Ich will nun noch von einem andern Princip einige Worte sagen, welches einen gänzlich verschiedenen Charakter hat. Wenn nämlich die gewöhnlichen Principien erste Integrale finden lehren, so lehrt dieses Princip in allen Fällen, in welchen die Kräfte Functionen der Coordinaten sind ... , daß wenn man die $6n - 1$ Differentialgleichungen erster Ordnung durch Auffindung von $6n - 2$ Integralen auf eine einzige Differentialgleichung erster Ordnung ... gebracht hat, diese letzte Gleichung auf Quadraturen zurückzuführen" (Vorlesung XXIV, S. 144f.; vgl. auch Teil 2, Anm. 76). Zum Jacobi-Poissonschen Theorem, „einem der merkwürdigsten Sätze der Integralrechnung", schreibt er: „Ich habe eben darauf aufmerksam gemacht, daß die Integrale in den genannten Problemen ein qualitatives Verhalten haben ... und daß es sogar möglich ist, daß man aus zwei Integralgleichungen in der Mechanik alle übrigen Integralgleichungen durch bloßes partielles Differentiiren ableiten kann. Diese Eigenschaft der Differentialgleichungen weicht so sehr ab von Allem, was bisher in der Integralrechnung vorgekommen war, daß man den Satz, auf welchem dieselbe beruht, dreißig Jahre vor Augen hatte, ohne diesen Umstand daraus abzulesen" (Vorlesung XXIII, S. 132f.).

Lagranges Wissenschaftsverständnis:
Im Anschluß an die Aufstellung der Lagrangeschen Bewegungsgleichungen führt er seinen Studenten die Leistungsfähigkeit, aber auch die Grenzen der *Méchanique Analitique* vor Augen. Da ist zum einen die faszinierende Idee, durch „analytische Operationen" die „mechanische Communication der Kräfte" ersetzen zu können: „... man hat hier das vollkommene Gegenbild einer rein mathematischen Operation von dem, was in der Natur vorgeht, das ist eigentlich immer die Aufgabe der angewandten Mathematik"[135]. Daß sich „alles reducirt ... auf die mathematische Operation" erscheint Jacobi zwar als die „möglichst große Vereinfachung, welche man von einem Problem machen konnte, das in seinen einzelnen Beispielen die größte Mühe machte und die größten Schwierigkeiten zu überwinden erforderte, und das ist eigentlich der große Gedanke, der in der analytischen Mechanik von Lagrange niedergelegt ist"[136]. Dieser „große Gedanke", namentlich die Anwendung der Lagrangeschen Differentialgleichungen, habe jedoch „auch den Nachtheil, daß man sich ganz davon entwöhnt, die Wirkungen der Kräfte zu verfolgen, und den wahren Nutzen kann der Satz erst für diejenigen haben, bei denen er der Schluß ist von angestellten Betrachtungen und Untersuchungen, wenn man sich erst im Einzelfall selber diese Mühe gegeben hat, durch die Verfolgung der Kräfte und die Einsicht in ihre gegenseitigen Modificationen zu solchen Resultaten zu gelangen, die dann alle zusammen von der einzigen Formel umfaßt werden"[137]. Wenn der Lagrangesche Formalismus keine rein mathematische, oder, wie Jacobi sich oft ausdrückt, „symbolische" Darstellung bleiben soll, so lautet jetzt die ungewohnte Warnung vor „blinden" deduktiven Übungen, muß am Einzelfall empirisch überprüft werden, ob er unter diese Darstellung fällt. Jacobi läßt keinen Zweifel daran, daß Lagranges Mechanik hier ihren schwachen Punkt hat:[138]

> Der weitere Inhalt der analytischen Mechanik ist dann freilich die Anwendung dieser Formeln, oder der Ausdruck der verschiedenen Eigenschaften der Körper durch Bedingungsgleichungen, und die Art, wie diese Bedingungsgleichungen bei der Transformation der Variabeln benutzt werden. Die Natur wird da jedesmal vollständig aus den Augen gerückt, und es tritt an die Stelle der Constitution der Körper (je nachdem deren Elemente unbiegsam, ausdehnbar, elastisch u.s.w. sind) lediglich die bestimmte Bedingungsgleichung. Hier wird nun freilich in der analytischen Mechanik die Rechtfertigung vermißt, indem sie, um eine rein mathematische Disziplin zu bleiben, auch von dieser Rechtfertigung ganz abstrahirt ... . Wenn die Physik nun finden sollte, daß diese Bedingungsgleichung nicht

---

[135] Vorlesung XXXI (S. 193); s. auch Vorlesung IX (S. 45).
[136] Ebd., 193; vgl. auch Teil 2, Anm. 74.
[137] Ebd., 193f..
[138] Ebd., 193.

den Zustand dieses oder jenes Körpers ausdrückt, so ist das Etwas, was außerhalb des Werkes liegt; wenn z.B. die tropfbaren Flüssigkeiten als absolut incompressibel angenommen werden: ist das aber nicht mehr der Fall, so ergeben sich dadurch Abweichungen der Resultate von der Wirklichkeit.

Daß Lagranges Methodenmonismus ein Rechtfertigungsdefizit impliziert, wenn die Analytische Mechanik (auch) eine *empirische* Wissenschaft sein soll, wird für Jacobi offenbar hier erstmals zum Problem. Der Grund dieser Distanzierung von Lagranges Wissenschaftsauffassung ist sicherlich in der - oben als *Historisierung* und *Physikalisierung* beschriebenen - Entwicklung seiner Interessen in der „zweiten" Berliner Zeit zu sehen. Seine Kritik an der *Méchanique Analitique* liegt denn auch zunächst auf einer Linie mit derjenigen der Laplace-Poissonschen Physik, die er in seiner Königsberger Rede von 1832 so vehement attackiert hatte[139].

Er geht jedoch über diese ältere Kritik an der *Méchanique Analitique* hinaus, wenn er sich den Prinzipien der Mechanik, besonders dem Prinzip der virtuellen Geschwindigkeiten, widmet. Gleich zu Beginn seiner Vorlesung warnt er seine Studenten davor, in den Grundsätzen der Mechanik eine Sicherheit zu suchen, die allein von der „reinen" Mathematik erwartet werden darf: [140]

> Vom Standpunkt der reinen Mathematik aus sind diese Gesetze nicht zu beweisen, bloße Conventionen, sie sind aber so angenommen, daß sie der Natur entsprechen - daher nicht a priorisch darzuthun, sondern [es ist] durch Experimente die Art der Entsprechung zu zeigen. ... Sie werden gleichwohl überall, wo eine Mischung der Mathematik mit Etwas außer ihr stattfindet, Versuche finden, diese rein conventionellen Sätze a priorisch zu beweisen, und es wird dann an Ihnen sein, den jedesmaligen Fehlschluß aufzufinden.

Der altphilologisch geschulte, sehr sprachbewußte Jacobi führt hier, ein gutes halbes Jahrhundert vor H. Poincaré[141], den Konventionsbegriff zur Kennzeichnung mechanischer Grundgesetze ein[142]. Dabei geht es ihm, wie später auch Poincaré, besonders darum, den *Setzungscharakter* solcher Prinzipien

---

[139]Insofern ist *diese* Kritik auch nicht originell, sondern nur von Interesse, weil sie von *Jacobi* stammt: Die „Sozialisation" des „reinen" Mathematikers (vgl. Teil 1) wird durch die Kritik an Lagrange aus der Perspektive der Perspektive einer *Mécanique Physique* besonders deutlich.

[140]Vorlesung I (S. 3).

[141]S. hierzu zuerst Poincaré 1897.

[142]Daß es sich hier um mehr als eine zufällige Übereinstimmung in der Wortwahl handelt, zeigt ein näherer Vergleich der Begriffsbedeutungen bei beiden Mathematikern (Pulte 1994, 514f.).

zum Ausdruck zu bringen: Sie sind mathematisch nicht beweisbar, der empirischen Prüfung fähig und bedürftig, aber sie werden durch die Erfahrung nicht in eindeutiger Weise gegeben. Vielmehr ist ein Spielraum vorhanden, daher auch eine Übereinkunft erforderlich. Es sind Einfachheits- und Plausibilitätsüberlegungen, die die Setzung von Prinzipien leiten: „... die Mathematik kann die Art, wie die Beziehungen eines Systems von Punkten Abhängigkeit veranlassen, sich nicht aus den Fingern saugen, sondern es wird hier wieder eine Convention in Form eines allgemeinen Princips eintreten. Man kann die Forderung stellen, daß die Form dieses Princips möglichst einfach und plausibel sei"[143]. Es ist zu betonen, daß Jacobi seine Überlegungen nicht auf verschiedene Darstellungen der dynamischen Differentialgleichungen oder „analytische" Prinzipien (wie das der virtuellen Geschwindigkeiten oder der kleinsten Wirkung) beschränkt. Es geht ihm auch nicht um den trivialen Hinweis, daß es vom „Standpunkt der reinen Mathematik" aus ein leichtes sei, die bekannten Prinzipien in immer neuer „Verkleidung" zu präsentieren. So bemerkt er zum „Newtonschen" Trägheitsprinzip: [144]

> Es ist vom rein mathematischen Standpunkt aus ein Cirkel, zu sagen, die geradlinige Bewegung ist die eigene, folglich ist zu jeder andern eine äußere Hinzuwirkung erforderlich: denn man könnte mit demselben Rechte jede andere Bewegung als Gesetz der Trägheit eines Körpers setzen, wenn man nur hinzufügt, wenn er sich nicht so bewegt, ist eine Außenwirkung daran Schuld. Und wenn wir jedesmal, wenn der Körper abweicht, die äußere Einwirkung physikalisch aufweisen können, sind wir berechtigt, das Trägheitsgesetz, das nun zu Grunde lag, als Naturgesetz zu bezeichnen.

Auch das vermeintlich evidente Trägheitsprinzip empfiehlt sich für Jacobi nicht von selbst: Es *definiert* vielmehr erst, was unter einer kräftefreien Bewegung verstanden werden soll - und muß als definitorische Festlegung begriffen werden, wenn der (hier zurecht konstatierte) logische Zirkel vermieden werden soll. Erst in Verbindung mit anderen Festlegungen darüber, wie Abweichungen von der Trägheitsbewegung auf äußere Einwirkungen zurückführbar sind, erhält dieses Prinzip überhaupt empirischen Gehalt. Die Mathematik kann nun der empirischen Mechanik zwar ein „Arsenal" von Kandidaten für Konventionen bereitstellen, aus denen diese eine zweckmäßige Auswahl treffen muß[145]. Sie kann jedoch den so zu Naturgesetzen erklärten Konven-

---

[143] Vorlesung I (S. 5).

[144] Vorlesung I (S. 3).

[145] In *diesem* Punkt kann man eine Parallele zwischen Jacobi und J.F. Fries (vgl. S. 100, Anm. 161) feststellen. Über die *„philosophische Untersuchung der reinen Bewegungslehre, Newtons mathematische Naturphilosophie"* bemerkt Fries nämlich: „Es ist nemlich diese Wissenschaft eigentlich die Rüstkammer aller derjenigen Hypothesen, aus welchen nachher

tionen nicht die Sicherheit verleihen, die den „rein" mathematischen Sätzen eigen ist. Da dies nach Jacobis Auffassung auch die Erfahrung nicht vermag, können mechanische Prinzipien grundsätzlich nur als „probabel", als wahrscheinlich gültig, angesehen werden[146]. Gegenüber dem „Certismus" der älteren analytischen Mechanik, der an ein sicheres Fundament des Wissens glaubt, ist hier ein Übergang zu einem „Fallibilismus" zu konstatieren, der mit der Fehlbarkeit dieser Grundlagen rechnet. Dieser Schritt kann als *ein* wichtiger Indikator für den Übergang von einem „klassischen" zu einem „modernen" Wissenschaftsbegriff angesehen werden[147].

In der Tradition der Analytischen Mechanik scheint niemand vor Jacobi diesen Schritt getan zu haben - und Jacobi vollzieht ihn auch *nur* für die Analytische Mechanik, nicht aber für die Bereiche, die er der „reinen Mathematik" zurechnet. Hierin liegt der Kern seiner Kritik an Lagrange: Dessen Präsentation der Mechanik, namentlich seine Beweisversuche des Prinzips der virtuellen Geschwindigkeiten - Jacobi spricht häufig von „Constructionen" - suggeriert „mathematische" Sicherheit für Sätze, die eben nicht der reinen Mathematik angehören, sondern einer „Mischung der Mathematik mit Etwas außer ihr"[148]. Eine Mechanik, die als „neuer Zweig der Analysis" (Lagrange) verstanden wird, geht über diesen Punkt hinweg und führt zu Evidenztäuschung und Scheinsicherheit[149]. Jacobis Warnung an seine Studenten lautet daher, *„sich nicht täuschen zu lassen und zu dem Wahne verführen, man hätte Etwas bewiesen, was nicht bewiesen ist. ... ich habe Schüler gehabt, die die mécanique analytique besser verstanden als ich, aber es ist manchmal kein gutes Zeichen, wenn man Etwas versteht"*[150].

---

in der Erfahrung die Erklärungen gelingen. Darin ist bey weitem das meiste von mathematischer Entwicklung, aber die Grundbegriffe sind philosophisch ... " (Fries 1822, 9f.).

[146] S. die Vorlesungen VI (S. 32f.) und XI (S. 59) zu den Beweisversuchen des Prinzips der virtuellen Geschwindigkeit.

[147] S. hierzu Diemer/König 1991, 6. Hier ist einschränkend zu bemerken, daß Jacobi mit der Möglichkeit, zu „probablen" Prinzipien zu gelangen, keinen „Popperschen" Fallibilismus (vgl. Teil 4, Anm. 173) antizipiert, der diese Möglichkeit bekanntlich bestreitet.

[148] Vgl. Vorlesung I (S. 3).

[149] Womit nicht gesagt ist, daß Jacobi alle Versuche, mechanische Prinzipien (wie das der virtuellen Geschwindigkeiten) durch *Veranschaulichung* zu legitimieren, als überflüssig oder verfehlt ansieht (s. etwa die Vorlesungen XVIf., 92-96). Der entscheidende Punkt ist hier, daß diese Veranschaulichungen für ihn *nie* den Charakter eines mathematischen Beweises haben können und daher die ersten Prinzipien nur als „probabel" gelten dürfen.

[150] Vorlesung V (S. 29); Hervorhebung vom Herausgeber. Zu Jacobis Lagrange-Kritik s. näher Pulte 1996.

4. Hörerkreis und Rezeption der *Vorlesungen über analytische Mechanik*: Carl Neumann als Vorläufer Ernst Machs

Es ginge über den Rahmen dieser Einleitung hinaus, den Teilnehmerkreis der Jacobischen Vorlesung möglichst vollständig darstellen und - sofern dies überhaupt möglich ist - eine Analyse des Einflusses der *Analytischen Mechanik* im Einzelfall vornehmen zu wollen. Hier sollen - als Ausgangspunkt für die weiter Forschung - einige Hinweise zu wenigen Rezipienten der Jacobischen Vorlesung ausreichen, die sich hauptsächlich auf dessen Kritik der mechanischen Prinzipien beziehen. Eine umfassendere Untersuchung hätte zu berücksichtigen, daß im 19. Jahrhundert Vorlesungsnachschriften eine wesentlich größere Rolle in der Wissensvermittlung spielten, als dies heute der Fall ist. Zur Illustration sei nur daran erinnert, daß Jacobis *Dynamik* zwar fünf Jahre vor der *Analytischen Mechanik* gelesen, aber erst 1866 veröffentlicht wurde und dennoch beim Erscheinen das mathematisch eindeutig avancierteste deutschsprachige Lehrwerk der theoretischen Mechanik war und dies auch noch für geraume Zeit blieb. Vorlesungshefte waren zu Jacobis Zeit eher Lehrbuchersatz und gelangten oft über den „primären" Hörerkreis hinaus weiteren Interessenten zur Kenntnis. So ist es auch nicht verwunderlich, daß Jacobis letzte Mechanikvorlesung in Lehrbüchern und Artikeln der zweiten Jahrhunderthälfte manchmal erwähnt wird. Noch A. Voss bezieht sich 1901 in seinem Beitrag über *Die Prinzipien der rationellen Mechanik* für die *Enzyklopädie der mathematischen Wissenschaften* verschiedentlich auf Scheibners Mitschrift[151].

Die *Analytische Mechanik* fand nach den Quästurakten „vor 17 Zuhörern" statt[152]. Als Hörer zweifelsfrei ausgewiesen sind folgende Mathematiker:[153]

Oswald Hermes	(1826 - 1909)
Ferdinand Joachimsthal	(1818 - 1861)
Karl Lottner	(1826 - 1887)
Friedrich Karl Albert Magener	(1824 - 1889)
Bernhard Georg Friedrich Riemann	(1826 - 1866)
Wilhelm Scheibner	(1826 - 1908)

---

[151]S. Voss 1901, 6, 54, 63, 70, 81, 87; vgl. auch Lindt 1904, 175.

[152]Kronecker 1891 (Jacobi *Werke* VII, 411). Die Teilnehmerzahl ist, bezogen auf alle Berliner Vorlesungen Jacobis, guter Durchschnitt. Sie war, wie die Bemerkung am Ende der Vorlesung XI (S. 64) vom 17. Nov. 1847 zeigt, zunächst offenbar nicht „stabil". Die tatsächliche Zahl könnte höher gelegen haben, da nicht alle Hörer von den Quästurakten erfaßt wurden - so z.B. nicht Jacobis „alter" Schüler F. Joachimsthal.

[153]Mit Ausnahme Joachimsthals (s. Anm. 88) anhand der Abgangszeugnisse der Universität. Der Herausgeber dankt Herrn Dr. W. Schultze vom Universitätsarchiv der Humboldt-Universität zu Berlin für die Überprüfung einer Reihe von Zeugnissen.

Jacobis Kritik der Prinzipien der Mechanik verfehlte ihre Wirkung auf seine Studenten nicht. Als der „Mitschreiber" Scheibner sich am 13. Juni 1853 in Leipzig habilitiert, vertritt er vor der Philosophischen Fakultät die These: „Die Principien, welche zu den Grundgleichungen der Mechanik führen, sind conventioneller Natur, namentlich kann das Princip der virtuellen Geschwindigkeiten, sowie das nach d'Alembert benannte Princip nicht völlig erwiesen werden"[154].

B. Riemann ist zweifellos die später herausragende Gestalt unter den Hörern der *Analytischen Mechanik*[155]. Er ging 1847 von Göttingen nach Berlin, um bei Dirichlet, Jacobi, F.G. Eisenstein und J. Steiner zu studieren. Seinem Vater schreibt er: „Als ich hier ankam, erfuhr ich zu meiner großen Freude, daß Jacobi, der im Catalog keine Vorlesung angezeigt hatte, sich besonnen habe und über Mechanik lesen wolle; ich wäre, wo möglich um ihn zu hören, noch eigens ein Semester hier geblieben und es konnte mir daher nichts angenehmeres begegnen als dies"[156]. Im Abgangszeugnis der Universität wird ihm denn auch später für die Teilnahme an der Vorlesung von Jacobi ein „sehr fleißig" bescheinigt[157].
Eine „axiomatische" Grundlegung der Mechanik kommt auch für Riemann nicht in Frage. In einem frühen, vermutlich um 1850 entstandenen Fragment zur Naturphilosophie greift er zwar nicht Jacobis „unzeitgemäßen" Begriff der Konvention auf, nimmt aber ganz in dessen Sinne zu Newtons „axiomata sive leges motus" Stellung: „Die Unterscheidung, welche Newton zwischen Bewegungsgesetzen oder Axiomen und Hypothesen macht, scheint mir nicht haltbar. Das Trägheitsgesetz ist die Hypothese: Wenn ein materieller Punkt allein in der Welt vorhanden wäre und sich im Raume mit einer bestimmten Geschwindigkeit bewegte, so würde er diese Geschwindigkeit beständig behalten"[158]. Wie es in den Grundlagen der Mechanik für Riemann keine „induktiv" gewonnene Sicherheit geben kann, hält er auf der anderen Seite auch eine Deduktion aus „Vernunftgründen" für verfehlt[159]. Als Hypothesen

---

[154]Scheibner 1853, 31. Wie der „späte" Jacobi, betont auch Scheibner, daß die Mathematik selber zunächst keinen Realitätsbezug hat. In seiner Hallenser Dissertation *Über die Variabilität der Funktionen* aus dem Jahre 1848 schreibt er (S. 1): „... die Mathematik hat es eigentlich nicht mit den Dingen in der Wirklichkeit zu tun, sondern sie construiert sich ihre Objecte aus dieser einfachen Qualität der Größe selbst" (Universitätsarchiv Halle, Personalakte W. Scheibner). Herrn Dr. R. Thiele (Leipzig) dankt der Herausgeber herzlich für die Mitteilung dieses Auszuges.

[155]S. zu Riemanns Leben und Werk die biographische Skizze von R. Dedekind (Riemann *Werke*, 571-590).

[156]Brief vom 29. Nov. 1847 (Neuenschwander 1981, 95f.).

[157]S. unten, Bildtafel V und VI.

[158]Riemann *Werke*, 557.

[159]„Dieses Bewegungsgesetz kann nicht aus dem Princip des zureichenden Grundes er-

können mechanische Grundgesetzte keine Sicherheit beanspruchen, sind als grundsätzlich revidierbar aufzufassen[160].

Der Riemann-Nachlaß enthält desweiteren verschiedene Rechnungen und Vorlesungsaufzeichnungen zur Analytischen Mechanik, in denen Jacobis Vorlesung „nachwirkt". Hier ist neben der Handhabung des Prinzips der virtuellen Geschwindigkeiten auch auf die Jacobische, d.h. „zeitfreie" Formulierung des Prinzips der kleinsten Wirkung hinzuweisen[161]. In Riemanns späteren Bemühungen, mit Hilfe des Potentialkonzepts und geeignet verallgemeinerter Variationsprinzipien zu einer allgemeinen Darstellung der elektrodynamischen Wechselwirkung zu gelangen, wird man in Methode und Zielsetzung eine weitere Übereinstimmung mit Jacobi feststellen dürfen[162].

Zuletzt sei hier auf einen Mathematiker hingewiesen, der nie bei Jacobi studierte, aber von dessen *Analytischer Mechanik* wohl am nachhaltigsten beeinflußt wurde: C. Neumann[163]. Neumann wechselt 1868 von Tübingen nach Leipzig, wo er die Vorlesungsmitschrift seines neuen Kollegen Scheibner „aus erster Hand" kennenlernt. Bereits im folgenden Jahr erwähnt er Jacobis *Analytische Mechanik* in einem Artikel *Ueber den Satz der virtuellen Verrückungen* und vergleicht sie folgendermaßen mit der Königsberger *Dynamik*[164]:

> Während jene *Königsberger* Vorlesung fast ausschließlich nur die Darlegung und Vervollkommnung der in der Mechanik anzuwendenden *analy-*

---

klärt werden", bemerkt er zum Trägheitsprinzip und dem bis ins 19. Jahrhundert hinein verbreiteten Versuch, es in dieser „rationalistischen" Manier begründen zu wollen (ebd., 564).

[160] Und als revisionsbedürftig, wie sich hinzufügen läßt: Riemann ist nicht nur der Auffassung, daß „in Bezug auf die Begriffe, welche man in der Physik der Naturerklärung zu Grunde legt" seit „Newton kein neuer Fortschritt gemacht" worden sei (Riemann 1880, 2), sondern will in einem (von 1853 stammenden) Fragment mit dem Titel *Neue mathematische Principien der Naturphilosophie* auch „jenseits der von Galiläi [sic] und Newton gelegten Grundlagen" zu neuen Grundgesetzen kommen (*Werke*, 560).

[161] Nachlaß Riemann, insbes. M. 19, Bl. 155f. und 170f.; M. 22, Bl. 1f., Bl. 49-51; M. 45, Bl. 1-3 und Bl. 29f..

[162] S. Riemann 1880, §§ 36-43 und 99; vgl. auch Riemann 1882, §§ 81-86. Der (zweifellos) größere Einfluß Dirichlets auf Riemann wird bereits vom Herausgeber beider Vorlesungen, K. Hattendorff, unterstrichen (ebd., V bzw. VI).

[163] Carl Neumann, Sohn von Jacobis Königsberger Kollegen Franz Ernst Neumann, wurde 1832 in Königsberg geboren. Er studierte in seiner Vaterstadt, promovierte 1855 in Halle und habilitierte sich dort 1858. Er ging 1864 als Professor nach Basel und im folgenden Jahr nach Tübingen. Von 1868 bis 1911 lehrte er in Leipzig, wo er 1925 starb. Neumanns Hauptarbeitsgebiet war die Potentialtheorie; als Gründer und langjähriger Herausgeber der *Mathematischen Annalen* war er auch wissenschaftsorganisatorisch einflußreich. Zu Leben und Werk s. den Nachruf Hölder 1925.

[164] Neumann 1869, 257 (Anm.).

tischen Methoden zu ihrem Gegenstande hat, zeichnet sich die genannte *Berliner* Vorlesung aus durch eine Kritik der *Fundamente der Mechanik*, wie sie in solcher Schärfe wohl bis zum heutigen Tag noch niemals zur öffentlichen Aussprache gelangt sein dürfte.

Neumann teilt Jacobis Kritik an Lagranges Beweisversuchen des Prinzips der virtuellen Geschwindigkeiten. Seine Behandlung von Bewegungen unter Zwangsbedingungen vermeidet die (von Jacobi bei Lagrange konstatierte) „Heterogenität" der Wirkung absolut starrer Gebilde, auf denen sich diese Bewegungen nach Lagrange vollziehen, einerseits und äußerer physikalischer Kraftwirkungen andererseits, indem er die Zwangsbedingungen durch geeignet gewählte Potentiale darstellt[165]. Neumanns großes Interesse an Jacobis diesbezüglichen Ausführungen, aber auch an den (oben zitierten) allgemeineren Bemerkungen zu den Prinzipien der Mechanik dokumentiert eine von ihm angefertigte, in seinem Nachlaß aufbewahrte Teilabschrift des ersten Drittels des Scheibnerschen Heftes[166].

Im November 1869 hält Neumann in Leipzig seine - in der späteren Grundlagendiskussion zur Mechanik zu einiger Berühmtheit gelangte - Antrittsvorlesung *Ueber die Principien der Galilei-Newton'schen Theorie*[167]. Während der erste Teil seines Vortrages weitgehend inhaltsgleich mit seiner Tübinger Antrittsvorlesung von 1865 ist[168], macht er im zweiten Teil die ma-

---

[165] Vgl. Teil 2, Zitat 97. Als Gradienten der eingeführten Potentiale ergeben sich bei Neumanns Ansatz „fingirte Kräfte", die die starren Verbindungen ersetzen. Diese müssen „das Punctsystem von einer Überschreitung des durch die Bedingungen vorgeschriebenen Spielraums abzuhalten im Stande, und gleichzeitig von solcher Beschaffenheit sein, dass sie einer Bewegung innerhalb dieses Spielraums keinerlei Widerstand entgegensetzen" (Neumann 1869, 259). Vgl. hierzu auch S. 86, Anm. 133.

[166] Nachlaß Carl Neumann, Cod. Ms. 52; vgl. unten, Bildtafel IV. Scheibners Vorlesungsheft (s. Teil 2, Anm. 88) weist im Deckel und am Rande einige Notizen von Neumanns Hand und Markierungen auf, die von der Abschrift herrühren.

[167] Neumann 1870. Die Vorlesung löste eine Diskussion über Newtons absoluten Raum und die Gültigkeit der mechanischen Prinzipien aus, die bis zum Ende des Jahrhunderts (und damit bis zum Ende der klassischen Mechanik) nicht mehr verstummte. Eine detailliertere Darstellung der Vorgeschichte und des Inhalts der Antrittsvorlesung, als sie im Rahmen dieser Einleitung gegeben werden kann, ist unter dem Titel *Carl Neumanns Weg zum Körper Alpha* in Vorbereitung.

[168] Die Tübinger Antrittsvorlesung deckt sich im ersten Teil fast wörtlich mit der Leipziger. So findet sich in beiden folgende Feststellung über die Physik: „Die Trägheit der Körper und die anziehende Wirkung der Erde sind bei ihr *Grundvorstellungen*, - sind bei ihr Dinge, die nicht weiter erklärbar, die völlig unbegreiflich sind" (Neumann 1865, 14 bzw. 1870, 10). Da es die Aufgabe der Physik ist, „alle Erscheinungen ... auf möglichst wenige unbegreiflich bleibende Dinge zurückzuführen" (ebd., 17), manifestiere sich hier eine Überlegenheit der Mechanik gegenüber anderen Bereichen der mathematischen Physik, da die Mechanik mit zwei „Grundvorstellungen" (Trägheit und Anziehung) auskomme. Neumann betont zwar in der Tübinger Rede die Unbegreiflichkeit dieser „Grundvorstellungen", führt

thematischen Prinzipien der Mechanik, vor allem das Trägheitsprinzip, zum Problem. Wie Riemann, übernimmt auch Neumann nicht Jacobis Konventionsbegriff. Er spricht stattdessen - und weniger glücklich - von „willkührlichen Hypothesen", von freien Schöpfungen der Mathematik, die an die Natur herangetragen werden[169]. Es geht, wie Neumann ganz allgemein zum „*Wesen mathematisch-physikalischer Theorien*" bemerkt, um „... subjective, aus uns selber entsprungene Gestaltungen, welche (von willkührlich zu wählenden Principien aus, in streng mathematischer Weise entwickelt) ein möglichst treues Bild der Erscheinungen zu liefern bestimmt sind"[170]. Die Bewährung im Empirischen kann nie zu dem Nachweis führen, „dass *diese* Principien die *einzig möglichen* sind, dass neben *dieser* Theorie keine *zweite* denkbar ist, welche den Erscheinungen entspricht"; von einer „objectiven Wirklichkeit oder wenigstens allgemeinen Notwendigkeit" dieser Prinzipien könne daher keine Rede sein[171]. Die Grundsätze der Mechanik behalten stets etwas „Willkührliches" und „Bewegliches"; man muß sich vergegenwärtigen, „dass jene Principien bis zum heutigen Tag sich am Besten bewährt haben; nicht aber, dass sie für alle Ewigkeiten feststehen; und noch viel weniger, dass sie (gleich einem Satz der Logik oder Mathematik) durch sich selber die Bürgschaft unangreifbarer Festigkeit, die Bürgschaft unumstösslicher Wahrheiten darbieten"[172]. Beinahe „Popperianisch" mutet denn auch an, wenn er feststellt, „dass bei jenen Principien oder Hypothesen ... von einer Richtigkeit oder Unrichtigkeit, von einer Wahrscheinlichkeit oder Unwahrscheinlichkeit gar nicht die Rede sein kann"[173]. Neumann betont wie Jacobi, daß nur den

---

sie jedoch nicht darauf zurück, daß es sich bei den entsprechenden mechanischen Gesetzen um *mathematische Setzungen* handelt, um subjektive Schöpfungen, die zunächst nichts über die Natur aussagen, sondern sich nur (gemeinsam) in ihren deduktiven Folgerungen empirisch bewähren, dadurch aber keine objektive Wahrheit erreichen können. Hierin liegt der neue Gedanke Neumanns (und der „alte" Gedanke Jacobis), der die Leipziger Antrittsrede von der Tübinger unterscheidet.

[169] Neumann 1870, 12. Deutlicher als im eigentlichen Vortrag wird in einer Anmerkung zum Schluß, daß der „willkürliche" Charakter der Prinzipien der mathematischen Physik für ihn gerade ein Ergebnis der mathematischen Forschung *selber* ist. Die Aufgabe, Variation oder Verallgemeinerung „a priori unnöthiger Beschränkungen" macht klar, „wie ausserordentlich gross der Spielraum ist für die willkürlich zu wählenden Principien" (ebd., 31), und die von ihm angeführten Beispiele sollen zeigen, „dass das Gebiet abstracter Untersuchungen, welche sich hier dem Mathematiker darbieten, ein unendliches ist" (ebd., 32). Dies ist genau die „Jacobische" Perspektive (vgl. Teil 3).

[170] Ebd., 22.

[171] Ebd., 23.

[172] Ebd., 13 und 22f..

[173] Ebd., 12. Hier geht er über Jacobi hinaus, der den Prinzipien der Mechanik immerhin bescheinigt, daß sie „probabel" seien; s. Teil 3, Anm. 145. Bei Popper heißt es ganz ähnlich wie bei Neumann: „Unsere Wissenschaft ist kein System von gesicherten Sätzen ... . Unsere Wissenschaft ist kein Wissen [epistéme]: weder Wahrheit noch Wahrscheinlichkeit kann sie

„Sätzen der Logik oder Mathematik" eine „*unumstössliche Sicherheit*" und
„*unangreifbare Wahrheit*" zuzugestehen sei, und daß diese nicht auf die mathematische Physik übertragen werden kann: „Aus derartigen rein formalen
Sätzen eine physikalische Theorie deduciren zu wollen, würde aber ein Ding
der Unmöglichkeit sein"[174]. Der „späte" Jacobi hätte denn sicherlich auch
Neumanns folgende Bestimmung der Mechanik voll unterschrieben: [175]

> Die Aufgabe der Mechanik kann also niemals darin bestehen, die im Uni-
> versum stattfindenden Bewegungen direct auf *mathematische Nothwen-*
> *digkeit* zurückzuführen, sondern immer nur darin, jene Bewegungen mit
> mathematischer Consequenz aus irgend welchen Hypothesen abzuleiten,
> die alsdann ihrerseits als *unerklärlich, unbegreiflich*, als *willkürlich* zu be-
> zeichnen sind.

Mit diesem Verständnis von Mechanik und ihren Prinzipien wendet sich
Neumann seiner Analyse des Trägheitsprinzips zu, das ihm in den geläufigen Formulierungen „vollständig unverständlich" ist[176]. Geht er später mit
seiner Kritik des absoluten Raumes und der Einführung eines „Körper Alpha" als Bezugssystem über Jacobis Zirkularitätsargument weit hinaus, so
ist doch die *Perspektive* seiner Analyse die gleiche wie bei Jacobi: die des
Mathematikers, der zwischen logisch-mathematischen Sätzen und empirischen Aussagen scharf trennt. Da der mathematische Kalkül keine Bevor-
zugung von „Geradlinigkeit" und „Gleichförmigkeit" gegenüber anderen Be-
wegungsformen *kennt* und keine (vermeintliche) empirische Anschaulichkeit
dieser Eigenschaften *anerkennt*, geht der Blick auf die logische Struktur des
Trägheitsprinzips und führt Neumann zu jener weitreichenden Kritik am
absoluten Raum und am Aufbau der klassischen, „Newtonschen" Mechanik,
die in der hellsichtigen Vermutung mündet: „... ebenso ist es wohl auch kein
Ding der absoluten Unmöglichkeit, dass die Galilei-Newton'sche Theorie der-
einst durch eine andere Theorie, durch ein anderes Bild verdrängt, und jener
Körper Alpha überflüssig gemacht wird"[177].

Neumanns Kritik der „Newtonschen" Mechanik liegt zeitlich früher als
diejenige Ernst Machs[178] und hat, wie skizziert, ihre eigenen „Wurzeln".

---

erreichen" (Popper 1982, 223). Die obige Einschränkung „beinahe" ist dennoch angebracht:
„Wahrheitsähnlichkeit" im Sinne Poppers ist Neumanns Ansatz fremd.

[174] Neumann 1870, 12.

[175] Neumann 1887/1888 I, 154. Dieser Bestimmung in den *Grundzügen der analytischen
Mechanik* gehen direkt Ausführungen Neumanns voraus, die er aus der Leipziger Antrittsvorlesung übernimmt.

[176] Neumann 1870, 14.

[177] Ebd., 22.

[178] Mach selber geht in einer Note zum zweiten Abdruck seines Buches *Die Geschichte
und die Wurzel des Satzes von der Erhaltung der Arbeit* von 1872 auf die „frühe" Kritik

Machs Phänomenalismus und seine Entstehungsbedingungen sind vielfach untersucht worden. Ebenso ist die Grundlagendiskussion der Geometrie, die auf die Mechanik einen starken Einfluß genommen hat, wissenschaftshistorisch und -theoretisch breit aufgearbeitet worden. Es scheint aber, daß der *Praxis der mathematischen Physik* bei der Analyse des wissenschaftstheoretischen Wandels der klassischen Mechanik bisher zu wenig Aufmerksamkeit geschenkt wurde und immer noch wird. Neben anderen Motiven, an denen es bei einer Beschäftigung mit Jacobi, „diesem eigenartigen Geist"[179], nicht mangelt, mag man hierin *einen* Beweggrund für die Veröffentlichung der *Analytischen Mechanik* sehen. Um am Ende dieser Einleitung eine Bemerkung C. Neumanns aufzugreifen, die am Anfang dieses Editionsvorhabens stand: Es ist nun jedenfalls *nicht* mehr zu bedauern, daß Jacobis „im Wintersemester 1847/48 in Berlin gehaltene Vorlesung ... bis jetzt leider nicht gedruckt ist"[180].

---

des Trägheitsgesetzes ein - ein Gesetz, das seit Newton „die Würde und Unantastbarkeit eines päbstlichen Ausspruchs" habe (Mach 1909, 47). Er betont, daß er auf die „grosse Unbestimmtheit" diese Gesetzes bereits in seinem „Collegium, ‚über einige Hauptfragen der Physik' im Sommer 1868 aufmerksam gemacht" habe, setzt aber dann mit Blick auf Neumanns Antrittsvorlesung hinzu: „Nun hat kürzlich *C. Neumann* dieses Thema zur Sprache gebracht und genau dieselben Unbestimmtheiten, Schwierigkeiten und Paradoxen in dem Gesetze gefunden. So sehr es mir nun einerseits leid gethan hat in dieser wichtigen Sache die Priorität verloren zu haben, so hat mich doch dies haarscharfe Zusammentreffen mit einem so namhaften Mathematiker sehr gefreut und hat mich für den Hohn und die Begriffstützigkeit, welche mir die Physiker ... fast ohne Ausnahme entgegenbrachten, reichlich entschädigt" (ebd., 47). Zweifelos sind Neumanns und Machs Kritik unabhängig voneinander entstanden, wobei - wie eine ausführliche Untersuchung zeigen wird - Neumanns Analyse eher wissenschaftstheoretisch, Machs eher erkenntnistheoretisch motiviert ist.

[179] Klein 1926/1927 I, 207.
[180] Neumann 1908a, 81f..

Richtlinien der Edition und Hinweise für den Leser

Ziel der Ausgabe ist es, Jacobis *Vorlesungen über analytische Mechanik* nach der Mitschrift Wilhelm Scheibners möglichst getreu, aber auch in einer gut lesbaren Form wiederzugeben. Der Text folgt daher in äußerer Strukturierung, Grammatik, Orthographie und Zeichensetzung grundsätzlich dem Autographen Scheibners; die Abschrift von F.W.A. Magener wurde nur zu Überprüfungszwecken und (in wenigen Fällen) zur Entschlüsselung unleserlicher Textstellen herangezogen. Der Text der Scheibnerschen Mitschrift wurde auch bei offenkundigen Orthographiefehlern beibehalten; unterschiedliche Schreibweisen wurden nicht vereinheitlicht. Der Leser findet daher nebeneinander z.B. „Princip" und „Prinzip", „Minuszeichen" und „pluszeichen", „1° Ordnung" und „zweiter Ordnung", Aufzählungen in der Form „X,Y,Z" und „X Y Z", „u.s.w." und „usw".

Dennoch ist diese Edition keine „historisch-kritische", sondern eine „dokumentarische". Im Interesse besserer Lesbarkeit wird darauf verzichtet, durchgestrichene Textstellen abzudrucken und Überschreibungen, korrigierte „Verdreher", Einfügungen zwischen den Zeilen sowie Ergänzungen am Zeilenrand als solche kenntlich zu machen, wenn diese im Autographen eindeutig bestimmten Textstellen zugeordnet sind; andernfalls werden diese in den Anmerkungen wiedergegeben und ggf. erläutert. Alle weiteren Besonderheiten des Textes sind ebenfalls in den Fußnoten vermerkt. Häufig wiederkehrende, aber heute unübliche Abkürzungen sowie nicht ausgeführte Wortendungen wurden stillschweigend ergänzt. Desweiteren wurden zur Erleichterung des Textverständnisses - unter Berücksichtigung, *nicht* aber zur Erfüllung heutiger Zeichensetzungsregeln - häufig Satzzeichen ergänzt. Hinzugefügte Kommata sind dabei kenntlich gemacht als „,", Punkte als „o". Verzichtet wurde auf solche Ergänzungen durchweg nach abgesetzten Formeln. Mit Ausnahme von Überschriften und Titeleien (s.u.) sind in allen anderen Fällen, in denen Ergänzungen von Satzzeichen, Wörtern oder Formeln vorgenommen wurden, diese in eckige Klammern gesetzt. Unterstreichungen im Autographen, die einwandfrei von Scheibners Hand stammen, werden im Druck *kursiviert* wiedergegeben.

Formeln sind aus technischen Gründen und Gründen der Lesbarkeit oft auch dann abgesetzt und (oder) eingerückt worden, wenn sie im Autographen in den fortlaufenden Text integriert sind; ansonsten wurde versucht, den umfangreichen Formelapparat möglichst getreu wiederzugeben. Auf Ergänzungen, insbesondere von Summationsindices, Summen- und Integralgrenzen etc., wurde daher verzichtet.

In der Handschrift sind *Vorlesungsnummern* (in römischen Ziffern, gelegentlich ergänzt durch Datierungen) sowie erläuternde *Handskizzen* am linken oder rechten Rand zu finden. Dagegen werden hier die Nummern (ggf. auch mit Datierungen) im Fettdruck über den jeweiligen Vorlesungstext gesetzt. Die Skizzen werden ausnahmslos reproduziert, aber an geeigneter Stelle in den Text integriert. Sie sind als „Originalbilder" gekennzeichnet und von den wenigen „Bildern" zu unterscheiden, die zum besseren Verständnis einiger mathematischer Herleitungen Jacobis hinzugefügt wurden. Um Ergänzungen des Herausgebers handelt es sich auch bei den zu beiden Bildgruppen gehörenden *Titeleien*, bei den *Vorlesungsüberschriften*, die den Inhalt einer Vorlesung durch (höchstens zwei) thematische Schwerpunkte kennzeichnen sollen und bei den Kapitelüberschriften (A - H). Da die Kapitel immer ganze Vorlesungen umfassen, während neue inhaltliche Schwerpunkte oft innerhalb einer Vorlesung gesetzt werden, bieten die Überschriften (in den Kopfzeilen der Seiten) nur eine grobe thematische Orientierung.

Bei der *Kommentierung* wurde besonderer Wert auf die Erschließung der von Jacobi explizit oder implizit genannten Quellen gelegt. Nähere Angaben zu den angeführten Personen finden sich dort nur dann, wenn dies für das Textverständnis unmittelbar wichtig erschien; ansonsten wird hier auf das Personenregister verwiesen, das vollständige Namensnennungen und biographische Daten enthält. Weiter wird in der Kommentierung auf solche inhaltliche oder formale Besonderheiten der Vorlesungsnachschrift Bezug genommen, die nach Auffassung des Herausgebers der Erläuterung, gelegentlich auch der Korrektur, bedürfen oder bei denen Ergänzungen und Vertiefungen dem Leser nützlich sein könnten.

Die Titel des *Literaturverzeichnisses* werden durch Autoren- oder Herausgebernamen und Jahreszahlen bzw. (bei Werkausgaben) durch Kurztitel indiziert. Die vorangestellte Jahreszahl gibt dabei in der Regel das Publikationsjahr an. Bei Beiträgen aber, die in Akademieorganen (wie etwa den Berliner oder Pariser *Histoires*) erschienen, handelt es sich hier grundsätzlich um das Jahr, *für* das der entsprechende Band bestimmt ist; das Veröffentlichungsjahr ist dann dem Titel des Organs (in Klammern) angefügt. In wenigen Fällen, in denen die Chronologie eine besondere Rolle spielt, wird abweichend hiervon nach dem Jahr der Präsentation (Lesung oder Vortrag) indiziert. Das Jahr, für das der entsprechende Band bestimmt ist, sowie (in Klammern) das Veröffentlichungsjahr sind hier wiederum nachgestellt. Bei mehreren Veröffentlichungen pro Jahr ist die Anordnung, soweit rekonstruierbar, eine chronologische. Aufgenommen wurden alle für die Kommentierung und die Einleitung herangezogenen Titel. *Jacobis Veröffentlichungen* wurden darüber hinaus nach zwei Seiten hin ergänzt: einerseits um solche

Titel, die die theoretische Mechanik und ihre mathematischen Methoden im weitesten Sinne betreffen (wie Beiträge zur Variationsrechnung, zur Theorie der gewöhnlichen und partiellen Differentialgleichungen oder der Differenti-algeometrie); andererseits um Titel, die von allgemeinem historischen oder philosophischen Interesse sind.

Personen- und Sachregister erfassen den Vorlesungstext mit Kommentierung, nicht jedoch die Einleitung. In das Personenregister wurden Autoren von Sekundärliteratur nicht aufgenommen. Das Sachregister folgt der Ausdrucksweise des Autographen, bedient sich aber heutiger Orthographie. Wichtigen fachterminologischen Änderungen wird - cum grano salis - durch Einfügung von Querverweisen Rechnung getragen.

Bildtafel I: Carl Gustav Jakob Jacobi (1804-1851)
(Lithographie um 1840)

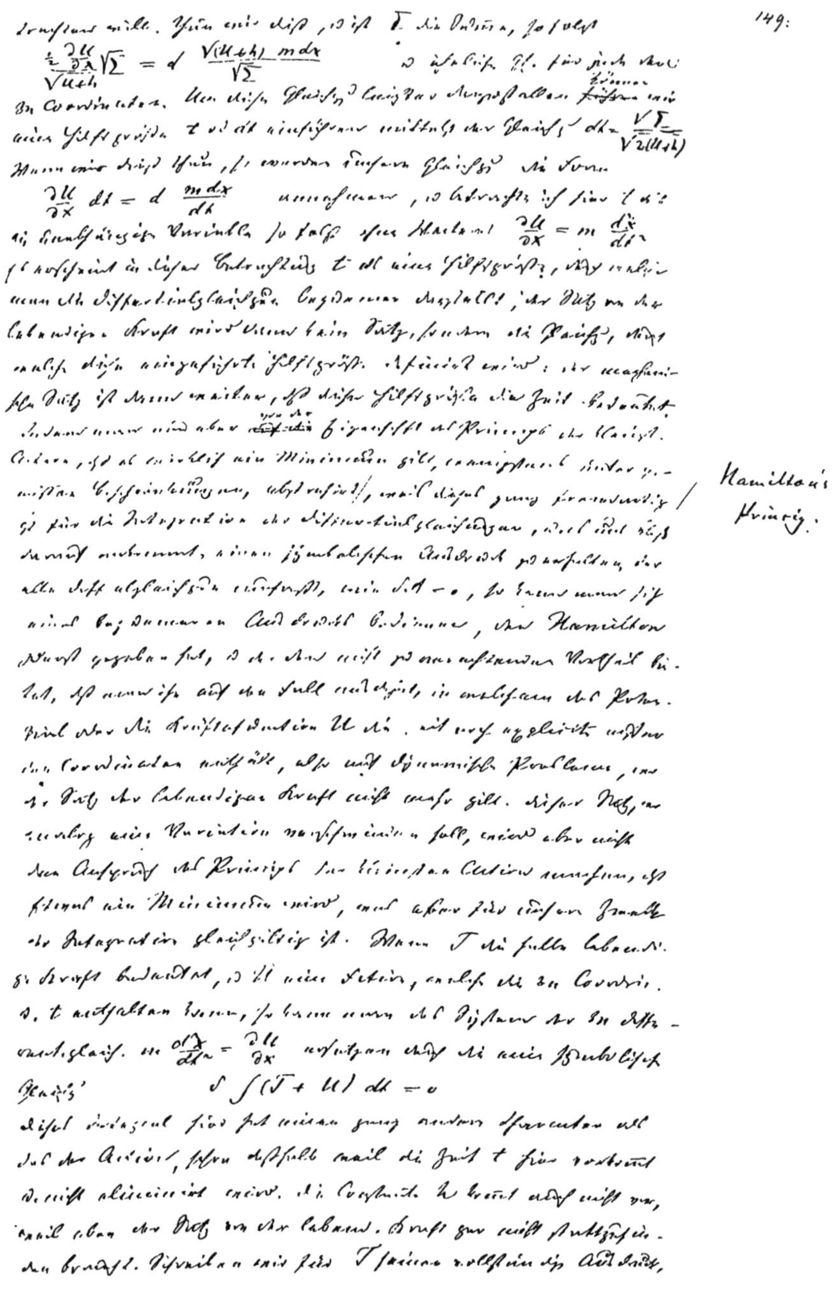
149:

Hamilton's Princip.

Bildtafel II: Mitschrift der *Vorlesungen über analytische Mechanik* von Wilhelm Scheibner (S. 149 der Hs.; vgl. S. 188f. in diesem Band)

Bildtafel III: Wilhelm Scheibner (1826-1908)
(Fotographie um 1880)

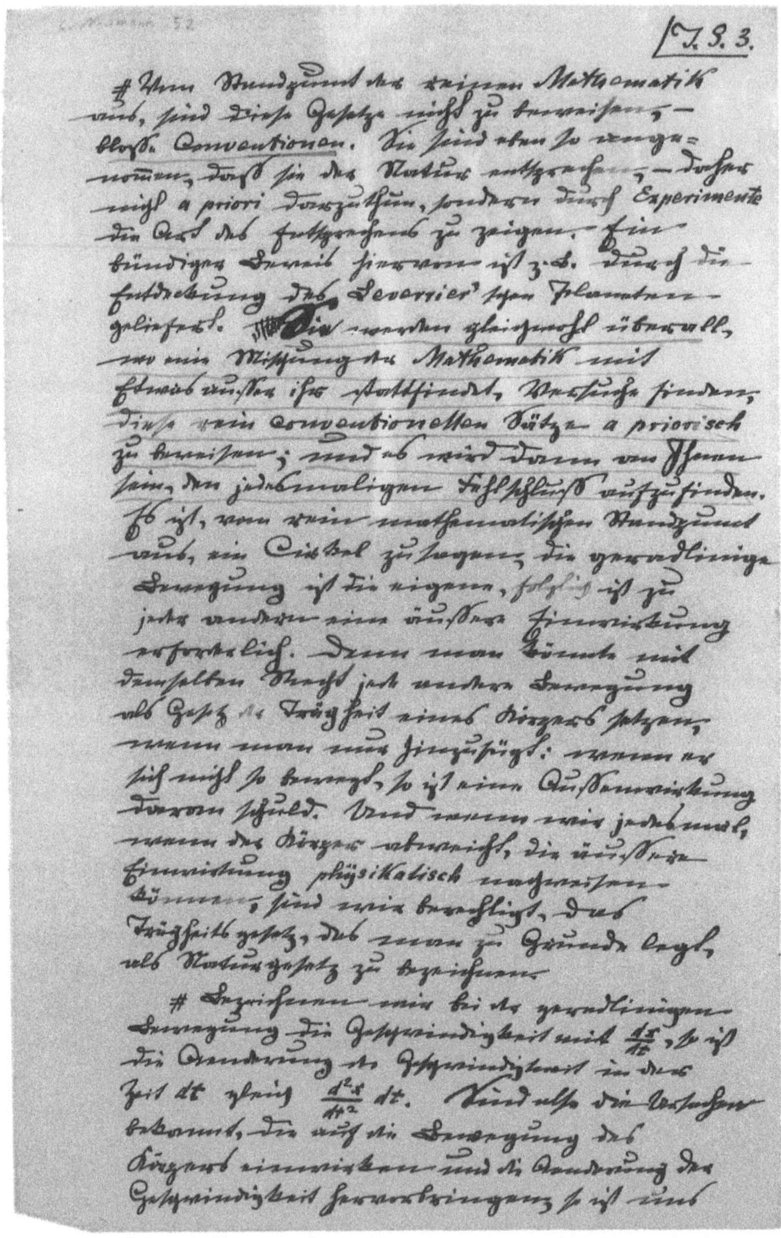

Bildtafel IV: Teilabschrift der *Vorlesungen über analytische Mechanik* von Carl Neumann (S. 3 der Hs.; vgl. S. 3f. in diesem Band)

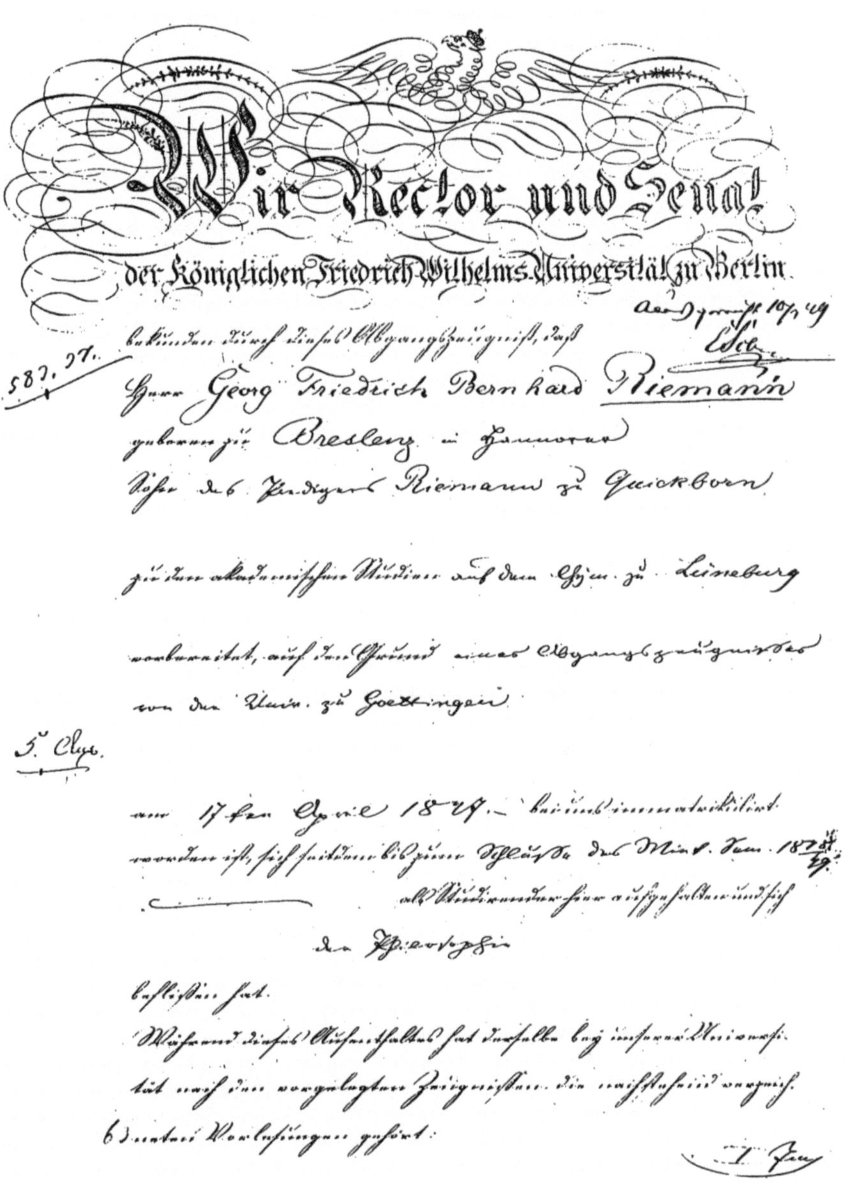

Bildtafel V: Abgangszeugnis Bernhard Riemanns
von der Friedrich Wilhelms-Universität
zu Berlin (Seite 1)

I. Im Som. Sem. 1847.

1, Theorie der Zahlen
2, Anwendung der Integral- Rechnung auf die Zahlenlehre
3, Theoretische Astronomie
4, Theoretische Optik
5, Theorie der elliptischen Functionen

beim H. Prof. Dirichlet mit [illegible]
[illegible] Eucke [illegible]. Fleiß.
[illegible] Dove [illegible] Fleiß
Dr. Eisenstein [illegible]

II. Im Wint. Sem. 1847/48.

1, Analytische Mechanik beim H. Prof. Jacobi [illegible]. Fleiß
2, Theorie der partiellen Differentialgleich. " Dirichlet, [illegible]
3, [illegible]
4, Theorie der elliptischen Functionen Dr. Eisenstein [illegible]

III. Im Som. Sem. 1848.

1, Bestimmte Integrale beim H. Prof. Dirichlet sehr Fleiß.
2, Höhere Algebra " Jacobi Fleiß.
3, Anwendungen der bestimmten Integrale " Dirichlet [illegible] Fleiß.

[signature]
aug. 21. [illegible]

Bildtafel VI: Abgangszeugnis Bernhard Riemanns
von der Friedrich Wilhelms-Universi-
tät zu Berlin (Seite 2)

Bildtafel VII: Jacobis pädagogische Wirkungsstätte (1): Teilansicht der alten Königlichen Albertus-Universität zu Königsberg (Hofseite mit Stoa Kantiana am Dom; Lithographie um 1840)

Bildtafel VIII: Jacobis pädagogische Wirkungsstätte (2): Königliche Friedrich Wilhelms-Universität zu Berlin (Lithographie um 1840)

Bildtafel IX: „Ruhmeshalle der deutschen Wissenschaft. (1740-1840.)", von Fr. Schwörer (Carton 1864. Vorne C.G.J. Jacobi zwischen L. Euler und C.F. Gauß; Legende umseitig)

Legende:

In der »Ruhmeshalle der deutschen Wissenschaft 1740—1840« erblickt man im Mittelpunkte links auf der oberen Stiege den Juristen Thibaut, vor ihm Savigny, zwischen beiden von rechts nach links Puchta und Hugo, unterhalb Savigny's Schlözer und von rechts nach links mit zugewendetem Gesicht Stahl, Seuffert, Eichhorn, Feuerbach, mit seitwärts gewendetem Gesicht Moser und Justus Möser, links von dieser Gruppe steht der Nationalökonom List. Hieran schliessen sich die Theologen links neben List: De Wette, vor ihm Mosheim und Paulus, ihnen gegenüber stehen Möhler und Hermes, eine Stufe tiefer rechts Hontheim, links Sailer, links von demselben Bauer. In der Ecke stehen von rechts nach links die Pädagogen Pestalozzi, Basedow, Salzmann. Unterhalb Bauer's folgen von links nach rechts Ewald, Neander, Wessenberg, Schleiermacher, Daub und Baader. Auf der rechten Seite oben befinden sich von links nach rechts folgend die Ärzte Hufeland, Schönlein, Rokitansky, Swieten, Stoll, de Haën, vor diesen Skoda, weiter von rechts nach links: Langenbeck, Heister, Dieffenbach, Johannes Müller, Purkinje, Blumenbach, R. Wagner, Sömmerring, A. von Haller, unter diesem Siebold, neben Haller von links nach rechts: Meckel, Ehrenberg, Oken. Eine Stufe tiefer stehen von rechts nach links die Naturforscher Nees von Esenbeck, Mohl, Mohs, dann folgen die Astronomen: Schroeter, Olbers, Herschel mit dem Fernrohr in der Hand, weiter nach links Bessel, Schumacher, vor ihnen der Geograph Ritter, links davon die Geologen Buch und Werner. In der Mitte stehen Alexander von Humboldt, links davon die Philosophen Kant, Herbart, F. H. Jacobi, Ch. Wolf und etwas tiefer Schelling. Eine Stufe tiefer stehen Fichte, rechts von ihm Hegel und vor diesem, fast mit der ganzen Gestalt sichtbar, W. von Humboldt. Unterhalb der Stiege stehen von links nach rechts die Geschichtsschreiber Schlosser, Dahlmann, Ranke, Joh. von Müller, unter diesen Niebuhr. Etwas mehr im Vordergrunde stehen die Sprachforscher: Jacob Grimm, rechts daneben Wilhelm Grimm, etwas im Hintergrunde von links nach rechts: Thiersch, Gottfried Hermann, Hammer, vor diesen Boekh und Bopp, ganz im Vordergrunde lesend Lachmann, hinter diesem von links nach rechts Otfried Müller, Heyne, F. A. Wolf. Auf der rechten Seite stehen dieser Gruppe gegenüber von rechts nach links die Chemiker H. Rose, Mitscherlich, der Physiker Chladny, dann hervorragend Liebig, unter ihm schreibend Wöhler. Links von Liebig schliessen sich an: Fuchs, Dove, Bohnenberger, D. Bernoulli, Tobias Meyer, den Kopf mit dem Dreispitze bedeckt. Hinter diesen, etwas erhöht, stehen rechts Frauenhofer, links Encke. Ganz im Vordergrunde sitzen die Mathematiker, rechts Gauss, links Euler, dazwischen K. G. J. Jacobi.

Zusatz 1995: Das Bild steht in der Tradition der damals beliebten Portraitsammlungen nach Nationen und Ständen bzw. Disziplinen. Zur Feier des 600jährigen Dante-Jubiläums entstand z.B. zur gleichen Zeit Lindenschmits „Ruhmeshalle der italienischen Literatur 1265-1865". Sein Schöpfer, der Historienmaler Friedrich S. Schwörer (1833-1891) wurde durch es „mit einem Schlag unter die bedeutendsten seines Faches erhoben" (H. Holland in der ADB 33(1891), S. 474). Es stellt nicht nur Jacobi an hervorgehobener Stelle dar, sondern auch eine Reihe von Zeitgenossen, zu denen er enge Kontakte unterhielt, wie auch Vetreter früherer Gelehrtengenerationen, die Einfluß auf ihn nahmen. Eine ausführliche Beschreibung findet sich in einem längeren Artikel im „Morgenblatt zur Bayerischen Zeitung" in den Nrn. 338-339 vom 7. u. 8.12. 1864. Dort heißt es: „... ein wahres Meisterwerk. Jede einzelne dieser hundert Gestalten ist nicht blos in den Zügen des Kopfes, in der ganzen Haltung und Bewegung eine scharf individualisirte Persönlichkeit, die geistige Durchdringung und scharfe Auffasssung der einzelnen Charaktere ist wahrhaft bewundernswerth ... Für die allgemeine Anordnung ging der Künstler von dem Gedanken aus, daß die deutsche Wissenschaft sich in einem großen Doppelstrome auf dem Gebiet des Geistes und der Natur bewege, er breitet ihn links und rechts vor dem Beschauer aus und vereinigt ihn in der Mitte durch Kant und Humboldt, ähnlich wie Rafael in der Disputa die Mitte durch Aristoteles und Plato ... markirt ...".

*Das sind aber gerade die wichtigsten Fortschritte
in der Mathematik, von denen man sich gar nicht
denken kann, daß man sie einmal nicht gewußt hat.*

C. G. J. Jacobi (28. Feb. 1848)

Vorlesungen über analytische Mechanik

gehalten von Prof. Dr. C.G. Jacobi zu Berlin

Michaelis 1847 bis Ostern 1848

I 25. October 1847

Historische Einleitung; Differentialgleichungen der Bewegung

Der Gegenstand dieser Vorlesungen soll die besondere Form sein, welche die Differentialgleichungen der Mechanik haben, und die Darstellung der Hilfsmittel, welche man aus dieser Form zur Integration jener Gleichungen ziehen kann. Die Differentialgleichungen der Mechanik werden nämlich dadurch gegeben, daß man die 2ten Differentiale der bewegten materiellen Punkte unterdrücken kann[1]. Wenn nämlich ein ruhender Körper in Bewegung gesetzt wird durch eine einmalige Aktion auf ihn, so ändert sich seine eigene Natur, wie man annimmt, so daß er mit einer constanten Geschwindigkeit in einer geraden Linie[2] sich zu bewegen anfängt und diese Bewegung nicht ändert, wenn nicht eine äußere Ursache auf ihn einwirkt. Wenn also ein sich bewegender Körper sich nicht mit constanter Geschwindigkeit in einer geraden Linie bewegt, so schließen wir, daß neben der ihm selber innewohnenden Bewegung noch durch eine außer ihm liegende Ursache eine andere Bewegung erzeugt wird. Dies ist die Art, wie schon Aristoteles die Bewegung angesehen hat, und Sie finden mit Unrecht in vielen Büchern, daß die Alten nur mit Statik sich beschäftigt und die Dynamik nicht gekannt hätten. Diese dem Körper seiner eigenen Natur nach innewohnende Bewegung, welche wir das Gesetz der Trägheit nennen, heißt bei Aristoteles ἡ κατὰ φύσιν κίνησις, die außer ihm noch wirksame Bewegung ἡ παρὰ φύσιν κίνησις[3]. Er un-

---

[1] Gemeint sein dürfte hier, wie Jacobis weitere Ausführungen nahelegen, daß die Bewegungsgleichungen eines *kräftefreien* Massepunktes die zweiten Ableitungen der Ortskoordinaten nach der Zeit nicht enthalten.

[2] In der Hs. folgt: „zu bewegen sich anfängt, ...".

[3] Aristoteles führt die Unterscheidung von „naturgemäßer Bewegung" und „äußerlich bewirkter" bzw. „gewaltbewirkter Bewegung" in seiner *Physik* näher aus. S. hierzu den (für Jacobi nächstliegenden) griechischen Text in der Akademie-Ausgabe von Immanuel Bekker aus dem Jahre 1831 (Aristoteles 1831 I, insbes. 215ᵃ, 230ᵇ, 254ᵃ) bzw. die deutsche Übersetzung von H. Wagner (Aristoteles 1967, 100f., 146f., 254).
Jacobi geht auf diese Unterscheidung und die Bewegungslehre der Griechen allgemein bereits in zwei Briefen an Alexander von Humboldt vom 2. und 17. Sept. 1847 ein (Pieper 1987, 127f., 132f.). Dort mutmaßt er (ebd., 132) daß die Gleichsetzung von naturgemäßer

tersucht so die Kreisbewegung, und zerlegt sie außer der eigenen Bewegung des Punktes in der Tangente noch in die auf den Radius gerichtete[4]. Indem die Alten [eine] Kreisbewegung des Mondes annahmen, mußte er außer der eigenen Bewegung auch eine auf den Mittelpunkt der Erde gerichtete haben, und darum sagt Anaxagoras, daß wenn die eigene Bewegung des Mondes (seine Tangentialkraft) nachließe, er wie ein Meteorstein auf die Erde fallen müsse[5]. Weil aber die Alten Sonne und Mond als Götter verehrten, wurde

---

Bewegung ($\acute{\eta}$ $\kappa\alpha\tau\grave{\alpha}$ $\varphi\acute{\upsilon}\sigma\iota\nu$ $\kappa\acute{\iota}\nu\eta\sigma\iota\varsigma$) und Trägheitsbewegung, die hier Aristoteles unterstellt wird, bereits auf den Vorsokratiker Anaxagoras (vgl. Anm. 5) zurückgehen könnte. An dem kanonisch gewordenen Teil der Aristotelischen Bewegungslehre geht seine Interpretation vorbei (vgl. aber Anm. 4): Die naturgemäße Bewegung eines Körpers ist nach Aristoteles durch ein *inneres* Streben auf seinen „natürlichen Ort" hin bestimmt und sieht einen Widerstand gegen *äußere* Ursachen nicht vor. Zudem ist bei ihm eine Trägheitsbewegung im Newtonschen Sinne („entweder ständige Ruhe oder eine ... unendlich fortgehende Bewegung"; s. Aristoteles 1967, 101) deshalb nicht möglich, weil sie die Existenz einer „Leere", d.h. eines Vakuums voraussetzt, die ja in seiner *Physik* gerade bestritten wird.

[4] „Die Drehbewegung baut sich aus Zug und Stoß auf ... ." Dieser Satz aus Buch H der *Physik* (244ª; Aristoteles 1967, 191) ist deshalb bemerkenswert, weil Aristoteles gewöhnlich die Kreisbewegung (in der Tradition Platons) als *einfache* Bewegung versteht, die zudem die *natürliche* Bewegungsform des Äthers sein soll. Hiermit erscheint eine Zerlegung der Kreisbewegung nicht vereinbar (Düring 1966, 301). Diese Zerlegung wird ausführlich mit Hilfe der Parallelogrammregel behandelt in den *Mechanischen Problemen*. Autorschaft und wissenschaftshistorische Bedeutung dieser im Corpus Aristotelicum überlieferten Schrift waren und sind umstritten (Nobis 1966). Jacobi kannte sie (Pieper 1987, 132) und sah in ihr, sicherlich im Anschluß an die Untersuchungen von Poselger (vgl. S. 22, Anm. 41), ein von Aristoteles selber verfaßtes Werk. Dies entspricht auch der heute vorherrschenden Auffassung (Nobis 1966, Krafft 1970). Zu der fraglichen Zerlegung der Kreisbewegung in einen tangentialen und einen radialen Anteil heißt es dort u.a., daß „jede Kreisdrehung ... in der einen Richtung natürlich verläuft, in der andern Richtung aber, quer und zum Mittelpunkt hin, unnatürlich" (*Mechanische Probleme* 849ª; Aristoteles 1957, 26). Hierauf bezieht sich Jacobi, wenn er Aristoteles naturgemäße Bewegung mit einer (hier: tangential gerichteten) Trägheitsbewegung im Newtonschen Sinne identifiziert. Die vermutlich zu den frühen Aristotelischen Schriften zählenden *Mechanischen Probleme* könnten in diesem Punkt von den Vorsokratikern Empedokles oder Anaxagoras (s. Anm. 5) beeinflußt worden sein (Kraft 1970, 65f.). Jacobi sieht diese Verbindung, bemerkt aber offenbar *nicht*, daß Aristoteles hier (vermutlich gerade *aufgrund* dieser Beeinflussung) Kreisbewegung und naturgemäße Bewegung in einer für seine Physik untypischen Weise gebraucht (s. Anm. 3). Zu unterstreichen ist aber die These Jacobis, daß *hier* (besonders in den *Mechanischen Problemen*) die Ansätze zu einer Theorie der *Dynamik* bei den Griechen zu suchen sind (vgl. auch Pieper 1987, 124); zu den Anfängen der Dynamik in der Antike allgemein s. Krafft 1970.

[5] „... da habe Anaxagoras gesagt, der ganze Himmel bestehe aus Steinen, nur durch den gewaltigen Schwung der Kreisbewegung werde er zusammen gehalten; ließe dieser nach, so würde er zusammenstürzen." (Diogenes Laertius 1990 I, 78; s. auch Diels/Kranz 1964 II, 5f., 22f.). Für den Vorsokratiker Anaxagoras hält die Überlieferung tatsächlich Belege im Sinne der hier von Jacobi ausgesprochenen Zerlegung in zentrifugale und zentripetale Anteile bereit. Daneben finden sich aber auch Hinweise, wonach die Kreisbewegung der

Anaxagoras deshalb der Gotteslästerung angeklagt und in Athen mit Mühe vor der Todesstrafe errettet[6]. Diese Bewegung, welche die mit gleichförmiger Geschwindigkeit geradlinig durchlaufene Bahn ändert, von der nimmt man an, daß sie diese Änderung hervorbringt unmittelbar an der Geschwindigkeit selbst, so daß eine doppelte Ursache eine doppelte Änderung in der Geschwindigkeit hervorbringt, nicht etwa eine Function der Geschwindigkeit[7]; man nimmt ferner an, daß die Änderung der Zeit, während welcher die Ursache einwirkt, proportional ist, natürlich so lange die Beziehung constant bleibt. Dies ist die Proportionalität der Kräfte mit Zeit und Geschwindigkeit, und ihr Wesen ist, daß die Änderung an der Geschwindigkeit selbst angebracht ist. Vom Standpunkt der reinen Mathematik aus sind diese Gesetze nicht zu beweisen, bloße Conventionen[8], sie sind aber so angenommen, daß sie der Natur entsprechen - daher nicht a priori darzuthun, sondern [es ist] durch Experimente die Art der Entsprechung zu zeigen. Ein bündiger Beweis hiervon ist z. B. durch die Entdeckung des Leverrier'schen Planeten geliefert[9]. Sie werden gleichwohl überall, wo eine Mischung der Mathematik mit Etwas außer ihr stattfindet, Versuche finden, diese rein conventionellen Sätze a priorisch zu beweisen, und es wird dann an Ihnen sein, den jedesmaligen Fehlschluß aufzufinden[10]. Es ist vom rein mathematischen Standpunkt aus ein Cirkel, zu sagen, die geradlinige Bewegung ist die eigene[11], folglich ist zu jeder andern eine äußere Hinzuwirkung erforderlich: denn man könnte mit demselben Rechte jede andere Bewegung als Gesetz der Trägheit eines

---

Himmelskörper durch eine ebenfalls kreisförmige Bewegung des Weltgeistes (*Nous*) verursacht werde und insofern als *einfach* aufgefaßt werden müßte. Näheres hierzu bei Cleve 1973, 50ff..

[6]Verschiedene Berichte über den Prozeß gegen Anaxagoras, der einen eher „politischen" Hintergrund gehabt haben könnte, finden sich bei Diogenes Laertius 1990, 78-80.

[7]Gemeint ist hier eine *nichtlineare* Funktion der Geschwindigkeit. P.S. Laplace untersucht im ersten Buch seines *Traité de mécanique céleste* mathematisch die Frage, warum solche „Kräftefunktionen" nicht auftreten können. Ohne (wie auch Jacobi) eine vom zweiten Bewegungsgesetz *unabhängige* Definition der Kraft zu geben, kommt er zu dem Schluß, daß der Fall der Proportionalität durch empirische Evidenz (*Oeuvres* I, 17ff.) und besondere Einfachheit des Aufbaus der Mechanik (ebd., 74ff.) ausgezeichnet sei.

[8]Offenbar erstmals in der Geschichte der Mechanik, wird hier von Jacobi - ein halbes Jahrhundert vor H. Poincaré - der *Konventionsbegriff* zur Charakterisierung mechanischer Prinzipien heangezogen. Vgl. Einleitung, Teil 3 und Pulte 1994.

[9]Die Entdeckung des Neptun („Leverrier'scher Planet") nach einer Vorhersage von U.J.J. Leverrier im Jahre 1846 sorgte in der wissenschaftlichen Welt für beträchtliches Aufsehen (s. hierzu Grosser 1970). Jacobi sieht darin einen glänzenden Erfolg der newtonschen Mechanik: Solche *empirischen* Bestätigungen ihrer Prinzipien können durch angebliche Beweise „a priori" nicht ersetzt werden.

[10]Vgl. hierzu insbes. die Kritik an J.L. Lagrange in den Vorlesungen IV - VII und XVf..

[11]Gemeint ist: die dem Körper *eigentümliche* Bewegung. Zu Jacobis „Zirkelargument" und Parallelen zu Poincarés Ausführungen zum Trägheitsprinzip s. Pulte 1994, 512-515.

Körpers setzen, wenn man nur hinzufügt, wenn er sich nicht so bewegt, ist eine Außenwirkung daran Schuld. Und wenn wir jedesmal, wenn der Körper abweicht, die äußere Einwirkung physikalisch aufweisen können, sind wir berechtigt, das Trägheitsgesetz, das nun zu Grunde lag, als Naturgesetz zu bezeichnen.

Bezeichnen wir bei der geradlinigen Bewegung die Geschwindigkeit mit $\frac{dx}{dt}$, so ist die Änderung der Geschwindigkeit in der Zeit dt $= \frac{d^2x}{dt^2}$. Sind also die Ursachen bekannt, die auf die Bewegung des Körpers einwirken und die Änderung der Geschwindigkeit hervorbringen, so ist uns dieß zweite Differentiale gegeben. Dieß 2te Differentiale ist bei einem sogenannten materiellen Punkte noch mit der Masse m zu multipliciren - materieller Punkt aber ist in der Mechanik ein Körper, so klein, daß seine Gestalt keinen Einfluß hat auf die Art, wie die Kräfte auf ihn wirken. Man nimmt aber ebenfalls an, daß um einen materiellen Punkt in Bewegung zu setzen, bei ihm eine Geschwindigkeit oder dieselbe Änderung der Geschwindigkeit hervorzubringen, eine Kraft nöthig ist, die der Masse proportional ist. Also muß gegeben sein das Produkt $m\frac{d^2x}{dt^2}$. Zerlegen wir nach dem Kräfteparallelogramm in jedem Augenblick die Geschwindigkeit nach 3 rechtwinkligen Coordinaten, so ist an jeder dieser Richtungen diese Änderung anzubringen, so daß, wenn m die Masse, (x,y,z) die Coordinaten des materiellen Punktes [sind], die Werthe gegeben sein müssen

$$X = m\frac{d^2x}{dt^2} \qquad Y = m\frac{d^2y}{dt^2} \qquad Z = m\frac{d^2z}{dt^2}$$

so daß man also die Bewegung des Punktes aus diesen Gleichungen zu finden hat. Wenn man nicht bloß die Bewegung eines Punktes, sondern eines Systems von materiellen Punkten betrachtet, wird man für jeden Punkt eine analoge Gleichung haben müssen. Man nennt aber ein System von Punkten [solche] Punkte, die eine Beziehung zu einander haben, autro[12] in materieller Beziehung, oder daß sie aufeinander gegenseitig einwirken. Findet solcherart Beziehung nicht statt, so hat man nicht sowohl ein System als isolirte Punkte. Wenn aber X, Y, Z Functionen sind nicht bloß von den Coordinaten des bewegten Punktes x, y, z, sondern auch von den Coordinaten eines Punktes, der sich ebenfalls bewegt, die Masse m_I [und] Coordinaten $x_I y_I z_I$ hat, so wird man noch ebensolche Gleichungen

$$X_I = m_I\frac{d^2x_I}{dt^2} \qquad Y_I = m_I\frac{d^2y_I}{dt^2} \qquad Z_I = m_I\frac{d^2z_I}{dt^2}$$

---

[12]Lat., hier in der Bedeutung: „entweder".

haben, wo $X_I\,Y_I\,Z_I$ ebenfalls Functionen der Coordinaten $x\,y\,z\,x_I\,y_I\,z_I$ der beiden bewegten Punkte sein können: und zwar kann man in diesem Falle die Bewegung eines Punktes nicht besonders untersuchen, sondern man hat ein System von 6 Differentialgleichungen zweiter Ordnung, die zusammen zu betrachten sind. Solche Zusammengehörigkeit meint man, wenn man von einem System spricht. Ebenso ist es, wenn die Punkte z.B. durch eine feste Linie verbunden wären, wo ebenfalls keine Unabhängigkeit der Bewegung stattfände.

Ich will nun die allgemeinen dynamischen Differentialgleichungen zuerst in irgend einer Form aufstellen, und dann die mannigfachen Umformungen dieses Systems angeben. Es wird hier zunächst darauf ankommen, daß Sie die Resultate klar fassen. Beweise gibt es eigentlich nicht, sondern man kann diese Sätze nur plausibel machen; in allen Beweisen, welche man hat, wird immer mehr oder weniger vorausgesetzt, denn die Mathematik kann die Art, wie die Beziehungen eines Systems von Punkten Abhängigkeit veranlassen, sich nicht aus den Fingern saugen[13], sondern es wird hier wieder eine Convention in Form eines allgemeinen Princips eintreten. Man kann die Forderung stellen, daß die Form dieses Princips möglichst einfach und plausibel sei. Ich gebe es zunächst in solcher Form, wie es analytisch am klarsten sich darstellt, später kann die Diskussion über die ganze Bedeutung derselben eröffnet werden, und wie diese Bedeutung diejenige Eigenschaft hat, welche mit Naturgesetzen verbunden zu sein pflegt. Sie werden in allen Lehrbüchern mit Beweisen dieses Princips betrogen, und oft ist es schwer den Punkt zu finden, wo dem rein mathematischen Raisonnement etwas Äußerliches untergeschoben ist.

Ich beginne mit einer symbolischen Darstellung des Systems [der] Differentialgleichungen. Wir betrachten zuerst ein sogenanntes freies System, d. h. [materielle Punkte,] zwischen denen keine materielle Verbindung stattfindet, die aber doch auf einander einwirken. In diesem Falle haben die Gleichungen die oben angegebene Form (wo $X\,Y\,Z\,X_I\,Y_I\,Z_I \ldots$ Functionen der Coordinaten mehrerer bewegter Punkte waren), sie sind von der zweiten Ordnung, die Zeit ist die unabhängige Variable, als deren Function die Coordinaten der Punkte (Ihre Anzahl aber ist die dreifache der Anzahl der Punkte.) betrachtet werden. Aus allen diesen Gleichungen mache ich eine einzige, indem ich jede Gleichung mit einem Factor[14] multiplicire, der jeden beliebigen Werth haben kann, und addire. Dann kann die Summe nicht anders verschwinden als mit den in die einzelnen Factoren multiplicirten Termen selber. Sei $u = 0$

---

[13]Diese Wendung dürfte wiederum als Spitze gegen Lagrange (s. Anm. 10) zu verstehen sein; vgl. aber auch S. 8f..

[14]Erst in der nächsten Vorlesung (s. S. 7f.) führt Jacobi hierfür die Bezeichnung „Variation" ein.

und $v = 0$, so ist $\lambda u + \mu v = 0$ und umgekehrt folgen aus dieser einen symbolischen Gleichung jene beiden, wenn λ und μ beliebige Werthe erhalten können, weil ich dann ja λ und μ einzeln Null setzen kann. Dies gilt nun offenbar für jede Anzahl von Gleichungen. Für diese unbestimmten Factoren und Multiplicatoren führe ich nun Größen ein, die eine besondere Beziehung haben, durch welche der Factor sogleich auf die besondere Gleichung, in welche er multiplicirt wird, bezogen wird. Wenn ich die Gleichung

$$m\frac{d^2x}{dt^2} - X = 0$$

habe, so nenne ich den Factor der Gleichung δx, analog sind δy und δz die Factoren für

$$m\frac{d^2y}{dt^2} - Y = 0 \qquad \text{und} \qquad m\frac{d^2z}{dt^2} - Z = 0 \, ,$$

für die $X_I Y_I Z_I$ enthaltenden Gleichungen nenne ich die Factoren δx_I δy_I δz_I, ferner analog δx_{II} δy_{II} δz_{II} etc. So erhalte ich, wenn n die Anzahl der Punkte des Systems, das ganze System der $3n$ Differentialgleichungen in einer Gleichung von der Form[15]

$$\sum \left\{ \left(m\frac{d^2x}{dt^2} - X\right)\delta x + \left(m\frac{d^2y}{dt^2} - Y\right)\delta y + \left(m\frac{d^2z}{dt^2} - Z\right)\delta z \right\} = 0$$

wenn das $\sum$zeichen auf alle n Punkte bezogen wird. Dies ist etwas rein Identisches mit den einzelnen Differentialgleichungen selber. Es wird aber ein Wort hinreichen, um die ungeheure Bedeutung dieser symbolischen Form einzusehen, und die Entdeckung dieser Bedeutung gehört mit zu den größten Erfindungen des vorigen Jahrhunderts. Wenn nämlich die Punkte nicht frei sind, so ist die Aufstellung der stattfindenden Differentialgleichungen ungeheuer complicirt, und es hat selbst in den einfachsten Fällen großen Aufwand und Scharfsinn gekostet, um durch genaue Sonderung und wiederholte Zerlegung der Kräfte zu ermitteln, wie die Kräfte, die auf die einzelnen Punkte wirken, durch die Verbindung mit den andern Punkten theilweise gestört oder modifizirt werden. Schon der Fall, wenn 2 Punkte durch einen ausdehnbaren Faden verbunden sind, gibt eine der allermühsamsten und schwierigsten Untersuchungen. Wenn nun die Punkte verbunden sind, kann man diese

---

[15] Hier handelt es sich um das heute so genannte *D'Alembertsche Prinzip*. In dieser analytischen Darstellung wurde es jedoch noch nicht von d'Alembert in seinem *Traité de dynamique* (1743) formuliert, sondern erst von Lagrange in der *Méchanique Analitique* (1788). Wie Lagrange, sieht auch Jacobi in ihm eine Ausdehnung des *Prinzips der virtuellen Geschwindigkeiten* auf die Dynamik. Vgl. D'Alembert 1743, 49ff. und Lagrange 1788, 200 bzw. *Oeuvres* XI, 274.

Verbindung durch Bedingungsgleichungen zwischen Coordinaten darstellen. Diese Darstellung kann mechanisch sehr verschieden ausfallen, es ist aber allgemein angenommener Grundsatz, daß diese mechanische Darstellung der praktischen Ausführung keinen Einfluß hat. Seien m Bedingungsgleichungen gegeben, so kann man m Coordinaten vermittelst der $3n - m$ andern ausdrücken - oder vielmehr man kann alle $3n$ Coordinaten durch $3n - m$ ausdrücken, die wir mit u bezeichnen wollen. Es wird nun eine hier entlehnte einfache Substitution genügen, um die allgemein geltende Form der Differentialgleichungen für ein nicht freies (d.h. irgend wie materiell verbundenes) System von Punkten zu erhalten.

II *Zwangsbedingungen und Prinzip der virtuellen Geschwindigkeiten in der Statik.*

Ich rate Ihnen für oft wiederkehrende langwortige Ausdrücke sich passender Abbreviaturen zu bedienen. Ich werde in den Differentialformeln, um die Klammern zu vermeiden, eine abgekürzte Bezeichnung durch den unterschiedenen Gebrauch des geraden d und des cursiven ∂ einführen, indem ich mit ersterem die vollständigen Differentiale, wenn die Variabeln Functionen einer Veränderlichen sind, mit letzterem die partiellen Differentiale bezeichne.

Wir betrachten jetzt die beliebigen Factoren-Größen $\delta x \, \delta y \, \delta z$ als beliebige Functionen, denn wenn sie ganz willkürliche Functionen sind, sind sie auch ganz willkürliche Größen, und zwar als Functionen der vorhandenen unabhängigen Veränderlichen. t. Ich will nun die δ als Incremente ansehen, welche die Variabeln x, y, z annehmen: es werden dann also diese $3n$ Größen als willkürliche und von einander unabhängige Incremente der $3n$ Größen $x \, y \, z$ angesehen werden. Ferner werde ich unter δu die Änderung verstehen, welche eine Function u von $x \, y \, z$ erleidet, wenn $x \, y \, z$ die Incremente $\delta x \, \delta y \, \delta z \ldots$ erhalten. Es werden hierbei die Incremente als unendlich kleine Größen angesehen, so daß man die höhern Potenzen vernachlässigt, oder vielmehr nicht vernachlässigt, sondern nicht betrachtet, und so wird auch δu nur die ersten Dimensionen der Größen δ enthalten. Wenn das System materieller Punkte nicht frei ist, sondern sie gewissen Bedingungen unterworfen sind (z.B. die Punkte sollen auf einer gegebenen Fläche, auf gegebenen Curven bleiben), oder aber mit einander verbunden sind, so daß sie immer in dieser Verbindung bleiben können (z.B. durch starre Linien oder durch Fäden an einander hängen), so kann man die Bedingungen ihrer Abhängigkeit durch Gleichungen zwischen den Coordinaten ausdrücken. Seien m solche Bedingungsgleichungen [gegeben], so drückt man m Coordinaten durch die $3n - m$ andern aus. Wenn man nun die entsprechende Abhängigkeit auch zwischen den $3n$ Coordinaten festsetzt, so heißt das: wenn x eine der Größen ist, die durch $3n - m$ andere bestimmt wird, daß dann δx keine unabhängige Variation ist, sondern daß, wenn die $3n - m$ Größen beliebige Variationen annehmen, dadurch δx und überhaupt m von diesen Variationen lineär ausgedrückt werden. Die Coeffizienten dieser lineären Ausdrücke werden Functionen der $3n$ Coordinaten sein, welche durch die Bedingungsgleichungen mit einander verbunden sind. Die Variationen der m Coordinaten sollen, so wollen wir annehmen, den Bedingungsgleichungen der Coordinate selber entsprechen. Ich werde solche Variationen, die man an den Coordinaten oder Größen, durch welche die nämliche Position des Systems materieller Punkte bestimmt wird, anbringt, solche Variationen, die so beschaffen sind, daß sie die Bedingungen des Systems nicht ändern, „virtuelle Variationen"[16] nennen. Die $3n$ Variationen werden also dann virtuelle Variationen sein, wenn zwischen ihnen solche Abhängigkeit besteht, daß die $3n$ Größen den Bedingungen noch Genüge leisten, wenn man nun jede um ihre virtuelle Variation ändert. Also wenn $x^2 + y^2 + z^2 = 1$ sein soll, also die Punkte auf der Oberfläche einer Kugel bleiben, deren Radius $= 1$, deren Mittelpunkt im Coordinatenanfang, so muß zwischen den δ die Gleichung $x\delta x + y\delta y + z\delta z = 0$ stattfinden, wodurch man $\delta z = -\frac{x}{z}\delta x - \frac{y}{z}\delta y$ lineär durch δx und δy ausdrückt. Die Bedingungen der virtuellen Variation zu finden, hat man natürlich bloß in die Bedingungsgleichungen des Systems statt x $x + \delta x \ldots$ zu setzen, nach $\delta x \ldots$ zu entwickeln und bloß die erste Dimension beizubehalten.

Ich kann jetzt das universelle Princip der Dynamik so aussprechen, daß die symbolische Differentialgleichung auch dann gilt, wenn das System beliebigen Bedingungen unterworfen ist, welche durch Gleichungen zwischen den nämlichen Bestimmungsstücken der Punkte ausgedrückt werden. *Man hat dann nur nöthig, unter den δ nicht mehr vollkommen unabhängige, sondern die virtuellen Variationen zu verstehen.* Wenn man nämlich in dieser einen Gleichung m Variationen durch die $3n - m$ übrigen ausdrückt, so wird die Formel ein lineäres Aggregat von $3n - m$ Variationen, die jetzt sämtlich von einander unabhängig sind. Soll eine solche Gleichung erfüllt werden, so müssen die Coeffizienten dieser einzelnen Variationen verschwinden. Wir bestimmen also $3n - m$ Differentialgleichungen statt der $3n$: in der That reduciren sich auch die unbekannten Größen (Coordinaten) auf $3n - m$, die allein als Functionen der Zeit zu finden sind (weil m Bedingungsgleichungen

---

[16] „Virtuell" heißt hier also: mit den auferlegten Bedingungen *verträglich*. Häufiger wird der Begriff in der Geschichte der Mechanik in der schwächeren Bedeutung von „gedacht" oder „denkmöglich" verwendet, so etwa in den meisten Formulierungen des Prinzips der *virtuellen* Geschwindigkeiten; vgl. Lindt 1904, 150f..

für die übrigen gegeben sind). Dieser einfache Satz ist einer der größten und abstractesten Gedanken, welchen die Mathematik überhaupt gehabt hat[17] - seine Wichtigkeit kann natürlich der am besten erkennen, der weiß, welche Schwierigkeiten es gekostet hat, um bei den einzelnen Problemen nur die Differentialgleichungen aufzustellen, weil man dazu ermitteln mußte, wie die Kräfte durch die Abhängigkeit der Punkte theilweise durch einander gestört wurden, sich modificirten etc. Statt diesem Allen hat man nur noch eine einfache algebraische Elimination; unser Ausdruck vertritt die ganze Verfolgung der Kräfte in ihrer Wirkung. Etwa hundert Jahre nach Wiederaufnahme der dynamischen Probleme durch Galilei[18] ist durch Entdeckung unseres Satzes die Arbeit, sie der Mathematik zu unterwerfen, vollendet worden, mit einem Male wird dadurch das dynamische Problem zu einem mathematischen. Diese Operation ist es, welche dem Schaffen der Natur bei der gegenseitigen Abhängigkeit der Kräfte entspricht. Darum hat Lagrange seine Mechanik, der dieser Satz zugrunde liegt, die analytische Mechanik genannt[19]. - Es ist wohl nicht nöthig zu bemerken, daß ich hier ein Princip aufgestellt habe, einen Satz ohne Beweis: es ist aber vorgekommen, daß man das Aussprechen dieses Satzes für einen Beweis desselben gehalten hat, wie man von Laplace in seiner mécanique céleste geglaubt hat[20]. Sie haben sich vor der Hand mit demselben erst vertraut zu machen. Wie man dieses beweisen kann, und in welcher Art, denn ganz [beweisen] läßt es sich nicht, es ist immer

---

[17] Jacobi spielt hier offenkundig auf die Methode der unbestimmten Multiplikatoren (vgl. die Vorlesungen VIIIf., XVf.) an, die Lagrange erstmals in der *Méchanique Analitique* benutzt, um die Elimination der m „überzähligen" Variationen durchzuführen und das mechanische System als ein freies zu behandeln. S. Lagrange 1788, 45-49 bzw. *Oeuvres* XI, 77-83 (Part. 1, Sect. IV, Art. 2-8).

[18] Gemeint ist hier die Wiederaufnahme der Aristotelischen Dynamik (vgl. S. 1f). An Alexander von Humboldt schreibt Jacobi am 17. Sept. 1847 in gleichem Sinne: „Von Ar[istoteles] Qu[aestiones] M[echanicae] bis Galileis Discorsi ist nichts über Mechanik bekannt; beide scheiden sich so voneinander, daß man denkt, es sei kein Decennium dazwischen, und es sind zwei Jahrtausende" (Pieper 1987, 132). Dieser „Brückenschlag" Jacobis ist historisch nicht haltbar, da er insbes. die *Impetustheorie* als eine eigenständige Epoche zwischen Aristotelischer und neuzeitlicher Dynamik ignoriert; s. hierzu Wolf 1978.

[19] Jacobi bezieht sich hier auf die 1788 erschienene *Méchanique Analitique* von Lagrange: „Ceux qui aiment l'Analyse, verront avec plaisir la Méchanique en devenir une nouvelle branche, & ne sauront gré d'en avoir éntendu ainsi la domaine" (Lagrange 1788, xi bzw. *Oeuvres* XI, XII). Mit diesem Anspruch Lagranges, die Mechanik auf Analysis zurückzuführen, setzt sich Jacobi später jedoch kritisch auseinander; vgl. auch Anm. 10.

[20] Nach seinem Exkurs zur Lagrangeschen Methode kehrt Jacobi hier zum *Prinzip der virtuellen Geschwindigkeiten* zurück. P.S. Laplace hatte im ersten Buch seines *Traite de mécanique céleste* (1799) einen zirkulären „Beweis" dieses Prinzips gegeben (*Oeuvres* I, 45f.). L. Poinsot lieferte 1838 in einem Aufsatz, der auch Jacobi bekannt war (vgl. *Werke* Supp.bd., 15), den Nachweis, „que cette démonstration est illusoire" (Poinsot 1838, 248; zur Erläuterung Poinsot 1975, 75-80). Hierauf spielt Jacobi wohl an dieser Stelle an.

nur ein Zurückführen auf einfachere Betrachtungen, das sind hernach curae posteriores[21]. Viele Mathematiker sind auch der Meinung gewesen, daß es einerlei sei, wenn man etwas Conventionelles einführt, ob das einfacher oder complicirter sei, und haben, als in der bequemsten Form, diesen Satz, wie er ist, ohne Beweis aufgestellt[22].

Wir werden nun, der bequemeren Aussprache der folgenden Betrachtungen wegen, einige Definitionen festsetzen. Man pflegt die mit der Masse multiplicirten Kräfte $m\frac{d^2x}{dt^2}$ die „bewegenden Kräfte"[23] zu nennen, es ist der Ausdruck derjenigen Kräfte, welche die wirklich erfolgende Bewegung des Systems hervorbringen. Wenn einer den Factor m der Masse fortläßt, so nennt man die Kräfte die „beschleunigenden"[24]. Endlich werde ich die Kräfte

---

[21] „... , wird später zu untersuchen sein." So *könnte* der Schlußteil dieses hier unvollständig wiedergegebenen Satzes gelautet haben, denn Jacobi kommt später auf andere Beweisversuche zurück (vgl. insbes. die Vorlesungen XVf.).
„curae posteriores" (lat.) meint hier soviel wie „nachträgliche Bemühungen".

[22] Bereits in seiner *Dynamik* fordert Jacobi, das Prinzip der virtuellen Geschwindigkeiten als ein solches Prinzip anzusehen, „welches zu beweisen nicht nöthig ist. Dies ist die Ansicht vieler Mathematiker, namentlich von Gauss" (*Werke* Supp.bd., 15). Der Herausgeber der *Dynamik*, A. Clebsch, weist zurecht darauf hin, daß eine entsprechende Stellungnahme in Gauß' Schriften nicht auffindbar ist (ebd., 15, Anm.). Gauß legt Jacobis Interpretation jedoch insofern nahe, als er in seinem Aufsatz *Über ein neues allgemeines Grundgesetz der Mechanik* von 1829 sein Prinzip des kleinsten Zwanges aus dem der virtuellen Geschwindigkeit herleitet. Letzteres ist für ihn „eine allgemeine Formel zur Auflösung aller statischen Aufgaben, und so der Stellvertreter aller andern Principe ..., ohne jedoch das Creditiv dazu so unmittelbar aufzuweisen, dass es sich, so wie es ausgesprochen wird, schon selbst als plausibel empföhle" (Gauß *Werke* V, 26). M.a.W. kann nach Gauß das Prinzip der virtuellen Geschwindigkeiten faktisch dem Aufbau der Statik als „eine Art Axiom" (Lagrange) zugrunde gelegt werden, ohne aber die *Evidenz* aufzuweisen, die einem Axiom traditionellerweise zugesprochen wird, und dies interpretiert Jacobi so, daß „man etwas Conventionelles einführt". Dagegen trifft Jacobis Feststellung, daß „viele Mathematiker" dieses Prinzip allein unter „ökonomischen" Gesichtspunkten als Ausgangspunkt ohne weiteren Beweis akzeptierten, nicht zu. Insbesondere in der französischen mathematischen Physik, auf die sich Jacobi in seinen Arbeiten zur Mechanik fast ausschließlich bezieht, sind Beweisversuche zum Prinzip der virtuellen Geschwindigkeiten Legion; s. etwa Lindt 1904.

[23] Während nach *Lex II* der Newtonschen *Principia* die „vi motrici impressare" bzw. „motive force impressed" der Impulsänderung einer Masse entspricht (Newton 1687, 12 bzw. 1934 I, 13), wurde sie im 18. Jahrhundert zunehmend mit der *Rate* der Impulsänderung gleichgesetzt (vgl. Hankins 1967) und wird in dieser „modernisierten" Form auch von Jacobi eingeführt.

[24] „Erfährt ein Körper mit einer gewissen Masse eine Anziehungskraft, so richtet sich die Beschleunigung nicht nach der Masse, sondern blos nach der Größe dieser in die Theile wirkenden Kraft, welcher Umstand auch den Namen der *beschleunigenden Kraft* veranlasset hat" (Gehler 1790 - 1798 I, Art. *Kraft*, S. 800). Im Unterschied zum modernen, rein *kinematisch* interpretierbaren Begriff der „Beschleunigung" soll also hier der *dynamische* Aspekt (konstante Kraft auf eine Einheitsmasse) zum Ausdruck kommen.

X, Y, Z in Ermangelung eines bessern Ausdrucks die „sollicitirenden" Kräfte[25] nennen. Nämlich diese werden bei einem ganz freien System zwar mit den bewegenden identisch, bei vorhandenen Bedingungen aber werden diese sollicitirenden Kräfte modifizirt oder theilweise zerstört. Ferner bezeichne ich diese Summe

$$\sum m \left\{ \frac{d^2x}{dt^2}\delta x + \frac{d^2y}{dt^2}\delta y + \frac{d^2z}{dt^2}\delta z \right\}$$

als „Gesamtmoment der bewegenden Kräfte"[26] und die analoge

$$\sum \left\{ X\delta x + Y\delta y + Z\delta z \right\}$$

als „Gesamtmoment der sollicitirenden Kräfte"- wo immer die Variation als solche, wie sie Kraft der Verbindungen des Systems - wenn dieß kein freies ist - stattfinden können, d.h. als virtuelle angesehen werden. Die Grund-Bewegungsgleichung besagt also, daß das Gesamtmoment der bewegenden Kräfte gleich ist dem Gesamtmoment der sollicitirenden. Wenn Gleichgewicht stattfindet, also keine Bewegung erfolgt, verschwindet das Gesamtmoment der bewegenden Kräfte. Man erhält dann das Fundamentalprincip der Statik, daß beim Gleichgewicht das Gesamtmoment der sollicitirenden Kräfte = 0 ist, und daß wenn dasselbe = 0 ist, auch Gleichgewicht stattfindet. Dies ist der berühmte analytische Ausdruck, den Lagrange für das Princip der virtuellen Geschwindgkeiten gegeben hat[27].

Ich will nun zuerst eine geometrische Darstellung dieser Gesamtmomente angeben, welche zugleich den Vortheil hat, daß der Satz dadurch von der Particularität der Coordinaten des Systems befreit wird. Denn wenn man hier die rechtwinkligen Coordinaten x, y, z eingeführt hat, so beziehen sie sich auf ein im Raume willkürlich liegendes Coordinatensystem; dadurch erhält die ganze Formel etwas Willkürliches: wir werden sehen, daß die Formel einen Sinn hat, der von der Lage der Coordinatenaxen im Raume unabhängig ist, wie es auch a priori nothwendig sein muß. Ich bemerke hierzu: Wenn man in der Mechanik von der Richtung einer geraden Linie spricht, so nimmt man an, daß die gerade Linie von einem Punkt aus immer nur sich nach einer

---

[25]Vom Wortursprung (lat: „sollicito") her: (stark) bewegende bzw. erschütternde Kräfte. Gemeint sind nach Betrag und Richtung bestimmte Kräfte, die *von außen* an den Massepunkten eines mechanischen Systems angreifen. Lagrange spricht in der *Méchanique Analitique* von „les forces accélératrices, qui dans le même instant sollicitent chaque point de la masse m suivant des directions donnés ..." (Lagrange 1788, 192 bzw. *Oeuvres* XI, 266).

[26]Im Anschluß an Galileo Galilei (vgl. S. 19, Anm. 32) führt Lagrange in der *Méchanique Analitique* den Begriff des Moments in der Weise in die analytische Mechanik ein, wie er hier von Jacobi gebraucht wird. S. Lagrange 1788, 9, 15f. bzw. *Oeuvres* XI, 20.

[27]Lagrange 1788, 10f. bzw. *Oeuvres* XI, 21f.

Seite erstreckt; unter der entgegengesetzten Richtung versteht man dann die Verlängerung jener Geraden auf der andern Seite vom Ausgangspunkt, als neue Gerade, die zur früheren eine Neigung von 180° hat. Ist mir also eine Richtung (von einem bestimmten Punkt aus) gegeben, und ein Punkt, von dem ich diese Richtung abtragen soll, so habe ich mit der gegebenen Geraden durch den Punkt eine Parallele zu ziehen, nach derselben Seite hin, auf welcher die gegebene von ihrem Anfangspunkt aus läuft, und kann dafür nicht etwa die entgegengesetzte substituiren. Habe ich also hiernach den Punkt $p = (x, y, z)$ und ziehe eine Linie nach $p_I = (x_I, y_I, z_I)$, so sind die cos der Winkel dieser von dem *ersten* nach dem *zweiten* Punkte gerichteten Linie mit den[28] rechtwinkligen Coordinatenaxen gleich $x_I - x$, $y_I - y$, $z_I - z$ dividiert durch die Quadratwurzel aus der Summe der Quadrate selbiger 3 Größen, wobei man diese Quadratwurzel immer positiv zu nehmen hat. Die Coordi-

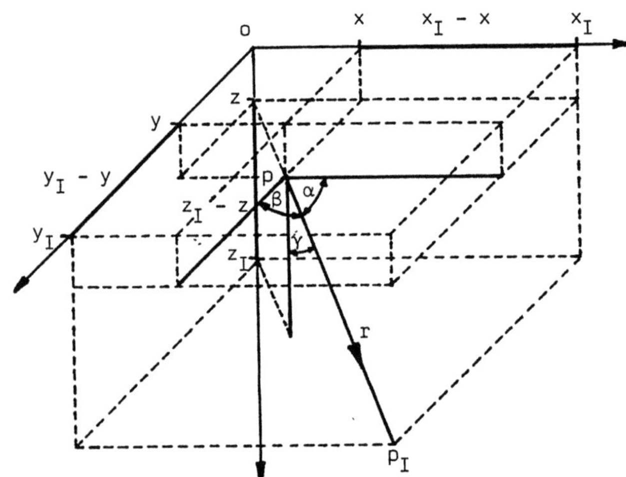

Bild 1:
Strecken- und Winkelverhältnisse im Kartesischen Koordinatensystem bei Projektion einer Geraden

natenaxen selber hat man auch nicht nach beiden Richtungen vom Ursprung aus verlängert zu denken, sondern nur nach einer, welche man als Richtung der positiven Coordinaten bezeichnet. Dadurch sind aber die Winkel, welche die Linie pp_I (ich drücke in der Bezeichnung ihre Richtung von p nach p_I aus) mit den Coordinatenaxen macht, vollkommen bestimmt. Nenne ich dieselben α, β, γ und setze

$$r = \sqrt{(x_I - x)^2 + (y_I - y)^2 + (z_I - z)^2}$$

so habe ich

---

[28] In der Hs. folgt: „... Coordinatenaxen rechtw gleich ... ", wobei das zweite Wort (als Abkkürzung für „rechtwinklig") nicht sicher ist.

$$\cos\alpha = \frac{x_I - x}{r}\,, \qquad \cos\beta = \frac{y_I - y}{r}\,, \qquad \cos\gamma = \frac{z_I - z}{r}\,,$$

wo also die Coordinaten, von denen abgezogen wird, die des Punktes sind, nach welchem sich die Linie erstreckt, und r ist immer positiv zu nehmen.

Ferner gilt der Satz: Wenn o der Anfangspunkt der Coordinaten [ist,] und ich fixiere wieder die beiden Punkte p und p_I, so ist

$$xx_I + yy_I + zz_I = (op) \times (op_1) \cos pop_1$$

Wenn wir also den Coordinatenanfang in einen der materiellen Punkte setzten, dessen Coordinaten x, y, z sind, und $\delta x, \delta y, \delta z$ als Coordinaten eines ihm unendlich nahen Punktes betrachten; ferner die sollicitirenden X, Y, Z als Componenten einer einzigen Kraft ansehen, die ihrer Größe und Lage nach durch eine Linie dargestellt wird, und das Ähnliche auch mit den bewegenden Kräften thun: so werden wir leicht die zugehörigen Gesamtmomente construiren können.

III   *Geometrische Repräsentation von Geraden, Ebenen und Winkeln.*

In der Ebene gebraucht man ohne Unterschied den cos und den sin, und es wäre ziemlich gleich, welchem von beiden man den Vorzug geben würde, wenn es darauf ankäme, nur einen beizubehalten. Aber im Raume hat der cosin eine vorherrschende Bedeutung, indem der cos eines Winkels doch dargestellt wird durch die Projection einer Linie auf eine andere. Diese Betrachtung ist sehr wichtig in der analytischen Geometrie und besonders in der Mechanik. Es kommt hierbei darauf an, daß man sich genau über die Zeichen verständigt. Wenn auf eine Linie eine andere projicirt werden soll (d.h. man soll von den Endpunkten der letzteren Perpendikel auf die ersteren [das Lot] fällen und das zwischen ihren Fußpunkten enthaltene Stück als die gesuchte Projection ansehen), so denkt man sich eine Ebene senkrecht auf die feste Linie, auf welche projicirt werden soll, und diese Linie selbst nur noch nach einer Seite dieser Ebene sich erstrecken. Wenn nun eine Linie im Raum auf jene projicirt werden soll (ihre Richtung muß natürlich gegeben sein), und sie erstreckt sich nach derselben Seite der Ebene, auf welcher jene feste ist, so bildet sie mit der festen Linie einen spitzen Winkel; wenn sie sich aber auf der andern Seite der senkrechten Ebene erstreckt, so ist der Winkel stumpf. Die Winkel im Raum aber, wie ich schon erwähnt habe, werden nur bis 180° gezählt. Läßt man also beide Linien sich von der Ebene aus erstrecken, - und es ist einerlei, von welchem ihrer Punkte aus man eine Linie sich erstrecken läßt - so werden die Winkel spitz oder stumpf, je nachdem beide Linien auf derselben oder engegengesetzten Seite der Ebene liegen. Die Projection nun wird erhalten, wenn man die Linie mit dem cos ihres Winkels multiplicirt, und zwar muß, damit die Projection = diesem Produkt wird, sie einmal mit dem positiven, das andere mal mit dem negativen Zeichen genommen werden, vorausgesetzt, daß die Richtung der Linie vollkommen bestimmt ist, so daß man weiß, ob die Linie, in dem sie sich von der Ebene entfernt (verlängert), auf derselben oder der andern Seite der Ebene mit der festen Linie liegt. Wenn man nun im Raume ein geschlossenes Vieleck nimmt, das nicht in einer Ebene zu sein braucht, und von einem Punkte immer in dem Vieleck herumgeht, bis man wieder zu dem anfänglichen Punkt kommt, so wird durch die Richtung der ersten Linie die Richtung, in welcher jede andere beschrieben wird, bestimmt. Zu Anfang hat man die Wahl, auf welcher Seite man im Vieleck herumgehen will. Wir wollen nun die Seiten des Vielecks auf eine beliebige feste Linie projiciren, so wird die Projection erhalten, wenn man nur das Produkt jeder Seite mit dem cos des Winkels bildet, den sie mit der festen Linie bildet. Bestimmen wir nun den Winkel immer auf die angegebene Art, indem wir die Linie sich in der Richtung erstrecken lassen, in der sie beschrieben wird, indem man im Umfang herumgeht, so werden diese Produkte bald negativ, bald positiv[29]. Wenn zuerst der Winkel ein spitzer, und die Projection ab ist, wo wir annehmen können, die Linie liege ganz auf der einen Seite der Fundamental-Ebene, so wird der Punkt b entfernter von der Ebene sein als der Punkt a, und solange der Winkel ein spitzer bleibt, d. h. solange die verfolgte Linie sich von der Ebene fort erstreckt, werden die Projectionen ab, bc, cd etc. positiv zu nehmen sein. Wenn nun aber die Richtung der Linie, in der man herumgeht, so wird, daß, wenn man sie verlängert, sie die Ebene schneidet, daß, wenn man sie also näher rückt, man auf die andre Seite der Ebene kommt, so wird der Winkel mit der festen Linie ein stumpfer und die Produkte [werden] negativ. Die Projectionen kehrern daher in diesem Falle auf der festen Linie nach dem Anfangspunkte a zurück, so daß man in den Projectionen selbst erkennen kann, ob der Winkel ein stumpfer ist. Wenn wir nämlich der Art, wie die Linie durch ihren Anfangspunkt bezeichnet wird, eine bestimmte Bedeutung geben, so daß ab die Projection heißt, wenn a der Anfangs- [und] b der Endpunkt der projicirten Linie im Raum ist (die also von a nach b geht), so werden wir zu gleicher Zeit die Zeichen der Projectionen haben, wenn wir annehmen, daß ba den

---

[29] Jacobi hatte bereits am Ende der letzten Vorlesung (implizit) das Skalarprodukt zweier Ortsvektoren (op) und (op') angegeben, womit sich die folgenden, länglichen Ausführungen wesentlich vereinfachen und abkürzen ließen. Das Skalarprodukt wurde 1844 von H. G. Grassmann in seiner *Ausdehnungslehre* eingeführt, war Jacobi aber offenbar nicht bekannt - wie Grassmanns Werk generell zunächst kaum Beachtung fand. S. Grassmann 1844 und zur Erläuterung Crowe 1967, 63ff..

entgegengesetzten Werth von ab hat. Wenn wir also diesen Sinn den Projectionen beilegen, so wird die Summe $ab+bc+cd+\ldots=0$ sein: denn wenn wir beliebige Punkte auf der Linie annehmen von a an und das Aggregat $ab+bc+cd+\ldots+pa$ bilden (wenn p der letzte Punkt ist, so daß der letzte an den ersten angeschlossen wird), so wird die Summe immer Null sein. Denn um zu dem 1° Punkt wieder zurückzukehren, muß man die gleiche Länge, um die man sich von demselben entfernt hat, in der entgegengesetzten Richtung durchlaufen haben, wodurch also das Negative entsteht, welches die positiven Strecken aufhebt; wie man auch hin und her gegangen ist, jede Strecke, die in einem Sinn durchlaufen worden ist, muß, um zurückzukehren, im andern durchlaufen werden. Hieraus folgt der Satz: Hat man im Raum ein geschlossenes Polygon, und bestimmt die Richtung jeder Seite durch einen in demselben Sinne vollendeten Umgang, so wird die Summe der Produkte, die man erhält, wenn man jede Seite mit dem cos des Winkels multiplicirt, den sie mit einer festen Linie bildet, $=0$. Diese Betrachtung gibt uns eine deutliche Einsicht in die Natur der Formel für den cos des Winkels zweier Linien aus der vorigen Stunde, welche eine große Rolle in der Mathematik spielt. Wir denken uns nämlich vom Ursprung o zwei Linien op und op'; oX sei die Abscisse von p auf die $x$axe, Y der Fußpunkt oder Durchschnittspunkt von unserem p mit der $z$axe, auf die xyebene senkrechten, parallelen Linie, so wird XY die $y$coordinate von p sein, Yp endlich die $z$coordinate. Wir

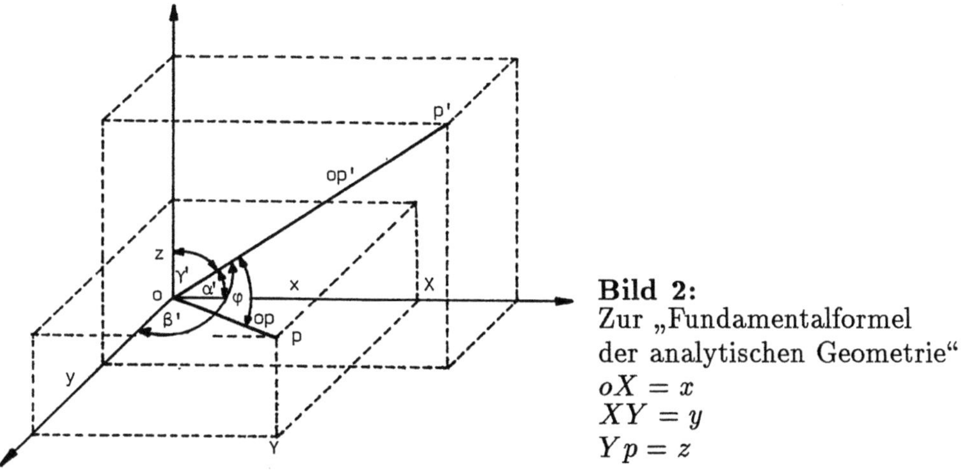

Bild 2:
Zur „Fundamentalformel
der analytischen Geometrie"
$oX = x$
$XY = y$
$Yp = z$

wollen nun das geschlossene Viereck $oXYpo$ betrachten, dessen Seiten außer den Coordinaten $x=oX$, $y=XY$, $z=Yp$ die Linie po bildet. Diese Seiten wollen wir auf die zweite Linie op' projiciren, und den oben angeführten Satz anwenden. Wenn α', β', γ' die Winkel bedeuten, die op' mit den Axen der x, y, z bildet, so sind α', β', γ' gleichfalls die Winkel von op' mit oX, XY und

Yp, weil diese mit den Coordinatenaxen parallel laufen und nach derselben Richtung sich erstrecken, wie wir vorerst der Leichtigkeit wegen annehmen (im entgegengesetzten Falle müssen die respectiven cos[-Werte] mit entgegengesetzten Zeichen zu nehmen sein). Sei ferner $\varphi = pop'$ der Winkel, den eine von o nach p laufende Linie mit einer von o nach p' bildet: geht man im Sinne des Vierecks herum, so erhält man zuletzt die Linie po von p nach o und diese macht mit op' einen Winkel = dem Supplement von φ oder der cos $= -\cos\varphi$. Wenn wir dieß Alles erwägen, so gibt unser allgemeiner Satz die Gleichung[30]

$$\cos\alpha'x + \cos\beta'y + \cos\gamma'z - (op)\cos\varphi \;=\; 0 \qquad \text{oder}$$
$$x\cos\alpha' + y\cos\beta' + z\cos\gamma' \;=\; (op)\cos\varphi\,.$$

Die Formel hat allgemeine Gültigkeit, denn wenn eine der Linien oX, XY, Yp die entgegengesetzte Richtung hat, als die Coordinatenaxen, so muß man, um den positiven Werth der Linie zu bekommen, die Coordinaten mit dem negativen Zeichen bezeichnen. Im allgemeinen Vielecksatz nämlich mußte die Seite immer positiv genommen werden, jetzt aber nimmt man an, daß die Coordinaten x, y, z positiven oder negativen Werth haben, je nachdem diese Linien oX, XY, Yp dieselbe oder die entgegengesetzte Richtung mit den Axen haben. Im letzten Fall aber wird der Winkel, den op' mit oX oder XY oder Yp bildet, das Supplement des Winkels (α',β',γ'), den op' mit der entgegengesetzten Axe macht; weil also außer dem negativen Zeichen der Coordinaten das negative Zeichen des cos des Supplementwinkels hinzukommt, so macht dieß in dem durch die Formel gegebenen Werthe keinen Unterschied. Man erhält so die Fundamentalformeln der analytischen Geometrie ohne alle weitere trigonometrische Hilfssätze. Es ist ferner zu bemerken, daß hierbei nicht vorausgesetzt wird, daß das Coordinatsystem ein rechtwinkliges ist, wenn man nur unter α', β', γ' die Winkel mit den Axen versteht. Wir haben also den Sinn der Formel

$$\cos\alpha'x + \cos\beta'y + \cos\gamma'z \;=\; (op)\cos\varphi\,,$$

man hat φ zu denken als den Winkel, den op mit op' bildet, wen p die Coordinaten $x\,y\,z$ hat und op' mit den Axen die Winkel $\alpha'\,\beta'\,\gamma'$ bildet, die Linien hat man von o an zu erstrecken. Hat man jetzt eine Formel

$$\cos\alpha'(x - a) + \cos\beta'(y - b) + \cos\gamma'(z - c)$$

---

[30]Hier, wie auch in den folgenden Formeln, treten x, y, z etc. (natürlich) nicht als Argumente der cos-Funktion auf, sondern als *Faktoren,* die mit cos α' etc. multipliziert werden.

so kann man die Formel sogleich auf die vorige zuruckführen, wenn man den Anfangspunkt der Coordinaten in den Punkt a, b, c verlegt. Da von der Linie op' nur die Winkel in unserer Formel vorkommen, so ist es gleich, wo sie im Raume sich befindet, wenn sie nur ihre Richtung unverändert beibehält. Es wird hiernach der angegebene Ausdruck = der Linie sein, die sich von (a, b, c) nach dem Punkt (x, y, z) erstreckt, mal dem cos des Winkels, den sie mit einer Linie bildet, die selbst mit den Coordinatenaxen die Winkel α' β' γ' macht. Es ist weiter nicht nöthig, daß das Coordinatensystem ein rechtwinkliges sei.

In unsern allgemeinen dynamischen Formeln hatten wir rechtwinklige Coordinaten angenommen[31], und nannten $X\,Y\,Z$ die rechtwinkligen Componenten der Kräfte, die auf den Punkt, dessen Masse m ist, wirken. Nennen wir diese Kraft P und die Winkel, die sie mit den rechtwinkligen Axen bildet, α, β, γ, so hat man

$$X = P\cos\alpha \qquad Y = P\cos\beta \qquad Z = P\cos\gamma$$

Wir wollen nun ferner annehmen, daß der entsprechende materielle Punkt, dessen Coordinaten x, y, z sind, unendlich wenig verschoben würde, so daß seine Coordinaten $x + \delta x$, $y + \delta y$, $z + \delta z$ entstehen, so sind δx, δy, δz die Unterschiede der Coordinaten des Punktes in seiner ursprünglichen und seiner späteren Lage, es wird daher noch

$$X\delta x + Y\delta y + Z\delta z = P(\cos\alpha\,\delta x + \cos\beta\,\delta y + \cos\gamma\,\delta z) =$$

P mal dem Wege des Punktes, um den man ihn verschoben hat, mal dem cos des Winkels, den dieser Weg mit der Kraft P bildet, wobei man die Richtung des Weges vom ursprünglichen nach dem verschobenen Punkte zu nehmen hat, so wie sich P von dem Punkte aus, auf welchen die Kraft wirkt, in der Richtung sich erstreckt, nach welcher er gezogen wird. Die Summe $\cos\alpha\,\delta x + \cos\beta\,\delta y + \cos\gamma\,\delta z$ kann man auch als die Projection des Weges auf die Richtung der Kraft betrachten, wobei man aber Sorge tragen muß, daß man diese Projection mit dem positiven oder negativen Zeichen nimmt, je nachdem die Richtung der Verschiebung einen spitzen oder einen stumpfen Winkel mit der Richtung der Kraft bildet. Hiernach kann man die geometrische Bedeutung des Kräftemoments folgendermaßen ausdrücken:
Man verschiebt alle Punkte des Systems unendlich wenig, so daß alle Bedingungen des Systems unverletzt erfüllt bleiben (denn die Variationen sind immer virtuelle), multiplicirt den Weg, um welchen man jeden Punkt verschoben hat, mit der ihn sollicitirenden Kraft P und mit dem cos des Winkels, den die Richtung des Weges mit der Richtung der Kraft bildet - so

---

[31]Vgl. oben, S. 4f..

ist die Summe dieser Produkte das Gesamtmoment der Kraft, und zwar im angegebenen Falle der sollicitirenden Kraft. Man erhält das Gesamtmoment der bewegenden Kräfte auf dieselbe Art, wenn man statt der Componenten der sollicitirenden Kräfte X, Y, Z die der bewegenden nimmt[:] $m\frac{d^2x}{dt^2}$, $m\frac{d^2y}{dt^2}$, $m\frac{d^2y}{dt^2}$.

Man kann ferner diesen Satz so aussprechen, daß man die Kraft multiplicirt mit dem Wege, wie er in der Richtung der Kraft gemessen wird. Dieser Ausdruck bezeichnet die Projection des Weges auf die Richtung der Kraft. Die Summe der Produkte der Kräfte in die in der Richtung der Kraft gemessenen Wege wird das Gesamtmoment der Kräfte .

<table>
<tr><td>IV</td><td>Prinzip der virtuellen Geschwindigkeit in der Statik und Lagranges erster Beweisversuch in der 'Mécanique Analytique'.</td></tr>
</table>

Damit keine Unklarheit in den elementaren geometrischen Vorstellungen bleibt, will ich bemerken, wie man sich vorzustellen hat, daß die Projection einer Linie auf eine andere sich immer im Verhältniß des cos des Winkels verkürzt. Bei zwei sich schneidenden Linien, also in einer Ebene, versteht sich dieß von selbst, aber auch im Raum bei beliebiger Lage sieht man es leicht ein. Wenn man nämlich in den Endpunkten einer Linie ab senkrechte Ebenen errichtet, und zwischen diesen Ebenen beliebige Linien zieht, so ist ab die Projection von allen diesen Linien. Denn wenn cd eine solche Linie ist, so stehen sowohl ca als db senkrecht auf ab, letztere [ist] also das zwischen den Fußpunkten seiner Perpendikel enthaltene Stück. Wenn man nun aus a oder aus b eine Parallele mit der Linie cd und in ihrer Richtung zieht, und man kann immer entweder a oder b so wählen, daß diese Parallele zwischen die senkrechten Ebenen fällt, natürlich wenn man die Richtung von cd festgesetzt hat - so ist das zwischen den Ebenen enthaltene Stück dieser Parallele nicht nur parallel, sondern auch gleich cd, und hier erkennt man sogleich, in dem dadurch entstehenden rechtwinkligen Dreieck, daß die Kathete gleich der mit dem cos des respektiven Winkels multiplicirten Hypotenuse $= cd$ ist.

Wir kehren zu unserm Fundamentalsatz zurück, dessen geometrische Bedeutung wir ausgesprochen haben. Das Gesamtmoment der sollicitirenden Kräfte muß gleich sein dem der bewegenden. Wenn keine Bewegung stattfindet, oder die Kräfte vemöge der Bedingungen des Systems sich das Gleichgewicht halten, verschwindet das Gesamtmoment der bewegenden Kräfte, weil dieß die Kräfte sind, die bei einem freien System die Bewegung des Systems hervorbringen würden. In diesem Fall verwandelt sich unser Satz

in das Fundamentaltheorem der Statik, und heißt: das Gesamtmoment der
sollicitirenden Kräfte ist $= 0$ im Falle des Gleichgewichtes. Betrachten wir
also z.B. den einfachsten Fall, den des Hebels, dessen Unterstützungspunkt
o sein möge und an dessen Endpunkten a und b zu beiden Seiten von o
Gewichte p und q angebracht seien. Um unser Princip anzuwenden, fragen
wir zuerst nach den virtuellen Variationen. Man sieht sogleich, daß das System keine andere Bewegung annehmen kann, als sich um o drehen. Wird

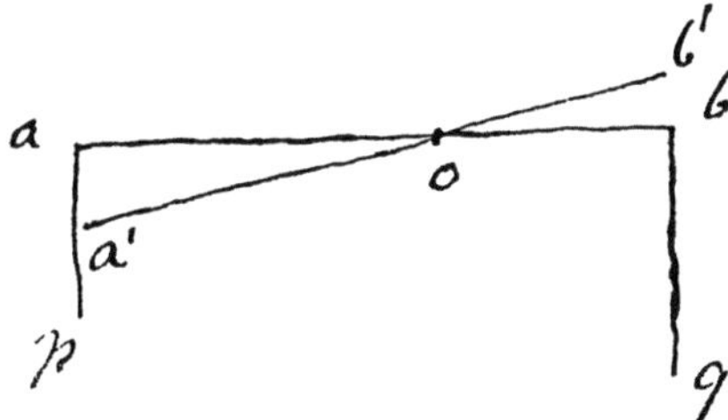

Orginalbild I:
Anwendung des „Funda-
mentaltheorems der Statik"
auf den Hebel

hier dem Punkt a die Variation aa' zugetheilt, die also als unendlich kleine
Drehung um o erscheint, so ist hierdurch die Variation bb' als Drehung in
entgegengesetzter Richtung ihrer Größe nach bestimmt, weil die unendlich
kleinen Wege der Hebelarme proportional werden. Die Verschiebung aa' ist
in der Richtung der Kraft p gemessen, mit $\cos o$ zu multipliciren, weil ihre
Richtung mit der der Kraft übereinstimmt. Die Kraft q hat als Schwere dieselbe Richtung wie p, die Verschiebung bb' hat aber die entgegengesetzte von
aa', bildet also mit q den Winkel von $180°$, ist mit $\cos 180° = -1$ zu multipliciren. Natürlich ist hier vorausgesetzt, daß der Hebel horizontal, senkrecht
auf der Richtung der Kräfte p und q sei. Folglich gibt unser Prinzip

$$p \cdot aa' - q \cdot bb' = 0$$

Nun sind, wie schon erwähnt, aa' [und] bb' den Hebelarmen proportional,
weshalb man den bekannten Hebelsatz

$$p \cdot oa = q \cdot ob$$

für das Gleichgewicht erhält. Wegen dieser zufälligen Proportionalität der
Verschiebungen mit den Hebelarmen hat man dem Worte Moment eine an-
dere Bedeutung gegeben, wodurch die ursprüngliche verloren gegangen ist.
Die ursprünglich von Galilei gebrauchte Bezeichnung ist für das Produkt des
Gewichts p in den unendlich kleinen Weg aa'[32], und erst in neuester Zeit hat

---

[32] In dieser Bedeutung, d.h. als *virtuelles* Moment , wird der Begriff von Galilei offenbar
erstmals in der um 1600 entstandenen (aber erst 1634 in französischer Übersetzung und
1649 im italienischen Orginaltext veröffentlichten) Frühschrift *Le Mecchaniche* gebraucht
(s. Galilei 1960, 151f., 155-159, 173-175). Hier, wie auch in den 1638 erschienen *Discorsi*

das Bedürfnis, den allgemeinen Satz auszusprechen, diese ursprüngliche Bedeutung wiederherstellen lassen. In allen Lehrbüchern wird das Moment auf einen falschen Punkt bezogen und unter Moment das Produkt aus der Kraft in die Entfernung ihrer Richtung von dem festen Punkte verstanden[33]. Weil im Falle unseres Hebels die virtuellen Wege den Entfernungen vom festen Punkt o proportional sind, kann man jenes Produkt dadurch ersetzen. Dieses Produkt aus der Kraft in den in ihrer Richtung gemessenen Weg bezeichnete Galilei als impetus, als momentum[34], und Descartes fügte hernach den Satz hinzu, daß man an einem solchen Produkt die beiden Factoren willkürlich bestimmen könne, wenn nur der Werth des Produkts derselbe bleibt[35]. Dieß ist hernach auch das Princip der gesamten Maschinenlehre geworden, dieß Produkt ist, was an jeder Ramme den Arbeitern bezahlt wird: es ist, ein bestimmtes Gewicht auf eine gewisse Höhe zu heben, es ist die Kraft mal dem Weg in der Richtung der Kraft oder eigentlicher noch in der der Kraft entgegengesetzten Richtung[36]. Es wird angenommen, wenn man von den äußern Umständen, die außerdem wirken, absieht, daß es doppelt soviel kostet, dasselbe Gewicht auf eine doppelte Höhe zu heben. Weil hier die Kraft der Schwere constant bleibt, addiren sich die unendlich kleinen Wege, und man hat die Kraft mit der Höhe zu multipliciren; ändert sich die Kraft, so sind die Elementarprodukte zu summiren. Da es beim Gleichgewicht wie

---

(Galilei 1973, 93ff.; 2. Tag), demonstriert er das Prinzip der virtuellen Geschwindigkeiten am Hebel, wobei das Moment als Produkt aus dem Gewicht einer Masse und seiner (anfänglichen) Geschwindigkeit bzw. Verrückung eingeführt wird. S. insbes. Galilei 1960, 155f..

[33] „Momento, appresso i meccanici, significa quella virtù, quella forza, quella efficacia, con la quale il motor muove e'l mobil resiste; ... in somma, quaelunque si sia la cagione di tol virtu, ella tuttavia ritien nome di memento." (Galilei *Opere* VI, 68) Diese weite Definition des Momentbegriffs umfaßt sowohl *virtuelle* (s. Anm. 32) als auch *statische Momente* als auch eine impulsartige Erhaltungsgröße (*impetus*, s. Anm. 34), d.h. die von Jacobi beklagte Mehrdeutigkeit geht durchaus auf Galilei zurück. Es trifft jedoch zu, daß zu Jacobis Zeit „Moment" nur noch als „statisches Moment" (Produkt einer Kraft und ihrem senkrechten Abstand von einem Punkt) oder als Trägheitsmoment verstanden wurde. S. Gehler 1825 - 1845 VI, Sp. 2316ff. (Art. *Moment*).

[34] Tatsächlich zieht Galilei keine klare Trennung zwischen dem impulsartigen „impetus" und dem „momentum" (vgl. Anm. 33); s. hierzu auch Westfall 1971, 11f., 25 - 29.

[35] Jacobi paraphrasiert hier offenbar eine Passage aus Lagranges *Méchanique Analitique*, die (ebenfalls) an Ausführungen über den Momentbegriff bei Galilei anschließt (Lagrange 1788, 9 bzw. *Oeuvres* XI, 20f.); zum Prinzip der virtuellen Geschwindigkeit bei Descartes s. vor allem dessen Brief an Chr. Huygens vom 5. Okt. 1637 (Descartes *Oeuvres* I, 431 - 448).

[36] D.h. die mechanische *Arbeit*. Das Prinzip der virtuellen Geschwindigkeit wird daher (bis heute) auch oft als das Prinzip der virtuellen Arbeit bezeichnet (Lindt 1904). Zur Bedeutung des Prinzips für die Formation des Energie- und Arbeitsbegriff s. Hiebert 1962.

bei der Bewegung nur auf dieses Gesamtmoment der Kräfte ankommt, so
können alle Kräftesysteme für einander substituirt werden, für welche das
Gesamtmoment für alle Werthe der virtuellen Bewegung dieselbe Bedeutung behält. Die virtuelle Bewegung kann man sich am Hebel so denken:
Die Verschiebung (Drehung) aa' ist beliebig, dadurch ist bb' bestimmt, oder
umgekehrt, ist bb' aus aa' bestimmt, so ist die Bewegung so beschaffen, wie
sie durch die Bedingungen des Systems hervorgebracht werden kann. Also
wenn es auf die Bedeutung der Gleichungen ankommt, läßt man dasselbe
System auf verschiedene Weise sich ändern; und hier kann man geometrisch,
auf synthetischem Wege, oft zweckmäßig verfahren, indem man in der Figur
bleibt, und die Art der Bewegung aus der Figur entnimmt, wodurch man
den Vortheil hat, das Resultat in seiner geometrischen Bedeutung zu erkennen, die man nicht gleich bei der analytischen Rechnung einsieht. Wie man
sich hierbei jedesmal zu benehmen habe, ist aus dem Studium der betreffenden Figur zu entnehmen, wozu einige Übung nöthig ist. Das Princip selbst
in dieser großen und schönen Allgemeinheit findet sich zuerst in der Mechanik von Varignon[37] [und] 1717, mit einer großen Menge von Beispielen,
in einem Briefe von Joh. Bernoulli[38], dem jüngeren von den beiden älteren
Bernoullis. (Sein Bruder hieß Jacob: Johann hatte viele Söhne: unter allen
der bedeutendste ist Daniel, der zu seiner Zeit in demselben Rufe wie Euler
stand, dessen Zeitgenosse und Freund er war)[39]. Varignon hat 1700 c.[irka]
ein Werk in 2 Bänden „Mechanik" geschrieben, welches aber soviel wie Statik heißt[40]. Da ich diese Vorträge [als Vorlesungen] über Mechanik bezeichnet habe, will ich über das Wort Einiges sagen. Aristoteles hat eine Schrift
$\mu\eta\chi\alpha\nu\iota\kappa\grave{\alpha}$ $\pi\rho o\beta\lambda\acute{\eta}\mu\alpha\tau\alpha$ geschrieben[41], von $\mu\eta\chi\alpha\nu\acute{\eta}$, List, Erfindung, von

---

[37]Gemeint ist P. Varignons 1687 veröffentlichte Schrift *Projet d'une nouvelle mécanique*,
die vornehmlich das Kräfteparallelogramm behandelt (Varignon 1687).

[38]Es handelt sich um einen Brief von Johann I Bernoulli an P. Varignon vom 26. Jan.
1717, den jener auszugsweise in seiner „zweiten" Mechanik (s. unten, Anm. 40) veröffentlichte. Bernoulli prägte in diesem Brief die Bezeichnung „vîtesses virtuelles" für die Projektion einer infinitesimalen Verrückung eines im Gleichgewicht befindlichen Massepunktes
auf die Richtungen der angreifenden Kräfte und wurde so zum Namensgeber für das Prinzip der virtuellen Geschwindigkeiten. Das Produkt aus angreifender Kraft und Verrückung
nannte er „energie". S. Varignon 1725 II, 174 - 176 und zur Erläuterung Hiebert 1962, 53f.,
82 - 84.

[39]Von den fünf Söhnen Johann I Bernoullis schlugen drei eine Laufbahn als Mathema-
tiker ein: Niklaus II, Daniel und Johann II Bernoulli. L. Euler, ebenfalls ein Schüler Joh.
I. Bernoullis, stand mit Daniel Bernoulli in engem wissenschaftlichen und persönlichen
Kontakt; s. Fuss 1843 II.

[40]Hierbei handelt es sich um die postum erschienene zweibändige *Nouvelle mécanique ou
statique* (Varignon 1725). Neben einer ausgedehnten Behandlung von Gleichgewichtspro-
blemen auf der Grundlage der Parallelogrammregel für Kräfte beinhaltet sie jedoch *auch*
Ansätze der Hydrodynamik; s. Dugas 1955, 226f..

[41]Ergänzung am Rande der Hs.: „übersetzt von Poselger. Abhandlungen der Berliner

den Griechen in dem Sinne gebraucht, wenn man etwas Anstaunenswürdiges, für den gewöhnlichen ungebildeten Sinn Paradoxes hervorbringt[42]. Dann ist das Wort von Varignon bloß auf die Lehre vom Gleichgewicht beschränkt worden. 30 Jahre später schrieb Euler sein Werk Mechanik ebenfalls in 2 Bänden, wo er bloß von der Bewegung handelt, und zwar nur eines einzigen Punktes, welches vorzüglich deßwegen wichtig ist, weil hier zuerst von den 3 Coordinaten häufiger Gebrauch gemacht wird[43]. Der berühmte Philosoph Wolf verstand unter Mechanik beides, die Lehre vom Gleichgewicht und von der Bewegung[44]. Unter Dynamik hat man ursprünglich nur die Lehre von den Kräften verstanden, wohin also die Untersuchungen gehören, wie sich die auf die Punkte eines Systems wirkenden Kräfte einander mittheilen und modifizren. Es ist daher sowohl darunter verstanden worden die Lehre vom Gleichgewicht, als von der Bildung der Differentialgleichungen; denn dieß besteht darin, anzugeben, wie in den sollicitirenden Kräften vermittelst der Bedingungen des Systems die bewegenden erhalten werden - so daß Dynamik also Statik mit inbegriff. Später aber hat man die Statik ganz fallen lassen und unter Dynamik nur die Lehre von der Bewegung verstanden; d'Alembert hat sein berühmtes Werk über die Bewegung Dynamik genannt[45]; dieser Name ist dann auch geblieben und für das Gleichgewicht hat man den alten Namen Statik beibehalten. Euler erklärt sich auch in einigen Abhandlungen dafür, daß man zur alten Bedeutung von Dynamik zurückkehren, und als Gegensatz zur Statik die Lehre von der wirklich erfolgenden Bewegung - nicht

---

Akademie 1828". Zu Aristoteles' *Mechanischen Problemen* und der Übersetzung Poselgers vgl. S. 2, Anm. 4; Poselgers Übersetzung findet sich allerdings erst in den *Abhandlungen* für das *folgende* Jahr (Poselger 1829).

[42]„Was natürlich abläuft, erregt Verwunderung, solange man den Grund nicht kennt, auch was der Natur [$\varphi\acute{\upsilon}\sigma\iota\nu$] entgegen ist, sobald es durch unsere Kunst [$\tau\acute{\epsilon}\chi\nu\eta$] der Menscheit zum Nutzen sich abspielt" (Einleitung der *Mechanischen Probleme*; Aristoteles 1957, 21). Erst in der Renaissance wird die Mechanik von einer „mechanike techne" (einer mathematisch-technischen Kunst zur „Überlistung" der Natur) zu einer „physike episteme" (einer Lehre vom natürlichen Verhalten der Körper, d.h. einer Naturwissenschaft). S. hierzu Hooykaas 1963 und Krafft 1982, Kap. 2.

[43]Gemeint ist hier Eulers *Mechanica sive motus scientia analyticae exposita* aus dem Jahre 1736, die erste umfassende analytische Darstellung der Bewegungslehre (Euler 1736 bzw. 1848; näher hierzu Pulte 1989, insbes. 106 - 110). „Um jede Zweideutigkeit zu vermeiden", schlägt Euler vor, „jene Wissenschaft, welche vom Gleichgewicht und von der Vergleichung der Kräfte handelt, *Statik* zu nennen; für die andre Wissenschaft, worin von der Bewegung die Rede ist, aber allein den Namen *Mechanik* vorzubehalten" (Euler 1848 I, 1).

[44]Ch. Wolff *behandelt* zwar in seinen verschiedenen mathematischen Lehrwerken innerhalb der Mechanik sowohl Gleichgewichts- als auch Bewegungsprobleme (vgl. etwa Wolff 1713-1741 I), *definiert* aber Mechanik ausdrücklich als „ Wissenschaft von der Bewegung"(Wolff 1716, Art. *Mechanica*, Sp. 871; vgl. Wolff 1713-41 I, 3).

[45]Der vollständige Titel lautet *Traité de dynamique* (D'Alembert 1743 bzw. 1758)

bloß von der Bildung der betreffenden Differentialgleichungen - Phoronomie nennen solle: so daß Phoronomie also die Lehre wäre von der Integration dieser Differentialgleichungen, und in diesem Sinne kann ich diese Vorlesungen Vorträge über Phoronomie nennen, indem ich ja hauptsächlich über die Form der dynamischen Differentialgleichungen und den daraus sich ergebenden Anweisungen zu ihrer Integration handeln werde, was eine ganz neue Branche der Lehre von der Bewegung ist[46]. Das Wort Phoronomie spielt außerdem in der kantischen Philosophie eine sehr große Rolle, aber in abweichender Bedeutung[47].

Wir wollen nun daran gehen, unser Gesamtmoment der Kräfte nicht nur geometrisch, sondern auch mechanisch zu construiren, nicht mit der prétention[48] es dadurch zu beweisen, sondern um es anschaulich zu machen. Lagrange hat zwei solche mechanische Constructionen gegeben, die sehr berühmt geworden sind. Die eine steht in der 2ten Ausgabe des 1° Bandes seiner mécanique analytique[49] (die älteste Ausgabe ist nur ein Band und

[46] Jacobi gibt hier offenbar eine eigene, „mathematisierende" Interpretation des Begriffs *Phoronomie*, der im 18. und frühen 19. Jahrhundert besonders im Anschluß an Jacob Hermanns *Phoronomia* (Hermann 1716) gebräuchlich war. Noch in seiner Königsberger Zeit hatte er die Absicht, „ein größeres mechanisches Werk unter dem Titel Phoronomie zu schreiben", aufgegeben (s. Ahrens 1907a, 76). Als „Lehre von der Bewegung und ihren Gesetzen" (Gehler 1790-1798 III, Art. *Phoronomie*, Sp. 475) geht es der Phoronomie *nicht* um die Ursachen der Bewegung (Kräfte als Gegenstand der *Dynamik*), sondern um die Bewegung selber, ist also der heutigen *Kinematik* vergleichbar. Diese Unterscheidung Dynamik - Phoronomie wird hier unter Berufung auf Euler durch die Unterscheidung Aufstellung - Integration der Differentialgleichungen der Bewegung ersetzt. Jacobis Sprachgebrauch ist insofern schlüssig, als die Aufstellung dieser Gleichungen eines *Kraft* gesetzes bedarf, während die Lösung die *Bewegung* beschreibt.
Eulers Unterscheidung von Dynamik und Phoronomie findet sich in seinen Schriften zur Verteidigung von P.L.M. de Maupertuis' Prioritätsansprüchen hinsichtlich des Prinzips der kleinsten Wirkung gegen den „Leibnizianer" J.S. König (vgl. auch unten; Vorlesung XXIX und Jacobi *Werke* IV, 535): In den Aufsätzen *Sur le principe de moindre action* und *Examen de la Dissertation de M. le Professeur Koenig* (Euler 1751b und 1751c) wirft er König vor, daß dieser sowohl in seiner Kritik an Maupertuis als auch in seinen eigenen Untersuchungen zur Mechanik die Dynamik als Lehre von den Kräften und die Phoronomie als Lehre von der Bewegung durcheinanderbringe und sich so einer „désordre de la méthode" schuldig mache (Euler *Opera Omnia* (2) 5, 197; s. auch 192).
[47] In den *Metaphysischen Anfangsgründen der Naturwissenschaft* (1788) unterscheidet Kant, anknüpfend an seine Kategorienlehre in der *Kritik der reinen Vernunft*, „vier Hauptstücke, ... deren *erstes* die Bewegung als reines *Quantum*, nach seiner Zusammensetzung, ohne alle Qualität des Beweglichen betrachtet, und *Phoronomie* genannt werden kann" (AXX; Kant 1968, 22). In dieser Bestimmung unterscheidet sie sich von der Dynamik (s. oben, Anm. 46), die den qualitativen Charakter der Bewegung in Form der Kraft untersucht.
[48] Frz., hier: „Anspruch"
[49] S. zu diesem ersten Beweisversuch Lagrange *Oeuvres* XI, 23 - 26 bzw. die Übersetzung

von Lagrange noch hier in Berlin geschrieben, wo er 20 Jahre lang war - hier ist unser Fundamentaltheorem bloß als Princip aufgestellt - eine brauchbare Übersetzung rührt von einem Göttinger Murhard her, die man fuer wenige Groschen acquirirt[50]; sie hat sogar gewisse Vorzüge vor der zweiten Ausgabe. Diese Umarbeitung des ersten Bandes gab Lagrange 1811 in Paris heraus und dazu gehört ein zweiter Band, der 1815 erst nach seinem Tode erschien)[51]. Doch findet sich dieser Beweis - wie Lagrange seine Construction nennt - schon früher in dem journal de l'école polytechnique[52], daher finden sie ihn auch als Anhang in einer überaus schlechten Übersetzung der ersten Ausgabe der théorie des fonctions, von Grüson (das Buch ist überaus schlecht, Grüson hat es nicht einmal selbst gemacht, sondern von andern übersetzen lassen, die keine Mathematik und kein Französisch verstanden)[53]. Der zweite Beweis von Lagrange steht in der 2ten Ausgabe seiner théorie des fonctions, die noch vor 1811 neu herauskam[54].

In der ersten Construction[55] construirt Lagrange das Gesamtsystem der Kräfte, und zwar mittelst Flaschenzügen, durch ein einziges Gewicht. In dem andern sogenannten Beweis läßt er die Kräfte unverändert und ersetzt die Bedingungen des Systems durch andere. Ich will zunächst die erste Construc-

---

in Lagrange 1887, 20 - 22 (vgl. auch unten, Anm. 52).

[50] F. W. A. Murhards Übersetzung der ersten Ausgabe (Lagrange 1797b) der *Méchanique Analitique* gehörte auch zu Jacobis Bibliothek; ebenso ein Exemplar der zweiten Ausgabe (Lagrange 1811/1815).

[51] S. Lagrange 1811/1815. Diese zweite Ausgabe mit dem Titel *Mécanique Analytique* (vgl. Anm. 50) ist gegenüber der ersten von 1788 beträchtlich erweitert und verändert, entspricht jedoch im wesentlichen der von J. Bertrand besorgten 3. Aufl. (Lagrange 1853/1855) bzw. der unveränderten 4. Aufl. in den *Oeuvres*. Verweise erfolgen daher im folgenden auf die *Oeuvres* und ggf. auf die deutsche Übersetzung (Lagrange 1887) unter Nennung des „modernisierten" Titels, wenn die zweite Ausgabe (oder eine spätere) gemeint ist, ansonsten unter Nennung des ursprünglichen Titels für die erste Ausgabe.

[52] Er trägt den Titel *Sur le principe des vitesses virtuelles*; s. Lagrange 1798. Der entsprechende Band des *Journal* enthält ebenfalls Beweisversuche zum Prinzip der virtuellen Geschwindigkeiten von C. de Prony und J.B. Fourier (vgl. S. 30, Anm. 63).

[53] S. Lagrange 1798/99; eine weiter verbreitete Übersetzung der zweiten Ausgabe von 1813 besorgte A. L. Crelle (Lagrange 1823). Als Jacobi in Berlin studierte, lehrte J.P. Grüson als Extraordinarius Mathematik. Rückblickend urteilte Jacobi, daß er während der „Studienzeit in Berlin wissenschaftlicher Anleitung ganz entbehren mußte" (Brief Jacobis vom März 1834; zit. nach Lorey 1916, 48); zu Jacobis späterer Beziehung zu Grüson s. auch Ahrens 1907b, 197.

[54] S. hierzu unten, Vorlesung XVI; insbes. S. 89, Anm. 139. In der Datierung irrt Jacobi: Die neue Ausgabe der *Théorie des fonctions analytiques* wurde der Pariser Akademie am 22. Februar 1813 vorgelegt, erschien im gleichen Monat im dritten Bande des *Journal de l'Ecole Polytechnique* und im gleichen Jahr (ohne nennenswerte Änderungen) auch als Monographie; s. Taton 1974, 28. Es gibt also *keinen* zeitlichen Vorlauf gegenüber der neuen Ausgabe der *Méchanique Analitique*, wie ihn Jacobi hier andeutet.

[55] Am rechten Rand der Hs. notiert: „Lagrange's erster Beweis".

tion auseinandersetzen. Sie beruht auf dem principe des mouffles[56], der Flaschenzüge, oder auf dem Prinzip der Gleichmäßigkeit der Spannung. Wenn
nämlich ein Seil an dem einen Ende befestigt ist, und am andern eine Kraft
wirkt, z.B. ein Gewicht, während das Seil um beliebige Rollen gehen kann -
und man das Seil an einem Punkte senkrecht auf seine Richtung abschneidet: so muß man, damit das Seil im Gleichgewicht bleibt, in der Richtung des
Seils, oder in der entgegengesetzten, eine Kraft anbringen, und diese Kraft
nennt man die Spannung. Das Seil wird hierbei als unausdehnbar angenommen. Durchschneidet man an verschiedenen Punkten, so findet man, daß
man immer dieselbe Kraft zur Erhaltung des Gleichgewichts braucht, und
dieß ist der Satz, daß ein gespanntes Seil an jedem Punkt dieselbe Spannung
hat. Wenn wir nun einen Punkt o haben, auf welchen eine gewisse Kraft p
wirkt, so bringt Lagrange, um diese Kraft zu construiren, irgendwo in ihrer
Richtung eine Flasche an, d.h. ein Aggregat von Rollen, die in demselben
Gehäuse befindlich sind; die Anzahl dieser Rollen nimmt er p proportional,
läßt um jede Rolle das Seil gehen und dann nach dem Punkt o zurückkehren, so daß die Anzahl der Seile, von denen der Punkt o gezogen wird, gleich
der Anzahl der Rollen der zugehörigen Flasche, also der Kraft p proportional ist. Dann geht das Seil weiter nach einer neuen Flasche, die vermöge
der Anzahl der in ihr enthaltenen Rollen die Kraft p' repräsentirt, von der
der Punkt o' angegriffen wird, mit welchem also wieder jede einzelne Rolle
durch das Seil in Verbindung gesetzt ist. Zuletzt setzt er in der Richtung
der beim letzten Punkt wirkenden Kraft eine feste Rolle, oder sogenannte
Hand, um welche der Faden geschlungen ist, und an dessen freiem Ende
dann ein Gewicht angebracht wird. Da sich die Spannung an jedem Punkte des Fadens gleich bleibt, so wird also die Kraft, mit welcher jeder der
Punkte $o \; o_1 \; o_2 \ldots$ gezogen wird, proportional der Anzahl der Fäden, die
an jedem Punkte ziehen. Lagrange hat auf diese Art[57] durch das eine Gewicht alle Kräfte ihrer Intensität und Richtung nach construirt, welche auf
die verschiedenen Punkte des Systems wirken - das Seil oder der Faden wird
wieder unausdehnbar angenommen. So wird man nun das Gesamtmoment
der Kräfte construiren können als die unendlich kleine Veränderung, welche die Länge des gespannten Fadens erleidet, wenn man dem System eine

---

[56]Lagrange nennt es in der ersten Veröffentlichung (s. Anm. 52) seines Beweisversuches
„le principe de l'équilibre des moufles" (Prinzip des Gleichgewichts der Flaschenzüge) und
in der *Mécanique Analytique* „le principe poulies"(Prinzip der Rollen); s. *Oeuvres* VII, 317
bzw. XI, 23. Die Übersetzung „Prinzip der Flaschenzüge" (in der Technik auch „poulies
mouflées" genannt) trifft seinen Beweisansatz wohl am besten.

[57]„Man wird in diesem Werk keine geometrischen Figuren finden", heißt es bei Lagrange
(*Oeuvres* XI, XIII bzw. 1887, VI), und so gibt weder er noch Jacobi eine *Veranschaulichung*
dieses Beweisversuches zum Prinzip der virtuellen Geschwindigkeiten durch ein Bild, wie
es unten zur Illustration des Beweisversuches angeführt ist.

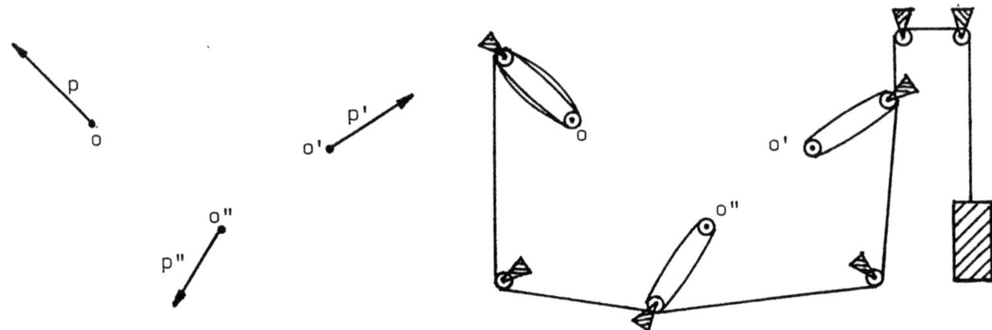

Bild 3: Lagranges erster Beweisversuch mit Hilfe des
„Prinzips der Flaschenzüge"

virtuelle Verrückung gibt. Die Länge des Fadens wird hier verstanden vom
ersten gezogenen Punkt an bis zur festen Rolle. Da der Faden unausdehnbar
ist, so wird durch diese Veränderung der Länge das letzte Stück von der
festen Rolle bis zum Aufhängepunkt des Gewichtes verkürzt oder verlängert
werden, oder der freie Endpunkt des Fadens (mit dem Gewicht) wird durch
solche Verrückung herauf oder herunter gehen. Die Entfernung des Punktes
o von der ersten Flasche sei r, setzt man den Anfangspunkt der Coordinaten
in diese Flasche, so wird

$$r = \sqrt{x^2 + y^2 + z^2}$$

Oder nennen wir (a, b, c) die Coordinaten der 1° Flasche, $x\,y\,z$ des Punktes
o, so ist

$$r^2 = (x-a)^2 + (y-b)^2 + (z-c)^2 \quad \text{also}$$
$$r\delta r = (x-a)\delta x + (y-b)\delta y + (z-c)\delta z$$

δr ist nämlich die Veränderung, die r erleidet, wenn $x\,y\,z$ die Incremente δx
$\delta y\;\delta z$ erhalten und nur die ersten Dimensionen berücksichtigt werden. Die
Coefficienten $x-a$, $y-b$, $z-c$ verhalten sich aber wie die cos der Winkel,
welche die Kraft P, die von dem Punkt o auf die Flasche gerichtet ist, mit
dem rechtwinkligen Coordinatensystem macht. Sind α, β, γ diese Winkel, so
sind ihre respectiven cosinus[-Werte]

$$\frac{a-x}{r}, \; \frac{b-y}{r}, \; \frac{c-z}{r} \qquad \text{folglich} \qquad -\delta r = \cos\alpha\,\delta x + \cos\beta\,\delta y + \cos\gamma\,\delta z \,.$$

Wenn wir diese Gleichung mit der Kraft P selber multipliciren, so ist

$$-P\delta r = X\delta x + Y\delta y + Z\delta z$$

indem nämlich XYZ die Componenten von P sind. Lagrange schreibt δp statt δr[58]. Wir können also das Gesamtmoment der sollicitirenden Kräfte auch ausdrücken durch die Summe $-\sum P\delta r$, wo r die Entfernung des Punktes o von irgend einem beliebigen Punkte [ist], der in der Richtung der Kraft P angenommen wird, und daher δr die Veränderung, die diese Entfernung erleidet, wenn der Punkt eine unendlich kleine Bewegung macht. Die Summe der Kräfte $\times$ diesen Incrementen oder mal den Incrementen der Entfernung des bewegten Punktes von einem in der Richtung der Kraft angenommenen festen Punkte wird das auf diesen Punkt bezügliche Moment der Kraft und die Summe $-\sum P\delta r$ wird das Gesamtmoment der sollicitirenden Kräfte und muß im Falle des Gleichgewichtes $= 0$ sein. Wenn nun sämtliche Größen P der Anzahl der Fäden proportional sind, welche nach den verschiedenen Punkten von den entsprechenden Flaschen ausgehen, so werden sämtliche Größen[59] $P\delta r$ gleich der Anzahl der Fäden $\times$ der Veränderung der Entfernung des Punktes von den Flaschen, oder es wird $P\delta r$ proportional der Änderung, welche durch die Bewegung des Systems derjenige Theil des Fadens erleidet, der von der Flasche nach dem Punkte geht. Nehmen wir nun alle diese Flaschen als fest an, und daß die Länge des Fadens zwischen 2 Flaschen unverändert bleibt, so wird $\sum P\delta r$ gleich oder proportional der Änderung der Gesamtlänge des Fadens von seinem Anfangspunkt bis zur letzten Handflasche, und es ist daher das Prinzip der virtuellen Geschwindigkeiten, der Fundamentalsatz der Statik, auch so auszusprechen, daß diese Länge des Fadens keine Änderung erleidet.

V   *Darstellung und Kritik des ersten Beweisversuches von Lagrange: Stabiles und labiles Gleichgewicht.*

Wir haben das Gesamtmoment der Kräfte durch die Veränderung der Länge eines Seils construirt, welches durch mehrere feste Flaschen, d. i. die Vereinigung von Rollen, geht, und so oft zu dem letzten Punkt zurückführt, daß die Anzahl der Fäden, die auf den beweglichen Punkt gehen, der auf ihn

---

[58] Vgl. etwa die *Mécanique Analytique* (Lagrange *Oeuvres* XI, 28ff).
[59] In der Hs. folgt zunächst eine in Klammern gesetzte Durchstreichung.

wirkenden Kraft proportional ist. Es ist gezeigt, wie man durch ein einziges Gewicht so die Kräfte, die auf die verschiedenen Punkte wirken, nach Größe

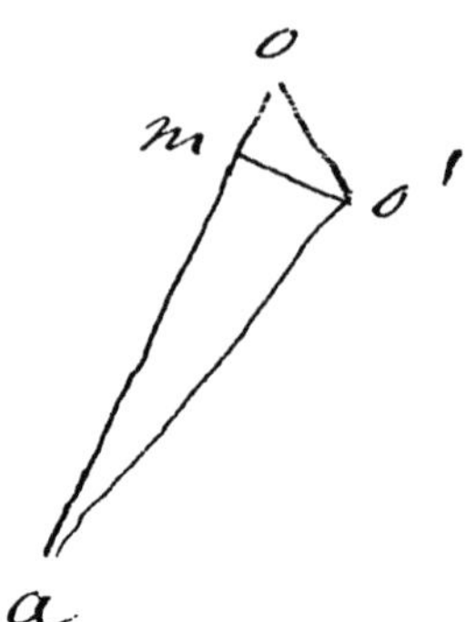

Orginalbild II:
Gleichheit von unendlich kleiner Hypotenuse und Kathete

und Richtung darstellt. Nämlich wenn a der Punkt der festen Rolle und o der Punkt, der nach o' verrückt wird, so erhält man diese Verrückung, im Sinne der Kraft gemessen, wenn man von o' das Perpendikel $o'm$ auf oa fällt, (das ist kein Satz, sondern man versteht eben das darunter) und zwar hat man das Stück om negativ zu nehmen, wenn m auf die andere Seite von o fällt, als auf welcher a liegt, oder wenn die Verrückung oo' mit der Richtung oa einen stumpfen Winkel bildet. Nach der Theorie des unendlich Kleinen wird aber om oder die Verrückung im Sinn der Kraft gleich der Differenz zwischen ao und ao', oder mit andern Worten, wenn die Verrückung oo' eine unendlich kleine Größe erster Ordnung ist, wird die Differenz $ao' - am$ eine [unendlich] kleine Größe der 2ten Ordnung, wie sogleich aus dem pythagoreischen Satze erhellt. Es ist ein sehr wichtiger Satz, den man sich merken muß, daß wenn in einem rechtwinkligen Dreieck ein spitzer Winkel (bei a) unendlich klein ist, dann die eine Kathete der Hypotenuse gleich ist. Also $am = ao'$. Hieraus folgt, daß die Größe, um welche die Länge des Seils sich ändert, die Differenz $ao - ao' = ao - am = om$ wird, d.h. gleich der in der Richtung der Kraft gemessenen Verrückung des Punktes o, und diese kann daher zugleich als die Größe angesehen werden, um welche sich der Halbmesser verringert. Wenn also der Punkt nach o' kommt, wird das Seil so oft um om verringert, wie Fäden von a nach o gehen, und da diese Fäden der Kraft proportional sind, so ist die ganze Verringerung proportional $P \times om$, d.i. die Kraft multiplicirt in den Weg im Sinne der Kraft. Negativ wird om, also eine Verlängerung des Seiles, wenn m auf der andern Seite von o als a liegt. Das Gesamtmoment der Kräfte ist also gleich der Größe, um welche das gesamte Seil verringert wird, von dem ersten Punkte an, zu welchem das Ende des Seils geht, bis zur letzten festen Handrolle. Da aber das ganze Seil unausdehnbar ist, so wird, wenn das Seil auf der angegebenen Strecke um eine gewisse Größe verkürzt

wird, um so viel das letzte Ende desselben zwischen der festen Rolle und dem
Gewichte verlängert, und um so viel muß das Gewicht sinken. Ebenso wenn
das Seil vergrößert wird, steigt das Gewicht. Also kann letzteres weder herauf
noch herunter gehen, wenn beim Gleichgewicht das Gesamtmoment Null ist.
In der vorigen Stunde habe ich diese Resultate durch Formeln abgeleitet.

Lagrange hat in der zweiten Ausgabe seiner mécanique analytique Betrachtungen angestellt, die einen Beweis enthalten sollen[60]. Ich werde die be-
treffende Stelle dictiren und dazu kritische Bemerkungen machen; wegen der
Bedeutung und Autorität des Buches kann man sich verleiten lassen, Dinge
für wahr und streng zu halten, die es in der That nicht sind. Überhaupt ist
die analytische Mechanik ein Buch, vor welchem man in einiger Beziehung
warnen muß, es enthält Vieles, was mehr divinatorisch ausgesprochen, als
streng bewiesen ist, so daß man es mit Vorsicht gebrauchen muß, um sich
nicht täuschen zu lassen und zu dem Wahne verführen, man hätte Etwas
bewiesen, was nicht bewiesen ist. Es sind wenige Punkte, die nicht große
Schwierigkeiten darbieten: ich habe Schüler gehabt, die die mécanique analytique besser verstanden als ich, aber es ist manchmal kein gutes Zeichen,
wenn man Etwas versteht. Nachdem Lagrange obige Herleitung gegeben,
fährt er fort[61]:

„Nun ist es offenbar, " (das ist schon ein schlimmes Wort, wo das steht,
kann man sicher sehen, hier ist eine große Schwierigkeit, es ist dieß eine üble
Angewohnheit der Mathematiker, die so alt ist, daß ich neulich bei Diophant eine Stelle gefunden habe, wo diese Worte gebraucht sind für einen
Satz, für dessen Beweis die jetzige Analysis sich noch anstrengen muß)[62]

---

[60]Vgl. S. 23f., Anm. 49 und 52. In der ersten Ausgabe behandelt er dieses Prinzip als
„eine Art Axiom der Mechanik" (Lagrange 1788, 12; ebenso noch zu finden in *Oeuvres* XI,
27) im ursprünglichen Sinne des Axiombegriffs, d.h. als einen *Anfang*, der eines Beweises
weder fähig noch bedürftig ist. In der zweiten Ausgabe bemerkt er zusätzlich, daß „man
eingestehen muß, daß dieses Prinzip für sich genommen nicht genügend evident ist, um
als ein ursprüngliches Prinzip aufgestellt werden zu können" (*Oeuvres* XI, 23). Lagranges
Auffassungswandel wurde möglicherweise durch Fourier (vgl. Anm. 63) herbeigeführt; s.
hierzu näher Costabel 1972.

[61]Das folgende Zitat ist Jacobis (freie) Übersetzung einer Passage aus Part. I, Sect. 18
der *Mécanique Analytique* (Lagrange *Oeuvres* XI, 24; vgl. 1887, 21).
In der Hs. wird das (hier *kursivierte*) Zitat durch Anführungszeichen zu Beginn jeder Zeile
hervorgehoben; ebenso die beiden unten folgenden Zitate.

[62]Jacobi hatte sich früh mit der Anwendung der Theorie der Elliptischen Funktionen auf
„Diophantische" Probleme befaßt (s. Jacobi 1835) und historische Forschungen über Dio-
phant von Alexandria angestellt. Während eines Italienaufenthalts im Jahre 1844 studierte
er im Vatikan Handschriften Diophants; Berichte seiner Studien gibt er in verschiedenen
Briefen an Alexander von Humboldt (s. Pieper 1987) und in einem Vortrag vor der Berliner
Akademie am 5. August 1847 (Jacobi 1847; vgl. Koenigsberger 1904a, 319 und 413f.).
Auf diesen Vortrag dürfte sich auch obige Anspielung beziehen: Jacobi rekonstruiert dort

„daß, damit das von den verschiedenen Kräften gezogene System im Gleich-
gewicht bleibt, nothwendig die Bedingung erfordert wird, daß das Gewicht
(jenes letzte Gewicht) *durch keine unendlich kleine Verrückung der Punk-*
te des Systems, wie sie also auch immer beschaffen sein mag, herabsinken
kann. Denn da das Gewicht immer die Tendenz hat, herabzusinken, so wird,
wenn es eine Verrückung des Systems gibt, die ihm herabzusinken verstattet,
es nothwendig auch wirklich herabsinken und diese Verrückung im System
hervorbringen. "

Man kann sich leicht einbilden, daß das in der That eine evidente Sache
ist, und Lagrange Recht hat zu sagen[:] Car il est évident ....₀ Es ist gar
nicht möglich, daß das Gewicht von freien Stücken heraufgeht, das Gewicht
kann bloß sinken. Nun sagt aber Lagrange nicht bloß dieses, sondern daß
dieß eine nothwendige Bedingung ist, daß, damit Gleichgewicht stattfinden
kann, auch nothwendig erfordert wird, daß das Gewicht durch keine unendlich kleine Verrückung der Punkte des Systems herabsinken kann. (Wir
sehen bei diesem Räsonement ganz von den Kräften ab) Nun zieht aber, und
dieß zerstört ganz den Charakter des Beweises, Lagrange den Schluß, daß
wenn es eine unendlich kleine Verrückung des Systems gibt, welche dem Gewicht zu sinken verstattet, letzteres diese Verrückung auch nothwendigerwei-
se hervorbringen müsse, während er bloß sagen kann, daß wenn das Gewicht
nicht herabsinken kann, daß dann Gleichgewicht ist[63]. Der Schluß ist deshalb
falsch, weil, wenn Gleichgewicht ist, eben keine Verrückung stattfindet, man
kann also nicht Etwas ableiten wollen aus dem Falle, wenn eine Verrückung
stattfände, denn diese kommt gar nicht zu Stande. In der That, denken wir
uns einen Pendelarm, wo das Gewicht senkrecht unter dem Aufhängepunkt
sich befindet, so findet der Satz von Lagrange vollkommen statt. Die Bedingungen des Systems sind so beschaffen, daß das Gewicht nicht herabsinken
kann, es hat aber die Tendenz herabzusinken, wird ihm dieß aber unmöglich
gemacht, so kann es sich nicht bewegen. Aber unglücklicher Weise ist auch
Gleichgewicht, wenn das Gewicht senkrecht über dem Aufhängepunkt sich
befindet, und hier macht die Bedingung des Systems das Herabsinken nicht
unmöglich. Das Gewicht kann sinken, so viel es will, es hat auch die Tendenz zu sinken, es ist eben eine unendlich kleine Verrückung möglich, die

---

einen fehlenden Beweis des sog. „Diorismus des *Diophantus*, welcher angeben soll, welche
Eigenschaften eine gegebene Zahl haben muss, wenn ihr Doppeltes um Eins vermehrt, die
Summe der Quadrate zweier rationaler Zahlen ist" (Jacobi 1847, 336). Dieser „Diorismus"
(wörtl: Definition), d.h. die „nähere Bestimmung der gegebenen Grössen, welche nöthig
ist, damit die Aufgabe möglich werde" (ebd., 333), dürfte hier gemeint sein.

[63] Jacobi greift hier und im folgenden Überlegungen auf, die J.B. Fourier in seinem
Aufsatz *Mémoire sur la statique, contenant la démonstration du principe des Vitesses*
virtuelles, et la théorie des Momens (Fourier 1798) anstellt, wie später deutlich wird (vgl.
S. 38).

Orginalbild III:
„Augenblickliches Gleichgewicht"

ihm zu sinken verstattet, und doch wird diese Verrückung nicht hervorgebracht. Der Schluß von Lagrange ist ungültig, da[64] er von einem Zustand
entlehnt ist, der gar nicht eintritt. Will man also das Lagrange'sche Räsonement auch gelten lassen für den Beweis des Satzes, daß in dem Falle, wo
das Gewicht nicht sinken kann, immer Gleichgewicht stattfindet, so kann
man seinen Schluß keinesfalls gelten lassen, der das Umgekehrte beweisen
soll. Es ist höchst auffallend, daß bei den so klaren und bekannten Fällen,
wo offenbar das Gegentheil stattfindet, Lagrange diese Schlußweise hat gebrauchen können. Es gibt nämlich, wie Sie wissen, verschiedene Arten des
Gleichgewichts, das eine ist das sogenannte stabile oder ständige, das andere
das équilibre instantané oder augenblickliche Gleichgewicht. Das erste wird
dadurch charakterisirt, daß es immer möglich ist, dem System so kleine Impulse zu geben, daß die Bewegungen um den Zustand des Gleichgewichtes
herum schwanken, so daß die Verrückungen kleiner werden können, als irgend eine gegebene kleine Größe. Wie klein auch die Verrückung sein soll,
die man dem System vorschreibt, daß es sie nicht erreichen soll, so kann man
die Impulse doch so klein machen, daß sie nicht erreicht werden. Man muß
diese Betrachtungen ja scharf auffassen, da hier sehr viele falsche Schlüsse gemacht worden sind. Das andere ist so zu fassen, wenn wir uns vorsichtig und
streng ausdrücken wollen: daß man immer so kleine Verrückungen angeben
kann, daß, wie klein auch der Impuls angenommen wird, diese Verrückungen immer überschritten werden. Da sieht man bei dem Beispiel des umgekehrten Pendels, daß beim kleinsten Impuls die ganze Schwingung nach
dem untersten Punkt zurückgelegt wird, im entgegengesetzten Fall ist das
Gleichgewicht stabil, weil wenn beliebig kleine Verrückungen gegeben sind,
Impulse ausgeübt werden können, die Verrückungen zur Folge haben, die jene nicht erreichen. Der Beweis von Lagrange würde im glücklichen Falle sich

---

[64]In der Hs. irrtümlich: „daß".

nur auf das stabile Gleichgewicht beziehen können[65]. Nun gibt es aber noch Zwischenarten, wo es von der Richtung oder von gewissen Eigenschaften in Bezug auf Richtung und Verhältniß der ursprünglichen Impulse ankommt, ob das Gleichgewicht ein stabiles oder nicht stabiles sein werde, je nachdem man manchmal die Richtung des Stoßes abändert, wird das Gleichgewicht aus dem einen das andere.

Mein verstorbener großer Freund Bessel trug immer in seinen Vorlesungen diesen Beweis von Lagrange vor[66]. Bessel meinte, er reiche deshalb hin, weil das ständige Gleichgewicht der einzige Fall sei, der in der Natur vorkomme. Denn da immer unendlich viele kleine Kräfte in der Natur herumschwirren, von denen uns die meisten entgehen, so würde das nicht ständige Gleichgewicht für keine Dauer sich bilden können. Es könnte also scheinen, daß ohne mathematische Fiction die Betrachtung des ständigen Gleichgewichts ausreiche. Das ist aber nicht der Fall. Denn bei dem Übergange von Statik zu Dynamik und bei vielen andern Betrachtungen wird keineswegs vorausgesetzt, daß das Gleichgewicht ständig sei, und wenn die Sätze nicht unnatürlich beschränkt werden und ihren Werth verlieren sollen, darf man nicht absehen von dem instantanen Gleichgewicht[67]. Aber wenn wir auch bloß den Satz betrachten, der durch das angeführte Räsonement scheint bewiesen werden zu können, nämlich daß wenn das Gewicht nicht sinken kann, daß dann Gleichgewicht stattfinde, weil es aber nur sinken könne, so daß wenn diese Bewegung abgeschnitten, es in Ruhen bleiben müsse: so lassen sich auch dagegen Bedenken erheben, nämlich wenn es ein Beweis sein soll, denn es ist schwierig von dem uns Geläufigen zu abstrahiren. Es gründet sich dieß auch nur auf Etwas, was uns probabel gemacht wird, aber man muß von solchen probabeln Betrachtungen immer genau wissen, daß sie eben nicht

---

[65]Lagranges Schluß, daß dann, wenn das Gewicht bei einer unendlich kleinen Verrückung des Systems *nicht* sinkt, Gleichgewicht herrscht, bezeichnet Jacobi als „im glücklichen Falle" richtig, weil er hierin einen empirisch begründeten Wahrscheinlichkeitsschluß, aber keinen mathematisch notwendigen Satz sieht (s.u.): „... man muß von solchen probablen Betrachtungen immer genau wissen, daß sie eben nicht mehr als probabel sind, um nicht einen Beweis damit ausgeführt zu vermeinen."
Lagranges Umkehrschluß, daß dann, wenn das Gewicht bei einer unendlich kleinen Verrückung des Systems sinkt, *kein* Gleichgewicht herrscht, ist für Jacobi von anderer Qualität: Er ist nicht nur nicht „probabel", sondern in dieser Allgemeinheit logisch falsch, weil er die Fälle des instabilen und mediären Gleichgewichts nicht berücksichtigt.

[66]Entsprechende Vorlesungen, die der 1846 verstorbene F.W. Bessel an der Universität Königsberg hielt, sind nicht veröffentlicht. In einem öffentlichen Vortrag über *Gleichgewicht und Bewegung* vom 6. Feb. 1844 bemerkt er jedoch über den „Grundsatz der *virtuellen Geschwindigkeiten*" ganz im Sinne der obigen Feststellung Jacobis: „*Lagrange* hat seine Wahrheit sehr einfach, durch die Verfolgung der Betrachtung erwiesen, dass ein gespannter Faden allenthalben gleich gespannt ist" (Bessel 1848, 475).

[67]Vgl. hierzu insbes. die Vorlesung XI.

mehr als probabel sind, um nicht einen Beweis damit angeführt zu haben zu vermeinen. Man kann nämlich Folgendes sagen. Auf das Gewicht, das unter dem Aufhängepunkt des Pendels sich befinden soll, wirkt die Schwere. Geben wir einen Impuls, der horizontal oder schief nach unten gerichtet ist, so ist Nichts da, was in die Höhe wirkt, und doch geht das Gewicht in die Höhe. Man wird mit demselben Rechte, wie man jenen Satz plausibel macht, wenn man es nicht aus der Erfahrung anders wüßte, den allgemeinen Schluß hier einwenden können, daß wenn alle Kräfte nach unten wirken, und auch das Gewicht die Tendenz hat zu sinken, keine Bewegung nach oben möglich sei. Ich will nun fortfahren, das folgende Räsonement von Lagrange mitzutheilen. Er sagt[68]:

„Bezeichnet man mit α, β, γ die unendlich kleinen Räume, welche die verschiedenen Punkte des Systems in Folge dieser Verrückung nach der Richtung der auf sie wirkenden Kräfte durchlaufen, und durch P, Q, R... die Anzahl der Seile der Flaschenzüge, die an diesen Punkten angebracht sind, um diese nämlichen Kräfte hervorzubringen (die Verrückungen om etc), so ist ersichtlich, daß die Räume α, β, γ... zugleich auch diejenigen sind, um welche sich die Punkte den ihnen entsprechenden festen Flaschen annähern werden, und daß diese Annäherung die Länge des allumfassenden Seils um die Längen Pα, Qβ, Rγ... verkleinern würden, so daß wegen der unveränderten Länge des Seiles das Gewicht um den Raum Pα + Qβ + Rγ... herabsinken würde, damit aber das Gleichgewicht der durch die Zahlen P, Q, R... dargestellten Kräfte stattfindet, muß man die Gleichung

$$P\alpha + Q\beta + R\gamma + \ldots = 0$$

haben, was der analytische Ausdruck des allgemeinen Princips der virtuellen Geschwindigkeiten ist.“

VI — Darstellung und Kritik des ersten Beweisversuches von Lagrange: Bedingungsgleichungen und Bedingungsungleichungen.

Dieß ist eine Betrachtung, an welche ich einen sehr wichtigen Satz knüpfen werde. Lagrange fährt so fort[69]:

„Wenn die Größe Pα+Qβ+Rγ+... statt Null zu werden negativ wäre, so scheint es, daß diese Bedingung für das Gleichgewicht hinreicht, weil es unmöglich ist, daß das Gewicht von selber in die Höhe steigt. Aber man muß

---

[68] S. Lagrange *Oeuvres* XI, 24f.; vgl. 1887, 21f. (Part. I, Sect. 18).
[69] S. Lagrange *Oeuvres* XI, 25f., vgl. 1887, 22 (Part. I, Sect. 19f.).

bedenken, daß, wie auch die Verbindung des gegebenen Systems beschaffen ist, die zwischen den unendlich kleinen Größen α, β, γ ... daraus sich ergebenden Relationen nur durch lineare Gleichungen zwischen diesen Größen ausgedrückt werden können, so daß nothwendig eine oder mehrere von ihnen unbestimmt bleiben, und daher sowohl mit dem positiven als mit dem negativen Zeichen genommen werden können. Folglich werden die Werthe aller dieser Größen immer so beschaffen sein, daß sie auf einmal das Zeichen ändern können. Hieraus folgt, daß wenn bei einer gewissen Verrückung des Systems der Werth $P\alpha + Q\beta + R\gamma + \ldots$ negativ ist, derselbe positiv werden wird, wenn man die Größen α, β, γ ... mit entgegengesetzten Zeichen nimmt. Es würde also, da die entgegengesetzte Verrückung gleich möglich ist, sie das Gewicht herabsinken lassen und das Gleichgewicht zerstören. Umgekehrt kann man beweisen, daß wenn die Gleichung $P\alpha + Q\beta + R\gamma + \ldots = 0$ für alle unendlich kleinen Verrückungen des Systems stattfindet, es nothwendig im Gleichgewicht sein wird. Denn da das Gewicht bei dieser Verrückung unbeweglich bleibt, so bleiben die auf das System wirkenden Kräfte in demselben Zustand und es ist kein Grund vorhanden, daß von 2 Verrückungen, für welche α, β, γ ... entgegengesetzte Zeichen haben, die eine eher stattfinden sollte als die andere. So bleibt die Waage im Gleichgewicht, weil kein Grund vorhanden ist, daß sie sich mehr auf die eine als die andere Seite neige."

Lagrange bemerkt noch, daß die Construction eigentlich nur für commensurable Kräfte gilt, weil wenn das Verhältniß der Kräfte P, Q, R ... durch die Anzahl der Fäden dargestellt wird: die Anzahl der Fäden ist immer eine ganze Zahl, also hat man die Kräfte ganzen Zahlen proportional angenommen. Indessen weiß man, daß dieß der Allgemeinheit des Satzes keinen Eintrag thut, weil man irrationale Werthe ganzen Zahlen immer so nahe bringen kann, daß so der Unterschied kleiner wird als jede kleine Größe[70].

Also Lagrange sagt: das Gewicht kann nur sinken, dann wird der Theil des Fadens verkürzt, der an den Punkten des Systems zieht, da es nur sinken kann, muß Gleichgewicht sein, wenn dieß verhindert wird. Es würde also schon hinreichen, wenn man, statt zu sagen, die Gleichung der Länge muß Null sein, sagte, daß diese Größen $P\alpha + Q\beta + R\gamma + \ldots$ oder das Gesamtmoment der Kraft nicht positiv sein darf, denn dieß ist die Größe, um welche der Faden bis zur festen Rolle sich verkürzt. Kann sie nicht positiv sein, kann der Faden nicht verkürzt werden, so kann das Gewicht nicht sinken, und da es auch nicht steigen kann, so muß Gleichgewicht sein. Lagrange sucht nun zu zeigen, daß die Bedingung, daß das Moment nicht positiv sein darf, nichts Anderes sagt, als daß dasselbe[71] Null sein muß. Denn, sagt er, die Bedingungen zwischen den Größen α, β, γ ... werden durch Differentiation der

---

[70] Lagrange *Oeuvres* XI, 26; diese Bemerkung schließt unmittelbar an das obige Zitat an.
[71] In der Hs. folgt irrtümlich: „nicht Null sein muß".

Bedingungsgleichungen erhalten, diese seien der Natur der Sache nach zwischen den Größen δx, δy, δz ... lineare Gleichungen, die kein ganz constantes Glied haben, so daß, wenn die Variationen δx δy ... so beschaffen sind, daß sie virtuell sind, man sie auch mit dem negativen Zeichen machen kann, und sie werden wieder virtuelle Variationen sein. Es ist daher unmöglich, sagt Lagrange, daß der Ausdruck $P\alpha + Q\beta + R\gamma + \ldots$ (weil derselbe mit unserem früheren Ausdruck $\sum (X\delta x + Y\delta y + Z\delta z)$ übereinkommt), für alle virtuellen Variationen negativ wird, sondern er muß für alle virtuelle Variationen verschwinden. Nämlich wenn er für alle virtuelle Variationen negativ werden könnte, könnte man für alle virtuelle Variationen die entgegengesetzten Werthe nehmen, weil die Variationen dabei virtuelle bleiben, und dann würde der Ausdruck, der negativ sein soll, positiv, also ein Widerspruch. Es ist also nicht möglich, daß er immer negativ sei, sondern es ist nur möglich, daß er immer verschwindet.

Wenn wir uns nun auf diese probabeln Betrachtungen über das Steigen und Fallen gar nicht einlassen, wie diese denn nur Scheinbares haben, so werden wir sagen, daß Gleichgewicht stattfindet, wenn bei unendlich kleinen Verrückungen des Systems der materiellen Punkte die Ortsverrückung des Gewichtes nur eine unendlich kleine Größe der 2ten Ordnung ist, so daß der unendlich kleine Theil der ersten Ordnung verschwindet: ob diese unendlich kleine Größe der 2ten Ordnung aber positiv oder negativ ist, ist einerlei, sie kann sowohl für alle Verrückungen positiv, als für alle negativ, oder auch für einige positiv und für andere negativ sein, und immer findet Gleichgewicht statt, nur wird dasselbe für diese verschiedenen unendlich kleinen Affectionen der 2ten Ordnung einen verschiedenen Charakter haben, in der Art, wie ich es in der vorigen Stunde angedeutet habe.

Es gibt aber einen sehr wichtigen Fall, wo das von Lagrange angewandte Räsonement gar nicht mehr anwendbar ist, nämlich wenn die Bedingungen des Systems nicht durch Gleichungen, sondern durch Ungleichungen dargestellt werden, und dieß ist nicht nur ein besonderer Fall, sondern es ist sogar die Regel[72]. Wir betrachten z.B. einen Punkt, der sich auf einer Kugel bewegt. Betrachten wir eine materielle Kugel, so kann der Punkt nicht in das Innere hinein, er kann aber beliebig sich von der Oberfläche der Kugel entfernen. Die Bedingung, daß der Punkt ins Innere nicht hinein, aber auf der Oberfläche sich frei bewegen und von derselben sich nach Außen entfernen könne, kann man so ausdrücken, daß die Entfernung vom Kugelmittelpunkt nicht kleiner werden kann, als der Radius, sie kann demselben gleich, oder größer werden. Ist also a der Radius, o der Coordinatenursprung im Centrum, so wird

---

[72] S. hierzu Fourier 1798, 30ff. und die Erläuterungen bei Lindt 1904, 172ff..

$$x^2 + y^2 + z^2 \gtreqless a^2$$

die Ungleichheit sein, welche die physicalische Bedingung ausdrückt. - Wenn man eine Kugel an einem Faden aufhängt, der unausdehnbar ist, aber nicht von Metall, etwa an einem seidenen Faden, so kann die Entfernung der Kugel vom Aufhängepunkt nicht größer werden, als die Länge des Fadens beträgt; aber das Gewicht kann sich dem Punkt beliebig nähern, da der Faden beliebig geknickt werden kann. Die physicalische Bedingung, daß die Entfernung des Gewichts von einem festen Punkt nicht größer werden kann als die Länge l des Fadens, wird durch die Ungleichung ausgedrückt[:] Entfernung $\lesseqgtr l$. Wenn im ersten Beispiel, der Bewegung auf der Kugel, Gleichgewicht sein soll, so reicht es nicht mehr hin, daß die Kraft, die auf den Punkt wirkt, normal gegen die Fläche gerichtet ist, sondern es muß dazu kommen, daß die Kraft den Punkt gegen die Fläche drückt, sie muß von Außen nach Innen gerichtet sein. Wäre sie normal, aber von Innen nach Außen, so käme die Fläche gar nicht in Betracht und die Kraft würde den Punkt von derselben wegtreiben. Im 2ten Beispiel, wenn Gleichgewicht ist, wenn das Gewicht senkrecht unter dem Aufhängepunkt sich befindet, und die Entfernung von diesem Punkt daher gleich der Länge des Fadens ist, so muß das Gewicht, das auf die aufgehängte Masse wirkt, streben, den Punkt vom Aufhängepunkt zu entfernen, und es genügt nicht allein, daß die Kraft des Gewichtes in der Richtung des Fadens wirkt, wirkte sie in der Länge des Fadens, wäre aber auf den Aufhängepunkte hin gerichtet, so würde der Faden sich knicken und die Masse auf den Aufhängepunkt hin sich bewegen. Durch diese physicalischen Bedingungen wird zwischen den Richtungen der Kräfte unterschieden, welche das Gleichgewicht herstellen sollen; die cosinus[-Werte] der Winkel derselben mit den Coordinatenaxen werden nicht nur ihre Größe, sondern auch ihrem Zeichen nach bestimmt, und das muß der Unterschied sein, ob man die Bedingungen als Gleichheiten oder Ungleichheiten einführt. Die mathematische Formel läßt bei Gleichheiten unentschieden, welches Zeichen die Quadratwurzel im Nenner der cos-werthe zeigt, das mathematische Resultat muß zwischen dem einen und dem andern Werthe der coss. den Werth ∞ zulassen, was dadurch geschieht, daß in die Formel eine Quadratwurzel eingeht. Im andern Falle, der Ungleichheiten, muß eine Entscheidung zwischen den Werthen sich treffen lassen, was in den Formeln sich so zeigt, daß das Zeichen der Quadratwurzeln bestimmt wird.

Der allgemeine statische Satz, der hier gilt, ist nun der von Lagrange angeführte, aber für unnöthig erklärte, weil er bloß Gleichheiten im Sinne hat. Bei Ungleichheiten heißt dieser Satz: das Gesamtmoment der Kräfte darf bei keiner unendlich kleinen Verrückung des Systems eine positive unendlich kleine Größe der ersten Ordnung werden, sondern es muß entweder negativ werden, oder verschwinden[73]. Nämlich für den Fall der Ungleichheiten hört dieser Umstand auf, daß die Relationen zwischen den Variationen lineäre Gleichungen sind. Wenn die materiellen Punkte eine solche Lage einnehmen, daß die Gleichung $u = 0$ erfüllt wird, und die physikalische Bedingung des Systems erfordert, daß u nie positiv werden kann, sondern entweder Null oder negativ: so darf δu oder die Änderung, die u durch die Variationen $\delta x\, \delta y\, \delta z$ erleidet, ebenfalls keinen positiven Werth annehmen. Durch diese Änderung der Variabeln geht nämlich u in $u + \delta u$ über, es war aber $u = 0$ für die ursprünglichen Werthe der Variabeln (Denn z.B. soll der Punkt auf der Fläche liegen, also die Gleichung $u = 0$ erfüllt sein), ist nun keine Gleichung, sondern [eine] Ungleichung gegeben, so werden die Variationen nur dann virtuell sein, wenn δu nicht positiv wird. Es wird also dieser Fall, den Lagrange erwähnt, nicht eintreten für diesen Fall, daß mit δx, δy, δz ... auch ihre entgegengestzten Werthe virtuelle Variationen sind, denn die entgegengesetzten Werthe werden es offenbar nicht sein, weil sie die Bedingung nicht erfüllen, nach welcher δu nicht positiv werden darf. Man kann z.B., wenn eine Fläche im Raume oder [eine] Curve gegeben ist, mit großem Vortheil die Vorstellung sich bilden, wenn $u = 0$ die Gleichung der Curve, daß der Raum oder die Ebene sich in zwei Theile theilt, in dem einen befinden sich die Punkte, wo u positiv, im andern die Punkte, für die u negativ ist, die Fläche oder Curve stellt die Grenze dar, wo die beiden Theile an einander stoßen, und welche diese beiden Theile von einander trennt: hierdurch erhält man zugleich in der Theorie der Oberfläche oder der Curve eine Unterscheidung zwischen den beiden Richtungen der Normale, ob diese Normale ins Innere der Curve geht oder nach Außen. Es ist hierbei für die Theorie der geschlossenen Curven oder Flächen eine Definition zu geben, was man innen und außen nennt bei ihnen, wobei wir bloß solche Curven betrachten wollen, die nicht bloß geschlossen sind, sondern deren Zweige sich auch nicht schneiden. Also Curven von der Gestalt (A) wollen wir ausschließen, sondern nur Curven wie die ab[gebildete] (B) betrachten, die hin und her gehen und von sehr labyrinthischer Form sein können, so daß man auf den ersten Anblick schwer entscheiden kann, ob ein Punkt innen oder außen liegt[74]. Die mathematische Regel hierfür ist folgende, und namentlich für die Ausführung der betreffenden Integrationen festzuhalten: Wenn man sich einen Punkt aus

---

[73] „Il n'est pas nécessaire que le moment soit nul pour que le corps reste en équilibre; il suffit que le moment ne soit négatif pour aucun déplacement possible ..." (Fourier 1798, 53). Da Fourier Momente mit umgekehrten Vorzeichen definiert, entspricht sein Satz inhaltlich der obigen Formulierung Jacobis.
In der Hs. heißt es fälschlich: „... sondern sie muß entweder negativ werden, oder verschwinden".

[74] Jacobi denkt hier offenbar, modern gesprochen, an Jordan-Kurven, die ein Gebiet in zwei disjunkte Teile zerlegen.

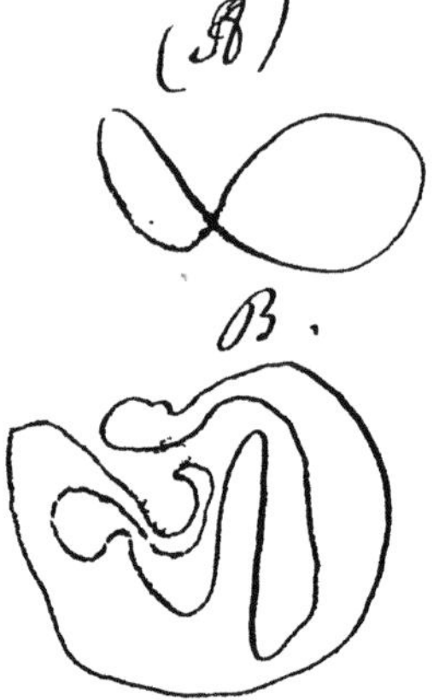

Orginalbild IV:
Zugelassene und
ausgeschlossene
Kurven

dem Unendlichen in einer geraden Linie oder Curve ankommen denkt, und auf den fraglichen Punkt sich hin bewegend, so wird der Punkt innerhalb liegen, wenn die Linie, in welcher der Punkt sich bewegt, eine ungerade Anzahl Male die Fläche oder die ebene Curve schneidet, dagegen außerhalb bei einer geraden Anzahl von Durchschnitten. Es wird daher immer auch leicht analytisch ausgedrückt werden können, wenn die physikalische Bedingung so gestellt wird, daß der Punkt auf einen der beiden Theile, in welche der Raum getheilt wird, frei hineindringen kann, dagegen in den andern Theil des Raumes nicht sich bewegen darf. Ich will, weil diese Sache weniger bekannt ist, und nicht in Poisson's oder Lagrange's Mechaniken[75] steht, sondern hauptsächlich erst von Fourier und Ostrogradsky in Anwendung gebracht ist[76], Ihnen einige Beispiele geben.

---

[75] Zu Lagrange vgl. S. 24, Anm. 51; S.D. Poissons zweibändiges Lehrwerk *Traité de mecanique* erschien zuerst 1811 und in einer zweiten Ausgabe 1833. Beide Ausgaben fanden, auch in ihren deutschen Übersetzungen, beträchtliche Verbreitung (Poisson 1825 bzw. 1835/1836, 1885 und 1890).

[76] S. hierzu Fourier 1798 (vgl. Anm. 63) und M.V. Ostrogradskys Aufsätze *Considérations générales sur les moments des forces* (Ostrogradsky 1835; ein Manuskript des Aufsatzes fand sich in Jacobis Bibliothek: s. Jacobi 1851c, 33) und *Mémoire sur les déplacements instantanés des systèmes assujettis à des conditions variables* (Ostrogradsky 1838, insbes. 590f.). Jacobi erwähnt *nicht* A. Cournots Untersuchung zur *Extension du principe des virtesses virtuelles* (Cournot 1827); s. hierzu Benvenuto 1991 I, 105.

VII

Prinzip der virtuellen Geschwindigkeiten für Bedingungsungleichungen nach Fourier; Lagrangesche Multiplikatorform der dynamischen Differentialgleichungen bei Bedingungsgleichungen.

Ich hatte zuletzt das Fundamentalprincip der Statik für den Fall ausgesprochen, wo die Bedingungen zwischen den materiellen Punkten durch Ungleichheiten gegeben sind. Dieß Theorem rührt von Fourier her, der es 1803 oder 4 in einem Bande des journal de l'école polytechnique bekannt gemacht hat, worin auch die schon erwähnte Lagrangesche Construction des Princips der virtuellen Geschwindigkeiten mitgetheilt ist[77]. Dieser Satz von Fourier ist nicht sehr bekannt geworden, so daß Gauss, als er ihn in seiner ersten magnetischen Abhandlung de vis magneticae intensitate ... aufstellte, glaubte ihn zuerst gegeben zu haben[78]. Ich werde Ihnen den Satz an einem Punkte, der sich auf einer Oberfläche bewegt, erst geometrisch auseinandersetzen und die analytische Behandlung hernach hinzufügen.

Wir wollen annehmen, daß ein Punkt auf einer Kugeloberfläche sich bewegen soll, so daß er nicht in die Kugel hinein kann. Wenn wir in den Punkt der Kugel, in welchem er sich befindet, die Tangentialebene legen, so kann der Punkt sich frei bewegen auf der einen Seite der Tangentialebene[79], so daß er nicht in die Kugel hinein kann, aber nicht auf der andern, das Gesamtmoment der Kräfte, oder das Produkt der auf ihn wirkenden Kraft, des unendlich kleinen virtuellen Weges, den der Punkt beschreiben kann, und des cosin des Winkels, den dieser Weg mit der Kraftrichtung bildet, darf nie positiv sein, wenn Gleichgewicht stattfinden soll. Das war der Satz, wie ihn Fourier ausgesprochen hat. Da nun die Kraft und der Weg positiv genommen

---

[77]Tatsächlich trägt der Band des *Journal*, in dem die Beiträge von Fourier und Lagrange (vgl. Anm. 63) erschienen, das Datum „Prairial an VI" des Revolutionskalenders, d.i. Mai bzw. Juni 1798.

[78]Gauß las diese Abhandlung mit dem vollständigen Titel *Intensitatas vis magneticae terrestris ad mensurane absolutam revocata* (Gauß 1841 bzw. 1894) am 15. Dez. 1832 in der Göttinger Gesellschaft der Wissenschaften. Tatsächlich enthält seine Formulierung des Prinzips, die der Fourierschen äquivalent ist, keinen Hinweis auf Fourier, aber auch keinen Hinweis auf eine eigene Urheberschaft. Vgl. Gauß *Werke* V, 100 bzw. die Übersetzung in Gauß 1894, 28. Bereits 1829 formulierte Gauß übrigens das Prinzip der virtuellen Geschwindigkeiten in dieser Form, ohne Fourier zu erwähnen (*Werke* V, 27f.).

[79]In der Hs. zunächst: „... auf die eine Seite der Tangentialebene hin", wobei „auf der" in „auf die" geändert, aber „hin" nicht gestrichen wurde.
Ergänzung am rechten Rand: „Wenn wir den Radius der Kugel $= 1$ setzen, so können wir setzen $u = 1 - \left(x^2 + y^2 + z^2\right)$, denn für alle Werthe innerhalb der Kugel mit dem Radius 1, in deren Mittelpunkt der Coordinatenursprung liegt, ist $x^2 + y^2 + z^2 < 1$".

werden, so kommt es nun auf den cosinus des Winkels an, d.h. der Winkel darf kein spitzer sein, die Kraft muß also so gerichtet sein, wenn Geichgewicht sein soll, daß, wenn man auf der einen Seite der Tangentialebene hin sich irgend eine gerade Linie erstrecken läßt, diese mit der Kraft keinen spitzen Winkel bildet, und dieß ist nur in einem Falle möglich, nämlich wenn die Kraft senkrecht steht auf der Ebene, und zwar auf der entgegengesetzten Seite sich hin erstreckt, als nach welcher der Punkt sich frei bewegen kann. Für jede andere Richtung muß es möglich sein, solche Linien zu finden, die mit der Kraft einen spitzen Winkel bilden, und nach der Seite der Tangentialebene sich erstrecken, auf welcher der Punkt sich frei bewegt. Die in der Normalen nach derselben Richtung hin wirkende Kraft würde von den Fällen des Gleichgewichtes gänzlich ausgeschlossen werden. - Wenn der Theil des Raumes, nach welchem sich der Punkt frei bewegen kann, ausgedrückt wird durch $u \lessgtr 0$, so daß u nie positiv werden kann, so müssen die virtuellen Variationen $\delta x\ \delta y\ \delta z$ so beschaffen sein, daß

$$\delta u = \frac{\partial u}{\partial x}\delta x + \frac{\partial u}{\partial y}\delta y + \frac{\partial u}{\partial z}\delta z \lessgtr 0$$

gleichfalls nie positiv wird, weil für die Punkte der Fläche selber, auf der der Punkt sich befindet, $u = 0$ wird. Das Gesamtmoment der Kräfte wird ausgedrückt durch $X\delta x + Y\delta y + Z\delta z$, und dieses darf, wenn Gleichgewicht ist und $\delta x\ \delta y\ \delta z$ virtuelle Variationen [sind], auch nie positiv werden, also haben wir auch

$$X\delta x + Y\delta y + Z\delta z \lessgtr 0$$

Für alle Werthe von $\delta x\ \delta y\ \delta z$, für welche die erste Ungleichung $\delta u \lessgtr 0$, muß auch dieß zweite stattfinden. Wäre $u = 0$ die Bedingung der Coordinaten des bewegten Punktes, so müßte $\delta u = 0$ und ebenso das Gesamtmoment $= 0$ sein, woraus folgte, daß, damit Gleichgewicht [vorliegt], X, Y, Z den Differentialquotienten $\frac{\partial u}{\partial x}$, $\frac{\partial u}{\partial y}$, $\frac{\partial u}{\partial z}$ proportional sein müßten. Für unsern Fall reicht diese Bedingung nicht hin, sie muß so ausgesprochen werden, daß X, Y, Z den Größen $\frac{\partial u}{\partial x}$ ... gleich werden, wenn man sie mit einem positiven Factor multiplicirt (im Allgemeinen könnte, damit die Proportion stattfinde, dieser Factor auch negtiv sein). Umgekehrt, so wie dieß der Fall ist, werden die beiden Ungleichheiten immer gleichzeitig stattfinden. Wenn P die Kraft, die den Punkt im Gleichgewicht belassen soll, und $\alpha\ \beta\ \gamma$ die Winkel, die P mit den Axen bildet, so hat man

$$\cos\alpha = \frac{X}{P} \quad \cos\beta = \frac{Y}{P} \quad \cos\gamma = \frac{Z}{P} \quad \text{und} \quad P = \sqrt{X^2 + Y^2 + Z^2}$$

wo die Wurzel immer positiv zu nehmen [ist]. Nun ist P in Bezug auf $X\,Y$ Z von der ersten Dimension, wir können also in diesen 3 Brüchen statt $X\,Y$ Z die ihnen proportionalen Größen $\frac{\partial u}{\partial x}\ \frac{\partial u}{\partial y}\ \frac{\partial u}{\partial z}$ setzen und statt P die Wurzel aus der Summe ihrer Quadrate. Sei also

$$N = \left(\frac{\partial u}{\partial x}\right)^2 + \left(\frac{\partial u}{\partial y}\right)^2 + \left(\frac{\partial u}{\partial z}\right)^2 , \qquad \text{so ist}$$

$$\cos\alpha = \frac{\partial u}{\partial x} : \sqrt{N}, \quad \cos\beta = \frac{\partial u}{\partial y} : \sqrt{N}, \quad \cos\gamma = \frac{\partial u}{\partial z} : \sqrt{N}$$

wo in allen 3 Ausdrücken $\sqrt{N}$ dieselbe Größe, also mit demselben Zeichen zu nehmen [ist]. Es frägt sich, welches dieses [Zeichen] sei für den Fall der Bedingungsungleichungen. Für den Fall der Bedingungsgleichungen ist das Zeichen gleichgültig, also die Wurzel kann sowohl positiv als negativ sein. Weil hier aber X aus $\frac{\partial u}{\partial x}$ durch Multiplication mit einem positiven Factor erhalten wird, auch P seiner Natur nach positiv ist, hat $\cos\alpha$ sowohl dasselbe Zeichen wie X als auch wie $\frac{\partial u}{\partial x}$, und hieraus folgt, daß auch $\sqrt{N}$ positiv sein muß. Wenn also die Bedingung ist, daß der Punkt sich nie nach dem Theil des Raumes bewegen kann, für welches u positiv ist, so muß in den für die cosinus der Winkel $\alpha\ \beta\ \gamma$ angegebenen Formeln $\sqrt{N}$ positiv genommen werden. Es ist also in den Formeln, die die Richtung der Kraft bestimmen, das Zeichen der darin vorkommenden Wurzelgröße bestimmt.

Um nun aber die analytischen Formeln für diesen Fall in ihrer ganzen Allgemeinheit aufstellen zu können, muß ich zuvor eine andere Formel geben, in welcher Lagrange die allgemeinen Formeln der Dynamik und Statik dargestellt hat. Ich werde also jetzt näher erläutern die lagrangesche Darstellung der allgemeinen dynamischen und statischen Differentialgleichungen mittelst der Multiplicatoren[80]. Wir wollen jetzt zuerst wieder den Fall der Bedingungs*gleichungen* betrachten, so daß also $u = 0$ $v = 0 \ldots$ die m Bedingungsgleichungen sind, durch welche die Verbindung des Systems der n bewegten materiellen Punkte dargestellt werden. Wir haben ein lineares Aggregat der Variationen $\delta x\ \delta y\ \delta z \ldots$, welches für alle Werthe derselben, die mit den Bedingungsgleichungen $u = 0$ $v = 0 \ldots$ verträglich sind (d.h. für alle, welche den Gleichungen

$$\sum \frac{\partial u}{\partial x} \delta x = 0 \qquad \sum \frac{\partial v}{\partial x} \delta x = 0 \qquad \ldots,$$

[genügen,] wo sich das $\sum$zeichen sowohl auf die verschiedenen Coordinaten desselben Punktes, als auf alle n Punkte bezieht), verschwinden soll. Den Ausdruck, der 0 werden soll, schreiben wir analog abgekürzt

---

[80]Vgl. hierzu *Méchanique Analitique* Part. 1, Sect. 4 und Part. 2, Sect. 4 (Lagrange 1788, 44ff. und 227ff. bzw. *Oeuvres* XI, 77ff. und 336ff.).

$$\sum \left(m\frac{d^2x}{dt^2} - X \right) \delta x = 0$$

er enthält, so wie jede der Gleichungen für die virtuellen Variationen, $3n$ Terme. Um die Bedingungen zu bekommen, die stattfinden, damit die letzte Summe für alle virtuellen Variationen verschwinde, muß man eine Anzahl $3n - m$ Variationen durch die übrigen m aus den Bedingungsgleichungen bestimmen, so daß diese Gleichungen nicht mehr zu Hilfe genommen zu werden brauchen, indem diese Bedingungen ihre Kraft erschöpft [haben] - und diese Bedingungen in die allgemeine dynamische Gleichung substituiren, worauf die Coefficienten der $3n-m$ unabhängigen bleibenden Variationen gleich Null gesetzt, die gesuchten Bedingungen ergeben. Es werden also m Variationen durch lineare Ausdrücke der übrigen bestimmt, dann mit den Factoren multiplicirt, die sie in der dynamischen Gleichung haben, und die Werthe der Produkte hinein substituirt. Überlegt man die hier stattfindende algebraische Operation, so besteht dieselbe darin, daß man die Bedingungsgleichungen mit gewissen Factoren multiplicirt, die Produkte bildet, die Summe zur dynamischen Gleichung hinzufügt, und die m Factoren so bestimmt, daß die Coefficienten der Variationen, die eliminirt werden sollen, $= 0$ werden; man kann aber so viele Variationen eliminiren, als Bedingungsgleichungen sind, denn man erhält gerade so viele Gleichungen als man Factoren eingeführt hat, und kann daher diese Factoren bestimmen. Seien z.B. 2 Bedingungsgleichungen, und dann δx und δy zu bestimmen, so hat man, um δx zu erhalten, die Vorschrift, daß man die Gleichung mit solchen Factoren multiplicirt, daß in der Summe der Coefficient von δy verschwindet. Umgekehrt, bestimmt man die Factoren so, daß der Coefficient von δx bestimmt [ist], so kommt δy vor, dessen Werth man als lineare Function der übrigen, ohne δx, erhält. Ebenso bei 3 Gleichungen[:] um $\delta x\ \delta y\ \delta z$ zu bestimmen, wählt man die Factoren so, daß $\delta y\ \delta z$ in der Produktsume in 0 multiplicirt werden, und erhält daraus δx, analog dann δy und δz etc etc. Die Gleichungen also, durch welche man die Werthe der zu eliminirenden Variationen durch die bleibensollenden ausdrückt, haben die Form

$$\lambda_1 \sum \frac{\partial u}{\partial x}\delta x + \mu_1 \sum \frac{\partial v}{\partial x}\delta x \ldots \ = \ 0,$$

$$\lambda_2 \sum \frac{\partial u}{\partial x}\delta x + \mu_2 \sum \frac{\partial v}{\partial x}\delta x \ldots \ = \ 0 \quad \text{etc.,}$$

wo die Factoren $\lambda\ \mu \ldots$ oder vielmehr ihre Verhältnisse so bestimmt sind, daß in jeder der m Gleichungen $m-1$ Variationen verschwinden. Um mittelst derselben nun die Werthe der jedesmaligen $m$ten Variation in

$$\sum \left(m\frac{d^2x}{dt^2} - X \right) \delta x$$

hineinzusubstituiren, brauche ich nur jede der m Gleichungen mit einem solchen Factor zu multipliciren, daß die zu eliminirende Variation den entgegengesetzten Coefficienten erhält als in der dynamischen Gleichung (also wenn δx zu eliminiren, daß der Coefficient

$$-m\frac{d^2x}{dt^2} - X$$

erhalten wird), und die Produkte zu letzterer zu addiren. Dann bleiben in der That nur $3n - m$ unabhängige Variationen zurück, und das Resultat erhält die Form

$$0 \;=\; \sum \left(m\frac{d^2x}{dt^2} - X \right) \delta x + \lambda_0 \left\{ \lambda_1 \sum \frac{\partial u}{\partial x}\delta x + \mu_1 \sum \frac{\partial v}{\partial x}\delta x \ldots \right\}$$
$$+ \mu_0 \left\{ \lambda_2 \sum \frac{\partial u}{\partial x}\delta x + \mu_2 \sum \frac{\partial v}{\partial x}\delta x \ldots \right\} \ldots$$

oder wenn ich die Factoren zusammenfasse, die oben behauptete Form

$$0 = \sum \left(m\frac{d^2x}{dt^2} - X \right) \delta x + \lambda \sum \frac{\partial u}{\partial x}\delta x + \mu \sum \frac{\partial v}{\partial x}\delta x + \text{etc.}$$

Nun hat aber diese Betrachtungsweise den großen Vortheil, daß man Gleichungen erhält, welche nicht an der Unsymmetrie des Verfahrens leiden, daß man wenigstens Symbole von symmetrischer Form erhält, während das Verfahren in der Ausführung dadurch unsymmetrisch wird, daß man sich entscheiden muß, welche der $3n$ Größen man eliminiren will: so behält das Resultat den symmetrischen Charakter bei, weil es nur den Algorithmus der Elimination enthält, dieselbe [aber] nicht wirklich ausgeführt ist. Es bleiben in der Gleichung nur solche Variationen in Terme multiplicirt zurück, zwischen denen keine Bedingungsgleichungen stattfinden, folglich müssen die einzelnen Coefficienten verschwinden; so daß also die Bestimmung, daß die Coefficienten der einzelnen Variationen, nach Addition der Produktsumme der Bedingungsgleichungen zur dynamischen Gleichung, verschwinden sollen, nicht bloß für die Terme gilt, die in Variationen, die man eliminiren will, multiplicirt sind, sondern gleichmäßig für alle Terme: die einen, weil man sie eliminiren will, die andern, weil der Ausdruck sonst nicht verschwinden kann. Wir bestimmen also jetzt folgende $3n$ Gleichungen, welche zugleich die m Bedingungen für die Bestimmung der Multiplicatoren $\lambda, \mu \ldots$ enthalten und die Zerfällung der allgemeinen dynamischen Gleichung in die $3n - m$ einzelnen, die durch Einführung der Variationen in ihr vereinigt worden sind. Das System von Gleichungen wird

$$0 \;=\; m\frac{d^2x}{dt^2} - X + \lambda\frac{\partial u}{\partial x} + \mu\frac{\partial v}{\partial x} + \dots$$

$$0 \;=\; m\frac{d^2y}{dt^2} - Y + \lambda\frac{\partial u}{\partial y} + \mu\frac{\partial v}{\partial y} + \dots$$

$$0 \;=\; m\frac{d^2z}{dt^2} - Z + \lambda\frac{\partial u}{\partial z} + \mu\frac{\partial v}{\partial z} + \dots$$

$$0 \;=\; m_1\frac{d^2x_1}{dt^2} - X_1 + \lambda\frac{\partial u}{\partial x_1} + \mu\frac{\partial v}{\partial x_1} + \dots$$

etc.   etc .

Die Factoren λ, μ... bleiben also nicht bloß für die verschiedenen Coordinaten desselben Punktes, sondern für alle Punkte ungeändert. Dieß ist die vollkommen symmetrische Form, in welcher Lagrange mit Hilfe der Multiplicatoren die dynamischen Differentialgleichungen darstellt. Um die Größen λ, μ... wirklich zu berechnen, hat man sich zu entscheiden, welche Variationen man eliminiren will. Für den Fall der Statik, wo keine bewegenden Kräfte stattfinden, werden daher die Gleichungen:

$$X = \lambda\frac{\partial u}{\partial x} + \mu\frac{\partial v}{\partial x} \dots \quad Y = \lambda\frac{\partial u}{\partial y} + \mu\frac{\partial v}{\partial y} \dots \quad Z = \lambda\frac{\partial u}{\partial z} + \mu\frac{\partial v}{\partial z} \dots$$

etc. für die andern Punkte.

Man kann also die Regel so darstellen: zu dem Ausdruck in der dynamischen Differentialgleichung, welcher gleich Null wird, addirt man die partiellen Differentialquotienten der Bedingungsgleichungen $\frac{\partial u}{\partial x}$ $\frac{\partial v}{\partial x}$ ... nach den respectiven Coordinaten genommen, jeden mit einem Factor multiplicirt, und setzt nachher, wie wenn die einzelnen Variationen unabhängig von einander wären, ihre Coefficienten = Null. Man kann daher diese Form der Gleichung in der einen symbolischen wieder zusammenfassen, wo

$$\delta u = \sum \frac{\partial u}{\partial x}\delta x \qquad \delta v = \sum \frac{\partial v}{\partial x}\delta x \ \dots \qquad \text{geschrieben [wird]:}$$

$$\sum\left\{\left(m\frac{d^2x}{dt^2} - X\right)\delta x\right\} + \lambda\delta u + \mu\delta v + \dots = 0$$

Die aufgestellten Bedingungen werden benutzt, um die Werthe der Factoren zu finden: alsdann zerfällt die symbolische Gleichung in $3n - m$ einzelne.

VIII

Lagrangesche Multiplikatorenmethode in der Statik und ihre Ausdehnung auf Bedingungsungleichungen.

Die Methode, deren wir uns bedient haben, ist eine allgemeine, wenn ein lineares Aggregat von Variationen unter der Bedingung verschwinden soll, daß mehrere andere Aggregate der Variationen ebenfalls verschwinden. Man vereinigt sowohl den gegebenen Ausdruck als die Bedingungen in ein einziges lineäres Aggregat, dadurch daß man die Bedingungsgleichungen mit Factoren multiplicirt und zum Ausdruck addirt, hernach jeden Coefficienten jeder Variation gleich Null setzt. Man erlangt für unsern Fall und auch im Allgemeinen dadurch den großen Vortheil, daß man die Gleichungen hinschreiben kann, ohne die Eliminationen wirklich auszuführen. Die Resultate der Elimination werden in der Regel so complicirt, daß die Formeln nicht mehr übersichtlich und präsentabel sind. Es ist sehr mißlich, wenn man allemal bei einer kleinen vorzunehmenden Änderung ein complicirtes System Formeln hinzuschreiben hat, die viel Raum und Zeit wegnehmen, ohne für die Übersicht bequemer zu sein. Eine Bezeichnungsart die zugleich leicht und bequem, übersichtlich und nicht willkürlich, sondern in der Natur der Sache begründet ist, ist in der Analysis unschätzbar. Hat man die zu eliminirenden Variabeln nicht passend gewählt, so verlieren die Formeln ganz die bequeme Behandlung, man muß die verwickelten Ausdrücke durch die ganze Rechnung mit fortschleppen, und es zeigt sich oft spät, wie man von vornherein hätte verfahren sollen; es ist einer der schwierigsten Theile der Analysis, die richtigen Variabeln zu finden, die einzuführen oder beizubehalten und die zu eliminiren sind. Durch diese Form der Multiplicatoren wird Alles erhalten und man bleibt vollkommen Herr über die Menge der Variabeln, wenige Zeilen reichen für die Formeln hin, die sonst so viele Seiten füllen würden. Es ist sowohl hier als auch in andern Theilen der Mechanik ein großes Verdienst von Lagrange, wodurch er der Analysis den Vortheil erhalten hat, den die Geometrie gewährt, wo man durch Linien Ausdrücke darstellt, die durch Formeln sehr complicirt auszudrücken wären[81]. Hier aber, werden Sie sehen, haben die Multiplicatoren auch eine eingenthümliche Bedeutung. Es ist das Interessanteste in der Mathematik, wenn Größen, die man aus rein praktischem Interesse einführt, hernach eine specifische Bedeutung erhalten.

Betrachten wir zuerst wieder unser statisches Theorem, wie es sich mit Hilfe der Multiplicatoren darstellt, so werden die Gleichungen des Gleichgewichts, deren Anzahl $3n$ bei n Punkten des Systems [beträgt, zu:]

---

[81] „Die Lagrangesche Mechanik ist eine großartige Leistung in Bezug auf die *Ökonomie des Denkens*", bemerkt E. Mach zum Übergang von der Newtonschen „synthetischen" zur Euler-Lagrangeschen „analytischen" Methode. S. Mach 1933, 444f., vgl. 421.

$$(1)\begin{cases} X &= \lambda\dfrac{\partial u}{\partial x} + \mu\dfrac{\partial v}{\partial x} + \dots \\[2ex] Y &= \lambda\dfrac{\partial u}{\partial y} + \mu\dfrac{\partial v}{\partial y} + \dots \\[2ex] Z &= \lambda\dfrac{\partial u}{\partial z} + \mu\dfrac{\partial v}{\partial z} + \dots \\[2ex] X_1 &= \lambda\dfrac{\partial u}{\partial x_1} + \mu\dfrac{\partial v}{\partial x_1} + \dots \\[2ex] & \text{etc. etc.} \end{cases}$$

Hieran lassen sich viele Betrachtungen knüpfen. Das Theorem muß so ausgesprochen werden, daß wenn die Kräfte $X, Y, Z \dots$ in diese analytische Form gebracht werden können, immer Gleichgewicht stattfindet. Was nämlich auch $\lambda, \mu \dots$ für Werthe erhalten, so wird, wenn $X\,Y\,Z \dots$ diese Form haben, das Gesamtmoment der sollicitirenden Kräfte verschwinden. Es wird nämlich nachher der Ausdruck

$$(2) \qquad \sum X\delta x - \lambda\delta u - \mu\delta v \dots = 0$$

identisch gleich Null, und zwar verschwindet der Coefficient, der in jede dieser einzelnen Variationen multiplicirt ist. Die Variationen sind aber virtuelle, wenn $\delta u, \delta v \dots = 0$ sind. Aus dieser identischen Gleichung (2) folgt daher, daß für virtuelle Variationen

$$\sum X\delta x = 0$$

ist. Identisch nennen wir die Gleichung (2) zum Unterschied von dieser letzten, wo es nöthig ist, daß die Variationen besondere Werthe erhalten: die Gleichung (2) wird aber allemal identisch, so wie man die Werthe von λ, $\mu \dots$ aus den Gleichungen (1) in sie hineinsubstituirt. Hieraus sehen wir, daß unendlich viele Systeme von Kräften für gegebene Bedingungen sich das Gleichgewicht halten, und daß die Formeln von so vielen willkürlichen Größen abhängen als es Bedingungsgleichungen gibt, denn ihre Anzahl ist der der Multiplicatoren gleich. Von so vielen willkürlichen Größen hängt also die Art ab, wie man die Kräfte variiren kann, so daß Gleichgewicht bleibt. Man wird nun die sämtlichen Kräfte, die sich das Gleichgewicht halten, so construiren. Jede Kraft, die an einem Punkte wirkt, setzt man zusammen aus soviel Kräften als es Bedingungsgleichungen gibt, und jeder Bedingungsgleichung entspricht eine Kraft. Die Regel dafür ist folgende, wie man sie aus der Formel sogleich abliest: An dem Punkt o, dessen Coordinaten (x, y, z)

sind, wirke eine Kraft, die der 1° Bedingungsgleichung entspricht, so daß die[82] cos[-Werte] der Winkel mit den rechtwinkligen Coordinatenaxen sich wie

$$\frac{\partial u}{\partial x} : \frac{\partial u}{\partial y} : \frac{\partial u}{\partial z} \quad \text{verhalten. Setzen wir immer}$$

$$N = \left(\frac{\partial u}{\partial x}\right)^2 + \left(\frac{\partial u}{\partial y}\right)^2 + \left(\frac{\partial u}{\partial z}\right)^2 \quad \text{und ebenso}$$

$$N_1 = \left(\frac{\partial u}{\partial x_1}\right)^2 + \left(\frac{\partial u}{\partial y_1}\right)^2 + \left(\frac{\partial u}{\partial z_1}\right)^2 \quad \text{etc.}$$

für alle einzelnen Punkte des Systems, so werden auf die verschiedenen Punkte des Systems zuerst Kräfte wirken, deren Richtungen dadurch bestimmt werden, daß die cos[-Werte] der Winkel, die die Kraft am 1° Punkte macht, respective sind

$$= \quad \frac{\partial u}{\partial x} : \sqrt{N}, \qquad \frac{\partial u}{\partial y} : \sqrt{N}, \qquad \frac{\partial u}{\partial z} : \sqrt{N},$$

ebenso sind die cos[-Werte,] die zu der am 2° Punkte wirkenden Kraft gehören, respective

$$= \quad \frac{\partial u}{\partial x_1} : \sqrt{N_1}, \qquad \frac{\partial u}{\partial y_1} : \sqrt{N_1}, \qquad \frac{\partial u}{\partial z_1} : \sqrt{N_1}$$

u.s.w. für die übrigen Punkte. Die Summen der cosinusquadrate [sind] = 1. Die Intensität der Kraft am 1° Punkte wird aber = $\lambda\sqrt{N}$, am 2° Punkte = $\lambda\sqrt{N_1}$, etc. Die Richtungen der Kräfte sind also vollständig bestimmt durch die Bedingungsgleichung $u = 0$, denn in den Ausdrücken für die cos[-Werte] kommt die willkürliche Größe λ nicht vor; dagegen ist die Intensität sämtlicher Kräfte λ proportional, so daß sie sämtlich dieser Größe proportional sich ändern. Wenn wir also zuerst diese Kräfte für die verschiedenen Punkte für $\lambda = 1$ bestimmen, wo die Intensitäten respective $\sqrt{N}$, $\sqrt{N_1}$, $\sqrt{N_2}$ ... erhalten werden, so wird man diese sämtlichen Kräfte mit einer beliebigen Zahl multipliciren können, und das System Kräfte erhalten, welches der 1° Bedingungsgleichung entspricht. Ebenso wird man aus einer zweiten Bedingungsgleichung das entsprechende System Kräfte construiren können, indem man wieder für jeden Punkt eine Kraft bestimmt, deren Richtung vollständig aus $v = 0$ bestimmt ist, die Intensitäten werden dann wieder respective

---

[82]In der Hs. folgt: „coss.", was hier und im folgenden mit cos[-Werte] wiedergegeben wird.

$$\mu\sqrt{\left(\frac{\partial v}{\partial x}\right)^2 + \left(\frac{\partial v}{\partial y}\right)^2 + \left(\frac{\partial v}{\partial z}\right)^2}\;;\quad \mu\sqrt{\left(\frac{\partial v}{\partial x_1}\right)^2 + \left(\frac{\partial v}{\partial y_1}\right)^2 + \left(\frac{\partial v}{\partial z_1}\right)^2}\quad\text{etc.}$$

Setzt man also zuerst die Multiplicatoren $= 1$, so werden für jeden Punkt soviele Kräfte construirt, deren Richungen bestimmt und unveränderlich sind, als Bedingungsgleichungen existiren, hernach kann man die der $p$ten Bedingungsgleichung entsprechenden Kraft an jedem Punkt mit einer beliebigen Größe multipliciren, die aber für alle Punkte dieselbe bleibt. Wie man nun auch diese Factoren wählt, mit denen man multiplicirt, so wird man ein System Kräfte erhalten, die mittelst der zwischen den unterschiedlichen Punkten stattfindenden Bedingungen sich gegenseitig das Gleichgewicht halten. So erhält man eine klare Anschauung, wie man alle die unendlich kleinen Kräftesysteme bilden kann, die mittelst derselben Bedingungen sich das Gleichgewicht halten.

Wenn aber umgekehrt das Gesetz gegeben ist, wie die Kräfte auf die einzelnen materiellen Punkte wirken, ihrer Richtung und Größe nach von der Configuration der materiellen Punkte abhängen, mit andern Worten, wenn die rechtwinkligen Componenten $X, Y, Z \ldots$ als Functionen der Coordinaten sämtlicher Punkte gegeben sind, so wird die Position des Systems im Raum, in welcher diese Kräfte vermittelst dieser Bedingungen sich das Gleichgewicht halten, vollkommen bestimmt. Man hat sich dieß so vorzustellen. Man denkt sich das System [der] Punkte, welches den vorgeschriebenen Bedingungen genügt, im Raume bewegt, so daß die Bedingungen nicht verletzt werden, es wird dann eine Lage geben, die es annehmen kann, so daß die Kräfte sich das Gleichgewicht halten, wenn man annimmt, daß die Kräfte sich immer so ändern, wie es das Gesetz erfordert, nach welchem die Kräfte ihrer Größe und Richtung nach von der Position der einzelnen Punkte des Systems abhängen. Nämlich wenn dieß Gesetz gegeben ist, sind, wie bemerkt, $X, Y, Z, X_1, Y_1, Z_1 \ldots$ als Function der $3n$ Coordinaten gegeben. Man hat also $3n$ Gleichungen (1), die außer den $3n$ Coordinaten noch die m Größen $\lambda, \mu \ldots$ enthalten. Man hat also zwischen $3n+m$ Unbekannten die $3n$ Gleichgewichtsgleichungen, und außerdem sind noch die m Bedingungsgleichungen zwischen den $3n$ Coordinaten allein, in die die Multiplicatoren nicht eingehen. Also sind im Ganzen ebenso viele Gleichungen als Unbestimmte, die dadurch im Allgemeinen bestimmt werden.

Wir wollen nun sehen, wie diese statischen Gesetze ausgesprochen werden müssen, wenn die Verbindungen des Systems materieller Punkte nicht als Bedingungsgleichungen, sondern durch Bedingungs*ungleichungen* gegeben sind. In diesem Falle war das Princip so: das Gesamtmoment der sollicitirenden Kräfte darf nie positiv sein. Vorausgesetzt natürlich daß die Bedingungsungleichungen in der Gestalt $u \leqq 0$, $v \leqq 0 \ldots$ gegeben sind, so daß auch diese Größen nie positiv werden dürfen. Wir werden also ein Aggregat Variationen haben und sollen bestimmen, wann dieses Aggregat nie positiv werden kann, wenn die Variationen so bestimmt sind, daß andere Aggregate, die von den gegebenen Bedingungen abhängen, nie positiv werden. Denn sollen u und v nie positiv werden, so folgt dasselbe für δu und δv, wir nehmen nämlich an, das System sei in einem solchem Zustand, daß u und $v = 0$ sind, wenn es sich also ändert, darf δu, δv nie positiv werden. Die Aufgabe einer solchen Bestimmung sieht im ersten Augenblick sehr verwickelt aus, doch ist die Lösung mit Hilfe der Multiplicatoren sehr einfach und elegant. Nämlich zuerst findet der Satz statt, daß wenn Gleichgewicht für die Bedingungsungleichheiten stattfindet, auch Gleichgewicht stattfinden muß, wenn die Ungleichungen sich in Gleichungen verwandeln. Denn die Kräfte halten sich das Gleichgewicht, wenn die Punkte beliebige Bewegungen annehmen können, welche den Bedingungen nicht zuwider sind, also welche die Bedingungsungleichungen oder die Bedingungsgleichungen erfüllen; wenn man also die Bewegung der Punkte noch einschränkt, dadurch daß man ihnen selbst solche Bewegungen nimmt, die die Bedingungsungleichungen erfüllen, wird gewiß Gleichgewicht stattfinden. Durch Hinzufügen von Bedingungen kann keine Bewegung hervorgerufen werden, [sondern] nur dann, wenn man solche aufhebt. Hieraus geht hervor, daß wenn bei der Ungleicheit Gleichgewicht stattfinden soll, dann X, Y, Z die analytische Form haben müssen, wie sie die Gleichungen (1) erfordern: sie müssen so sein, daß wenn man die Möglichkeit, daß die Bedingungsgleichungen aufhören können, fortläßt, noch Gleichgewicht stattfindet, und dann muß jene algebraische Form bestehen, wo $\lambda, \mu \ldots$ willkürliche Größen [sind]. Aber diese Bestimmung reicht nicht, wie dort, aus. Wir haben aber die Erleichterung, daß wir für die $3n$ Kräfte andere Ausdrücke setzen können, in denen nur noch so viele Größen unbestimmt sind, als die Anzahl der Bedingungsungleichheiten, nämlich die Multiplicatoren. Man fragt also, wie müssen diese Multipicatoren beschaffen sein, damit Gleichgewicht für die Ungleichheiten stattfindet. Die Frage, in welcher Art die Willkürlichkeit derselben modificirt werden muß, wird nun dadurch erledigt, daß $\sum X \delta x$ nie positiv werden darf. Wir haben nun gesehen, daß wenn für die Bedingungsgleichungen Gleichgewicht stattfindet, die Gleichung

$$\sum X \delta x = \lambda \delta u + \mu \delta v + \ldots$$

identisch erfüllt ist für solche Werthe von λ und μ, welche die Gleichung (1) erfüllen; denn eben damit Gleichgewicht ist, müssen $X, Y, Z \ldots$ die in ihnen (den Gleichungen (1)) gegebene Form haben, daraus haben $\lambda, \mu \ldots$ bestimmte Werthe, und diese sind so beschaffen, daß die Gleichung (2) identisch wird. Da nun $\delta u \, \delta v \ldots$ nie positiv werden können, so ist die Bedingung, daß $\sum X \delta x$ ebenfalls nie positiv werden darf, dadurch erfüllt, daß[83] die Multiplicatoren immer positive Werthe haben: denn hätten eine oder mehrere der Größen λ, μ ... negativen Werth, so würde dagegen

$$\sum X \delta x = \lambda \delta u + \mu \delta v \dots$$

positiv werden können.

IX   *Vergleich der Multiplikatorenmethode bei Bedingungsgleichungen und -ungleichungen; mechanische Bedeutung der Lagrangeschen Multiplikatoren.*

Wir hatten gefunden, daß wenn Bedingungsgleichungen $u = 0$ $v = 0$ ... zwischen den materiellen Punkten gegeben sind, dann folgende Gleichungen stattfinden müssen:

$$(1) \qquad X = \lambda \frac{\partial u}{\partial x} + \mu \frac{\partial v}{\partial x} + \dots \qquad Y = \text{etc.} \qquad 3n \text{ Gleichungen}$$

die Größen λ; μ ... waren hier ganz willkürlich. Die Gleichungen (1) vertreten bei m Bedingungsgleichungen die Rolle von $3n - m$ Gleichungen, die zwischen den Kräften stattfinden müssen, denn man kann die m Multiplicatoren aus den $3n$ Gleichungen eliminiren. Es sind das lineäre Ausdrücke aus den Componenten der Kräfte, aber oft sehr schwer darzustellen, weshalb wir die Form der nicht ausgeführten Elimination vorzogen. Wir haben ferner das System (1) dargestellt durch die Gleichungen

$$(2) \qquad \sum X \delta x = \lambda \delta u + \mu \delta v + \dots$$

welche Gleichung (2) die Bedeutung hat, daß die Coefficienten der einzelnen Variationen einander gleichgesetzt werden, worauf man offenbar die Gleichung (1) erfüllt. Beide besagen genau dasselbe, und wie (1) aus (2), so folgt umgekehrt (2) aus (1), wenn man die Gleichungen successiv mit δx δy multiplicirt und addirt. Beim Gleichgewicht vermittelst der m Bedingungsgleichungen müssen also $3n - m$ Gleichungen zwischen den Componenten stattfinden, und diese Gleichungen, wenn sie stattfinden, bewirken, daß man die Größen $X\,Y\,Z$ ... vermittelst der neu eingeführten Größen λ, μ ... durch die Gleichungen (1) darstellen kann. - Wenn nun statt der Bedingungsgleichungen Ungleichungen gegeben sind, so heißt das: wenn die Punkte so liegen, daß ihre Coordinaten die Gleichungen $u = 0$ $v = 0$ erfüllen, so sollen

---

[83]In der Hs.: „wenn", nach durchstrichenem „daß".

sie nicht gezwungen bleiben, diese zu erfüllen, es sollen nur diese Functionen u und v nie negativ werden können. Wenn Gleichgewicht für den allgemeinen Fall [herrscht], so muß es auch für den beschränkten [Fall] stattzufinden fortfahren, denn bringt man bei Punkten, die im Gleichgewicht sind, neue Verbindungen an, so kann keine Bewegung erfolgen. Diese Betrachtung war früher eines der Hauptmittel für die Analysis solcher Aufgaben. Wenn man einige der Punkte festnagelt, so kann das Gleichgewicht nicht gestört werden, es könnte nur sein, wenn einige Bedingungen aufhören zu existiren. Also wenn die Bedingungen des Gleichgewichts für die Ungleichungen erfüllt sind, müssen es auch die - mehr Spielraum lassenden - für die Bedingungsgleichheiten sein. In diesem Fall muß aber identisch die Gleichung (2) statfinden (identisch heißt, in dem die Variationen als unabhängig gedacht werden, in Bezug auf die Coefficienten jeder Variation) d.h. es gibt immer solche Multiplicatoren λ, μ, für welche die Gleichung identisch stattfindet, denn wenn die Kräfte gegeben sind, sind λ, μ... nicht mehr willkürlich, sondern sind durch die Gleichung (1) vollkommen bestimmt. Es zerfällt das System (1) in 2 Systeme: m Gleichungen zur Bestimmung der Multiplicatoren durch die Coordinaten und $3n - m$ Gleichungen, aus denen dieselben eliminirt gedacht werden - und zwar kann die Zerfällung der Gleichung (1) in diese beiden Systeme durch beliebige Wahl der m Gleichungen für die Multiplicatorenbestimmung verschieden ausfallen. Wenn also die Werthe der Multiplicatoren substituirt gedacht werden, wird

$$\sum X \delta x \qquad \text{identisch mit} \qquad \lambda \delta u + \mu \delta v + \dots ,$$

und wir könnenn nun, wenn nämlich solche $3n$ Kräftecomponenten gegeben sind, die sich das Gleichgewicht halten, das allgemeine statische Princip im Falle der Bedingungsungleichheit so aussprechen, daß $\lambda \delta u + \mu \delta v \dots$ keine positiven Werthe annehmen könne, wenn die δu δv... nicht positiv sein sollen (also negativ sein oder verschwinden müssen). Hieraus folgt nun, als äquivalent, daß λ und μ immer positive Werthe annehmen müssen. Denn erstens ist klar, daß in diesem Falle mit den Variationen δu δv... das Aggregat der Produkte $\lambda \delta u + \mu \delta v$... nie positiv sein kann, Null wird es nur, wenn die Variationen sämtlich verschwinden; zweitens also ist jene Bedingung eine nothwendige, weil, wenn etwa der bestimmte Werth, den λ annimmt, negativ wäre, es in unserer Hand stünde, δv δw... verschwinden zu lassen und nur $\delta u < 0$ zu belassen, woraus nach Multiplication mit λ ein positives Produkt entstünde und jenes Aggregat, auf sein erstes Glied reducirt, einer positiven Größe gleich wäre. Damit also das Ganze, d.h. $\sum X \delta x$, nicht positiv [wird], folgt, daß die Multiplicatoren positiv sein müssen. Das ist also die gesuchte Bedingung, die für die Complication des Problems in der That eine sehr einfache Form erhalten hat. Die Einführung der Multiplicatoren, sahen wir, ist uns nicht mehr bloß Rechenerleichterung, sondern gibt die Lösung eines schwierigen Problems. Sie bestimmen durch ihr Zeichen, ob für den Fall, daß bei den Bedingungsgleichheiten Gleichgewicht stattfindet, dasselbe auch bei Ungleichheiten besteht.

Wenn wir die Construction nehmen, die alle Kräftesysteme darstellt, die sich das Gleichgewicht halten vermittelst der Bedingungsgleichungen, so folgt eine geringe Modification für das Datum der Ungleichungen. Wir construirten mit Bezug auf die durch die 1° Bedingungsgleichung gegebene Verbindung des Systems eine Kraft für den ersten Punkt, deren Componenten $\lambda\frac{\partial u}{\partial x}$, $\lambda\frac{\partial u}{\partial y}$, $\lambda\frac{\partial u}{\partial z}$ waren, so daß die Gesamtkraft oder ihre Intensität gleich $\pm\lambda\sqrt{N}$ gefunden wurde[84], wo wir das doppelte Zeichen setzen, weil die Intensität immer positiv zu nehmen ist: so daß, wenn wir unter $\sqrt{N}$ die positive Wurzel verstehen, das obere oder untere Zeichen zu nehmen ist, je nachdem λ positiv oder negativ. Die Richtung der Kraft folgte sogleich, weil ihre Componenten bestimmt waren, und zwar wurde sie bestimmt durch die Werthe der cos[-Werte] der Winkel, die sie mit den Coordinatenaxen bildet. Um diese Ausdrücke zu finden, mußten die respectiven Componenten durch die ganze Kraft (Intensität)[85], also durch die positive Wurzel aus der Summe ihrer Quadrate, dividirt werden. Wir haben also respective

$$\lambda\frac{\partial u}{\partial x},\ \lambda\frac{\partial u}{\partial y},\ \lambda\frac{\partial u}{\partial z}\quad :\quad \sqrt{\lambda^2 N}, \qquad \text{diese Quotienten sind respective}$$

$$=\ \pm\frac{\frac{\partial u}{\partial x}}{\sqrt{N}}, \qquad =\pm\frac{\frac{\partial u}{\partial y}}{\sqrt{N}}, \qquad =\pm\frac{\frac{\partial u}{\partial z}}{\sqrt{N}}$$

wo das doppelte Zeichen bedeutet, daß wenn festgesetzt ist, daß unter $\sqrt{N}$ die positive Wurzel zu verstehen [ist], im Falle λ negativ die Ausdrücke mit dem negativen (untern) Zeichen zu nehmen sind. Denn obgleich λ sich weghebt, findet doch nur für positives λ die Gleichheit

$$\frac{\lambda\frac{\partial u}{\partial x}}{+\sqrt{\lambda^2 N}}=\frac{\frac{\partial u}{\partial x}}{+\sqrt{N}}$$

statt, so daß sein Zeichen allein in die Formeln für die cos[-Werte] der Richtung der Kraft, deren Componenten $\lambda\frac{\partial u}{\partial x}$, $\lambda\frac{\partial u}{\partial y}$, $\lambda\frac{\partial u}{\partial z}$ sind, eingeht. Für den Fall der Bedingungsgleichungen nun macht es keinen Unterschied, d.h. wir brauchen die Zeichen nicht weiter zu berücksichtigen, sondern können stattdessen festsetzen, daß $\sqrt{N}$ ebenso gut die positiven als die negativen Werthe

---

[84] Vgl. Vorlesung VIII (S. 46f.).
[85] In der Hs.: „... durch die (Intensität) ganze Kraft, ...".

zu bedeuten habe, weil nämlich, da λ ganz willkürlich bleibt, also jede Größe ebenso gut positiv als negativ genommen, dafür gesetzt werden darf. Anders wird es bei unsern Bedingungsungleichungen (unter der Gestalt [, daß] u $v\ldots$ nie positiv), indem dann offenbar, weil λ stets positiv sein muß, nur das positive Zeichen der cos[-Werte] zu berücksichtigen ist, so daß wir sagen können: die cos[-Werte] der Kräfterichtungen werden wie früher durch die Quotienten

$$\frac{\dfrac{\partial u}{\partial x}}{\sqrt{N}}, \qquad \frac{\dfrac{\partial u}{\partial y}}{\sqrt{N}}, \qquad \frac{\dfrac{\partial u}{\partial z}}{\sqrt{N}}$$

gegeben, also mit der Bedingung, daß $\sqrt{N}$ positiv genommen werden muß. Die Richtung ist also dadurch vollkommen bestimmt, und wieder aus der bloßen Bedingungsgleichung ohne die Werthe der Multiplicatoren. Die Intensität schreiben wir gleichfalls einfach $\lambda\sqrt{N}$, wo an und für sich beide Factoren positiv [sind]. Alles Weitere, bezüglich der Construction der Kräfte an den übrigen Punkten und für die übrigen Bedingungsungleichheiten, bleibt dem Frühern analog.

Solche Untersuchungen über die Zeichen sind oft viel schwieriger wie der ganze Gegenstand. Wir müssen das festhalten: wenn eine Kraft sich vom Anfangspunkt der Coordinaten auf einen Punkt x, y, z erstreckt, so sind die cos[-Werte] der Winkel ihrer Richtung

$$= \frac{x, y, z}{+\sqrt{x^2 + y^2 + z^2}}$$

durch die positive Wurzel dividirt, und dadurch unterscheidet sich die Kraft, die vom Anfangspunkt auf (x, y, z) hin zielt, von der in entgegengesetzter Richtung wirkenden: die Linien erstrecken sich vom Anfangspunkt der Coordinate an, ist danach auch die positive Richtung der Coordinatenaxen bestimmt, so ist der Winkel völlig bestimmt. - Wenn wir nur einen Punkt haben, so bedeutet die Ungleichheit u, daß der Punkt sich entweder auf der Oberfläche, deren Gleichung $u = 0$ [ist], bewegen oder auf einer bestimmten Seite von ihr abweichen darf - daraus erhalten wir dann den Satz, den ich früher ausführte. -
Wir haben also das Resultat, daß während für den Fall der Bedingungsgleichungen Gleichgewicht stets stattfindet, wenn die Kräfte die $3n - m$ Gleichungen erfüllen, die aus den $3n$ Gleichungen (1) folgen, wenn man λ, $\mu\ldots$ eliminirt, dieß nicht bei gegebenen Ungleichungen ausreicht, indem dann λ und μ wirklich bestimmt und zugesehen werden muß, ob ihre Werthe positiv sind; ist eine dieser Größen negativ, so findet kein Gleichgewicht statt.
Diese Multiplicatoren λ, $\mu\ldots$ erhalten dadurch eine wichtige mechanische

Bedeutung, daß sie den den sogenannten Druck angeben, welchen die Kräfte auf die Verbindungen des Systems materieller Punkte ausüben. Wenn die Kraft stark und die Verbindung von schwachem Material [ist], so reicht der Druck zur Zerstörung hin. Mit dem Ausdrucke Druck ist eine etwas verworrene Vorstellung verknüpft, und er ist in der That etwas conventionell, man kann eigentlich nicht recht sagen, daß er in der Natur stattfindet. Denn die Kräfte erzeugen in der Natur immer eine Art Bewegung, die oft schwer wahrnehmbar ist, sie sind also nie ganz wirkungslos. Will man sich eine klare Vorstellung machen, so geschieht dieß mittelst der angegebenen Formeln. Nämlich wenn Kräfte im Gleichgewicht sind mittelst der Verbindungen, so wird das Gleichgewicht aufhören, wenn eine dieser Bedingungen aufhört. Nun kann man fragen, welche *Kräfte* muß man an den einzelnen materiellen Punkten noch hinzufügen, damit man die Verbindung weglassen kann, und das Gleichgewicht bleibt. Diese Kräfte müssen also die Rolle der Verbindungen in Bezug auf das Gleichgewicht vertreten, und diese Kräfte sind es zu gleicher Zeit, welche die Verbindung zu zerstören drohen, in dem die Verbindung dieselben auszuhalten hat. Also, um dieß an den Formeln (1) zu erklären[:] Es ist das Wesen der analytischen Mechanik, daß einfache algebraische Operationen mechanischen Betrachtungen entsprechen. Diesem Ersetzen der Verbindungen durch Kräfte entspricht das algebraische Herüberschaffen von Termen auf die andere Seite der Gleichungen. Wenn die $3n$ Kräftecomponenten bestimmt sind, so erhalten die Multiplicatoren auch bestimmte Werthe. Transformiren wir die mit λ multiplicirten Glieder, so bekommen wir $3n$ Gleichungen von solcher Form[:]

$$(3) \qquad X - \lambda \frac{\partial u}{\partial x} = \mu \frac{\partial v}{\partial x} + \nu \frac{\partial w}{\partial x} \; \dots \quad \text{etc.} \quad \text{etc.}$$

Dieß System (3) können wir so deuten: es enthält die Gleichgewichtsgleichungen für den Fall, wo $m-1$ Bedingungsgleichungen $v = 0 \; w = 0 \; \dots$ vorkommen, also $u = 0$ nicht mehr da ist, dagegen haben sich die Componenten der Kräfte verwandelt in

$$X - \lambda \frac{\partial u}{\partial x}, \qquad Y - \lambda \frac{\partial u}{\partial y}, \qquad Z - \lambda \frac{\partial u}{\partial z}, \qquad X_1 - \lambda \frac{\partial u}{\partial x_1}, \qquad \text{etc.} \quad \text{etc.}$$

Dieses einfache Herüberschaffen entspricht also dem Satze: Wenn wir an dem ersten Punkt eine Kraft anbringen, deren Componenten $-\lambda \frac{\partial u}{\partial x}$, $-\lambda \frac{\partial u}{\partial y}$, $-\lambda \frac{\partial u}{\partial z}$ sind, am zweiten respective $-\lambda \frac{\partial u}{\partial x_1}$, $-\lambda \frac{\partial u}{\partial y_1}$, $-\lambda \frac{\partial u}{\partial z_1}$, u.s.w., so wird Gleichgewicht zu bestehen fortfahren, wenn man die durch $u = 0$ dargestellte Verbindung aufhebt. Es ist also für das Gleichgewicht dasselbe, ob ich zu den Kräften $X, Y, Z, \dots$ die Kräfte respective $-\lambda \frac{\partial u}{\partial x}$, $-\lambda \frac{\partial u}{\partial y}$, $-\lambda \frac{\partial u}{\partial z}, \dots$ hinzufüge, oder ob ich außer den vorhandenen Verbindungen die Bedingung $u = 0$ noch festsetze: in beiden Fällen wird Gleichgewicht sein, einmal findet das System der Gleichungen (3) statt, einmal (1), und beide sind identisch. Hierdurch wird also vollkommen angegeben, welche Kräfte die Rolle der Verbindungen vertreten.

Meine Herren, Mac Cullagh hat sich den Hals abgeschnitten[86]!

X   *Druck, Gleichgewicht und Bewegung in der Statik.*

Ich bestimme aus den statischen Gleichungen den Druck, den ein System Kräfte im Gleichgewicht auf die Verbindungen ausübt, deren Natur durch die einzelnen Bedingungsgleichungen ausgedrückt wird. Betrachtet man nämlich das System der Gleichungen

$$(1) \qquad X = \lambda\frac{\partial u}{\partial x} + \mu\frac{\partial v}{\partial x} + \ldots \qquad \text{etc.} \qquad \text{etc.}$$

(wo $X, Y, \ldots$ die gegebenen Kräfte sein sollen, unter denen $3n - m$ Bedingungsgleichungen stattfinden, die nöthig sind zum Gleichgewicht, und wo die m Größen $\lambda, \mu \ldots$ demnach bestimmte Werthe haben), so kann man die Verbindung $u = 0$ aufheben, wenn man zu gleicher Zeit $X - \lambda\frac{\partial u}{\partial x}$ etc. statt X etc. setzt, denn man erhält dann wieder Kräfte, die sich das Gleichgewicht halten, wenn $v = 0$ $w = 0$ etc.. Die Kräfte $\lambda\frac{\partial u}{\partial x}$, $\lambda\frac{\partial u}{\partial y}$ ... sind es umgekehrt, welche gleichzeitig mit der Bedingung $u = 0$ hinzugefügt werden können, ohne daß das Gleichgewicht zu bestehen aufhört. Denn betrachte ich das mit (1) identische System (3)

$$X - \lambda\frac{\partial u}{\partial x} = \mu\frac{\partial v}{\partial x} + \ldots \qquad \text{etc.}$$

so ist klar, daß wenn die linke Seite als Kraftcomponente anzusehen [ist] und die neue Kraft $+\lambda\frac{\partial u}{\partial x}$ hinzugefügt wird, das Gleichgewicht bleibt, wenn die Verbindung $u = 0$ festgesetzt wird, weil dadurch auch links $\lambda\frac{\partial u}{\partial x}$ hinzukommt, die Gleichung also nicht alterirt wird. Dieses System Kräfte also ist es, welches durch die Verbindung $u = 0$ aufgehoben wird, und von ihm sagt man nun, daß es den Druck darstellt, den die Kräfte $X, Y, Z \ldots$, die sich das Gleichgewicht halten, auf die andre Verbindung ausüben, die durch

---

[86] Die Bemerkung bezieht sich auf den irischen Mathematiker und mathematischen Physiker J. MacCullagh, der 1838 mit Jacobis Königsberger Kollegen und Freund F.E. Neumann einen Prioritätskonflikt zu Fragen der physikalischen Optik ausgetragen hatte (s. Wangerin 1907, 90). MacCullagh nahm sich am 24. Okt. 1847 das Leben - einen Tag vor Beginn dieser Mechanik-Vorlesungen Jacobis.

$u = 0$ dargestellt wird. Wir können diese Verbindung weglassen, wenn wir gleichzeitig statt ihrer die Kräfte $-\lambda\frac{\partial u}{\partial x}\ldots$ substituiren, und wir können die Verbindung dann wieder hinzufügen, indem wir die Kräfte wieder aufheben, dadurch daß wir die entgegengesetzten, also $+\lambda\frac{\partial u}{\partial x}\ldots$ anbringen. Hierdurch erhalten wir eine mechanische Deutung für den allgemeinen Ausdruck (1) von Kräften im Gleichgewicht. Das System dieser Kräfte ist gleich m Systemen von Kräften, wenn m die Zahl der Bedingungsgleichungen [ist] und jedes stellt den Druck dar, welcher auf die entsprechende Verbindung ausgeübt wird, und es wird von denselben vollständig paralysiert, so daß man jedes einzelne der m Systeme mit der zugehörigen Verbindung zugleich fortlassen kann, ohne daß das Gleichgewicht gestört wird. Die Richtung des Druckes in den einzelnen Punkten wird bloß durch die Bedingungsgleichungen bestimmt, und ebenso das Verhältniß der Intensitäten, aber den absolut bestimmte[n] Werth des Drucks, der von den Factoren $\lambda, \mu \ldots$ abhängt, erhält man nur, wenn man die Kräfte kennt, welche den Druck ausüben. Also wenn man bloß die isolirte Verbindung kennt zwischen den materiellen Punkten, auf welche die Kräfte wirken sollen, so weiß man, in welcher Richtung die Kraft, die die Verbindung aufheben soll, wirken muß, und wie das Verhältniß ihrer Intensitäten in den einzelnen Punkten ist. Nämlich $\sqrt{N}$ ist bestimmt, die absoluten Intensitäten erhält man erst mittelst λ, μ [...,] also erst durch die Kentniß der Kräfte und die Betrachtung aller Verbindungen.

Ich wiederhole, daß Druck und Gleichgewicht nur mathematische Fictionen sind. Schon die Alten bemerkten, daß Gleichgewicht Bewegung sei, die wir nicht merkten[87]. Ist der Druck zu groß, so bricht die Verbindung ab: dieß Brechen aber ist nur die äußerste Wirkung, der Bewegungen vorangehen, die wir merken oder auch nicht. In der mathematischen Fiction, die wir brauchen, setzen wir diese Verbindungen als absolut unzerstörlich, so daß die Resultate mehr oder weniger mit der Natur übereinstimmen, je nachdem die Bewegungen, die die Gleichgewichtskräfte hervorbringen, mehr oder weniger verschwindend sind. Man kann nach dem Druck fragen, wenn auch keine Aufgabe des Gleichgewichts stattfindet. Wenn nämlich zwischen den n Punkten[88] $3n$ Bedingungsgleichungen gegeben sind, so ist von keiner Aufgabe des Gleichgewichts die Rede, weil die Punkte absolut fest sind, denn die Werthe der $3n$ Coordinaten werden durch die $3n$ Gleichungen als bestimmt, d.h. die Bedingungsgleichungen als unabhängig von einander an-

---

[87]Die Aussage ist in dieser speziellen Form nicht nachweisbar. Daß alle materiellen Teilchen in (möglicherweise sinnlich nicht wahrnehmbarer) Bewegung begriffen seien, ist jedoch eine unter allen Vorsokratikern, insbes. bei Anaxagoras und den Atomisten Leukipp und Demokrit verbreitete Überzeugung; s. hierzu die einschlägigen Fragmente in Diels/Kranz 1964.

[88]In der Hs. heißt es fälschlich: „$3n$ Punkte".

genommen. Welche Kräfte also auch angebracht werden können, so können sie bei den unzerstörbaren Verbindungen keine Bewegung bewirken. Wenn wir in diesem Falle die Gleichungen des Gleichgewichts anwenden, stellen wir $3n$ Gleichungen von der Form $X = \sum \lambda \frac{\partial u}{\partial x}$ auf, wo rechts ebenfalls $3n$ Größen λ, $\mu \ldots$ stehen. Also $3n$ Gleichungen mit $3n$ Unbestimmten, wir können, wie auch $X\,Y \ldots$ beschaffen sein mögen, ihnen diese Form geben, so daß keine Bedingung für die Kräfte einzutreten hat, das Gleichgewicht ist immer erfüllt, so daß die Aufgabe nicht danach fragen kann. Wir können aber gleichwohl den Druck untersuchen, den die $3n$ Componenten auf die $3n$ Verbindungen ausüben, in dem die oben ausgeführte Theorie auch [hier] vollkommen anwendbar ist. Also z.B. denkt man sich einen freistehenden Balken, der an 2 Punkten fest aufliegt, so daß er sich nicht verrücken kann, man bringt irgendwo ein Gerüst an und fragt nun nach dem Druck auf beide Stützen. Dadurch lernt man die Kraft kennen, welche in der entgegengesetzten Richtung anzubringen ist, wenn eine Stütze weggenommen wird, damit der Balken sich nicht bewegt[89].

Man hat nun bei der Theorie des Drucks sich viel mit einer Aufgabe beschäftigt, welche das Ansehen eines Paradoxons hat. Nämlich wie der Druck bestimmt werden kann, wo es keine Gleichgewichtsfrage ist, wenn so viel Gleichungen vorhanden sind, daß die Punkte absolut fest sind, also $3n$ Bedingungsgleichungen zwischen $3n$ Coordinaten: so hat man gefragt, wie es sich verhält, wenn mehr[90] Bedingungsgleichungen vorhanden sind, als Coordinaten, so daß mehr als $3n$ Verbindungen existiren, was immer möglich ist, wenn die Bedingungen mit einander verträglich sind. Z.B. wenn ein Balken auf 3 Punkten aufliegt, oder ein Tisch auf 4 Füßen steht und man bringt ein Gewicht an, welches dann die Wirkung ist. Dieß hat mathematisch gar keinen Sinn mehr. Denn haben wir mehr als $3n$ Bedingungen, so haben wir mehr als $3n$ Multiplicatoren, zwischen denen aber nur $3n$ Gleichungen gegeben sind, es erhalten dieselben also gar keinen bestimmten Werth mehr. Aber auch in der Natur hat dieß keinen Sinn: ein Balken wird immer nur in 2 Punkten aufliegen, ein Tisch immer nur auf 3 Füßen stehen; denn da die Kräfte unendlich kleine Bewegungen hervorrufen, werden die Bedingungen, die keinen Spielraum zulassen, nie mit mathematischer Strenge bestehen. Ich erinnere mich einer Geschichte, mit der Galilei sein berühmtes Werk „Gespräche und mathematische Beweise über zwei neue Wissenschaften (Mechanik und räumliche Bewegung)“, das in seinem hohen Alter zu Leyden

---

[89]In der Hs. folgen über eineinhalb Seiten Bemerkungen und Rechnungen Jacobis zum angeführten Beispiel des Balkens, die nicht zum Erfolg führten und daher durchgestrichen wurden. Sie werden hier ausgelassen.

[90]In der Hs.: „mehrere“.

erschien[91] 1638 (Fall der Körper, Pendel), beginnt. In Venedig hatte man zum Bau einer Kirche eine große marmorne Bildsäule liegen. Sie war an beiden Enden unterstützt, die Architekten aber kamen überein, um ihr mehr Festigkeit zu verleihen, sie auch in der Mitte zu unterstützen. Nach einiger Zeit zerbrach sie gerade in der Mitte. Die Untersuchung zeigte, daß die Stütze des einen Endes etwas abgefault war, so daß die Wucht der ganzen Hälfte auf die Mitte gedrückt hatte. In dieser Art wird es immer in der Natur stattfinden, daß die mathematischen Bedingungen, die möglicherweise mit einander verträglich sind, doch nicht genau bestehen: die materiellen Punkte werden solche Orte einnehmen, daß sie nur so viele Bedingungen erfordern, als Coordinaten sind, und weitere werden aufhören erfüllt zu werden, die mathematisch genau noch existiren könnten[92] .

XI	*Übergang von der Statik zur Dynamik bei nicht freien Systemen.*

Wir haben gesehen, daß die Untersuchung des Druckes dann noch statthaft ist, wenn die Zahl der Bedingungsgleichungen so groß ist, daß die materiellen Punkte sich nicht bewegen können. Wie denn auch $X, Y, Z \ldots$ beschaffen sind, so kann man sie in die angegebene Form bringen, und da so viel Gleichungen stattfinden, als Unbekannte, die Multiplicatoren bestimmen. Für den Fall gegebener Ungleichheiten nun kann man sich ein Problem stellen, das bisher noch nicht gelöst ist. Wir wollen den Fall eines isolirten Punktes betrachten. Wenn dieser auf 3 Flächen $u = 0 \quad v = 0 \quad w = 0$ bleiben soll, so kann er sich nicht bewegen, man kann aber nach dem Drucke fragen. Die Fiction des Drucks hört auf, wenn der Punkt auf mehr als 3 Flächen zu liegen hat, wenn gleich wohl dieselben in ihm zusammentreffen müssen. Aber bei stattfindenden Ungleichheiten kann man sich solche Fragen stellen. Wenn u nie positiv sein soll, so kann man eine beliebige Anzahl solcher Bedingungen haben, eine beliebige Anzahl Functionen $u_1 \, u_2 \, u_3 \ldots$, immer wird für die Coordinaten des Punktes $u_1 \, u_2 \, u_3 \ldots$ verschwinden, so daß diese Coordi-

---

[91] In der Hs. folgt „1635", wobei über die 5 (ohne Durchstreichung) eine 8 gesetzt ist. Tatsächlich erschienen Galileis *Discorsi* im Jahre 1638 in Leyden; als *Unterredungen und mathematische Demonstrationen über zwei neue Wissenszweige, die Mechanik und die Fallgesetze betreffend* wurden sie von 1890 bis 1904 von A. von Oettingen in deutscher Übersetzung veröffentlicht. Die von Jacobi wiedergegebene Erzählung findet sich bereits unter dem „Ersten Tag" - freilich ohne die Ausschmückung, daß die Marmorsäule dem Bau venezianischer Kirchen dienen sollte; s. Galilei 1973, 6.

[92] In den *Discorsi* (s.o.) heißt es hierzu, „daß die Unvollkommenheit der Materie ... die schärfsten mathematischen Beweise zu Schanden machen kann ..." (Galilei 1973, 4).

naten allen Bedingungen Genüge leisten, wie groß auch die Anzahl dieser Bedingungen ist, [wird] ein Theil des Raumes existiren, wo sie fortfahren erfüllt zu werden. Wenn z.B. $u_1\ u_2\ u_3\ldots$ homogene lineare Functionen der Coordinaten x, y, z sind, so werden alle diese Gleichungen $u = 0$ erfüllt, wenn $x = 0\ y = 0\ z = 0$. Die geometrische Bedeutung davon ist, daß der Punkt in allen Ebenen $u_1 = 0\quad u_2 = 0\ldots$ liegt. Wenn nun diese sämtlichen Functionen nicht positiv werden dürfen, so darf sich der Punkt nur auf einer Seite jeder dieser Flächen bewegen, und die Gesamtheit dieser Bedingungen wird so ausgesprochen werden, daß der Punkt in der körperlichen Ecke liegen muß, die alle diese Ebenen bilden, und umgekehrt, wenn ein Punkt nur im Innern einer körperlichen Ecke sich bewegen kann, so wird eine solche Bedingung analytisch nur so ausgesprochen werden können, daß $x\ y\ z$ nur solche Werthe annehmen können, daß mehrere homogene lineare Functionen u nicht positiv werden. Wenn z.B. drei Ebenen sich in einem Punkt treffen und man bestimmt, daß der Punkt sich nur im innern Raume der unendlichen Doppelpyramide bewegen darf, deren Spitze in dem Punkte ist, so ist in Bezug auf jede Ebene die Bedingung so auszusprechen, daß die respective Function u ein gewisses Zeichen nicht annehmen darf, und dieß kann man beliebig wählen. Die allgemeine Behandlung dieser Aufgabe ist aber, so viel ich weiß, weder gestellt noch gelöst worden, und es wäre für Sie ein interessantes Problem zu einer Doctordissertation, alle einschlagenden Fälle zu discutiren. So lange die Anzahl der Ungleichungen nicht größer wird, als die der Coordinaten, so [lange] schließt sich die Untersuchung dem Vorigen ganz an, und man hat nur die Zeichen der Multiplicatoren zu bestimmen: wird aber die Anzahl der Bedingungen größer, so hört die Analogie gänzlich auf.

Ich komme, nachdem [ich] so vom Gleichgewicht gehandelt, und die statische Fundamentalformel auseinandergestzt habe, zu den dynamischen Grundformeln. Man macht es sich in der Regel etwas leicht, wenn man von der Statik zur Dynamik übergeht, und in der That, wenn man in der mécanique analytique liest, sollte man glauben, daß sich die Formeln der Bewegung aus denen des Gleichgewichts von selbst verstehen. Eigentlich läßt sich auf die Bewegung aber gar nicht schließen, wenn man die Gesetze nur für den Fall kennt, wo die Körper in Ruhe sind. Es sind hier gewisse probable Prinzipien, die von dem Einen ins Andere überführen, und es kommt wesentlich darauf an, daß man nur weiß, daß man die Sachen nicht mathematisch bewiesen hat, daß man hier Etwas annimmt.

Die erste Frage ist nun, wenn auf ein System materieller Punkte Stöße wirken, die jedem eine endliche Geschwindigkeit geben wollen, und diese Geschwindigkeiten unverträglich sind mit den Bedingungen des Systems, wie die Geschwindigkeiten gefunden werden, die wirklich angenommen werden. Wenn nämlich $3n$ Differentialgleichungen $2°$ Ordnung [als] die Differentialgleichungen der Bewegung für n materielle Punkte gegeben sind, und man kann sie alle vollständig integriren, so kommt es darauf an, die willkürlichen Constanten zu bestimmen. Dieß kann man sich so denken, daß man die Position der Körper des Systems für eine bestimmte Anfangszeit und jedenfalls die Richtung und Intensität der Geschwindigkeiten kennen will: dann bestimmen die beschleunigenden Kräfte der mathematischen Möglichkeit nach die Bewegungen für alle Zeiten. Wenn nun aber diese Anfangsgeschwindigkeiten gewissermaßen materiell, mechanisch gegeben sind, d.h. wenn in der Anfangszeit φ [auf] die materiellen Punkte Kräfte ausgeübt werden, so muß man, um die Anfangswerthe der $3n$ Geschwindigkeitsgrößen, die ersten Differentialquotienten $\frac{dx}{dt}$, $\frac{dy}{dt}$, $\frac{dz}{dt}$, $\frac{dx_1}{dt}$, ... zu erhalten, die angedeutete Aufgabe lösen, welche Geschwindigkeiten[93] die materiellen Punkte erhalten werden, wenn die Stöße mit den Verbindungen des Systems unvereinbar sind. Also nur um die Constanten zu bestimmen, wenn man Alles schon vollständig integrirt hat, muß man diese Aufgabe lösen.

Diese Aufgabe ist aber nicht schwerer und nicht leichter, als die allgemeinen Gleichungen für die Bewegung selber aufzustellen, und es sind dazu genau alle die Principien nöthig, welche die dynamische Fundamentalformel erfordert. Wenn nämlich a, b, c die Componenten des Stoßes auf den Punkt x, y, z, dessen Masse m, und $\frac{dx}{dt}$, $\frac{dy}{dt}$, $\frac{dz}{dt}$ die Componenten der wirklichen Geschwindigkeit [sind], welche der Punkt annimmt, so wird die Auflösung dieser Aufgabe durch ganz übliche Gleichungen gegeben, wie für die allgemeinen dynamischen Differentialgleichungen, nämlich durch die Gleichung

$$\sum \left(m \frac{dx}{dt} - a \right) \delta x = 0$$

wo die $3n$ Variationen δx ... wieder virtuelle sind, und die Summe $\sum$ unter dieser Bedingung über sie auszudehnen ist. Vermittelst der Bedingungsgleichungen des Systems nämlich wird man m Coordinaten durch die übrigen ausdrücken können, dadurch werden auch ihre ersten Differentialquotienten bestimmt durch die ersten Differentialquotienten der übrigen, so daß man nur die Werthe von $3n - m$ Differentialquotienten $\frac{dx}{dt}$ ... zu kennen braucht, um mittelst der m Bedingungsgleichungen auch die übrigen zu finden. Wenn man ebenso auch m Variationen durch die übrigen ausdrückt, was immer durch lineare Formeln geschieht, so wird die $\sum$ ein linearer Ausdruck von $3n-m$ Variationen sein, die jetzt von einander unabhängig sind, und deren Coefficienten man einzeln gleich Null zu setzen hat; wodurch man $3n - m$ Gleichungen zwischen $3n - m$ Größen, den Componenten $\frac{dx}{dt}$ ... der Geschwindigkeiten, erhält. Nach den allgemeinen Regeln, die ich gegeben habe, wie man solche

---

[93]In der Hs. folgt: „werden die materiellen Punkte erhalten, ... ".

Fälle behandelt[94], addirt man die Variationen der Bedingungsgleichung zu der Summe $\sum$, indem man jede dieser Variationen mit einem Factor λ, μ ... multiplicirt. Man kann die Gleichung dann folgendermaßen darstellen:

$$\sum \left(m \frac{dx}{dt} - a \right) \delta x + \lambda \delta u + \mu \delta v \ldots = 0$$

In dieser Gleichung kann man jede Variation als unabhängig ansehen (wenn man δu, δv ... in die $3n$ Variationen der Coordinaten auflöst), und die Coefficienten gleich Null setzen. Die Einführung der Multiplicatoren ersetzt immer das Geschäft der Elimination, gewährt den Vortheil der Symmetrie und erspart die Weitläufigkeit, die durch die Wahl der Variabeln, die man eliminiren will, hervorgebracht wird. Wir haben also durch die zuletzt geschriebene symbolische Gleichung $3n$ Gleichungen zwischen $3n + m$ unbekannten Größen, nämlich den $3n$ ersten Differentialquotienten und den m Multiplicatoren. Dieselben zu bestimmen, bedürfen wir also noch m Gleichungen, und diese sind gegeben durch die Differentiale der Bedingungsgleichungen $\frac{du}{dt} = 0$ $\frac{dv}{dt} = 0$ etc., darum jede eine lineare Gleichung wird zwischen den Componenten der Geschwindigkeit, ohne die Größen λ zu enthalten, wie ihre Form zeigt[:]

$$(2) \begin{cases} \dfrac{\partial u}{\partial x}\dfrac{dx}{dt} + \dfrac{\partial u}{\partial y}\dfrac{dy}{dt} + \dfrac{\partial u}{\partial z}\dfrac{dz}{dt} + \dfrac{\partial u}{\partial x_1}\dfrac{dx_1}{dt} + \cdots \quad [= 0] \\[2ex] \dfrac{\partial v}{\partial x}\dfrac{dx}{dt} + \dfrac{\partial v}{\partial y}\dfrac{dy}{dt} + \dfrac{\partial v}{\partial z}\dfrac{dz}{dt} + \dfrac{\partial v}{\partial x_1}\dfrac{dx_1}{dt} + \cdots \quad [= 0] \qquad m \text{ Gleichungen} \\[2ex] \dfrac{\partial w}{\partial x}\dfrac{dx}{dt} + \dfrac{\partial w}{\partial y}\dfrac{dy}{dt} + \dfrac{\partial w}{\partial z}\dfrac{dz}{dt} + \dfrac{\partial w}{\partial x_1}\dfrac{dx_1}{dt} + \cdots \quad [= 0] \\[2ex] \cdots \qquad \cdots \qquad \cdots \end{cases}$$

Mit (1) bezeichnen wir das aus der symbolischen Gleichung hervorgehende System

---

[94]Vgl. hierzu oben die Vorlesungen VII und VIII.

$$(1)\begin{cases} m\dfrac{dx}{dt} = a - \lambda\dfrac{\partial u}{\partial x} - \mu\dfrac{\partial v}{\partial x} - \nu\dfrac{\partial w}{\partial x}\dots \\[2ex] m\dfrac{dy}{dt} = b - \lambda\dfrac{\partial u}{\partial y} - \mu\dfrac{\partial v}{\partial y} - \nu\dfrac{\partial w}{\partial y}\dots \\[2ex] m\dfrac{dz}{dt} = c - \lambda\dfrac{\partial u}{\partial z} - \mu\dfrac{\partial v}{\partial z} - \nu\dfrac{\partial w}{\partial z}\dots \\[2ex] m\dfrac{dx_1}{dt} = a_1 - \lambda\dfrac{\partial u}{\partial x_1} - \mu\dfrac{\partial v}{\partial x_1} - \nu\dfrac{\partial w}{\partial x_1}\dots \\[2ex] \qquad\dots\qquad\dots\qquad\dots \end{cases} \qquad 3n\ \text{Gleichungen}$$

Die $3n + m$ Gleichungen (1) und (2) zusamengenommen müssen sowohl die $3n$ Componenten als [auch] die m Multiplicatoren bestimmen. Letztere m [Gleichungen] werden dann[95] auf ganz ähnliche Weise den Stoß geben, welchen die auf die materiellen Punkte wirkenden Stöße auf die Verbindungen ausüben, auf die materiellen Verrichtungen, die durch die einzelnen Bedingungsgleichungen bestimmt werden.

Um nun analytisch den Gang anzuzeigen, wie man die Größen λ, $\mu\dots$ und die Differentialquotienten $\frac{dx}{dt}$, $\frac{dy}{dt}$ $\dots$ findet, so bemerke ich, daß nur in der Gleichung (1) die unbekanten λ, $\mu\dots$ vorkommen, nach deren Bestimmung zur Ausführung aller Componenten, mit Hilfe der Gleichung (2), genug Gleichungen vorhanden sind. Um also zuerst die Multiplicatoren zu finden, hat man die Gleichung (1), welche nach dem Werth der einzelnen Componente[n] aufgelöst erscheinen, in die Gleichung (2) zu substituiren, respective die Componenten daraus zu eliminiren, und erhält so m lineare Gleichungen zwischen λ, $\mu\dots$, die man aufzulösen hat, wie solche linearen Gleichungen aufzulösen sind. Man wird also für jede Bedingungsgleichung $u = 0$ eine Gleichung von folgender Gestalt erhalten:

$$\sum \frac{1}{m}\left(\frac{\partial u}{\partial x}a + \frac{\partial u}{\partial y}b + \frac{\partial u}{\partial z}c\right) = \lambda\sum\frac{1}{m}\left(\frac{\partial u}{\partial x}\frac{\partial u}{\partial x} + \frac{\partial u}{\partial y}\frac{\partial u}{\partial y} + \frac{\partial u}{\partial z}\frac{\partial u}{\partial z}\right)$$
$$+ \mu\sum\frac{1}{m}\left(\frac{\partial u}{\partial x}\frac{\partial v}{\partial x} + \frac{\partial u}{\partial y}\frac{\partial v}{\partial y} + \frac{\partial u}{\partial z}\frac{\partial v}{\partial z}\right)$$
$$+ \nu\sum\frac{1}{m}\left(\frac{\partial u}{\partial x}\frac{\partial w}{\partial x} + \frac{\partial u}{\partial y}\frac{\partial w}{\partial y} + \frac{\partial u}{\partial z}\frac{\partial w}{\partial z}\right)$$
$$[+]\ \text{etc.}$$

---

[95]In der Hs. folgt stattdessen „ganz auf …". Der Ausdruck „letztere m" verweist auf die obigen m Gleichungen (2); die folgenden $3n$ Gleichungen (1) sind diesen auch in der Hs. *nach*gestellt.

wo die Summen bloß auf die n materiellen Punkte auszudehnen sind.

Diese lineare Gleichung zwischen den Multiplicatoren ergibt sich aus $u = 0$ und vertritt die Stelle der $1°$ Gleichung (2) und erfolgt aus Substitution von der $2°$ Gleichung[96] (1) in $\frac{du}{dt} = 0$. Die zweite und folgende Gleichung bildet man nach diesem Prototyp (die 2ten Factoren der Größen in den Parenthesen richten sich nach den Multiplicatoren, die ersten beziehen sich auf die Bedingungsgleichungen) und erhält

$$\sum \frac{1}{m}\left(\frac{\partial v}{\partial x}a + \frac{\partial v}{\partial y}b + \frac{\partial v}{\partial z}c\right) = \lambda \sum \frac{1}{m}\left(\frac{\partial v}{\partial x}\frac{\partial u}{\partial x} + \frac{\partial v}{\partial y}\frac{\partial u}{\partial y} + \frac{\partial v}{\partial z}\frac{\partial u}{\partial z}\right)$$
$$+ \mu \sum \frac{1}{m}\left(\frac{\partial v}{\partial x}\frac{\partial v}{\partial x} + \frac{\partial v}{\partial y}\frac{\partial v}{\partial y} + \frac{\partial v}{\partial z}\frac{\partial v}{\partial z}\right)$$
$$+ \nu \sum \frac{1}{m}\left(\frac{\partial v}{\partial x}\frac{\partial w}{\partial x} + \frac{\partial v}{\partial y}\frac{\partial w}{\partial y} + \frac{\partial v}{\partial z}\frac{\partial w}{\partial z}\right)$$
$$+ \text{etc.}$$

Wir führen jetzt folgende abgekürzte Bezeichnung ein, indem wir setzen:

$$\sum \frac{1}{m}\left(\frac{\partial p}{\partial x}\frac{\partial q}{\partial x} + \frac{\partial p}{\partial y}\frac{\partial q}{\partial y} + \frac{\partial p}{\partial z}\frac{\partial q}{\partial z}\right) = (p, q)$$

so daß

$$\sum \frac{1}{m}\left(\left(\frac{\partial p}{\partial x}\right)^2 + \left(\frac{\partial p}{\partial y}\right)^2 + \left(\frac{\partial p}{\partial z}\right)^2\right) = (p, p) \ ;$$

und ferner

$$\sum \frac{1}{m}\left(\frac{\partial p}{\partial x}a + \frac{\partial p}{\partial y}b + \frac{\partial p}{\partial z}c\right) = [p] \ .$$

Für die gegebenen Größen oder die ganz constanten Glieder in den linearen Gleichungen [ist] die Summe $\sum$ sämtlich auf alle n Punkte auszudehnen, bei denen respective m, a, b, c, x, y, z sich ändern. Unser System linearer Gleichungen aber schreibt sich endlich wie folgt:

$$[u] = (u, u)\lambda + (u, v)\mu + (u, w)\nu + \ldots$$
$$[v] = (v, u)\lambda + (v, v)\mu + (v, w)\nu + \ldots$$
$$[w] = (w, u)\lambda + (w, v)\mu + (w, w)\nu + \ldots$$

Diese linearen Gleichungen gehören zu der bekannten Classe der in allen algebraischen und analytischen Untersuchungen wiederkehrenden, aber vorzüglich durch die praktische Anwendung auf Auffindung der wahrscheinlichsten Werthe von Betrachtungen bei der Methode der kleinsten Quadrate[97]

---

[96]In der Hs. heißt es fälschlich: „... von der $1°$ Gleichung".

[97]Vgl. hierzu Jacobis Aufsatz *Über eine neue Auflösungsart der bei der Methode der kleinsten Quadrate vorkommenden linearen Gleichungen* (Jacobi 1845a) und die dortigen Bezeichnungen.

berühmt gewordenen Gleichungen, wo nämlich die Coefficienten in den Horizontal- und Vertikalzeichen dieselben sind, alle in der Diagonale stehenden, nur einmal vorkommen, und alle übrigen rechts und links von der Diagonale symmetrisch zu derselben sind. Dieß folgt nämlich aus der Eigenschaft der eingeklammerten Größen

$$(u, v) = (v, u)$$

Ich ersuche die Herren, die sich noch nicht bei mir gemeldet haben, dieß bald zu thun, weil ich gern die feste Cohorte kennen lernen will, mit der wir unsern etwas schweren Weg zu nehmen haben[98].

<table>
<tr><td>XII</td><td>Eigenschaften von Determinanten eines Systems linearer Bedingungsgleichungen.</td></tr>
</table>

Wir haben soviele Gleichungen, wie unbekannte Größen, als es Multiplicatoren, als es Bedingungsgleichungen gibt. Man ist in der neusten Zeit besonders durch die Arbeiten von Gauss darauf geführt worden, jedesmal wenn ein Problem von linearen Gleichungen abhängt, zu untersuchen, ob die Gleichungen auch aufgelöst werden können, ob sie einander nicht widersprechen: z.B. sind $x + y = 2$ und $x + y = 3$ mit einander unverträglich; die allgemeine Formel würde für x und y unendliche Werthe ergeben, und außerdem [wäre] das Verhältniß von $x : y = $ der negativen Einheit. Es fragt sich also, können die Gleichungen unseres Systems immer aufgelöst werden, oder nicht, und in welchen Fällen nicht. Das allgemeine Kennzeichen, wann ein System nicht aufgelöst werden kann, wann die Gleichungen einander widersprechen, ist, daß der Nenner der algebraischen Ausdrücke, durch welche die Unbekannten dargestellt werden, verschwindet. Dieser Nenner ist sehr complicirt und besteht bei n Gleichungen aus $1 \cdot 2 \cdot 3 \ldots \cdot n$ Gliedern, und jedes ist das Produkt aus n Coefficienten der lineären Gleichungen, von denen keine zwei in dieselbe Unbekannte multiplicirt sind, und auch keine zwei in derselben Gleichung vorkommen. Man soll nun aus der Natur des Nenners erkennen, wenn sein Ausdruck verschwinden kann oder nicht. Die Algebra, die solche Untersuchungen löst, ist als eine ganz neue Kunst zu betrachten, in deren Besitz nicht Viele sind[99]. Man kann rechnen, daß auf hundert Mathematiker, welche die Integralrechnung gut verstehen, Einer kommt, der in der Algebra bewandert ist. Ein neuerer französischer Mathematiker bedient sich sogar des

---

[98]Zu den Hörern dieser Vorlesung vgl. Einleitung, Teil 4.

[99]Ansätze für eine Begründung dieser Auffassung (die auch ausschließt, die Anfänge der Algebra etwa schon bei Diophant zu sehen) gibt Jacobi in einem Brief an Alexander von Humboldt (Pieper 1987, 113f.).

Ausdrucks „diese mystischen Untersuchungen der Algebra", so daß das, was das Elementarste war, und womit sich zu beschäftigen die, welche Differentialrechnung trieben, fast errötheten, zum schwierigsten Theil der Mathematik gehört[100]. Da in der mécanique analytique mehrere solche Fälle vorkommen, die Lagrange bei dem mangelhaften damaligen Zustande der algebraischen Kentnisse nicht hat lösen können, so will ich in der Kürze die Aufgabe lösen, die wir uns hier stellen. Ich werde nämlich beweisen, daß der Nenner nie verschwinden kann, wenn die Gleichungen $u = 0 \quad v = 0 \ldots$ von einander unabhängig sind, d.h. wenn dieselben weder einander widersprechen, noch in einander enthalten sind (so daß eine Function der Größen u, $v \ldots$ identisch verschwände). Diese Bedingung, die sich eigentlich von selbst versteht, aus dem Calcul abzuleiten, ist die Aufgabe, und zugleich zu zeigen, daß diese Bedingung erschöpfend ist. - Um den Gang der Untersuchung zu geben, führe ich mehrere Sätze bloß historisch an.

Die $1 \cdot 2 \cdot 3 \ldots \cdot n$ Permutationen von n Größen theilen sich hingeschrieben in zwei Classen, die dadurch charakterisirt werden, daß wenn man zwei der Größen mit einander vertauscht, sämtliche Terme der einen Hälfte in sämtliche Permutationen der andern Classe übergehen, daß es solche Permutationen gibt, und wie man sie finden kann, sieht man aus der Betrachtung der Produkte aller Differenzen der Zahlen 1 bis n:

$$(1 - 2)(1 - 3)\ldots(1 - n) \times (2 - 3)(2 - 4)\ldots(2 - n)$$
$$\times (3 - 4)\ldots(3 - n) \times \ldots \times (n - 1 - n)$$

Wenn wir hier die Zahlen irgendwie versetzen, so erhalten wir immer wieder das Produkt aus sämtlichen Differenzen derselben Zahlen, und es kann keine andere Änderung seiner Werthe auftreten, als daß es sein Zeichen ändert, weil jede Differenz dergestalt genommen werden kann. Diejenigen Vertauschungen, wo das Produkt positiv ist, nenne ich *positive*, wo es negativ ist, *negative* Vertauschungen.

Hat man ein System linearer Gleichungen in folgender Gestalt

---

[100] Hier deutet Jacobi einmal mehr (vgl. Knobloch/Pieper/Pulte 1995) seine kritische Haltung zur „analytisch" orientierten französischen Mathematik an. Konkret dürfte er mit dem „neueren französischen Mathematiker" Lazare Carnot meinen, der in seinen *Réflexions sur la métaphysique du calcul ifinitésimal* verschiedentlich den Vorzug der Infinitesimalrechnung gegenüber der „Algèbre ordinaire" betont, deren negative und imaginäre Größen ihm als „êtres chimériques" oder „êtres fictifs" erscheinen, die leicht falsch verstanden werden und zu algebraischen Ausdrücken („forms") führen können, die „purement hiéroglyphiques" sind (Carnot 1813, insbes. I, 33; II, 60f., 70-76, 102); zu Carnots Leben und Werk s. auch Gillipsie 1971 und Thiele 1993.

$$y \;=\; ax + a_1 x_1 + a_2 x_2 + a_3 x_3 \ldots + a_{n-1} x_{n-1}$$
$$y' \;=\; a'x + a'_1 x_1 + a'_2 x_2 + a_3 x'_3 \ldots + a'_{n-1} x_{n-1}$$
$$y'' \;=\; a''x + a''_1 x_1 + a''_2 x_2 + a''_3 x_3 \ldots + a''_{n-1} x_{n-1}$$

$$bis$$

$$y^{(n-1)} \;=\; a^{(n-1)}x + a_1^{(n-1)} x_1 + a_2^{(n-1)} x_2 + a_3^{(n-1)} x_3 \ldots + a_{n-1}^{(n-1)} x_{n-1}$$

und man will diese Gleichungen nach $x\; x_1 \ldots x_{n-1}$ auflösen, so schreibt man das Produkt

$$aa'a''a''' \ldots a^{(n-1)}$$

und schreibt als die unteren Indices dieser in einander multiplicirten Coefficienten die Zahlen 1 2 ... n in allen ihren Vertauschungen, so daß man $1 \cdot 2 \cdot 3 \ldots \cdot n$ Terme erhält. Jedem Term gibt man das + Zeichen, wenn die Vertauschung eine positive ist, und das - Zeichen, wenn es eine negative ist, und bildet das Aggregat aller dieser Termen. Dieses Aggregat habe ich in meinen Arbeiten mit den Namen „Determinante" des Systems linearer Gleichungen, oder auch des Systems Coefficienten bezeichnet[101], denselben Ausdruck hat früher Cauchy auch „Resultante" genannt[102], der Ausdruck Determinante mag aber jetzt bekannter sein. Diese Determinante bildet den Nenner der Ausdrücke $x\; x_1\; x_2 \ldots x_{n-1}$. Um die Zähler zu erhalten für die Werthe der Unbekannten, hat man die Terme des Nenners dadurch zu modificiren, daß man überall, wo ein Coefficient, mit dem die zu bestimmende

---

[101] Den Begriff „Determimante" verwendete Jacobi unter Berufung auf Gauß' Einführung dieses Terminus in den *Disquisitiones Arithmeticae* (1801) erstmals in seinem Aufsatz *Ueber die Pfaffsche Methode, eine gewöhnliche lineäre Differentialgleichung zwischen 2n Variabeln durch ein System von n Gleichungen zu integriren* (Jacobi 1827e); vgl. Muir 1900-1923 I, 178). Seine drei wichtigsten Arbeiten zur Theorie der allgemeinen und Funktionaldeterminanten erschienen 1841 im gleichen Band von Crelles *Journal* (Jacobi 1841a, 1841b, 1841c).

[102] S. hierzu Cauchy 1815a und besonders Cauchy 1815b; beide Arbeiten gehen auf ein *Memoir* über symmetrische Funktionen zurück, das Cauchy bereits am 30. Nov. 1812 im *Institut de France* las (Belhoste 1991, 32ff.). Bereits in der zweiten Arbeit, Cauchys frühestem und wichtigstem Beitrag zur Determinantentheorie, verwendet er *beide* Bezeichnungen, „*déterminant* et *résultante*, devroît être regardées comme synonymes" (Cauchy *Oeuvres* (2) 1, 113). Bei der Verwendung ersterer beruft er sich ebenfalls auf Gauß (ebd. 112f.), bei letzterer auf J.P.M. Binet (ebd. 168), der am gleichen Tag wie Cauchy im *Institut* ein entsprechendes *Memoir* vortrug und sich mit seiner Begriffswahl wiederum auf Laplace bezieht; s. näher Binet 1813 und Laplace 1772b, aber auch den Titel der späteren Arbeit Cauchy 1841c. Ganz im Sinne Jacobis bemerkte J. Liouville bereits 1841: „Au lieu de mot *résultante*, les géomètres emploient souvent le mot *déterminante*" (zit. nach Muir 1900-1923 I, 282, Anm.).

Größe in dem System Gleichungen multiplicirt ist, vorkommt, statt desselben das ganz constante Glied aus derselben Gleichung schreibt: also um den
Zähler für x zu bilden, schreibt man y statt a, y' statt a', y'' statt a'', und so
fort. Es kommt also wesentlich auf die Bildung des Nenners an, indem man
jeden Zähler leicht daraus ableitet. Diese allgemeinen Vorschriften sind erst
c[a.] 1770 oder 71 oder 72 gleichzeitig von mehreren Mathematikern gegeben worden[103], insbesondere von Laplace und einem Genfer Mathematiker
Cramer, dessen berühmtes Werk introduction á l'analyse des lignes courbes
betitelt ist[104], [ein] ziemlich starker Quartband, worin er dieß und mehrere
andere wichtige algebraische Untersuchungen abhandelt. Er hat kaum etwas
Andres als dieß ausgezeichnete Werk geschrieben, außer seinen sehr guten
Anmerkungen zur Ausgabe der Werke des ältesten, Jacob Bernoulli[105]. Die
ganz klassische Abhandlung von Laplace über diesen Gegenstand führt den
Titel „du system du monde"[106]. Laplace pflegte nämlich allen seinen Untersuchungen solche Titel zu geben; wie in neuerer Zeit auch Cauchy, der eine
Abhandlung über das Weltsystem schreibt, die von einer Entwicklung des
taylorschen Lehrsatzes handelt: Das Weltsystem findet sich dann mit den
Worten abgemacht: da in der Theorie des Weltsystems häufig solche Entwicklungen vorkommen, will ich Folgendes darüber anmerken, und nun folgt
eine Auseinandersetzung über den taylorschen Lehrsatz[107].

Ferner haben über unsern Gegenstand geschrieben Vandermonde, der
sehr wenige, aber sehr ausgezeichnete Abhandlungen schrieb[108] (er war ein

---

[103] Jacobis Datierung in Verbindung mit den zunächst genannten Mathematikern Laplace
und Cramer ist mißverständlich und sollte sich tatsächlich auf Laplace und Vandermonde
(s. Anm. 106 bzw. 108) beziehen, die im gleichen Bande der Pariser *Histoires* Aufsätze
zur Grundlegung der Determinantentheorie veröffentlichten, denen das Werk G. Cramers
(Anm. 104) um mehr als zwanzig Jahre voran ging.

[104] G. Cramers *Introduction a l'Analyse des Lignes courbes algébraiques* erschien 1750
in Genf (Cramer 1750). Die Lösung linearer Gleichungssysteme, insbes. die „Cramersche
Regel", wird hier durch das Problem motiviert, die Gleichung einer algebraischen Kurve
$n$ten Grades durch $\frac{1}{2}n(n+3)$ gegebene Kurvenpunkte zu bestimmen.

[105] Gemeint sind die von Cramer herausgegebenen *Opera omnia* Jakob I Bernoullis (2
Bde., Genf 1744). Er edierte auch die *Opera omnia* von Jakobs Bruder Johann I Bernoulli
(4 Bde. Lausanne/Genf 1742).

[106] Der Titel der Abhandlung lautet *Recherches sur le calcul intégral et sur le system du
monde* (Laplace 1772b).

[107] Ist die von Jacobi behauptete Vorliebe für das „Weltsystem" in Laplaces *Exposition
du système du monde* noch manifest, scheint sich unter Cauchys „tausend kleinen Noten"
(vgl. unten, S. 68) ein entsprechender Titel *nicht* zu finden.

[108] A. - T. Vandermondes *mathematisches* Werk umfasst nicht mehr als vier Aufsätze, die
in den Pariser *Histoires* erschienen (Vandermonde 1771a, 1771b, 1772a, 1772b). Während
sein *Vater* holländischer Arzt war, widmete sich der (in Paris geborene und lebende) A. - T.
vor allem der Musik und der Musiktheorie. Wichtiger als d'Alembert dürfte für sein „mathematisches Intermezzo" Fontaine gewesen sein. S. näher Lebesque 1955, der auch darauf

holländischer Arzt und hörte einst in einem Café zu Paris das Lob des
d'Alembert, woraus er abstrahirte, daß die Mathematik etwas Lobenswür-
diges sein müsse, und sich mit ihr beschäftigte), namentlich gleichzeitig mit
Lagrange über die Theorie der symmetrischen Functionen; er hat zuerst die
Gleichung $x^{ii} = 1$ algebraisch aufgelöst, die den Bemühen der Analysten bisher entgangen war, weil sie von einer Gleichung des 5ten Grades abhängt, und
erst durch die Gaussische Kreistheilung können wir sie ebenfalls lösen[109].
Dieser Vandermonde hat die schöne Bemerkung gemacht, daß wenn man
die oberen Indices Potenzen bedeuten läßt, man die wirkliche Entwicklung
des Produkts aller Differenzen der Größen a erhält, also umgekehrt, wenn
man sich mit den Determinanten vertraut gemacht hat, gibt die Bildung der
Determinante das Produkt. Der Vortheil dabei ist, daß da die Zahl der zu
multiplicirenden Differenzen $\frac{1}{2}n(n-1)$ beträgt, daraus zuerst eine Glieder-
zahl von $2^{\frac{1}{2}n(n-1)}$ hervorgehen würde, während die Determinante wirklich
nur aus $1 \cdot 2 \cdot 3 \ldots n$ Gliedern besteht, so daß alle übrigen sich aufheben
müssen: für $n = 5$ zerstören sich von 1024 Gliedern so viele, daß nur 120
bleiben. Laplace und Cramer haben nun verschiedene Regeln gegeben, wie
man bei jeder Vertauschung erkennen kann, ob sie eine positive oder negative sei. Wenn man alle Glieder bilden will, so sind diese Regeln ziemlich
leicht[110], aber anders ist es, wenn eine Versetzung gegeben ist, zu entscheiden, zu welcher Classe diese gehöre. Die Regeln des Laplace und Cramer
sind leicht aus der Betrachtung des Produkts abzuleiten, sie sind aber bei
Weitem nicht so expeditiv[111] als eine Regel, die Cauchy vor einigen Jahren gegeben hat, und die ich Ihnen gebe, weil Sie sie sonst doch schwerlich
finden würden: ich kann Ihnen jetzt selbst nicht sagen wo sie steht, wahrscheinlich ist sie irgendwo in einer seiner tausend kleinen Noten abgedruckt.
Die Regel heißt folgendermassen: Man schreibt die untern Indices in irgend
einer Ordnung unter die Reihe der obern und beurtheilt dann auf folgende
Weise, ob der entsprechende Term der Determinante ein positives oder ne-
gatives Zeichen hat, daß man irgend einen Index der obern Reihe fixirt und
zu demselbem eine Periode von Indicebus in der Art bildet, daß man zum
folgenden immer denjenigen nimmt, der unter dem gehabten in der untern
Reihe steht. Entweder erschöpft man auf diese Weise alle Indices der Reihe
nach, oder man kommt früher auf einen zurück, den man bereits gehabt hat,

---

aufmerksam macht, daß die heute sog. „Vandermonde-Determinante" in Vandermondes
Arbeiten *nicht* aufzufinden ist.

[109] S. Vandermonde 1771a; zur Beziehung zu Lagranges Arbeiten vgl. Jones 1976, 571.

[110] In der Hs. ohne Durchstreichung darüber gesetzt: „einfach". Zu den fraglichen Regeln
s. Cramer 1750, 59ff., 656ff. und Laplace *Oeuvres* VIII, 402ff.; zur Erläuterung Muir 1900-
1923 I, 11ff. und 24ff..

[111] Lat., hier im Sinne von „förderlich" oder „nützlich".

wo also die Periode zu Ende ist. Im letzten Falle beginnt man bei einem der
[nicht] rotirenden Indices dieselbe Operation und bildet successive so viele
Perioden, bis alle Indices erschöpft sind[112]. Es kommt nun auf die Anzahl der
Indices an, die in jeder so gewonnenen Periode oder Gruppe enthalten sind.
So oft man nämlich eine gerade Anzahl erhält, merkt man ein - Zeichen an,
während eine ungerade Anzahl nicht zu berücksichtigen ist, und multiplicirt
am Ende diese - Zeichen mit einander. Je nachdem nun das resultirende Zeichen beschaffen ist, wird der Term mit positiven oder negativen Zeichen zu
behaften sein.
Jetzt hat man nun folgenden allgemeinen Satz für gewisse Formen der Glei-
chungscoefficienten. Wir wollen annehmen, die Coefficienten in den successiven Gleichungen des Systems hätten folgende Form:

$$a = \sum \alpha\alpha \qquad\qquad a_1 = \sum \alpha\alpha_1$$

$$a_2 = \sum \alpha\alpha_2 \qquad \ldots \qquad a_{n-1} = \sum \alpha\alpha_{n-1}$$

$$a' = \sum \alpha_1\alpha \qquad\qquad a_1' = \sum \alpha_1\alpha_1$$

$$a_2' = \sum \alpha_1\alpha_2 \qquad \ldots \qquad a_{n-1}' = \sum \alpha_1\alpha_{n-1}$$

$$a'' = \sum \alpha_2\alpha \qquad\qquad a_1'' = \sum \alpha_2\alpha_1$$

$$a_2'' = \sum \alpha_2\alpha_2 \qquad \ldots \qquad a_{n-1}'' = \sum \alpha_2\alpha_{n-1}$$

$$a^{(n-1)} = \sum \alpha_{n-1}\alpha \qquad\qquad a_1^{(n-1)} = \sum \alpha_{n-1}\alpha_1$$

$$a_2^{(n-1)} = \sum \alpha_{n-1}\alpha_2 \qquad \ldots \qquad a_{n-1}^{(n-1)} = \sum \alpha_{n-1}\alpha_{n-1}$$

Diese Summen sollen sich in der Art auf p Größen $\alpha\ \alpha'\ \alpha'' \ldots \alpha^{(n-1)}$ beziehen, daß man in jedem Produkt unter dem Summenzeichen beiden Factoren
zugleich nach und nach die verschiedenen obern p Indices $0\ 1\ 2 \ldots p - 1$ zu
geben hat. Es erhellt ferner aus dieser Bildungsweise, daß die Coefficienten
wieder in Bezug auf die Diagonale symmetrisch sind, indem wie bei dem

---

[112] Diejenige von Cauchys „tausend kleinen Noten", unter denen sich die fragliche Regel findet, ist die *Note sur la formation des fonctions alternées qui servent à resoudre le
problème de l'élimination* (Cauchy 1841a, s. insbes. *Oeuvres* (2) 6, 90f.; vgl. auch Cauchy
1815a und 1815b). Die Ergänzug des „nicht" ist offenbar notwendig, da sonst die beschrie-
bene Operation nie aus einer „Gruppe" herausführen würde. Weitere Arbeiten Cauchys
zur Determinantentheorie wurden (nach Muir 1900-1923 I, 273) durch Jacobis eigene Untersuchungen angeregt (Cauchy 1841b, 1841c, 1841d bzw. Jacobi 1841a, 1841b, 1841c).

bei der Methode der kleinsten Quadrate vorkommenden System die Coefficienten in Horizontalreihen und Vertikalreihen dieselben sind, denn offenbar
ist

$$a_k^{(i)} = \sum \alpha_i \alpha_k = \sum \alpha_k \alpha_i = a_i^{(k)}$$

Die in der Diagonale selbst stehenden Coefficienten erscheinen als Summen
von Quadraten.

Nun hat man folgende 3 Sätze, je nachdem[113] $p <, =, > n$ ist:

Wenn $p < n$, d.h. die Anzahl der Terme, von denen jeder Coefficient ein
Aggregat ist, [ist] kleiner als die Anzahl der Gleichungen, so verschwindet
die Determinante.

Wenn $p = n$ ist, so wird die Determinante ein Quadrat, und zwar das Quadrat einer andern Determinante, die man erhalten würde, wenn das System
Gleichungen so beschaffen wäre, daß $\alpha \, \alpha' \, \alpha'' \ldots \alpha^{(n-1)}$ die Coefficienten der
ersten Gleichungen wären, und diese Größen dann in den folgenden Glei-
chungen die untern Indices erhielten: oder auch umgekehrt, wenn die Coef-
ficienten der obersten Reihe $\alpha \, \alpha_1 \, \alpha_2 \ldots \alpha_{n-1}$ wären, und in den folgenden
diese Größen successiv mit den obern Indices vorkämen. Die Determinante
hat nämlich die Eigenschaft, daß sie nicht verändert wird, wenn man die Coefficienten der Horizontal- und Vertikalreihen mit einander vertauscht. Die
Determinante des aufgestellten Systems linearer Gleichungen bezeichne ich
mit

$$\sum \pm a \, a_1' \, a_2'' \, a_3''' \ldots a_{n-1}^{(n-1)}$$

wo unter der $\sum$ verstanden wird, daß man entweder alle obern oder alle
untern Indices permutirt, für positive Vertauschungen das $+$zeichen und für
negative das $-$zeichen im Aggregate nimmt. Für $p = n$ erhält man mit dieser
Bezeichnung den Ausdruck

$$\sum \pm a \, a_1' \, a_2'' \, a_3''' \ldots a_{n-1}^{(n-1)} = \left\{ \sum \pm \alpha \, \alpha_1' \, \alpha_2'' \, \alpha_3''' \ldots \alpha_{n-1}^{(n-1)} \right\}^2$$

Der Beweis dieser beiden Sätze ist weniger schwer, verwickelter wird er für
den dritten Fall, der beide vorhergehende umfasst.

Für $p > n$ wird nämlich die Determinante ein Aggregat von Quadraten,
von denen jedes eine Determinante der angegebenen Art ist, und die erhalten
werden, indem man aus den obern p Indices $0 \ 1 \ 2 \ldots p - 1$ auf alle mögliche
Arten n beliebige auswählt, wovon nach einem einfachen combinatorischen
Satz die Anzahl[114]

---

[113]In der Hs. folgen nach dem p (untereinander) ein $<$ -Zeichen und ein $>$ -Zeichen;
Jacobis nachfolgende Fallunterscheidung schließt jedoch auch den Fall $p = n$ ein.

[114]Bei der Auswahl von n Elementen aus p mit $p > n$ gibt es bei Nichtbeachtung der
Reihenfolge $\binom{p}{n} = \frac{p!}{n!(p-n)!} = \frac{p(p-1)\ldots(p-n+1)}{1 \cdot 2 \cdot 3 \cdots n}$ Möglichkeiten, so daß das n im Nenner
korrekt ist. In der Hs. findest sich hier ein p mit Anzeichen einer Korrektur.

$$\frac{p(p-1)\ldots(p-n+1)}{1 \cdot 2 \ldots n}$$

ist: von sovielen Quadraten wird daher die gesuchte Determinante ein Aggregat sein. Bei $p = n$ hat man nur eine Auswahl, bei $p < n$ hat man gar keine, also verschwindet der Ausdruck.

Dieß ist nun eine sehr wichtige Darstellungsweise in allen geometrischen und mechanischen Untersuchungen, wenn man eine Größe darstellen kann als eine Summe von Quadraten: es ist dann bisweilen möglich, aus einer Gleichung ein System von Gleichungen zu erhalten, zudem man den besondern Umstand zu Hilfe nimmt, daß man es mit einer geometrischen oder mechanischen Quästion zu thun hat, in der der Natur der Sache nach keine imaginären Größen vorkommen können. Soll also ein solcher Ausdruck verschwinden, so muß jedes einzelne Quadrat für sich verschwinden, und man erhält so viele Gleichungen als Terme im Aggregat sind. Soll die Determinante verschwinden von einem System Gleichungen, wo die Coefficienten die angegebene Form haben $\left(a_k^{(i)} = \sum a_i a_k\right)$, so ist in einer mechanischen oder geometrischen Aufgabe, wo Alles reell, dieß nicht anders möglich, als wenn jede der $\frac{p(p-1)\ldots(p-n+1)}{1\cdot 2\ldots n}$ Determinanten sämtlich gleich Null ist.

XIII   *Funktionaldeterminante und Unabhängigkeit der Bedingungsgleichungen.*

Man kann nun leicht die Gleichungen, welche wir in dem mechanischen Problem aufzulösen haben, auf die hier betrachtete Form der Coefficienten zurückbringen. Die Coefficienten nämlich, die wir dort hatten, waren Ausdrücke von der Form

$$(u, v) = \sum \frac{1}{m} \left(\frac{\partial u}{\partial x} \frac{\partial v}{\partial x} + \frac{\partial u}{\partial y} \frac{\partial v}{\partial y} + \frac{\partial u}{\partial z} \frac{\partial v}{\partial z} \right)$$

Hier sind $x\, y\, z$ die Coordinaten eines Punktes, dessen Masse m ist, und man hat einen ähnlichen Ausdruck wie unter dem $\sum$zeichen für jeden der n materiellen Punkte zu bilden. Wir wollen für die Coordinaten eines Punktes multiplicirt mit der Quadratwurzel aus seiner Masse eine eigene Bezeichnung einführen, um den Factor $\frac{1}{m}$ herauszubringen. Sei also

$$\xi_1 = x\sqrt{m},\ \xi_2 = y\sqrt{m},\ \xi_3 = z\sqrt{m},\ \xi_4 = x_1\sqrt{m_1},\ \text{etc}\ \text{bis}\ \xi_{3n}$$

so haben wir statt der $3n$ Coordinaten die $3n$ Größen ξ einzuführen, und erhalten dann den einfachen Ausdruck

$$(u, v) = \sum \frac{\partial u}{\partial \xi} \frac{\partial v}{\partial \xi}$$

wo die $\sum$ bezeichnet, daß für ξ alle Werthe ξ_1 ξ_2 bis ξ_{3n} zu setzen sind. Setzen wir nun $p = 3n$, so erhalten unsere Gleichungen genau die gesuchte Form, wenn wir nämlich für die Größen α α_1 α_2 ... die partiellen Differentialquotienten[115] $\frac{\partial u}{\partial \xi}$ $\frac{\partial v}{\partial \xi}$ $\frac{\partial w}{\partial \xi}$ ... uns denken, deren Anzahl gleich der der Bedingungsgleichungen [ist], so daß [das,] was wir bisher in den allgemeinen Sätzen n nannten, jetzt m wird. Bezeichnen wir noch die Bedingungsgleichungen der Bequemlichkeit halber mit $u = 0$ $u_1 = 0$ $u_2 = 0$ ... $u_{n-1} = 0$, so haben wir ohne Weiteres

$$a_k^{(i)} = \sum \alpha_i \alpha_k = (u_i, u_k) = \sum \frac{\partial u_i}{\partial \xi} \frac{\partial u_k}{\partial \xi}$$

Wir können also jetzt die Bedingungen angeben, die stattfinden müssen, damit in unsern allgemeinen Gleichungen des dynamischen Problems die Determinante verschwinden kann. Es muß nämlich

$$\sum \pm \frac{\partial u}{\partial \xi_1} \frac{\partial u_1}{\partial \xi_2} \frac{\partial u_2}{\partial \xi_3} \cdots \frac{\partial u_{m-1}}{\partial \xi_m} = 0$$

sein, wenn man nach und nach jede verschiedene Combination von m Größen ξ aus dem Complex der $3n$ Werthe im Nenner versteht. Nämlich die Summe der Quadrate aller dieser Determinanten wird der Nenner im System der dynamischen Gleichungen oder die Determinante dieses Systems. Ihre Anzahl wird wieder

$$= \frac{3n(3n - 1)\ldots(3n - m + 1)}{1 \cdot 2 \ldots m}$$

Obgleich dieser Ausdruck sehr complicirt ist, als Summe der Quadrate einer so großen Anzahl Determinanten, so ist er doch für uns sehr bequem, weil wir sogleich eine Menge von Größen erhalten, die zugleich verschwinden müssen, wenn die Gleichungen nicht auflösbar sind. Solche Determinanten nun von m Größen, welche gebildet werden, wenn man m Functionen von m Variabeln nach diesen partiell differentiirt, nenne ich „Functionaldeterminante", da sie in der ganzen Analysis eine sehr große Rolle spielen, so habe ich in einer besondern Abhandlung[116] ihre Eigenschaften erörtert, und namentlich die große und merkwürdige Analogie nachgewiesen, die sie mit den gewöhnlichen Differentialen haben, so daß von einer großen Menge von Sätzen, die bei einer Function einer Variable stattfinden, man Analoge für m Functionen von m Variabeln erhält, wenn man statt der Differentialquotienten die Functionaldeterminante nimmt. Ein Beispiel davon ist folgendes:

---

[115] In der Hs. folgt: „uns denken $\frac{\partial u}{\partial \xi}$ $\frac{\partial v}{\partial \xi}$ $\frac{\partial w}{\partial \xi}$ ...".

[116] S. hierzu den Aufsatz *De determinantibus functionalibus* (Jacobi 1841b).

Sei y eine Function von x, und man will statt x die Variable t einführen, von der also x und y Functionen sind, so existirt die bekannte Relation zwischen den Differentialquotienten

$$\frac{dy}{dt} : \frac{dx}{dt} = \frac{dy}{dx}$$

Die analoge Aufgabe ist, wenn man n Functionen $y_1\ y_2 \dots y_n$ von n unabhängigen Variabeln $x_1\ x_2 \dots x_n$ hat, und man will n andre Variable $t_1\ t_2 \dots t_n$ einführen, als deren Functionen die x und die y gegeben sind; so hat man die entsprechende Relation

$$\sum \pm \frac{dy_1}{dx_1} \frac{dy_2}{dx_2} \dots \frac{dy_n}{dx_n} = \frac{\sum \pm \dfrac{dy_1}{dt_1} \dfrac{dy_2}{dt_2} \dots \dfrac{dy_n}{dt_n}}{\sum \pm \dfrac{dx_1}{dt_1} \dfrac{dx_2}{dt_2} \dots \dfrac{dx_n}{dt_n}}$$

und so noch viele andre Sätze. Der bekannteste und berühmteste davon ist der analoge zu dem, daß wenn man ein Integral hat $\int u\,dx$ und man statt x t einführt, wonach man integriren will, dann [ist]

$$\int u\,dx = \int u\frac{dx}{dt}\,dt$$

Bei einem n fachen Integrale, das nach $x_1\ x_2 \dots x_n$ zu nehmen [ist], erhält man dann, wenn ebensoviele Variable $t_1\ t_2 \dots t_n$ eingeführt werden[:]

$$\int u\,dx_1 dx_2 \dots dx_n = \int u \sum \pm \frac{dx_1}{dt_1} \frac{dx_2}{dt_2} \dots \frac{dx_n}{dt_n}\,dt_1 dt_2 \dots dt_n$$

Folgendes ist auch ein berühmter Fall. Hat man x als Function von y und soll y als Function von x differentiiren, so ist bekanntermaßen $\frac{dy}{dx} = 1 : \frac{dx}{dy}$. Der entsprechende Satz bei n Functionen von n Variabeln heisst

$$\sum \pm \frac{dy_1}{dx_1} \frac{dy_2}{dx_2} \dots \frac{dy_n}{dx_n} = 1 : \sum \pm \frac{dx_1}{dy_1} \frac{dx_2}{dy_2} \dots \frac{dx_n}{dy_n}$$

Im Einzelnen sind diese Sätze sehr weitläufig zu beweisen, aber wenn man sie einmal allgemein aus den Eigenschaften der Determinanten bewiesen hat, so bilden sie ein sehr wichtiges Instrument des Calculs. Wir werden sie später beweisen, wo ich aus den Eigenschaften der Functionaldeterminante einen Satz ableiten werde, welchen ich als ein neues Princip der Mechanik hingestellt[117] habe.

---

[117]In der Hs. irrtümlich: „heigestellt".

Um zu zeigen, was es bedeutet, wenn eine solche Functionaldeterminante niemals verschwindet, bemerke ich folgende Fundamentaleigenschaft, daß man sie nämlich als ein Produkt darstellen kann von einzelnen partiellen Differentialquotienten, wenn man statt der ursprünglichen Variabeln andere einführt. Man erhält also $\Pi(n)$ Terme durch einen einzigen dargestellt. Diese Art der Elimination, die sehr wichtig und häufig ist, beruht darauf, daß man zwischen den Functionen und den Variabeln eine gewisse Ordnung festsetzt, und nach und nach immer statt einer Variable eine Function einführt. Dieß ist so zu verstehen. Seien $y_1\,y_2\,\ldots\,y_n$ n Functionen von n Variabeln $x_1\,x_2\,\ldots$ x_n gegeben durch Gleichungen von der Form $y_i = \mathrm{f}_i(x_1, x_2 \ldots x_n)_\circ$ Mittelst jeder solcher Gleichung kann ich eine Variable x durch die übrigen und durch eine Größe y ausdrücken. Ich denke mir nun, aus der Gleichung $y_n = \mathrm{f}_n$ [das] x_n ausgedrückt durch $x_1\,x_2\,\ldots\,x_{n-1}$ und y_n und diesen Werth substituirt in $y_{n-1} = \mathrm{f}_{n-1}_\circ$ Dann kann ich offenbar aus dieser Gleichung x_{n-1} ausdrücken durch $x_1\,x_2\,\ldots\,x_{n-2}$ und die beiden $y_{n-1}\,y_n$. Substituire ich in der folgenden [Gleichung] $y_{n-2} = \mathrm{f}_{n-2}$ die Werthe von x_n und x_{n-1}, so folgt x_{n-2} u.s.w.$_\circ$ Ich habe dann also die Größen x successive ausgedrückt[:]

x_n	als Function von	x_1	x_2	$\ldots$		x_{n-2}	x_{n-1}	y_n
x_{n-1}	$\ldots$	x_1	x_2	$\ldots$		x_{n-2}	y_{n-1}	y_n
x_{n-2}	$\ldots$	x_1	x_2	$\ldots$	x_{n-3}	y_{n-2}	y_{n-1}	y_n

bis

x_2	$\ldots$	x_1	y_2	$\ldots$		y_{n-2}	y_{n-1}	y_n
x_1	$\ldots$	y_1	y_2	$\ldots$			y_{n-1}	y_n

Durch diese successive Elimination und Substitution erhalten die Größen y folgende Form [:]

y_n	wird Function von	x_1	x_2	$\ldots$		x_{n-2}	x_{n-1}	x_n
y_{n-1}	$\ldots$	x_1	x_2	$\ldots$		x_{n-2}	x_{n-1}	y_n
y_{n-2}	$\ldots$	x_1	x_2	$\ldots$		x_{n-2}	y_{n-1}	y_n

bis

y_2	$\ldots$	x_1	x_2	y_3	$\ldots$		y_{n-1}	y_n
y_1	$\ldots$	x_1	y_2	y_3	$\ldots$		y_{n-1}	y_n

Diese Art der Elimination ist in vielen allgemeinen analytischen Betrachtungen von großem Nutzen. In unserm Fall ergibt sich sogleich der Satz, daß die Functionaldeterminante

$$\sum \pm \frac{dy_1}{dx_1}\frac{dy_2}{dx_2}\frac{dy_3}{dx_3}\cdots\frac{dy_n}{dx_n} = \frac{dy_1}{dx_1}\frac{dy_2}{dx_2}\frac{dy_3}{dx_3}\cdots\frac{dy_n}{dx_n}$$

wenn man links die Functionen $y_i = f_i$ durch die x ausgedrückt denkt, rechts aber auf die im letzten System hervorgebrachte Form reducirt. Aus diesem Satz folgt nun folgendes Corollar. Wenn die Functionaldeterminante [nicht] verschwindet[118], so sind die Functionen von einander unabhängig: man nennt aber Functionen von einander unabhängig, wenn es zwischen ihnen keine Gleichung gibt, die von den unabhängigen Variabeln frei ist, und dagegen nicht von einander unabhängig nennt man sie, wenn es eine solche Gleichung gibt, durch welche man also immer eine der Functionen durch die übrigen ausdrücken kann. Um also einen solchen Begriff vollständig zu präcisiren muß man[119] jedesmal angeben, welches die Größen sind, von denen man die Functionen als Function betrachtet, denn die Functionen $y_1\, y_2$ ... y_n können noch andere Variable außer den x enthalten. Um den ausgesprochenen Satz zu beweisen, oder zu zeigen, wie er aus der Darstellung der Functionaldeterminante durch einen einzelnen Term hervorgeht, bemerke ich Folgendes. Wenn es keine Gleichung zwischen $y_2\, y_3$ ... y_n gibt, so muß es eine zwischen $y_1\, y_2$ ... y_n geben. Ich setze stillschweigend voraus, daß die Gleichung die Größen x nicht mit enthält, indem ich sie sonst nennen würde. Gibt es eine Gleichung zwischen $y_2\, y_3$ ... y_n, so ist der Satz erwiesen, gibt es keine, so kann man die Elimination vollständig ausführen, was im andern Falle unmöglich wird, weil es sich einmal ereignet, daß wenn man die Werthe von einem x substituirt, alle Größen x zugleich herausgehen und man eine Gleichung zwischen den y erhält. Das ist nämlich das Kennzeichen, wenn die n Functionen y *der n Variabeln x*[120] von einander unabhängig sind, so kann man umgekehrt die x durch $y_1\, y_2$ ... y_n ausdrücken, sind sie aber nicht unabhängig, so ist dieß unmöglich. Dieses ergibt sich durch den Gang der Elimination selber, wenn man nur überlegt, was man thut und was man fordert. Nehme ich also z.B. die letzte Gleichung $y_n = f_n$ so ist, da f_n nicht constant sein kann, weil sonst die Abhängigkeit von y_n durch eine Gleichung gegeben wäre, mindestens eine Größe x in f_n enthalten, die ich x_n nenne, und wie im Vorigen gesagt, durch $y_n\, x_1\, x_2$ ... x_{n-1} bestimme. Nach der Substitution dieses Werthes in f_{n-1} kommt entweder keine Größe x mehr vor, und dann kann ich natürlich keine mehr ausdrücken; so oft aber nach der Elimination noch eine Größe x in f bleibt, so kann ich die Gleichung noch benutzen, um dieselbe aus den übrigen x und den bis dahin gebrauchten y zu bestimmen. Stoße ich dagegen auf eine Gleichung zwischen den y, aus der alle x herausgehen, so kann dieselbe nicht etwa identisch sein, weil links die bisher noch

---

[118] Das inhaltlich offenkundig erforderliche „nicht" fehlt in der Hs. an dieser Stelle.

[119] In der Hs. folgt: „angeben jedesmal, ...".

[120] Darübergeschrieben: „von $x_1\, x_2$ ... x_n", gemeint ist: „... die n Functionen y von $x_1\, x_2$ ... x_n ...".

nicht benutzte Größe y_i steht (wenn $n - i$ Operationen[121] gemacht sind) die also rechts nicht sein kann. Man sieht also mit der größten Strenge, daß es einerlei ist, ob ich sage, die Functionen dieser Variabeln sind von einander unabhängig, oder, ich kann die Variabeln x umgekehrt als Functionen von y betrachten.

XIV   *Funktionaldeterminante und Eliminationsverfahren.*

Ich machte zuletzt einige allgemeine Bemerkungen über das Verfahren der Elimination. Ich nehme an, daß man n Functionen y von n Größen x hat, die durch Gleichungen $y_1 = f_1 \quad y_2 = f_2 \; \ldots \; y_n = f_n$ gegeben sind, und sagte, daß wenn diese Functionen y unabhängig von einander sind, man die Größen x durch jene ausdrücken kann, und umgekehrt, wenn man die Größen x durch die y ausdrücken kann, so sind letztere unabhängig. Es wurde hierbei folgender Prozeß der Elimination beobachtet, den es wichtig ist genauer zu betrachten, weil man ihn häufiger anwendet. Da in f_n mehrere Variabeln fehlen können, sei x_n eine der darin vorkommenden, deren Bestimmung aus y_n und den übrigen x also möglich wird. Diese setzt man ein in $y_{n-1} = f_{n-1}$, so daß x_n nicht mehr in f_{n-1} vorkommt und bestimmt nun eine zweite Größe x_{n-1}, von der wir annehmen, daß sie in f_{n-1} stehe. So kann man immerfort fortfahren, ausgenommen wenn es sich einmal ereignet, daß nach der angestellten Substitution, indem man immer die gefundenen Werthe der x in die noch nicht benutzten Functionen f substituirt, gar keine Größe x mehr vorkommt, sondern bloß die y, deren Ausdrücke bei der Elimination benutzt oder statt der gleichnamigen x eingeführt worden sind. Dann aber hat man ein y durch die übrigen ausgedrückt, so daß die y nicht mehr unabhängig von einander sind, sondern es existiert eine Gleichung zwischen ihnen. Nach diesen Substitutionen wird f_{n-1} eine Function von allen x außer x_n, in f_{n-2} fehlen x_n und x_{n-1}, endlich f_1 enthält bloß x_1, dagegen kann f_n kein y enthalten, in f_{n-1} steht bloß y_n, in f_{n-2} [stehen] y_{n-1} und y_n, bis in f_1 alle y von y_2 bis y_n [stehen], so daß man also nach und nach, indem man zwischen den Größen x und y eine gewisse Ordnung eingeführt hat, statt der x die y mit gleichem Index eingeführt hat. Hat man diese Vorbereitungen getroffen, so kann man, indem man rückwärts geht, die Größen x durch y ausdrücken. Nämlich die zuletzt gefundene Gleichung f_1 gibt den Werth von x_1 in sämtlichen y. Substituirt man diesen in die zweite Gleichung f_2, so enthält diese nur noch x_2, was daraus gefunden wird[122]. In der folgenden

---

[121] Darübergeschrieben: „Substitutionen".
[122] Gemeint ist, daß x_2 durch f_2 bestimmt wird.

Gleichung, die y_3 durch x_1 x_2 x_3 y_4 y_5 ... y_n ausdrückt, setzt man die Werthe von x_1 und x_2 ein, wodurch x_3 durch die y dargestellt wird u.s.w., so erhält man nach und nach alle Größen x durch die y ausgedrückt. Ich will nun diese Bemerkung sogleich auf den vorliegenden Satz anwenden. Es folgt nämlich ohne Weiteres, daß wenn die Functionaldeterminante verschwindet, die Functionen y nicht unabhängig von einander sind. Ich habe nämlich den Satz ohne Beweis[123] bemerkt, daß wenn man diese Elimination ausführt, dann die Functionaldeterminante

$$\sum \pm \frac{\partial y_1}{\partial x_1} \frac{\partial y_2}{\partial x_2} \cdots \frac{\partial y_n}{\partial x_n} = \text{dem einfachen Term} \left(\frac{\partial y_1}{\partial x_1}\right) \left(\frac{\partial y_2}{\partial x_2}\right) \cdots \left(\frac{\partial y_n}{\partial x_n}\right)$$

wo ich die partielle Differentialquotienten einklammere, um anzuzeigen, daß die Functionen y_1 y_2 ... y_n jetzt in Folge der angegebenen Substitutionen und Eliminationen durch die andern Variabeln ausgedrückt worden sind. Es lässt sich diese Art des Ausdrucks nicht durch die Bezeichnung ausdrücken, sondern es bedarf einer mündlichen Erklärung dazu; es wäre sehr ersprießlich, wenn man bei den partiellen Differentiationen jedesmal anzeigen könnte, nicht allein nach welchen Größen differentiirt wird, sondern auch, welche Variabeln als eingeführt zu betrachten sind, und welche Größen constant sein sollen[124]. Denn dadurch ändert sich der ganze Werth des ganzen Differentials, ohne daß man in der Bezeichnung einen Unterschied macht, weil eine Bezeichnung, die das Alles anzeigen sollte, zu schwerfällig würde. Unsere Elimination nun setzt voraus, daß y_2 y_3 ... y_n als Functionen von x_2 x_3 ... x_n betrachtet, von einander unabhängig sind, so daß man nach einander y_2 y_3 ... y_n ausdrücken kann als Functionen von x_2 x_3 ... x_n und von x_1. Wären diese Functionen nicht von einander unabhängig in Bezug auf $n-1$ von den n Variabeln x, so hätte[125] man schon bewiesen, was man wollte, daß zwischen den Functionen eine Gleichung stattfindet. Es ist nothwendig, daß die Functionen f_2 f_3 ... f_n in Bezug auf $n-1$ unabhängige Variable unabhängig sind. Gilt also die aufgestellte Gleichung, welche immer gelten wird, wenn es überhaupt möglich ist, solche Eliminationen anzustellen, so wird, wenn die Functionaldeterminante verschwindet, einer der n Factoren des einzelnen Terms rechts verschwinden müssen. Aber von den $n-1$ letzten Factoren kann zufolge der zuletzt gemachten Annahme keiner verschwinden, denn es würde kein Differentialqotient verschwinden, außer wenn die Variable in der Function y nicht enthalten wäre. Aber das war unsere Voraussetzung, daß sie darin vorkam, weil die Variable dann aus der Gleichung bestimmt werden

---

[123] Der Beweis findet sich in Jacobi 1841b; s. *Werke* III, 434-436.

[124] Jacobi denkt hier wohl an eine heute übliche Schreibweise von der Art $\left.\frac{\partial f_1(x_1,y_1,\ldots,y_n)}{\partial x_1}\right|_{y_1,\ldots,y_n=const.}$.

[125] In der Hs. steht hier „hatte" über einem durchgestrichenen „könnte".

sollte, durch welche die Function y dargestellt wurde. Es bleibt also nur der erste Factor übrig, weil wir darüber keine Voraussetzung gemacht haben - x_1 brauchte ja nur dann in y_1 enthalten zu sein, wenn wir wollen, daß x_1 auch durch die Gleichung für y_1 bestimmt werden soll. Wenn also $y_2\ y_3 \ldots y_n$ unabhängige Functionen sind, und die Functionaldeterminante verschwindet, so ist dieß nur möglich, wenn $\frac{\partial y_1}{\partial x_1} = 0$; das Verschwinden dieses Differentialquotienten zeigt aber, daß wenn man aus y_1 durch die angegebene Art $x_2\ x_3 \ldots x_n$ eliminirt hat, daß dann auch x_1 nicht mehr vorkommt, und y_1 nur $y_2\ y_3 \ldots y_n$ enthält. Wenn also $y_2\ y_3 \ldots y_n$ unabhängige Functionen sind, und die Functionaldeterminante verschwindet, so ist y_1 Function von $y_2\ y_3 \ldots y_n$, ohne ein x zu enthalten. Das ist nun einer der wichtigsten Sätze: seine Wichtigkeit besteht darin, daß er durch eine Formel, durch einen analytischen Ausdruck das definirt hat, daß n Functionen von n Variabeln von einander unabhängig sind, oder daß wenn n Variable durch andere n Variable ausgedrückt sind, man diese letzten auch durch die erstern ausdrücken kann. Wir kehren zu unserm Fall zurück.

Wir hatten m Functionen $u\ u_1\ u_2 \ldots u_{m-1}$ und $3n$ Variable[126] $\xi_1\ \xi_2 \ldots \xi_{3n}$ wo $n > m$ sein sollte; wir hatten ferner gefunden, daß die linearen Gleichungen, von welchen die Multiplicatoren abhängen, sich immer auflösen lassen, ausgenommen wenn sämtliche Determinanten der Functionen u verschwinden, wenn man sie als Functionen von irgend welchen m der $3n$ Variabeln betrachtet. Wir wollen nun zeigen, daß dieß nicht anders möglich ist, als wenn es eine Gleichung zwischen den m Functionen u gibt, in welcher keine der Functionen ξ oder x vorkommt. Dieß kann so geschehen. Man betrachtet die Functionen u zuerst als Functionen der $m - 1$ letzten Variabeln $\xi_{3n-m+1}\ \xi_{3n-m+2} \ldots \xi_{3n-1}$ und einer der frühern. Wir wollen annehmen, die $m - 1$ Functionen $u_1\ u_2 \ldots u_{m-1}$ seien von einander unabhängig, so daß es $m - 1$ Variabeln unter den Variabeln ξ gibt, welche man durch $u_1\ u_2 \ldots u_{m-1}$ und die übrigen Größen ξ ausdrücken kann. Das Verfahren der Elimination zeigt, wenn man es genau ansieht, daß nur in dem einen Fall diese Annahme nicht statthaft ist, wenn es eine Gleichung schon zwischen diesen $m - 1$ Functionen gibt, die gar keine Größen x enthält: so wie dieß nicht der Fall ist, wird man immer solche $m - 1$ Variable finden können, die freilich nicht immer in der Wilkür liegen, welche sich durch $u_1\ u_2 \ldots u_{m-1}$ und die übrigen x ausdrücken lassen. Ich nehme nun an, daß die Variabeln so geordnet sind, daß diese $m - 1$ Variabeln die letzten sind, also die Indices $3n - m + 1$ bis $3n$ haben. Wenn ich nun diese Werthe von diesen $m - 1$ Größen x in die eine noch übrige Function u substituire, so wird dieß

---

[126] Am rechten Rand der Hs. vermerkt: „Jacobi hat hier beständig die Größen x statt der ξ genannt - hierauf bezieht sich die Bemerkung, mit der die 16te Vorlesung beginnt." Vgl. hierzu S. 88.

u eine Function sein, in welcher die $m - 1$ Größen x fehlen, dafür aber die $m - 1$ Größen $u_1\, u_2\, \ldots u_{m-1}$ eingeführt sind, außerdem wird sie noch die übrigen Größen x enthalten. Wenn nun sämtliche Functionaldeterminanten verschwinden, welche m von den $3n$ Größen x man auch als Variable betrachtet, so muß nach dem, was oben auseinandergesetzt worden ist, der partielle Differentialquotient von u, wenn man ihm die letztangegebene Form gibt, verschwinden, wenn man u nach irgend einer der übrigen Größen x oder ξ differentiirt, welche es nach der Elimination noch enthält. Denn in der verschwindenden Functionaldeterminante betrachtet man immer verschiedene m von den Größen x als Variable, davon sollen $m-1$ fest bleiben, und nur die $m$te wollen wir immer verschieden annehmen: dann wird das Verschwinden der Functionaldeterminante nur möglich sein, wenn der partielle Differentialquotient von u nach dieser $m$ten Variabeln genommen verschwindet, wie aus der aufgestellten Gleichung erhellt, es müssen also die partiellen Differentialquotienten nach jeder dieser $m$ten Größen verschwinden, oder u muß eine Function von $u_1\, u_2\, \ldots u_m$ sein, welche gar keine der Größen x oder ξ mehr enthält. So ist also bewiesen, daß die Gleichungen, durch welche die Multiplicatoren $\lambda\, \mu\, \ldots$ bestimmt werden, immer auflösbar sind, weil das Stattfinden der dazu hinreichenden und nöthigen Bedingung, daß die u von einander unabhängig sind, sich von selbst versteht, weil sonst die Bedingungen des Systems sich auf eine geringere Anzahl reduciren würden.

Ich will nun kurz auf einige andere Umstände noch aufmerksam machen, die hierbei zu beachten sind und die man gewöhnlich als sich von selbst verstehend des nähern Ansehens unwerth befunden hat. Wir haben gesehen, daß die $\frac{3n(3n-1)\ldots(3n-m+1)}{1\cdot 2\ldots m}$ Functionaldeterminanten, also auch die Determinante des für $\lambda\, \mu\, \ldots$ gegebenen Systems linearer Gleichungen, nicht identisch verschwinden kann: es fragt sich aber, ob dieß nicht für besondre Werthe der Coordinaten der materiellen Punkte geschehen könne. Dieß nun wird immer vermieden werden können, wenn man die Bedingungsgleichungen einer gewissen Vorbereitung unterwirft. Wir wollen nämlich annehmen, statt der Bedingung $u = 0$ stünde die Bedingung $u^2 = 0$. Dann würden die partiellen Differentiale von u für die besondern Werthe, für welche die Bedingung $u = 0$ erfüllt wird, verschwinden, ohne daß das Verschwinden durch identisches Aufheben stattfindet. Die Formeln also, welche wir nach Lagrange gegeben haben, oder die Form der dynamischen Gleichungen durch die lagrangeschen Multiplicatoren, setzt daher voraus, daß die Bedingungsgleichungen $u = 0\ \ v = 0\,\ldots$ vorher so zubereitet sind, daß keine der Functionen $u\,v\,\ldots$, also z.B. u, mit Hilfe der Gleichungen $v = 0\ \ w = 0$ einen quadratischen Factor enthält, so daß dadurch auch ihre partiellen Differentialquotienten verschwinden. Enthält sie einen solchen quadratischen Factor, so hat man die Wurzel auszuziehen, also statt der Gleichung $u^2 = 0$ zu setzen $u = 0$. Also es darf nicht vorkommen, daß sämtliche partielle Differentiale einer Function mit Hilfe der übrigen Gleichungen verschwinden, und dieses lässt sich immer vermeiden dadurch, daß man eine Quadratwurzel auszieht. Dieß sehen Sie wieder aus unserm allgemeinen Satz. Soll die Functionaldeterminante für besondere Werthe der Variabeln verschwinden, so muß, wenn man sie als einfaches Product von Differentialquotienten dargestellt sich denkt, einer dieser Factoren für besondere Werthe der Variabeln verschwinden, also $\left(\frac{\partial u}{\partial x}\right)$ zugleich mit $u = 0$, und das ist die bekannte analytische Bedingung dafür, daß in u ein quadratischer Factor vorkommt, man muß also die Quadratwurzel ausziehen. Z.B. wenn Sie die Gleichung der Kugel haben $\{x^2 + y^2 + z^2 - 1\}^2 = 0$, so ist das ganz richtig, aber Sie dürfen sie so nicht verwenden, sondern [Sie müssen] die Wurzel ausziehen und $x^2 + y^2 + z^2 - 1 = 0$ nehmen, damit die partiellen Differentialquotienten nicht für die Werthe der Coordinaten, die jener Bedingung genügen, verschwinden. - Andrerseits muß man auch eine solche Vorbereitung mit den Gleichungen treffen, daß kein partieller Differentialquotient für Werthe der Variabeln unendlich wird. Dieß wird ebenfalls immer möglich sein: Z.B. Sie hätten die Gleichung der Kugel dargestellt unter der Form $\sqrt{\{x^2 + y^2 + z^2 - 1\}} = 0$, so ist dieß vollkommen richtig, dadurch aber werden sämtliche partiellen Differentialquotienten für die Werthe, die der Gleichung Genüge leisten, unendlich, indem der Nenner derselben verschwindet, und wenn es auch möglich ist, daß die Zähler von zwei der partiellen Differentialquotienten zugleich Null werden, so wird doch einer der Zähler gewiß nicht verschwinden, so daß der dritte Differentialquotient sicher unendlich ist. Dieß kann man hier nun vermeiden, wenn man u auf eine Potenz erhebt, oder in andern Fällen anders verfährt. Man pflegt überhaupt diese Nebenumstände zu sehr zu vernachlässigen, und geräth dann bisweilen bei der Anwendung der allgemeinen Formeln auf Schwierigkeiten. Denn es ist noch ein dritter Fall zu bemerken. Es gibt Fälle, und diese sind gar nicht selten, wo eine Gleichung $u = 0$ gar keinen Sinn hat, wo dadurch gar keine solche Abhängigkeit der eingehenden Größen dargestellt wird, daß man eine solche Größe zur Elimination brauchen kann[127], um dadurch eine Größe durch die übrigen zu bestimmen. Z.B. hätte man als Bedingungsgleichung $\frac{1}{x+y-a} = 0$; daraus würde nur hervorgehen, daß x und y unendlich sein müsse, aber man würde die eine Größe ändern können, ohne daß die andere sich zu ändern braucht, y ändert sich nicht auf bestimmte Weise mit x, es hört also da Alles auf, alles Differentiiren und dergleichen. Man pflegt in den Lehrbüchern so ohne Weiteres zu sagen, durch eine gegebene Gleichung $u = 0$ sei y durch x bestimmt, das geht aber in vielen Fällen nicht, allemal z.B. wenn u ein Bruch oder eine Ex-

---

[127] In der Hs.: „... daß man eine solche Größe kann zur Elimination brauchen".

ponentialfunction ist, und dann kommt man auf Paradoxa. Also Sie müssen
voraussetzen, daß auch dergleichen nicht vorkommt: die Gleichungen müssen
legitime sein, wie ich mich ausdrücke, so wie nach der frühern Bedingung die
partiellen Differentialquotienten weder Null noch unendlich werden dürfen.
Die letzte Bedingung, daß die Gleichungen legitime sind, wird in der Regel
von selber stattfinden, wenn man eine vernünftige Aufgabe hat; das Ausge-
schlossensein der Null - und unendlicher Werthe muß man aber vorbereiten,
und wird es immer durch passende Operationen erreichen können.

XV   Kritik des Übergangs von der Statik zur Dynamik nach der Lagrangeschen Multiplikatorenmethode.

Wir hatten die Aufgabe, aus Stößen, die an den materiellen Punkten eines
Systems angebracht sind, diejenigen zu ermitteln, denen die Punkte eigentlich folgen. Ich hatte dazu die Gleichungen ohne Weiteres aufgestellt, ohne
zu zeigen, wie man sie abgeleitet hat. Diese Gleichungen hatten die Form

$$m\frac{dx}{dt} - a + \lambda\frac{\partial u}{\partial x} + \mu\frac{\partial v}{\partial x} + \ldots = 0$$

Ich hatte erörtert, wie man die Multiplicatoren $\lambda\,\mu$ [...] durch Auflösen eines
Systems linearer Gleichungen findet, und aufgewiesen, daß diese Auflösung
immer möglich ist. Man ist zu dieser Form aus dem allgemeinen Satz des
Gleichgewichts gekommen durch eine Betrachtung, die man schon anstellt,
wenn man aus den Sätzen des Gleichgewichts in Bezug auf Kräfte, die auf
einen isolirten Punkt wirken, die Resultante von Kräften ermitteln will, welche für den Fall, daß die Kräfte sich nicht das Gleichgewicht halten, der
Gesamtwirkung aller äquivalent ist. Nämlich für diesen Fall verwandelt sich
der Satz über das Gleichgewicht dreier Kräfte, die auf einen Punkt wirken,
in den Satz des Kräfteparallelogramms, wodurch man die Resultante zweier
Kräfte finden kann. Man sagt nämlich, daß wenn man einen Stoß anbringt,
der dem gleich und entgegegesetzt ist, der die Wirkung aller vertritt, muß
Gleichgewicht sein, weil man dann zweifach und entgegegesetzte Kräfte hat,
die keine Bewegung hervorbringen können. Wenn man also weiß, wann mehrere auf einen Punkt wirkende Kräfte sich das Gleichgewicht halten, so weiß
man auch, welche Resultante für Kräfte, die einander nicht das Gleichgewicht
halten, zu substituiren ist. Dasselbe Räsonnement braucht man nun auch bei
Kräften, die auf ein System Punkte wirken, die irgendwie verbunden sind.
Wenn die Componenten der Resultante der Kräfte, die auf den Punkt xyz

wirken, wieder *abc* sind[128], und die Componenten des Stoßes, der die wirklich erfolgende Bewegung hervorbringt, wieder[129] $\frac{dx}{dt}$ $\frac{dy}{dt}$ $\frac{dz}{dt}$, so denkt man sich ausser den angegebenen Kräften noch einen Stoß angebracht, welcher den Punkten die Geschwindigkeiten $-\frac{dx}{dt}$ $-\frac{dy}{dt}$ $-\frac{dz}{dt}$ in der Richtung der Coordinatenaxen gibt, und bestimmt dann diese letzten Größen dadurch, daß nun Gleichgewicht stattfinden muß, daß die Punkte gar keine Geschwindigkeiten erhalten. Die Größen $\frac{dx}{dt}$ müssen daher so bestimmt werden, daß

$$a - m\frac{dx}{dt}\,; \qquad b - m\frac{dy}{dt} \qquad \dots$$

und analog für die übrigen Coordinaten - denn in *a b c* denken wir uns schon die Masse mit multiplicirt - als Componenten der Stöße gedacht, keine Bewegung hervorbringen. Man kann also das allgemeine Gesetz für das Gleichgewicht substituiren, indem diese allgemeinen Gesetze eben so gültig angesehen werden für Stöße, die in einem Augenblick wirkend gedacht werden und deren Wirkung wie nach dem Gesetz der Trägheit [eine] unverändert beibehaltene Geschwindigkeit ist, als für beschleunigende Kräfte, die erst eine endliche Geschwindigkeit hervorbringen, nachdem sie während einer Zeitdauer gewirkt haben, und in einem Moment die Geschwindigkeit um etwas unendlich Kleines ändern. Wendet man also das Princip der virtuellen Geschwindigkeiten an, so erhält man

$$a - m\frac{dx}{dt} \;=\; \lambda\frac{\partial u}{\partial x} + \mu\frac{\partial v}{\partial x} + \dots$$
$$a - m\frac{dy}{dt} \;=\; \lambda\frac{\partial u}{\partial y} + \mu\frac{\partial v}{\partial y} + \dots$$
$$[\dots]$$

wenn Gleichgewicht sein soll. Diese Größen $\frac{dx}{dt}$, die wir suchen, und die Anfangswerthe der wirklichen Geschwindigkeiten werden hierbei durch eine doppelte Art von Bedingungen bestimmt: einmal dadurch, daß Gleichgewicht erfolgen muß, wenn man zu den angebrachten Größen gleiche in entgegengesetzter Richtung hinzufügt, und dadurch, daß die wirklich erfolgenden Bewegungen die Bedingungen des Systems nicht verletzen dürfen. Die erste Art von Bedingungen gab die aufgestellten Gleichungen, während die $3n$ Größen $\frac{dx}{dt}$ mittelst m Multiplicatoren ausgedrückt werden, dagegen die zweite Bedingung gab diejenigen Gleichungen, durch welche man die Multiplicatoren selber bestimmen kann.

---

[128] In der Hs: „... *abc* wieder sind"; zu den Bezeichnungen vgl. oben, Vorlesung XI.

[129] Da es sich bei einem „Stoß" nach Jacobis Verständnis (vgl. Vorlesung XI) um einen Impuls handelt, sind die angeführten Geschwindigkeitskomponenten *bereits hier* mit der Masse m multipliziert zu denken bzw. auf eine Einheitsmasse zu beziehen.

Durch dieselben Betrachtungen nun löst man die Aufgabe, aus dem Grundsatz der Statik die Grundformeln der Dynamik abzuleiten, mit welchen wir die Vorlesungen begonnen haben. Nämlich wenn man nun zu den beschleunigenden Kräften übergeht, und sich die Aufgabe stellt, welches die Kräfte werden, welche die wirkliche Bewegung hervorbringen, wenn das System nicht frei ist, oder, wie man sagt, deren Wirkung dem System keinen Widerstand darbietet, die also so wirken, als wenn kein System vorhanden wäre, so geschieht dieß durch dasselbe Räsonnement. Wir nennen $X\,Y\,Z$ die Componenten der Kräfte auf den Punkt x, y, z, dessen Masse m, $m\frac{d^2x}{dt^2}$ $m\frac{d^2y}{dt^2}$ $m\frac{d^2z}{dt^2}$ die Componenten der wirklich erfolgenden Bewegung, und fragen, was für Werthe diese letztern Componenten wirklich annehmen, wobei vorausgesetzt ist, daß wenn $X\,Y\,Z$ wirken, dieß nicht mit den Bedingungen des Systems vereinbar wäre, so daß irgend eine Änderung mit $X\,Y\,Z$ vorgehen muß. Man kann annehmen, die ersten Differentialquotienten $\frac{dx}{dt}$ $\frac{dy}{dt}$ ... seien schon bekannt, ihre Bestimmung muß durch die Bedingungen des Problems gegeben sein. Um also aus den sollicitirenden Kräften bei der Bewegung die wirklich bewegenden zu finden, da sagt man nun wieder, wenn man zu den sollicitirenden Kräften die den wirklich bewegenden entgegengesetzten $-m\frac{d^2x}{dt^2}$ $-m\frac{d^2y}{dt^2}$ $-m\frac{d^2z}{dt^2}$ hinzufügt, so müssen die Kräfte sich das Gleichgewicht halten, und nennt dieß das d'Alembert'sche Princip[130]. Man erhält also wieder Gleichungen von der Form

$$X - m\frac{d^2x}{dt^2} \;=\; \lambda\frac{\partial u}{\partial x} + \mu\frac{\partial v}{\partial x} + \dots$$
$$Y - m\frac{d^2y}{dt^2} \;=\; \lambda\frac{\partial u}{\partial y} + \mu\frac{\partial v}{\partial y} + \dots$$
$$[\dots]$$

nach dem allgemeinen statischen Princip, so daß man also die Gleichungen der Dynamik aus den Gleichungen der Statik auf diese Weise ableitet. Nun muß hier aber wieder eine andere Classe von Bedingungen hinzukommen, nämlich die wirklich bewegenden Kräfte dürfen die Bedingungen des Systems nicht verletzen. Man erhält nun Gleichungen zwischen den 2ten Differentialquotienten der Coordinaten, wenn man die Bedingungsgleichungen zweimal differentiirt, und zwar gehen die 2ten Differentiale in die erhaltenen Resultate nur auf lineare Weise ein, man kann also unmittelbar die Werthe der Größen $m\frac{d^2x}{dt^2}$ ... substituiren, ganz in derselben Art, wie dieß früher geschehen ist, nur daß man statt $m\frac{dx}{dt}$ setzt $m\frac{d^2x}{dt^2}$ und statt a, b, c ... die Größen $X\,Y\,Z$ ... schreibt. Wenn man nämlich eine Größe u zweimal differentiirt, so kommt

---

[130] Jacobi gibt hier das „D'Alembertsche Prinzip" in der Darstellung Lagranges (vgl. S. 6, Anm. 15) wieder; zu der ursprünglichen Formulierung in D'Alembert 1743 s. Fraser 1985.

nach der ersten Differentiation $\frac{\partial u}{\partial x}\frac{dx}{dt}$ als der mit $\frac{dx}{dt}$ behaftete Term vor, differentiirt man diesen zum zweiten Male mit Rücksicht auf den 2ten Factor, so erhält man den Term $\frac{\partial u}{\partial x}\frac{d^2x}{dt^2}$, wo also $\frac{d^2x}{dt^2}$ in dies[elbe] Größe multiplicirt ist, als $\frac{dx}{dt}$ bei der ersten Differentiation, und kein anderer Term als dieser kann $\frac{d^2x}{dt^2}$ enthalten. Sie sehen hieraus, daß die Coefficienten der Multiplicatoren in den linearen Gleichungen dieselben werden müssen wie früher; denn die Multiplicatoren kommen in den Werthen von $\frac{d^2x}{dt^2}$ in dieselben Coefficienten multiplicirt vor, als früher in $\frac{dx}{dt}$, und außerdem muß ich[131] diese Werthe in Gleichungen substituiren, wo wiederum ihre Coefficienten dieselben sind als früher die der Größen $\frac{dx}{dt}$. Es tritt daher erstens die Änderung ein, daß statt der Größen $a\,b\,c\,\ldots$ jetzt $X\,Y\,Z\,\ldots$ stehen, zweitens aber, und hierdurch wird der ganze Charakter geändert, kommen zu den sogenannten ganz constanten Gliedern der linearen Gleichungen noch Terme von besonderer Beschaffenheit hinzu. Wenn wir nämlich einen Factor u zweimal differentiiren, um die Gleichung $\frac{d^2u}{dt^2} = 0$ zu bilden, so besteht dieß zweite Differential einmal aus den Gliedern von der angegebenen Form $\frac{\partial u}{\partial x}\frac{d^2x}{dt^2}$, $\frac{\partial u}{\partial y}\frac{d^2y}{dt^2}$ $\ldots$, dann aber enthält $\frac{d^2u}{dt^2}$ noch eine homogene Function der 2ten Ordnung aus den $3n$ ersten Differentialquotienten $\frac{dx}{dt}$ $\frac{dy}{dt}$ $\ldots$, und die Coefficienten dieser homogenen Functionen sind die 2ten partiellen Differentialquotienten der Function U in der Art, daß jedes Quadrat eines Differentialquotienten $\left(\frac{dx}{dt}\right)^2$ multiplicirt ist in das 2mal partiell nach x genommene Differential von u $\frac{\partial^2 u}{\partial x^2}$, dagegen wird das Product zweier verschiedener Größen, also $\frac{dx}{dt}\frac{dy}{dt}$, in das doppelte der 2ten nach x und y genommenen Differentialquotienten, also in $2\frac{\partial^2 u}{\partial x \partial y}$ multiplicirt: wo es gleich ist, welchen Punkten die Coordinaten $x\,y$ angehören, die wir hier uns als 2 beliebige Variable genommen haben, welche die Function u enthält. Dieser Ausdruck kommt zu den Gliedern $\frac{\partial u}{\partial x}\frac{d^2x}{dt^2}$ noch hinzu und erscheint nach der Elimination der Größen $\frac{d^2x}{dt^2}$ mittelst der Multiplicatorenausdrücke in den ganz constanten Gliedern der linearen Gleichungen. Die letztern bestehen daher aus zwei Theilen, von denen der eine aus den nicht in $\lambda, \mu \ldots$ multiplicirten Termen in den Werthen von $\frac{d^2x}{dt^2} \ldots$ herrührt, der andere aus den nicht in $\frac{d^2x}{dt^2}$ multiplicirten Termen der zweiten Differentiale der Bedingungsgleichungen. Ein Ausdruck dieser letzten Art, der eine homogene Function der 2ten Ordnung aus den Größen $\frac{dx}{dt} \ldots$ bildet, kam in dem vorigen Problem gar nicht vor, da das 1° Differential der Bedingungsgleichungen keine nicht in $\frac{dx}{dt} \ldots$ multipicirten Terme enthielt. Soll U die angegebene Function des 2ten Grades bedeuten, so schreiben wir die Gleichung $\frac{d^2u}{dt^2} = 0$ folgendermaßen:

---

[131] In der Hs.: „... muß ich außerdem".

$$U + \frac{\partial u}{\partial x}\frac{d^2 x}{dt^2} + \frac{\partial u}{\partial y}\frac{d^2 y}{dt^2} + \frac{\partial u}{\partial z}\frac{d^2 z}{dt^2} + \ldots = 0$$

und substituirt man hier die Werthe der 2ten Differentialquotienten

$$\frac{d^2 x}{dt^2} = \frac{1}{m}\left\{ X - \lambda\frac{\partial u}{\partial x} - \mu\frac{\partial v}{\partial x}\ldots\right\}$$

$$\frac{d^2 y}{dt^2} = \frac{1}{m}\left\{ X - \lambda\frac{\partial u}{\partial y} - \mu\frac{\partial v}{\partial y}\ldots\right\}$$

$$\ldots \quad \ldots$$

so bekommt man, wenn wir die in λ, μ ... multiplicirten Glieder rechts setzen, auf der rechten Seite ganz dieselben lineären Ausdrücke von λ, μ ... wie früher; dagegen links, wo wir den mit der eckigen Klammer bezeichneten Ausdruck $[u]$ hatten, der bei dem frühern Problem[132]

$$\sum \frac{1}{m}\left(\frac{\partial u}{\partial x}a + \frac{\partial u}{\partial y}b + \frac{\partial u}{\partial z}c\right)$$

bedeutete, tritt nicht nur $X\,Y\,Z$ ... an die Stelle von a, b, c ..., sondern es kommt noch der Ausdruck U hinzu, so daß wir jetzt für $[u]$ zu setzen haben:

$$[u] = U + \sum \frac{1}{m}\left(\frac{\partial u}{\partial x}X + \frac{\partial u}{\partial y}Y + \frac{\partial u}{\partial z}Z\right) \;, \text{ analog } [v] \text{ etc.}$$

Hierdurch werden aber die Gleichungen ganz wie früher

$$[u] = (u,u)\lambda + (u,v)\mu + \ldots$$
$$[v] = (v,u)\lambda + (v,v)\mu + \ldots$$

wo nur die auf der linken Seite stehenden Größen ihre Bedeutung geändert haben. Es wird also unsere ganze Betrachtung darüber, daß die Gleichungen immer auflösbar seien, auch für diese allgemeine Formel, die die bewegenden Kräfte aus den sollicitirenden geben, gelten. Denn der Werth der Determinante des Systems hängt bloß von den mit runden Klammern bezeichneten Coefficienten ab. Die Werthe der Multiplicatoren hängen daher in diesem Falle außer von den sollicitirenden Kräften und den Bedingungsgleichungen noch ab von den Geschwindigkeiten, so daß wenn $X\,Y\,Z$ sämtlich Null wären, doch die Multiplicatoren λ, μ ... Werthe behielten, und zwar würden in diesem Falle die Größen λ, μ ... ebenfalls homogene Functionen 2ter Ordnung von den Componenten der Geschwindigkeiten. Die aus dem System linearer Gleichungen folgenden Werthe von λ, μ ... theilen sich also ihrer Natur nach in zwei Theile, die den beiden Theilen der ganz constanten Gliedern entsprechen: der eine Theil hängt von den angebrachten Kräften $X\,Y$

---

[132] Vgl. oben, Vorlesung XI.

... ab und ist in Bezug auf diese linear, der andere Theil aber von den Geschwindigkeiten, welche die Punkte erlangt haben, und ist von diesen eine homogene Function 2ter Ordnung.

Hierdurch entsteht ein Vorwurf, den man diesem Übergang von der Statik zur Dynamik machen kann[133]. Es ist beim Princip der Statik gar nicht die Rede davon, daß die Punkte schon in Bewegung begriffen sind, und es muß eine eigene Untersuchung, ein eigenes Princip vorausgeschickt werden, darüber, wie die Geschwindigkeiten beschaffen sind, respective sich modifiziren werden, welche daraus entstehen, daß wenn vermittelst des Princips der Trägheit die materiellen Punkte die Bewegung fortsetzen wollen, zwar den ersten Differentialen der Bedingungsgleichungen genügt wird, aber nicht mehr den zweiten. Wir nehmen nämlich an, daß die Geschwindigkeiten sich schon so regulirt haben, daß die Bedingungen damit verträglich sind. Man kann ferner Folgendes bemerken. Bei den Gleichungen, die wir jetzt gebildet haben, kommen die zweiten partiellen Differentialquotienten der Bedingungen u vor, aber bei den Betrachtungen, durch welche man diese Sätze zu beweisen sucht, und deren sich namentlich Lagrange in seiner théorie des fonctions[134] bedient, wird ohne Weiteres den gegebenen Bedingungen ein anderes System [von] Bedingungen substituirt, welches weiter keiner Beschränkung unterworfen wird, als daß die neuen Bedingungen sowohl für den Ort, den die materiellen Punkte zu einer gewissen Zeit einnehmen, als auch in den ersten Differentialquotienten dieser Produkte mit den alten übereinstimmen: oder, daß sowohl die beiden Systeme Bedingungsgleichungen mit einander übereinkommen, als auch ihre ersten Differentialquotienten: oder, beim Beweise von Lagrange wird vorausgesetzt, man könne für das gegebene System [von] Bedingungen ein anderes substituiren, welches die Positionen der materiellen Punkte ebenfalls erfüllt, und so beschaffen ist, daß (die Bedingungen für) die ersten Differentialquotienten, die das substituirte System gibt, mit denen des gegebenen übereinstimmen; oder so: wenn wir die neuen Bedingungen $u_1 = 0$ $v_1 = 0$ ... setzen, wird nun verlangt, daß [für] die Werthe der Coordinaten x y z ..., die man betrachtet, sowohl u_1 v_1 ebenfalls (mit

---

[133] Während Jacobis *frühere* Lagrange-Kritik Anleihen bei Fourier macht (s. die Vorlesungen V-VII, insbes. auch S. 30, Anm. 63) und er sich hier *später* auf Poinsot bezieht (s. die Vorlesungen XVIf., insbes. auch S. 96, Anm. 151), ist die sich hier anschließende Kritik durchaus originell. Sie richtet sich hauptsächlich darauf, daß der Übergang von der Statik zur Dynamik, aber *auch* der zweite Beweisversuch von Lagrange, die Existenz absolut starrer, durch die Zwangsbewegung der Körper nicht beeinflußbarer Verbindungen voraussetzt (näher hierzu Pulte 1996). Jacobis Kritik wurde von C. Neumann (vgl. Einleitung, Teil 4) aufgegriffen, der - ebenso wie H. von Helmholtz- mit Hilfe von potentialtheoretischen Überlegungen eine physikalisch angemessenere Behandlung von Zwangsbedingungen unternahm; s. Neumann 1869, Helmholtz 1911 und zur Erläuterung Lindt 1904, 175-179.
[134] Vgl. S. 24, Anm. 54.

u und v) verschwinden, als auch daß die Größen $\frac{\partial u_1}{\partial x}$ $\frac{\partial u_1}{\partial y}$ ... $\frac{\partial v_1}{\partial x}$ ... sämtlich den entsprechenden partiellen Differentialquotienten der Functionen u v ... gleich werden. Da wir aber gesehen haben, daß in der Bestimmung der Multiplicatoren auch die zweiten partiellen Differentialquotienten vorkommen, so sieht man nicht, in wiefern diese Substitution erlaubt ist. Das Princip, welches man noch hinzuthun muß, besteht darin, daß um die Bewegungen, die die angebrachten[135] Kräfte hervorbringen würden, so zu modificiren, daß sie die Bedingungen nicht verletzen, keine andern Kräfte wirken können, als die [, die] von solcher Natur sind, daß wenn man sie in entgegengesetzter Richtung anbrächte, sie sich vermöge des Systems allein das Gleichgewicht hielten. Das ist aber in der That ein neues Princip, weil man in der Statik[136] gar nicht von Bewegung zu sprechen braucht. Im einfachsten Falle also, wenn ein Punkt auf einer Curve bleiben soll, und nicht in der Richtung der Tangente sich fortbewegen darf, soll also die Frage beantwortet werden, wo er hinkommt. Sieht man aber genauer zu, so zeigt sich, daß die gegebenen Daten zu dieser Beantwortung eigentlich nicht ausreichen. Denn zur Bestimmung des gesuchten Ortes ist eben nur die Bedingung gegeben, daß der Punkte auf der Curve bleiben soll: die fernere Bedingung, daß gegebene Kräfte den Punkt sollicitiren, gibt an und für sich keinen Aufschluß, weil dieselbe etwas ganz Heterogenes besagt, sofern die Kräfte den Punkt nicht auf der Curve zu belassen streben. Es muß also ein Princip zu Hilfe genommen werden, nach welchem beide disgruenten Bewegungsbedingungen verglichen[137] und in ihrer gegenseitigen Einwirkung aufeinander bestimmt werden können; das oben ausgesprochene Princip, das mit dem Gleichgewicht Nichts zu thun hat, besagt in Anwendung auf unsern Fall dieses: daß die Kraft, die nun nöthig ist, um in Combination mit der Geschwindigkeit diese Bewegung in eine andere zu modifiziren, die den Punkt auf der Curve bleiben lässt, dieselbe sein muß, welcher wegen der Bedingung, daß der Punkt auf der Curve bleiben muß, das Gleichgewicht gehalten wird: sie muß aus der Reihe der Kräfte genommen werden, welche vermittelst der Bedingungen des Systems im Gleichgewicht bleiben. Das heißt hier: die combinirte Kraft muß normal stehen auf der Tangente. Das ist aber ein Princip, von dem in der Statik nicht die Rede sein kann, daß also die Einwirkung der Bedingungen dieselbe Form haben muß, die aus den Principien der Statik hervorgeht. Wir haben nämlich gesehen, daß die Bedingung $u = 0$ keinen andern Einfluß haben kann in den Problemen der Statik, als ein System Kräfte $\lambda\frac{\partial u}{\partial x}$, $\lambda\frac{\partial u}{\partial y}$, $\lambda\frac{\partial u}{\partial z}$, $\lambda\frac{\partial u}{\partial x_1}$ ..., wo der Multiplicator λ für alle Punkte des Systems derselbe bleibt, so daß man in der Statik die Bedingung u durch ein solches System Kräfte ersetzen

---

[135] Darübergeschrieben: „sollicitirenden“.

[136] In der Hs.: „... weil in der Statik man“.

[137] Darübergeschrieben: „combinirt“.

kann. Die Bestimmung des Werthes von λ im individuellen Falle hängt auch nicht von den andern Flächen ($v = 0$ $w = 0$ ...) ab. Das neue Princip aber ist, daß dieselbe Wirkung der Flächen (Bedingungen des Systems) auch bei der Bewegung bleibt, wo nun λ nicht mehr bloß abhängt von den andern Bedingungen, sondern mit von den Geschwindigkeiten, und auch nicht mehr bloß von den ersten Differentialquotienten der Function u, sondern auch von ihren zweiten.

XVI *Prinzip der virtuellen Geschwindigkeiten in der Dynamik und Lagranges zweiter Beweisversuch in der 'Théorie des fonctions analytiques'.*

Ich werde noch eine Bemerkung machen in Bezug auf das Verschwinden der Determinante des Systems linearer Gleichungen, durch welche die Multiplicatoren λ, μ ... bestimmt werden. Wir haben nämlich gesehen, daß, damit diese Determinante verschwinden könne, eine Anzahl von Functionaldeterminanten zugleich verschwinden müsse. In diesen kommen die Größen ξ als Variable vor, unser Beweis der Unmöglichkeit des Verschwindens beruhte aber darauf, daß die m Functionen u von x in der Art unabhängig von einander sind, daß sämtliche x umgekehrt als Functionen der u dargestellt werden können. Wir haben also stillschweigend vorausgesetzt, daß wenn die Functionaldeterminante nach den ξ verschwinde, zugleich diejenigen verschwinden müsse, in der die x als Variable betrachtet sind[138]. Dieß versteht sich aber von selbst. Denn jede Größe ξ war gleich der entsprechenden Coordinate x multiplicirt mit der Quadratwurzel der Masse des Punktes, dem die Coordinate angehört. Nun ist jede Functionaldeterminante ein Aggregat von Produkten, in derem jeden die einzelnen Factoren partielle Differentiale sind, die nach m verschiedenen Variabeln genommen werden, und diese Variabeln bleiben dieselben für die einzelnen Terme der Determinante. Wird daher jede dieser Variabeln mit einer Constante multiplicirt, so wird die Functionaldeterminante durch das Product dieser Constante dividirt. Folglich ist die Determinante, in der die Functionen u nach m Größen ξ differentiirt werden, gleich der Determinante, wo die x vorkommen, dividirt durch die Quadratwurzel aus dem Product der respectiven Massen. Wenn also die Determinante nach den Größen ξ verschwindet, verschwindet auch die nach den Coordinaten gebildete - q. e. d.₀

Ich will nun jetzt die zweite Lagrangesche Construction angeben, die sich

---

[138] Vgl. hierzu S. 78, Anm. 126.

in der neuen Ausgabe der théorie des fonctions findet, die er, die letzte seiner
Arbeiten, kurz vor seinem Tode besorgte[139]. Er starb 1813, 1811 erschien der
1° Theil seiner mécanique analytique in der 2ten Ausgabe, der 2te Theil kam
erst nach seinem Tode heraus: die mécanique ist 178x in Berlin von ihm
verfasst, obgleich erst in Paris gedruckt[140].

Bei der ersten Construction erzeugt Lagrange alle Kräfte, die auf die
verschiedenen materiellen Punkte wirken, durch die Spannung eines einzigen Seiles, das in der Richtung der angebrachten Kräfte von jedem Punkt
aus nach einer festen Rolle geht und von dieser nach dem Punkte so oft
zurückkehrt, daß die Anzahl der Umwindungen den Kräften proportional
ist[141]. In dieser zweiten Construction[142] nun stellt Lagrange durch solche
Fäden die Bedingungsgleichungen dar. Die Gleichung $u = 0$ ersetzt er durch
die Verbindung der verschiedenen Punkte mittelst eines einzigen Fadens, der
wieder von jedem Punkt nach einer festen Rolle oft zurückkehrt, ganz in ähnlicher Weise wie früher. Aber jetzt hängt die Richtung und die Anzahl der
Umwindungen des Fadens nicht mehr von den Kräften ab, sondern von der
Bedingungsgleichung, die durch den Faden ersetzt wird. Ist diese also $u = 0$
und setzen wir

$$\left(\frac{\partial u}{\partial x}\right)^2 + \left(\frac{\partial u}{\partial y}\right)^2 + \left(\frac{\partial u}{\partial z}\right)^2 = N \, ,$$

seien ferner α, β, γ die Winkel, die eine Linie mit den Coordinatenaxen
macht, in welcher der Faden gespannt sein soll, so bestimmt Lagrange die
Winkel durch die Gleichung

$$\sqrt{N}\cos\alpha = \frac{\partial u}{\partial x} \qquad \sqrt{N}\cos\beta = \frac{\partial u}{\partial y} \qquad \sqrt{N}\cos\gamma = \frac{\partial u}{\partial z}$$

wo die Quadratwurzel positiv genommen werden soll. Er nimmt nun an,
daß der Faden von dem Punkt x, y, z nach einer festen Rolle geht, deren
Coordinaten a, b, c sind und von dieser Rolle $\sqrt{N}$ mal nach dem Punkte
zurückgeht, so daß der Punkt von $\sqrt{N}$ Fäden gezogen wird. Nach diesen
$\sqrt{N}$ Umwickelungen soll der Faden nach einer zweiten Rolle gehen und von
dieser nach einem zweiten Punkt $x_1 \, y_1 \, z_1$, wo die Richtung des Fadens durch

---

[139] Vgl. S. 24 Anm. 54; zum Beweisversuch s. Lagrange *Oeuvre* IX, 379-385.

[140] Vgl. S. 24, Anm. 51. Lagrange leitete von 1766 bis 1787 die Berliner Akademie, in dieser
Zeit entstand auch sein Hauptwerk *Méchanique Analitique* - wohl bis auf die Schlußredak-
tion, die im Veröffentlichungsjahr 1788 in Paris stattfand (Sarton 1944, 469f.; Grattan-
Guinness 1990 I, 274f.). Im obigen Term „178x" ist folglich x < 7, und für x ≈ 2 spricht
die Tatsache, daß Lagrange bereits im September 1782 in einem Brief an Laplace von
den unklaren Veröffentlichungsaussichten seines Werkes berichtet (Lagrange *Oeuvres* XIV,
116).

[141] Vgl. oben, Vorlesung IV.

[142] Am rechten Rand der Hs. ergänzt: „Lagrange's zweiter Beweis".

Winkel $\alpha_1\,\beta_1\,\gamma_1$, die Anzahl der Umwickelungen durch $\sqrt{N_1}$ bestimmt wird, für welche Größen die analogen Ausdrücke wie bei α, β, γ, N gelten sollen. Dann analog weiter für die übrigen Punkte des Systems. Ist l die Entfernung jedes Punktes von der entsprechenden Rolle, so wird

$$\sqrt{N}\,l + \sqrt{N_1}\,l_1 + \sqrt{N_2}\,l_2 + \dots$$

gleich einer Constanten, wenn der Faden wieder unausdehnbar vorausgesetzt

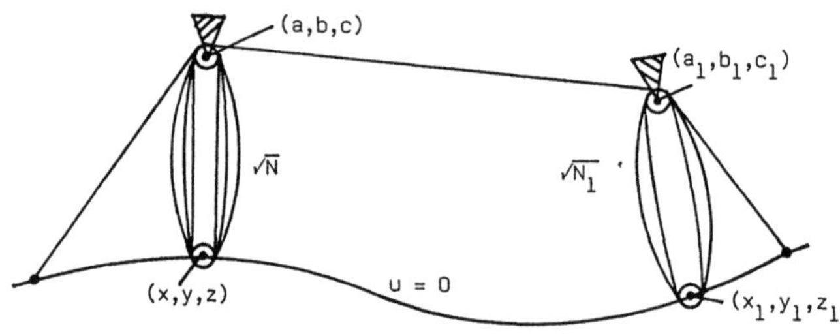

Bild 4:
Die „zweite Lagrangesche Construction"

ist. Dieser Ausdruck ist aber gleich der Länge des ganzen Fadens weniger der Summe der Entfernungen der einzelnen Rollen untereinander. Die Bedingung nun, welche zwischen den unendlich kleinen Verrückungen des Punktes stattfindet, ist, wenn wir die Verrückung der Masse m in der Richtung der Coordinatenaxen $dx\ dy\ dz$ nennen:

$$0 = \frac{\partial u}{\partial x}dx + \frac{\partial u}{\partial y}dy + \frac{\partial u}{\partial z}dz + \frac{\partial u}{\partial x_1}dx_1 + \dots$$

Diese Bedingung wird nun übereinkommen mit der Unausdehnbarkeit des Fadens. Denn offenbar ist jedes[143]

$$l \;=\; \sqrt{(x - a)^2 + (y - b)^2 + (z - c)^2}$$
$$dl \;=\; \frac{1}{l}\left\{(x - a)dx + (y - b)dy + (z - c)dz\right\}$$

Aber $\frac{x-a}{l}\ \frac{y-b}{l}\ \frac{z-c}{l}$ sind den Größen $\cos\alpha\ \cos\beta\ \cos\gamma$ gleich. Die ganze Änderung der Länge des Fadens wird daher gleich

---

[143] Gemeint ist *jeder* Abstand eines Massepunktes zur zugehörigen festen Rolle, die mit der Windungszahl multipliziert und aufaddiert bis auf eine Konstante die Gesamtlänge des Fadens ergeben.

$$\sqrt{N} \left\{ \cos \alpha \, dx + \cos \beta \, dy + \cos \gamma \, dz \right\} +$$
$$\sqrt{N_1} \left\{ \cos \alpha_1 \, dx_1 + \cos \beta_1 \, dy_1 + \cos \gamma_1 \, dz_1 \right\} + \text{etc}$$

Aber α β γ sind so bestimmt, daß die respectiven cos, mit $\sqrt{N}$ multiplicirt, den partiellen Differentialquotienten der Bedingungsgleichungen gleich sind: Die Bedingung der Nichtausdehnbarkeit des Fadens wird daher:

$$\frac{\partial u}{\partial x} dx + \frac{\partial u}{\partial y} dy + \frac{\partial u}{\partial z} dz + \frac{\partial u}{\partial x_1} dx_1 + \ldots = 0$$

Man sieht also hieraus, warum angenommen worden ist, daß der Faden gerade $\sqrt{N}$ Male den Punkt, dessen Masse m ist, umwickelt, weil man sonst nicht $\frac{\partial u}{\partial x} dx + \ldots$ erhalten hätte, sondern ihnen proportionale Größen, indem

$$\frac{\partial u}{\partial x} dx + \frac{\partial u}{\partial y} dy + \frac{\partial u}{\partial z} dz \qquad \text{mit einem,} \qquad \frac{\partial u}{\partial x_1} dx_1 + \ldots$$

mit einem andern Factor u.s.f. multiplicirt worden wäre. Statt der Bedingungen kann man also andere Verbindungen einführen mittelst des in der angegebenen Weise gespannten Fadens. Nun sagt Lagrange, daß wenn die Bedingung irgend eine Wirkung äußern, die Bewegung modificiren soll, dieß nur durch die Spannung des Fadens geschehen kann. Diese ist aber nach der Betrachtung schon der ersten Construction im ganzen Faden dieselbe, und hierauf beruht es, daß durch die Wirkung der Fläche oder der Bedingungsgleichung keine andere Kraft erzeugt wird, als solche, die den partiellen Differentialquotienten von u, in Bezug auf alle Punkte genommen, proportional sind. Wenn wir nämlich diese Spannung t nennen für alle Punkte des einzigen Fadens, so wirkt auf den Punkt x y z die Kraft $\sqrt{N}\, t$. Diese ist gerichtet nach einer Linie, die mit den Axen die Winkel α β γ macht, so daß die Componenten der Kraft, die mittelst der Fadenspannung auf den Punkt m wirkt[144], respective $\sqrt{N}\, t \cos \alpha$, $\sqrt{N}\, t \cos \beta$, $\sqrt{N}\, t \cos \gamma$ sind, und auf den Punkt m_1 wirken $\sqrt{N_1}\, t \cos \alpha_1$, $\sqrt{N_1}\, t \cos \beta_1$, $\sqrt{N_1}\, t \cos \gamma_1$, u.s.f., wo für alle Punkte das t dasselbe bleibt: oder, die Componenten der Kraft, die vermöge der Bedingungsgleichung auf den 1° Punkt wirkt, sind

$$\frac{\partial u}{\partial x} t, \ \frac{\partial u}{\partial y} t, \ \frac{\partial u}{\partial z} t, \qquad \text{auf den } 2^{ten} \qquad \frac{\partial u}{\partial x_1} t, \ \frac{\partial u}{\partial y_1} t, \ \frac{\partial u}{\partial z_1} t \quad \text{etc.}$$

---

[144] Genauer müßte es hier wieder heißen: „auf den Punkt mit der Masse m", entsprechend auch für m_1.

So stellt sich also heraus die Bedeutung der Multiplicatoren als die Spannung des Fadens, durch welchen auf die angegebene Art die Punkte mit einander verbunden werden, und welcher durch die Art der Verbindung die Bedingung $u = 0$ ersetzt. Hierbei habe ich, wie erwähnt, das Bedenken nicht gegen die Richtigkeit der Sache, sondern nur gegen die Evidenz der Auffassung, daß es hiernach scheinen könnte, als wenn die Spannung noch dieselbe sein müßte für die Bedingungsgleichung $u = 0$, oder als wenn der Werth des Multiplicators, welcher die Wirkung der Bedingungsgleichung darstellt, derselbe werden müsse für die ursprünglich gegebene Bedingungsgleichung $u = 0$ und für die von Lagrange dafür substituirte Verbindung mittelst des Fadens. Dieß wird nur dann der Fall, wenn der Punkt nicht schon in Bewegung begriffen ist, denn wir haben gesehen, daß in diesem Falle der Werth der Multiplicatoren von den 2ten Differentialquotienten von u und den Produkten der Geschwindigkeiten abhängt. Aber die Gleichung, die die Wirkung des Fadens ausdrückt, weicht in den Werthen der 2ten partiellen Differentialquotienten ab von denen der Bedingungsgleichung $u = 0$, denn wir haben ja die ganze Art der Verbindung des Fadens bloß mit Hilfe der ersten Differentialquotienten gemacht, deren Werthe allein wir zur Bestimmung der Richtung der Umwicklungen des Fadens gebraucht haben. Diese Vertauschung der beiden Verbindungen hat also etwas hier nicht ganz Klares. Die Form bleibt wohl dieselbe, aber die Größen der Spannungen werden verschieden.

Wenn nun mehrere Bedingungsgleichungen sind, so wird jede derselben durch einen solchen Faden ersetzt - diese Fäden reagiren nun wieder auf einander, weil sie an denselben Punkten angebracht sind, und wenn der Punkt sich bewegt, werden alle Fäden gezogen, die eine Verbindung influirt auf die andere und reciproc, immer bleibt aber die Grundbetrachtung, daß die Wirkung jedes Fadens in Richtung und Intensität durch die Spannung desselben dargestellt wird. Gänzlich unbestimmt bleibt in dieser Betrachtung die Intensität dieser Spannungen bei den einzelnen Fäden, diese Intensitäten werden dann durch die zweiten Differentialquotienten der Bedingungsgleichungen bestimmt, wie ich es für die Multiplicatoren angegeben habe, welche die Spannung ausdrücken.

Diese Betrachtung gewährt den Vortheil, daß man nicht erst[145] die statischen Betrachtungen anzustellen braucht, sondern daß man gleich auch für die Bewegung es einsieht, daß die Form der Wirkung der Bedingungsgleichung oder daß die Wirkung der Bedingungen[146] immer auf die angegebene Art muß ausgedrückt[147] werden können. Diese Betrachtung hat nach meiner Meinung etwas viel Anschaulicheres als die frühere, welche die Kräfte con-

---

[145] In der Hs. folgt: „braucht die statischen Betrachtungen anzustellen, ...".
[146] Darübergeschrieben: „Verbindungen".
[147] In der Hs.: „ausgeführt", wobei über „führt" geschrieben ist: „drückt".

struirt, und welche auf einem ganz, d.i. logisch falschen Princip beruht. Da hatte Lagrange Etwas ausgesprochen, dessen Falschheit durch jedes nicht stabile Gleichgewicht erhellte, „daß weil das Gewicht die Tendenz hat zu fallen, so werde, wenn es vermöge der Kräfte möglich wäre, daß es fallen könnte, auch immer das Sinken desselben eintreten"[148].

Ich will nun aber noch einen Beweis, oder eine Construction von Poinsot anführen, die ebenfalls wesentlich dazu beiträgt, das Princip der virtuellen Geschwindigkeiten anschaulich zu machen.

Wir[149] wollen also wieder für einen Augenblick zu den statischen Betrachtungen zurückgehen. Wenn man wieder eine Bedingungsgleichung $u = 0$ zwischen den Coordinaten mehrerer materieller Punkte hat, an denen Kräfte angebracht sind, zwischen denen Gleichgewicht stattfindet, so wird das Gleichgewicht, wenn es vorhanden ist, nicht gestört, wenn ich einige Punkte befestige, weil es eben schon ohne dieß vorhanden ist. Wenn ich nun die Coordinaten aller Punkte festmache, außer bei einem, so wird $u = 0$ die Gleichung einer Oberfläche. Wenn ich also den Satz annehme, daß Kräfte, die auf einen Punkt wirken, der auf einer Oberfläche bleiben muß, normal gegen die Fläche gerichtet sein müssen, so bekomme ich ohne Weiteres die Verhältnisse

$$X : Y : Z = \frac{\partial u}{\partial x} : \frac{\partial u}{\partial y} : \frac{\partial u}{\partial z}$$

denn die cos[-Werte] der Winkel der Normalen im Punkt xyz verhalten sich so. Nun kann ich wiederum alle Punkte ausser einem andern $x_1 y_1 z_1$ festmachen, und bestimme auf dieselbe Art

$$X_1 : Y_1 : Z_1 = \frac{\partial u}{\partial x_1} : \frac{\partial u}{\partial y_1} : \frac{\partial u}{\partial z_1}$$

u.s.w. für die übrigen Punkte, so daß man dieses Alles schon erhält bloß aus dem einfachen Satz, den man als Princip aufstellen kann, daß die Kraft, die einen auf einer Oberfläche sich bewegenden Punkt im Gleichgewicht lassen soll, normal gegen diese Fläche gerichtet sein muß. Will man aber aus den Verhältnissen eine Gleichung herstellen, indem man die Exponenten der Verhältnisse als Factoren einführt, so erhält man die Gleichungen

$$X = \lambda \frac{\partial u}{\partial x}, \quad Y = \lambda \frac{\partial u}{\partial y}, \quad Z = \lambda \frac{\partial u}{\partial z} ;$$

$$X_1 = \lambda_1 \frac{\partial u}{\partial x_1}, \quad Y_1 = \lambda_1 \frac{\partial u}{\partial y_1}, \quad Z_1 = \lambda_1 \frac{\partial u}{\partial z_1} ; \text{ etc.}$$

---

[148] Vgl. hierzu oben die Vorlesungen V und VI.

[149] Am rechten Rand der Hs. ergänzt: „Poinsot's Beweis"; vgl. hierzu unten, S. 96, Anm. 151.

Das Princip der virtuellen Geschwindigkeiten besagt aber noch mehr, als in diesen Gleichungen enthalten ist: nämlich daß diese Factoren λ λ_1 λ_2 ... sämtlich einander gleich sein müssen. Darin besteht eigentlich das wahre Neue dieses Princips, was es voraus hat vor dem Satz der Normalität der Kräfte gegen die respectiven Flächen, und dieses hat Lagrange in seiner Construction durch das Princip der Gleichheit der Spannung in demselben Faden bewiesen.

Poinsot stellt nun die Betrachtung an, daß man dazu gelangen kann, dadurch daß man so viele Körper einführt, wie Coordinaten sind, denn der Übelstand rührt bloß daher, daß wir n Körper haben, die wir nach einander festmachen können, während wir u nach $3n$ Coordinaten differentiiren. Er ersetzt also die n Körper durch $3n$ Körper, von denen sich je n auf derselben Coordinatenaxe befinden. Er denkt also sich auf der $x$axe eine Masse m, auf welche in Richtung der Axe eine Kraft X wirkt, desgleichen eine zweite Masse m auf der $y$axe sich bewegend, auf die Y wirkt, endlich auf der $z$axe eine Masse m, die von Z angegriffen wird. Mit diesen Massen denkt er sich nun einen masselosen Punkt verbunden, auf eine ideale Art, so daß der masselose Punkt immer sich auf 3 Ebenen befinden muß, die an den 3 Massen m angebracht sind und senkrecht auf den Axen stehen, in welchen die Massen sich bewegen. Es würden dann also die Bedingungsgleichungen stattfinden für die Orte dieser $3n$ Massen; denn wenn man annimmt, man kennte die Bewegung dieser $3n$ Massen, so würde man auch die Bewegungen der n Massen im Raume haben. Beide Probleme hängen nämlich von denselben Differentialgleichungen ab:

$$m\frac{d^2x}{dt^2} = X \quad [\ldots]$$

Das wäre die Differentialgleichung für die freie Bewegung der Masse m in der $x$axe, und die $3n$ Differentialgleichungen 2ter Ordnung würden dann die geradlinigen Bewegungen von $3n$ Massen angeben. Wenn man nun aus dem Ort der 3 Massen m einen Ort im Raum für einen einzelnen Punkt bildet, dessen Coordinaten x y z sind, so verwandelt sich die Bedingung für den Ort der $3n$ Massen in die Bedingung für die Coordinaten der n Massen: die eine ist nur eine verschiedene mechanische Deutung von der andern.

XVII   *Poinsots Zurückführung des Prinzips der virtuellen Geschwindigkeiten; Gauß' Prinzip des kleinsten Zwanges.*

Wir standen beim Poinsot'schen Beweise des Princips der virtuellen Geschwindigkeiten. Das Princip des Beweises besteht in der Einführung von $3n$ Körpern an der Stelle von n, von denen sich je n auf einer Coordinatenaxe befinden. Hierdurch erlangt man den Vortheil, daß man immer $3n-2$ Körper als fest betrachten kann, und dann nur eine Bedingungsgleichung zwischen 2 Körpern erhält, von denen jeder in einer Coordinatenaxe sich befindet. Wenn man also zwischen den $3n$ Coordinaten die Bedingungsgleichung $u = 0$ hat und alle Körper ausser den beiden, deren Orte durch x_1 und y_2 bestimmt werden, als fest betrachtet, d.h. also einen Körper auf der x und einen auf der $y$axe, so verwandelt sich u in eine Bedingungsgleichung zwischen x_1 und y_2 und die Aufgabe reducirt sich darauf, zu wissen, unter welchen Bedingungen ein Körper, der von der Kraft X_1 getrieben in der $x$axe sich bewegt und ein anderer, den die Kraft Y_2 in der $y$axe treibt, im Gleichgewicht sind, wenn die Bewegung beider der Bedingungsgleichung $u = 0$ unterworfen ist. Man kann nun wieder umgekehrt die Bewegung dieser beiden Körper auf die Bewegung eines einzigen Körpers zurückführen, dessen Coordinaten $x_1\ y_2$ sind, eines Körpers, der sich bloß in der xyebene zu bewegen hat, und in der Richtung der $x$axe von einer Kraft X_1, in der der $y$axe von Y_2 getrieben wird. Die Bedingungsgleichung $u = 0$ wird dann die Gleichung einer Curve, auf welcher sich dieser eine Körper bewegen muß, und es kommt daher die Aufgabe darauf zurück, zu bestimmen, wann ein Körper, der sich auf einer ebenen Curve zu bewegen hat, im Gleichgewicht ist. Auf dieses eine einfache Princip wird also das allgemeine Princip zurückgeführt: d.h. damit Kräfte, die auf einen Körper wirken, der auf einer Curve bleiben soll, im Gleichgewicht sind, müssen sie normal gegen die Curve sein: analytisch ausgedrückt

$$X_1 : Y_2 = \frac{\partial u}{\partial x_1} : \frac{\partial u}{\partial y_2}$$

Dieß wird nicht weiter bewiesen und kann auch nicht weiter bewiesen werden.

Diese Proportion muß also im allgemeinen Fall, wenn die $3n$ Körper nicht fest gedacht werden, auch stattfinden, denn die Bedingungen, die stattfinden, wenn alle beweglich sind, müssen noch sein, wenn einige als fest genommen werden. Da wir nun in der Wahl der Größen $x_1\ y_2$ ganz willkürlich verfahren können, steht es uns frei, das Verhältniß zweier beliebiger partieller

Differentialquotienten der Bedingung u dem Verhältniß der den Coordinaten entsprechenden Componenten gleichzusetzen, so daß wir den allgemeinen Satz erhalten, daß sich die partiellen Differentialquotienten von u wie die entsprechenden Größen $X\,Y\,Z$ verhalten müssen. Wenn man mehrere Bedingungsgleichungen hat, so wird der Beweis nicht so klar, so verliert er an Einfachheit: man muß dann aus dem für eine Oberfläche[150] geltenden Satz die Form der Kräfte ableiten, die die Bedingungsgleichungen vertreten können, also den Satz, daß der Bedingungsgleichung $u = 0$ ein System Kräfte $\lambda\frac{\partial u}{\partial x}$, $\lambda\frac{\partial u}{\partial y}$, $\lambda\frac{\partial u}{\partial z}$, $\lambda\frac{\partial u}{\partial x_1}$, $\ldots$ entspricht, und hat dann für jede der Bedingungsgleichungen ein solches System Kräfte anzunehmen, so daß, wenn mehrere Bedingungsgleichungen sind, und dann Gleichgewicht ist, wenn die Kräfte durch ein Aggregat solcher Systeme ersetzt werden können. Nähere Erörterungen dieses Beweises finden sich in der Abhandlung von Poinsot in einem der ersten Bände des pariser polytechnischen Journals, wo auch die erste lagrange'sche Construction steht, oder auch in der neuesten Ausgabe der berühmten Poinsot'schen Statik[151].

Nun gibt es aber noch ein Princip[152], von welchem ich in der Kürze reden will, und welches vielleicht am leichtesten zu den Differentialgleichungen der Bewegung führt, und welches am Ende eben so anschaulich ist als alle übrigen. Es ist dieß Princip zuerst von Gauss im Crelle'schen Journal[153] bekannt gemacht worden (da alle 10 Bände Indices geliefert werden, kann man sich leicht orientieren), und beruht auf einer Analogie der Verbesserung der Beobachtungsfehler durch die Methode der kleinsten Quadrate[154]. Nämlich die materiellen Punkte werden von den Kräften sollicitirt, nach andern Punkten hinzugehen, sie können aber nach den Punkten, nach welche sie hingetrieben

---

[150] Darübergeschrieben: „Bedingungsgleichung".

[151] Poinsots Beweis findet sich in der Tat erstmals als *Note II* seiner Abhandlung *Théorie géneral de l'équilibre et du mouvement des Sytèmes* von 1806, die im sechsten Band des *Journal de l'École Polytechnique* veröffentlicht wurde (s. Poinsot 1806b, 237-241). Bei der „berühmten Poinsot'schen Statik" handelt es sich um die *Eléments de statique* (Poinsot 1803), die bis 1877 in zwölf Auflagen erschien. Die *Théorie géneral* (und folglich auch Poinsots Beweis) wurde in dieses Lehrwerk ab der 6. Aufl. (Poinsot 1834, 473-480) aufgenommen; bei der von Jacobi zitierten „neuesten Ausgabe" handelt es sich um die 8. Aufl. von 1842. Dort ist der fragliche Beweis als *Note III* der *Théorie géneral* ausgewiesen (s. Poinsot 1842, 475-483). Diese ist auch wiedergebegeben und von P. Bailhache (mit besonderer Berücksichtigung des Poinsotschen Beweises) kommentiert worden in Poinsot 1975.

[152] Am linken Rand vermerkt: „Princip des kleinsten Zwanges".

[153] Am linken Rand ergänzt: „Band IV p. 232". In *Crelles Journal* beginnt dort Gauß' berühmte Abhandlung *Über ein neues allgemeines Grundgesetz der Mechanik* (Gauß 1829), auf die sich Jacobi hier bezieht.

[154] Am linken Rand vermerkt: „Gauss Beweis". Zur Methode der kleinsten Quadrate vgl. unten, Anm. 158-161.

werden, nicht hingehen wegen der Bedingungen, es muß daher eine Art von
Correction gemacht werden. Denken wir uns, daß die Punkte p p_1 p_2 von
den angebrachten Kräften nach q q_1 q_2 hingetrieben würden. Die Punkte q
q_1 q_2, in welchen sich p p_1 p_2 in dem nächsten Zeitmoment befinden würden,
erfüllen aber nicht die Bedingungen, so daß die Punkte, wo sie nun wirklich
hingehen, r r_1 r_2, solche sind, die den Bedingungen genügen: es fragt sich,
was sind dieß nun für Punkte unter allen den Orten, die die Bedingungen
erfüllen? Und da ist das Princip dieses: die Abweichungen qr q_1r_1 q_2r_2 ...

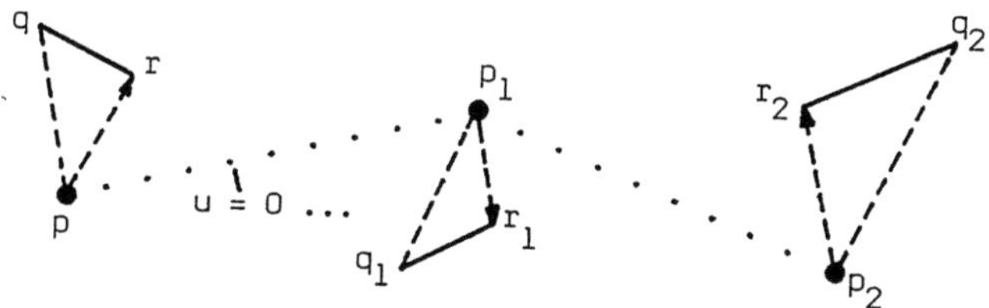

Bild 5: Gauß'
Prinzip des klein-
sten Zwanges

müssen so beschaffen sein, daß die Summe ihrer Quadrate, in die respectiven Massen multiplicirt, ein Minimum wird. Dieses Princip gilt sowohl, wenn
man die Stöße reguliren will, daß sie den Bedingungen Genüge leisten, als
wenn man die Differentialgleichungen 2ter Ordnung aufstellen will. Es seien
a, b, c die bereits regulirten Geschwindigkeiten des Punktes, dessen Masse
m [und] Coordinaten x y z sind, so wird in einem Zeitmoment dt der Punkt
nach einem Ort gehen, dessen Coordinaten sind

$$x + adt + \frac{1}{2}\frac{d^2x}{dt^2}dt^2 + \dots, \quad y + bdt + \frac{1}{2}\frac{d^2y}{dt^2}dt^2 + \dots,$$

$$z + cdt + \frac{1}{2}\frac{d^2z}{dt^2}dt^2 + \dots$$

Dieß sind die Coordinaten des Punktes r. Die Coordinaten des Punktes q
werden dagegen

$$x + adt + \frac{1}{2}\frac{X}{m}dt^2 + \dots, \quad y + bdt + \frac{1}{2}\frac{Y}{m}dt^2 + \dots,$$

$$z + cdt + \frac{1}{2}\frac{Z}{m}dt^2 + \dots$$

Damit[155] die Summe der Massen, in die Quadrate der Abweichungen multiplicirt, ein Minimum sei, muß

---

[155] Am linken Rand ergänzt: „wo m im Nenner steht, weil in X Y Z schon die Masse mit
inbegriffen ist.".

$$\sum m(qr)^2 = \text{minimum}$$

werden, wir erhalten aber aus obigen Coordinaten Werthe für qr

$$(qr)^2 = \frac{1}{4}dt^4\left\{\left(\frac{d^2x}{dt^2}-\frac{X}{m}\right)^2 + \left(\frac{d^2y}{dt^2}-\frac{Y}{m}\right)^2 + \left(\frac{d^2z}{dt^2}-\frac{Z}{m}\right)^2\right\}$$

hinzu würden noch Terme kommen, die unendlich kleine Größen höherer Ordnung als die 4te enthielten. Der in Klammern geschlossene Ausdruck, in m multiplicirt, und die Summe auf alle Punkte genommen, muß also ein Minimum sein, d.h.

$$\sum m\left\{\left(\frac{d^2x}{dt^2}-\frac{X}{m}\right)^2 + \left(\frac{d^2y}{dt^2}-\frac{Y}{m}\right)^2 + \left(\frac{d^2z}{dt^2}-\frac{Z}{m}\right)^2\right\} = \text{minimum}$$

Doch es müssen die Größen $\frac{d^2x}{dt^2}$ so bestimmt werden, daß der Ausdruck ein Minimum wird für alle Werthe, die mit den Bedingungen im Einklang sind. Für die Bedingungsgleichungen aber hat man hier zu nehmen ihre zweiten Differentiale, denn man nimmt an, daß die Coordinaten der Punkte selber den Bedingungsgleichungen genügen, eben so ihre ersten Differentiale, also muß man jetzt beweisen, daß ihre zweiten ihnen ebenfalls genügen. Also haben wir zu gleicher Zeit $\frac{d^2u}{dt^2} = 0 \quad \frac{d^2v}{dt^2} = 0 \dots$ ₀ Aus jeder Gleichung u erhalten wir aber durch zweimaliges Differerntiiren, wie wir früher gezeigt [haben][156], eine Gleichung von der Form

$$\sum\left(\frac{\partial u}{\partial x}\frac{d^2x}{dt^2} + \frac{\partial u}{\partial y}\frac{d^2y}{dt^2} + \frac{\partial u}{\partial z}\frac{d^2z}{dt^2}\right) + U = 0 = u''$$

wofür wir u'' setzen wollen, und wo U ein Ausdruck ist, der die 2ten Differentialquotienten der Coordinaten nicht enthält, sondern eine homogene Function 2ten Grades der ersten Differentialquotienten. Wenn man hier die $3n$ Größen $\frac{d^2x}{dt^2}$ als die unbekannten betrachtet, so hat man eine gewöhnliche Aufgabe des Maximums und Minimums. Man erhält symmetrische Formeln in solchen Aufgaben, wenn Bedingungsgleichungen gegeben sind, wenn man den Ausdruck, der nach der Bedingung $= 0$ werden soll, mit einem Factor multiplicirt, zu dem Ausdruck, der ein Minimum werden soll, hinzuaddirt, und dann nach den Unbestimmten differentiirt, als wenn sie gänzlich von einander unabhängig sind. Nach den Multiplicatoren wird hier nicht differentiirt, weil sie sämtlich in[157] verschwindende Ausdrücke multiplicirt sind. Wir haben also, wenn S der Ausdruck [ist,] der ein minimum,

---

[156] Vgl. oben, Vorlesung XV (S. 81).
[157] In der Hs. irrtümlich : „ ... in sämtlich in".

$$S + \lambda u'' + \mu v'' + \ldots$$

partiell nach den Größen $\frac{d^2x}{dt^2}$ zu differentiiren, und die Differentiale $= 0$ zu setzen. Denn nur die 2ten Differentiale sind als veränderlich anzusehen, da wir annehmen, daß die ersten gegeben sind, und es nur darauf ankommt, die zweiten aus der Bedingung des minimums zu bestimmen. Differentiirt man die Größen $u''\ v''$ partiell nach einem solchen 2ten Differentialquotienten, so braucht man den Theil U gar nicht zu berücksichtigen, der andere Theil aber ist ein linearer Ausdruck sämtlicher Größen, nach denen partiell differentiirt wird, so daß dann respective Coefficienten

$$\frac{\partial u}{\partial x},\ \frac{\partial u}{\partial y},\ \frac{\partial u}{\partial z},\ \frac{\partial u}{\partial x_1} \cdots \frac{\partial v}{\partial x}\ \frac{\partial v}{\partial y} \cdots$$

sogleich die gesuchten Werthe der partiellen Differentialquotienten sind. Folglich ist

$$0 = \frac{\partial S}{\partial \dfrac{d^2x}{dt^2}} + \lambda \frac{\partial u}{\partial x} + \mu \frac{\partial v}{\partial x} + \ldots$$

wenn nach $\frac{d^2x}{dt^2}$ differentiirt wird, und setzt man den Werth

$$\frac{\partial S}{\partial \dfrac{d^2x}{dt^2}} = 2m \left(\frac{d^2x}{dt^2} - \frac{X}{m} \right)$$

ein, denn X vertritt hier die Stelle einer Constante, da es nicht die 2ten Differentialquotienten enthält, sondern nur die Coordinaten oder die ersten Differentialquotienten. Wenn man also statt der Multiplicatoren $\lambda,\ \mu \ldots$ $-2\lambda,\ -2\mu,\ \ldots$ stehen denkt, so erhält man genau die allgemeinen dynamischen Formeln in der früher aufgestellten Gestalt, nämlich

$$m \frac{d^2x}{dt^2} - X + \lambda \frac{\partial u}{\partial x} + \mu \frac{\partial v}{\partial x} + \ldots = 0$$

und analog für die übrigen Punkte. Dieß Princip würde vielleicht am leichtesten sein, wenn es sich um Ableitung der allgemeinen Formeln nach dem Gedächtniß handelte. Umgekehrt ist man durch diese Betrachtungen auf die Methode der kleinsten Quadrate gekommen. Denn Legendre ist wirklich durch derartige Betrachtungen darauf geführt werden: er hat die Methode nämlich zuerst gegeben[158]. Es ist darüber einiger Mord und Todschlag gewesen. Gauss behauptete nämlich 1809, seit 1795 im Besitz der Methode

---

[158] A.M. Legendre *veröffentlichte* diese Methode vor Gauß 1805 in seinem Werk *Nouvelles Methodes pour la Détermination des Orbits des Cometes*; s. Legendre 1805, 72ff.. Jacobis eigene Arbeiten hierzu sind: 1840a und 1845a.

der kleinsten Quadrate gewesen zu sein[159]: Legendre hatte sie zuerst 1805 in seinem Werk über die Cometen publiziert, und war natürlich darüber sehr verstimmt. Solche Behauptungen sind immer sehr unnütz. Legendre ist bei dieser Methode von dem Aperçu ausgegangen, daß wenn man die Beobachtungen einer und derselben Größe durch Punkte darstellt, daß dann der wahrscheinlichste Werth ihr Schwerpunkt ist, und die geometrischen Betrachtungen in Formeln übersetzt, vermöge eines bekannten Satzes vom Schwerpunkt, haben auf die Methode der kleinsten Quadrate geführt[160]. Die Theorie der Wahrscheinlichkeitsrechnung, aus welcher man jetzt diese Methode beweist, gibt ihr den Sinn, daß sie wirklich den wahrscheinlichsten Werth gibt, wenn man annimmt, daß unendlich viele Fehlerquellen sind, die alle von derselben Ordnung sind, so daß keine vor der andern hervorragt[161]. Einer andern Bedeutung oder Begründung ist die Methode nicht fähig. Daß es unendlich viele Fehlerquellen gibt, ist gar keiner Frage unterworfen, aber die Schwierigkeit liegt darin, daß diese von derselben Ordnung sein müssen, und dieß ist eben so gewiß nicht der Fall. Man kann zur Strenge weiter Nichts thun in der Anwendung, als daß man die Fehlerquellen, die Einem bekannt sind, besonders betrachtet, wodurch man natürlich verschiedene Resultate erhält.

Ich muß nun noch einige Worte sagen über den Fall der Ungleichheiten. Hier zeigt sich aber, daß die Principien der Dynamik nicht ausreichen. Nämlich die Combination des Princips der virtuellen Geschwindigkeiten mit dem d'Alembert'schen Princip reicht hier nicht hin: das Princip der virtuellen Geschwindigkeiten lehrt die allgemeinen Formen der Kräfte, die mittelst gegebener Bedingungen sich das Gleichgewicht halten sollen; das Princip von d'Alembert besteht darin, daß wenn man die Kraft, die die wirklich erfolgende Bewegung hervorbringt, in umgekehrter Richtung anbringt, daß dann Gleichgewicht stattfinden muß. Also die Kräfte

$$X - m \frac{d^2 x}{dt^2} \dots$$

---

[159] Zurecht, wie heute festgestellt werden kann: Gauß publizierte seine Methode der kleinsten Quadrate zwar erst 1809 in der *Theoria motus corporum coelestium* (Buch II, Sect. III: *Determinatio orbitae observationibus quotcunque quam proxime satisfacientis*; s. *Werke* VII, 236-245). Sein mathematisches Tagebuch und seine Korrespondenz bestätigen jedoch zweifelsfrei, daß er diese Methode bereits im Zeitraum 1794-1795 kannte und auf astronomische Probleme anwandte. Hierzu und zu dem Prioritätsstreit mit Legendre s. Schneider 1981, insbes. 151-154.

[160] S. Legrendre 1805, 75.

[161] Dies ist gerade die Gaußsche Begründung der Methode. Sie wird auch in J.F. Fries' *Versuch einer Kritik der Principien der Wahrscheinlichkeitsrechnung* auseinandergesetzt (Fries 1842, 217-236) - einem Werk, das Gauß sehr schätzte (s. Gauß *Werke* XII, 201-204) und das auch zu Jacobis Bibliothek gehörte (Jacobi 1851c, 16).

müssen sich das Gleichgewicht halten, und daher nach dem statischen Princip gleich einem Ausdrucke

$$\lambda\frac{\partial u}{\partial x} + \mu\frac{\partial v}{\partial x} + \ldots$$

werden. Die Größen λ und μ werden dann, wie wir gesehen haben, mittelst der 2ten Differentiale der Bedingungsgleichungen bestimmt, indem man diese Gleichungen substituirt in $\frac{d^2u}{dt^2} = 0$ u.s.f., so daß man m lineare Gleichungen zwischen den Multiplicatoren erhält. Wenn nun aber Ungleichheiten gegeben sind, so ist das gar nicht ausgemacht, daß diese Gleichungen $\frac{d^2u}{dt^2} = 0$ etc. auch wirklich stattfinden.
Und diese Gleichungen erfolgen, wenn in dem nächsten Moment ebenfalls $u = 0$ und $v = 0$ sein müssen. Es ensteht daher eine Unbestimmtheit, zu deren Lösung die alten Principien nicht ausreichen.

| XVIII | *Behandlung von Bedingungsungleichungen im dynamischen Fall; Prinzip der Erhaltung der lebendigen Kraft.* |

Wir waren dabei zu untersuchen, wie die dynamischen Fundamentalgleichungen modifizirt werden müssen, wenn statt der Bedingungsgleichungen Bedingungsungleichheiten gegeben sind. In diesem Fall ist es nämlich möglich, daß die Coordinaten der Punkte in ihren *ersten* Differentialquotienten nicht mehr die Bedingungsgleichungen erfüllen, denn es wird jetzt nur verlangt, daß eine Function u nicht positiv sei[162]. Wendet man das d'Alembert'sche Princip auf diesen Fall an, so wird man den Satz erhalten, daß die $3n$ Componenten

$$X - m\frac{d^2x}{dt^2} \quad [\ldots]$$

so beschaffen sein müssen, daß ihr Gesamtmoment oder daß der Ausdruck

$$\sum\left(X - m\frac{d^2x}{dt^2}\right)\delta x$$

keinen positiven Werth annimmt, wenn man den $3n$ Variationen δx alle Werthe gibt, für welche die Variationen δu, δv ... nicht positiv werden. Dieses reicht aber nicht zur Bestimmung hin, indem die Werthe der Multiplicatoren dann insofern willkürlich bleiben, als nur ihr Zeichen bestimmt wird, wie wir füher gesehen haben, alle müssen positiv sein oder Null. Wenn die

---

[162]Vgl. hierzu oben die Vorlesungen VIII und IX.

Punkte aus einer Bedingungsgleichung heraustreten, so wird dieß so viel sein, als wenn die Bedingung gar nicht stattfände, es wird also das ganze Glied fortgelassen, welches den partiellen Differentialquotienten der Function u enthält, oder der Multiplicator $\lambda = 0$ gesetzt. Es kommen also jetzt ganz andere Werthbestimmungen, indem das Glied mit den partiellen Differentialquotienten nicht hinzugezogen wird zur Bestimmung des Multiplicators, sondern derselbe fällt fort. Wir wissen nun dieses: daß wenn die Punkte sich so bewegen, daß die Bedingungsgleichungen immer erfüllt bleiben, so muß der Werth der Multiplicatoren aus den aufgestellten Gleichungen positiv werden. Erhalten aber die Multiplicatoren nicht alle positive Werthe, so ist das ein bestimmtes Kennzeichen, daß die Bewegungen nicht so fortgehen, daß die Bedingungsgleichungen alle erfüllt werden, daß u, v ... alle verschwinden, sondern es wird der Fall sein, daß einige negativen Werth haben, und wenn man eine Bedingung fortläßt, und dann das Problem unter dieser neuen Annahme behandelt (so daß man einen Multiplicator weniger und eine Gleichung zur Bestimmung der Multiplicatoren weniger hat), so müssen dann wieder die übrigen Multiplicatoren positiv sein. Nun kann man aber versuchen, je nachdem man diese oder jene Bedingungsgleichung fortläßt, und für jede dieser Annahmen die Multiplicatoren bestimmt, ob die übrigen dann sämtlich positive Werthe erhalten. Wenn dieß dann nur für eine einzige Annahme geschieht (also z.B. wenn man $u = 0$ fortläßt), so weiß man, welche Bedingung nicht stattfindet, wenn also die positiven Werthe der Multiplicatoren noch eintreten, wenn man statt u irgend eine andre Bedingungsgleichung fortläßt, so hat man kein Princip, wonach man entscheiden kann, welche Bedingung aufzugeben ist. Damit sie bestimmte Vorstellungen damit verbinden, will ich Ihnen ein einfaches Beispiel angeben, wonach man immer angeben kann, ob die Bewegung eines Punktes noch fortbestehe oder nicht, nämlich die Bewegung des Punktes auf einer gegebenen Curve. Wir wollen annehmen, der Punkt p soll immer auf der convexen Seite der Curve bleiben - also z.B. bei einem Kreis nicht ins Innere dringen. Besitzt er in einem Zeitmoment die Geschwindigkeit v, so wird er in dem Zeitelement dt von dieser in der Richtung der Tangente nach q getrieben werden, wo $pq = vdt$. Wir wollen die Kraft, die auf ihn wirkt, zerlegen nach der Tangente und der Normalen. Die Tangentialgeschwindigkeit wird dann nur um eine unendlich kleine Größe vermehrt, die hier nicht in Betracht kommt, so daß zu v [ein] dv hinzukäme, welches wir aber für die folgenden Betrachtungen zu vernachlässigen haben. Die Normalkraft kann nur zweierlei Richtungen haben, erstens den Punkt nach dem Innern hintreiben, oder ihn von der Curve fortstoßen. Sie soll von q nach r gerichtet sein. Wenn die Normalkraft den Punkt fortstößt, so wird er nicht wieder nach der Curve zurückkommen, da er beliebig nach Außen gehen kann, nur nicht in's Innere: wir haben also nur den Fall zu betrachten, wenn die Verlängerung von q über r in der Richtung des Krümmungshalbmessers ins Innere hin sich erstreckt. Hier können nun 2 Fälle eintreten. Wenn wir qr, welches gegen pq eine unendlich kleine Größe ist und auf pq senkrecht steht, zusammensetzen mit pq, so soll die Geschwindigkeit ps herauskommen, so daß also der Punkt statt von p nach q von p nach s geht. Wenn nun der Punkt s im Innern der Curve liegt, so wird der Punkt verhindert, sich von q nach s zu bewegen, wenn wir also die Vorstellung haben, daß er im Zeitelement von seiner Geschwindigkeit von p nach q getrieben wird und von da durch die beschleunigende Normalkraft nach s, so wird er nicht nach s können, und [es] wird dann soviel von der Normalkraft vernichtet werden, daß der Punkt statt von q nach s zu gehen, nur von q nach t geht, wenn die Linie qs von der Curve in t geschnitten wird. Diese Kraft ts wird dann also durch den Widerstand der Curve vernichtet. Wenn aber der Punkt s diesseits der Curve liegt, so daß die Linie qs die Curve nicht schneidet, dann bewegt sich der Punkt so, als wenn die Curve nicht da wäre, er kommt gar nicht dazu, von der Curve einen Widerstand zu erfahren. Ob das Eine oder Andere eintritt, wird von der Größe der Geschwindigkeit abhängen, und man kann den Werth der Geschwindigkeit leicht berechnen, der die Grenze bildet, bis zu welcher p noch einen Widerstand von der Curve erfährt, und wo derselbe aufhört. Wenn wir nämlich annehmen, daß die eine Kraft, die Normalkraft, immer dieselbe bleibt, und die Geschwindigkeit immer größer wird, so wird sich der Punkt q soweit von der Curve entfernen können, daß qs die Curve nicht mehr schneidet, und andrerseits wird die Geschwindigkeit immer so klein genommen werden können, daß qs die Curve immer schneidet. Es wird also der Punkt, wenn er mit wachsender Geschwindigkeit sich auf der Curve bewegt, in einem gewissen Zeitpunkt von der Curve herunterfallen. Sie können sich leicht ein solches Exempel ausrechnen, wenn sich ein schwerer Punkt mit gegebener Anfangsgeschwindigkeit auf einem Kreis bewegt, wie groß die Anfangsgeschwindigkeit sein müsse, damit der Punkt vom Kreis herunterfällt, und wann dieser Zeitpunkt eintritt. Herr Ostrogradsky in Petersburg, der allein so viel ich weiß diesen Gegenstand behandelt hat, hat folgende allgemeine Regel gegeben, die auch richtig ist[163]. Man nimmt an, die Punkte haben sich eine zeitlang so fort bewegt, daß die Bedingungen immer erfüllt worden sind, so daß die Multiplicatoren immer positive Werthe angenommen haben. Die Werthe der Multiplicatoren werden nicht plötzlich springen, sondern wenn sie von positiven zu negativen Werthen übergehen sollten, müssten sie erst durch Null gehen. So lange also die Werthe der Multiplicatoren positiv bleiben, werden die Bedingungsgleichungen erfüllt, so wie aber ein Multiplicator Null ist in einem Zeitmoment, in

---

[163] S. Ostrogradsky 1838, 590f.; vgl. auch S. 38, Anm. 76.

welchem Fall der Term $\lambda\delta u$ verschwindet, tritt die Discontinuität oder tritt die Regel ein, daß der Multiplicator nun fortwährend Null bleibt, und er mitsamt der Bedingungsgleichung fortfällt. Diese beiden Zustände, die eine Discontinuität darbieten, werden doch dadurch verbunden, daß kein Sprung eintritt, daß in diesem Zeitmoment der Multiplicator gleich Null wird - er hat sich eine zeitlang als Function von t mit t verändert, so wie er aber Null wird, bleibt er Null und verändert sich nicht weiter. Diese Regel ist auch vollkommen ausreichend, wenn nämlich das System in Bewegung begriffen ist und die Multiplicatoren eine Zeit hindurch immer positiven Werth erhalten haben. Wenn man aber einen isolirten Moment untersuchen will, wo man nicht weiß, ob λ μ ... immer positiven Werth gehabt haben, dann können die angegebenen Schwierigkeiten eintreten, zu deren Lösung die angegebenen Principien nicht ausreichen. Das einzige Princip, welches mir auch diese Frage zu lösen scheint, und welches mir auch dadurch vielleicht eine neue charakteristische Wichtigkeit zu haben scheint, ist das von Gauss aufgestellte, welches man auch das des möglichst kleinsten Zwanges nennt; dieses bleibt unverändert bestehen, mögen Gleichungen oder Ungleichheiten gegeben sein, die Bedingung, daß die Summe der Massen mal dem Quadrate der Abweichungen ein Minimum sein soll, behält vollkommen ihre Gültigkeit, vollkommen einen Sinn, die Punkte haben sich nach solchen Punkten hinzubewegen, daß die Bedingung erfüllt wird, sei es, daß u, v Null bleiben oder einen negativen Werth haben, man kann immer nach wie vor nach einem Minimum fragen, denn unter allen Orten, die die Punkte einnehmen können, muß der Ausdruck, der aus einer Summe von Quadraten besteht und nicht Null wird, für irgend einen Punkt einen kleinsten Werth erhalten. Man wird aber freilich ein complicirtes Problem des Minimums erhalten, zu dessen Lösung man Regeln wird erfinden müssen[164]: indessen ist die mechanische Frage so auf rein mathematische Schwierigkeiten zurückgeführt. Da dieser Gegenstand noch nicht behandelt ist, so kann sich vielleicht einer der Herren einmal damit beschäftigen[165].

Ich will nun diese lange Verhandlung über die Fundamentalgleichungen der Statik und Dynamik beschließen und zu den allgemeinen dynamischen Gesetzen übergehen, die man allgemeine dynamische Gesetze nennt, obgleich sie nur in besonderen Fällen stattfinden.

Das mächtigste und wichtigste aller Principien tritt uns hier zuerst entgegen, welches die ganze Natur beherrscht: das Princip von der Erhaltung

---

[164] In der Hs.: „ ... Regeln erfinden werde müssen".

[165] Zur Weiterentwicklung des Prinzip des kleinsten Zwanges durch deutsche Mathematiker in der zweiten Hälfte des 19. Jahrhunderts s. Cyganova 1983/1984.

der lebendigen Kraft[166]. Wenn wir zuerst einen isolirten Punkt betrachten, der sich auf einer gegebenen Fläche oder gegebenen Curve zu bewegen hat, und welcher von gar keinen beschleunigenden Kräften getrieben wird, sondern nur durch einen Anfangsimpuls, den er erhalten, so erhält man sogleich den Satz, daß diese Anfangsgeschwindigkeit constant bleibt. Dieses erhellt auch aus der geometrischen Betrachtung, die ich so eben angestellt habe: nämlich die Modification der Geschwindigkeit wird, wenn $dq = vdt + dr$ war, der Unterschied von pr und pq_0 Da aber prq ein rechtwinkliges Dreieck ist, so wird dieser Unterschied eine unendlich kleine Größe der 2ten Ordnung, d.h. in einer unendlich kleinen Zeit der 1ten Ordnung erleidet die Geschwindigkeit eine unendlich kleine Änderung der 2ten Ordnung, und daher in einer endlichen Zeit eine unendlich kleine Änderung, es kann daher keine endliche Geschwindigkeit verloren gehen, da die Bedingung, daß der Punkt immer auf die Fläche zurückgeführt wird, nur eine unendlich kleine Änderung der 2ten Ordnung in der Geschwindigkeit erzeugt. Analytisch sehen wir dieß so: wir haben in diesem Falle

$$m\frac{d^2x}{dt^2} + \lambda\frac{\partial u}{\partial x} + \mu\frac{\partial v}{\partial x} = 0 \qquad m\frac{d^2y}{dt^2} + \lambda\frac{\partial u}{\partial y} + \mu\frac{\partial v}{\partial y} = 0$$

$$m\frac{d^2z}{dt^2} + \lambda\frac{\partial u}{\partial z} + \mu\frac{\partial v}{\partial z} = 0$$

Wenn der Punkt statt in einer Curve $u = 0$ $v = 0$ nur in einer Oberfläche $u = 0$ sich zu bewegen gezwungen ist, so läßt man den Theil, der in μ multiplicirt ist, fort. Multiplicirt man die Gleichungen respective mit $\frac{dx}{dt}$ $\frac{dy}{dt}$ $\frac{dz}{dt}$ und addirt, so verschwinden die in λ und μ multiplicirten Ausdrücke, weil sie $= \frac{du}{dt}$ und $= \frac{dv}{dt}$ werden, beide sind aber Null, weil $u = 0$ $v = 0$ gegeben sind. Man erhält daher

$$m\left\{\frac{d^2x}{dt^2}\frac{dx}{dt} + \frac{d^2y}{dt^2}\frac{dy}{dt} + \frac{d^2z}{dt^2}\frac{dz}{dt}\right\} = 0$$

---

[166] Während Jacobi dieses Prinzip in seiner *Dynamik* von 1842/43 gleichberechtigt nach dem der „Erhaltung der Bewegung des Schwerpunkts" und vor dem der „Erhaltung der Flächenräume" behandelt (s. *Werke*, Suppl.bd., 15-42), dürfte die emphatische Ankündigung des Energieerhaltungsprinzips hier auf den Einfluß H. von Helmholtz' zurückzuführen sein: Dieser hielt wenige Monate vor Beginn dieser Vorlesungen, am 23. Juli 1847, in der Berliner Physikalischen Gesellschaft seinen heute berühmten Vortrag *Über die Erhaltung der Kraft* (Helmholtz 1847). Nach Helmholtz' eigenem Bericht war die Reaktion der meisten Zuhörer ablehnend; Jacobi war der einzige, der „den Zusammenhang meines Gedankenganges mit dem der Mathematiker des vorigen Jahrhunderts" erkannte und „schützte mich vor Mißdeutung" (Helmholtz 1966, 23). Zu Jacobis auch „mathematisch" motivierter Hochschätzung dieses Prinzips vgl. auch seine Ausführungen unten in Vorlesung XX, S. 115.

wo man auch m fortlassen kann. Dieß ist aber das genaue nach t genommene Differential[167] des selben Quadrates der Geschwindigkeit, oder von

$$\frac{1}{2}\left\{\left(\frac{dx}{dt}\right)^2 + \left(\frac{dy}{dt}\right)^2 + \left(\frac{dz}{dt}\right)^2\right\} = \frac{1}{2}v^2$$

wenn man daher integrirt, wird dieser zuletzt genannte Ausdruck eine Constante, oder die Geschwindigkeit $v = $ constant.

Gleichwohl aber bleibt es immer noch ein schweres Problem, wenn die Fläche gegeben ist, die Bahn des Punktes zu finden, obgleich man seine Geschwindigkeit kennt. Man zeigt in der Variationsrechnung, daß diese Bahn den kürzesten Weg zwischen 2 Punkten darstellt, und nennt diese Bahn die kürzeste Linie auf der Fläche, oder auch die geodätische Linie, indem man diesen Namen, von einem speciellen Problem hergeleitet, hier verallgemeinert[168]: die Bestimmung dieser Bahn hängt im Allgemeinen von einer Differentialgleichung 2ter Ordnung zwischen 2 Variabeln ab, die man indeß integriren (d.h. auf Quadraturen bringen) kann, wenn die Fläche eine Umdrehungsfläche, ein Kegel, oder ein Cylinder ist. Es gibt noch einen Fall, in welchem dieß auch möglich ist, ich habe nämlich die geodätische Linie auf einem dreiaxigen Ellipsoid ebenfalls integrirt, worüber in den letzten Jahre sehr interessante Arbeiten gemacht worden sind von englischen und französischen Mathematikern, indem man die Integralgleichung, die ich gefunden habe, auf eine sehr schöne Art geometrisch construirt[169]. Unter Integriren verstehe ich hier immer auf Quadraturen zurückführen, denn das Integral hängt immer noch von den sogenannten abelschen oder hyperelliptischen Integralen ab.

Wenn aber mehrere Punkte gegeben sind, so bleibt die Geschwindigkeit jedes einzelnen Punktes nicht mehr constant, aber es bleibt eine andere Größe

---

[167] D.h. in heutiger Terminologie: das „exakte Differential".

[168] Von „geodätischen Linien" spricht noch Gauß nur dann, wenn es sich um die kürzeste Linien zwischen zwei Punkten der *Erdoberfläche* handelt, während er bei beliebigen Flächen allgemein von „kürzesten Linien" spricht. Nachdem Bessel 1832 gezeigt hatte, daß die Erde in guter Näherung als Rotationsellipsoid aufgefaßt werden kann, überträgt Jacobi den Begriff der „geodätischen Linie" um 1837 auf Rotationsellipsoide (Jacobi 1891a, postum veröffentlicht) und 1839 auf beliebige, d.h. dreiachsige Ellipsoide (s. Anm. 169). Erst im Anschluß daran löst der Begriff der „geodätischen Linie" den der „kürzesten Linie" in der Differentialgeometrie *beliebiger* Flächen ab (Reich 1973, 308f.).

[169] Jacobis Integration findet sich in seiner *Note von der geodätischen Linie auf einem Ellipsoid und den verschiedenen Anwendungen einer merkwürdigen analytischen Substitution* (Jacobi 1839; vgl. auch Jacobi 1846d und 1861). Diese Note wurde 1841 in französischer Übersetzung in *Liouvilles Journal* veröffentlicht (Jacobi 1841d) und regte verschiedene Arbeiten des Herausgebers J. Liouville, aber auch O.P. Bonnets und anderer an; vgl. Reich 1973, 309.

während der Bewegung constant, und diese ist es, die man mit dem Namen der lebendigen Kraft des Systems bezeichnet.

XIX   *Prinzip von der Erhaltung der lebendigen Kraft für freie und nicht freie Systeme.*

Wir haben gesehen, daß wenn auf einen materiellen Punkt gar keine beschleunigenden Kräfte wirken, sondern er nur durch einen augenblicklichen Impuls getrieben wird, seine Geschwindigkeit constant bleibt, ob er auch gezwungen ist, auf einer Fläche oder einer Curve sich zu bewegen. Wenn ein System materieller Punkte gegeben ist, die irgendwie verbunden sind, oder wo Bedingungsgleichungen gegeben sind, welche sich durch Gleichungen zwischen den Coordinaten ausdrücken lassen, so wird eine andere Größe constant, nämlich die Summe der Produkte der Massen in die Quadrate der Geschwindigkeiten. Die allgemeine dynamische Formel war

$$\sum \left(m\frac{d^2x}{dt^2} - X \right) \delta x = 0 \,,$$

unter δx werden hier die virtuellen Geschwindigkeiten verstanden, die virtuellen Variationen verstanden, welche den Bedingungsgleichungen $\delta u = 0$ $\delta v = 0$ genügen. Diese virtuellen Variationen müssen immer so beschaffen sein, daß wenn man für δx die entsprechenden dx setzt, die Bedingungsgleichungen auch noch erfüllt werden, oder zu den Werthen, die die Größen δx annehmen können, gehören auch die Größen dx; denn wenn wir die Gleichungen $u = 0$ $v = 0$ differentiiren, so erhalten wir zwischen den $3n$ Größen dx dieselben Bedingungsgleichungen, die zwischen den $3n$ Größen δx stattfinden. Es sind also die Größen dx solche, welche den Bedingungsgleichungen $\delta u \,[= 0]$ $\delta v \,[= 0]$ genügen, wenn man sie statt der δx substituirt. Es ist daher eine specielle Folge dieser allgemeinen symbolischen Gleichung, welche das ganze System der dynamischen Abhängigkeit umfaßt, die folgende Gleichung:

$$\sum \left(m\frac{d^2x}{dt^2} - X \right) dx = 0$$

Wenn nun keine beschleunigenden Kräfte da sind, so daß die Größen X alle fortfallen, so ist

$$\sum m\frac{d^2x}{dt^2} dx = 0$$

wo die Summe auf alle Coordinaten und alle Punkte auszudehnen ist. Der Ausdruck ist aber dasselbe Differential von

$$m \left(\frac{dx}{dt}\right)^2,$$

wenn man also integrirt, erhält man sofort

$$\frac{1}{2} \sum m \left\{ \left(\frac{dx}{dt}\right)^2 + \left(\frac{dy}{dt}\right)^2 + \left(\frac{dz}{dt}\right)^2 \right\} = \text{constant}$$

wo man die Summe nur auf die verschiedenen materiellen Punkte ausgedehnt hat. Wenn v die Geschwindigkeit des Punktes bedeutet, dessen Masse m ist, geht dieser Ausdruck in den einfachen über

$$\sum \frac{1}{2} m v^2 = \text{constant}$$

Denn $dx^2 + dy^2 + d^2 = ds^2$, wenn s das Bogenelement bezeichnet, das der Punkt[170] m im Zeitelement dt beschreibt, und weil $ds = vdt$, folgt sogleich

$$v^2 = \left(\frac{dx}{dt}\right)^2 + \left(\frac{dy}{dt}\right)^2 + \left(\frac{dz}{dt}\right)^2.$$

Die einzelnen Punkte werden sich daher, wenn sie zu einem System verbunden sind, ohne daß eine beschleunigende Kraft wirkt, nicht mit constanter Geschwindigkeit bewegen, wohl aber wird die Summe der Quadrate der Geschwindigkeiten aller, mit den entsprechenden Massen multiplicirt, constant. Diese Constante kann immer nur eine positive Größe sein, wäre sie Null, so müßten sämtliche Geschwindigkeiten Null werden, weil man ein Aggregat von lauter Quadraten, positiver Größen, in positive Factoren multiplicirt hat. Wenn nun auch die einzelnen Geschwindigkeiten nicht constant bleiben, so sehen wir doch, daß sie in gewissen Grenzen eingeschlossen bleiben, indem keine Geschwindigkeit größer sein kann als eine Quadratwurzel aus einer Constanten durch die Masse des respectiven Punktes dividirt: wenn a a_1 a_2 ... die Anfangsgeschwindigkeiten der Punkte mit den Massen m m_1 m_2 ..., so wird man immer haben für die Geschwindigkeit v des Punktes $m[:]$

$$v < \sqrt{\frac{\sum m a^2}{m}}$$

größer kann die Geschwindigkeit nie werden.

Wenn auf die materiellen Punkte die Schwere wirkt, so würden alle Componenten X und Y Null werden, wenn die Zaxe die Verticale ist, und $Z = mg$ $Z_1 = m_1 g$ etc., wenn g die Constante der Schwere [ist]. Die allgemeine Gleichung würde dann werden

---

[170] Auch hier und im folgenden findet sich die verkürzende Bezeichnung „Punkt m" für „Punkt mit der Masse m".

$$\sum m \frac{d^2 x}{dt^2} dx = g \sum m\, dz$$

wo die Summe auf alle Coordinaten aller Punkte geht. Wenn man die halbe
lebendige Kraft mit T bezeichnet, so wird der Ausdruck

$$dT = g \sum m\, dz \quad \text{integrirt} \quad T = g \sum mz + const..$$

Aber $\sum mz$ ist die Entfernung des Schwerpunkts von der Horizontalebene der
xy, man hat also den Satz: bei irgend welcher Verbindung von schweren materiellen Punkten erhält die lebendige Kraft immer denselben Werth, wenn
der Schwerpunkt gleichweit entfernt von der Horizontalebene, d.h. wenn er
gleich hoch oder gleich tief ist. Nennen wir nun die Summe der Massen
M und S die Entfernung des Schwerpunktes von der xyebene, T_0 den Anfangswerth der halben lebendigen Kraft und S_0 die Anfangshöhe über der
Horizontalebene, so hat man die Gleichung

$$T - T_0 = gM(S - S_0)$$

Der Unterschied der halben lebendigen Kraft ist also immer proportional
der Höhe, um welche der Schwerpunkt des Systems gefallen ist, und man
kann also auf diese Weise die halbe lebendige Kraft bestimmen, wenn man
die Höhe kennt, aus welcher der Schwerpunkt des Systems gefallen ist, und
es ist hierbei durchaus einerlei, wie die materiellen Punkte verbunden sind,
der Werth der Kraft wird erhalten, welche Verbindung man auch statuirt.
Wenn das System in der Anfangszeit einen gewissen Werth der lebendigen
Kraft hat, und zu sinken anfängt, so wird es immer, wenn sein Schwerpunkt
aus einer gewissen Höhe gefallen ist, denselben Werth der lebendigen Kraft
erhalten, wie auch die Verbindung beschaffen ist. Wegen des Umstandes, daß
der Werth der Kraft [als] derselbe erhalten wird, ob die Punkte nun ganz frei
sein sollen oder beliebig verbunden sind, hat man den Satz das Princip von
der Erhaltung der lebendigen Kraft genannt, principe de la conversation des
forces vives[171].

Wir haben den Ausdruck $\sum X\, \delta x$ gleich zu Anfang noch auf eine andere
Art dargestellt. Wir setzten P als die Kraft, deren Componenten X, Y, Z
oder die Resultante der auf den Punkt m wirkenden Kräfte - wir nehmen
ferner an, in der Richtung dieser Kraft würde ein fester Punkt fixirt, dessen
Coordinaten wir a, b, c nennen wollen, so wie r seine Entfernung vom Punkt,
dessen Masse m [ist], so wird

---

[171] Im Anschluß an Galileis Untersuchung des freien Falls und Huygens' Analyse des
elastischen Stoßes wird für die Mechanik ein *allgemeines* Prinzip von der Erhaltung der
lebendigen Kraft (*vis viva*) erstmals von Leibniz in seiner gegen Descartes gerichteten
Abhandlung *Brevis demonstratio erroris memorabilis Cartesii* (Leibniz 1686) postuliert;
vgl. zur Erläuterung etwa Haas 1909 und Hiebert 1962.

$$r = \sqrt{\left\{(x-a)^2 + (y-b)^2 + (z-c)^2\right\}} \quad \text{und}$$

$$\delta r = \frac{x-a}{r}\delta x + \frac{y-b}{r}\delta y + \frac{z-c}{r}\delta z$$

Nun ist aber

$$X = \frac{a-x}{r}P, \quad Y = \frac{b-y}{r}P, \quad Z = \frac{c-z}{r}P, \text{ folglich}$$

$$-P\delta r = X\delta x + Y\delta y + Z\delta z$$

Man kann daher die Fundamentalgleichung der Dynamik auch schreiben:

$$\sum m\left\{\frac{d^2x}{dt^2}\delta x + \frac{d^2y}{dt^2}\delta y + \frac{d^2z}{dt^2}\delta z\right\} + \sum P\delta r = 0$$

In der analytischen Mechanik von Lagrange finden Sie, was ein gleichgültiger Umstand ist, den festen Punkt in der entgegengesetzten Richtung der Kraft angenommen, und dadurch steht in den dortigen Formeln das entgegengesetzte Zeichen, nämlich $-\sum P\delta r$ oder $\sum m\{\ \} = \sum P\delta r$, dieß ist also bei dem Vergleich der Formeln zu berücksichtigen[172]. Diese Form ist besonders dann interessant, dann merkwürdig, wenn 2 materielle Punkte sich gegenseitig anziehen oder abstoßen, so daß also wenn z.B. m und m_1 sich gegenseitig anziehen, man den festen Punkt in m_1 annehmen kann, wenn die Kraft, die auf m wirkt, auf m_1 gerichtet ist, und ebenso wird man dann[173] den festen Punkt in der Richtung der Kraft, die auf m_1 wirkt, in m annehmen können. Wenn nun die Kraft, mit der sich die Punkte gegenseitig anziehen, dieselbe ist und eine Function der Entfernung, die ich mit f(r) bezeichnen will, so wird der Theil der Summe $\sum P\delta r$, welcher sich auf die Anziehung der beiden Massen bezieht, durch den einzigen Term dargestellt werden können[174] $mm_1\text{f}(r)\delta r$. Denn wenn man in r die Coordinaten von m variirt, indem man die andern Coordinate von m_1 als constant betrachtet, so wird man $m\{X\delta x + Y\delta y + Z\delta z\}$ erhalten, als das Moment der auf m wirkenden Kraft - wenn man aber bloß die Coordinaten von m_1 variirt in δr, wird man das Moment der auf m_1 wirkenden Kraft erhalten, so weit sie von der Anziehung von m herrührt; wenn man also δr ganz variirt, die Coordinaten von m und m_1, so erhält man die Summe dieser Variationen, es ziehen sich daher diese beiden Terme in die eine Variation von δr zusammen, denn man erhält

---

[172] Tatsächlich gibt Lagrange die „Fundamentalgleichung der Dynamik" in der *Mécanique Analytique* in der gleichen Form an wie Jacobi; s. dort Part. I, Sect. II, Art. 3 und Part. II, Sect. II, Art. 5 zu seinen Vorzeichenfestlegungen (*Oeuvres* XI, 30f. bzw. 266f.).

[173] In der Hs.: „... und dann ebenso wird man".

[174] In der Hs. ist in der folgenden Formel der Index 1 irrtümlich hochgestellt.

diese beiden Kräfte, [die,] die von m nach m_1 zieht und [die,] die von m_1 nach m zieht, je nachdem man die Coordinaten des einen oder des andern Punktes variirt, und variirt man beide, so erhält man die beiden Terme des Gesamtmomentes $\sum P\delta r$. Bei dieser Formel $\sum P\delta r$ im allgemeinsten Sinn genommen, kann man annehmen, daß auf die einzelnen Punkte verschiedene Kräfte wirken, man braucht sie nicht zu einer Resultante vereinigt zu haben, es kommt auf Eines heraus, ob man $X\,Y\,Z$ als Aggregat von einzelnen[175] Größen betrachtet: jeden Theil von X kann ich mit einem von Y und Z zu einer Kraft P vereinigen. Wenn man also $X\,Y\,Z$ als Aggregate von Theilen betrachtet, so erhält man ein System Kräfte P, die auf den Punkt m wirken, und wenn so $P'\,P''\,P'''$ ... Kräfte sind, die in verschiedener Richtung auf m wirken und $r'\,r''\,r'''$ [...] die Entfernungen von m nach verschiedenen in der Richtung dieser Kräfte angebrachten festen Punkte, so würde man auf diese Weise die Formel erhalten

$$P\delta r = P'\delta r' + P''\delta r'' + P'''\delta r''' = -\left(X\delta x + Y\delta y + Z\delta z\right)$$

Dieß entsteht, wenn

$$X = X' + X'' + X''' \qquad Y = Y' + Y'' + Y''' \qquad Z = Z' + Z'' + Z'''$$

gesetzt ist und die gleichaccentuirten Größen Componenten der entsprechenden P sind. Wenn man nun ein System sich gegenseitig anziehender Punkte hat, kann man dieselbe Betrachtung, die wir für 2 Punkte angestellt haben, in Bezug auf je 2 Punkte des Systems darstellen, und erhält den einen Ausdruck $\sum mm_1 \mathrm{f}(r)\delta r$, wo r die gegenseitige Distanz von m und m_1 bedeutet und δr in Bezug auf die Coordinaten beider Endpunkte zu variiren ist.

---

[175] In der Hs.: „ersten", ohne Durchstreichung darübergeschrieben: „einzelnen".

XX	*Prinzip von der Erhaltung der lebendigen Kraft und Newtonsches Attraktionsgesetz; Prinzip von der Erhaltung der Bewegung des Schwerpunkts.*

Wenn ein Punkt, dessen Masse m_i ist, von einem andern m_k angezogen wird, so würden die Componenten der Attraction, welche die Masse m_i erleidet, respective

$$(x_k - x_i)\frac{R_{i,k}}{r_{i,k}}\,, \quad (y_k - y_i)\frac{R_{i,k}}{r_{i,k}}\,, \quad (z_k - z_i)\frac{R_{i,k}}{r_{i,k}}$$

wenn $r_{i,k}$ die Enfernung der Punkte m_i und m_k, aber $R_{i,k}$ die Resultante der in der Richtung dieser Entfernung ausgeübten Attraction bedeutet. Die Componenten der Anziehung, welche die Masse m_k nach der Masse m_i hin erleidet, werden gleich denselben Ausdrücken, wenn man i und k mit einander vertauscht, wodurch sich nur die Vorzeichen ändern, denn die Größen $r_{i,k}$ und $R_{i,k}$ werden dadurch nicht afficirt. Im Ausdruck für das Gesamtmoment der Kräfte werden die 3 ersten Componenten mit δx_i, δy_i, δz_i multiplicirt, die drei zweiten mit δx_k, δy_k, δz_k. Es wird also in dem Gesamtmoment der Kräfte aus der gegenseitigen Anziehung der beiden Punkte der Ausdruck kommen:

$$\frac{R_{i,k}}{r_{i,k}}\{(x_k - x_i)(\delta x_i - \delta x_k) + (y_k - y_i)(\delta y_i - \delta y_k) + (z_k - z_i)(\delta z_i - \delta z_k)\}$$

Der Ausdruck in der Parenthese ist gleich der halben Variation von

$$-\left\{(x_i - x_k)^2 + (y_i - y_k)^2 + (z_i - z_k)^2\right\}$$

oder gleich der halben Variation von $-r_{i,k}^2$ oder $= -r_{i,k}\delta r_{i,k}$. Der Theil des Gesamtmoments der Kräfte also, der von der gegenseitigen Anziehung der beiden Massen m_i und m_k herrührt, wird:

$$= -R_{i,k}\delta r_{i,k}$$

In dem newtonschen Attractionsgesetz wird

$$R_{i,k} = \frac{m_i m_k}{r_{i,k}^2}$$

Wenn $R_{i,k}$ eine Function von $r_{i,k}$ ist, oder die gegenseitige Anziehung zweier Massen eine Function ihrer gegenseitigen Entfernung, so wird der Ausdruck $R_{i,k}\delta r_{i,k}$ die Variation einer Function von $r_{i,k}$. Nennt man nämlich $P_{i,k}$ das Integral von $R_{i,k}dr_{i,k}$, so wird $-R_{i,k}\delta r_{i,k} = -\delta P_{i,k}$. Im newtonschen Attractionsgesetz wird

$$-P_{i,k} = \frac{m_i m_k}{r_{i,k}} \; ;$$

wenn man also ein System sich gegenseitig anziehender materieller Punkte hat, so wird das Gesamtmoment der Kräfte für dieses System dargestellt durch

$$\sum m_i m_k \delta \left(\frac{1}{r_{i,k}} \right)$$

wo die Summe auszudehnen [ist] auf die Combinationen je zweier Punkte, so daß bei n Punkten die Summe $\frac{1}{2} n(n-1)$ Terme enthält. Für diesen Fall nun wird die allgemeine Gleichheit für den Satz von der lebendigen Kraft, der Ausdruck für die Differenz des Endwerthes vom Anfangswerth der halben lebendigen Kraft

$$T - T_0 = -\sum P_{i,k}$$

oder für den Fall der newtonschen Attraction

$$T - T_0 = -\sum \frac{m_i m_k}{r_{i,k}}$$

also die Summe der Massen multiplicirt mit den Quadraten ihrer Geschwindigkeiten wird bei einem System materieller Punkte, welche sich gegenseitig nach dem newtonschen Gesetz anziehen, gleich der Summe der Quotienten, die man erhält, wenn man die Produkte je zweier Massen durch ihre gegenseitige Entfernung dividirt, + einer Constante, welche durch die Anfangsposition und Anfangsgeschwindigkeit zu bestimmen ist; und dieser Satz gilt, wie auch die Punkte mit einander verbunden sind.

Dieser wichtige Satz ist zuerst von Daniel Bernoulli aufgestellt, dem berühmten Physiker, Sohn des alten Johann Bernoulli. Er befindet sich in den Memoiren der berliner Akademie 1768 und zwar nicht unter den mathematischen Abhandlungen, sondern unter den metaphysischen[176]. Diese Zeit war überhaupt für die Mechanik sehr wichtig; es war die, in welcher Euler anfing, nach und nach zurückzukehren von seinen Vorurtheilen gegen die newtonsche Anziehung, denn als er seine beiden Bände Mechanik schrieb, die jetzt Herr Wolfers ins Deutsche übersetzt hat, da glaubte er noch nicht

---

[176] Die Jahreszahl 1768 ist ein Schreibfehler, denn D. Bernoullis fragliche Abhandung, in der die Erhaltung der lebendigen Kraft für Systeme festgestellt wird, deren Massen beliebige Zentralkräfte aufeinander ausüben, erschien bereits 1748 in den *Histoires* der Berliner Akademie unter dem Titel *Remarques sur le principe de la conservation des forces vives pris dans un sens général* (Bernoulli 1748). Anders als in der Frage der Gravitation (s. Anm. 177) stand Daniel wie sein Vater Johann I Bernoulli bezüglich der *vis viva*-Erhaltung in einer Leibnizschen Tradition (vgl. S. 109, Anm. 172); s. hierzu auch Pulte 1989, 129-132 und 189.

an die gegenseitige Anziehung, sondern an die Theorie der cartesianischen Wirbel[177]. Hauptsächlich durch die Bemühungen seines Freundes Daniel Bernoulli wurde er bewogen, sich nicht mehr gegen die universelle Attraction zu sträuben, und von da an datirt eine neue Epoche der physischen Astronomie, indem gleich sein erster Versuch, die Theorie auf die Bewegung der himmlischen Körper anzuwenden, das Problem erfaßte, wie es noch jetzt ist; denn nach Euler hat man wenig Wesentliches hinzugethan, nur in der allerletzten Zeit hat man den Muth gefaßt, sich neue Bahnen zu brechen[178]. Euler hat daher diesen Satz nicht schon finden können, weil er sich überhaupt nicht mit der gegenseitigen Anziehung beschäftigt hatte, sondern er kannte den Satz von der lebendigen Kraft nur für die Anziehung nach festen Punkten, nicht für die gegenseitige Anziehung[179]. - Man wird diesen Satz allgemein anwenden können, wenn die Componenten der sollicitirenden Kräfte X Y Z so beschaffen sind, daß ihre analytischen Ausdrücke die genauen Differentiale einer einzigen Function sind, so daß wenn U eine Function der $3n$ Coordinaten, man die Gleichungen erhält

$$ X = \frac{\partial U}{\partial x} \quad Y = \frac{\partial U}{\partial y} \quad Z = \frac{\partial U}{\partial z} \quad X_1 = \frac{\partial U}{\partial x_1} \quad \text{etc.} $$

Dieses ist nämlich bei der gegenseitigen Anziehung, wenn die Anziehung eine Function der Entfernung ist, der Fall: es wird $U = \sum P_{i,k}$ und für das newtonsche Gesetz

$$ U = \sum \frac{m_i m_k}{r_{i,k}} $$

---

[177] L. Eulers zweibändige *Mechanica sive motus scientia analytice exposita* (Euler 1736) wurde 1848 (sic!) und 1850 von J.P. Wolfers in deutscher Übersetzung neu veröffentlicht. Es trifft zu, daß Euler in dieser „ersten" Mechanik auf einer Cartesianischen Nahwirkungserklärung der Gravitation insistierte (s. Pulte 1989, 106-110). Es trifft jedoch *nicht* zu, daß er später zu einem Vertreter der Fernwirkungslehre wurde, wie sie Newton nahegelegt hatte und von seinen Schülern propagiert wurde (s. ebd., 110-121 und 150-194, insbes. 118); vgl. hierzu auch die folgende Anm. 178.

[178] Tatsächlich nimmt das Problem der Gravitation in dem Briefwechsel zwischen Euler und D. Bernoulli einen wichtigen Platz ein (s. Fuss 1843 II). Bernoulli vertritt die Newtonsche Fernwirkungstheorie und versucht, den „Cartesianer" Euler von dieser zu überzeugen. Während Euler jedoch das Newtonsche Graviationsgesetz in seinen Arbeiten zur Himmelsmechanik „instrumentell"(und äußerst erfolgreich) einsetzt, teilt er auch in seinen späteren Jahren *nicht* die Überzeugung Bernoullis, daß eine fernwirkende Gravitationskraft als ein grundlegendes, einer weitergehenden naturphilosophischen Begründung weder fähiges noch bedürftiges Faktum anzusehen sei. S. hierzu Pulte 1989, 133-139 und 178-181.

[179] Euler maß der *vis viva*-Erhaltung keine grundlegende Bedeutung für die Mechanik und Physik bei (Pulte 1989, 146-161 und 189-192). Daß er die Erhaltung der lebendigen Kraft nur auf Systeme mit *festen* anziehenden Zentren beschränkte, illustrieren z.B. die Arbeiten Euler 1751a und 1751b, aber auch die Arbeit 1764a, auf die Jacobi später zurückkommt (vgl. Vorlesung XXII, insbes. Anm. 203).

Allgemein hat man nämlich das System Gleichungen

$$m\frac{d^2x}{dt^2} = \frac{\partial U}{\partial x} + \lambda\frac{\partial u}{\partial x} + \mu\frac{\partial v}{\partial x}\cdots$$

$$m\frac{d^2y}{dt^2} = \frac{\partial U}{\partial y} + \lambda\frac{\partial u}{\partial y} + \mu\frac{\partial v}{\partial y}\cdots$$

Wenn man diese Gleichungen jede mit dem entsprechenden Differential der einen Coordinate multiplicirt und die Produkte addirt, so fallen in der Summe die in $\lambda\,\mu\,\ldots$ multiplicirten Ausdrücke fort, weil sie die genauen Differentiale der Functionen u, v $\ldots$ sind, welche verschwinden. Man hat daher die Gleichung

$$\sum m\left\{\frac{d^2x}{dt^2}dx + \frac{d^2y}{dt^2}dy + \frac{d^2z}{dt^2}dz\right\} = dU$$

und integrirt, wenn v die Geschwindigkeit des Punktes, dessen Masse m:

$$\sum \frac{1}{2}mv^2 = T = U + const.$$

Umgekehrt, wenn nun die Function U partiell differentiirt ist, also beim newtonschen Gesetz $\sum \frac{m_i m_k}{r_{i,k}}$, findet man die 3 Componenten der Kraft, welche jeden Punkt nach allen übrigen zieht.

Dieser Satz der lebendigen Kraft ist von viel größerer Wichtigkeit, als man dieß hätte irgend übersehen können bis Erfindung desselben, indem er hauptsächlich mechanische Probleme, in denen er gilt, von den übrigen Problemen der Integralrechnung unterscheidet. Denn die mechanischen Probleme, in denen der Satz von der lebendigen Kraft gilt, sind einer ganz verschiedenen Behandlung fähig, so daß für sie eine ganz eigenthümliche Methode der Integralrechnung existirt, welche für kein andres Problem gilt, und wodurch diese von allen andern Problemen der Integralrechnung herausgehoben sind - die wunderbarsten Sätze, ganz ohne Beispiel und Analogie in der Analysis finden hier statt, und die so sonderbar sind, daß man sie 30 Jahre gefunden hatte, ohne sie zu verstehen. Es findet sich nämlich, daß man alle solche mechanischen Probleme, wie groß auch die Anzahl der Gleichungen ist, [auf] eine einzige partielle Differentialgleichung zurückbringen kann, die erster Ordnung, aber nicht linär ist, und so beschaffen, daß wenn man nun eine vollständige Lösung derselben kennt, die so viele willkürliche Constanten enthält, als nöthig sind - d.h. soviel als Coordinaten sind, weniger eine, oder soviel als Größen nöthig sind zur Bestimmung der Orte der Punkte, weniger eine, daß wenn man irgend eine von den unendlich mannigfachen vollständigen Lösungen kennt, man sämtliche endlichen Integralgleichungen auf einen Schlag erhält, indem man diese Lösung nach den sämtlichen willkürlichen

Constanten differentiirt und diese nach den Constanten genommenen partiellen Differentiale neuen willkürlichen Constanten gleich setzt. Dieses ist eine erst ganz kürzlich erfundene Wissenschaft, die der analytischen Mechanik, so weit es sich um Bewegung von materiellen Punkten handelt, und der der Satz von der lebendigen Kraft, wo er gilt, eine ganz neue Form gibt[180]. Der Beweis dieses Satzes wird die nächste Aufgabe sein, die wir zu erfüllen haben[181].

Zuvor will ich nur noch von einigen andern allgemeinen Principien der Mechanik sprechen, nämlich von dem Princip von der Erhaltung des Schwerpunkts und dem Princip der Erhaltung der Flächen.

Wenn nämlich die Ausdrücke der Verbindungen der materiellen Punkte so beschaffen sind, daß sie nicht von den Coordinaten fester Punkte abhängig sind, so daß wenn man sie durch Bedingungsgleichungen zwischen ihren Coordinaten ausdrückt, sie nicht von dem Anfangspunkt des Coordinatensystems abhängen, so können in ihnen bloß die Differenzen der gleichnamigen Coordinaten der bewegten Punkte vorkommen: d.h. die Ausdrücke der Verbindungen sind bloß Functionen der Größen $x_i - x_k$, $y_i - y_k$, $z_i - z_k$, bleiben also ungeändert, wenn man sämtliche $x$coordinaten um dieselbe Größe ändert, oder alle $y$coordinaten um eine nämliche Größe, desgleichen alle $z$coordinaten um eine nämliche Größe - z.B. der Fall, wo 2 Punkte fest verbunden sind, dann sind die Gleichungen vom Anfangspunkt der Coordinaten unabhängig und es kommen nur die Differenzen der Coordinaten [der Punkte] P vor. Tritt dieß also ein, so wird die Bewegung des Schwerpunkts des Systems so sein, als wenn die sämtlichen auf die einzelnen Punkte wirkenden Kräfte an dem Schwerpunkt angebracht wären. Wir wollen ξ, ν, δ die Coordinaten des Schwerpunkts nennen und M die Summe sämtlicher Massen, so wird bekanntermaßen

$$M\xi = \sum mx , \quad M\nu = \sum my , \quad M\delta = \sum mz$$

Wenn man daher die sämtlichen Gleichungen, die sich auf die $x$coordinate beziehen, also von der Form

$$m\frac{d^2x}{dt^2} = X + \lambda\frac{\partial u}{\partial x} + \mu\frac{\partial v}{\partial y} \cdots$$

sind, adddirt, so wird

$$M\frac{d^2\xi}{dt^2} = \sum X + \lambda\sum\frac{\partial u}{\partial x} + \mu\sum\frac{\partial v}{\partial y} \cdots$$

---

[180]In der Hs.: „… handelt, und der Satz von der lebendigen Kraft gilt, eine ganz neue Form gibt".

[181]Vgl. hierzu unten, Vorlesung XXXIII.

wenn man diese Summe bloß auf die $x$coordinate bezieht, so daß

$$\sum X = X + X_1 + X_2 \ldots$$

etc. Die in λ und μ multiplicirten Ausdrücke verschwinden aber, wenn, wie im Princip vorausgesetzt wird, in u und v nur die Differenzen der gleichnamigen Coordinaten vorkommen. Der analytische Ausdruck dafür ist nämlich

$$\frac{\partial u}{\partial x} + \frac{\partial u}{\partial x_1} + \frac{\partial u}{\partial x_2} + \ldots = 0 \qquad \frac{\partial v}{\partial x} + \frac{\partial v}{\partial x_1} + \ldots = 0 \qquad [\ldots]$$

Diese Gleichungen folgen daraus, daß wenn man sämtliche Coordinaten x in der Function u oder v um die kleine Größe a ändert und nach deren aufsteigenden Potenzen entwickelt, die sämtlichen Coefficienten von a, a^2 ... verschwinden müssen, weil eben die Bedingungen festgesetzt werden, daß durch solches Increment die Sache nicht geändert werden soll. Aber zufolge des taylorschen Satzes für mehrere Variable ist der Coefficient von a der Ausdruck $\frac{\partial u}{\partial x} + \frac{\partial u}{\partial x_1} + \ldots$, und wir erhalten somit zuerst

$$\sum \frac{\partial u}{\partial x} = 0 \, ,$$

aus welchem sich dann die übrigen Coefficienten ergeben. Ebenso wird man erhalten

$$\sum \frac{\partial u}{\partial y} = 0 \qquad \sum \frac{\partial u}{\partial z} = 0 \quad \text{etc.}$$

Man erhält daher aus den allgemeinen dynamischen Gleichungen

$$M\frac{d^2\xi}{dt^2} = \sum X \qquad M\frac{d^2\nu}{dt^2} = \sum Y \qquad M\frac{d^2\delta}{dt^2} = \sum Z$$

Wenn die Punkte bloß ihrer gegenseitigen Anziehung unterworfen sind, so werden diese Summen

$$X + X_1 + X_2 \ldots \quad Y + Y_1 + Y_2 \ldots \quad Z + Z_1 + Z_2 \ldots$$

Null, wie wir schon an dem Beispiel gesehen haben, wo wir die Componenten der gegenseitigen Anziehung von m_i und m_k untersuchten, die gleich, aber mit entgegengesetzten Zeichen behaftet waren, so daß die Summe Null war. Die Formeln nun lassen sich so deuten, daß man in den Schwerpunkt die Masse M setzt, und an ihm eine Kraft wirkt, deren Componenten

$$X + X_1 \ldots \quad Y + Y_1 \ldots \quad Z + Z_1 \ldots$$

sind. Das geschieht aber, wenn man die Kräfte, die in den verschiedenen Punkten wirken, ihrer Größe und Richtung nach an den Schwerpunkt transportirt. Wenn die Anziehung wirkt, müssen sich je zwei solche aufheben, da die Componenten gleich und entgegengesetzt werden. Für ein System Punkte, die bloß gegenseitiger Action unterworfen sind, und wo Action und Reaction zwischen 2 Punkten gleich ist, wird man daher die Gleichungen erhalten:

$$M\frac{d^2\xi}{dt^2} = 0, \quad M\frac{d^2\nu}{dt^2} = 0, \quad M\frac{d^2\delta}{dt^2} = 0$$

Es wird hierbei nicht vorausgesetzt, ist nicht nöthig, daß $R_{i,k}$ eine Function bloß von $r_{i,k}$ sei, es ist nur nöthig, daß, die Kraft welche zwischen m_i und m_k wirkt, mag irgendwelche sein, die Kraft von m_i auf m_k gleich und entgegengesetzt der von m_k auf m_i wirkenden ist. Hieraus folgt nun, daß der Schwerpunkt eines solchen Systems sich geradlinig und mit constanter Geschwindigkeit bewegt - denn integrirt man, so folgt ohne weiteres

$$M\xi = \alpha t + \alpha_1 \qquad M\nu = \beta t + \beta_1 \qquad M\delta = \gamma t + \gamma_1$$

und wenn man hier t eliminirt, so werden 2 lineare Gleichungen zwischen den Coordinaten stattfinden, welches das Kennzeichen ist, daß der Punkt sich in einer geraden Linie bewegt.

XXI   *Bewegung des Sonnensystems und Fixsterneigenbewegung; Prinzip von der Erhaltung der Flächen.*

Zufolge des Princips von der Erhaltung der Bewegung des Schwerpunkts kann sich der Schwerpunkt des Sonnensystems mit constanter Geschwindigkeit in einer Geraden bewegen. Wenn

$$\xi = at + a_1, \qquad \nu = bt + b_1, \qquad \delta = ct + c_1$$

die Gleichungen dieser Bewegung sind, so werden $a\,b\,c$ sich verhalten wie die cosinus[-Werte] der Winkel, die die Richtung der Bewegung mit den Coordinatenaxen bildet. Setzt man den Anfangspunkt der Coordinaten in den Punkt, wo der Schwerpunkt zur Zeit $t = 0$ war, so fallen die Constanten a_1 b_1 c_1 weg. Diese Bewegung können wir nicht beobachten, da wir mit zum Sonnensystem gehören, und wir nur die relative Bewegung gegen die, von der

wir selbst participiren, wahrnehmen können[182]. Gleichwohl hat man in der
letzten Zeit mit großer Wahrscheinlichkeit die Richtung herausgebracht, in
welcher sich das Sonnensystem fortbewegt. Es ist dieß mehr eine Aufgabe der
mathematischen Probabilität, als einer mathematischen Demonstration[183].
Ich will mit ein paar Worten andeuten, wie man dabei räsonnirt hat. Wenn
das Sonnensystem sich von einem Punkt s etwa in der Richtung r bewegt,
und man zu verschiedenen Zeiten nach den Fixsternen sieht, so wird durch
die Bewegung des Sonnensystems die Richtung der Gesichtslinie geändert.
Wenn wir nun den ursprünglichen Punkt s als den Mittelpunkt einer Kugel betrachten, und den Durchschnitt der Kugel mit der nach dem Fixstern
gezogenen Gesichtslinie mit p bezeichnen, so wird dieser Punkt durch die
Bewegung des Sonnensystems eine Änderung erleiden, und zwar, wenn man
durch die Gesichtslinie und die Richtung der Bewegung eine Ebene legt,
würde dieser Punkt p in dem größten Kreise, den diese Ebene auf der Ku-

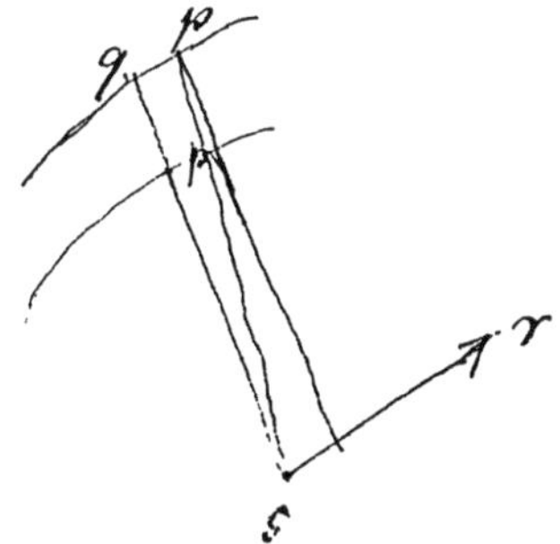

Orginalbild V:
Bewegung des Sonnensystems
und Fixsterneigenbewegung

gel abschneidet, eine entgegengesetzte Bewegung machen. Wenn wir immer
(das ganze Sonnensystem betrachten wir als einen Punkt in Bezug auf die
Fixsternweiten) aus dem Punkte s mit den verschiedenen Gesichtslinien, die
nach dem Fixstern gehen, Parallelen ziehen, die also alle in einer Ebene liegen, so verzeichnen ihre Durchschnitte mit der Kugeloberfläche uns deshalb
den scheinbaren Weg, den der Fixstern vermöge unserer eigenen Bewegung

---

[182] Wie schon in seiner *Dynamik* (s. *Werke* Suppl.bd., 26), spricht sich Jacobi auch hier
gegen die Möglichkeit aus, absolute Bewegungen empirisch wahrnehmen zu können. Seit
Newton war immer wieder die Möglichkeit in Betracht gezogen worden, die Fixsterne
könnten ein absolutes Bezugssystem abgeben - eine Vorstellung, die seit der Entdeckung
von Fixsterneigenbewegungen zunehmend problematisch wurde und die auch von Jacobi
abgelehnt wird, ohne daß dieser Kritik an Newtons Konstrukt des absoluten Raumes übt.
Hierzu kommt erst C. Neumann (vgl. Einleitung, Teil 4) im Anschluß an diese Vorlesung
Jacobis; s. zu dieser Problematik auch Streintz 1883.
[183] Vgl. seine Ausführungen unten (S. 122f.) zu F.G.W. und O.W. Struve sowie zu J. H.
von Mädler.

uns zu durchlaufen scheint. Nun hat man bei den Fixsternen eigene Bewegungen bemerkt: natürlich erst, seitdem man Kataloge der Fixsterne hat, also seit etwa 100 Jahren. Der erste ist der Bradley'sche, auf 1755 reducirt[184], dann hat sich der Entdecker der Ceres, Piazzi, 1800 durch Gründung eines neuen Sterncatalogs ausgezeichnet[185], endlich haben wir die Kataloge, die auf die bessel'schen Beobachtungen gegründet sind[186]. So hat man schon zwei Intervalle, in denen man die Bewegungen der Fixsterne vergleichen kann, natürlich eine sehr delicate Untersuchung, da es sich in 100 Jahren kaum um Minuten handelt[187]. Größer ist die Bewegung bei den Doppelsternen, wo einer um den andern sich dreht, und wo mehrere Systeme in einigen Jahren ihren Umlauf nehmen. Wenn man nun das beobachtete Stück der Bewegung eines Fixsterns als Theil eines größten Kreises betrachtet, und denselben, wenn der Bogen, in welchem der Stern sich bewegt, auch nur $\frac{1}{2}$ Minute ist, auf der Kugel verzeichnet, also eine Ebene legt durch die Gesichtslinie, die man zu Bradley's oder zu Piazzi's Zeit oder jetzt nach ihm richtet - so hat man untersucht, ob es einen Punkt auf der Kugel gibt, bei welchem diese größten Kreise mehr vorbei gehen; denn wenn die Bewegungen der Fixsterne wirklich von der eigenen Bewegung der Sonne herrühren, so müssen alle diese größten Kreise sich in einem Punkt schneiden, weil wir gesehen haben, daß die Ebenen dieser größten Kreise durch die Richtung der Bewegung der Sonne gehen. Nun haben aber die Fixsterne so gut wie das Sonnensystem ihre

---

[184] J. Bradleys ab 1750 durchgeführten Sternkatalogisierungen erschienen unter dem Titel *Astronomical observations made at the Royal Observatory at Greenwich from 1750 to 1765* (Bradley 1798/1805). Jacobis Freund F.W. Bessel nimmt in seinen eigenen Arbeiten vielfach Bezug auf den „grossen Bradley" und dessen „unübertroffene Beobachtungskunst" (Abhandlungen II, 236). Bradleys Katalog gibt die Beobachtungsbasis für Bessels Hauptwerk, die *Fundamenta Astronomiae*, ab (s. Anm. 186). Diesem Katalog voran geht allerdings noch die *Historia coelestis* des von Jacobi nicht erwähnten Gründers der Sternwarte Greenwich, J. Flamsteed, die die eigentliche Grundlage der Stellarastronomie des 18. und 19. Jahrhunderts abgab; s. Flamsteed 1725.

[185] Die Entdeckung des Planeten Ceres (benannt nach der römischen Göttin der Feldfrucht, daher spricht Jacobi wohl von „*der* Ceres") durch den Astronomen G. Piazzi am 1. Jan. 1801 erregte besonderes Aufsehen, weil durch sie eine Lücke im Titius-Bode-Gesetz geschlossen wurde (s. Nieto 1972, 17f.). Piazzis Fixsternbeobachtungen sind veröffentlicht unter dem Titel *Praecipuarum stellarum innerantium positiones mediae ineunte seculo XIX* (Piazzi 1803).

[186] S. hierzu F.W. Bessels *Fundamente Astronomiae pro Anno MDCCLV deducta ex observationibus viri incomparabilis James Bradley in Specula astronomica Grenovicensi. Per Annos 1750-62 institutis* (Bessel 1818). Der Bessel-Schüler F.W.A. Argelander initiierte die sogenannte „Bonner Durchmusterung" und später eine noch umfangreichere Zonendurchmusterung des nördlichen Sternhimmels, an der zahlreiche in- und ausländische Sternwarten teilnahmen. Deren Ergebnisse sind im sog. „AGK1" festgehalten, einem Katalog mit mehr als 150.000 Sternen; vgl. Herrmann 1978, 52f.

[187] Größenabschätzung der zu beobachtenden *Winkel*differenz.

eigenthümlichen eigenen Bewegungen. Es ist daher hier nicht auf irgend eine Schärfe zu rechnen. Man nimmt aber an, daß diese eigenen Bewegungen der Fixsterne kreuz und quer gehen, so daß, wenn man eine große Menge Fixsterne hat, sich im Ganzen doch eine vorwaltende Annäherung dieser größten Kreise nach einem Punkt sich zeigen wird. Man hat also einen solchen Punkt gesucht, bei welchem eine vorwiegende Anzahl dieser größten Kreise noch vorbeigehen - wobei freilich schon als hinreichend oder als viel angesehen wird, wenn etwa zwei Drittel im Verhältniß zu einem Drittel sich dazu bequemen. Und da hat der alte Herschel, der Vater des jetzigen, einen solchen Punkt in der That angegeben[188], und der Director der bonner Sternwarte, Argelander, hat durch eine große und umfassende Arbeit diese Untersuchung wieder vorgenommen, und auch denselben Punkt wie Herschel gefunden[189]. Da von einem genauen Durchschnittspunkt nicht die Rede sein kann, so müssen Sie sich die Sache so vorstellen, daß diese größten Kreise, in denen sich die scheinbaren Bewegungen der Fixsterne vollziehen, ein sphärisches Polygon bilden, und auf diesem Polygon befindet sich der Punkt, wohin die Bewegung des Sonnensystems gerichtet ist. Die Größen a, b, c würde man danach in ihrem gegenseitigen Verhältniß bestimmen können - und es ist von den Astronomen allgemein jetzt angenommen, daß es sich so verhält. Indess ist man in der neueren Zeit noch weiter gegangen, darin daß man sich bestrebt hat, auch die absoluten Werthe dieser Constanten, also die Geschwindigkeit der Bewegung, zu finden. An sich ist dieß nichts Unmögliches, denn, angenommen man kennte die Entfernungen der Fixsterne, so würde der Bogen pq, den in einem Jahrhundert ($\frac{1}{2}$ Minute) der Fixstern beschreibt, die Größe des Weges geben, welchen das Sonnensystem in dieser Zeit durchgemacht hat. Indessen ist hierzu nöthig erstens die Kenntniss der eigenen Bewegung der Sterne, ferner die Maasse der Fixsternweiten: es existirt aber nur eine, die von Bessel genau bestimmt ist, und auch hier ist die Genauigkeit nicht so groß, daß man sein Leben darauf verwetten müsste[190]. Denn alle

---

[188] Gemeint ist hier der deutschstämmige, aber bereits in seiner Jugend nach England ausgewanderte Friederich Wilhelm, Vater des Astronomen, Physikers und Philosophen John Frederick William Herschel. Die wichtigste Veröffentlichung des „alten" Herschel zur Eigenbewegung der Sonne erschien in den *Philosophical Transactions* unter dem Titel *On the proper motion of the sun and the solar system* (Herschel 1783). Herschel gibt in dieser Abhandlung nicht nur den fraglichen Fluchtpunkt bzw. die Richtung der Sonnenbewegung an, sondern auch eine Abschätzung ihrer Geschwindigkeit (ca. 4000 Meilen pro Stunde); vgl. Wolf 1890/1892 I, 587 (Nr. 292).

[189] F.W.A. Argelander (vgl. Anm. 186) bestätigte Herschels Bestimmung der Bewegungsrichtung tatsächlich im wesentlichen; s. seine Arbeit *DLX stellarum fixarum positiones mediae* (Argelander 1835).

[190] Jacobi bezieht sich hier auf F.W.Bessels berühmte Bestimmung der Fixsternparallaxe für den Doppelstern 61 Cygni, die jener von 1838 bis 1840 in einer Reihe von Arbeiten (vgl. Bessel *Abhandlungen* III, 501f.) publik machte, v.a. in dem Aufsatz *Bestimmung der Ent-*

dergleichen Bestimmungen sind abhängig von der Größe der Beobachtungsfehler, so, daß wenn dieselben sich auf eine Seite neigen, man daraus auf das
Vorhandensein einer specifischen Ursache, auf eine Parallaxe schließt. Doch
ist diese eine Bestimmung von Bessel etwa 300 mal genauer, als alle andern,
die man seit dem bestimmt hat; in Petersburg sind etwa einige hundert Par-
allaxen bestimmt worden, aber mit einer Wahrscheinlichkeit, daß sie ebenso
gut 10 oder 15 mal größer oder auch unmessbar sein können[191]. Also darauf
gestützt, hat man auch Etwas ausmitteln wollen über die Geschwindigkeit
des Sonnensystems, was indess, wie Sie sehen, auf mehreren Hypothesen beruht, und wohl noch zu früh ist. In der astronomie stellaire des Gründers der
Petersburger Sternwarte, Struve, ist dieß als eine Entdeckung seines Sohnes
Otto des Weiteren auseinandergesetzt[192].

---

fernung des 61. Sterns des Schwans (Bessel 1838). Bessel ermittelte dort die Entfernung
von 61 Cygni zum 657700fachen der mittleren Entfernung Erde-Sonne (*Abhandlungen* II,
230). Die Besselsche Parallaxenbestimmung ist im Kontext der Anerkennung des Copernikanischen Systems von beträchtlichem wissenschaftstheoretischen Interesse, wenngleich
sie in historischer Perspektive keine „Beweislast" mehr zu tragen hatte. Dennoch dürfte
Jacobis Schilderung einer Begegnung mit Papst Gregor XVI. im Jahre 1846 nicht ohne
Interesse sein: „Von den Mathematikern, welche ich auf meiner Reise kennen lernte, war
nicht der uninteressanteste der Pabst [sic!], bei dem Dirichlet und ich eine Audienz von
über einer halben Stunde hatten ... . Es war interessant, daß er von Copernicus mit der
größten Bewunderung sprach, doch schien er sein System für noch nicht streng bewiesen
zu halten, sondern wollte, daß es dies wäre, nur zugestehen, wenn man eine Parallaxe eines
Fixsternes entdeckt hätte. Es war ihm und mir daher interessant, ihm sagen zu können,
daß ein berühmter Landsmann von mir durch jahrelange unermüdliche und scharfsinnige
Arbeit eine solche entdeckt und nach dem einstimmigen Urteil aller Astronomen (beim
Pabst muß man immer auf Autoritäten zurückgehen) außer Zweifel gestellt hätte" (Brief
Jacobis an Bessel vom 16. Jan. 1846; zit. nach Koenigsberger 1904a, 317).

[191] Jacobi spielt hier offenbar auf die Fixsternbeobachtungen der Astronomen F.G.W.
Struve und O.W. Struve (vgl. Anm. 192) an. F.G.W. Struve war zunächst Astronom in
Dorpat und leitete ab 1839 die Sternwarte Pulkowa bei St. Petersburg, sein Sohn O.W.
Struwe wurde dort im gleichen Jahr Observator und Anfang 1848 zweiter Astronom;
letzterer publizierte auch gemeinsam mit seinem Petersburger Kollegen C.A.F. Peters.
Aufschlußreich für C.G.J. Jacobis Beurteilung der Arbeiten F.G.W. Struves, die zuletzt
durchaus kritisch war, ist der Briefwechsel mit seinem Bruder Moritz Heinrich (s. Ahrens
1907b). Ergänzend ist hier darauf hinzuweisen, daß der wichtigsten (weil fast gleichzeitig
mit Bessel durchgeführten) Parallaxenbestimmung von α Lyare durch den älteren Struve
(Struve 1837, Anhang; vgl. Wolf 1890/1892 II, 556, Nr. 607) durchaus eine Präzisionsmes-
sung zugrunde lag, die (wenngleich in Petersburg veröffentlicht) noch in Struves *Dorparter*
Zeit fiel und daher nicht zu den von Jacobi beanstandeten Parallaxenbestimmungen „in
Petersburg" gerechnet werden kann.

[192] S. hierzu F.G.W. Struves *Études d'Astronomie stellaire* (Struve 1847). Seinem Bruder
schreibt Jacobi am 20. Okt. 1847 über dieses Werk unter Anspielung auf die Zentralsonnen-
Hypothese von J.H. von Mädler (vgl. Anm. 193): „Die A. St. scheint zu mädlisiren; man
baut die abenteuerlichsten Hypothesen aufeinander und sagt dann, alles aus den Beobachtungen allein. Das kommt davon, wenn *Bessel* stirbt" (Ahrens 1907b, 161f.). - Jacobis

Ich will noch eine sogenanne Entdeckung hier erwähnen, die viel Spektakel gemacht, und die auch vortreffliche Leute inducirt hat: nämlich die Centralsonne, die der Herr Mädler in Dorpat entdeckt hat[193]. Das ist nämlich nicht mehr und nicht weniger als der Schwerpunkt aller Massen des Fixsternhimmels, oder doch wenigstens der Massen desjenigen, zu dem wir gehören, d.h. der Milchstrasse. Und zwar sind seine Resultate auf Rechnungen gegründet, für die eine ungeheure Menge von Beobachtungen benutzt sind, also nicht bloß ein unschuldiger Scherz. Nun aber lehren die Beobachtungen auch nicht, daß überhaupt die Fixsterne Massen haben, wenn wir es auch annehmen wollen. Wir kennen von den Fixsternen seit einem Jahrhundert einigermassen ihre scheinbare eigene Bewegung, das Jahrhundert sieht man hier als ein *dt* an, die Zeit ist viel zu kurz, um diese Bewegung anders als gleichförmig anzunehmen. Nun aber, wenn man irgend Etwas schließen könnte auf eine beschleunigt ungleichförmige Bewegung der Fixsterne, würde man mit Hilfe von Hypothesen vielleicht irgend einen Schluß machen können auf Kräfte, welche die Fixsterne von der geradlinigen und gleichförmigen Bahn abziehen. Da man aber nur in unserem unendlich kleinen Jahrhundert beobachtet hat, so hat man sich auf Nichts weiter einlassen können als auf die Bestimmung des Werthes, den der erste Differentialquotient jetzt hat: die Beobachtungen liefern Nichts, woraus man einen Schluß ziehen könnte auf das Dasein von Anziehungen. Gleichwohl hat durch eine sonderbare Anhäufung von Mißverständnissen von den beobachteten Bewegungen der Sterne Etwas geschlossen werden sollen auf ablenkende Kräfte, von diesen

---

Freund F.W. Bessel war im Jahr zuvor gestorben.

[193] Der Astronom J.H. von Mädler leitete ab 1840 die Dorpater Sternwarte und sorgte mit seinem Aufsatz *Die Centralsonne* in H.C. Schumachers *Astronomischen Nachrichten* (Mädler 1846; vgl. 1847/1848 II) in wissenschaftlichen Kreisen für beträchtliches Aufsehen. Mädler vertrat darin die Hypothese, daß sich aus der Bestimmung der Richtungen und Geschwindigkeiten der Fixsterneigenbewegungen die Existenz einer „wahren Centralsonne" bei Alcyone (in der Plejadengruppe) ableiten lasse - ein entweder „durch starkes Massenübergewicht dominirender Centralkörper" oder aber ein „vielleicht uns unsichtbare[r] Körper, ja selbst ein masselose[r] Punkt", auf den sich alle Fixsterne einschließlich unserer Sonne zu bewegen (ebd., 215f., 237), wobei Mädler sich für die *zweite* Alternative ausspricht.
Jacobi gehört zu den frühesten und härtesten Kritikern dieser Hypothese und spricht von „dem Unsinn in Mädlers Centralsonne, durch die er die Dorp[a]ter Sternwarte verfinstert" (Brief an M.H. Jacobi vom 9. Juli 1846; Ahrens 1907b, 136). Zu den „vortrefflichen Leuten", die mit der Theorie der „Centralsonne" sympathisierten, zählte er die beiden Struves (vgl. Anm. 192), aber wohl auch den Herausgeber der *Astronomischen Nachrichten* H.C. Schumacher, der Mädlers Arbeit trotz „einiger Zweifel" (vgl. Mädler 1846, 213) veröffentlicht hatte. Jacobi war daher sehr daran interessiert, daß diese Astronomen von seiner harten Kritik Kenntnis erhielten. S. hierzu näher Ahrens 1907b, 136-140 und 161; Koenigsberger 1904a, 376-380; Pieper 1987, 148-150; zu Mädler und dessen Theorie s. Eelsau/Herrmann 1985.

auf Massen, und von diesen auf einen gemeinschaftlichen Schwerpunkt oder eine Centralsonne. Und doch ist die Wissenschaft noch nicht so weit, daß man Einen mathematisch widerlegen könnte, der da behauptete, die Fixsterne seien bloße Sichtmassen[194]!

Ich gehe über zu dem zweiten dynamischen Principe der Erhaltung der Flächen, principe de la conservation des aires[195].

Das erste Princip der Erhaltung der Bewegung des Schwerpunkts, principe de la conservation du mouvement du centre de gravité, beruhte darauf, daß die Bedingungsgleichungen so beschaffen sind, daß sie ungeändert bleiben, wenn man die gleichnamigen Coordinaten um dieselbe Größe ändert: wenn nur Differenzen der $x$coordinaten vorkommen, so bewegt sich der Schwerpunkt so, als wenn sämtliche Componenten, nach der $x$axe zerlegt, an dem Schwerpunkt gleichzeitig wirkten, und wenn man dasselbe in Bezug auch auf die y und z[-Achse] annimmt, so bewegte sich der Schwerpunkt so, als wenn er von allen Kräften des Systems sollicitirt würde, und man ihm eine Masse gäbe, die gleich der aller materiellen Punkte [ist]. Wenn die gegenseitige Einwirkung zweier Punkte so beschaffen, daß sie gleich, aber entgegengesetzt ist, wobei nicht vorausgesetzt zu werden braucht, daß die Kraft von dem einen auf den andern Punkt gerichtet ist, oder daß die Kraft Function der Entfernung beider ist, sondern nur, daß die Wirkungen gleich und entgegengesetzt sind, für diese Fälle würden sich die beiden aus der gegenseitigen Anziehung der Punkte stammenden Kräfte, am Schwerpunkt angebracht, gegenseitig aufheben. Der Schwerpunkt bewegt sich dann [so], als wenn gar keine beschleunigenden Kräfte wirkten, also geradlinig und gleichförmig. - Jetzt wollen wir auch annehmen, die Bedingungsgleichungen seien so be-

---

[194] Mit „bloßen Sichtmassen" sind *optisch* wahrnehmbare Himmelskörper gemeint, denen jedoch *mechanisch* keine bzw. nur eine sehr geringe Masse zuzusprechen ist: Jacobis Kritik an Mädler richtet sich nicht nur darauf, daß die Beobachtungsdaten zu ungenau seien bzw. zeitlich zu dicht beieinander lägen (s.o.), sondern v.a. darauf, daß Mädler aus Größe und Richtung der Geschwindigkeiten der Fixsterne und ihrer Positionen auf die Größe der anziehenden *Massen* und von diesen auf die „Centralsonne" als gemeinsamen Schwerpunkt schließe, währen doch tatsächlich nur von Geschwindigkeits*änderungen* auf Kräfte bzw. Massen geschlossen werden dürfe (s. Koenigsberger 1904a, 378). Mädler könne daher über Fixsternmassen gar nichts aussagen, es sei eben grundsätzlich nicht auszuschließen, daß es sich um „bloße Sichtmassen" handle. Zu Mädlers Vorgehensweise bemerkt Jacobi daher an anderer Stelle pointiert: „Will man selbst Herrn M.'s herausgebrachte Richtungen als richtig annehmen, so kann man doch daraus nichts über die anziehenden Massen, oder ihren Schwerpunkt schließen" (ebd., 379).

[195] D.i. in heutiger Terminologie der Drehimpulserhaltungssatz. Als Verallgemeinerung des Keplerschen Flächensatzes wird er im Zeitraum von 1744 bis 1746 unabhängig von L. Euler, D. Bernoulli und P. d'Arcy formuliert (vgl. Pulte 1989, 211f.) und von J.L. Lagrange in der *Méchanique Analitique* als „principe de la conservation des aires" kanonisiert (Lagrange 1788, 186f. bzw. *Oeuvres* XI, 260f.).

schaffen, daß wenn man in einer Coordinatenebene, z.B. der xyebene, die beiden Axen dreht, also ein neues Coordinatensystem einführt mit demselben Anfangspunkt, dadurch in den Bedingungsgleichungen keine Änderung geschieht. Durch solche Änderung des Coordinatensystems gehen die ersten Coordinaten xy über[:] x in $x \cos \alpha + y \sin \alpha$ und y in $y \cos \alpha - x \sin \alpha_0$ Wenn wir also, indem wir immer dieselbe Constante α belassen, in jeder Bedingungsgleichung diese Ausdrücke setzen, soll aus jeder der Gleichungen $u = 0$ [...] der Winkel α ganz herausgehen. Entwickeln wir also nach den Potenzen von α und behalten bloß die erste Potenz bei, so geht x über in $x + y\alpha$ und y in $y - x\alpha$, ebenso x_1 in $x_1 + y_1\alpha$ und y_1 in $y_1 - x_1\alpha$ etc. Wenn wir die Function u also nach den Potenzen von α entwickeln, so müssen die Aggregate der Terme, die in die verschiedenen Potenzen von α multiplicirt sind, jedes für sich verschwinden, wenn durch diese Änderung keine Änderung in der Function u erzeugt werden soll. Der Theil, der in die erste Potenz multiplicirt ist, wird nun nach dem taylorschen Lehrsatz für mehrere Variabele[196]

$$\left(\frac{\partial u}{\partial x} y - \frac{\partial u}{\partial y} x \right) + \left(\frac{\partial u}{\partial x_1} y_1 - \frac{\partial u}{\partial y_1} x_1 \right) + \text{etc.}$$

Dieser Ausdruck muß also identisch verschwinden, daß dieses möglich [ist] so muß u beschaffen sein, wenn durch eine Drehung der xyaxen in ihrer Ebene keine Änderung in der Function entstehen soll: Die Bedingungsgleichung muß sich nicht auf irgend eine feste Linie in der xyebene beziehen, die durch den Anfangspunkt geht. Wenn wir nun unsre allgemeinen dynamischen Gleichungen vornehmen, die sich auf die x und $y$coordinaten beziehen

$$m\frac{d^2x}{dt^2} = X + \lambda\frac{\partial u}{\partial x} + \ldots \qquad m\frac{d^2y}{dt^2} = Y + \lambda\frac{\partial u}{\partial y} + \ldots$$

$$m\frac{d^2x_1}{dt^2} = X_1 + \lambda\frac{\partial u}{\partial x_1} + \ldots \qquad m\frac{d^2y_1}{dt^2} = Y_1 + \lambda\frac{\partial u}{\partial y_1} + \ldots$$

$$\ldots\ldots\ldots \qquad\qquad \ldots\ldots\ldots$$

successive mit $y, -x, y_1, -x_1, y_2, -x_2$, multipiciren, und addiren, so folgt

$$\sum m \left(\frac{d^2x}{dt^2} y - \frac{d^2y}{dt^2} x \right) = \sum (Xy - Yx)$$

wo sich die Summen auf die verschiedenen materiellen Punkte beziehen. Die in die Multiplicatoren multiplicirten Aggregate verschwinden identisch, wegen der angegebenen identischen Gleichungen

---

[196] In der Hs. wird die an zweiter Stelle aufgeführte Ableitung versehentlich mit $\frac{\partial x}{\partial y}$ angegeben.

$$\sum \frac{\partial u}{\partial x} y - \frac{\partial u}{\partial y} x = 0 \quad \text{etc.}$$

die aus der Natur der Bedingungsgleichungen folgen sollen, denn genau dieselben Ausdrücke sind in $\lambda\,\mu \ldots$ multiplicirt. Alles, wenn $u\,v \ldots$ ungeändert bleiben, wenn man die xycoordinatenaxen um den Anfangspunkt dreht.

Wenn die Kräfte, die auf die Punkte des Systems wirken, bloße Anziehungskräfte sind, so wird der Ausdruck $\sum (X y - Y x)$ identisch verschwinden. Nämlich wenn allgemein die $3n$ Größen X die partiellen Differentialquotienten einer Function U nach den entsprechenden Coordinaten genommen sind, und diese Function U ebenfalls diese Eigenschaft hat, daß sie ungeändert bleibt, wenn man die xyebene um den Anfangspunkt dreht, so gilt dasselbe von der Function U, was von den Größen $u\,v \ldots$ gilt, und man hat die identische Gleichung

$$\sum \left(\frac{\partial U}{\partial x} y - \frac{\partial U}{\partial y} x \right) = 0$$

Bei der gegenseitigen Anziehung hat aber U diese Eigenschaft, denn da enthält U nur die Entfernungen, deren Quadrat durch[197]

$$\overline{x - x_1}^2 + \overline{y - y_1}^2 + \overline{z - z_1}^2$$

ausgedrückt wird, und deren Ausdruck sich nicht ändert, wenn man das rechtwinklige Coordinatensystem auf irgend eine beliebige Weise ändert. Die Winkel, die 2 Linien bilden, die Distanzen zweier Punkte, überhaupt alle geometrischen Bedingungen, die von der Lage des Coordinatensystems unabhängig sind, können sich durch Ändern dieses Systems nicht ändern. Solche Ausdrücke sind

$$x^2 + y^2 + z^2, \qquad x x' + y y' + z z' \quad \text{u.a.}$$

---

[197] Die hier in der Hs. auftretenden waagerechten Balken ersetzen lediglich Klammern.

XXII *Prinzip von der Erhaltung der Flächen bei gegenseitiger Anziehung und bei Anziehung nach festen Punkten.*

Der Flächensatz gilt bei einem System gegenseitig sich anziehender materieller Punkte, wenn nur die Kraft, mit welcher ein Punkt einen andern angreift, nach dem andern Punkte selber gerichtet ist, die Intensität kann eine ganz beliebige sein, wenn nur die Wirkung der Gegenwirkung gleich ist. Um dieß deutlich einzusehen, wollen wir wieder die Componente der Kraft untersuchen, mit der 2 Massen m und m_1 einander anziehen. Nennen wir $R_{0,1}$ diese anziehende Kraft und $r_{0,1}$ die Entfernung beider Punkte, so wird die Masse m von der Masse m_1 angezogen mit einer Kraft, deren Componenten sind[198]

$$\frac{R_{0,1}}{r_{0,1}}x_1 - x\,, \qquad \frac{R_{0,1}}{r_{0,1}}y_1 - y\,, \qquad \frac{R_{0,1}}{r_{0,1}}z_1 - z$$

Die Componenten der Kraft, mit welcher m_1 nach m gezogen wird, haben die entgegengesetzten Werthe. Wenn wir nun die ersten Componenten mit $X\,Y\,Z$, die zweiten mit $X_1\,Y_1\,Z_1$ bezeichnen, und den Ausdruck bilden[199]

$$yX - xY + y_1X_1 - x_1Y_1$$

so hat dieser die Form der Ausdrücke, von denen wir sehen sollten, in welchen Fällen sie verschwinden. Da hier nun $X = -X_1$, $Y = -Y_1$ ist, wird jener Ausdruck[200]

$$= (y - y_1)X - (x - x_1)Y \quad \text{und da} \quad X : Y = x - x_1 : y - y_1$$

so zeigt sich, daß er identisch verschwindet. Ebenso wird bei einem System von n Punkten, die sich gegenseitig anziehen, in dem Ausdruck $\sum yX - xY$ das Aggregat der Terme sich gegenseitig aufheben, die aus der gegenseitigen Anziehung von je zwei Punkten hervorgehen: und das, wie auch die Intensität der Kraft R beschaffen sein mag. Ich bemerke dieses, weil ich den Beweis des Satzes in der vorigen Stunde davon abgeleitet habe, daß sich die Kräftecomponenten als partielle Differentialquotienten einer Function U darstellen lassen, das ist aber nur der Fall, wenn R wie bei dem newtonschen Gesetz ein Function der Entfernung r ist - wir sehen aber hier, daß dieß nicht nöthig ist.

---

[198] Die Koordinatendifferenzen $x_1 - x$, ... sind dabei natürlich als Faktoren zu denken.

[199] In der Hs. sind die Indices in den folgenden Formeln teilweise oben angebracht.

[200] Auch hier sind in der (zweiten) Verhältnisgleichung die Koordinatendifferenzen in Klammern gesetzt zu denken.

Außer solchen Kräften, die aus der gegenseitigen Anziehung herrühren, wird nun der Flächensatz in Bezug auf die xyebene immer gelten, wenn die Kräfte, die die verschiedenen Punkte sollicitiren, jede nach festen Punkten der $z$axe gerichtet sind. Wir wollen also annehmen, daß zu den Kräften X und Y noch Kräfte hinzukämen, welche auf die $z$axe gerichtet sind, so daß X einen Term enthält Px und Y einen Term Py, denn wenn eine Kraft nach einem Punkt der $z$axe gerichtet ist, so werden sich ihre der x und $y$axe parallelen Componenten verhalten wie die x und $y$coordinaten des Punktes, oder wie x und y selber. Dieser Punkt der $z$axe, nach welchem die Kräfte gerichtet sind, kann für die angegebenen materiellen Punkte, auf welche sie wirken, verschieden sein, denn damit der Ausdruck $Yx - Xy$ verschwindet, ist weiter Nichts nöthig, als daß die beiden Componenten [sich] wie x und y verhalten. Es können auch auf einen Punkt mehrere solche Kräfte wirken, von denen jede auf einen Punkt der $z$axe gerichtet ist - endlich brauchen diese Punkte auch nicht fest in der $z$axe zu sein, sondern können mit der Zeit sich verändern, wenn nur in jedem Moment die Richtung der Kraft, die auf den Punkt wirkt, die $z$axe schneidet. Wenn man nun einen isolirten Punkt, die freie Bewegung eines Punktes im Raume, betrachtet, der von mehreren Kräften getrieben wird, die alle nach der $z$axe gerichtet sind, so wird der Punkt, wenn seine Anfangsgeschwindigkeit auch die $z$axe schneidet, in der Ebene bleiben, welche durch seinen Anfangsort in der $z$axe geht, - wenn er aber einen anfänglichen Impuls erhält, der ihn aus dieser Ebene heraustreibt, so wird er im Allgemeinen keine ebene Curve, sondern eine Curve doppelter Krümmung beschreiben. Man kann aber allgemein solche Bewegungen zurückführen auf die Bewegung der Punkte in der Ebene, die durch seinen Ort und die $z$axe geht, und auf die Drehung dieser Ebene um die $z$axe selber. Wie sich der Punkt im Raum bewegt, kann man sich in jedem Augenblick durch seinen Ort und die $z$axe eine Ebene legen, die also um die $z$axe rotiren wird, und man kann seine Bewegung theilen in die Bewegung seines Ortes in der Ebene und in die Rotation dieser Ebene um die $z$axe. Wenn nun die Kraft, mit welcher der Punkt nach der $z$axe getrieben wird, eine Function seiner Entfernung von der $z$axe ist und seiner Entfernung von der xyebene, so daß diese Kraft nicht abhängig ist von dem Winkel, um welchen man gleichzeitig die xyebene um die $z$axe dreht, so daß, was dasselbe ist, die Intensität dieser Kraft unverändert bleibt, wenn man die xycoordinaten in der xyebene dreht: - so wird man immer die Bewegung dieses Punktes in der angegebenen Ebene besonders betrachten können, oder das angegebene Problem auf ein anders zurückführen können, in welchem die Bewegung in einer Ebene geschieht, und wenn man dieses Problem integrirt hat, wird die Bewegung dieser Ebene um die $z$axe nur noch von einer Quadratur abhängen.

Wir wollen also annehmen, wir haben die Gleichungen

$$\frac{d^2x}{dt^2} = X \qquad \frac{d^2y}{dt^2} = Y \qquad \frac{d^2z}{dt^2} = Z$$

und es verhalte sich $X : Y = x : y$. Daher sei die Resultante nach einem Punkt der $z$axe gerichtet, so wird man auch den Flächensatz haben

$$x\frac{d^2y}{dt^2} - y\frac{d^2x}{dt^2} = 0 \quad \text{und die Integration hiervon gibt}$$

$$x\frac{dy}{dt} - y\frac{dx}{dt} = \alpha \quad [, \text{d.h. eine}] \text{ willkürliche Constante.}$$

Setzt man jetzt $x = r\cos v \quad y = r\sin v$, so wird $xdy - ydx = r^2dv$, man hat also $r^2dv = \alpha dt$. Sei ferner $X = R\cos v \quad Y = R\sin v$, so hat man offenbar $X : Y = x : y$ und außerdem $X^2 + Y^2 = R^2$. R soll nur eine Function von r und z sein, so wird man Differentialgleichungen bloß zwischen r z und t finden, und nachdem man diese Differentialgleichungen integrirt hat, erhält man v als Function der übrigen Größen durch eine bloße Quadratur. Nämlich auf folgende Art: Bezeichnet man die vollständigen Differentiale nach t mit oberen Indices, so hat man sogleich aus

$$x = r\cos v \quad \text{und} \quad y = r\sin v$$

$$x' = r'\cos v - r\sin v\, v' \qquad y' = r'\sin v + r\cos v\, v'$$

wenn man noch einmal differentiirt, die 2ten Differentialquotienten

$$x'' = r''\cos v - 2r'\sin v\, v' - r\cos v\, v'^2 - r\sin v\, v'' \;\; = \;\; X = R\cos v$$

$$y'' = r''\sin v + 2r'\cos v\, v' - r\sin v\, v'^2 + r\cos v\, v'' \;\; = \;\; Y = R\sin v$$

Wenn wir die erste Gleichung mit $\cos v$, die zweite mit $\sin v$ multipliciren und addiren, so folgt

$$R = r'' - rv'^2$$

und um den Winkel v ganz herauszubringen, benutzen wir die Gleichung, die wir oben hatten[201],

$$r^2v' = \alpha \quad \text{woraus [folgt]}[202] \quad v'^2 = \frac{\alpha^2}{r^4}$$

---

[201]

Es ist ja die oben eingeführte Konstante $\alpha = xy' - x'y \quad =$
$r\cos v(r'\sin v + r\cos vv') - r\sin v(r'\cos v - r\sin vv') \quad =$
$r^2(\cos^2 v + \sin^2 v)v' \quad = \quad r^2v'.$

die Substitution ergibt sogleich

$$R = r'' - \frac{\alpha^2}{r^3}$$

oder unser dynamisches Gleichungssystem verwandelt sich in

$$\frac{d^2 r}{dt^2} = R + \frac{\alpha^2}{r^3} \quad \text{und} \quad \frac{d^2 z}{dt^2} = Z$$

Wenn also Z und R, d.h. die Componenten der Kraft, parallel der $z$axe und senkrecht auf der $z$axe, kein v enthalten, d.h. nicht abhängen von der Lage der Ebene im Raum, die durch den Ort des Punktes geht und durch die $z$axe, so reducirt sich unser System Differentialgleichungen, welches 3 Differentialgleichungen zweiter Ordnung zwischen $x\,y\,z$ und t waren, auf 2 Differentialgleichungen zwischen $r\,z$ und t. Die Gleichungen zwischen $r\,z$ und t sind aber die Gleichungen für die Bewegung des Punktes in der Ebene, die man durch den jedesmaligen Ort desselben und die $z$axe legt: Es bleibt der Winkel v, der die Rotation dieser Ebene um die $z$axe ausdrückt. Man findet diesen Winkel durch die Gleichung $dv = \frac{\alpha dt}{r^2}$; hat man also r durch die Zeit bestimmt, was nöthig ist, um die Bewegung des Punktes in der rotirenden Ebene zu kennen, so erhält man v durch die bloße Quadratur

$$v = \alpha \int \frac{dt}{r^2}$$

Wir können das Gefundene so aussprechen, daß um die Gleichung des Punktes in der rotirenden Ebene, die durch die $z$axe geht, zu finden, man zu der Kraft, die ihn nach der $z$axe treibt, noch eine Kraft fügen muß, die senkrecht auf die $z$axe gerichtet ist, und umgekehrt proportional dem Cubus der Entfernung des Punktes von der $z$axe. Denn die Kraft, die ihn nach der $z$axe treibt, kann ersetzt werden durch R und Z, von der die erste senkrecht, die zweite parallel der $z$axe gerichtet ist, und zu der ersten muß nun noch die Kraft $\frac{\alpha^2}{r^3}$ kommen, wo die Constante α bestimmt wird durch die anfängliche Rotationsgeschwindigkeit der Ebene und die Anfangsentfernung des Punktes von der $z$axe. Denn wir hatten

$$\alpha = r^2 \frac{dv}{dt},$$

$\frac{dv}{dt}$ ist die Winkelgeschwindigkeit, mit welcher die Ebene rotirt, also für $t = 0$ wird r die anfängliche Entfernung und $\frac{dv}{dt}$ die anfängliche Geschwindigkeit.

---

[202] In der Hs. folgt irrtümlich $v' = \frac{\alpha^2}{r^4}$.

Wenn man diese Betrachtungen ein für alle Mal anstellt, wird man die Behandlung specieller Probleme leichter übersehen - es erschwert die Übersicht in den meisten Lehrbüchern, die specielle Probleme behandeln, daß der allgemeine Theil nicht gehörig hervorgehoben wird.

Nimmt man z.B. die berühmte Aufgabe, die Euler gelöst hat, nämlich die Anziehung eines Punktes nach zwei festen Centren sei zu bestimmen[203], so kann man sogleich die Lösung dieses Ansatzes, die Lagrange[204] für den Raum ausgedehnt hat, von diesem letzten Fall auf die Bewegung in der Ebene zurückführen. Wenn man nämlich die beiden Centren in die $z$axe setzt, so tritt der Fall ein, den wir im Vorigen behandelt haben, und soll die Anfangsgeschwindigkeit noch auf die $z$axe gerichtet sein, so hat man die Aufgabe, die Euler integrirt hat, eine seiner berühmtesten Arbeiten. Hat aber der Anfangsimpuls eine andere Richtung, so daß der Punkt eine Curve doppelter Krümmumg beschreibt, so kann man die Aufgabe, wie oben gezeigt, in die ebene und rotirende Bewegung zerlegen und wird die nämlichen Formeln wie Euler erhalten, wenn man nur zu R noch $\frac{\alpha^2}{r^3}$ hinzufügt, und zwar findet sich, daß der Gang der Euler'schen Integration hier doch nicht im Mindesten geändert wird, zu den Ausdrücken unter dem Wurzelzeichen kommt nur noch ein solcher Term hinzu. Man übersieht bei dieser Entwicklung jedenfalls besser die Behandlung des Problems für den Raum.

Wenn nun die Kräfte alle auf einen festen Punkt gerichtet sind, oder nur noch von gegenseitigen Anziehungen der bewegten materiellen Punkte herrühren, so gilt, was von einer Coordinatenebene gilt, von allen, und auch von jeder Coordinatenebene, die man durch den Anfangspunkt legt. Es wird daher der Flächensatz für jede der 3 Coordinatenebenen gelten, oder man wird identisch haben:

$$\sum(yZ - zY) = 0\,, \quad \sum(zX - xZ) = 0\,, \quad \sum(xY - yX) = 0$$

oder die Gleichungen

$$\sum m\left(y\frac{d^2z}{dt^2} - z\frac{d^2y}{dt^2}\right) = 0\,, \quad \sum m\left(z\frac{d^2x}{dt^2} - x\frac{d^2z}{dt^2}\right) = 0\,,$$

$$\sum m\left(x\frac{d^2y}{dt^2} - y\frac{d^2x}{dt^2}\right) = 0$$

---

[203] Gemeint ist Eulers Abhandlung *De motu corporis ad duo centra virium fixa attracti* (Euler 1764a; vgl. auch 1765a). Sie steht im Kontext einer Reihe von allgemeinen Untersuchungen zum Dreikörper-Problem, die Euler um 1760 aufnahm; s. hierzu auch Volk 1983 und Knobloch 1991.

[204] Es handelt sich um die *Recherches sur le mouvement d'un corps qui est attiré vers deux centres fixes*, die in zwei Teilen in den *Miscellanea Taurinensea* veröffentlicht wurden (Lagrange 1769a und 1769b).

oder wenn man integrirt, folgende Gleichungen:

$$\sum m \left(y \frac{dz}{dt} - z \frac{dy}{dt} \right) = A \,, \qquad \sum m \left(z \frac{dx}{dt} - x \frac{dz}{dt} \right) = B \,,$$

$$\sum m \left(x \frac{dy}{dt} - y \frac{dx}{dt} \right) = C$$

Von diesen drei Gleichungen gilt der sehr merkwürdige Umstand, daß entweder nur eine von ihnen stattfindet, oder alle drei: es kann kein mechanisches Problem geben, in welchem zwei von ihnen stattfinden, und nicht auch die dritte.

XXIII   Die drei Flächensätze für verschiedene Koordinatenebenen und ihre Beziehungen; Keplerscher Flächensatz.

Ich machte zuletzt die Bemerkung, daß die drei Flächensätze immer entweder zusammen bestehen, oder nur einer von ihnen, so daß wenn zwei von ihnen gültig sind, es nothwendig auch der dritte ist. Es ist dieß das einfachste Beispiel von einem der merkwürdigsten Sätze der Integralrechnung in Bezug auf Systeme gewöhnlicher Differentialgleichungen von der Art, wie sie in der analytischen Mechanik und in den Problemen der Variationsrechnung vorkommen[205]. Man hatte nämlich Integralgleichungen, die man gefunden hat, und die so beschaffen sind, daß eine Function der Variabeln und ihrer Differentialquotienten gleich einer willkürlichen Constante ist, zu weiter Nichts zu brauchen verstanden, als daß man eine Variable eliminirte und so die Ordnung des Systems Differentialgleichungen um eine Einheit verringerte. Ein Integral war dazu so gut wie das andere. Ich habe eben darauf aufmerksam gemacht, daß die Integrale in den genannten Problemen ein qualitatives Verhalten haben, daß nicht eines so gut ist wie das andere, sondern daß es Integrale gibt, die nothwendig mehrere andere mit sich führen, ja daß dieß in der Regel immer der Fall ist, und daß es sogar möglich ist, daß man aus zwei Integralgleichungen in der Mechanik alle übrigen Integralgleichungen durch bloßes partielles Differentiiren ableiten kann. Diese Eigenschaft der Differentialgleichungen weicht so sehr ab von Allem, was bisher in der

---

[205] Die folgenden Ausführungen finden sich bereits in einem Brief Jacobis an die Pariser Akademie, der unter dem Titel *Sur un théorème de Poisson* veröffentlicht wurde (Jacobi 1840b). Ausführlich untersucht Jacobi die Algebra der „Poisson-Klammern" (vgl. Anm. 206) in seiner nachgelassenen Schrift *Nova methodus aequationes differentiales partialis primi ordinis inter numerum variabilium quemqunque propositas integrandi* (Jacobi 1862; s. *Werke* V, insbes. 39-53).

Integralrechnung vorgekommen war, daß man den Satz, auf welchem dieselbe beruht, dreißig Jahre vor Augen hatte, ohne diesen Umstand daraus abzulesen. Poisson hatte nämlich den betreffenden Satz in seinen frühesten Arbeiten gefunden[206], und Lagrange, der seiner als eines sinnreichen Stückes mathematischer Analysis erwähnt (er rühmt ihn als Etwas, das durch die Schwierigkeit des Beweises interessant wäre, spricht aber nicht von dem Interesse des Resultates), hatte so wenig wie Poisson selber seine Wichtigkeit erkannt, so daß er den Satz nicht einmal in seine analytische Mechanik aufgenommen hat[207].

Das einfachste Beispiel desselben ist, daß 2 Flächensätze den dritten immer mit sich führen müssen. Denn diese 3 Flächensätze und der Satz vom Schwerpunkt gelten immer, wenn das System Differentialgleichungen ungeändert seine Form beibehält, wie man auch immer die rechtwinkligen Coordinaten transformirt. Wenn man also statt der ersten Coordinaten [die] Ausdrücke setzt

$$
\begin{aligned}
x &= a + \alpha p + \beta q + \gamma r \\
y &= b + \alpha' p + \beta' q + \gamma' r \\
z &= c + \alpha'' p + \beta'' q + \gamma'' r
\end{aligned}
$$

wo die Constanten a, b, c beliebig sind, zwischen den 9 übrigen Coefficienten aber die bekannten Relationen stattfinden, die ausdrücken, daß mit x y z auch p q r rechtwinklige Coordinaten sind. Diese Relationen, die man immer gegenwärtig haben muß, wenn man sich mit analytischer Mechanik

---

[206] Das hier ausgesprochene Theorem Poissons ist das (wohl bedeutendste) Resultat einer intensiven „Wechselwirkung" zwischen Laplace, Lagrange und Poisson zu Fragen der Störungsrechnung in den Jahren 1808-10; s. hierzu im Detail Grattan-Guinness 1990 I, 371-385. Die wichtigste Arbeit, auf die Jacobi hier (neben Kommentaren zu Lagrange 1808a und 1808b) anspielt, ist das *Mémoire sur la variation des constantes arbitraires dans le questions de mécanique* (Poisson 1809). Hier werden auch erstmals die sogenannten „Poisson-Klammern" (a, b) (heute gewöhnlich $[a, b]$ geschrieben) eingeführt, um die Eigenschaften der „willkürlichen Konstanten" a, b als erste Integrale der Bewegungsgleichungen einfach auszudrücken:

$$(a, b) = const., \quad (a, b) = -(b, a), \quad (a, a) = 0, \text{ etc..}$$

Vgl. hierzu Poisson 1809, insbes. 280f.. Als „Poissons Theorem" bezeichnet Jacobi den „wirklich ungewöhnlichen, bis heute ohne Beispiel gebliebenen" und „zugleich entdeckten und verborgenen" Satz, daß durch zwei Integrale a und b ein *drittes* Integral c „direkt und ohne sogar von Quadraturen Gebrauch zu machen" gegeben wird (Jacobi 1840b, s. *Werke* IV, 145). Tatsächlich ist weder bei Lagrange noch bei Poisson eine entsprechende Interpretation der Beziehungen $(a, b) = c$ etc. zu finden.

[207] S. Lagranges *Mécanique Analytique* (ab der 2. Aufl.), Part. 2, Sect. V (*Oeuvres* XI, 343-368); vgl. auch die gleichlautende Kritik in Jacobi 1840b (*Werke* IV, 145).

oder Geometrie beschäftigt, sind zweiundzwanzig, die alle aus sechsen sich ergeben: Es sind:

1) Die Summen der Quadrate in derselben Vertikalreihe sind $= 1$

2) Die Summen der Quadrate in derselben Horizontalreihe sind $= 1$

3) Ausdrücke von der Form $\alpha\alpha' + \beta\beta' + \gamma\gamma' = 0$

4) Ausdrücke von der Form $\alpha\beta + \alpha'\beta' + \alpha''\beta'' = 0$

5) Jeder Coefficient wird durch 4 andere, durch Gleichungen von der Form $\alpha = \beta'\gamma'' - \beta''\gamma'$, bestimmt, aus welcher einen [Gleichung] Sie die übrigen bilden können, indem Sie immer die Buchstaben $\alpha\ \beta\ \gamma$ und die Indices 0, 1, 2 einen Cyclus durchlaufen lassen. Endlich

6) muß die Determinante der 9 Coefficienten $\sum \pm \alpha\,\beta'\,\gamma'' = \pm 1$ sein[208]. Letzteres folgt unmittelbar aus der Vereinigung vorstehender Sätze. Wir schreiben die Relationen hin:

$$\alpha\alpha + \beta\beta + \gamma\gamma = 1 \qquad\qquad \alpha\alpha + \alpha'\alpha' + \alpha''\alpha'' = 1$$
$$\alpha'\alpha' + \beta'\beta' + \gamma'\gamma' = 1 \qquad\qquad \beta\beta + \beta'\beta' + \beta''\beta'' = 1$$
$$\alpha''\alpha'' + \beta''\beta'' + \gamma''\gamma'' = 1 \qquad\qquad \gamma\gamma + \gamma'\gamma' + \gamma''\gamma'' = 1$$

$$\alpha'\alpha'' + \beta'\beta'' + \gamma'\gamma'' = 0 \qquad\qquad \beta\gamma + \beta'\gamma' + \beta''\gamma'' = 0$$
$$\alpha''\alpha + \beta''\beta + \gamma''\gamma = 0 \qquad\qquad \gamma\alpha + \gamma'\alpha' + \gamma''\alpha'' = 0$$
$$\alpha\alpha' + \beta\beta' + \gamma\gamma' = 0 \qquad\qquad \alpha\beta + \alpha'\beta' + \alpha''\beta'' = 0$$

$$\beta'\gamma'' - \beta''\gamma' = \epsilon\alpha \qquad \gamma'\alpha'' - \gamma''\alpha' = \epsilon\beta \qquad \alpha'\beta'' - \alpha''\beta' = \epsilon\gamma$$
$$\beta''\gamma - \beta\gamma'' = \epsilon\alpha' \qquad \gamma''\alpha - \gamma\alpha'' = \epsilon\beta' \qquad \alpha''\beta - \alpha\beta'' = \epsilon\gamma'$$
$$\beta\gamma' - \beta'\gamma = \epsilon\alpha'' \qquad \gamma\alpha' - \gamma'\alpha = \epsilon\beta'' \qquad \alpha\beta' - \alpha'\beta = \epsilon\gamma''$$

$$\alpha\beta'\gamma'' - \alpha\beta''\gamma' + \beta\gamma'\alpha'' - \beta\gamma''\alpha' + \gamma\alpha'\beta'' - \gamma\alpha''\beta' = \epsilon = \pm 1 .$$

---

[208] In der Hs. wurde der Wert der Determinante zunächst mit 0 angegeben, dann offenbar zu einer 1 verbessert. Ausführlich und korrekt wird der Term in der letzten der nachfolgenden Gleichungen wiedergegeben, wo mit $\epsilon = \pm 1$ auch die Möglichkeit einer Spiegelung des Koordinatensystems eingeschlossen ist, wie Jacobi unten (S. 136) näher ausführt.

Monge gibt noch Relationen, die dazu dienen, aus drei als bekannt angenommenen Coefficienten, andere Functionen zu bilden, und vermittelst ihrer die übrigen Coefficienten darzustellen[209]. Es ist noch die wichtige Bemerkung zu machen, daß wenn man ganz allgemein die Transformation zweier rechtwinkliger Coordinatensysteme in einander betrachtet, die letzten 10 Ausdrücke alle gleichzeitig mit dem Minuszeichen behaftet sein können. Es ist also ein

---

[209] S. hierzu G. Monges Arbeit *Mémoire sur l'expression analytique de la Géneration des Surfaces Courbes* (Monge 1784a). Am rechten Rand und *im Text* schließen sich dann folgende Hinweise an, die sich auf die Transformation Kartesischer Koordinaten und Flächen zweiter Ordnung beziehen: „Siehe Encke im astron. Jahrbuch für 1832. Lacroix Differentialrechnung und Grüson. Laplace gibt in seiner mécanique céleste Bd I die bekannten Ausdrücke durch die 3 Winkelgrößen der z und $r$axe so wie den Winkel, den respective die x und die $p$axe mit der Durchschnittlinie der xy und pqebene machen. Außerdem siehe C.G.J. Jacobi Crelle Journal XV p. 309, Band VIII. Grunert p. 153 und ibid II pg 188 229 234 nach Euler (und Lexell) in com. nov. Octrop. XX 1775, ibid Jacobi p. 253, 321, X 120 Opera I 271. XIV 289. Minding."
Es handelt sich dabei (der Reihe nach) um Verweise auf folgende Beiträge: (1) J.F. Enckes *Ableitung der Formeln von Monge für die Transformation der Coordinaten im Raume* (Encke 1832); (2) S.F. Lacroix' dreibändiges Lehrwerk *Traité du calcul différentiel et du calcul intégral* (s. Lacroix 1787-1800 I, 528ff.) und die Übersetzung der beiden ersten Bände (nach der 1. Aufl.) von J.P. Grüson (Lacroix 1799/1800); (3) P.S. Laplaces *Traité de mécanique céleste* (Laplace 1825; s. *Oeuvres* I, 65ff.); (4) Jacobis *Observationis geometricae* (Jacobi 1836a); (5) J.A. Grunerts Aufsatz *Über die Verwandlung der Coordinaten im Raume* (Grunert 1832); Jacobis Abhandlungen (6) *Euleri formulae de transformatione coordinatum*, (7) *Über die Hauptaxen der Flächen der zweiten Ordnung* und (8) *De singulari quadam duplicis Integralis transformatione* (Jacobi 1827a, 1827b und 1827c). Bereits in diesen Arbeiten bezieht er sich explizit auf (9) L. Eulers *Formulare generales pro translatione quacunque corporum rigidorum* (Euler 1775) und auf (10) A.J. Lexells *Theoremata non nulla generalia de translatione corporum rigidorum* (Lexell 1775); beide Aufsätze erschienen im 20. Band der *Novi commentarii* der Petersburger Akademie. Wie die unter (4-8) genannten Arbeiten, finden sich auch die zwei folgenden Arbeiten, auf die Jacobi verweist, in *Crelles Journal*. Es handelt sich dabei um seine Abhandlungen (11) *De transformatione integralis duplicis indefiniti* (Jacobi 1832, erschienen in zwei Teilen) und (12) *De transformatione et determinatione integralium duplicium commentatio tertia* (Jacobi 1833, insbes. 120). „Opera I 271" verweist auf Jacobis Aufsatz (13) *Sulla condizione di ugluagianza di due radici dell' equazione cubica, dalla quale dipendono gli assi principali di una superficie del second' ordine* (Jacobi 1844b, abgedruckt auch im ersten Band der *Opuscula Mathematica* aus dem Jahre 1846). Der letzte Hinweis schließlich bezieht sich auf (14) F. Mindings *Untersuchungen betreffend die Frage nach einem Mittelpuncte nicht paralleler Kräfte* (Minding 1835).
Die extensiven Literaturhinweise, die Jacobi hier seinen Studenten an die Hand gibt, sind ansonsten für seine Vorlesungen ganz unüblich. Sie belegen, welche Bedeutung er der Kenntnis von Koordinatentransformationen für ein Verständnis der analytischen Mechanik im allgemeinen und ihrer Erhaltungssätze im besonderen beimaß: Die Zurückführung von Invarianten der Bewegung auf Symmetrieeigenschaften des Raumes, später allgemein durchgeführt von E. Noether, ist ein zentrales *Thema* seiner diesbezüglichen Untersuchungen.

wesentlicher Unterschied zwischen den beiden Fällen. Nämlich wenn wir uns die Coordinatenaxen vom Anfangspunkt aus nach einer Richtung hin sich erstreckend denken, so sind die beiden Coordinatensysteme in dem ersten Falle, wo das pluszeichen gilt, so beschaffen, daß man das erste Coordinatensystem so drehen kann, daß das alte System in das neue fällt, und zwar so, daß die $x$axe in die $p$axe, die y in die q, die z in die $r$axe zu liegen kommt - also immer, wenn ein System durch Bewegung in die Lage des andern kommen kann, gilt nur das +zeichen. Umgekehrt, wenn das minuszeichen gilt, sind die Coordinatensysteme so beschaffen, daß dieß nie geschehen kann, sondern wenn man die $x$axe in die $p$axe gebracht hat, kann man nur die y in die r und die z in die $q$axe bringen. Wenn man einen Körper hat, und für jeden Punkt desselben im Raum einen entsprechenden Punkt dadurch bildet, daß man den $p\,q\,r$ Coordinaten in Bezug auf das System der $p\,q\,r$ axen denselben Werth gibt, welchen in dem gegebenen Körper die Coordinaten $x\,y\,z$ der Punkte haben, so wird man im ersten Falle einen congruenten Körper erhalten, wenn $\epsilon = +1$, im zweiten Falle aber, bei $\epsilon = -1$, einen sogenannten symmetrischen Körper.

Wenn also durch die Verwandlung des Coordinatensystems die Differentialgleichungen ungeändert bleiben, so daß sie in $p\,q\,r$ ebenso werden wie in $x\,y\,z$, und keine der 12 Constanten, die zur Transformation der Coordinaten dienen, in die Differentialgleichung hineinkommen, so gelten die genannten 6 Integrale, die 3 Flächensätze und die 3 Gleichungen für die Erhaltung des Schwerpunktes, weil dann eben die Bedingungen stattfinden, die wir voraussetzen, d.h. die Drehung und die Fortrückung des Coordinatensystems kann ohne Einfluß stattfinden. Wir wollen nun untersuchen, wie die willkürlichen Constanten ihren Werth ändern, dadurch daß wir die Coordinatensysteme ändern. Die drei Flächensätze sind:

$$\sum m(yz' - y'z) = A\,, \quad \sum m(zx' - z'x) = B\,, \quad \sum m(xy' - x'y) = C$$

Wir können nun entweder die Formeln substituiren oder die 22 Relationen zur Reduction benutzen, oder wir können geometrische Betrachtungen anwenden. Setzt man nämlich $x = r\cos v$ $y = r\sin v$, so wird $x\,dy - y\,dx = r^2 dv$, wie ich schon bemerkt habe. Wenn also der Winkel v mit der Zeit gleichzeitig wächst, so daß dv mit dt gleichzeitig positiv ist, so hat die Constante C einen positiven Werth. Dieser Ausdruck $r^2 dv$ drückt nun das doppelte Flächenelement aus, welches gebildet wird, wenn ich die Bahn des Punktes auf die xyebene projicire, und von dem Anfangspunkt der Coordinaten nach zwei aufeinander folgenden Punkten der Bahn radii vectores ziehe. Sie können sich nach der Methode es Unendlichkleinen das augenblicklich construiren. Wenn man den Kreisbogen $r\,dv$ zieht, so ist der Inhalt des dadurch gebildeten Dreiecks mit Basis r [und] Höhe $r\,dv = \frac{1}{2}r^2 dv$. Das Stückchen, welches

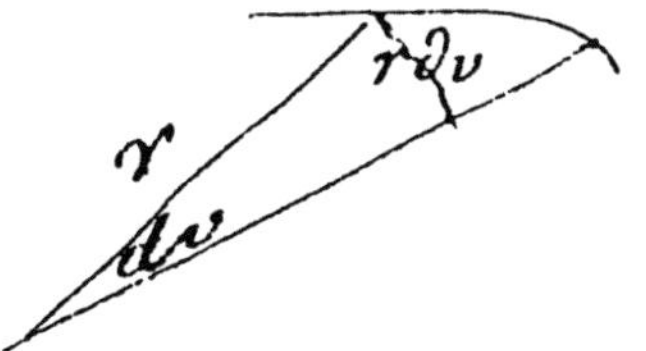

Orginalbild VI:
Zur Interpretation der
Konstanten beim Flächensatz

übrig bleibt, ist eine unendlich kleine Größe der 2ten Ordnung und kommt
also hier gar nicht in Betracht. Wir können nun also allgemein sagen[:] wenn
wir vom Anfangspunkt der Coordinaten nach zwei auf einander folgenden
Punkten der wirklichen Bahn im Raume Linien ziehen, so wird

$$r^2 dv = x dy - y dx$$

die doppelte Projection[210] dieses Flächenelements auf die xyebene. Nun hat
man den allgemeinen, sehr wichtigen Satz, daß wenn man im Raume eine
Ebene hat, und auf derselben eine Figur gegeben ist, so wird, wenn man diese Figur auf eine andre Ebene senkrecht projicirt, der Inhalt derselben nur
im Verhältniß des cosin. des Winkels beider Ebenen verkürzt, also wird der
Inhalt der Projection erhalten, wenn man den Inhalt der gegebenen Figur
mit dem cos des Winkels multiplicirt, den die Ebene der Figur und die, auf
welche man projicirt, mit einander bilden. Wenn wir also mit Pdt den dop-
pelten Inhalt dieses Flächenelements, welches gebildet wird, wenn ich vom
Anfangspunkt nach 2 successiven Punkten der Bahn Linien ziehe, bezeichne, und die Winkel, die die Ebenen dieses Elements mit den rechtwinkligen
Coordinatenaxen, mit $h\ i\ k$ [bilden], so habe ich offenbar

$$A = \sum mP \cos h \quad B = \sum mP \cos i \quad C = \sum mP \cos k\,.$$

Wenn ich nun den Werth der betreffenden Constanten wissen will für eine
Projection auf irgend eine beliebige Ebene, so kann man dabei folgenden
Satz der analytischen Geometrie zu Hilfe nehmen, mittelst dessen man die
Projection einer ebenen Figur auf irgend eine Ebene finden kann mittelst ih-
rer Projection auf irgend drei rechtwinklige Ebenen. Man hat nämlich hierzu
die Projectionen auf diese drei Ebenen zu multipliciren mit den cosinus der
Winkel, welche die 3 rechtwinkligen (Coordinaten-) Ebenen mit der neuen
Ebene bilden. Heissen also diese cosinus α, β, γ, so wird die Projection des
Flächenelements Pdt auf diese Ebene

$$= \alpha Pdt \cos h + \beta Pdt \cos i + \gamma Pdt \cos k$$

---

[210]In der Hs.: „ ... die Projection (doppelte)“

und bedenkt man nun, daß es die $q$rebene ist, welche mit den Coordinatenebenen der $x\ y\ z$ die Winkel bildet, deren cos[-Werte] $\alpha\ \beta\ \gamma$ sind, so drücken wir dieselbe Projection aus durch $qdr - rdq$, so daß mit Berücksichtigung der Gleichung $A = \sum mP \cos h$, wenn wir auf beiden Seiten mit der Masse m multipliciren und die Ausdrücke für alle materiellen Punkte summiren, erhalten wird:

$$\sum m\,(qr' - rq') = \alpha A + \beta B + \gamma C$$

und auf dieselbe Weise die beiden andren Gleichungen

$$\sum m\,(rp' - pr') \;=\; \alpha' A + \beta' B + \gamma' C$$
$$\sum m\,(pq' - qp') \;=\; \alpha'' A + \beta'' B + \gamma'' C$$

In unsern Transformationsformeln der Coordinaten bedeuten $\alpha\ \beta\ \gamma$ die cos-[-Werte] der Winkel, die die $p$axe mit der $x\ y\ z$axe bildet, man kann diese Bezeichnung sehr leicht behalten, denn da die Transformationsformeln dabei unter folgender Gestalt vorausgesetzt werden

$$p = \alpha x + \beta y + \gamma z \quad q = \alpha' x + \beta' y + \gamma' z \quad r = \alpha'' x + \beta'' y + \gamma'' z$$

bedeutet α den cos des Winkels der x und $p$axe oder der auf beiden senkrecht stehenden yz und $q$rebenen.

Aus unsern 3 Gleichungen folgt nun gleich der Satz, daß die Summe der Quadrate der 3 willkürlichen Constanten sich nicht ändert mit der Wahl des Coordinatensystems, (denn wenn man quadrirt, verifizirt sich sogleich die behauptete Relation sobald man) die Gleichung

$$x^2 + y^2 + z^2 = p^2 + q^2 + r^2$$

(zu Hilfe nimmt), die von selbst klar ist, da die Entfernung eines Punktes vom Coordinatenursprung durch die Drehung des Coordinatensystems nicht geändert wird. Man kann nun die neuen Coordinaten $p\ q\ r$ so bestimmen, daß die willkürlichen Constanten der Flächensätze in Bezug auf zwei der neuen Coordinatenebenen Null werden. Sollen die beiden letzten verschwinden, so hat man dafür

$$\alpha' A + \beta' B + \gamma' C = 0 \qquad \alpha'' A + \beta'' B + \gamma'' C = 0$$

woraus folgt, daß sich $\alpha : \beta : \gamma$ verhalten müssen wie $A : B : C$, denn aus beiden Gleichungen folgt die Proportion

$$A : B : C = \beta'\gamma'' - \gamma'\beta'' : \gamma'\alpha'' - \alpha'\gamma'' : \alpha'\beta'' - \beta'\alpha''$$

wo nach dem Frühern die Ausdrücke rechts den cosinusgrößen $\alpha\ \beta\ \gamma$ gleich sind.

Man kennt hieraus also die cosin der Winkel, die die $p$axe mit den ursprünglichen Coordinatenebenen bilden muß: daher ist ihre Lage vollkommen bestimmt: dagegen können die q und $r$axe in der hierauf senkrechten Ebene beliebig angenommen werden. Bestimmen wir also so die $p$axe, so bestimmen wir die Werthe der willkürlichen Constanten der Flächensätze in Bezug auf die pq und die prebene. Setzen wir wegen der gefundenen Proportionalität $A = I\alpha \quad B = I\beta \quad C = I\gamma$, so erhalten wir für die Constante in Bezug auf die qrebene, die allein noch übrig bleibt, den Werth $A\alpha + B\beta + C\gamma = I$. Wir haben aber auch

$$I = \sqrt{A^2 + B^2 + C^2}\,,$$

also ein Werth, der sich durch die Wahl des Coordinatensystems nicht ändert. Man kann also dieß Coordinatensystem immer so wählen, daß die willkürlichen Constanten in Bezug auf zwei Coordinatenebenen verschwinden, und daß der Werth der Constanten in Bezug auf die dritte Coordinatenebene gleich wird der Quadratwurzel aus der Summe der Quadrate von A, B, C. Dieser Werth, den die Constante annehmen kann, ist zugleich ihr Maximum, denn da die Wurzel aus der Quadratsumme ihren Werth nicht ändern kann, so kann eine dieser Constanten keinen größern Werth annehmen, als daß sie jener Wurzel gleich wird, und es müssen die beiden andern Constanten dann Null werden. Dieß kann aber, wie gezeigt worden [ist], immer wirklich erreicht werden. Ich habe bei dem Beweise nur einen Punkt vorausgesetzt, aber es bleibt ganz unverändert, für beliebig viele materielle Punkte: denn wenn auch die Winkel verschieden werden, welche das Flächenelement mit den Coordinatenebenen bildet, so hat dieß auf den Gang selbst keinen Einfluß, da die Winkel der ersten mit den neuen Coordinatenebenen dieselben bleiben. Sie können übrigens durch die analytischen Substititutionen in den Differentialgleichungen genau dieselben Resultate erzielen.

Wir sehen also, daß es in den mechanischen Problemen, in denen die drei Flächensätze gelten, eine Ebene gibt, die durch die Bewegung bestimmt wird, und deren Lage im Raum sich nicht ändert, und in Bezug auf welche die Summe der Projectionen der Flächenelemente, welche von den Punkten beschrieben werden, und die noch jeder mit dem Massenelement zu multipliciren sind, ein Maximum wird. Die Axe dieser Ebene im Raum kann jeden Augenblick bestimmt werden, wenn man den Ort (*die* Coordinaten[211]), die Masse der Punkte, ihren Ort im Raume zu dieser Zeit, und die Intensität und Richtung der Geschwindigkeiten kennt; und welchen Zeitpunkt man zu dieser Bestimmung [auch] wählen wird, wird man immer dieselbe Ebene erhalten.

---

[211] In der Hs. steht hier in Klammern „*die die* Coordinaten", und über dem ersten der beiden unterstrichenen „die" ist ein „der" hinzugefügt.

Laplace hat hieran die Bemerkung geknüpft, daß man aus diesem Satz erkennen könne, ob im Sonnensystem im Laufe der Jahrhunderte Störungen vorgegangen sind, was nämlich geschehen sein müßte, wenn die Ebene ihre Lage nicht erhalten hat[212]. Die Ebene ist aber so, daß ein auf ihr errichtetes Perpendikel mit den $x\,y\,z$ axen Winkel bildet, deren cos sich wie

$$\sum m(yz' - zy') : \sum m(zx' - xz') : \sum m(xy' - yx')$$

verhalten. Diese Ansicht ist angefeindet worden von Herrn Poinsot, der darauf aufmerksam gemacht hat, daß man die Himmelskörper nicht als materielle Punkte betrachten darf, sondern als Massen, die rotiren, und daß hierdurch schon andere Bewegungen hinzukommen, welche diese Flächensätze stören, wenn auch nicht für die jetzige Beobachtungskunst, doch was die mathematische Strenge betrifft[213].

Wenn man die Gleichungen $\sum m(yz' - zy') = \alpha$ noch einmal integrirt, so erhält man links den Inhalt der Projectionen vom Werthe $t = 0$ bis $t = t$ und rechts αt. Es werden also die Summen der Projectionen der beschriebenen Flächen, jede noch mit der Masse des beschreibenden Punktes multiplicirt, der Zeit proportional. Dieß ist das große kepler'sche Gesetz für die Bewegung der Planeten um die Sonne[214], welches Kepler durch Combination und genaue Reduction der von Tycho de Brahe ohne Fernröhre angestellten Beobachtungen gefunden hat. Überhaupt sind diese keplerischen Gesetze und die darauf basirte newtonsche Theorie der universellen Attraction noch ohne Hilfe der Fernrohre gemacht. Kepler hat schon selbst darauf aufmerksam gemacht, daß die Planeten von der geradlinigen Bewegung durch eine Kraft abgelenkt werden, die nach der Sonne gerichtet ist, indem eine einfache geometrische Betrachtung darauf führt[215]. Sei S die Sonne und R die Richtung der Bewegung des Planeten: Das Flächenelement PQS soll der Zeit proportional sein. Der Körper würde vermöge der Trägheit im nächsten Moment von Q nach Q' gehen, wo $PQ = QQ'$, weil dann $PQS = QQ'S$ wäre - er

---

[212] S. Laplaces *Exposition du Système du monde*, Livre III, Ch. V und Livre IV, Ch. II (Laplace 1835; s. *Oeuvres* VI, 187-199 und 214-225).

[213] Poinsots Kritik an Laplace wurde im März 1828 in der Pariser Akademie vorgestellt (Grattan-Guiness 1990 II, 1156f.) und als Anhang in seiner Statik (ab der 5. Aufl. von 1830) unter dem Titel *Théorie et détermination de l'équateur du système du monde* veröffentlicht; s. etwa Poinsot 1837, 385-419.

[214] D.h. das (heute so genannte) *zweite* Keplersche Gesetz, zuerst formuliert von J. Kepler in der *Astronomia Nova* (Kepler 1609; s. *Werke* III, Cap. XL). Etwa zeitgleich wurden zwar von G. Galilei und Th. Harriot erstmals Fernrohre für astronomische Beobachtungen eingesetzt. Nach Keplers *Dioptrice* baute aber erst 1613 Ch. Scheiner ein „Keplersches Fernrohr" und führte Fernrohrbeobachtungen in Deutschland ein (Kepler 1611; s. Gerlach/List 1987, 75f.).

[215] S. Keplers *Astronomia Nova* (Kepler 1609; s. *Werke* III, Cap. XL) und zur Erläuterung Bialas 1990.

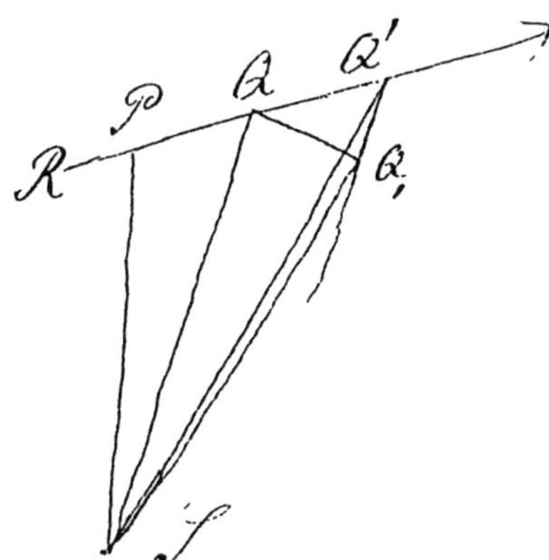

Orginalbild VII:
Keplers Herleitung
des Flächensatzes

bewegt sich aber nach Q_1, es kommt also darauf an, daß auch die Fläche $QQ_1S = PQS$, dazu muß also $\Delta QQ_1S = \Delta QQ'S$ sein, und dieß ist der Fall, wenn die Richtung $Q'Q_1$, in welcher der Körper aus der Bahn, die er wegen der Trägheit beschreiben würde, abgelenkt wird, der Richtung QS parallel ist. Das heißt aber, die Kraft, nach welcher die Geschwindigkeit abgelenkt wird, muß der Richtung nach der Sonne parallel sein, und da wir unendlich kleine Elemente haben, muß die ablenkende Kraft nach der Sonne selbst gerichtet sein.

XXIV — *Integrale der Bewegung und dynamische Differentialgleichungen; Prinzip des letzten Multiplikators und Eulerscher Multiplikator.*

Ich habe zuletzt bemerkt, daß Kepler den Satz, daß die Flächen, welche der Planet um die Sonne beschreibt, wenn man sie von radiivectoren begrenzt, der Zeit proportional sind, in welcher sie beschrieben werden, dazu benutzt hat, um zu bemerken, daß der Planet nach der Sonne gezogen wird. Es war dieß eine nächste Folge der Erfindung des copernicanischen Systems, daß man alle Bewegungen aller Planeten auf die Sonne bezog, und zwar aller Planeten, denn von Venus und Mercur hatten schon die Alten bemerkt, daß ihre Winkelentfernung von der Sonne immer innerhalb gewisser Grenzen eingeschlossen bleibt, daß sie sich also um die Sonne bewegen[216]. Aber die Win-

---

[216] Bei diesem zuletzt gezogenen Schluß auf eine Bewegung von Venus und Merkur um die Sonne handelt es sich wohl um *Jacobis* Interpretation von astronomischen Beobachtungen, die in der Tat „den Alten" bereits bekannt waren - nicht aber um eine Anspielung auf Vertreter des Heliozentrismus in der Antike wie Aristarchos von Samos. Jacobi könnte sich hier

kelentfernung der andren Planeten nimmt alle Werthe von 0 bis 360 an[217], und daher blieb es späteren Zeiten vorbehalten, das gleichmässige Gesetz für alle Planeten zu finden. Das newtonsche Attractionsgesetz schloß Newton aus dem kepler'schen Gesetz, daß sich alle Planeten in Kegelschnitten um die Sonne als Brennpunkt bewegen[218]. Das dritte keplerische Gesetz, daß sich die Cuben der halben großen Axen wie die Quadrate der Umlaufszeiten verhalten, führt darauf, daß die anziehende Kraft im Sonnensystem dieselbe sei, daß kein qualitativer Unterschied sei in der Art wie die Sonne auf die verschiedenen Planeten wirkt[219].

Denn $\frac{d^2 x}{dt^2}$ ist proportional der einen räumlichen Dimension und umgekehrt proportional der zweiten Dimension der Zeit. Ist nun dieser Ausdruck einem zweiten gleich[220], der die -2te Potenz der Raumgröße enthält, so wird die dritte räumliche Dimension, dividirt durch das Quadrat der Zeit, constant, woraus folgt, daß die Cuben der Raumdimension sich wie die Quadrate der Zeiten verhalten[221].

Die Principien, die wir bis jetzt gehabt haben, lassen alle ein und mehrere erste Integrale finden. Unter Integral verstehe ich eine solche Gleichung, wo eine willkürliche Constante gleich einer Function ihrer Variabeln und ihrer Differentialquotienten gefunden wird, während ich Integralgleichung im Allgemeinen jede Gleichung nenne, die aus dem System der Integrale folgt, also auch mehrere willkürliche Constanten enthalten kann. Ein Integral hat

---

möglicherweise auf eine ihm bekannte *Geschichte der griechischen Astronomie* (Schaubach 1802; vgl. Jacobi 1851c, 37) beziehen, in der es über die „Periode von Sokrates Tod bis auf Erathostenes" unter Berufung auf Platon, Aristoteles und Eratosthenes heißt, daß Merkur und Venus „jedem bei der Voraussetzung, dass *alle* Planeten in koncentrischen Kreisen um die Erde laufen müssten ... auffallen mussten, weil sie sich wenig von der Sonne entfernen. ... Die drey Körper konnten also nicht in drey Kreisen von verschiedenen Halbmessern betrachtet werden, die in gleichen Zeiten ihren Raum durchliefen. Noch weniger durfte man sie in eine Sphäre setzen" (ebd., 397f.). Bekanntlich hat diese Eigentümlichkeit der Bewegungen der „inneren Planeten" das heliozentrische System bis zur Copernikanischen Revolution *nicht* erschüttert; s. etwa Kuhn 1980.

[217] In der Hs. heißt es hier „... von 0 bis 215 an" oder „... von 0 bis 275 an". Beide Lesarten bleiben jedoch unverständlich, weil die äußeren Planeten - sowohl auf die Sonne als auch auf die Erde als Beobachtungspunkt bezogen - in einem Winkelbereich von 0° bis 360° auftreten können.

[218] Newtons Herleitung findet sich in der Hauptsache in den ersten sechs Propositionen des dritten Buches der *Principia*, wobei er auf die Propositionen II und III des ersten Buches zurückgreift (Newton 1934, 406-414 bzw. 42-45). Zu seinem langen Weg bis zur Entdeckung des Gravitationsgesetzes s. insbes. Westfall 1971, Chap. VII und VIII.

[219] In der Hs. ist der Rest der Zeile punktiert - möglicherweise als Hinweis auf eine Auslassung des Vorlesungstextes an dieser Stelle.

[220] Am linken Rand ergänzt: „$\frac{d^2 x}{dt^2} = -K \frac{x}{r^3}$".

[221] Keplers eigene Formulierung und Begründung des dritten Planetengesetzes findet sich in den *Harmonices mundi* (Kepler 1619; s. *Werke* VI, Liber V, Cap. III).

die Eigenschaft, daß wenn man die Gleichung differentiirt und im Differentiale die gegebene Differentialgleichung substituirt, daß dann eine identische Gleichung erhalten wird, ohne daß man noch andre Integralgleichungen hinzunimmt, so daß die eine Gleichung sich für sich selbst verifiziren läßt durch die Differentialgleichung. Diese Eigenschaft haben die angegebenen Integrale, das der lebendigen Kraft, die drei vom Schwerpunkt und die drei Flächensätze. In solchen Problemen also, wo materielle Punkte gegenseitig sich anziehen, kennt man die genannten 7 Integrale. Aber es sind 9 Differentialgleichungen zweiter Ordnung zu integriren, für welche 18 Integrale gefunden werden müssen, so daß noch 11 zurück sind. Man kann aber das Problem noch weiter reduciren, so daß man nur 9 Integrationen noch zu nehmen hat, und außerdem 2 Quadraturen: Es gibt nämlich zweierlei Arten, wie man die Probleme integriren kann, entweder dadurch, daß man Integrale zu finden sucht, Gleichungen, wo gewisse Functionen gleich einer willkürlichen Constanten sind, und die differentiirt eine identische Gleichung geben, wenn man die Differentialgleichung substituirt. Oder aber man kann den Grad der Gleichungen dadurch erniedrigen, daß man eine Function der Variabeln und ihrer Differentialquotienten (hier der ersten, denn man muß nicht solche nehmen, die durch die gegebene Differentialgleichung selbst schon ausgedrückt sind) als neue Variabeln einführt; dadurch bekommt man oft eine Gleichung niedrigerer Ordnung und erhält die neuen Variabeln aus den ursprünglich gegebenen theils durch Integration dieser niedrigeren Differentialgleichung, theils auch durch bloße Quadraturen. So z.B. könnte man das Problem der 3 Körper auf ein System Differentialgleichungen der 10ten Ordnung zurückführen, wenn die Ordnung gleich der Anzahl der willkürlichen Constanten sein soll, die die vollständige Integration erfordert und zuläßt. Ich habe aber gezeigt, daß man durch geschickte Combination mit neun Variabeln die Aufgabe auf ein System Differentialgleichungen der 9ten Ordnung bringen kann, wo noch eine Quadratur zu machen ist, durch welche ein gewisser Winkel bestimmt wird, und endlich ist auch die Zeit als Function der Coordinaten durch eine bloße Quadratur zu finden[222].

Nämlich in allen Problemen der Mechanik, in welchen die Kräfte die Zeit nicht explicite enthalten, aber Functionen der Cooordinaten und ihrer ersten Differentialquotienten sein können, welches selbst z.B. der Fall ist bei der Bewegung in einem widerstehenden Mittel: in allen solchen Problemen

---

[222] Vgl. Jacobis Abhandlung *Sur l'élimination des noeuds dans le problème des trois corps* nebst *Zusatz* (Jacobi 1842c und 1842d). Der *Zusatz* wurde durch eine Kritik des Dorpater Astronomen Th. Clausen an der erstgenannten Abhandlung angeregt (s. Koenigsberger 1904a, 290-294); in ihm geht Jacobi auf auf seine (oben dargelegte) Unterscheidung von *Integration* und *Quadratur* und deren Beziehung zur *Ordnung* einer Differentialgleichung ein. S. hierzu auch unten die Vorlesung XXXVIII.

kann man das System um eine Ordnung erniedrigen, indem man die Zeit eliminirt. Setzt man nämlich für $\frac{dx}{dt} = x'$, dann wird $\frac{d^2x}{dt^2} = \frac{dx'}{dt}$. Man kann also das System der $3n$ dynamischen Differentialgleichungen durch folgende $6n$ Differentialgleichungen darstellen, von denen die einzelnen von dem ersten Grade sind: nämlich wenn man n materielle Punkte hat, zwischen den $3n$ Coordinaten x y z und den $3n$ Größen x' y' z'

1) $3n$ Gleichungen von der Form $\frac{dx}{dt} = x'$, $\frac{dy}{dt} = y'$ etc.

2) $3n$ Gleichungen von der Form $\frac{dx'}{dt} = \ldots$ gleich gegebener Function der gegebenen[223] $3n$ Größen x und $3n$ Größen x'.

Wenn diese letzten Functionen die Zeit nicht explicite enthalten, so kann man auch so sagen: Die Differentialen (nicht die Differentialquotienten) der $6n$ Variabeln verhalten sich wie Functionen derselben - denn da die Variabeln in den Gleichungen alle durch dt dividirt[224] sind, so geht in den Verhältnissen derselben das Element dt ganz heraus, und wenn die Zeit nicht explicite in den Kräften steht, so verhalten sich die Differentiale der $6n$ Variabeln wie Functionen derselben, und es ist die Zeit ganz herausgegangen. Sehen wir nun eine, z.B. x, als unabhängige Variable und die andern als abhängige Variable an, so haben wir nur $6n - 1$ Differentialgleichungen, jede der 1sten Ordnung, zwischen $6n$ Größen, von denen $6n-1$ abhängig, x unabhängig sein soll. Man wird also ein System Integralgleichungen mit $6n-1$ willkürlichen Constanten finden, durch welche $6n - 1$ Größen durch eine von ihnen, x, ausgedrückt werden können. Hat man nun vollständig integrirt, so findet man die Zeit durch eine Quadratur, als Function neuer Variabeln. Nämlich wenn wir alle Größen durch x ausgedrückt haben, so benutzt man die Gleichung, etwa $dt = \frac{dx}{x'}$, deren Integration, wenn x' als Function von x angesehen wird,

$$t + T = \int \frac{dx}{x'}$$

gibt: Man sieht also hieraus, daß in allen solchen mechanischen Problemen eine willkürliche Constante (T) immer mit der Zeit durch Addition verbunden ist, und die außer[225] als in dieser Verbindung weiter nicht vorkommt.

Ich will nun noch von einem andern Princip einige Worte sagen, welches einen gänzlich verschiedenen Charakter hat. Wenn nämlich die gewöhnlichen Principien erste Integrale finden lehren, so lehrt dieses Princip in allen Fällen, in welchen die Kräfte Functionen der Coordinaten sind, aber beliebige Functionen derselben sein können, so daß kein anderes Princip stattzufinden braucht, so lehrt es, daß wenn man die $6n - 1$ Differentialgleichungen

---

[223] Hier folgt in der Hs. „ ... Größen $3n$ x und $3n$ x'".
[224] Darübergeschrieben: „differentiirt".
[225] In der Hs.: „außerdem".

erster Ordnung durch Auffindung von $6n-2$ Integralen auf eine einzige Differentialgleichung erster Ordnung, also etwa zwischen y und x, gebracht hat, diese letzte Gleichung auf Quadraturen zurückzuführen. D.h. dieses Princip gibt eine allgemeine Vorschrift, wonach man von der Differentialgleichung 1° Ordnung zwischen y und x, auf welche das System Differentialgleichungen nach Bestimmung von $6n-2$ Integralen zurückgeführt ist, den Multiplicator finden kann, d.h. den Factor, der die Differentialgleichung unmittelbar integrabel macht. Ich habe diesem Princip den Namen des Princips des letzten Multiplicators, principium ultimi multiplicatoris gegeben und dasselbe sehr umständlich und ausführlich in einer gar sehr großen Abhandlung behandelt, „theoria novi multiplicatoris" (Crelle Band 27)[226] und dasselbe namentlich durch eine große Menge mechanischer Beispiele erläutert, die aber auch aus andern Theilen der Analysis gewählt wurden: dieses Princip beruht hauptsächlich auf einigen Eigenschaften der von mir so genannten Functionaldeterminanten und ich will die Sätze, die darauf geführt haben, zusammenstellen. Wir wollen annehmen, man habe $n+1$ Variabeln x, x_1, x_2, ... x_n und ein System Differentialgleichungen erster Ordnung, welches ich durch die Proportion darstellen will:

$$dx : dx_1 : dx_2 \ldots : dx_n = X : X_1 : X_2 \ldots : X_n$$

wo die Größen X Functionen der $n+1$ Variabeln sind. Ich will ferner annehmen, die n Integrale seien $f_1 = \alpha_1$ $f_2 = \alpha_2$ ... $f_n = \alpha_n$, wo α_1 α_2 ... α_n n willkürliche Constanten bedeuten, die in den Functionen f_1 f_2 ... f_n weiter nicht vorkommen sollen. Wenn wir diese Integrale differentiiren, so verschwinden daher unmittelbar die willkürlichen Constanten, und man muß durch Substitution der Differentialgleichungen n identische Gleichungen erhalten, also n Gleichungen von der Form

$$\frac{\partial f}{\partial x}X + \frac{\partial f}{\partial x_1}X_1 + \frac{\partial f}{\partial x_2}X_2 + \ldots + \frac{\partial f}{\partial x_n}X_n = 0$$

wo statt f successive f_1 f_2 ... f_n zu setzen ist. Aus diesen Gleichungen kann man nun die Verhältnisse finden der Größen X X_1 ... X_n, denn es sind n Gleichungen zwischen diesen $n+1$ Größen und die ganz constanten Glieder sind Null. Diese Verhältnisse haben zu einzelnen Gliedern Functionaldeterminanten, d.h. wenn man den den Functionen X proportionale Größen keine Namen gibt, und nicht willkürliche gemeinschaftliche Factoren hinzufügt, so werden diese von allen Brüchen befreiten Größen Functionaldeterminanten,

---

[226] Die *Theoria novi multiplicatoris systemati aequationem differentialium vulgarium applicandi* erschien in zwei Teilen (Jacobi 1844a und 1845b) in Bd. 26 und Bd. 27 des *Crelleschen Journals*. S. ferner zum letzten Multiplicator Jacobi 1844c und die „vorbereitende" Arbeit Jacobi 1842b.

und zwar solche, die ich partielle Functionaldeterminanten nenne. Nämlich die Functionaldeterminanten werden gebildet aus den Produkten der Differentialquotienten von n Functionen nach ebensoviel Variabeln genommen, indem ich jede Function nach einer andern Variable differentiire und so viele Produkte (respective mit + oder -zeichen) zu einem Aggregate zusammenstelle, als noch verschiedene Differentialquotienten der n Functionen erscheinen. Nun sind aber hier $n + 1$ Variabeln, ich kann also jedesmal eine weglassen, die also als constant betrachtet wird, und so $n + 1$ Functionaldeterminanten der Functionen f bilden, die partielle Functionaldeterminanten heißen. Und zwar, um die dem X proportionale Functionaldeterminante zu finden, läßt man unter den Variabeln x aus, als deren Differential dem X proportional, usw. Man kann dieß allgemein so ausdrücken: Nimmt man noch eine Function f der Variabeln hinzu, um soviele Functionen als Variable zu haben, und bildet die Functionaldeterminante der $n + 1$ Functionen auf alle $n + 1$ Variabeln, die ich mit $\sum \pm \frac{\partial f}{\partial x} \frac{\partial f_1}{\partial x_1} \dots \frac{\partial f_n}{\partial x_n}$ bezeichne, so kann man diese Functionaldeterminante nach den partiellen Differentialquotienten der Function f entwickeln, und erhält, wenn A_p der in $\frac{\partial f}{\partial x_p}$ multiplicirte Term ist

$$\sum \pm \frac{\partial f}{\partial x} \frac{\partial f_1}{\partial x_1} \dots \frac{\partial f_n}{\partial x_n} = A \frac{\partial f}{\partial x} + A_1 \frac{\partial f}{\partial x_1} \dots + A_n \frac{\partial f_n}{\partial x_n}$$

wo also in keinem A Differentialquotienten von f vorkommen. Dann sind $A\, A_1 \dots A_n$ die partiellen Functionaldeterminanten der n Functionen $f_1\, f_2 \dots f_n$. Da in der Regel das Zeichen der Determinanten nicht bestimmt ist, so dient diese Darstellung dazu, die Zeichen zu bestimmen, oder wenigstens so, daß wenn das Zeichen der einen partiellen Determinante gegeben ist, auch die Zeichen der andern bestimmt sind. Es wird also z.B. sein die X proportionale Determinante

$$A = \sum \pm \frac{\partial f_1}{\partial x_1} \frac{\partial f_2}{\partial x_2} \dots \frac{\partial f_n}{\partial x_n}$$

Wir wollen nun annehmen, M sei ein solcher Factor, mit dem man die Größen $X\, X_1 \dots X_n$ zu multipliciren hat, damit sie den Determinanten $A\, A_1 \dots A_n$ nicht bloß proportional, sondern auch gleich werden, so kann man eine partielle Differentialgleichung angeben, ohne irgend eine der Functionen f zu kennen; also ohne irgend eine Integration ausgeführt zu haben, welcher ein solcher Factor M genügt. Man hat nämlich über diese partielle Functionaldeterminante nach der Analogie, von der ich Ihnen bereits gesagt habe, daß sie zwischen den Functionaldeterminanten und den partiellen Differentialquotienten einer Function stattfindet, einen Satz dem ähnlich, der zwischen den partiellen Differentialquotienten einer Function von 2 Variabeln stattfindet. Wenn nämlich f eine Function von x und y und $f(x, y) = \alpha$ das Integral der Differentialgleichung

$$dx : dy = X : Y$$

ist, so hat man, wenn α die willkürliche Constante, die in f nicht vorkommen soll, die identische Gleichung

$$\frac{\partial f}{\partial x}X + \frac{\partial f}{\partial y}Y = 0 , \quad \text{woraus folgt}$$

$$X : Y = -\frac{\partial f}{\partial y} : \frac{\partial f}{\partial x}$$

Die partiellen Differentialquotienten $-\frac{\partial f}{\partial y}$ und $+\frac{\partial f}{\partial x}$ werden hier das, was die Rolle der partiellen Functionaldeterminanten vertritt, welche Determinanten sich bei einer einzigen Function bloß auf die einfachen partiellen Differentialquotienten reduciren. Wir wollen nun annehmen, daß man X und Y nur mit dem Factor M zu multipliciren habe, damit

$$MX = -\frac{\partial f}{\partial y} \qquad MY = \frac{\partial f}{\partial x}$$

werde. Man hat nun den Satz, für partielle Differentialquotienten derselben Function, daß

$$\frac{\partial}{\partial y}\frac{\partial f}{\partial x} = \frac{\partial}{\partial x}\frac{\partial f}{\partial y} ,$$

differentiiren wir also die eine Gleichung nach x, die andere nach y, so folgt die identische Gleichung

$$\frac{\partial MX}{\partial x} + \frac{\partial MY}{\partial y} = 0$$

Dieß ist die partielle Differentialgleichung, welcher der Factor M genügen muß. Dieß ist die Theorie des von Euler in die Integralrechnung eingeführten Multiplicators, eine der berühmtesten Entdeckungen Eulers in der Integralrechnung, weil sie vorzüglich dazu beiträgt, die Natur einer Differentialgleichung erster Ordnung zu erkennen[227]. Es ist ihm diese Entdeckung ungeheuer schwierig und mühselig geworden, wie leicht ersichtlich, denn er hat seine größten Entdeckungen gemacht, und immer geglaubt, es gebe nur ganz besondere Differentialgleichungen erster Ordnung zwischen 2 Variabeln, die einen Multiplicator hätten. Nämlich dieser Multiplicator M dient dazu, die durch unsere Proportion dargestelle Differentialgleichung integrabel zu machen. Multiplicirt man nämlich diese Differentialgleichung $Y\,dx - X\,dy = 0$

---

[227]Vgl. hierzu insbes. den zweiten Band von L. Eulers *Institutiones calculi integralis* (Euler 1768-1770 II; s. *Opera Omnia* (1) 12, Cap. VI), auf den sich Jacobi in seinen Ausführungen zum Eulerschen Multiplikator verschiedentlich bezieht (s. etwa *Werke* IV, 408).

mit dem Factor M, so ist die resultirende Gleichung $MY\,dx - MX\,dy = 0$ integrabel, d.h. das Quadrat ist ein vollständiges Differential einer Function f von x und y, die also einer willkürlichen Constanten gleich zu setzen ist. Euler hat an das Dasein [eines] solchen integrirenden Factors nur in speciellen Fällen, auch nach seiner großen Entdeckung über die elliptischen Integrale, das isoperimetrische Problem, u.a. geglaubt. In dieser Form, in der ich die Theorie des euler'schen Multiplicators vorgetragen habe, läßt sich der Satz auf die partiellen Functionaldeterminanten verallgemeinern. Sind $A\ A_1 \ldots A_n$ die partiellen Functionaldeterminanten der n Functionen f in Bezug auf die $n+1$ Variabeln $x\ x_1 \ldots x_n$, so hat man die identische Gleichung, die dem Elementarsatz analog ist, daß Gleiches erhalten wird, wenn man $\frac{\partial f}{\partial x}$ nach y, $\frac{\partial f}{\partial y}$ nach x differentiirt:

$$\frac{\partial A}{\partial x} + \frac{\partial A_1}{\partial x_1} + \frac{\partial A_2}{\partial x_2} \ldots + \frac{\partial A_n}{\partial x_n} = 0$$

In dieser Gleichung heben sich je 2 Terme mit entgegengesetzten Zeichen auf. Substituirt man hier die Werthe $A = MX\ \ A_1 = MX_1\ \ldots\ A_n = MX_n$, so folgt eine partielle Differentialgleichung ähnlich der für den eulerschen Multiplicator[228]

$$\frac{\partial MX}{\partial x} + \frac{\partial MX_1}{\partial x_1} + \ldots + \frac{\partial MX_n}{\partial x_n} = 0$$

eine Differentialgleichung zwischen den $n+1$ unabhängigen Variabeln $x\ x_1 \ldots x_n$. Umgekehrt kann man beweisen, daß wenn ein Factor M dieser partiellen Differentialgleichung genügt, daß es dann auch solche Functionen $f_1\ f_2 \ldots f_n$ gibt, deren partielle Differentialquotienten den Produkten $MX\ MX_1 \ldots MX_n$ gleich werden. Wenn es sich nun trifft, daß die Gleichung

$$\frac{\partial X}{\partial x} + \frac{\partial X_1}{\partial x_1} + \ldots + \frac{\partial X_n}{\partial x_n} = 0$$

zufällig von selber stattfindet, so braucht man keinen Multiplicator zu suchen, sondern kann $M = 1$ setzen, es werden dann die *gefundenen* Ausdrücke der Functionaldeterminante von selber schon gleich und nicht bloß proportional. Einen solchen Fall bietet uns das allgemeine dynamische Problem, wenn die Kräfte bloß Functionen der Coordinaten sind. Ich habe bemerkt, daß dann das Problem folgendermaßen dargestellt werden kann, wenn $\xi_1\ \xi_2 \ldots \xi_{3n}$ die $3n$ Coordinatengrößen, $\xi_1'\ \xi_2' \ldots \xi_{3n}'$ die $3n$ Differentialquotienten $\frac{d\xi_1}{dt}\ \frac{d\xi_2}{dt} \ldots \frac{d\xi_{3n}}{dt}$ bezeichnet, und durch $P_1\ P_2 \ldots P_{3n}$ die durch die Massen dividirten Componenten der Kräfte ausgedrückt werden:

---

[228] $MX,\ MX_1 \ldots$ sind dabei im folgenden in Klammern gesetzt zu denken.

$$d\xi_1 : d\xi_2 \ldots : d\xi_{3n} : d\xi_1' : d\xi_2' \ldots : d\xi_{3n}' \quad =$$
$$\xi_1' : \xi_2' \ldots : \xi_{3n}' : P_1 : P_2 \ldots : P_{3n}$$

Hier sollen die Kräfte P Functionen der $3n$ Coordinaten und nicht ihrer ersten Differentialquotienten oder der Geschwindigkeiten sein. Nun war die Regel die, daß wenn man die Größen, die den ersten Differentialen der Variabeln proportional sind, nach diesen Variabeln respective partiell differentiirt (also die $d\xi_p$ proportionale ξ_p' nach ξ_p, die $d\xi_p'$ proportionale P_p nach ξ_p') und die Summe aller dieser partiellen Differentialias verschwindet, so ist der Multiplicator $= 1$. Dieß ist auch offenbar der Fall, weil keine der Größen ξ_p' ξ_p und keine der Größen P_p ξ_p' enthält. Denn $P_1 P_2 \ldots P_{3n}$ sind den Differentialen der Componenten der Geschwindigkeiten proportional, hängen also die Kräfte nicht von den Geschwindigkeiten ab, so verschwinden auch diese Differentialquotienten jeder einzeln. Es wird also in diesen Problemen der Mechanik der Multiplicator $= 1$ und es kommt nun auf den Vortheil an, den wir im neuen Jahre aus diesem Umstand ziehen werden[229].

XXV   *Bestimmung des letzten Multiplikators mit Hilfe der Funktionaldeterminante.*

Ich will die letztgehabten Sätze recapituliren. Wir betrachteten die partiellen Functionaldeterminanten von n Functionen von $n + 1$ Variabeln. Um eine Functionaldeterminante zu bilden, hat man immer soviele Variabeln als Functionen nöthig, hat man also $n + 1$ Variable $x\ x_1 \ldots x_n$ und aus n Functionen $f_1\ f_2 \ldots f_n$, so muß man sich entscheiden, welche Variable man fortlassen oder bei der Differentiation als constant betrachten will. Indem man nun successive jede der $n + 1$ Variabeln als constant betrachtet, und nach den übrigen differentiirt, so erhält man $n + 1$ partielle Functionaldeterminanten, nach Art der partiellen Differentialquotienten einer Function, bei denen man sich auch entscheidet, welche der Variabeln man als constant betrachten und bei der Differentiation nicht berücksichtigen soll. Zwischen diesen partiellen Functionaldeterminanten findet nun ein ganz analoger Satz statt wie der bekannte zwischen den partiellen Differentialquotienten einer Function von 2 Variabeln, daß nämlich

$$\frac{\partial}{\partial y}\frac{\partial f}{\partial x} = \frac{\partial}{\partial x}\frac{\partial f}{\partial y}$$

---

[229]Mit dieser 24. Vorlesung schließt Jacobi das Kalenderjahr 1847 ab; die folgenden 25 Vorlesungen fallen in das „Revolutionsjahr" 1848.

Wenn wir nämlich die Zeichen der partiellen Determinanten dadurch fixiren, daß wir eine neue Function f hinzunehmen, und nun die Determinante der $n+1$ Functionen nach $n+1$ Variabeln bilden, so wollen wir die partiellen Determinanten so bestimmen, daß sie diejenigen Ausdrücke sind, die in der zuletzt genannten Functionaldeterminante in die partiellen Differentialquotienten $\frac{\partial f}{\partial x}$ $\frac{\partial f}{\partial x_1}$ ... $\frac{\partial f}{\partial x_n}$ der Function f multiplicirt sind; und zwar ist z.B. in $\frac{\partial f}{\partial x}$ die partielle Determinante der Functionen f_1 ... f_n in Bezug auf x_1 ... x_n multiplicirt. Durch diese Definition sind auch die Zeichen der partiellen Determinanten bestimmt, was nöthig ist, um folgenden Satz aufzustellen: Bezeichnet man die in die partiellen Differentialquotienten von f multipicirten partiellen Determinanten mit A A_1 ... A_n, so findet die identische Gleichung statt:

$$\frac{\partial A}{\partial x} + \frac{\partial A_1}{\partial x_1} + \frac{\partial A_2}{\partial x_2} \ldots + \frac{\partial A_n}{\partial x_n} = 0 \, .$$

Immer werden sich je 2 Terme gegenseitig zerstören. Im ersten Buch meiner gesammelten Werke habe ich mehrere Beweise dieses Satzes gegeben[230]. Hat man nun folgende Gleichungen zwischen diesen $n+1$ Variabeln[231]

$$f_1 = \alpha_1 \quad f_2 = \alpha_2 \quad \ldots \quad f_n = \alpha_n$$

wo die willkürlichen Constanten α in den f nicht mehr vorkommen, so gehen diese durch Differentiation unmittelbar heraus, und man erhält

$$df_1 = 0 \quad df_2 = 0 \quad \ldots \quad df_n = 0$$

aus welchen n Gleichungen man die Verhältnisse von $dx \, : \, dx_1 \ldots : \, dx_n$ entnehmen kann, und zwar erhält man ohne Weiteres

$$dx \, : \, dx_1 \, : \, dx_2 \ldots : \, dx_n = A \, : \, A_1 \, : \, A_2 \ldots : \, A_n$$

während umgekehrt, wenn die Verhältnisse der Differentiale $dx \, : \, dx_1$ etc. gegeben sind, die Gleichungen

$$f_1 = \alpha_1 \quad f_2 = \alpha_2 \quad \ldots \quad f_n = \alpha_n$$

die vollständigen Integrale des gegebenen Systems Differentialgleichungen werden. Dieses System Differentialgleichungen bezeichne ich der Symmetrie halber durch die Proportionen, die ich eingeführt habe, mit

---

[230] Der 1846 veröffentlichte erste Band der *Opuscula Mathematica* - der einzige noch zu Jacobis Lebzeiten erschienene - enthält u.a. auch die große Arbeit zur Theorie des letzten Multiplikators (Jacobi 1844a, 1845b; vgl. S. 145, Anm. 226); s. dort auch Jacobis Beweis des folgenden „Lemma fundamentale" (*Werke* IV, 323ff.).

[231] In der Hs. lautet die erste Gleichung $f_1 = \alpha$, ebenso bei der unten folgenden Wiederholung dieser Gleichungen.

$$dx : dx_1 \ldots : dx_n = X : X_1 \ldots : X_n$$

wo die X gegebene Functionen der $n + 1$ Variabeln sind. Diese X werden sich nun verhalten wie die partiellen Functionaldeterminanten A, man kann daher nach dem Factor fragen, mit dem multiplicirt sie dieser Determinante gleich werden. Diesen Factor nenne ich M, er ist der neue Multiplicator über welchen ich geschrieben habe[232]. Man hat also

$$MX = A \qquad MX_1 = A_1 \qquad \ldots \qquad MX_n = A_n$$

Dieser neue Multiplicator, welcher [eine] Function der $n + 1$ Variabeln ist, muß nach den angegebenen Eigenschaften der partiellen Functionaldeterminanten der partiellen Differentialgleichung[233]

$$\frac{\partial MX}{\partial x} + \frac{\partial MX_1}{\partial x_1} + \frac{\partial MX_2}{\partial x_2} \ldots + \frac{\partial MX_n}{\partial x_n} = 0$$

genügen. Man kann nun zeigen, daß wenn man irgend eine Lösung der partiellen Differentialgleichung hat, irgend einen Werth, der ihr genügt, ausgenommen $M = 0$, daß dann die $n + 1$ Größen $MX\ MX_1 \ldots MX_n$ angesehen werden können als die partiellen Functionaldeterminanten von n Functionen der $n + 1$ Variabeln, und es werden diese n Functionen willkürlichen Constanten gleichgesetzt, [die] das System der n vollständigen Integralgleichungen geben. Ich habe nur den Werth $M = 0$ ausgenommen, der angegebene Satz wird also auch gelten, wenn der angegebenen Differentialgleichung der Werth $M = 1$ genügt, und umgekehrt wird, wenn die gegebenen Größen X so beschaffen sind, daß

$$\frac{\partial X}{\partial x} + \frac{\partial X_1}{\partial x_1} \ldots + \frac{\partial X_n}{\partial x_n} = 0$$

identisch stattfindet, man den Multiplicator $M = 1$ setzen können, d.h. die X als partielle Functionaldeterminanten von n Functionen betrachten können, die wilkürlichen Constanten gleichgesetzt, das System Differentialgleichungen vollständig integriren. Dieser Fall tritt nun ein bei den dynamischen Gleichungen, bei der freien Bewegung eines Systems materieller Punkte, die von beliebigen Kräften sollicitirt werden, deren Componenten gegebene Functionen der Coordinaten sind. Man kann nämlich das System der dynamischen Gleichungen so darstellen, wenn keine Bedingungsgleichungen zwischen den materiellen Punkten gegeben sind:

---

[232]Vgl. oben, S. 145, Anm. 226.
[233]S. zur folgenden Herleitung S. 148, auch Anm. 228.

$$dt : dx : dy : dz : dx_1 \ldots : dx' : dy' : dz' : dx'_1 \ldots \quad =$$

$$= \quad 1 : x' : y' : z' : x'_1 \ldots : \frac{X}{m} : \frac{Y}{m} : \frac{Z}{m} : \frac{X_1}{m_1} \ldots$$

wo $x' = \frac{dx}{dt}$ etc. Wenn wir nämlich durch den ersten Term dt und den correspondirenden 1 die Verhältnisse dividiren, so folgt $x' = \frac{dx}{dt}$ etc., $\frac{X}{m} = \frac{dx'}{dt} = \frac{d^2x}{dt^2}$ etc. für alle Coordinaten aller Punkte des Systems. Wir fanden nun, daß der Multiplicator 1 sein kann, wenn die den Differentialen proportionalen Größen so beschaffen sind, daß wenn man diese verschiedenen Größen nach den respectiven Variabeln partiell differentiirt, die Summe dieser Differentialquotienten verschwindet. Es findet nun hier nicht bloß statt, daß die Summe verschwindet, sondern jeder einzelne partielle Differentialquotient wird Null. x' y' z' werden hier als neue Variable angesehen, weil Alles auf erste Differentiale gebracht werden soll, also da in den dynamischen Gleichungen zweite Differentialquotienten vorkommen, mußte man die ersten als neue Variable ansehen. Nun hat man aber: 1 ist dt proportional, nach t partiell differentiirt erhält man Null, x' nach x differentiirt gibt auch Null, weil dies x' x nicht explicite enthalten soll. Wenn endlich X, Y, Z bloße Functionen der Coordinaten sind, so verschwinden auch ihre partiellen Differentialquotienten nach x' y' z', die sie nach der Voraussetzung nicht enthalten. Man kann nun den Satz noch auf den Fall ausdehnen, wo die Kräfte X neben den Coordinaten noch die Zeit t enthalten, wie von selbst klar, da nach den Geschwindigkeiten x' zu differentiiren ist. Dagegen werden sie, im Allgemeinen wenigstens, nicht verschwinden, wenn die Kräfte nicht bloß von den Orten der materiellen Punkte abhängig sind, sondern auch von ihren Geschwindigkeiten, wenn das System sich in einem widerstehenden Mittel bewegt. Weil nun der am häufigsten vorkommende Fall der ist, wo die Kräfte X die Zeit t nicht explicite enthalten, so können wir in der Proportion dt und die Einheit fortlassen und haben so eine Variable weniger: ich habe gezeigt, daß man

$$t = \int \frac{dx}{x'}$$

hat, wenn man nach der vollständigen Integration des Systems Differentialgleichungen, aus dem dt eliminirt worden [ist], x' als Function von x kennt. Die Aufgabe theilt sich in eine geometrische und eine mechanische: die mechanische kommt zuletzt, wenn Alles fertig ist, hinzu, und wird durch eine Quadratur absolvirt. Wir wollen jetzt diesen Fall betrachten, wo also $6n - 1$ Differentialgleichungen erster Ordnung durch die Proportion

$$dx : dy : dz : dx_1 \ldots : dx' : dy' : dz' : dx'_1 \quad \ldots \quad =$$

$$x' : y' : z' : x'_1 \ldots : \frac{X}{m} : \frac{Y}{m} : \frac{Z}{m} : \frac{X_1}{m_1} \quad \text{etc.}$$

dargestellt werden - auf jeden Punkt kommen 6 Terme der Proportion. Es frägt sich, welchen Vortheil man für die Integration aus dem Satze über den Multiplicator zieht. Dieser ist etwas so Abweichendes von allem in der Integralrechnung Hervorgebrachten, daß ich mich 10 Jahre mit dem Multiplicator beschäftigt habe, ehe ich diesen Punkt ermittelte. Denn das sieht man bald, dazu dient er nicht, was der euler'sche Multiplicator leistet, daß man ein erstes Integral findet: was sich dadurch finden läßt, das ist das letzte Integral. Wir wollen annehmen, wir kennten irgend n Integrale $f_1 = \alpha_1$ $f_2 = \alpha_2 \dots f_n = \alpha_n$, wo die willkürlichen Constanten α in den f nicht vorkommen; dann wird das Problem von einer gewöhnlichen Differentialgleichung erster Ordnung zwischen 2 Variabeln abhängen. Das ist aber noch schwer genug, denn so viel wir auch wissen, hier haben wir keine Ahnung, wie wir die Gleichung behandeln sollen, wir können weiter Nichts als den taylorschen Lehrsatz, oder Reihen anwenden, von denen wir nicht wissen, ob sie irgendwie passend sind, man weiß gar Nichts, kann die Fälle nicht einmal classifiziren, welche einfacher und welche complicirter sind, ob einfache Reihen anzunehmen sind oder gebrochene, welche Variabeln man einzuführen hat, welche Fälle auf Quadraturen zurückgeführt werden können und welche nicht. Es ist also allerdings ein großer Fortschritt, daß man weiß, wenn es gelingt, durch Auffinden solcher $6n - 2$ Integrale die Aufgabe auf eine Differentialgleichung erster Ordnung zwischen zwei Variabeln zurückzuführen, so kann man immer den Multiplicator dieser Differentialgleichung 1° Ordnung finden, oder dieselbe auf bloße Quadraturen zurückbringen. Es wird also allgemein der letzte Schritt getan, ohne daß man irgend Etwas vom ersten weiß, und dieß kann geschehen trotz der ungeheueren Allgemeinheit in Bezug auf alle mechanischen Probleme der genannten Art, wo nur keine Kräfte vorkommen, die von den Geschwindigkeiten abhängen. Man kann sagen, damit wird wenig gewonnen, wenn man gar nicht dahin gelangen kann, wenn man nicht angibt, wie man die übrigen Integrale finden kann: indessen besteht der Gewinn erstens in der Erkentniß über die Natur des Problems, und dann darin, daß der Schritt bis dahin eine viel größere Wichtigkeit erlangt, indem damit die ganze Aufgabe gelöst ist, während früher, selbst wenn man so weit hätte gelangen können, man keine Hoffnung hatte, die letzte Differentialgleichung zu lösen. Euler hat die Anziehung dreier Körper untersucht, die sich in einer geraden Linie bewegen und nach dem newton'schen Gesetze anziehen[234]. Er kommt dabei auf eine Differentialgleichung zweiter Ordnung zwischen 2 Variabeln: die kann er natürlich nicht integriren. Aber, sagt er, was hülfe es, wenn ich sie auf eine andere der 1° Ordnung zurückbrächte,

---

[234]S. hierzu die Aufsätze *De motu rectilinio trium corporum se mutuo attrahentium* und *De motu trium corporum se mutuo attrahentium super eadem lina recta* (Euler 1765b und 1785; vgl. Jacobi *Werke* IV, 478f.).

diese würde so complicirt, daß keine Hoffnung wäre, ihren Multiplicator zu finden. Hier hift nun unsere im Princip des letzten Multipicators enthaltene Regel. Diese Regel beruht auf einer schon erwiesenen Eigenschaft der partiellen Functionaldeterminanten. Hat man $n + 1$ Variable $x\, x_1 \ldots x_n$ und n Functionen $f_1\, f_2 \ldots f_n$, so habe ich schon bemerkt, daß man für die Determinante einen einfachen Ausdruck bekommt, wenn man die Functionen statt der Variabeln einführt. Wir nehmen also an, daß man die $n - 1$ Functionen $f_2\, f_3 \ldots f_n$ als Functionen der $n + 1$ Variabeln kennt, so kann man jede partielle Determinante so ausdrücken, daß sie nur in einen partiellen Differentialquotienten der noch übrigen Function f multiplicirt ist. Z.B. wenn wir die partielle Determinante haben

$$\sum \pm \frac{\partial f_1}{\partial x_1} \frac{\partial f_2}{\partial x_2} \cdots \frac{\partial f_n}{\partial x_n}$$

Wenn ich nach wie vor $f_1\, f_2 \ldots f_n$ als Functionen von $x_1\, x_2 \ldots x_n$ betrachte, aber in f_1 statt $x_2\, x_3 \ldots x_n$ die Größen $f_2\, f_3 \ldots f_n$ einführe, so daß f_1 eine Function wird von $x_1\, f_2\, f_3 \ldots f_n$ (die Variable x wird bei dieser partiellen Determinante als constant betrachtet), so hat man folgende Gleichung, wenn $\left(\frac{\partial f_1}{\partial x_1}\right)$ in Klammern den partiellen Differentialquotienten der so ausgedrückten Function f_1 nach x_1 bezeichnet, wo ich also außer x auch $f_2\, f_3 \ldots f_n$ als constant betrachte:

$$\left(\frac{\partial f_1}{\partial x_1}\right) \sum \pm \frac{\partial f_2}{\partial x_2} \frac{\partial f_3}{\partial x_3} \cdots \frac{\partial f_n}{\partial x_n} = \sum \pm \frac{\partial f_1}{\partial x_1} \frac{\partial f_2}{\partial x_2} \cdots \frac{\partial f_n}{\partial x_n} = A$$

Dieß ist ein Hauptsatz: wo ich eine Functionaldeterminante habe, und ich will eine bilden mit einer Function und einer Variabeln mehr, so brauche ich nur die ursprüngliche Determinante mit dem partiellen Differentialquotienten der neuen Function nach der neuen Variabeln zu multipliciren, wo aber der Differentialquotient so genommen betrachtet wird, daß ich vorher die übrigen Variabeln eliminirt habe mittelst der Functionen, deren Determinante in Bezug auf sie gebildet war. Analog der Determinante, die ich mit A im allgemeinen Satz bezeichnet habe, finde ich für

$$A_1 = - \left(\frac{\partial f_1}{\partial x}\right) \sum \pm \frac{\partial f_2}{\partial x_2} \frac{\partial f_3}{\partial x_3} \cdots \frac{\partial f_n}{\partial x_n}$$

nach derselben Regel, indem ich statt der hinzugekommenen neuen Variable nicht x_1, sondern x genommen habe, übrigens in f_1 wieder die Variabeln $x_2\, x_3 \ldots x_n$ mittelst der Functionen $f_2\, f_3 \ldots f_n$ eliminirt werden: und zwar muß das -Zeichen genommen werden, wie man aus der Vergleichung eines einzelnen Terms leicht sehen kann, oder weil überhaupt sich immer die Zeichen ändern, wenn zwei der Größen vertauscht werden. Nun haben wir aber die Proportion

$$dx \,:\, dx_1 = X \,:\, X_1$$

Kennen wir aber den Multiplicator M, so können wir nur aus X und X_1 A und A_1 ableiten und bekommen die Gleichung

$$MX\,dx_1 - MX_1\,dx = 0 \quad \text{oder} \quad A\,dx_1 - A_1\,dx = 0$$

Aber A und A_1 sind die partiellen Determinanten der Functionen f, in denen man x und x_1 fortgelassen hat. Multiplicirt man nun noch einmal mit dem inversen Werth der Determinante

$$\sum \pm \frac{\partial f_2}{\partial x_2}\,\frac{\partial f_3}{\partial x_3} \cdots \frac{\partial f_n}{\partial x_n} = R$$

und berücksichtigt die gefundenen Relationen

$$A = \left(\frac{\partial f_1}{\partial x_1}\right) R \qquad A_1 = -\left(\frac{\partial f_1}{\partial x}\right) R$$

so verwandelt sich unsere Differentialgleichung in die einfache

$$\left(\frac{\partial f_1}{\partial x_1}\right) dx_1 + \left(\frac{\partial f_1}{\partial x}\right) dx = 0$$

welches ein vollständiges Differential ist, und zwar ist hier f_1 ausgedrückt durch x, x_1, f_2, $f_3 \ldots f_n$; $f_2\,f_3 \ldots f_n$ werden aber als constant während der Differentiation betrachtet, und sind auch willkürlichen Constanten gleich, denn die angeführten Integrationen besagen, daß diese Functionen gleich willkürlichen Constanten zu setzen sind. Also: kennt man einen Mutiplicator M, der der partiellen Differentialgleichung genügt[235]

$$\frac{\partial MX}{\partial x} + \frac{\partial MX_1}{\partial x_1} + \ldots + \frac{\partial MX_n}{\partial x_n} = 0$$

und kennt man alle Integrale außer einem, also $f_2\,f_3 \ldots f_n$, so drückt man die 4 Größen $X\,X_1\,M$ und R aus durch die Variabeln x und x_1 und durch die Constanten $\alpha_2\,\alpha_3 \ldots \alpha_n$, wobei R die Determinante der Functionen f_2 $f_3 \ldots f_n$ nach den Variabeln $x_2\,x_3 \ldots x_n$ bedeutet. Hat man dieses gethan, so kann man den euler'schen Multipicator der Gleichung

$$X\,dx_1 - X_1\,dx = 0$$

finden: es wird derselbe nämlich $= \frac{M}{R}$. Die letzte Integration hängt dann nur von Quadraturen ab.

---

[235] Vgl. S. 148, Anm. 228. Nach der Gleichung fplgt in der Hs.: „... und man kennt".

XXVI   *Anwendung des Prinzips des letzten Multiplikators auf mechanische Probleme; Prinzip der kleinsten Aktion.*

Wir wollen die letzte Theorie speciell auf die mechanischen Probleme anwenden. Man wird dazu folgende Regel bekommen: Man hat zwischen den $6n$ Größen $x\ y\ z\ x'\ y'\ z'$ $6n-1$ Differentialgleichungen ersten Grades, die durch die Proportion dargestellt werden

$$dx : dy : dz : dx_1 \ldots : dx' : dy' : dz' : dx_1' \ldots \ = $$

$$x' : y' : z' : x_1' \ldots : \frac{X}{m} : \frac{Y}{m} : \frac{Z}{m} : \frac{X_1}{m_1} \ldots$$

Aus dieser Proportion kann man $6n-1$ Gleichungen machen, man wird also $6n-1$ Integralgleichungen haben, wo $6n-1$ Functionen der $6n$ angegebenen Variabeln willkürlichen Constanten gleich werden. Wir nehmen nun an, man kenne $6n-2$ von diesen $6n-1$ Integralen, so lassen sich mit Hilfe derselben $6n-2$ Variabeln durch die beiden übrigen und $6n-2$ willkürliche Constanten ausdrücken. Wenn man als die beiden Variabeln, die zuletzt noch übrig bleiben, zwei Coordinaten eines Punktes x und y betrachtet, so bleibt noch eine Differentialgleichung 1° Ordnung zwischen beiden zu integriren, und zwar ist dieß die Differentialgleichung für die Projection der Curve, welche der Punkt m beschreibt, auf die xyebene. Diese Differentialgleichung ist

$$x'dy - y'dx = 0 \,,$$

wo man annimmt, daß durch die $6n-2$ willkürlichen Constanten und x und y bereits $x' = \frac{dx}{dt}$ und $y' = \frac{dy}{dt}$ ausgedrückt sind. Wie auch die gefundenen $6n-2$ Integrale beschaffen sein mögen, durch welche diese Reduction auf 2 Variable bewirkt wird, so kann ich nun immer den Multiplicator finden, der den Theil links vom Gleichheitszeichen zu einem vollständigen Differential macht. Da nämlich, wie ich auseinandergesetzt habe, wenn die Kräfte bloße Functionen der Coordinate sind, $M = 1$ gesetzt werden kann, so wird die Differentialgleichung integrabel, wenn ich sie dividire durch die Functionaldeterminante der $6n-2$ Functionen, die willkürlichen Constanten gleich sind, in Bezug auf die $6n-2$ eliminirbaren Variabeln. Dieß ist eine ganz mechanische Regel, man kann sich denken, daß die Größe, die als Divisor zuzufügen [ist], äußerst complicirt sein kann, aber so erhält man dieselbe ohne allen Scharfsinn. Man kann die Regel etwas anders aufstellen, wenn ich nicht die willkürlichen Constanten als Functionen der Variabeln betrachte, sondern die $6n-2$ Variabeln als Functionen von x und y und den willkürlichen Constanten. Nehme ich dann die Functionaldeterminante der $6n-2$ Variabeln in Bezug auf die $6n-2$ willkürlichen Constanten, so erhält diese

Determinante den reciproken·Werth der früheren, als Divisor gebrauchten. Wenn ich also x' und y' durch x und y ausdrücke, welche Ausdrücke die $6n - 2$ willkürlichen Constanten enthalten, so wird die Gleichung

$$y'dx - x'dy = 0$$

integrabel, wenn ich sie multiplicire mit der Functionaldeterminante der $6n - 2$ eliminirten Variabeln (d.h. außer x und y), in Bezug auf die willkürlichen Constanten genommen. Betrachten wir den allereinfachsten Fall, wo ein einzelner freier Punkt sich in der Ebene bewegt, so sind die dynamischen Gleichungen

$$\frac{d^2x}{dt^2} = X \qquad \frac{d^2y}{dt^2} = Y$$

Dieß ist ein so einfacher Fall, daß man wohl schwerlich geglaubt hat, daß man über diesen irgend eine Bemerkung werde machen können, so gibt unser Princip folgendes Theorem: Die Aufgabe reducirt sich auf die Integration dreier Differentialgleichungen 1° Ordnung zwischen den Größen $x\,y\,x' = \frac{dx}{dt}$ $y' = \frac{dy}{dt}$, die in der Proportion enthalten [sind]:

$$dx \,:\, dy \,:\, dx' \,:\, dy' = x' \,:\, y' \,:\, X \,:\, Y$$

Ich nehme an, X und Y sind beliebige Functionen von x und y, hat man dann irgend welche zwei Integrale dieses Systems gewöhnlicher Differentialgleichungen gefunden, durch welche man x' und y' als Functionen von x und y und die beiden willkürlichen Constanten α und β, die diese Integrale enthalten, ausdrücken kann, so hat man noch die Gleichung einer Curve zu finden durch Integration einer Differentialgleichung 1° Ordnung zwischen x und y, nämlich die Gleichung

$$y'dx - x'dy = 0 \,,$$

wo x' und y' durch $x\,y\,\alpha\,\beta$ ausgedrückt sind. Wenn man diese Gleichung multiplicirt mit dem Factor

$$\frac{\partial x'}{\partial \alpha}\frac{\partial y'}{\partial \beta} - \frac{\partial x'}{\partial \beta}\frac{\partial y'}{\partial \alpha} \,,$$

so wird die Gleichung integrabel, d.h. es ist

$$\left\{\frac{\partial x'}{\partial \alpha}\frac{\partial y'}{\partial \beta} - \frac{\partial x'}{\partial \beta}\frac{\partial y'}{\partial \alpha}\right\}\left\{y'dx - x'dy\right\}$$

ein vollständiges Differential, so daß das Integral dieses Differentials, einer willkürlichen Constanten gleich gesetzt, die Gleichung der Trajectorie, die Gleichung der gesuchten Curve ist. Also bei der Bewegung eines Planeten um die Sonne kennt man durch das Princip der lebendigen Kraft und den Flächensatz 4 Integrale, und da es 5 erfordert (die Zeit wird durch eine Quadratur gefunden), so weiß man daher, daß das Problem auf Quadraturen reductibel ist, und zwar ohne daß es irgend nöthig ist, eine Wahl der Variabeln zu treffen. Ähnlich ist es mit der Anziehung nach 2 festen Punkten. Da gilt das Princip der lebendigen Kraft und außerdem hat Euler durch geschickte Combination der Differentialgleichungen noch ein Integral gefunden, aber die Differentialgleichung erster Ordnung, auf die es ankommt, ist so complicirt, daß Eulers ganze Unerschrockenheit dazu gehörte, nur ihre Integration zu versuchen[236] - nach unserm allgemeinen Princip erhalten wir ihre Auflösung auf völlig mechanischem Wege.

Das Princip läßt sich auch anwenden, wenn zwischen den Coordinaten der materiellen Punkte irgendwelche Bedingungsgleichungen gegeben sind. Dann kommt zu einer Größe X noch hinzu

$$\lambda\frac{\partial u}{\partial x} + \mu\frac{\partial v}{\partial x} + \dots \quad \text{wo} \quad u = 0 \quad v = 0 \quad \dots$$

die Bedingungsgleichungen sind, und λ, μ ... die Multiplicatoren werden, die man durch Auflösung des von mir früher angegebenen Systems linearer Gleichungen findet, in denen noch die ganz constanten Glieder homogene Functionen der 2ten Ordnung aus den Componenten der Geschwindigkeiten enthalten und außerdem die Größen X etc. Es wäre also zu beweisen, daß wenn man diese Ausdrücke statt X ... setzt, doch

$$\sum \frac{1}{m}\left(\frac{\partial X}{\partial x'} + \frac{\partial Y}{\partial y'} + \frac{\partial Z}{\partial z'}\right) = 0$$

ist, wo die Summe auf alle materiellen Punkte auszudehnen ist. Diesen Beweis nun kann man führen, er ist aber eine Art analytisches Kunststück; ich habe ihn, wenn ich nicht irre, in der angeführten Abhandlung gegeben[237], ich werde ihn aber hier übergehen, da er sich von selber findet, wenn man für den Fall eines nicht freien Systems die Differentialgleichungen auf eine andere Form bringt.

---

[236] Zu Eulers diesbezüglichen Arbeiten s. S. 131, Anm. 203.

[237] Jacobi irrt *nicht*: In seiner großen Abhandlung zum letzten Multiplicator (S. 145, Anm. 226) wendet er diesen zunächst auf freie Systeme ($M = 1$) an, dann aber auch auf unfreie Systeme, dessen Bewegungen in der ersten Lagrangeschen Form dargestellt werden (s. *Werke* IV, 440ff.).

Dieß ist der nächste Gegenstand, der uns beschäftigen soll, nämlich die zweite Form, in welche Lagrange die dynamischen Differentialgleichungen bringt, wo die Coordinaten nicht unabhängig sind. Sie beruht darauf, daß wenn m Bedingungsgleichungen gegeben sind, man die $3n$ Coordinaten durch irgend welche $3n - m$ unabhängige Functionen dieser $3n$ Größen ausdrückt. Diese Transformation oder Darstellung der dynamischen Differentialgleichungen beruht aber auf einem mechanischen Princip, von welchem ich bisher noch nicht gesprochen habe, nämlich auf dem Princip der kleinsten Action[238]. Also beschäftigen wir uns hiermit zunächst. Dieses unterscheidet sich von allen andern Principien wesentlich darin, daß es kein Integral irgend einer Art gibt, und doch ist es vielleicht, das Princip der lebendigen Kraft ausgenommen, mit dem es innig zusammenhängt, so, daß beide immer zugleich Statt haben, das wichtigste von allen, indem es gerade darauf führt, das aufzufinden, wodurch sich die dynamischen Gleichungen von andern Problemen unterscheiden, so daß man für sie eine specielle Integrationsmethode aufstellen konnte. Lagrange ist durch dieses Princip auf seine analytische Mechanik gekommen, in den turiner Miscellannen[239] wo er es zuerst aufstellte, hat er sie ganz daraus abgeleitet, aber auf eine sehr unsystematische Art, so daß er später eine andere Darstellung vorzog, in der analytischen Mechanik, und das Princip der kleinsten Action mit zu großer Verachtung behandelte[240].

Ich will das Princip an die Behandlung einer Aufgabe anknüpfen, mit der man sich frühzeitig in der Mechanik beschäftigt hat, und die man die brachistochronische nennt. Ich bemerke hierbei, daß die Schreibart brachy-

---

[238] An den linken Rand der Hs. geschrieben (und unterstrichen): *„Princip der kleinsten Action"*. Die im folgenden wiederholt eingeflochtenen historischen Exkurse Jacobis zu diesem Thema verdienen deshalb besondere Aufmerksamkeit, weil sie auf einem Vortrag *Über die Geschichte des Princips der kleinsten Action* vom 15. Juli 1847 in der Berliner Akademie basieren, der nicht in Jacobis *Werke* aufgenommen wurde und heute als verloren gelten muß. L. Koenigsberger verfügte noch über das Manuskript und veröffentlichte in seiner Jacobi-Biographie den Einleitungsteil, der v.a. von Euler und Lagrange handelt (Koenigsberger 1904a, 403-410) und der hier um Ausführungen zu Leibniz, Maupertuis, D. Bernoulli und J.S. König ergänzt wird; s. insbes. die Vorlesungen XXVIII und XXIX.

[239] Lagrange veröffentlichte in den *Miscellanea Taurinensa* seine ersten Arbeiten überhaupt, nämlich die *Récherches sur la méthode de maximis et minimes* und den *Essai d'une nouvelle méthode pour déterminer les maximas et minima des formules indéfinies* zur Variationsrechnung sowie die *Application de la méthode exposée dans le memoire précédent à la solution de différens Problèmes de Dynamique* (Lagrange 1759, 1760a und 1760b). Die letztgenannte Arbeit handelt vom Prinzip der kleinsten Wirkung.

[240] In der *Méchanique Analitique* „degradiert" Lagrange dieses Prinzip vom einstmaligen „universellen Schlüssel" für alle mechanischen Probleme zu einem „einfachen und allgemeinen Resultat der Gesetze der Mechanik" (Lagrange 1788, 189 bzw. *Oeuvres* XI, 262); hierzu näher Pulte 1989, 241 und 252-261, insbes. 256.

stochronisch, die man gewöhnlich findet, keinen Grund hat, da das Wort nicht sowohl von $\beta\varrho\alpha\chi\grave{v}\varsigma$ als von $\beta\varrho\acute{\alpha}\chi\iota\sigma\tau o\varsigma$ $\chi\varrho\acute{o}\nu o\varsigma$ herkommt[241]. Nämlich wenn man den Satz von der lebendigen Kraft betrachtet

$$\sum \frac{1}{2}mv^2 = U + h$$

also die halbe lebendige Kraft gleich einer Function der Coordinaten, die ich Potenzial nenne, + einer willkürlichen Constante. U ist so beschaffen, daß wenn man es nach $x\,y\,z$ differentiirt, die Kräfte $X\,Y\,Z$ erhalten werden. Bedingungsgleichungen können zwischen den Coordinaten sein welche wollen. Diese Gleichung nun kann dazu dienen, das Zeitelement in Raumgrößen auszudrücken[242]. Denn setzt man für seinen Werth an

$$v^2 dt^2 = dx^2 + dy^2 + dz^2 \text{ , so wird } \quad \frac{1}{2}\sum m\left(dx^2 + dy^2 + dz^2\right) = (U + h)\,dt^2$$

$$\text{also} \qquad dt = \frac{\sqrt{\frac{1}{2}\sum m\left(dx^2 + dy^2 + dz^2\right)}}{\sqrt{U + h}}$$

links das Zeitelement dt und rechts bloß Raumgrößen, nämlich die Quadratwurzel aus der halben Summe der mit der Masse multipicirten Quadrate der Bogenelemente, die im Zeitelement beschrieben werden, dividirt durch die Wurzel aus dem um eine Constante vermehrten Potenzial. Wenn ds das Element des Bogens, den der Punkt m in der Zeit dt beschreibt, und man denkt die Summe auf alle n Punkte ausgedehnt, so ist

$$dt = \frac{\sqrt{\frac{1}{2}\sum m\,ds^2}}{\sqrt{U + h}}$$

Wenn man nun alle $3n$ Größen $x\,y\,z$ durch eine von ihnen, z.B. durch x, ausgedrückt denkt, und x_0 und x_1 die respectiven Anfangs- und Endwerthe sind, für welche die Position des Systems betrachtet wird, so wird man die Zwischenzeit, in welcher das System von einer Position nach der andern gelangt, erhalten, wenn man den angegebenenen Ausdruck zwischen x_0 und x_1 nach x integrirt, und erhält so für die Zwischenzeit

---

[241] Griech: $\beta\varrho\alpha\chi\acute{v}\varsigma$ (brachys) bedeutet „kurz"; $\beta\varrho\acute{\alpha}\chi\iota\sigma\tau o\varsigma$ $\chi\varrho\acute{o}\nu o\varsigma$ (brachistos chronos) bedeutet „kürzeste Zeit". Jacobi spricht sich hier, vermutlich inspiriert von dem Altphilologen und Pindar-Forscher A. Böckh, bei dem er in Berlin zwei Jahre studierte, für die Verwendung des sog. „poetischen Superlativs" aus. Der „reguläre Superlativ" von $\beta\varrho\alpha\chi\acute{v}\varsigma$ führt dagegen auf die (ebenfalls mögliche) Schreibweise $\beta\varrho\acute{\alpha}\chi\nu\sigma\tau o\varsigma$ $\chi\varrho\acute{o}\nu o\varsigma$ (brachystos chronos). Noch in der heutigen Literatur zur Variationsrechnung und ihrer Geschichte sind *beide* Schreibweisen, „Brachystochrone" und „Brachistochrone", gebräuchlich.

[242] Die folgende, „zeitfreie" oder „geometrische" Interpretation des Prinzips der kleinsten Wirkung vertritt Jacobi bereits in seiner *Dynamik* von 1842/43 (Jacobi *Werke* Supp.bd., 44f.; s. hierzu auch Lützen 1995, 19-22).

$$t = \int_{x_0}^{x_1} \sqrt{\frac{\frac{1}{2}\sum m\, ds^2}{U + h}}$$

Die zu integrirende Function wird nun ganz verschieden, je nachdem die Gleichungen verschieden sind, durch die man die $3n$ Größen bloß durch die eine x ausdrückt, oder wenn m Bedingungsgleichungen sind, sind außer den letzten nur noch $3n - m - 1$ Gleichungen zur Hilfe zu nehmen. Wir wollen nun annehmen, man variire diese Relation, so aber, daß die $3n$ Coordinaten dieselben Anfangs- und Endwerthe behalten, und es soll ferner die Constante h einen gegebenen Werth haben, der sich nicht mit verändert, und dieser Werth wird erhalten aus dem Anfangswerth der lebendigen Kraft, denn wenn die Anfangsposition der Punkte, woraus U_0 folgt, nebst dem Anfangswerth der lebendigen Kraft gegeben sind, folgt solgleich h aus der Gleichung

$$\sum \frac{1}{2} m v_0^2 = U_0 + h \,.$$

Der Satz von der lebendigen Kraft selber heißt soviel, daß in diesem Falle, wie man auch die Relationen variirt, immer das System an der Endposition mit derselben lebendigen Kaft ankommt. Man kann nun aber fragen nach demjenigen System von Relationen, welche man annehmen muß zwischen den $3n$ Größen, um die $3n$ Coordinaten durch eine von ihnen auszudrücken, damit die Zwischenzeit oder das angegebene Integral den kleinsten Werth hat. Dieß ist eine gewöhnliche Aufgabe der Variationsrechnung. Man findet da ganz bestimmte Relationen, die man annehmen muß, und ist so auf die interessanten brachistochronischen Eigenschaften der Bewegung eines schweren Punktes auf einer Cycloide gekommen. Diese Relationen, die man so zwischen den Coordinaten erhält, sind nun aber verschieden von denjenigen, die vermittelst der mechanischen Gesetze stattfinden, und man kann sich nun umgekehrt fragen, wann das Integral, welches die Zwischenzeit gibt, zu andern Relationen als den mechanischen unter der Bedingung, daß es ein Minimum werden soll, führt; kann man ein anders Integral als das angeben, welches die Zwischenzeit ausdrückt, welches so beschaffen ist, daß wenn man es zu einem Minimum machen muß, man gerade die Relationen erhält, welche die mechanischen Gesetze von selbst hervorbringen?

XXVII　*Prinzip der kleinsten Aktion und Erhaltung der lebendigen Kraft; Eulers Formulierung des Prinzips und der Aktionsbegriff bei Leibniz.*

Also wir wollen annehmen, ein Punkt würde von einem anderen angezogen wie ein Planet von der Sonne, und beschreibe einen Kegelschnitt, oder meinetwegen eine Parabel, wenn die angegebene Kraft die Schwere ist und der Körper einen Stoß erhalten hat. Außer dem Anfangspunkt der Bewegung a fixiren wir in seiner Bahn noch einen andern Punkt b, ferner bemerken wir die Anfangsgeschwindigkeit, die er erhalten hat. Nun fragen wir Folgendes: wenn wir durch die beiden Punkte a und b andere Curven gelegt denken, und der Punkt, nachdem er seine Anfangsgeschwindigkeit erhalten hat, gezwungen wird, sich auf einer dieser Curven zu bewegen, welche Curve wird man ihn beschreiben lassen müssen, damit er in der kürzesten Zeit im Punkt b anlangt? Was gesucht wird ist also eine Function, die Function, die y von x sein muß und welche die Bahn des Punktes bestimmt, gegeben ist, dazu der Anfangs[-] und Endwerth von y für x (an den Punkten a und b). Diese Aufgabe können Sie sich nun allgemein denken für alle Fälle, wo der Satz von der lebendigen Kraft gilt, den wir so darstellen wollen[:]

$$\frac{1}{2} \sum m \, ds^2 = (U + h)\, dt^2$$

Die Bahnen der Punkte sollen nicht nur vollständig bestimmt sein[243], sondern es soll auch bestimmt sein, wo sich die verschiedenen Punkte immer gleichzeitig befinden, so daß, wenn man die Abscisse x eines Punktes kennt, man nicht nur die Werthe y und z für denselben Punkt, sondern auch alle Coordinaten aller übrigen Punkte findet. Wenn diese Bedingungsgleichungen nun festgesetzt werden, so ist gleichzeitig das ganze System sich so zu bewegen gezwungen, daß die ganze Position des Systems bestimmt ist, sobald man den Werth einer einzigen Variable, z.B. von x kennt. Diese Bedingungen denkt man sich nun ferner so eingerichtet, daß das System eine gegebene Anfangs- und gegebene Endposition hat, man kann nämlich $3n-1$ Gleichungen zwischen den $3n$ Coordinaten annehmen, und in diese Gleichungen so viele unbestimmte Constanten eingehen lassen, daß die $3n-1$ Gleichungen erfüllt werden, wenn ich für die $3n$ Coordinaten sowohl ihre gegebenen Anfangs- als ihre gegebenen Endwerthe setze, also wird man noch $6n-2$

---

[243] In der Hs. heißt es: „Die Bahnen der Punkte sollen vollständig bestimmt sein nicht nur, sondern ...“.

unbestimmte Constanten eingehen lassen müssen. Wenn dann der Anfangswerth der lebendigen Kaft gegeben ist, ist h gegeben, und man erhält durch die lebendige Kraft t, bestimmt aus

$$t = \int \frac{\sqrt{\frac{1}{2} \sum m \, ds^2}}{\sqrt{U + h}}$$

Weil alle Coordinaten durch x ausgedrückt sind, kann man ds auch durch dx ausdrücken, und erhält $ds^2 = dx^2 \times$ einer Function der Coordinaten und erster Differentialquotienten der respectiven Function von x. Die Aufgabe ist also eine gewöhnliche Aufgabe der Variationsrechnung, wenn t ein Minimum werden soll, da man

$$t = \int_{x_0}^{x_1} \frac{\sqrt{\frac{1}{2} \sum m \left(\frac{ds}{dx}\right)^2}}{\sqrt{U + h}} dx$$

schreiben kann; die Function unter dem Integralzeichen enthält die Differentialquotienten der zu bestimmenden Functionen, der Nenner ist gegeben, die Art der Function wird durch die Bedingung des Minimums bestimmt. Augenblicklich kann sich das System nicht von einem Punkte zum andern bewegen, es wird als eine kleinste Zeit geben, stattfinden. Man bekommt nun durch die Bedingung des minimums eine andere Bahn als nach den mechanischen Gesetzen: z.B. wenn der Körper eine Ellipse um die Sonne beschreibt, so würde die Bahn, welche der kürzesten Zeit entspricht, eine ganz andere sein, ebenso bei der parabolischen Bewegung eines geworfenen Körpers, der durch die Schwere bloß gezogen wird. Man hat nun die Frage gestellt, gibt es ein anderes Integral, als die Zeit, welches die Eigenschaft hat, daß wenn man ganz in ähnlicher Weise die $3n - 1$ Coordinaten so als Functionen der $3n^{\text{ten}}$ bestimmt, daß das Integral ein Minimum zwischen gegebenen Anfangs- und Endwerthen wird, daß dann diese Functionen genau zusammentreffen mit den Functionen, die man durch die freie Bewegung erhält, d.h. wenn man nicht noch so viele Bedingungen zu dem mechanischen Problem hinzufügt, daß ihre Anzahl $= 3n - 1$ wird, so daß man alle Größen durch x bestimmen kann (denn es können eine Anzahl $m < 3n - 1$ Bedingungsgleichungen zwischen den Coordinaten gegeben sein, die dann zur Bestimmung des Minimums gleichfalls mit wirken - bei $3n - 1$ Bedingungsgleichungen würde das Minimum der einzig wirkliche Fall, also eben kein Minimum sein), jede dieser angenommenen Functionen hat man der Bedingung zu unterwerfen. Diese Frage hat zuerst Daniel Bernoulli in einem Briefe an Euler gestellt, wie ich aus ihrem herausgegebenen Briefwechsel[244] gesehen habe, und zwar zuerst in dem Problem der angezogenen Planeten. Newton fing damals gerade an, in Deutschland bekannt zu werden. Daniel Bernoulli hatte selbst schon für eine viel schwerere Aufgabe, die aber statisch ist, ein solches Integral erhalten, nämlich für die sogenannte elastische Linie[245]. Nämlich wenn man einen elastischen Stab hat und ihn biegt, so dehnen sich die obern Fibern aus, die untern ziehen sich zusammen, wenn er durch ein Gewicht im Gleichgewicht erhalten wird, wird es eine Linie geben, die sich weder zusammenzieht noch ausdehnt. Bernoulli ersetzte die Elastizität durch die Bedingung eines Minimums und wandte hier zuerst diese glückliche Idee an[246]. In ähnlicher Art wollte er nun die dynamische Aufgabe eines durch Kräfte bewegten Punktes durch ein Minimum ausdrücken, und forderte dazu Euler auf, dem dieß wirklich gelang[247]. Dieser hatte damals sein berühmtes Werk über die isoperimetrischen Probleme „methodus nova inveniendi lineas curvas maximi minimive proprietate gaudentes"[248] vollendet und fügte demselben den appendix de motu projectilium[249] hinzu: dieser ist von der größten Wichtigkeit, aus ihm ist die ganze neue analytische Mechanik hervorgegangen. Wenn ich nämlich in dieser Allgemeinheit bleibe und nicht wie Euler, der das Princip der lebendigen Kraft nur erst in speciellen Fällen kannte, auf einzelne Anwendungen mich beschränke, so kann ich Ihnen die Entdeckung mit ein paar Worten erklären. Das Integral wird nämlich aus dem, welches die Zeit gibt,

---

[244] Dieser (leider nur unvollständig erhaltene) Briefwechsel wurde 1843 in der zweibändigen *Correspondance mathématique et physique* Eulers von P.H. Fuss herausgegeben (Fuss 1843 II). Wie sein Vater N. Fuss, einem Schwiegersohn von L. Eulers Sohn Johann Albrecht Euler, war P.H. Fuss Sekretär der Petersburger Akademie. Gemeinsam mit Jacobi bemühte er sich um eine Veröffentlichung der Werke Eulers (s. Ahrens/Stäckel 1908).

[245] Dabei handel es sich um das Problem, die Gestalt eines vollkommen elastischen, homogenen Bandes mit konstanter, vorgegebener Länge zu bestimmen, das zwischen zwei Endpunkten fest (d.h. mit vorgegebener Richtung) eingespannt ist. Das Problem geht auf Jacob Bernoulli zurück, der es bereits 1691 formulierte (Truesdell 1960, 66ff.).

[246] S. hierzu die Briefe von Daniel Bernoulli an Euler ab dem 24. Mai 1738 (Fuss 1843 II, 448ff.). Bernoullis „glückliche Idee" besteht darin, die Bestimmung der Elastica als Minimumproblem für die potentielle Energie $\int r^{-2} ds$ aufzufassen, Eulers Beitrag liegt darin, dieses Variationsproblem zu lösen (Pulte 1989, 128-131).

[247] S. die Briefe Daniel Bernoullis an Euler vom 28. Jan. 1741 und 20. Jan. 1742 (Fuss 1843 II, 468ff.). Eulers Lösung ist im „Additamentum II" seiner Variationsrechnung veröffentlicht (Anm. 249).

[248] Der vollständige Titel des 1744 veröffentlichten Werkes lautet *Methodus inveniendi lineas curvas maxime minimive proprietate gaudentes sive solutio problematis isoperimetrici latissimo sens accepti* (Euler 1744; vgl. S. 173, Anm. 265).

[249] Es ist dies nach Eulers erstem Anhang zur elastischen Linie das *Additamentum II: De motu proiectorum in medio non resistente, per methodum maximorum ac minimorum determinando* (*Opera Omnia* (1) 24, 298-308); vgl. zur nachfolgenden Rekonstruktion der Eulerschen Ideen auch Pulte 1989, 139-144.

erhalten, wenn ich $\sqrt{U+h}$ aus dem Nenner in den Zähler setze, so daß die eine Gleichung

$$\text{Minimum} = \int \sqrt{(U+h)} \sqrt{\frac{1}{2} \sum m \, ds^2}$$

das ganze System der dynamischen Differentialgleichungen, die sämtlichen Gleichungen zweiter Ordnung, umfaßt. Für den Fall eines isolirten Punktes erhält man, wenn $m = 1$ ist, da $\sqrt{\frac{1}{2}}$ bei der Minimumsbedingung wegbleiben kann,

$$\int \sqrt{U+h} \, ds \, .$$

Nun ist also $\sqrt{U+h}$ dem Werth proportional, welchen die Geschwindigkeit erlangt, indem aus dem Satz der lebendigen Kraft

$$\frac{1}{2} m v^2 = U + h \qquad \sqrt{U+h} = v \sqrt{\frac{m}{2}}$$

wird: was also ein Minimum wird, ist

$$\int v \, ds \, ,$$

wenn man für v den Ausdruck durch die Raumgrößen setzt, dem v nach dem Satz von der lebendigen Kraft gleich wird. Die Darstellung aber, wie ich sie gegeben habe, ist, wenn man weiter keine Bedingung hinzufügt, sondern eine Formel geben will, die an sich selbst verständlich ist und einen Sinn hat, die einzige Art, wie man diese Sache ausdrücken kann. Wenn Sie dagegen alle Lehrbücher der Mechanik ansehen, die von Lagrange, Poisson und die übrigen, die noch dazu erst von diesen abgeschrieben haben, so hat das Princip gar keinen Sinn, und es ist nicht möglich, einen Sinn damit zu verbinden, sondern man kann erst mit Hilfe des Beweises sehen, was mit dem Princip gemeint sein soll[250]. Ganz anders ist es im Euler'schen appendix selber, der die Sache vollkommen deutlich abhandelt. Gewöhnlich sagt man, und ist damit gleich fertig,

$$\int \sum m v \, ds$$

soll ein Minimum werden, der Sinn kommt aber erst hinein, wenn man die Bedingung hinzufügt, daß das Zeitelement, welches in v steckt, mittelst des Satzes der lebendigen Kraft auf Raumelemente zurückgeführt wird. Man drückt dieß auch so aus, indem man für $ds = v \, dt$ setzt, daß das Integral

---

[250] Diese Kritik übt Jacobi bereits in seiner *Dynamik* (*Werke* Supp.bd., 44; vgl. unten, Anm. 254).

$$\int \sum mv^2 \, dt = \text{minimum}$$

werden soll, aber diese Ausdrucksweise ist deshalb zu Falschem verleitend, weil gerade in dt mit die Hauptgröße steckt, die variirt werden soll, wenn man nämlich für dt den Ausdruck setzt, der unter dem Integralzeichen für den Werth der Zwischenzeit steht. Bei dem Beweise hat man auch stets durch die Variation des Satzes von der lebendigen Kraft dt zu eliminiren. Setzt man

$$v = \frac{ds}{dt} \, ,$$

so erhält man unter dem Integralzeichen[251]

$$\sum m \left[\frac{ds}{dt}\right]^2$$

und ist also in der That gleich[252], aber die Aufgabe der Minimi erhält nur einen Sinn, wenn man das Zeitelement mittelst des Satzes der lebendigen Kraft eliminirt. Dergleichen muß nothwendig in dem énoncé[253] des Princips gesagt werden, und doch ist, obgleich in den Lehrbüchern das énoncé eine Seite einnimmt, dasselbe überall ausgelassen; es gehört aber zum Wesen des Princips, daß gar keine Zeit darin vorkommt, daß Alles durch Raumgrößen ausgedrückt wird[254]. Das Integral, welches ein Minimum wird, hat durch einen Zufall mehr als durch eine große Zweckmäßigkeit den Namen der Action erhalten. Der Name rührt von Leibnitz her, welcher viel mit den philosophischen Begriffen, die an die Theorie der Bewegung sich knüpfen, sich beschäftigt hat, was dann auch das glänzende Resultat gehabt hat, daß er zuerst auf die Wichtigkeit der lebendigen Kraft aufmerksam gemacht

---

[251] In der Hs. fehlen hier die Klammern.

[252] Gemeint ist hier wohl die formale Gleichheit der beiden oben angegebenen Formen des Prinzips der kleinsten Aktion gemäß der Umformung

$$\int \sum mv^2 \, dt = \int \sum m \left(\frac{ds}{dt}\right)^2 dt = \int \sum mv \frac{ds}{dt} \, dt = \int \sum mv \, ds \, .$$

[253] Frz., hier: Angabe der (mathematischen) Voraussetzungen.

[254] Die spätere Entwicklung einer *weiteren* Form des Prinzips der kleinsten Wirkung zeigt, daß die Elimination der Zeit mit Hilfe des Satzes von der lebendigen Kraft nicht zwingend ist (s. etwa Mayer 1886, Helmholtz 1887, Hölder 1896). In historischer Perspektive wird dadurch die Frage aufgeworfen, inwiefern Jacobis Kritik an der „zeitlichen" Form des Prinzips berechtigt ist, da ja eine Variation der Zeit möglich ist, und in der frühen Formulierung Lagranges nicht ausgeschlossen werden kann (s. Pulte 1989, 145, 248f., 258f.).

hat[255]. Leibnitz kam zum Namen Elementaraction (d.h. die während des Elementarzeitelements) für das Produkt $mv\,ds$ fogendermaßen: Action heißt hier Thätigkeit, die Thätigkeit der Bewegung wird aber nicht bloß gemessen durch den Raum, durch welchen sich Etwas bewegt, sondern gleichzeitig durch die Geschwindigkeit, mit der der Raum zurückgelegt wird, und durch die Masse, der diese Geschwindigkeit imprimirt worden ist, damit sie den Raum durchläuft: also welche Masse sich mit welcher Geschwindigkeit durch welchen Raum bewegt. Hiervon hat das Princip den Namen der kleinsten Action erhalten[256]. Durch ein sonderbares Mißverständniß wird es im Deutschen, statt Princip der kleinsten Thätigkeit, Princip der kleinsten Wirkung übersetzt. Die zu Grunde liegende Idee, wenn man damit irgend einen Sinn verknüpfen wollte, ist, daß die Natur ihre Resultate mit dem geringsten Kraftaufwande erreicht, daß sie nicht viel unnütze Wirtschaft macht, indessen ist es schwer, diese weise Ökonomie aus dieser Formel abzuleiten, schwer, das Integral, das ein Minimum wird, aus diesem Zweck zu erklären. Daß es aber der Zweck der Natur sein sollte, mit ihren Kräften die kleinste Wirkung zu erreichen, scheint absurd, obgleich Euler, der ein ebenso guter Mathematiker als schlechter Metaphysiker war, in seinem appendix sagt, er könne zwar das Princip nicht so allgemein beweisen, wie es allgemein wohl gelte, indessen verstehe sich aus a priori'schen Principien, daß die Natur wegen der Trägheit eine so geringe Wirkung hervorbringen müsse, als irgend möglich[257]!

Die Darstellung, die ich eben gegeben habe, hat den Vortheil, das allgemeine brachistochronische Problem, wodurch die Zeit ein Minimum werden soll, und das Princip der kleinsten Action mit einander in Beziehung zu

---

[255] Zum Prinzip der lebendigen Kraft bei Leibniz vgl. oben, S. 109, Anm. 172; zu seinem Begriff der „actio" s. Pulte 1989, 56-64. Jacobi konsultierte im Rahmen seiner Untersuchungen zur Geschichte des Prinzips der kleinsten Aktion übrigens auch Leibnizsche Handschriften (vgl. S. 178, Anm. 279) - eine verläßliche Edition selbst der wichtigsten Leibnizschen Untersuchungen zur Dynamik wurde erst im folgenden Jahr von C.I. Gerhardt begonnen (s. Leibniz *Mathematische Schriften*).

[256] Tatsächlich hat Maupertuis sich bei seiner Bezeichnung „principe de la moindre quantité d'action" auf Leibniz' Aktionsbegriff berufen (Pulte 1989, 57), allerdings ohne eine (vermeintlich) von Leibniz stammende Formulierung dieses Prinzips (vgl. Vorlesung XXIX) zu kennen.

[257] S. Euler 1744 (*Opera omnia* (1)24, 308). In Eulers „materietheoretischer" Interpretation des Prinzips der kleinsten Wirkung spielt die Trägheit als „Wesenseigenschaft der Körper" eine zentrale Rolle (s. Pulte 1989, insbes. 148-150, 170-181). Jacobi nimmt diese Seite der Bemühungen Eulers um eine Grundlegung der Mechanik ebensowenig ernst wie Eulers Zeitgenossen D'Alembert und Lagrange - und bereits diese pflegten in ihrem Briefwechsel die Auffassung, daß Euler „ein großer Analytiker, aber ein ziemlich schlechter Philosoph" sei (Lagranges *Oeuvres* 13, 135); s. hierzu näher Pulte 1989, 110-121, insbes. 111.

setzen, in dem die eine Aufgabe aus der andern erhalten wird, wenn ich die $\sqrt{U+h}$ gleichsetze einer reciproken ersten Quaratwurzel von derselben Form. Habe ich also in einem brachistochronischen Problem ein Integral mit $\sqrt{U+h}$ im Nenner, so setze ich

$$\sqrt{U+h} = \frac{1}{\sqrt{U_1 + h_1}} \, ,$$

und erhalte das Integral, das bei der kleinsten Action ein Minimum werden soll. Betrachte ich also in dem letzten Problem U_1 als Potenzial, so erhalte ich durch partielle Differentiation die Componenten der Kräfte, die ich in dem dynamischen Problem annehmen muß, damit es dasselbe Resultat gibt, als das brachistochronische: und umgekehrt kann ich aus dem dynamischen Problem auf dieselbe Weise ein brachistochronisches machen. Man hat auch den Vortheil hierbei, daß man einsieht, daß bei dem dynamischen Problem wirklich von einem Minimum die Rede sein kann, welches eben bei der kleinsten Zeit sich wirklich durch die Anschauung ergibt.

XXVIII   *Beziehung brachistochronischer und dynamischer Probleme; Prinzip der kleinsten Aktion bei Maupertuis.*

Ich habe zuletzt erwähnt, wie man jedes mechanische Problem, wo das Princip der lebendigen Kraft gilt, als ein brachistochronisches darstellen kann und umgekehrt. Es kommen hierbei zwei Integrale vor, von denen das eine die Zeit durch Raumelemente ausdrückt, das andere die leibnitz'sche Action bedeutet. Das Integral für die Zeit war

$$t = \int \frac{\sqrt{\frac{1}{2} \sum m \, ds^2}}{\sqrt{U+h}} \; ;$$

die Action ist in jedem Moment gegeben durch den Ausdruck $mv\,ds$ für jeden einzelnen Punkt, die Gesamtaction also für das ganze System durch $\sum mv\,ds$: nach der leibnitz'schen [Theorie] war die Action nämlich gleich dem Produkt aus Masse, Geschwindigkeit und durchlaufenem Raum (im Zeitelement), und dieß ausgedehnt auf eine gewöhnliche endliche Bewegung würde das Integral dieser Summe sein. Dieses Integral aber wird mittelst des Satzes der lebendigen Kraft, wenn man wieder Alles auf Rauminhalte bringen will, in welchem Falle man den Ausdruck so darzustellen hat[:][258]

---

[258]Auch in der folgenden Gleichung für die „Actio" fehlen in der Hs. die Klammern im Integranden.

$$\text{Actio} = A = \int \sum m \left[\frac{ds}{dt}\right]^2 \quad \text{weil} \quad v = \frac{ds}{dt} \quad \text{und wo} \quad dt = \frac{\sqrt{\frac{1}{2}\sum m\,ds^2}}{\sqrt{U+h}},$$

folgendermaßen ausgedrückt:

$$A = \int \sum mv\,ds = \int \sqrt{2\sum m\,ds^2}\,\sqrt{U+h}$$

Es wird also das Element der Zeit mal dem Element der Action $= \sum m\,ds^2$. Der von Euler gefundene Satz, der mit dem Namen des Princips der kleinsten Action bezeichnet wird, ist nun in der Gleichung enthalten $\delta A = 0$, d.h. wenn man unter dem Integralzeichen in den Ausdrücken für A alle $3n-1$ Coordinaten durch die übrigen sich ausgedrückt denkt, so kommt es darauf an, die Functionen, die man hierzu wählen kann, so zu bestimmen, daß A ein Minimum wird, wenn die Anfangs- und Endwerthe der Coordinaten gegeben sind. Das brachistochronische Problem will dagegen das der Zeit gleiche Integral

$$\int \frac{\sqrt{\frac{1}{2}\sum m\,ds^2}}{\sqrt{U+h}}$$

unter denselben Bedingungen zu einem Minimum machen, man soll die Functionen, die außer den Bedingungsgleichungen (die ohnehin stattfinden) zu bestimmen bleiben, so bestimmen, daß der Ausdruck ein Minimum wird. Man sieht hieraus, daß das Problem der kleinsten Zeit von dem der kleinsten Action sich nur dadurch unterscheidet, daß beim einen $\sqrt{U+h}$ im Nenner, beim andern im Zähler vorkommt. Will man also beide auf einander reduciren, so braucht man statt U nur U' einzuführen, indem man

$$U + h = \frac{1}{U'}$$

setzt. Sei also ein mechanisches Problem, und U das Potenzial, und ich will es auf ein brachistochronisches bringen, so setze ich

$$U + h = \frac{1}{U'}$$

Hierdurch wird das Integral, das ein Minimum werden soll,

$$\int \frac{\sqrt{\sum m\,ds^2}}{\sqrt{U'}},$$

ich habe also ein brachistochronisches Problem, in welchem statt des Potenzials U' steht. Die Componenten der Kräfte in den jedesmaligen Problemen werden erhalten, wenn man das Potenzial nach den Coordinaten differentiirt. Man wird daher die Kräfte, die man in dem brachistochronischen Problem braucht, erhalten, wenn man

$$U' = \frac{1}{U + h}$$

nach den Coordinaten differentiirt. Dieß gibt nun dieselben Componenten, als in dem entsprechenden dynamischen Problem mit dem Potenzial U, nur daß die sämtlichen Componenten noch multiplicirt werden mit

$$-\frac{1}{(U + h)^2}$$

Also die Verwandlung beider Probleme in einander geschieht einfach durch Multiplication der Kräfte mit

$$-\frac{1}{(U + h)^2},$$

natürlich bei denselben Bedingungsgleichungen: die unbestimmten Relationen zwischen den Functionen werden dann für beide Probleme gleich gefunden. Umgekehrt, wenn ich ein brachistochronisches Problem habe, in welchem U die Kräftefunction ist, so bestimme ich erst mittelst des Satzes der lebendigen Kraft die Constante h und kann sogleich ein dynamisches Problem erhalten, in welchem wieder dieselben Kräftecomponenten wie in dem brachistochronischen sind, nur ist jede multiplicirt mit

$$-\frac{1}{(U + h)^2} \quad \text{so daß z.B. wird} \quad \frac{d^2x}{dt^2} = -\frac{1}{(U + h)^2}\frac{\partial U}{\partial x},$$

während wenn das Problem ein dynamisches, also U das Potenzial wäre, man

$$\frac{d^2x}{dt^2} = \frac{\partial U}{\partial x}$$

hätte.

Ich bemerke noch, daß die willkürliche Constante nicht in beiden Sätzen willkürlich bleibt: die willkürliche Constante, die zum Satz der lebendigen Kraft hinzutritt, darf nicht mehr willkürlich bestimmt werden, wenn beide Probleme auf einander zurückgeführt werden sollen, denn dann muß man haben

$$\frac{1}{2}\sum mv^2 = \frac{1}{\sqrt{U + h}}$$

und es darf keine neue willkürliche Constante zugesetzt werden. Die willkürliche Constante, die der Satz von der lebendigen Kraft fordert, darf nur in dem einen Problem willkürlich angenommen werden, und ist dann in dem andern bestimmt. Man findet also in beiden Problemen dieselben Relationen zwischen den Raumgrößen, und gibt die Größe, die in dem einen Problem die Zeit ausdrückte, in dem andern die Action; oder, um die Reciprocität besser auszudrücken, wollen wir

$$U_1 = \frac{1}{2\,(U+h)}$$

setzen, wo wir die 2 unter dem Qudratwurzelzeichen dem $U+h$ als Factor geben, so daß das Integral

$$A = \int \sqrt{\sum m\,ds^2}\,\sqrt{2\,(U+h)}\,,$$

dann würde auch sein

$$\frac{1}{2}\sum mv^2 = \frac{1}{\sqrt{2\,(U+h)}} \quad \text{und} \quad \frac{d^2x}{dt^2} = -\frac{1}{2\,(U+h)^2}\frac{\partial U}{\partial x}\,.$$

Diese Betrachtungen führe ich bloß deshalb an, weil wir mit dem Integral, welches die Action ausdrückt, eine weniger bestimmte Darstellung verbinden, als mit dem, was die Zeit ausdrückt, so daß man die Analogie klar einsieht, wenn man weiß, daß sich die Zeit auf die Action und umgekehrt zurückführen läßt, dadurch daß bloß eine andere Kräftefunction eingeführt wird. Wenn man in dem dynamischen Problem, das durch die Gleichung gegeben wird

$$\frac{d^2x}{dt^2} = -\frac{1}{2\,(U+h)^2}\frac{\partial U}{\partial x} \quad \text{wobei} \quad \frac{1}{2}\sum mv^2 = \frac{1}{\sqrt{2\,(U+h)}}\,,$$

statt des Elementes dt [das Element] dA einführen will - denn t kommt gar nicht vor in den Gleichungen, da es in U nicht steckt, bloß dt, es ist gewissermassen eine Hilfsgröße, die man durch Darstellung durch eine Proportion ganz herausbringt - so müssen[259] wir die Gleichung brauchen

$$dt = \frac{dA}{2\,(U+h)} \quad \text{oder} \quad \frac{dt}{dA} = \frac{1}{2\,(U+h)}$$

$$\text{oder} \quad \frac{dx'}{dt} = -\frac{1}{2\,(U+h)^2}\frac{\partial U}{\partial x} \qquad \left(x' = \frac{dx}{dt}\right)$$

$$\frac{dx'}{dA} = -\frac{1}{4\,(U+h)^3}\frac{\partial U}{\partial x}$$

doch das würde zu Nichts führen.

---

[259] In der Hs.: „ ... ganz herausbringt. Thun wir das, so müssen".

Die Größe A kann man vom analytischen Standpunkt nur als Hilfsgröße betrachten, die in das Problem eingeführt ist, um aus den Proportionen Gleichungen zu machen - nachdem das ganze Integrationsgeschäft beendigt ist, ergibt sie sich durch eine Quadratur. Die Größe wird dann in den beiden Problemen nicht dieselbe bleiben, sondern während die Verhältnisse zwischen den Raumgrößen dieselben bleiben, wird die letzte Größe in dem einen Problem die Zeit, im andern die Action. Daß die Raumrelationen auch zwischen $x'\,y'\,z' \ldots$ dieselben bleiben, geht daraus hervor, daß wenn man die Proportion mit $-2\,(U+h)^2$ multiplicirt, die[260] [Zeit] ganz herausgeht. Oder, so will ich sagen: die Proportion ist

$$dx : dy : dz \ldots : \qquad dx' \qquad : dy' : dz' : \ldots \ =$$

$$x' : y' : z' \ldots : -\frac{1}{2\,(U+h)^2}\frac{\partial U}{\partial x} : \qquad \text{etc.}$$

oder

$$: -\frac{1}{2m\,(U+h)^2}\frac{\partial U}{\partial x} : -\frac{1}{2m\,(U+h)^2}\frac{\partial U}{\partial y} : -\frac{1}{2m\,(U+h)^2}\frac{\partial U}{\partial z} : \text{etc}$$

wenn wir die Masse noch einführen. Multipiciren wir also die Proportion mit $-2\,(U+h)^2$, so folgt

$$dx \ : \ dx' = -2\,(U+h)^2\,x' : \frac{\partial U}{\partial x}$$

Doch ich gehe hier nicht weiter, weil ich auf die Art der Darstellung kommen würde, die ich noch nicht aufgestellt habe.

Ich füge noch einiges Historische über das Princip der kleinsten Action bei[261]. Die Geburt dieses Princips war mit einem großen literarischen Lärm verbunden, wie er kaum wieder dagewesen ist. Es wird die Entdeckung dieses Princips dem ehemaligen Präsidenten der berliner Academie Maupertuis[262] zugeschrieben, der zwar ein sehr geistreicher Mann war, der auch einige Ideen, aber wenig gelernt hatte, er war in dem neu erfundenen Infinitesimalcalcül nicht so bewandert, wie die großen Mathematiker seiner Zeit. Er war

---

[260] In der Hs. schließt sich hier eine Lücke an; die folgenden Verhältnisgleichungen machen jedoch klar, daß es Jacobi um die *Zeit*unabhängigkeit geht.

[261] Vgl. zur Vorgeschichte besonders der *folgenden* Ausführungen S. 159, Anm. 238.

[262] P.L.M. de Maupertuis, seit 1723 Mitglied der Pariser Akademie und 1743 als einer der 40 „Unsterblichen" der Académie Francaise erwählt, begann seine schillernde wissenschaftliche Laufbahn als Schüler Johann I Bernoullis in der Mathematik mit Arbeiten zur Kurventheorie. Bekannt wurde er zunächst durch seine Verteidigung der Newtonschen Gravitationstheorie (vgl. Anm. 263) gegen die französischen „Cartesianer" und später durch seinen Arbeiten zum Prinzip der kleinsten Wirkung. In der Biologiegeschichte wird er als ein Vorläufer des Lamarckismus gewürdigt; s. Brunet 1929 und Tonelli 1987.

berühmt geworden durch seine lappländische Gradmessung und auf seiner
Rückreise über Berlin ernannte ihn Friedrich der Große zum Präsidenten der
Akademie, als welcher er eine ganz unbeschränkte Macht ausübte[263]. Einige
Jahre früher war Euler von Petersburg nach Berlin gekommen, nachdem er
bereits seinen appendix de motu proj. geschrieben [hatte][264]. Ehe indessen
dieses Werk gedruckt war, machte Maupertuis, 1744, der pariser Academie
mit dem größten Pompe eine Mittheilung, worin er sagte, die Mathematik wäre bisher in der Welt zu allerhand unbedeutenden Zwecken benutzt
worden, er wolle jetzt eine würdige Anwendung derselben dadurch machen,
indem er alle Sätze der Natur unmittelbar aus den Attributen Gottes ableiten wolle[265]. Hierzu stellt er unter dem Namen des „Princips der kleinsten
Action" ein Princip auf, welches keinen Hund vom Ofen lockt, während
das Euler'sche die ganze Mechanik umfasst. Maupertuis ging von gewissen
optischen Betrachtungen über das Licht aus. Man hatte die Gesetze der Re-

---

[263] Mit der „lappländischen Gradmessung" wies Maupertuis (begleitet u.a. von A.C. Clairaut) in den Jahren 1736 und 1737 die Abplattung der Erde am Nordpol nach. Eine Abplattung an den Polen wurde von der Newtonschen Gravitationstheoriue behauptet, von
der Cartesianischen Wirbeltheorie hingegen bestritten, so daß ihr Nachweis auch in Frankreich als wichtiger Erfolg der „Newtonniens" Anerkennung fand. Maupertuis' Lappland-
Expedition begründete denn auch seine (zunächst) große wissenschaftliche Reputation und
verhalf ihm zur Präsidentschaft der Berliner Akademie, die formell allerdings erst am 1.
Feb. 1746 besiegelt wurde (Harnack 1900 II, 271). Maupertuis' Verdienste um den Neuauf-
bau dieser Akademie (s. Brown 1963) wurden - gerade in der deutschen Wissenschaftsge-
schichtsschreibung - aufgrund des Prioritätenkonflikts zum Prinzip der kleinsten Wirkung
(s.u.) lange Zeit kaum oder gar nicht beachtet.

[264] Euler war bereits im Sommer 1741 auf Einladung Friederichs II. von Petersburg nach
Berlin gekommen; er leitete später die athematische Klasse der (1744 neugegründeten)
Akademie. Es trifft wohl kaum zu, daß seine Abfassung des *Additamentum II: De motu
proiectum* (s. S. 164, Anm. 249) noch in die Petersburger Zeit fällt, da dieser Anhang
aus der Diskussion mit Daniel Bernoulli (s. S. 164, Anm. 244) *nach* 1741 resultiert (Pulte
1989, 132-139). Der früheste Hinweis auf die in dem Anahng veröffentlichte Lösung des
entsprechenden Variationsproblems dürfte eine Tagebuchaufzeichnung Eulers vom Januar
1743 sein (Mikhaïlov 1959, 271).

[265] Maupertuis' „Mittheilung" wurde am 15. April 1744 gelesen und unter dem Titel
Accord de différentes lois de la nature qui avoient jusqu' ici paru incompatibles erst in den
Pariser *Mémoires* für 1748 veröffentlicht (Maupertuis 1744). Jacobi paraphrasiert die dort
geäußerten philosophischen Auffassungen in einer für die damalige deutsche Geschichts-
schreibung typischen (d.h. für Maupertuis wenig schmeichelhaften) Weise; s. zu Maupertuis' Philosophie näher Pulte 1989, 29-103, zur fraglichen Abhandlung insbes. 49-56. Eulers
Methodus inveniendi (S. 164, Anm. 249) mit dem *Additamentum II* kam Anfang 1744
unter die Presse und lag spätestens im Mai bzw. Juni 1744 gedruckt vor. Hat also auch
Maupertuis „sein" Prinzip der kleinsten Wirkung im fraglichen Vortrag vor der Pariser
Akademie zuerst publik gemacht, kann man doch mit C. Carathéodory feststellen, daß es
sich bei Eulers Anhang „um die älteste Darstellung des Prinzips der kleinsten Aktion die
gedruckt vorliegt", handelt (Carathéodory 1952, X).

fraction und Reflexion auf Stattfinden eines Minimums zurückgeführt. Dazu ist folgender geometrischer Satz: hat man in der Ebene eine beliebige Anzahl Curven, die sich nicht schneiden mögen, und zwei feste Punkte, so soll man von a nach b eine gebrochene Gerade ziehen, d.h. eine Linie, die sich bricht, so wie sie an eine der gegebenen Curven herankommt, aber gerade bleibt, so lange sie in dem zwischen zwei derselben enthaltenen Zwischenraum sich befindet, stößt sie an eine Curve an, so kann sie, ihre Richtung ändernd, entweder zurück oder durch die Curve durchgehen. Die Länge der Linien nun zwischen den Curven und nach den Endpunkten a und b denkt man sich mutiplicirt mit gegebenen Constanten und frägt nun, wie diese gebrochene gerade Linie von a nach b geführt werden müsse, damit die Summe der interruptirten Längen, jede mit der ihr zugehörigen Constanten multiplicirt, ein Minimum wird. Man findet da durch eine sehr einfache Betrachtung, daß jedesmal beim Durchschneiden der Curven eine gewisse Bedingungsgleichung stattfinden muß zwischen den beiden Winkeln, die die beiden zusammenstoßenden Linien mit der Tangente an die Curve oder mit der Normalen bilden. Denken wir uns statt der Curve im Punkt des Zusammentreffens eine gerade Linie, die die Richtung der Tangente ist, seien p und q die beiden zusammenstoßenden Linien, und n und m die Constanten, mit denen sie zu multipliciren sind, so kann man das Problem darauf reduciren, daß $mp + nq$ ein Minimum wird. Wir denken uns hier[266] p und q von zwei festen Punkten ausgehend, die in der Richtung dieser geraden Linien angenommen werden. Läßt man beide Linien auffallen in einem andern Punkt der Tangente, so

Orginalbild VIII:
Herleitung des Brechungsgesetzes aus dem Princip der kleinsten Wirkung

wird der Unterschied gleich dem Differential der Tangente multiplicirt mit dem $m$fachen cos des Winkels, den die Tangente mit p + dem $n$fachen cos des Winkels, den die Tangente mit q bildet. Soll nun zum Beschaffen des Minimums dieser Unterschied verschwinden, d.h. soll nur ein Unterschied der zweiten Ordnung erzeugt werden, so muß, da die Tangente als gemeinschaftlicher Factor herausgeht, die Gleichung sein

$$m \cos(pt) + n \cos(qt) = 0$$

---

[266]In der Hs. folgt: „bei p und q ...".

oder die cosin der beiden Winkel mit der Tangente müssen ein constantes Verhältniß haben. Statt der cos[-Werte] der Linien p und q mit der Tangente, kann man auch die sinus[-Werte] setzen der Winkel, die sie mit der Normale bilden. Nun bemerkte Fermat, daß wenn man die den geraden Linien zugeeigneten Constanten m und n umgekehrt proportional den Geschwindigkeiten setzt, mit welcher ein Lichtstrahl den durch die gebrochene Linie ab repräsentirten Weg durchläuft, indem man nämlich zwischen den verschiedenen Curven Medien von verschiedener Dichtigkeit annimmt, daß dann ein solcher Ausdruck $p \times m$ gleich der Zeit ist, nämlich = dem Weg dividirt durch die Geschwindigkeit[267]. Es wird also die Summe oder das Integral, das ein Minimum werden soll, gleich der Zeit, die der Strahl von a bis b braucht, von Kräften ist hier nicht weiter die Rede, und zwar würde man hier das bekannte Brechungsgesetz erhalten, daß wenn ein Lichtstrahl sich bricht, die cos[-Werte] oder sin[-Werte] seiner Winkel ein constantes Verhältniß haben müssen. Vergleicht man dieß mit der Wirklichkeit, so ergibt sich, daß hierbei angenommen wird, daß der Lichtstrahl in einem dünnen Medium eine größere Geschwindigkeit hat, in einem dichteren eine kleinere, das war aber allen Meinungen damals entgegengesetzt. Aus ganz verschiedenen und selbst entgegengesetzten Gründen hatten Leibnitz, Newton, Descartes und alle übrigen Physiker geschlossen, daß in einem dünnern Medium die Geschwindigkeit des Lichtes kleiner sein müsse - ihre Beweise dafür sind freilich gesucht genug und schwer zu verstehen[268]. Maupertuis kam nun auf den Einfall, diese fermat'sche Betrachtung in Einklang zu bringen mit der Geschwindigkeit des Lichtstrahls in verschiedenen Medien, und das machte er auf die einfache Weise, daß, statt die Geschwindigkeiten den inversen Werthen der Größen m und n proportional zu setzen, er sie diesen direkt proportional setzte[269]. Er kam dann immer auf denselben Satz, daß das Verhältniß der sinus[-Werte] constant sein muß, aber statt daß bei Fermat sie sich verhalten wie die Geschwindigkeiten selber, bewirkte Maupertuis, daß sie sich umgekehrt verhalten. Die eine Supposition für die Bedeutung von m und n ist näturlich ebenso willkürlich wie die andere. Nun aber wird der Ausdruck, der zu einem Minimum gemacht worden [ist], nicht mehr gleich der Zeit, sondern gleich dem Produkt aus Weg und Geschwindigkeit, also das, was Leibnitz die Action genannt hatte; und Maupertuis leitet nun daraus die ganzen Gesetze der Reflexion und Refraction des Lichts her u.s.w.₀ Hernach

---

[267] P. de Fermat formulierte das nach ihm benannte Prinzip der schnellsten Ankunft erstmals in einem Brief an M.C. de la Chambre vom 1. Jan. 1662 (Fermat *Oeuvres* II, 457-463, insbes. 459); zur Entwicklung dieses Prinzips s. ausführlich Sabra 1981, Ch. 5.

[268] Vgl. hierzu Sabra 1981 und (in Hinblick auf Maupertuis' Herleitung) Pulte 1989, 49-55 und 62-64.

[269] S. Maupertuis 1744, 423.

machte er noch einen sehr verunglückten Versuch, den Stoß harter Körper daraus abzuleiten, wo er aber noch höchst willkürliche Betrachtungen hinzuzufügen sich genöthigt sah, so daß mit seinem Princip gar keine Analogie mehr blieb[270]. Diese Betrachtungen nun, meinte er, sollten alle mechanischen und physicalischen Gesetze vollständig erledigen.

XXIX   *Geschichte des Prinzips der kleinsten Aktion von Maupertuis bis Lagrange; Herleitung der Differentialgleichungen der Dynamik und Bedeutung des Minimums nach diesem Prinzip.*

Maupertuis machte seinen Satz bekannt, kurz ehe er Paris verließ, um in Berlin Präsident der Akademie zu werden, und schrieb dann eine zweite Abhandlung in den berliner Memoiren[271]. Der Ton, in dem diese Abhandlungen geschrieben waren, rief natürlich bald Widerspruch hervor, unter andern vom Chevalier d'Arcy, der das Princip von der Erhaltung der Flächen erfunden, und wenigstens in seiner Allgemeinheit, zuerst aufgestellt hat[272], dann aber ganz besonders von einem Mathematiker König[273]. Dieser war ein merkwürdiger Mensch: in seiner Jugend war er mit |141| Maupertuis selbst

---

[270] S. hierzu Maupertuis' Abhandlung *Les Lois du Mouvement et du Repos déduites d'un Principe Métaphysique* (Maupertuis 1746); vgl. Anm. 271.

[271] Bei dieser Abhandlung (Anm. 270) handelt es sich gewissermaßen um Maupertuis' „Antrittsgeschenk" an seine neue Akademie: Nach der Amtseinführung am 3. März 1746 wurde sie als der erste wissenschaftliche Beitrag in seiner neuen Funktion am 7. Okt. 1746 gelesen; s. zum Inhalt Pulte 1989, 64f. und 70-75.

[272] Ch. D'Arcys Untersuchungen zum Flächensatz finden sich in dem Aufsatz *Problème de dynamique* (D'Arcy 1747; vgl. S. 124, Anm. 195); seine Kritik an Maupertuis artikulierte er in den *Réflexions sur le Principe de la moindre action de Mr. de Maupertuis* und der *Réplique à un Mémoire de Mr. de Maupertuis sur la principe de la moindre action* (D'Arcy 1749 und 1752); s. zur Erläuterung Pulte 1989, 208-216.

[273] Zu dem Schweizer Mathematiker J.S. König s. v.a. Graf 1889; zur Literatur über die (im folgenden von Jacobi skizzierte) Maupertuis-König-Kontroverse s. Pulte 1989, 26 und 216-225. Diese Kontroverse - sicherlich der größte „Akademieskandal" seit der berüchtigten Auseinandersetzung zwischen Leibniz und Newton - war zum einen durch persönliche Motive geprägt: Maupertuis und (später) auch Euler sahen sich unvermittelt angegriffen von einem Kollegen, der wie sie aus der „Schule" Johann I Bernoullis kam und den sie bis dahin in mancher Weise gefördert hatten. Zum anderen aber manifestieren sich in ihm starke philosophische Differenzen, denn König trat nicht nur für Leibniz' Urheberschaft des Prinzips der kleinsten Wirkung ein, sondern auch für dessen Programm einer Grundlegung der Dynamik allgemein, während Maupertuis und Euler dieses Programm rundweg ablehnten.

und Clairaut beim alten Johann Bernoulli in Basel gewesen, dann verwickel-
te er sich in demagogische Umtriebe, die in der Republik der Schweiz damals wohl auch gegen aristocratische Bestrebungen vorkamen, und wurde
aus seiner Vaterstadt Bern bannisirt. Er half dann in Paris der Marquise
du Châtelet, der berühmten Freundin d'Alembert's, die durch ihr Wirken
hauptsächlich zur Verbreitung der newtonschen Lehre von der Attraction
beigetragen hat[274], bei ihren Schriften, und unterrichtete sie in der Wolf'-
schen Philosophie; dann wurde er Professor in Haag und an der Universität
zu Fraenecker[275]. Er war ein sehr geistreicher und unterrichteter Mensch,
sehr bewandert - für den damaligen Standpunkt - in der Mechanik, und
auch Mitglied der berliner Akademie, in deren Schriften zwei unbedeutende
Abhandlungen von ihm sind[276]. Dieser griff nun in den actis Eruditorum
Maupertuis an, einer sehr berühmten Zeitschrift, die etwa 100 Jahre bestan-
den hat, und außer Recensionen über Schriften aus allen möglichen Wissenschaften und aus aller möglichen Herren Länder, auch merkwürdige Orgi-
nalaufsätze enthält (Leibnitz Begründung der Differentialrechnung, so wie
die Arbeiten der Bernoullis)[277]. Dieser Abhandlung fügte König ein Fragment eines Briefes von Leibnitz an x bei, worin Leibnitz andeutet, daß er
sehr tiefe Blicke in Bezug auf die Action gethan, und daß diese immer ein
Minimum wird[278]. Es geht nun aus Allem, was heute bekannt geworden (ich

---

[274] Mit ihrer Übersetzung der Newtonschen *Principia* ins Französische (1759) trug die
Marquises G.E. Du Châtelet wohl neben ihrem engen Freund Voltaire und Maupertuis (S.
172, Anm. 262f.) am stärksten zur Popularisierung der Newtonschen Lehre in Frankreich
bei (Taton 1969; Kleinert 1974). Anders als mit Voltaire, war die Marquise mit D'Alembert
nicht näher befreundet; sie wird jedoch in der 1. Aufl. des *Traité de dynamique* für ihre
Untersuchungen mit Lob bedacht (D'Alembert 1743, xvii).

[275] Gemeint ist die Friesische Universität Franeker, an der J.S. König von 1744 bis 1748
lehrte, *bevor* er 1749 auf eine Professur für Philosophie und Naturrecht an die Ritteraka-
demie in Haag wechselte (Graf 1889, 32f.).

[276] König wurde - übrigens auf Vorschlag von Maupertuis - 1749 zum Auswärtigen Mitglied der Berliner Akademie ernannt. Deren Schriften verzeichnen von ihm lediglich das
*Mémoire sur la véritable raison du défaut de la règle de Cardan dans le cas irréducible des
équations du troisième degré et de sa bonté dans les autres* (König 1749).

[277] Bei den von G.W. Leibniz 1682 in Leipzig mitbegründeten *Acta Eruditorum* handelt
es sich um die älteste deutsche gelehrte Zeitschrift; sie stellte nach genau 100 Jahren ihr
Erscheinen 1792 ein. Königs Kritik an Maupertuis wurde 1751 in der neuen Reihe dieser
Zeitschrift veröffentlicht unter dem Titel *De universali principio aequilibri et motus in vi
viva reperto, deque nexu inter vim vivam et actionem utriusque minima dissertatio* (König
1751).

[278] S. die Wiedergabe der fraglichen Passage unten in Anm. 282. Unterstellt man den
fraglichen Leibniz-Brief als echt, woran auch Jacobi erhebliche Zweifel anmeldet (s.u.),
bleibt die Frage nach dem Adressaten „x" einer der rätselhaftesten Punkte in diesem
Prioritätsstreit. Die früher gelegentlich als mögliche Empfänger genannten Mathematiker
J. Hermann oder P. Varignon kommen jedenfalls *nicht* in Frage (s. Costabel 1979, 1986).

habe auch Leibnitz nachgelassene Papiere durchgeblättert)[279] hervor, daß er mit seiner Action nur philosophische Begriffe verband, ohne mathematische Folgerungen daran zu knüpfen[280]. Es entstand nun ein großer Sturm, man verlangte von König das Orginal des Briefes. Dieser wollte nur eine Abschrift desselben von einem gewissen Henzi[281] erhalten haben, der in Zürich bei den erwähnten Unruhen aufgehängt worden war. Es kam so weit, daß der preußische Gesandte die Untersuchung der Papiere dieses Henzi vom Magistrate velangte. König machte später den Brief in extenso bekannt, der manches Interessante enthält, aber allerdings scheint es, als ob er den Zusatz über das Minimum der Action ersonnen habe, um Maupertuis zu ärgern[282]. Euler wurde mit einer Abhandlung beauftragt, worin er den Betrug von König sehr wahrscheinlich macht, und die berliner Academie mußte in einer feierlichen Sitzung dieß bestätigen. Da nur Euler und Maupertuis - denn die übrigen Akademiker waren Schöngeister - dieß beurtheilen konnten, so erregte dieß großen Unwillen, und es haben seitdem die Acten der berliner Academie, außer vielleicht in der neuesten Zeit[283], nie so großen Unwillen erregt, als dieß.

[279] Vgl. S. 167, Anm. 255. Bis heute wurden im Nachlaß von Leibniz keine diesbezüglichen Anhaltspunkte aufgefunden. W. Kabitz entdeckte jedoch in Gotha eine (weitere) Abschrift des angeblichen Leibniz-Briefes (Kabitz 1913), die allerdings die Echtheit des Briefes wegen ihrer dunklen Herkunft auch nicht glaubhaft machen kann.

[280] Vgl. S. 167, Anm. 255. Tatsächlich ist bei Leibniz selber der Begriff der „actio" nicht nur wichtig für die philosophische Grundlegung der Dynamik, sondern auch für ihren mathematischen Aufbau - aber nicht (in historisch klar belegbarer Weise) im Kontext eines Minimalprinzips der Mechanik; s. näher Pulte 1989, 56-64 (insbes. 63) und 216-225 (insbes. 222).

[281] Es handelt sich um den Schweizer S. Henzi; in der Hs. (hier und im folgenden) geschrieben als „Hinzel". Henzi wurde am 16. Juli 1749 in Bern wegen „Aufruhrs", d.h. wegen angeblicher „Verschwörung" gegen den Adel hingerichtet (s. Graf 1889, 30 und 41f.); aus dem gleichen Grund mußte sein Freund J.S. König 1744 die Schweiz verlassen.

[282] Dieser „Zusatz" (vgl. Anm. 278) steht im Zentrum des *sachlichen* Teils der Auseinandersetzung und verdient daher, hier wiedergegeben zu werden:
„L'Action n'est point ce que vous pensés, la consideration du tems y entre; elle est comme le produit de la masse par le tems, ou du tems par la force vive. J'ai remarqué que dans les modifications des mouvemens elle devient ordinairement un Maximum, ou un Minimum. On en peut deduire plusieurs propositions de grande consequence; elle pourroit servir à determiner les courbes que decrivent les corps attirés à un ou plusieurs centres" (König 1751, 323). Bereits Euler (s.u.) führte gewichtige Gründe an, die *dagegen* sprechen, daß diese Sätze aus der Feder Leibniz' stammen.

[283] Das Akademie-Mitglied F. von Raumer hielt am 28. Jan. 1847 in Gegenwart von Friedrich Wilhelm IV. eine Festrede auf Friedrich II., in der er die Glaubensfreiheit unter dem „großen" Friedrich gegen neuere Kritik verschiedener Theologen verteidigte, aber auch gegen die diesbezügliche Haltung verschiedener späterer Regenten abhob. Der anwesende Monarch sah hierin einen Affront gegen seine Person, und in der Akademie entspann sich ein Streit - v.a. zwischen Raumer und dem Astronomen J.F. Encke. Dieser endete mit „einer Katastrophe, dem Austritt Raumer's aus der Akademie" (s. Harnack 1900 I(2),

Akakia[284], der Voltaire eine persönliche Herausforderung zusandte, schrieb darüber, und Friedrich der Große ließ sein Buch auf dem Werderschen Markt von Henkershand verbrennen[285]. Beide Haupthelden starben übrigens bald darauf an ihrem Ärger[286]. Daß Euler die Verteidigung von Maupertuis übernahm, erklärt sich aus dem allmächtigen Schalten desselben, der Alles durchsetzte, weil er seine Stellung beim König mißbrauchte[287]. Euler benahm sich so, daß er immer sein Princip der kleinsten Action dem maupertuis'schen unterschob, in der Vertheidigung beide identifizirte, und sagte, daß wenn schon dieß von ihm an speciellen Fällen erwiesene Princip so wichtig wäre, um wieviel mehr müsse es das von Maupertuis sein, von dem der Erfinder behaupte, daß es alle Gesetze der Mechanik und Physik enthalte[288]. Unter anderm hatte Maupertuis auch behauptet, sein Princip sei allgemeiner als das von der lebendigen Kraft[289]. Alles hatte wenigstens den Vortheil, die Aufmerksamkeit auf das Princip der kleinsten Action zu lenken, wodurch vielleicht auch Lagrange bewogen wurde, dasselbe auszubrüten, denn es ist die Quelle der

928-944, insbes. 929). Auf diese Begebenheit dürfte sich Jacobis Anspielung beziehen.

[284] Als „Docteur Akakia, médicin du pape" wird Maupertuis in Voltaires *Diatribe* verspottet. Über den Ursprung des seinerzeit in Berlin für Maupertuis geläufigen Spitznamens „Akakia" gehen die Meinungen auseinander; am wahrscheinlichsten dürfte sein, daß der Name auf eine von M. Akakia begründete „Dynastie" scharlatanischer Ärzte zurückgeht, die im späten 16. und 17. Jahrhundert (z.T. auch am französischen Hof) praktizierten; s. Fleischauer 1964, 69-72. Eine „Herausforderung" Maupertius' an Voltaire ist nicht verbrieft.

[285] Gemeint ist Voltaires *Diatribe* (Anm. 264). Das Datum der Verbrennung, Heiligabend 1752, ist sicherer als der hier angegebene Ort: Andere Quellen nennen den Gendarmenmarkt (Orieux 1985, 490) oder den Neumarkt (Fontius 1986, 119). Nach einem in Halle aufbewahrten Exemplar der *Vollständigen Sammlung aller Streitschriften* erfolgte die Verbrennung „durch Henkershand unter dem Galgen des Neumarktes und an einigen anderen Orten" (zit. nach Fontius 1986, 226), also vielleicht auch auf dem Werderschen Markt in Berlin.

[286] J.S. König starb am 21. Aug. 1757, Maupertuis am 27.Juli 1759. Wenngleich Maupertuis formal bis zu seinem Tode die Akademie leitete, wurde seine akademische Laufbahn durch die Kontroverse mit König faktisch beendet.

[287] Die Machtfülle des Präsidenten der Akademie beruhte weniger auf dem *Mißbrauch* als auf der *Wahrnehmung* von Rechten gemäß den Statuten; s. Harnack 1900 I(1), 299-302.

[288] Euler widmete der Verteidigung von Maupertuis und dessen Formulierung des Prinzips der kleinsten Wirkung vier Aufsätze (Euler 1750a, 1750b, 1751a, 1751b), die - neben anderen Schriften zur Grundlegung der Mechanik - in Bd. (2) 5 der *Opera omnia* zusammengefasst sind. Seine Haltung ist nicht alleine, vermutlich nicht einmal in erster Linie auf „Unterwürfigkeit" zurückzuführen, sondern hat „rationale" Gründe, die in Eulers Naturphilosophie begründet liegen; vgl. hierzu Pulte 1989, 170-181 und 216-225.

[289] S. etwa Maupertuis 1746, 285. Das Verhältnis des Prinzips der kleinsten Wirkung zu dem der Erhaltung der lebendigen Kraft hat bis zum Ende des 19. Jahrhunderts immer wieder zu Kontroversen, aber auch zu mathematischen Neuformulierungen von mechanischen Extremalprinzipien geführt.

ganzen analytischen Mechanik.

Ich will nur kurz erwähnen, was Sie freilich in jedem Buche finden, wie die Differentialgleichungen der Mechanik aus dem Principe der kleinsten Action folgen: nur wird die Darstellung dadurch anders werden, daß ich das Prinzip so ausgesprochen habe, daß die Zeit bereits eliminirt ist. Nämlich vom Integral, das ein Minimum werden soll, muß die Variation verschwinden, also sein

$$\delta \int \sqrt{(U + h)} \sqrt{\left\{\sum m \left(dx^2 + dy^2 + dz^2\right)\right\}} = 0 \,.$$

Die allgemeine Regel der Variationsrechnung, nach der man hieraus Gleichungen bildet, wenn nämlich bloß gewöhnliche Differentialquotienten erster Ordnung von mehreren Variabeln vorkommen, ist, daß man den Ausdruck unter dem Integralzeichen nach jeder Variable partiell differentiirt, und diese partiellen Differentialquotienten gleichsetzt dem vollständigen Differential des partiellen Differentialquotienten der Function unter dem Integralzeichen, letztere genommen nach dem ersten Differential(quotienten) derselben Variabeln, nach der man auf der andern Seite partiell differentiirt hat. Man kann nun hierbei als die unabhängige Variable, welche nicht variirt wird, und auf welche sich diese Regel auch nicht zu erstrecken braucht, eine der Größen $x \, y \, z \ldots$ nehmen, man kann dieß aber auch unbestimmt lassen und was dann vorher Gleichungen waren, werden dann Proportionen, wenn keine Variable als die unabhängige betrachtet wird. Der partielle Differentialquotient nach x ist[290]

$$\frac{\frac{1}{2}\dfrac{\partial U}{\partial x}}{\sqrt{(U + h)}} \sqrt{\sum m \left(dx^2 + dy^2 + dz^2\right)}$$

und nach dx genommen

$$\frac{\sqrt{(U + h)}\, m \, dx}{\sqrt{\sum m \left(dx^2 + dy^2 + dz^2\right)}}$$

Hiervon muß man das vollständige Differential dem ersten Ausdruck proportional setzen, und die analogen Ausdrücke für $y \, z \, x_1 \, y_1 \ldots$ bilden. Da wir auf jeder Seite der Proportion die gemeinschaftlichen Factoren weglassen können und die ersten Differentialquotienten sich nur darin ändern, daß man successive $\frac{\partial U}{\partial x} \, \frac{\partial U}{\partial y} \ldots$ hat, so wird man erhalten

---

[290] Siehe hierzu auch Jacobis Korrekturen der Herleitung in der folgenden Vorlesung XXX, S. 187f..

$$\frac{\partial U}{\partial x} \quad : \quad \frac{\partial U}{\partial y} \quad : \quad \frac{\partial U}{\partial z} \quad \dots \; =$$

$$d.\frac{\sqrt{U+h}}{\sqrt{\sum}}m\,dx \;\; : \;\; d.\frac{\sqrt{U+h}}{\sqrt{\sum}}m\,dy \;\; : \;\; d.\frac{\sqrt{U+h}}{\sqrt{\sum}}m\,dz \;\; : \;\; \text{etc.}$$

Um die reche Seite bequemer darzustellen, fügen wir eine Hilfsgröße t ein, die durch die Gleichung

$$dt = \frac{\sqrt{\sum m\,(dx^2 + dy^2 + dz^2)}}{\sqrt{2\,(U+h)}}$$

soll definirt werden. Dann wird die Proportion

$$\frac{\partial U}{\partial x} \; : \; \frac{\partial U}{\partial y} \dots = d\frac{m\,dx}{\sqrt{2}\,dt} \; : \; d\frac{m\,dy}{\sqrt{2}\,dt} \dots$$

und wenn wir $\sqrt{2}$ wegheben, so wie $\frac{dx}{dt} = x'$ $\frac{dy}{dt} = y'$ ... setzen, so bekommen wir das früher aufgestellte System Differentialgleichungen

$$\frac{\partial U}{\partial x} \; : \; \frac{\partial U}{\partial y} \; : \; \frac{\partial U}{\partial z} \; : \; \frac{\partial U}{\partial x_1} \; : \; \dots = m\,dx' \; : \; m\,dy' \; : \; m\,dz' \; : \; m_1\,dx_1' \dots$$

Dieß Princip der kleinsten Action hat aber noch eine wirkliche Bedeutung des Minimums, außerdem daß es auf symbolische Art die sämtlichen Differentialgleichungen der Mechanik umfaßt: dieß ist eine viel schwierigere Untersuchung, weil man dazu die Variation der zweiten Ordnung betrachten muß, deren Theorie noch sehr unvollkommen ist - man findet darüber früher nur Etwas in Lagrange, théorie des fonctions und seinen leçons sur le calcul differentiel[291]. Lagrange führt die Aufgabe auf Differentialgleichungen zurück, die Entscheidung, ob ein Maximum oder Minimum oder keines von beiden stattfindet, die Gleichungen sind aber von der Natur, daß man sie nicht allgemein integriren kann; ich habe aber gezeigt, daß wenn man die Aufgabe als gelöst betrachtet, d.h. die Differentialgleichung als integrirt, auf welche die Bedingung führt, daß die erste Variation verschwinden muß, daß man dann auch immer die Differentialgleichungen integriren kann, von denen Lagrange die Kriterien abhängen läßt, ob ein Maximum oder Minimum

---

[291] Jacobi bezieht sich offenbar neben der *Théorie des fonctions analytiques* (Lagrange 1797a; Ch. XII; s. die 3. Aufl. in *Oeuvres* IX, 296-310) auf die *Leçons sur le calcul des fonctions* in der 2. Aufl. (Lagrange 1806, Leçons 21 und 22; s. *Oeuvres* X, 361-451) als die beiden Werke, in denen Lagrange die *zweite* Variation untersucht. Es ist bemerkenswert, daß Jacobi nicht auf A.-M. Legendres diesbezügliche ältere Arbeit (Legendre 1786; s. hierzu Goldstine 1980, 139-145) verweist - möglicherweise, weil Lagrange zwar an Legendre anknüpft, dessen Namen aber hier nicht erwähnt (ebd., 146; vgl. aber auch Jacobi *Werke* IV, 132).

oder keines von beiden stattfindet. Wenn man nämlich ein System gewöhnlicher Differentialgleichungen integrirt hat, die nicht lineär sind, so enthalten diese noch die Integration von andern lineären Systemen, die man aus den vollständigen Integralgleichungen daraus ableitet, daß man durch gewisse Combinationen solcher Gleichungen gerade die Integralgleichung erhält, die man braucht. Ich habe die hauptsächlichen Resultate in Form eines Briefes ohne Beweis bekannt gemacht[292] - es sind danach mehrere Abhandlungen geschrieben worden, die die Beweise enthalten: ich habe später die Sache, die sehr interessant ist, liegen lassen[293]. Wendet man diese Betrachtungen der Kriterien des Maximums oder Minimums auf das Princip der kleinsten Action an, so findet man, daß unter allen Umständen ein wirkliches Minimum stattfindet, wenn man nur die Grenzen des Integrals, die Grenzen der Bewegung nicht zu weit ausdehnt. Näher bezeichnet, macht sich die Bestimmung des Punktes, wo man aufhören muß, folgendermaßen. Gegeben ist die Anfangs[-] und Endposition des Systems; wenn man aber die Gleichungen vollständig integrirt hat, so bestimmt man gewisse Gleichungen zwischen den $3n$ Coordinaten und willkürlichen Constanten (deren Anzahl die doppelte). In diese Gleichungen muß man nun die Anfangs[-] und die Endwerthe der Coordinaten setzen, und aus den so erhaltenen Gleichungen die willkürlichen Constanten bestimmen. Dieß erfordert aber die Auflösung von Gleichungen, und es kann vorkommen, daß diese Gleichungen mehrere Wurzeln haben, d.h., daß derselben Anfangs- und Endposition zwei oder mehrere verschiedene Systeme von willkürlichen Constanten entsprechen, so daß man dann noch mehrere Arten der Bewegung hätte, wo bei gegebenen Kräften, dem gegebenen Werth der Constante des Satzes der lebendigen Kraft und den gegebenen Anfangspositionen das System auf ganz verschiedenen Bahnen von einer Position zur andern sich bewegen könnte. Denkt man sich nun, die Werthe der willkürlichen Constanten seien bestimmt und also auch die Bewegung vollständig von einer gegebenen Anfangsposition aus, so würde man, wenn man in den verschiedenen Momenten die Positionen fixirt, Endpositionen erhalten, zu welchen das System auch noch auf andern Bahnen gelangen

---

[292] Diesen Brief richtete Jacobi am 29. Nov. 1836 an den Sekretär der mathematisch-physikalischen Klasse der Berliner Akademie J.F. Encke (Koenigsberger 1904a, 203). Er wurde unter dem Titel *Zur Theorie der Variationsrechnung und der Differentialgleichungen* 1837 in *Crelles Journal* veröffentlicht (Jacobi 1837a); eine *Vorläufige Anzeige* erschien auch in den *Monatsberichten* der Berliner Akademie (Jacobi 1836d). Die folgenden Ausführungen decken sich inhaltlich mit Jacobis Brief.

[293] Jacobis Untersuchungen wurden - im Anschluß an die französische Übersetzung seiner *Theorie* (Jacobi 1837a bzw. 1838a) - v.a. von V.A. Lebesque und Ch.E. Delaunay weitergeführt (Goldstine 1980, 168-176). Aus Jacobis Nachlaß gab A. Clebsch ein Manuskript zur Variationsrechnung heraus, das kurz nach der *Theorie* entstanden ist (Jacobi 1866d; vgl. Koenigsberger 1904a, 212f.).

könnte, aber für andere Werthe der willkürlichen Constanten, als die man zu Grunde gelegt hat. Es kann sich ereignen, daß wenn man nur fortschreitet in der zuerst angenommenen Bewegung für die angenommenen Werthe der willkürlichen Constanten, daß man zu einem Punkt gelangt, wo eine zweite Bewegung, auf welcher man man zu der Endposition gelangen kann, mit der ersten Bewegung zusammenfällt: oder mit andern Worten, es kann sich ereignen, daß man zu einer Endposition gelangt, für welche die aufzulösenden Gleichungen, die mehrere Wurzeln haben, zwei zusammenfallende Lösungen haben, von denen die eine diejenige ist, von der man ausgegangen ist. Bis zu einem solchen Punkte nun, für diese Ausdehnung der Bewegung, wird das Princip der kleinsten Action immer ein wirkliches Minimum werden, darüber hinaus aber hört das Minimum auf. Ein einfaches Beispiel haben wir, wenn wir die elliptische Bewegung eines Planeten nehmen. Die Constante der lebendigen Kraft wird der inverse Werth der großen Halbaxe mit dem Minuszeichen, also mit dieser Constante ist die große Axe bestimmt. Nehmen wir Alles in der Ebene, so haben wir in einem Brennpunkt die Sonne, die Länge (nicht ihre Lage) der großen Halbaxe und noch 2 Punkte der Ellipse als gegeben. Die Integration der Differentialgleichungen gibt nur, daß die Curve eine Ellipse ist, die Elemente der Ellipse oder die willkürlichen Constanten haben wir aus dem gegebenen Brennpunkt, der Axe und den beiden Punkten der Trajectorie zu bestimmen. Dieß ist aber eine Aufgabe, die 2 Lösungen zuläßt. Nenne ich nämlich s den gegebenen, s_1 den andern Brennpunkt, p und q die gegebenen Punkte der Ellipse, so findet sich s_1 leicht durch den bekannten Satz

$$sp + s_1p = sq + s_1q = \text{der großen Axe.}$$

Wir kennen dann die Entfernungen s_1p und s_1q des Brennpunktes s_1 von 2 gegebenen Punkten, die beiden Kreise, durch deren Intersection man s_1 findet, schneiden sich in zwei Punkten, wodurch man also zwei zweite Brennpunkte s_1 erhält, also 2 Ellipsen. Will man also die Bewegung der Planeten durch das Princip der kleinsten Action bestimmen, so bestimmt man zwei Ellipsen. Die Grenze, bis zu welcher das Princip ein Minimum gibt, wird nach dem Auseinandergesetzten erhalten, wenn die beiden Lösungen zusammentreffen, d.h. wenn ps_1 und qs_1 eine gerade Linie bilden. Wenn Sie also in einer gegebenen Ellipse von einem Punkt p aus sich den Planeten bewegen lassen, so wird für diese Bewegung das Princip der kleinsten Action so lange ein Minimum werden, bis der Planet anlangt am andern Ende der durch den andern Brennpunkt gezogenen Linie, oder beim Durchschnittspunkt dieser Linie mit der Ellipse wird das Minimum aufhören. Ich habe dieß bemerkt, weil man darüber sonst gar Nichts weiter untersucht hat.

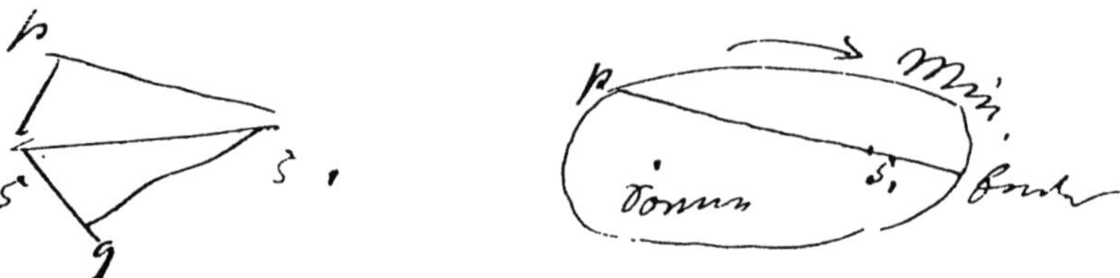

Orginalbilder IX und X: Minimumeigenschaft beim Princip der
kleinsten Wirkung

XXX   *Eigenschaft des Maximums oder Mini-*
                 mums bei geodätischen Linien; Herlei-
                 tung der dynamischen Differentialglei-
                 chungen aus dem Hamilton-Prinzip.

Wenn eine Function einer Variable x, deren Differential für ein gewisses
x verschwindet, kein Minimum wird, so wird sie ein Maximum, und man
kann daher sagen, daß bei verschwindendem Differential die Function ein
Maximum oder ein Minimum wird[294]. Wenn aber bei Functionen mehrerer
Variabeln kein Minimum stattfindet, so braucht deshalb noch kein Maximum
zu sein. Lagrange hat aber die Gewohnheit angenommen, auch bei solchen
Functionen, wenn er sagen will, daß das Minimum nicht immer stattfindet,
zu sagen, es finde ein Maximum oder Minimum statt, auch wenn erhellet,
daß ein Maximum nicht stattfinden kann. Man muß ihn daher in dieser
Beziehung nicht ernsthaft beim Worte nehmen, sonst würde man eine Menge
falscher Sätze finden. So z.B. kann das Integral der Action nie ein Maximum
werden, obgleich Lagrange vom Maximum oder Minimum spricht, er meint
also, daß dann nicht unumgänglich nothwendig ein Minimum stattfindet[295].
So pflegt man von der geodätischen oder kürzesten Linie zu sagen, daß der
Bogen von ihr zwischen 2 Punkten stets ein Maximum oder Minimum sei:

---

[294] Jacobi zieht *hier* offenbar von vorne herein nur „nichtentartete" stationäre Punkte
(d.h. solche mit nicht verschwindender zweiter Ableitung) in Betracht, da ja im allgemeinen
auch bei Funktionen von nur einer Variabeln das Verschwinden der ersten Ableitung keine
hinreichende Bedingung für ein Maximum oder Minimum darstellt.

[295] So in seiner *Méchanique Analitique* (Lagrange 1788, Part. 2, Sect. III bzw. *Oeuvres*
XI, 315-324).

Poisson sagt sogar weiter bei einer geschlossenen Fläche, daß der Bogen ein Maximum wäre. Er sagt dieß in seiner Mechanik[296], es ist dieß aber eine höchst verworrene Vorstellung, indem es aus der Natur der Sache erhellt, daß hier von einem Maximum gar nicht die Rede sein kann. Man versteht nämlich unter Maximum und Minimum nicht absolut Größtes oder Kleinstes, sondern die relativen Maxima und Minima für alle benachbarten Gesetze, d.h. für alle Curven, die einander sehr nahe, unendlich wenig von einander verschieden sind. Wenn man sich nun denkt, es ginge Jemand in einer geodätischen Linie spazieren, und hätte einen Hund, der rechts und links herumspringt, aber dadurch geringe Abbiegungen macht, so würde der Herr gewiß nicht in einem Maximum gehen, sondern der Hund machte stets einen größern Weg. Von einem Maximum kann also gar nicht die Rede sein. Es ist aber allerdings der Fall, daß wenn wir in einer geodätischen oder kürzesten Linie von einem Punkt aus fortschreiten, so wird in allen Fällen zwar im Anfange der Weg, den wir bis zum jedesmaligen Endpunkte zurücklegen, ein Minimum sein unter allen Curven, die auf der Fläche zwischen denselben 2 Punkten gezogen werden, oder wenigstens unter allen benachbarten Curven: es wird sich aber bei manchen Oberflächen ereignen, daß man zu einem Punkte gelangen kann im Fortschreiten, wo die Linie nicht mehr ein Minimum ist, sondern es selbst unter den benachbarten eine kürzere gibt. Dieß ist z.B. auf der Kugel der Fall, so wie der Bogen des größten Kreises, der die geodätische Linien vorstellt, größer als 180° ist. Man kann dann nicht etwa sagen, daß die Ergänzung des Bogens zum Umkreise etwas Kleinstes ist, weil diese Curve gänzlich abweicht, keine benachbarte mehr ist, also selbst unter den benachbarten wird es immer eine kürzere geben. Sei der eine Pol der Anfangspunkt, so haben alle Meridiane bis zum entgegengesetzten Pol dieselbe Länge. Gehen wir auf einem dieser größten Kreise noch ein unendlich kleines Stück fort über den andern Pol hinaus, so wird, wenn ab die Pole, der Bogen $\overset{(1)}{abc} > 180°$ sein. Man hat aber zugleich, wenn wir zwischen ab einen benachbarten Meridian betrachten, die Länge des Bogens

$$\overset{(1)}{abc} = \text{der Summe dieses benachbarten Meridians } \overset{(2)}{ab} + \text{Bogen } bc$$

Dann sind aber $\overset{(2)}{ab}$ und bc 2 Seiten eines sphärischen Dreiecks, und zwar [solche,] deren Summe nicht mehr die kleinste Curve ist, die man zwischen den Endpunkten a und c ziehen kann, indem die benachbarte $\overset{(3)}{ac}$ kleiner

---

[296] Zu Poissons Lehrwerk vgl. S. 38, Anm. 75; s. hier die 2. Aufl. von 1833, §161 (Poisson 1890, 246).

Orginalbild XI:
Minimumsbedingung
bei Geodätischen

ist. Man kann also hier andere Curven[297] legen, die kleiner sind und die
innerhalb des sphärischen $\Delta\ abc$ hineinfallen. Im Allgemeinen wird Folgendes stattfinden. Die kürzeste Linie wird bestimmt, wenn ihr Anfangspunkt
gegeben ist und eine Tangente. Denkt man sich nun um einen Punkt nach
allen Richtungen die kürzesten Linien gezogen, so werden zwei aufeinander-
folgende Linien sich in einem gewissen endlichen Intervall schneiden, und
die sämtlichen Durchschnitte je zweier successiver Curven werden eine neue
Curve bilden, die von sämtlichen geodätischen Linien berührt wird und ihre
Enveloppe ist. Diese Enveloppe wird nun für sämtliche geodätische Linien
die Punkte bezeichnen, bis wohin ihre Bogen ein Minimum sind und wo dieß
aufhört. Bei der Kugel reducirt sich für alle Meridiane die Enveloppe auf den
dem Anfangspunkt entgegengesetzten Pol. Es scheint hierbei ein Paradoxon
stattzufinden, dessen Lösung man nicht sogleich einsieht. Hat man nämlich
ein System Curven, die eine Enveloppe haben, so trennt die Enveloppe einen
Theil des Raumes ab, in welchen das System der Curven nicht eindringt, weil
so, wie sie an die Enveloppe kommen, sie dieselbe nicht schneiden, sondern
auf einer Seite derselben bleiben: z.B. die Tangenten an Kreis, Parabel ...
dringen nie ein, und Tangenten können als ein System von Linien betrachtet
werden, die von einer Curve berührt werden. Man müßte also auf der Oberfläche auch einen solchen Raum haben, in welchen die kürzesten Linien, die

---

[297] In der Hs. heiß es: „Man kann also hier einen andern Bogen eines größten Kreises (!?)
oder andere Curven legen", wobei die Markierung „(?!)" durchaus berechtigt erscheint:
Tatsächlich läßt sich ja von a nach c *kein* weiterer Großkreis ziehen, der zu (1) benachbart
und kürzer ist, da durch a und c genau zwei Großkreisbögen (nämlich (1) und der zu
(1) „komplementäre") festgelegt werden. Wohl aber lassen sich innerhalb des sphärischen
Dreiecks abc „andere Curven" von a nach c legen, die kürzer sind als (1) - indem nämlich
die „Ecke" dieses Dreiecks bei b durch eine Geodätische $b'c$ (wo b' zwischen a und b auf (2)
liegt und b benachbart ist) „abgekürzt" werden kann. Der „gebrochene" Linienzug aus ab'
und $b'c$ ist dann kürzer als der Großkreisbogen (1) von a nach c. Vgl. hierzu auch Jacobis
Dynamik (*Werke* Supp.bd., 46).

von demselben Punkt ausgehen, nie eindringen können. Andrerseits ist dieß
aber unmöglich, denn zwischen beliebigen zwei Punkten muß es immer eine
kürzeste Linie geben, wenn man also einen Raum hätte, in den keine der
kürzesten Linien eindringen sollte, so brauchte man innerhalb desselben nur
einen Punkt anzunehmen, so muß es eine kürzeste Linie geben zwischen diesen und dem gemeinschaftlichen Ausgangspunkt der kürzesten Linien, von
der also ein Theil sicher in jenen Raum fallen müßte. Dieß Paradoxon wird
nun aufgeklärt, wenn man in einem Beispiel die Form dieser Enveloppe untersucht. Das einfachste Beispiel würde das eines Umdrehungsellipsoids sein,
bei welchem die Excentricität sehr klein ist, man kann dann leicht sehen, daß
die geodätischen Linien sich nahe am entgengesetzten Endpunkt des (vom
gemeinschaftlichen Anfangspunkt aus gesehenen) Durchmessers des Ellipsoids schneiden, weil wenn die Excentricität = Null [ist], sie sich genau im
entgegengesetzten Pole schneiden. Die Form, welche die Enveloppe in jener
Nähe annimmt, hat Ähnlichkeit mit der Evolute der Ellipse, hat nämlich
folgende Form (Fig.) und an dieser kann man nun sehen, wie die kürzesten
Linien dennoch eindringen in den innern Raum. Nämlich wenn die kürzeste

Orginalbild XII:
Enveloppe der
Geodätischen eines
Ellipsoids

Linie zuerst in den innern Raum eindringt, schneidet sie die Curve, dann
berührt sie einen andern Zweig derselben und verläßt den Raum wieder, indem sie einen 3ten Zweig schneidet. Bis zu dem Berührungspunkt bleibt sie
dann wirklich die kürzeste Linie[298]. Ich habe dieß Beispiel gewählt, weil es
auch zur Mechanik gehört, da die kürzeste Linie die Bahn eines Punktes ist,
der sich auf der Oberfläche bewegt und von keinen beschleunigenden Kräften
getrieben wird.

Ich will noch einmal zurückkehren zu der Art, wie die Differentialgleichungen der Dynamik aus dem Princip der kleinsten Action folgen, indem
ich das letzte Mal mehreres Falsche gesagt habe. Ich habe aus Versehen gesagt, daß gewisse Ausdrücke einander proportional werden, sie sind einander
aber wirklich gleich. Wir hatten[299]

[298] S. hierzu auch Jacobis Ergänzungen zu Beginn der nächsten Vorlesung (S.191).

[299] In der Hs. ist am linken Rand vor der Formel ein „x" hinzugesetzt - vermutlich als

$$\underline{0} = \delta \int \sqrt{(U + h)}\sqrt{\textstyle\sum m\, ds^2}$$

Eine der Größen x kann man als unabhängige Variable betrachten, aber man braucht darüber Nichts festzusetzen, sondern kann alle als unabhängig ansehen, und bekommt dann die Regel, die ich gab: das partielle Differential der Function unter dem Integralzeichen nach einer Variable, z.B. x, ist gleich dem vollständigen Differentiale des Ausdrucks, welchen man erhält, wenn man die Größe unter dem Integralzeichen nach dx, d.i. dem Differential der Variabeln, nach der man links differentiirt hat, differentiirt. Diese Regel gilt immer, wenn unter dem Integralzeichen nur erste Differentiale vorkommen, man braucht aber vorher nicht festzusetzen, welches man als constant betrachten will. Thun wir dieß, und ist $\sum$ die Summe[300], so folgt

$$\frac{\frac{1}{2}\dfrac{\partial U}{\partial x}}{\sqrt{U + h}}\sqrt{\textstyle\sum} = d\,\frac{\sqrt{(U + h)}\, m\, dx}{\sqrt{\textstyle\sum}}$$

und ähnliche Gleichungen [erhält man] für jede der $3n$ Coordinaten. Um diese Gleichungen leichter darzustellen, können wir eine Hilfsgröße t oder dt einführen mittelst der Gleichung

$$dt = \frac{\sqrt{\textstyle\sum}}{\sqrt{2\,(U + h)}}$$

Wenn wir dieß thun, so werden unsere Gleichungen die Form

$$\frac{\partial U}{\partial x}\, dt = d\,\frac{m\, dx}{dt}$$

annehmen, und betrachte ich hier t als die unabhängige Variable, so folgt ohne Weiteres

$$\frac{\partial U}{\partial x} = m\,\frac{d^2 x}{dt^2}$$

Es erscheint in dieser Betrachtung t als eine Hilfsgröße, durch welche man die Differentialgleichungen bequem darstellt, der Satz von der lebendigen Kraft wird dann kein Satz, sondern die Gleichung, durch welche diese eingeführte Hilfsgröße definirt wird: der mechanische Satz ist dann weiter, daß diese Hilfsgröße die Zeit bedeutet. Indem man nun aber von der Eigenschaft des Princips der kleinsten Action, daß es wirklich ein Minimum gibt, wenigstens unter gewissen Beschränkungen, abstrahirt, weil dieses ganz fremdartig

---

„Anknüpfungspunkt" für die Korrektur der in der letzten Vorlesung (S. 180f.) gegebenen Herleitung.

[300] Geimeint ist hier die Summe $\sum m\left(dx^2 + dy^2 + dz^2\right)$.

ist für die Integration der Differentialgleichungen[301], und es uns bloß darauf
ankommt, einen symbolischen Ausdruck zu erhalten, der alle Differentialgleichungen umfaßt, wie $\delta A = 0$, so kann man sich eines bequemeren Ausdrucks
bedienen, den Hamilton zuerst gegeben hat, und der den nicht zu verachtenden Vortheil bietet, daß man ihn auf den Fall ausdehnt, in welchem das
Potenzial oder die Kräftefunction U die Zeit noch explicite außer den Coordinaten enthält, also auf dynamische Probleme, wo der Satz der lebendigen
Kraft nicht mehr gilt. Dieser Satz, wo analog eine Variation verschwinden
soll, wird aber nicht den Anspruch des Princips der kleinsten Action machen,
daß Etwas ein Minimum wird, was aber für unsern Zweck der Integration
gleichgültig ist. Wenn T die halbe lebendige Kraft bedeutet, und U eine
Function, welche die $3n$ Coordinaten und t enthalten kann, so kann man das
System der $3n$ Differentialgleichungen

$$m\frac{d^2 x}{dt^2} = \frac{\partial U}{\partial x}$$

ersetzen durch die eine symbolische Gleichung

$$\delta \int (T + U)\, dt = 0$$

Dieses Integral hier hat einen ganz andern Character als das der Action,
schon deßhalb, weil die Zeit t hier vorkommt und nicht eliminirt wird[302]. Die
Constante h kommt auch nicht vor, weil eben der Satz von der lebendigen
Kraft gar nicht stattzufinden braucht. Schreiben wir für T seinen vollständigen Ausdruck, so folgt

$$\delta \int \left(\frac{1}{2} \sum m \left\{ \left(\frac{dx}{dt}\right)^2 + \left(\frac{dy}{dt}\right)^2 + \left(\frac{dz}{dt}\right)^2 \right\} + U \right) dt = 0$$

Nach der Regel differentiiren wir also die Function unter dem Integralzeichen
nach einer der Variabeln, x, dann nach dem Differential dx und nehmen von
letzterem Differential das vollständige Differential, woraus erhalten wird

$$\frac{\partial U}{\partial x} dt = d\frac{mdx}{dt^2} dt$$

weil U kein dx wie T kein x enthält. t ist hier die unabhängige Variable,
wenn wir also mit dt dividiren, folgt

---

[301] An den rechten Rand geschrieben: „Hamilton's Princip".

[302] Es dürfte in erster Linie auf Jacobis starke Betonung dieses Unterschiedes zum Prinzip
der kleinsten Wirkung zurückzuführen sein, daß sich in Deutschland für die obige „symbolische Gleichung" rasch die Bezeichnung „Hamilton-Prinzip" einbürgerte (vgl. Hankins
1980, 194), während es in Großbritannien lediglich als eine Variante des „principle of least
action" aufgefaßt wurde.

$$\frac{\partial U}{\partial x} = m\frac{d^2 x}{dt^2}$$

Diese symbolische Darstellung ist also viel einfacher und hat den Vortheil, den Fall zu begreifen, wo U [die Zeit] t explicite enthält. Weil es aber wesentlich ist, daß in den folgenden Untersuchungen dieser Fall mit berücksichtigt werde, und dann das Princip der kleinsten Action nicht zu brauchen ist, so werde ich im Folgenden von dieser Darstellung ausgehen. Wenn Bedingungsgleichungen zwischen den Coordinaten gegeben sind, so lehren die Principien der Variationsrechnung, daß man die Variationen der Functionen, die gleich Null werden sollen, mit unbestimmten Factoren $\lambda \mu \ldots$ multiplicirt, zu dem Ausdruck unter dem Integralzeichen hinzufügt, und dann ebenso verfährt, als wenn dieser ursprünglich schon unter dem Integralzeichen gestanden hätte. Es wird also, wenn $\varphi = 0 \ \psi = 0 \ldots$ die Bedingungsgleichungen sind, keine Änderung weiter eintreten, als daß solche Terme $\lambda\frac{\partial \varphi}{\partial x} + \mu\frac{\partial \psi}{\partial x} \ldots$ hinzukommen. Diese Form, die Bedingungsgleichungen einzufügen, hat schon Euler sehr umständlich in seiner nova methodus inv. lin. curv. max min.ve propr. gaud. auseinandergesetzt[303], und dadurch ist wohl Lagrange auf seine Darstellung der dynamischen Gleichungen mittelst der Multiplicatoren geführt worden[304]. Lagrange hat nun aber, ebenfalls von den Principien der Variationsrechnung ausgehend, eine neue, höchst merkwürdige Form der dynamischen Gleichungen gegeben, mit der wir uns jetzt beschäftigen wollen.

Nämlich er hat angenommen, daß mittelst der Bedingungsgleichungen sämtliche $3n$ Coordinaten auf andere von einander unabhängige zurückgeführt werden[305]. Wenn die Anzahl der Bedingungsgleichungen $3n - m$ ist, so ist die Anzahl der unabhängigen Größen, die alle $3n$ Coordinaten ausdrücken können, $= m$: sie seien $q_1, q_2, \ldots q_m$. Der Vortheil solcher symbolischen Darstellung ist nun unter anderm der, daß man bei der Transformation der Differentialgleichungen die transformirten Gleichungen in der schicklichsten Form erhält. Stellt man sich ohne Leitung die Aufgabe, die Differentialgleichungen 2ter Ordnung zu transformiren, so würde das nur auf eine gewisse verwirrte Weise geschehen können, und nur durch Formeln, die man bei allgemeinen Untersuchungen kaum würde hinschreiben können. Es ist aber unmöglich, mathematische Deductionen zu machen, wenn man oft Formeln von mehreren Seiten hinschreiben muß. Eine leichte Übersicht ist aber viel wesentlicher bei mathematischen Untersuchungen als man sich denken

---

[303] Zu Eulers *Methodus inveniendi* vgl S. 164, Anm. 248; zur Berücksichtigung der Bedingungsgleichungen s. dort Cap. III (*Opera Omnia* (1) 24; insbes. 85-90). Aufgrund dieser Urheberschaft Eulers schlägt Goldstine (1980, 74) vor, hier von „Euler-Lagrange-Multiplikatoren" statt von „Lagrangeschen Multiplikatoren" zu sprechen.

[304] Vgl. *Mécanique Analytique* Part. 1, Sect. IV, Art. 2 (Lagrange *Oeuvres* XI, 77f.).

[305] Ebd., Part 2, Sect. IV (Lagrange *Oeuvres* XI, 325-344).

mag, sie gewährt die symbolische Darstellung. Wir wollen also ausgehen von der Gleichung

$$\delta \int (T + U)\, dt = 0$$

Man wird also in U statt $x\ y\ z\ \ldots$ die Größen $q_1\ q_2\ \ldots\ q_m$ einführen, so daß U als eine Function der q und von t betrachtet wird. Man wird ferner durch die Größen q und ihre Differentialquotienten die halbe lebendige Kraft T ausdrücken, mittelst der Ausdrücke

$$dx = \frac{\partial x}{\partial q_1} dq_1 + \frac{\partial x}{\partial q_2} dq_2 \ldots + \frac{\partial x}{\partial q_m} dq_m$$

Solche $3n$ Ausdrücke sind zu quadriren, und [es ist] nach Multiplication mit m, ihre halbe Summe zu finden. Es wird also T eine homogene Function der 2ten Ordnung aus $dq_1\ dq_2\ \ldots\ dq_m$ und die Coefficienten werden gegebene Functionen von $q_1\ q_2\ \ldots\ q_{m\,o}$ Ich nehme an, daß die Ausdrücke, die dazu dienen, x durch q auszudrücken, nicht die Zeit impliciren, daß zwar U [die Zeit] t enthalte, in den Bedingungsgleichungen aber nur die Coordinaten vorkommen, denn sonst müßte in dx noch ein Term $\frac{\partial x}{\partial t} dt$ hinzutreten.

XXXI Hamilton-Prinzip und Lagrangesche Differentialgleichungen in Cartesischen und in Polarkoordinaten.

In Bezug auf die geodätische Linie können Sie noch die Bemerkung hinzufügen, daß für alle Flächen, welche concav-convex sind, d.h. welche in jedem Punkt auf beiden Seiten der Tangentialebene liegen, oder von derselben immer geschnitten werden, wie z.B. der einflächige Hyberboloid, so wie für die abwickelbaren Oberflächen, die von der Tangentialebene in der ganzen Länge einer geraden Linie berührt werden, daß da die geodätische Linie nie aufhört, eine kürzeste zu sein. Bei den abwickelbaren Oberflächen versteht sich das deshalb von selbst, weil die geodätische Linie immer eine Gerade ist und die Gerade bekanntlich immer die kürzeste zwischen zwei Punkten ist. Dieß beweist man sehr leicht durch die Betrachtung der zweiten Variation, von der man durch eine leichte Transformation sehen kann, daß sie bei den concav-convexen, so wie bei den abwickelbaren Flächen positiv ist. Zu ihrer Übung können Sie den Beweis diese Satzes suchen, es wird sehr instructiv sein.

Wir waren dabei, die dynamischen Differentialgleichungen durch neue Variable darzustellen, nämlich durch die von einander unabhängigen Größen $q_1\ q_2 \ldots q_m$. Wenn keine Bedingungsgleichungen vorhanden sind, wird m gerade $= 3n$, im Allgemeinen sind $3n - m$ Bedingungsgleichungen zwischen den Coordinaten gegeben. Die symbolische Gleichung, welche alle Differentialgleichungen der Mechanik umfaßt, enthält zwei Größen, die halbe lebendige Kraft T und die Kräftefunction U. Die Kräftefunction oder das Potenzial[306] soll, wie wir jetzt annehmen, auch t explicite enthalten, so daß U Function von $q_1\ q_2 \ldots q_m$ und t wird; in diesem Falle wird der Satz von der lebendigen Kraft nicht gelten. Es bleibt nur übrig, die halbe lebendige Kraft T auszudrücken. Wenn wir

$$\frac{dq}{dt} = q' \quad \text{nennen, wird} \quad \frac{dx}{dt} = \frac{\partial x}{\partial q_1}q'_1 + \frac{\partial x}{\partial q_2}q'_2 \ldots + \frac{\partial x}{\partial q_m}q'_m$$

Wenn wir die $3n$ analogen Ausdrücke bilden, sie quadriren und nach Multiplication mit den Massen addiren, so erhalten wir eine homogene Function der 2ten Ordnung der Größen $q'_1\ q'_2 \ldots q'_m$, es wird also auch T eine solche Function sein, die Coefficienten werden ausgedrückt durch die partiellen Differentialquotienten der Coordinaten nach den Größen q genommen, sie werden also auch gegebene Functionen der Größen q sein, die die Zeit t nicht explicite enthalten. Man kann nun also die Differentialgleichungen in der neuen Form aus der Gleichung ableiten

$$0 = \delta \int (T + U)\, dt$$

wo man t als die unabhängige Variable betrachtet. Nach der Regel, die ich auseinandergesetzt habe, hat man den Ausdruck unter dem Integralzeichen zu differentiiren nach jeder der abhängigen Variabeln, also nach einer Größe q, und die partiellen Differentiale gleichzusetzen dem vollständigen Differential des nach dem entsprechenden q' genommenen partiellen Differentials. Wir erhalten also die Gleichung

$$\frac{\partial T}{\partial q} + \frac{\partial U}{\partial q} = \frac{d}{dt}\frac{\partial T}{\partial q'}$$

---

[306]In der Hs. folgt: „(Hamilton nannte sie   ) soll, …“. Die Lücke ist zu schließen durch „force function“ - eine Bezeichnung, die W.R. Hamilton in seinem ersten Essay *On a General Method in Dynamics* einführt (Hamilton 1834a; s. *Papers* II, 106) und die Jacobi als „Kräftefunction, d.i. die Function, deren partielle Differentialquotienten die Kräfte geben" bereits 1837 adoptiert (Jacobi 1837a und 1837b; s. *Werke* IV, 50 und 60). G. Green nennt diese Function schon 1828 „potential function", C.F. Gauß spricht ab 1840 vom „Potential"; s. Bacharach 1883, insbes. 4f..

Um alle m Gleichungen zu erhalten, hat man q die Indices $1 \ldots m$ zu geben, dieß ist die zweite Form, in welcher Lagrange die Differentialgleichungen der Mechanik aufstellt[307]. $\frac{\partial T}{\partial q'}$ wird eine lineare homogene Function der Größen q'_1 $q'_2 \ldots q'_m$ sein, da T eine homogene Function der 2ten Ordnung in Bezug auf diese Größen ist. Hier sind nun weiter keine Multiplicatoren hinzuzufügen, keine Bedingungsgleichungen, indem Alles dadurch ersetzt wird, daß die $3n$ Coordinaten durch m von einander unabhängige Größen q ersetzt werden. Diese analytische Operation, die Coordinaten mittelst der Bedingungsgleichungen durch von einander unabhängige Größen auszudrücken, ersetzt die mechanische Communication der Kräfte, die mittelst dieser Bedingungsgleichungen stattfinden, man hat hier das vollkommene Gegenbild einer rein mathematischen Operation von dem, was in der Natur vorgeht, das ist eigentlich immer die Aufgabe der angewandten Mathematik. Bei Aufstellung der Differentialgleichungen ist gar keine Überlegung zu machen nöthig, von Kräften, die durch die unendlich mannigfaltigen Bedingungen, die stattfinden können, einander modifiziren, sich gegenseitig übertragen, aufheben u.s.w., sondern Alles reducirt sich auf die mathematische Operation, das Potenzial und die lebendige Kraft durch neue Größen auszudrücken mittelst der Bedingungsgleichungen, die von einander unabhängig sind und durch welche man die Coordinaten ersetzen kann, wenn die Bedingungsgleichungen zwischen ihnen stattfinden. Es ist dieß die möglichst größte Vereinfachung, welche man von einem Problem machen konnte, das in seinen einzelnen Beispielen die größte Mühe machte und die größten Schwierigkeiten zu überwinden erforderte, und das ist eigentlich der große Gedanke, der in der analytischen Mechanik von Lagrange niedergelegt ist. Es hat nun freilich diese Vollendung auch den Nachtheil, daß man sich ganz davon entwöhnt, die Wirkungen der Kräfte zu verfolgen, und den wahren Nutzen kann der Satz erst für diejenigen haben, bei denen er der Schluß ist von angestellten Betrachtungen und Untersuchungen, wenn man sich erst im Einzelfall selber diese Mühe gegeben hat, durch die Verfolgung der Kräfte und die Einsicht in ihre gegenseitigen Modificationen zu solchen Resultaten zu gelangen, die dann alle zusammen von der einzigen Formel umfaßt werden. Der weitere Inhalt der analytischen Mechanik ist dann freilich die Anwendung dieser Formeln, oder der Ausdruck der verschiedenen Eigenschaften der Körper durch Bedingungsgleichungen, und die Art, wie diese Bedingungsgleichungen bei der Transformation der Variabeln[308] benutzt werden. Die Natur wird da jedesmal vollständig aus den Augen gerückt, und es tritt an die Stelle der Constitution der Körper (je nachdem deren Elemente unbiegsam, ausdehnbar, elastisch u.s.w. sind)

---

[307] S. *Mécanique Analytique* Part. 1, Sect. IV, Art. 10 (Lagrange *Oeuvres* XI, 334f.).

[308] „Variabeln" wurde hier in der Hs. als Korrektur über die Zeile geschrieben. Darunter steht ohne Durchstreichung „Variationen".

lediglich die bestimmte Bedingungsgleichung. Hier wird nun freilich in der analytischen Mechanik die Rechtfertigung vermißt, indem sie, um eine rein mathematische Disziplin zu bleiben, auch von dieser Rechtfertigung ganz abstrahirt; nämlich ihre Resultate bleiben richtig in Bezug auf die Voraussetzungen: wenn die Bedingungsgleichungen stattfinden, so müssen folgende Differentialgleichungen für die Bewegung der Körpertheilchen stattfinden. Wenn die Physik nun finden sollte, daß diese Bedingungsgleichung nicht den Zustand dieses oder jenes Körpers ausdrückt, so ist das Etwas, was außerhalb des Werkes liegt; wenn z.B. die tropfbaren Flüssigkeiten als absolut incompressibel angenommen werden: ist das aber nicht mehr der Fall, so ergeben sich dadurch Abweichungen der Resultate von der Wirklichkeit.

Um ein einfaches Beispiel zu geben, welches häufig vorkommt, wollen wir die rechtwinkligen Coordinaten in Polarcoordinaten verwandeln, und sehen, wie die Differentialgleichungen in diesen neuen Variabeln aussehen. Denn diese Form der Differentialgleichungen ist nicht bloß da anwendbar, wo Bedingungsgleichungen stattfinden, sondern überhaupt, wenn man die Coordinaten durch andere Variable ersetzt. Finden dabei Bedingungsgleichungen statt, so kann man die Anzahl der Größen q vermindern, man könnte aber auch ihre Anzahl vermehren, und etwa $m + p$ Größen einführen, wenn man denn p Bedingungsgleichungen hinzufügen wollte, die zwischen ihnen stattfinden, und wo man weiter Nichts zu thun hätte, als die Bedingungsgleichungen zu variiren und ihre Variationen der Differentialgleichung zuzufügen. Indessen ihre Wichtigkeit erlangt die Transformation, wenn man annimmt, daß die Größen q von einander unabhängig sind. Das Quadrat des Linienelements oder

$$dx^2 + dy^2 + dz^2 \text{ in Polarcoordinate ausgedrückt wird}$$

$$= dr^2 + r^2 d\varphi^2 + r^2 \sin^2 \varphi \, d\psi^2$$

wenn wir die Coordinaten ersetzen durch

$$x = r \cos \varphi \quad y = r \sin \varphi \cos \psi \quad z = r \sin \varphi \sin \psi$$

Man kann diese Formel sehr leicht auch durch eine einfache geometrische Betrachtung erweisen, wenn man die unendlich kleinen Dreiecke, die da vorkommen, als geradlinig ansieht. Wenn wir also die Differentialien wieder mit Indices bezeichnen, wird die halbe lebendige Kraft

$$T = \frac{1}{2} \sum m \left(r'^2 + r^2 \varphi'^2 + r^2 \sin^2 \varphi \, \psi'^2 \right)$$

Wir werden also in Bezug auf jeden Punkt 3 Gleichungen erhalten, die den Größen $r \, \varphi$ und ψ entsprechen. Wenn wir in der Gleichung

$$\frac{\partial T}{\partial q} + \frac{\partial U}{\partial q} = \frac{d}{dt}\frac{\partial T}{\partial q'}$$

successive für q die Größen r φ und ψ nehmen, erhalten wir

$$\frac{\partial U}{\partial r} + m\left(r\left(\frac{d\varphi}{dt}\right)^2 + \sin^2\varphi\left(\frac{d\psi}{dt}\right)^2\right) = m\frac{d^2r}{dt^2}$$

$$\frac{\partial U}{\partial \varphi} + mr^2\sin\varphi\cos\varphi\left(\frac{d\psi}{dt}\right)^2 = m\frac{d}{dt}r^2\frac{d\varphi}{dt}$$

$$\frac{\partial U}{\partial \psi} = m\frac{d}{dt}r^2\sin^2\varphi\frac{d\psi}{dt}$$

U wird für jeden Punkt durch r φ ψ ausgedrückt und nach diesen Größen partiell differentiirt. Die obigen Gleichungen enthalten zugleich alle Zusammenziehungen, die sich machen lassen: statt dreier Terme [, wodurch] z.B. die $\frac{\partial U}{\partial \psi}$ gleich gefunden würden[309], gewährt diese Darstellung eine erleichterte Zusammenziehung. Man kann in der Ableitung der Differentialgleichung aus der symbolischen Variationsgleichung auch so verfahren, daß man nicht bestimmt, daß dt das constante Differential sein soll, und wird noch eine neue Gleichung erhalten, die aber eine Folge der übrigen sein muß. Man muß so Etwas zu betrachten nicht verabsäumen, weil man eine interessante Gleichung erhalten kann, die sich aus der Combination der andern ergibt, denn unser einziges Mittel, Etwas aus den Gleichungen zu machen, ist, daß man sie combinirt, kann man also einen Fingerzeig erhalten, so muß man ihn mitnehmen. Zur Übung wollen wir sehen, wie sich das macht, wenn man dt nicht als constantes Differential betrachtet. dt^2 kommt im Ausdruck für T als Nenner vor. Sei deßhalb

$$T\,dt = \frac{\sum}{dt}, \text{ so daß } \sum = \frac{1}{2}\sum m\,ds^2 \text{ oder } = \frac{1}{2}\sum m\left(dx^2 + dy^2 + dz^2\right)$$

so wird die Variationsgleichung

$$0 = \delta\int\frac{\sum}{dt} + U\,dt$$

In $\sum$ und U kommt dt weiter nicht vor, aber in U die Größe t. In $\sum$ kommt t nicht vor, sondern nur q und q', weil wir annehmen, daß in den Gleichungen, die dazu dienen, die Coordinaten durch die Größen q auszudrücken, die Zeit nicht vorkommt. Folglich wird kurz[310]

---

[309] Gemeint ist wohl die Darstellung der partiellen Ableitung $\frac{\partial U}{\partial \psi}$ durch die partiellen Ableitungen nach den Cartesischen Koordinaten x, y und z.

[310] Jacobi wendet hier offenbar die in Vorlesung XXIX eingeführte „allgemeine Regel der

$$\frac{\partial U}{\partial t}dt = d\left(U - \frac{\sum}{dt^2}\right)$$

$\sum$ ist eine homogene Function von $dq_1\,dq_2\ldots dq_m$, weil wir das dt losgetrennt haben. Aber

$$T = \frac{\sum}{dt^2}\,,$$

also wenn wir noch durch dt dividiren, folgt die einfache Gleichung

$$\frac{\partial U}{\partial t} = \frac{d\,(U - T)}{dt}$$

Für den besondern Fall, wo das Potenzial oder die Kräftefunction U die Zeit t nicht explicite enthält, wird, weil $\frac{\partial U}{\partial t}$ fortfällt,

$$0 = \frac{d\,(U - T)}{dt}$$

gleich einem vollständigen Differential, also integrirt

$$\text{const} = U - T \quad\text{oder}\quad T = U + h$$

welches der Satz von der lebendigen Kraft ist. Wir sehen hieraus zugleich, wie der Satz von der lebendigen Kraft sich modifizirt, wenn U [die Zeit] t explicite enthält. Das Differentiale der Differenz der Kräftefunction und der halben lebendigen Kraft, nach t genommen, verschwindet dann nicht, sondern wird gleich dem partiellen Differential von U nach dem darin enthaltenen t. Den Differentialquotienten wird man immer vollständig integriren können, wenn man ihn mit dt multiplicirt und Alles hier als Function von t betrachtet, kann man sein vollständiges Integral angeben. In der allgemeinen Gleichung

---

Variationsrechnung" (S. 180) an: Faßt man den obigen Integranden formal als Funktion von t und von $dt = u$ auf, so liefert die „partielle Ableitung" nach t den Ausdruck

$$\frac{\partial U}{\partial t}dt$$

und das „vollständige Differential des partiellen Differentialquotienten" nach u ergibt

$$d\left(\frac{d}{du}\left(\frac{\sum}{u} + Uu\right)\right) = d\left(-\frac{\sum}{u^2} + U\right)$$

Nach der angeführten Regel sind beide gleich, d.h.

$$\frac{\partial U}{\partial t}dt = d\left(U - \frac{\sum}{u^2}\right).$$

In heutiger Terminologie ergibt sich der im folgenden von Jacobi hergeleitete „Satz von der Erhaltung der lebendigen Kraft" als „Zwischenintegral" des obigen Variationsproblems, wenn man die Zeit t vermöge $t = t(\alpha)$ substituiert und die Eulerschen Differentialgleichungen des zugehörigen „Parameterproblems" mit der unabhängigen Variablen α betrachtet.

$$\frac{\partial T}{\partial q} + \frac{\partial U}{\partial q} = \frac{d}{dt}\frac{\partial T}{\partial q'}$$

kann man T und U zusammengefaßt als eine Function betrachten, und mit einem Buchstaben, etwa V, bezeichnen. Dann erhält man eine etwas einfachere Form, nämlich

$$\frac{\partial V}{\partial q} = \frac{d}{dt}\frac{\partial V}{\partial q'}\,,$$

denn man kann rechts statt T [auch] $T+U$ schreiben, weil nach q' differentiirt wird, das in U nicht vorkommt. Diese Form der Differentialgleichungen hat Lagrange nicht nur in der ersten Ausgabe seiner analytischen Mechanik, sondern schon in seinen ersten Arbeiten, namentlich in einem Preisaufsatz über die Libration des Mondes[311], aufgestellt. Hat man einmal die Form, so kann man die Differentialgleichungen ableiten aus der gewöhnlichen ersten Form mit den Multiplicatoren. Dieß wird den Vortheil haben, daß man eine ähnliche Form auch auf alle mechanischen Probleme übertragen kann, die Kräfte mögen sein, welche sie wollen. Es wird dann nur folgende Änderung zu treffen sein. Was sich auf T bezieht, die Differentiationen, die da auszuführen sind, werden in diesen Formeln ganz unverändert sein, dagegen wird eine Veränderung vorzunehmen sein mit den partiellen Differentialquotienten von U, weil ja die Kräftefunction, das Potenzial, im allgemeinen Falle gar nicht existirt. Nun vertritt $\frac{\partial U}{\partial q}$ die Stelle von

$$\frac{\partial U}{\partial x}\frac{\partial x}{\partial q} + \frac{\partial U}{\partial y}\frac{\partial y}{\partial q} + \frac{\partial U}{\partial z}\frac{\partial z}{\partial q} + \frac{\partial U}{\partial x_1}\frac{\partial x_1}{\partial q} + \dots$$

Aber hier sind $\frac{\partial U}{\partial x}, \frac{\partial U}{\partial y}, \frac{\partial U}{\partial z}, \frac{\partial U}{\partial x_1} \dots$ die Componenten der Kräfte, und man hat weiter Nichts zu thun, um aus diesen Differentialgleichungen die allgemeinen zu erhalten, die für beliebige Kräfte gelten, als daß man für $\frac{\partial U}{\partial x}\ \frac{\partial U}{\partial y} \dots$ die Größen setzt, die wir $X, Y, Z, X_1 \dots$ genannt haben, oder die rechtwinkligen Componenten der Kräfte, die auf die materiellen Punkte wirken.

---

[311] Diese (erst 1777 veröffentlichte) Schrift Lagranges zu einer Preisaufgabe der Pariser Akademie aus dem Jahre 1762 trägt den Titel *Recherches sur la libration de la Lune dans lesquelles on tache de résoudre la Question proposée par l'Académie Royale des Sciences, pour le Prix de l'année 1764* (Lagrange 1764). In Lagranges Mechanik markiert diese Arbeit insofern einen Wendepunkt, als er hier erstmals vom Prinzip der virtuellen Geschwindigkeiten (und nicht mehr von Prinzip der kleinsten Wirkung) ausgeht (vgl. *Oeuvres* VI, 10f.). Die „Lagrangeschen Bewegungsgleichungen" in ihrer obigen Form finden sich jedoch *nicht* in dieser Preisschrift, sondern erst in der späteren *Théorie de la libration de la Lune et des autres Phénomenes qui dépendent de la figure non sphérique de cette Planète* (Lagrange 1780; s. *Oeuvres* V, insbes. 15-24). Wie später in der *Méchanique Analitique* (Lagrange 1788, 216-232 bzw. *Oeuvres* XI, 325-344) werden dort die Lagrangeschen Bewegungsgleichungen aus dem Prinzip der virtuellen Geschwindigkeiten hergeleitet. Jacobi dürfte hier die beiden Arbeiten zur Mondlibration verwechseln.

XXXII   *Herleitung der Lagrangeschen Differentialgleichungen aus der Multiplikatorform für den allgemeinen Fall; spezielle Integrale im Falle der Existenz einer Potentialfunktion.*

Ich will nun aus der ersten Form der Differentialgleichungen, zu welcher man sich der Multiplicatoren bedient, die zweite, die ich in der vorigen Stunde gegeben habe, ableiten. Man sieht aber, wie eine analoge Form, als welche wir [die Differentialgleichungen] für das Bestehen einer Kräftefunction U aufstellen, auch für den allgemeinen Fall erhalten wird. Wir haben

$$m\frac{d^2x}{dt^2} = X + \lambda\frac{d\varphi}{dx} + \mu\frac{d\psi}{dx}\ldots \qquad m\frac{d^2y}{dt^2} = Y + \lambda\frac{d\varphi}{dy} + \mu\frac{d\psi}{dy}\ldots$$

$$m\frac{d^2z}{dt^2} = Z + \lambda\frac{d\varphi}{dz} + \mu\frac{d\psi}{dz}\ldots \qquad m_1\frac{d^2x_1}{dt^2} = X_1 + \lambda\frac{d\varphi}{dx_1} + \mu\frac{d\psi}{dx_1}\ldots$$

u.s.w.

die $3n$ Gleichungen der Mechanik, wo φ und ψ gegebene Functionen der $3n$ Coordinaten sind, die die Zeit nicht enthalten, und $\varphi = 0$ $\psi = 0 \ldots$ sollen die Bedingungsgleichungen sein. Wenn man nun die $3n$ Coordinaten mittelst der $3n - m$ Bedingungsgleichungen durch m andere Größen ausdrückt, so müssen die Werthe der Coordinaten, in die Bedingungsgleichungen substituirt, diese identisch erfüllen, d.h. φ und $\psi \ldots$ müssen $= 0$ werden, ohne daß man den Größen q_1 $q_2 \ldots q_m$ besondere Werthe beilegt, alle Terme müssen sich aufheben. Umgekehrt, sind die $3n$ Coordinaten durch m Größen q so ausgedrückt, daß die Functionen φ, ψ $\ldots$ identisch Null werden, so finden zwischen den Coordinaten die Bedingungsgleichungen $\varphi = 0$ $\psi = 0$ $\ldots$ statt. Da also, wenn man die Coordinaten durch die Größen q ausdrückt, $\varphi = 0$ eine identische Gleichung [wird], so müssen auch seine[312] partiellen Differentialquotienten durch diese Substitution Null werden, und man hat für jedes q

$$\frac{\partial\varphi}{\partial x}\frac{\partial x}{\partial q} + \frac{\partial\varphi}{\partial y}\frac{\partial y}{\partial q} + \frac{\partial\varphi}{\partial z}\frac{\partial z}{\partial q} + \frac{\partial\varphi}{\partial x_1}\frac{\partial x_1}{\partial q} + \ldots = 0$$

und ebenso für jede der übrigen Bedingungsgleichungen: für jede derselben ist die Anzahl dieser Gleichungen m, da man für q zu setzen hat q_1 $q_2 \ldots q_m$. Multiplicirt man also successive die dynamischen Differentialgleichungen mit $\frac{\partial x}{\partial q}$ $\frac{\partial y}{\partial q}$ $\frac{\partial z}{\partial q}$ $\frac{\partial x_1}{\partial q} \ldots$ und addirt, so bekommt man m Gleichungen von folgender Form, in denen φ $\psi \ldots$ eliminirt sind:

---

[312] Gemeint sind: „des Winkels φ".

$$\sum m \left(\frac{d^2x}{dt^2}\frac{\partial x}{\partial q} + \frac{d^2y}{dt^2}\frac{\partial y}{\partial q} + \frac{d^2z}{dt^2}\frac{\partial z}{\partial q} \right) = \sum \left(X\frac{\partial x}{\partial q} + Y\frac{\partial y}{\partial q} + Z\frac{\partial z}{\partial q} \right)$$

Die Summenzeichen müssen auf alle materiellen Punkte ausgedehnt werden, die m in dieser Form enthaltenen Gleichungen erhält man, wenn man für q successive $q_1\,q_2\,\ldots\,q_m$ setzt. Dieß sind also die m Differentialgleichungen zwischen den Größen $q_1\,q_2\,\ldots\,q_m$; die ursprünglichen Bedingungsgleichungen, mittelst denen sie statt der $3n$ Coordinaten eingeführt wurden, sind verschwunden und stecken implicite in den Ausdrücken der Coordinaten durch q. Der Ausdruck rechts soll der Kürze wegen mit Q bezeichnet werden, und $Q_1\,Q_2\,\ldots\,Q_m$ den Substitutionen $q = q_1, q_2, \ldots q_m$ entsprechen. Wenn also die Componenten $X, Y, Z, X_1 \ldots$ die partiellen Differentialquotienten eines Potenzials U nach den Coordinaten $x, y, z, x_1 \ldots$ sind, so werden die Größen

$$Q = \sum \left(X\frac{\partial x}{\partial q} + Y\frac{\partial y}{\partial q} + Z\frac{\partial z}{\partial q} \right)$$

die partiellen Differentialquotienten von U nach den Größen q, nachdem diese statt der Coordinaten in U sind eingeführt worden. Es kommt uns nun darauf an, den Ausdruck linker Hand zu transformiren. Dieß geschieht durch eine sehr hübsche Analysis, und zwar gelingt die Transformation so, daß man, um ihn zu bilden, weiter Nichts braucht, als den Ausdruck der lebendigen Kraft, so daß, wenn man die lebendige Kraft durch die Größen q und ihre Differentiale q' ausdrücken kann, man auch die Summe links vom Gleichheitszeichen bilden kann. Wenn $\frac{dx}{dt} = x' \ldots \frac{dq}{dt} = q'$, werde ich die x' betrachten als Functionen der Größen q und q', und in diesem Sinne auch von ihren partiellen Differentialquotienten reden. x enthält natürlich nicht q', sondern nur die Größen q. Nun hat man zuerst den Satz, der sonderbar aussieht, aber sich von selber versteht, daß

$$\frac{\partial x'}{\partial q'} = \frac{\partial x}{\partial q}$$

Denn in x sind es eben nur die Größen q, die t enthalten, nach welchen in x' differentiirt worden ist, so daß in x' [das] q' linear mit den Coefficienten $\frac{\partial x}{\partial q}$ vorkommt: aus der Gleichung

$$x' = \sum \frac{\partial x}{\partial q} q'$$

folgt aber unmittelbar die behauptete Relation. Wenn wir dieß, und die analogen Gleichungen, substituiren, so verwandelt sich die [mit] Q gleiche Summe, die wir betrachten, in

$$\sum m \left(\frac{dx'}{dt}\frac{\partial x'}{\partial q'} + \frac{dy'}{dt}\frac{\partial y'}{\partial q'} + \frac{dz'}{dt}\frac{\partial z'}{\partial q'} \right) , \text{ denn } \quad \frac{dx'}{dt} = \frac{d^2 x}{dt^2} \quad \text{etc.}$$

Diesen Ausdruck wollen wir wieder dadurch transformiren, daß wir setzen

$$\frac{dx'}{dt}\frac{\partial x'}{\partial q'} = \frac{d}{dt}x'\frac{\partial x'}{\partial q'} - x'\frac{d}{dt}\frac{\partial x'}{\partial q'}$$

nebst den analogen Gleichungen, was sich leicht verifizirt. Thun wir dieß in allen Termen, so erhalten wir die Differenz folgender beider Summen:

$$\frac{d}{dt}\sum m \left(x'\frac{\partial x'}{\partial q'} + y'\frac{\partial y'}{\partial q'} + z'\frac{\partial z'}{\partial q'} \right) - \sum \left(x'\frac{d\frac{\partial x'}{\partial q'}}{dt} + y'\frac{d\frac{\partial y'}{\partial q'}}{dt} + z'\frac{d\frac{\partial z'}{\partial q'}}{dt} \right)$$

Was unter dem ersten Summenzeichen steht, erkennen wir sogleich als das partielle Differential der halben lebendigen Kraft nach q', indem

$$T = \sum \frac{1}{2}m \left(x'^2 + y'^2 + z'^2 \right) , \text{ so daß wir } \frac{d}{dt}\frac{\partial T}{\partial q'}$$

als erste Hälfte unseres Ausdrucks gefunden haben. Um die zweite abzuziehende Summe zu reduciren, setze ich wieder $\frac{\partial x}{\partial q}$ statt $\frac{\partial x'}{\partial q'}$, so daß ich jetzt

$$\sum m \left(x'\frac{d}{dt}\frac{\partial x}{\partial q} + y'\frac{d}{dt}\frac{\partial y}{\partial q} + z'\frac{d}{dt}\frac{\partial z}{\partial q} \right)$$

zu betrachten habe. Jetzt hat man auch wieder eine interessante Formel für das vollständige Differential des partiellen Differentials. Es ist nämlich

$$\frac{d}{dt}\frac{\partial x}{\partial q} = \frac{\partial x'}{\partial q}$$

Dieß geht wieder aus der Gleichung hervor

$$x' = \frac{\partial x}{\partial q_1}q_1' + \frac{\partial x}{\partial q_2}q_2' \ldots + \frac{\partial x}{\partial q_m}q_m'$$

Differentiire ich diese nach q (d.h. nach einer der Größen $q_1\ q_2 \ldots q_m$), so folgt

$$\frac{\partial^2 x}{\partial q\partial q_1}q_1' + \frac{\partial^2 x}{\partial q\partial q_2}q_2' \ldots + \frac{\partial^2 x}{\partial q\partial q_m}q_m'$$

und dieß ist offenbar gleich dem vollständigen Differential von $\frac{\partial x}{\partial q}$, d.h. $= \frac{d}{dt}\frac{\partial x}{\partial q}$, womit die Formel

$$\frac{\partial x'}{\partial q} = \frac{d}{dt}\frac{\partial x}{\partial q}$$

erwiesen ist. Wenn wir diese und die analogen Gleichungen in der Summe substituiren, welche abgezogen worden ist, so verwandelt sich der Ausdruck, den wir betrachten, in

$$\frac{d}{dt}\frac{\partial T}{\partial q'} - \sum m \left\{ x'\frac{\partial x'}{\partial q} + y'\frac{\partial y'}{\partial q} + z'\frac{\partial z'}{\partial q} \right\}$$

und hier sehen wir sogleich, daß der mit $\sum$ behaftete Theil gleich dem partiellen Differential von

$$T = \sum \frac{1}{2}m \left(x'^2 + y'^2 + z'^2 \right)$$

nach q genommen ist, so daß wir endlich haben

$$\sum m \left(\frac{d^2x}{dt^2}\frac{\partial x}{\partial q} + \frac{d^2y}{dt^2}\frac{\partial y}{\partial q} + \frac{d^2z}{dt^2}\frac{\partial z}{\partial q} \right) = \frac{d}{dt}\frac{\partial T}{\partial q'} - \frac{\partial T}{\partial q}$$

Die Differentialgleichungen erhalten also folgende Form, wenn wir berücksichtigen, daß obige Summe

$$= \sum \left(X\frac{\partial x}{\partial q} + Y\frac{\partial y}{\partial q} + Z\frac{\partial z}{\partial q} \right) \quad \text{oder} \quad = Q \quad \text{war:}$$

$$Q = \frac{d}{dt}\frac{\partial T}{\partial q'} - \frac{\partial T}{\partial q}$$

so daß man im Allgemeinen, um das in dieser Form enthaltene System der m dynamischen Differentialgleichungen aufzustellen, in den neuen Variabeln q nur die Ausdrücke der halben lebendigen Kraft T so wie der Summe $Q_1\ Q_2$ ... Q_m zu bilden hat. In dem besondern Fall, wo die Componenten der Kräfte die partiellen Differentialquotienten eines Potenzials U nach den Coordinaten genommen sind, braucht man nur diese Kräftefunction U ausgedrückt zu haben, und erhält sämtliche Q durch partielle Differentiation nach $q_1\ q_2$ ... q_m. - Die Variationsrechnung führt in sehr vielen Fällen auf höchst sonderbare und merkwürdige Transformationen, die man sonst nur durch sehr lange Rechnungen verifiziren kann.

Ich will nun zur Betrachtung des besondern Falles zurückkehren, in welchem ein Potenzial U stattfindet, und die Gleichungen die Form haben

$$\frac{d}{dt}\frac{\partial T}{\partial q'} = \frac{\partial T}{\partial q} + \frac{\partial U}{\partial q}$$

Aus dieser Form kann man gleich einen merkwürdigen Schluß machen. Wenn nämlich die Kräftefunction U eine der Variabeln gar nicht enthält und diese Variable nicct selber, sondern bloß ihr erster Differentialquotient im Ausdrucke der lebendigen Kraft vorkommt, so hat man augenblicklich ein Integral, in dem dann, wenn q diese Variable ist, $\frac{\partial T}{\partial q}$ und $\frac{\partial U}{\partial q}$ verschwinden, und deßhalb $\frac{\partial T}{\partial q'} = const$ [gleich] einer willkürlichen Constante wird. Z.B. in dem Problem der 3 Körper hatte U folgende Form, wenn die Massen m m_1 m_2 heißen und $r_{0,1}$, $r_{0,2}$, $r_{1,2}$ die respectiven Entfernungen von je zweien derselben und ebenso analog bei einer beliebigen Anzahl von Massen:

$$U = \frac{mm_1}{r_{0,1}} + \frac{mm_2}{r_{0,2}} + \frac{m_1 m_2}{r_{1,2}} + \frac{mm_3}{r_{0,3}} + \text{etc.}$$

so daß immer das Produkt je zweier Massen, dividirt durch ihre gegenseitige Entfernung, vorkommt. Hier kommen in jedem r nur die Differenzen der Coordinaten vor, wenn also xyz, $x_1 y_1 z_1$, $x_2 y_2 z_2$ … die respectiven Coordinaten der Massen m, m_1, m_2 … sind, und man setzt $x_1 - x = \xi_1$, $y_1 - y = v_1$, $z_1 - z = \zeta_1$, $x_2 - x = \xi_2$, v_2 ζ_2 etc., so kommen in $r_{0,1}$ nur ξ_1 v_1 ζ_1, in $r_{0,2}$ nur ξ_2 v_2 ζ_2, in $r_{1,2}$ nur ξ_1 ξ_2 v_1 v_2 ζ_1 ζ_2 (denn $x_2 - x_1 = \xi_2 - \xi_1$ etc.) u.s.w. vor, so daß $x\,y\,z$ selber gar nicht erscheinen. In der lebendigen Kraft T haben wir zu setzen für $dx_1 = d\xi_1 + dx$ $dy_1 = dv_1 + dy$ $dz_1 = d\zeta_1 + dz$ $dx_2 = d\xi_2 + dx$ etc. Es werden also die Differentiale von $x\,y\,z$ und den Größen $\xi\,v\,\zeta$ vorkommen, nicht diese Größen selber. Wenn man daher statt der $3n$ Coordinaten die 3 Coordinaten $x\,y\,z$ und die $3(n-1)$ Differenzengrößen $\xi\,v\,\zeta$ als Variable nimmt, so kommt in der Kräftefunction und der lebendigen Kraft $x\,y\,z$ gar nicht vor, in letzterer bloß $dx\,dy\,dz$. Man wird also, wenn man $x\,y\,z$ statt q setzt, Gleichungen von der Form

$$\frac{d}{dt}\frac{\partial T}{\partial q'} = 0$$

erhalten, also die Integrale

$$\alpha = \frac{\partial T}{\partial x'} \qquad \beta = \frac{\partial T}{\partial y'} \qquad \gamma = \frac{\partial T}{\partial z'}$$

aufstellen dürfen, wo wir haben[313]

$$2T = m\left(x'^2 + y'^2 + z'^2\right) + m_1\left(\overline{x' + \xi_1'}^2 + \overline{y' + v_1'}^2 + \overline{z' + \zeta_1'}^2\right) + m_2\left(\dots\right)$$

also $\alpha = mx' + m_1(x' + \xi_1') + m_2(x' + \xi_2') + \text{etc.}$

oder $\alpha = mx' + m_1 x_1' + m_2 x_2' + m_3 x_3' + \dots$

---

[313] Die „Balken" ersetzen hier lediglich innere Klammern.

also rechts das vollständige Differential der mit der Summe aller Massen multiplicirten $x$coordinate des Schwerpunkts - analoge Gleichungen für β und γ in Bezug auf die y und $z$coordinaten - so daß wir auf diese Weise den Satz von der Erhaltung des Schwerpunkts bekommen. Dieser Satz ergibt sich hier aus dem Umstand, daß wenn man statt aller $3n$ Coordinaten die Coordinaten eines Punktes und die Differenzen aller übrigen Coordinaten von denselben als neue Variable einführt, die lebendige Kraft und die Kräftefunction die Coordinaten dieses einen Punktes nicht enthalten. Wenn wir in diesen Differentialgleichungen statt der rechtwinkligen Coordinaten Polarcoordinaten einführen, also wieder

$$x = r \cos \varphi \quad y = r \sin \varphi \cos \psi \quad z = r \sin \varphi \sin \psi$$

setzen und analog die mit Indices unterschiedenen Ausdrücke für die Coordinaten der übrigen Punkte, so erhalten wir für das Quadrat der Entfernung zweier Punkte

$$
\begin{aligned}
r_{0,1}^2 \;=\; & (r \cos \varphi - r_1 \cos \varphi_1)^2 + (r \sin \varphi \cos \psi - r_1 \sin \varphi_1 \cos \psi_1)^2 \\
& + (r \sin \varphi \sin \psi - r_1 \sin \varphi_1 \sin \psi_1)^2 \qquad \text{oder} \\
r_{0,1}^2 \;=\; & r^2 - 2rr_1\{\cos \varphi \cos \varphi_1 + \sin \varphi \sin \varphi_1 \cos(\psi - \psi_1)\} + r_1^2
\end{aligned}
$$

Wir haben also den Satz, daß wenn man Polarcoordinaten einführt, in den Ausdrücken der Quadrate der Entfernung zweier Punkte nur die Differenzen der entsprechenden Winkelgrößen ψ vorkommen, wie sich auch ganz von selbst durch eine geometrische Betrachtung ergibt. Andrerseits steht die Gleichung[314]

$$dx^2 + dy^2 + dz^2 = dr^2 + r^2 d\varphi^2 + r^2 \sin^2 \varphi d\psi^2$$

und hier kommen r und φ selber vor, aber nicht die Variable ψ, sondern nur ihr erster Differentialquotient. Die Variable[315] ψ selber kommt also in dem Ausdruck für die lebendige Kraft gar nicht vor, und in dem Ausdruck für die Kräftefunction werden nur ihre Differenzen vorkommen. Wenn wir also statt der n Winkelgrößen $\psi \, \psi_1 \, \psi_2 \ldots$ nur ψ und die Differenzen $\psi_1 - \psi$, $\psi_2 - \psi \ldots$ der andern von ψ einführen, und diese etwa $\eta_1 \, \eta_2 \ldots$ nennen, so werden in U nur $\eta_1 \, \eta_2 \ldots$ vorkommen. Da nun ψ auch nicht in T [vorkommt,] so wird man hier wieder ein Integral bekommen, indem man T auf die angegebene Art durch Polarcoordinaten ausdrückt und für die Winkel ψ einen derselben und seine Differenzen mit den übrigen einführt. Ist dann T als Function von $r \, r_1 \ldots \varphi \, \varphi_1 \ldots \psi \, \eta_1 \, \eta_2 \ldots$ ausgedrückt, so muß

---

[314] Vgl. hierzu oben, S. 194.
[315] In der Hs. folgt irrtümlicherweise „φ“.

$$\frac{\partial T}{\partial \psi'} = const.$$

ein neues Integral sein. Man wird auf diese Weise den Flächensatz erhalten in Bezug auf jede beliebige Ebene.

XXXIII   *Ableitung des Flächensatzes aus den Lagrangeschen Differentialgleichungen; Transformation dieser Gleichungen in die Hamiltonsche Form im Fall der Existenz einer Potentialfunktion.*

Ich bemerkte zuletzt, daß aus dem Umstande, daß in der Kräftefunction nur die Differenzen der Winkelgrößen ψ und in dem Ausdruck der lebendigen Kraft diese Größen gar nicht vorkommen, sondern nur ihre Differentiale, man den Flächensatz ableiten kann. Man hat hierzu den Ausdruck

$$T = \frac{1}{2} \sum m \left(x'^2 + y'^2 + z'^2 \right)$$

nach ψ' zu differentiiren, indem man die Größen $r\ \varphi$ und die Differenzen $\psi - \psi_1\ \ \psi - \psi_2 \ldots$ als constant betrachtet. Führen wir also Polarcoordinaten ein, so wird der Theil von T, der die Differentialquotienten der Größen ψ enthält, ausgedrückt durch

$$\frac{1}{2} \left\{ mr^2 \sin^2 \varphi\, \psi'^2 + m_1 r_1^2 \sin^2 \varphi_1\, \psi_1'^2 + m_2 r_2^2 \sin^2 \varphi_2\, \psi_2'^2 + \ldots \right\}$$

Wenn wir nun $\psi_1 = \psi + \eta_1,\ \ \psi_2 = \psi + \eta_2 \ldots$ setzen, wodurch $\psi_1' = \psi' + \eta_1',\ \psi_2' = \psi' + \eta_2'$ [...] wird, so haben wir gesehen, daß das Potenzial U nur $\eta_1\ \eta_2 \ldots$ enthält, wir haben diese Substitutionen also noch in T zu machen, und brauchen, weil dann nach ψ' differentiirt wird, nur den Theil zu berücksichtigen, in welchem die ψ' allein vorkommen, und den wir soeben hervorgehoben haben. Bei dieser Einführung der η' erhalten wir Terme, in welchen ψ'^2 vorkommt, und andere, wo bloß ψ' steht, ein dritter Term enthält ψ' gar nicht, braucht also nicht berücksichtigt zu werden. Die beiden ersten Terme werden[316]

---

[316] In der Hs. fehlt gerade der dritte der folgenden Terme, der ψ' auch enthält. Der zweite, für die Herleitung überflüssige Term wird aufgeführt, jedoch ohne den Faktor $\frac{1}{2}$. Mehrere Durchstreichungen weisen auf einen Rechenfehler Jacobis hin.

$$\frac{1}{2}\psi'^2 \left(mr^2 \sin^2\varphi + m_1 r_1^2 \sin^2\varphi_1 + m_2 r_2^2 \sin^2\varphi_2 \ldots\right)$$

$$+ \left[\frac{1}{2}\right] \left(m_1 r_1^2 \sin^2\varphi_1\, \eta_1'^2 + m_2 r_2^2 \sin^2\varphi_2\, \eta_2'^2 + \ldots\right)$$

$$\left[+ \psi' \left(m_1 r_1^2 \sin^2\varphi_1\, \eta_1' + m_2 r_2^2 \sin^2\varphi_2\, \eta_2' + \ldots\right)\right]$$

und nach ψ' partiell differentiirt folgt daraus

$$\frac{\partial T}{\partial \psi'} = \psi' \left(mr^2 \sin^2\varphi + m_1 r_1^2 \sin^2\varphi_1 + m_2 r_2^2 \sin^2\varphi_2 \ldots\right)$$

$$+ m_1 r_1^2 \sin^2\varphi_1\, \eta_1' + m_2 r_2^2 \sin^2\varphi_2\, \eta_2' + \ldots$$

Schreiben wir statt $\psi' + \eta_1' = \psi_1'$, $\psi' + \eta_2' = \psi_2' \ldots$, so verwandelt sich der Ausdruck, der einer willkürlichen Constante gleich sein soll, in

$$\sum mr^2 \sin^2\varphi\, \psi' = const.$$

Das ist aber der Flächensatz in Bezug auf die yzebene. Denn da φ der Winkel, den r mit der $x$axe bildet, ist $r\sin\varphi$ die Projection des Radiusvector auf die yzebene, und diese Projection beschreibt in der Zeit dt die Fläche $r^2 \sin^2\varphi\, d\psi$, da ψ der Winkel der Projection mit der $y$axe ist. Dieß ist also das Flächenelement, und unsere Gleichung kommt völlig überein mit der früher aufgestellten[317]

$$\sum m\left(yz' - zy'\right) = const.$$

Es wird daher, um Integrale zu entdecken, sehr viel auf eine glückliche Wahl der Variabeln ankommen, wobei es freilich leider keine allgemeine Regel gibt - bisweilen kann hier sehr viel durch das geometrische Studium der Aufgabe geholfen werden, weil dieses auf die einzuführenden Variabeln leitet. Weil man aber gewöhnlich die Sachen, wenn man sie gerade braucht, nicht zu finden pflegt, so kann man auch den analytischen Weg einschlagen, und Probleme suchen, welche durch gewisse Substitutionen erledigt werden. Diesen Weg habe ich in einer kleinen Abhandlung[318] gewählt, und eine große Masse von Problemen gelöst, in welchen man eine merkwürdige Substitution verwendet, die auf Relationen beruht, welche man zwischen rechtwinkligen Coordinaten häufig braucht - ein Aufsatz, in welchem ich die Beweise fortgelassen habe, und welcher deßhalb eine große Menge Aufsätze hervorgerufen

---

[317] Vgl. oben, Vorlesung XXII.

[318] Da Jacobi hier nur von *einer* Abhandlung spricht, dürfte die unter dem Titel *Zur Theorie der Variationsrechnung und der Differentialgleichungen* erschienene gemeint sein (Jacobi 1837a; s. *Werke* IV, insbes. 54f.), deren Inhalt er aber teilweise (und ebenfalls ohne Beweise) in Mitteilungen an die Berliner und Pariser Akademie bekannt gemacht hatte (Jacobi 1836c, 1836d); vgl. hierzu auch Jacobi 1837c und S. 182, Anm. 292.

hat, die die Beweise dazu enthalten[319]. Z.B. in dem Problem der 3 Körper enthält die Kräftefunction nur die gegenseitigen Entfernungen der 3 Körper; wenn man die lebendige Kraft durch diese 3 Entfernungen und noch durch 6 andere Größen ausdrückt, und wenn es gelingt, letztere so zu wählen, daß in dem Ausdrucke der lebendigen Kraft von der einen oder der andern nur dies Differential und nicht sie selber vorkommt, so wird man also ein Integral bekommen, wenn man T nach diesem Differential differentiirt.

Ich komme nun zur dritten Form der dynamischen Differentialgleichungen, welche zwar von Poisson schon in seiner ersten großen Abhandlung über die Variation der Constanten aufgestellt worden ist, aber auf eine unvollkomene Weise[320]. Dieselbe lehnt sich an die zweite Form insofern an, als die Größen $\frac{\partial T}{\partial q'}$, von denen das vollständige Differential zu nehmen ist, und welche allein in der 2ten Form die 2ten Differentialquotienten enthalten, als neue Variabeln eingeführt werden, so daß man die Aufgabe auf ein System Differentialgleichungen erster Ordnung zurückführt, deren Anzahl doppelt so groß ist, und in welchem statt der Größen $q_1'\, q_2' \ldots q_m'$ die Größen $\frac{\partial T}{\partial q_1'}\, \frac{\partial T}{\partial q_2'}$ $\ldots \frac{\partial T}{\partial q_m'}$ als neue Variabeln eingeführt sind, so daß man nun diese $p_1\, p_2 \ldots p_m$ nennt, man $2m$ Differentialgleichungen erster Ordnung zwischen $p_1\, p_2 \ldots p_m$ erhält. Poisson hat diese Variabeln eingeführt, aber er hat für die dynamischen Differentialgleichungen keine einfache Form gefunden, obgleich er die Eigenschaften der Functionen bemerkt hat, welche in dieser Form den ersten Differentialen der Variabeln gleich werden, solche Eigenschaften, die ihn auf die wahre Form der Differentialgleichungen hätten führen sollen. Diese wahre Form, die nun bei allen Problemen der analytischen Mechanik die Basis bildet, und an die sich alle Untersuchungen anknüpfen werden, in welchen der Satz der lebendigen Kraft gilt, oder vielmehr, wo eine Kräftefunction U existirt, die die Zeit explicite enthalten kann, rührt von Hamilton her. Ich will nun die allgemeinen analytischen Sätze zuerst angeben, auf welchen die vorzunehmende Transformation beruht, es wird dieß zugleich lehrreich sein für die Rechnung mit partiellen Differentialquotienten, wobei Viele, wenn sie Transformationen damit vornehmen sollen, doch manchmal nicht die richtigen Ansichten haben. Es wird dieß ein interessantes Beispiel sein, woraus hervorgeht, daß es durchaus nicht bloß ankommt auf die Variabeln, nach

---

[319] Vgl. S. 182, Anm. 293. Ergänzend ist zu bemerken, daß diese Aufsätze weniger auf Jacobis Lösung einer „großen Masse von Problemen" (s.o.), d.h. seine Anwendungen aus der Mechanik, abzielten, als auf die Implikation seiner Abhandlung für die Variationsrechnung selber, insbes. für die Theorie der zweiten Variation. S. zur Erläuterung Goldstine 1980, 156-176.

[320] Jacobi bezieht sich auf die Abhandlung Poissons 1809; vgl. S. 133, Anm. 206. Der folgende Übergang von den Variabeln q' zu den Variabeln p ist heute als „Legendre-Transformation" bekannt.

denen differentiirt wird, sondern auch auf die Variabeln, die während der Differentiation als constant betrachtet werden; denn wir werden den Fall haben, daß die Differentialquotienten von T nach den Größen q, die bei beiden Ausdrucksweisen vorkommen, den entgegengesetzten Werth haben, je nachdem man Verschiedenes als constant betrachtet. - Die Größe T, die halbe lebendige Kraft, nach deren partiellen Differentialquotienten nach q' wir die q' eliminiren wollen, ist eine homogene Function der 2ten Ordnung in Bezug auf die Größen q'. Die Größen $p = \frac{\partial T}{\partial q'}$ sind daher lineare homogene Functionen dieser q', deren Coefficienten Functionen der Größen q sind. Man wird also auch umgekehrt durch Auflösung linearer Gleichungen die Größen q' als lineare Functionen der p betrachten können, deren Coefficienten dann gleichfalls Functionen von q sind. Den allgemeinen Ausdruck von $p = \frac{\partial T}{\partial q'}$ werden wir wegen

$$T = \frac{1}{2} \sum m \left(x'^2 + y'^2 + z'^2 \right)$$

darstellen können als

$$p = \sum m \left(x' \frac{\partial x'}{\partial q'} + y' \frac{\partial y'}{\partial q'} + z' \frac{\partial z'}{\partial q'} \right) \quad \text{oder weil} \quad \frac{\partial x'}{\partial q'} = \frac{\partial x}{\partial q} \quad \text{etc.[:]}$$

$$p = \sum m \left(x' \frac{\partial x}{\partial q} + y' \frac{\partial y}{\partial q} + z' \frac{\partial z}{\partial q} \right)$$

Gibt man p und q der Reihe nach die Indices 1 bis m, so erhält man also die Ausdrücke für $p_1 \, p_2 \ldots p_m$, für $x' \, y' \, z' \ldots$ ist hier zu setzen

$$x' = \frac{\partial x}{\partial q_1} q_1' + \frac{\partial x}{\partial q_2} q_2' + \ldots + \frac{\partial x}{\partial q_m} q_m' \quad \text{u.s.w.}$$

Wenn wir jetzt den Ausdruck

$$q_1' \frac{\partial T}{\partial q_1'} + q_2' \frac{\partial T}{\partial q_2'} + \ldots + q_m' \frac{\partial T}{\partial q_m'}$$

betrachten, so wird dieser nach einer bekannten Eigenschaft der homogenen Functionen $= 2T$, man kann also setzen statt T[:]

$$T = q_1' \frac{\partial T}{\partial q_1'} + q_2' \frac{\partial T}{\partial q_2'} + \ldots + q_m' \frac{\partial T}{\partial q_m'} - T$$

Diese Form eines Ausdrucks hat aber, was auch T für eine Function der Variabeln q' sein mag, sehr merkwürdige Eigenschaften. Wenn man nämlich allgemein, auch wenn T nicht homogene Function der Größen q' ist, $\frac{\partial T}{\partial q'} = p$ setzt, und den obigen Ausdruck, der dann nicht mehr $= T$ wird, mit S bezeichnet, so findet eine Reciprocität statt zwischen der Function T und den Variabeln q' einerseits und dem Ausdruck S und den Variabeln p andrerseits, in der Art, daß wenn man

$$S = q_1' \frac{\partial T}{\partial q_1'} + q_2' \frac{\partial T}{\partial q_2'} + \ldots + q_m' \frac{\partial T}{\partial q_m'} - T$$

durch die Variabeln p sich ausgedrückt denkt, die hier gewissermassen als Constanten betrachtet werden, daß dann umgekehrt

$$T = p_1 \frac{\partial S}{\partial p_1} + p_2 \frac{\partial S}{\partial p_2} + \ldots + p_m \frac{\partial S}{\partial p_m} - S$$

so wie ferner den Gleichungen

$$\frac{\partial T}{\partial q_1'} = p_1 \qquad \frac{\partial T}{\partial q_2'} = p_2 \qquad \ldots \qquad \frac{\partial T}{\partial q_m'} = p_m$$

die analogen

$$\frac{\partial S}{\partial p_1} = q_1' \qquad \frac{\partial S}{\partial p_2} = q_2' \qquad \ldots \qquad \frac{\partial S}{\partial p_m} = q_m'$$

entsprechen. Wenn aber die Functionen T und S außer den q' und p noch andere Größen enthalten, die während dieser partiellen Differentiationen als constant betrachtet werden, so findet die merkwürdige Eigenschaft statt, daß die partiellen Differentialquotienten der Functionen T und S, nach diesen Größen genommen, entgegengesetzte Werthe erhalten. Für den besondern Fall also, wo T eine homogene Function des 2ten Grades ist, und außer den Variabeln q' respective p noch Größen q enthält, wird $T = S$ und die Differentiale $\frac{\partial T}{\partial q}$ erhalten entgegengesetzte Werthe, je nachdem man q' oder p während der Differentiation als constant betrachtet. Der Beweis dieses Satzes ist sehr leicht zu führen. Wir wollen die Größe S variiren, indem wir alle Größen ändern, die darin vorkommen. Man hat nun

$$\delta S = \delta \left(q_1' \frac{\partial T}{\partial q_1'} + q_2' \frac{\partial T}{\partial q_2'} + \ldots + q_m' \frac{\partial T}{\partial q_m'} - T \right)$$

oder

$$\delta S = \delta \left(q_1' p_1 + q_2' p_2 + \ldots + q_m' p_m - T \right)$$

Wir nehmen an, T enthalte außer $q_1'\, q_2' \ldots q_m'$ auf beliebige Weise noch Größen $q_1\, q_2 \ldots q_m$, die während der Differentiation nach jenen als constant betrachtet werden sollen. Alsdann ist

$$\begin{aligned}
\delta S = {} & (q_1'\delta p_1 + q_2'\delta p_2 + \ldots + q_m'\delta p_m) + (p_1\delta q_1' + p_2\delta q_2' \ldots + p_m\delta q_m') \\
& - \left\{ \left(\frac{\partial T}{\partial q_1'}\delta q_1' + \frac{\partial T}{\partial q_2'}\delta q_2' + \ldots + \frac{\partial T}{\partial q_m'}\delta q_m' \right) \right. \\
& \left. + \left(\frac{\partial T}{\partial q_1}\delta q_1 + \frac{\partial T}{\partial q_2}\delta q_2 + \ldots + \frac{\partial T}{\partial q_m}\delta q_m \right) \right\}
\end{aligned}$$

Die q' vertreten hier die Rolle von irgend welchen Variabeln, und man hat ganz davon abzusehen, daß nach dem Frühern q' das vollständige Differential von q sein soll. Nun heben sich wegen der Gleichheit

$$\frac{\partial T}{\partial q'} = p \quad \text{je 2 Gleichungen} \quad p\delta q' - \frac{\partial T}{\partial q'}\delta q'$$

auf, folglich bleibt

$$\delta S = q_1'\delta p_1 + q_2'\delta p_2 + \ldots + q_m'\delta p_m - \frac{\partial T}{\partial q_1}\delta q_1 - \frac{\partial T}{\partial q_2}\delta q_2 \ldots - \frac{\partial T}{\partial q_m}\delta q_m \,.$$

Diese Variationen δp und δq der Größen p und q sind gänzlich von einander unabhängig. Wenn wir also S uns ausgedrückt denken durch die Größen p und q, indem wir die p statt der Größen q' einführen, eliminirt durch die Definitionsgleichungen $p = \frac{\partial T}{\partial q'}$, so wird

$$\delta S = \frac{\partial S}{\partial p_1}\delta p_1 + \frac{\partial S}{\partial p_2}\delta p_2 \ldots + \frac{\partial S}{\partial p_m}\delta p_m + \frac{\partial S}{\partial q_1}\delta q_1 + \frac{\partial S}{\partial q_2}\delta q_2 \ldots + \frac{\partial S}{\partial q_m}\delta q_m$$

Da die Variationen von einander unabhängig sind, so folgt die Gleichheit der einzelnen Coefficienten, die in den beiden Ausdrücken von δS in sie multiplicirt sind, und man erhält sofort

$$q_1' = \frac{\partial S}{\partial p_1} \qquad q_2' = \frac{\partial S}{\partial p_2} \quad \ldots \quad q_m' = \frac{\partial S}{\partial p_m} \quad \text{und ferner}$$

$$-\frac{\partial T}{\partial q_1} = \frac{\partial S}{\partial q_1} \qquad -\frac{\partial T}{\partial q_2} = \frac{\partial S}{\partial q_2} \quad \ldots \quad -\frac{\partial T}{\partial q_m} = \frac{\partial S}{\partial q_m} \qquad \text{q.e.d.}$$

Dieß sind ganz allgemeine Formeln, die gar Nichts voraussetzen über die Art, wie q und q' in T vorkommen. Für unsern Fall, wo $T = S$, müssen wir zwei Fälle durch willkürliche Übereinkunft unterscheiden, ob wir in T q' und q oder p und q als Variable betrachten wollen. Wir wollen im ersten Falle die partiellen Differentialquotienten von T in Klammern einschließen. Ist also T eine homogene Function von q', wo $S = T$ wird, so haben wir folgende Gleichungen:

$$q_1' = \frac{\partial T}{\partial p_1} \qquad q_2' = \frac{\partial T}{\partial p_2} \quad \ldots \quad q_m' = \frac{\partial T}{\partial p_m} \quad \text{und ferner}$$

$$-\left(\frac{\partial T}{\partial q_1}\right) = \frac{\partial T}{\partial q_1} \qquad -\left(\frac{\partial T}{\partial q_2}\right) = \frac{\partial T}{\partial q_2} \quad \ldots \quad -\left(\frac{\partial T}{\partial q_m}\right) = \frac{\partial T}{\partial q_m}$$

Unmittelbar gegeben endlich waren die Gleichungen

$$p_1 = \left(\frac{\partial T}{\partial q_1'}\right) \qquad p_2 = \left(\frac{\partial T}{\partial q_2'}\right) \quad \ldots \quad p_m = \left(\frac{\partial T}{\partial q_m'}\right)$$

Jetzt wollen wir unsre Differentialgleichungen vermittelst der gefundenen Relationen zwischen den partiellen Differentialquotienten transformiren. Die allgemeine Form derselben war nach dem Frühern

$$\frac{dp}{dt} = \left(\frac{\partial T}{\partial q}\right) + \frac{\partial U}{\partial q}$$

Bei ∂U ist es gleichgültig, ob man die Klammern hinzufügt, weil U weder q' noch p enthält. Es folgt durch Einführung von p sogleich

$$\frac{dp}{dt} = -\frac{\partial T}{\partial q} + \frac{\partial U}{\partial q} \quad \text{wozu} \quad \frac{dp}{dt} = \frac{\partial T}{\partial p} \quad \text{kommt.}$$

Wenn wir also die halbe lebendige Kraft T durch die Variabeln p und q ausdrücken, erhalten die dynamischen Differentialgleichungen diese einfache Form. Wenn wir also für $T - U$ oder für die Function, die nach dem Satz von der lebendigen Kraft = const wird, das Zeichen H einführen, dann erhalten die Differentialgleichungen folgende Form, da p in U nicht vorkommt, also statt

$$\frac{\partial T}{\partial p} = \frac{\partial H}{\partial p}$$

gesetzt werden kann:

$$\frac{dq_1}{dt} = \frac{\partial H}{\partial p_1} \qquad \frac{dq_2}{dt} = \frac{\partial H}{\partial p_2} \qquad \cdots \qquad \frac{dq_m}{dt} = \frac{\partial H}{\partial p_m}$$

$$\frac{dp_1}{dt} = -\frac{\partial H}{\partial q_1} \qquad \frac{dp_2}{dt} = -\frac{\partial H}{\partial q_2} \qquad \cdots \qquad \frac{dp_m}{dt} = -\frac{\partial H}{\partial q_m}$$

Solch einfache Form erhalten also die Functionen, welche den ersten Differentialen der zuletzt eingeführten Variabeln gleich werden. Diese Form ist Poisson entgangen, obgleich er die betreffenden Eigenschaften der partiellen Differentialquotienten bemerkt hat. So wußte er z.B. [...][321], aber die Function H hat er nicht entdeckt.

---

[321] Die hier in der Hs. auftretende Lücke ist vermutlich durch Beziehungen zwischen den partiellen Ableitungen zu schließen, die Poisson bereits bekannt waren, wie

$$\frac{\partial q_i{}'}{\partial p_j} = \frac{\partial q_j{}'}{\partial p_i}.$$

S. hierzu Poisson 1809, 275 und zur Erläuterung Dugas 1955, 385.

XXXIV
Ausdehnung der Hamiltonschen Form auf den allgemeinen Fall; Hamilton-Prinzip und Hamiltonsche Form der dynamischen Differentialgleichungen.

Man kann die aufgestellten Differentialgleichungen auch leicht ausdehnen auf die mechanischen Probleme, in denen kein Potenzial stattfindet. Wir erinnern uns, daß wenn wir im Allgemeinen setzen

$$Q = \sum \left(X \frac{\partial x}{\partial q} + Y \frac{\partial y}{\partial q} + Z \frac{\partial z}{\partial q} \right)$$

wo $X\,Y\,Z$ die Componenten der auf den Punkt, dessen Masse m [ist,] wirkenden Kräfte sind, und die Summe auf alle Punkte des Systems auszudehnen ist, daß dann die Differentialgleichungen die Form erhielten

$$\frac{d}{dt}\left(\frac{\partial T}{\partial q'}\right) = \left(\frac{\partial T}{\partial q}\right) + Q$$

Wenn wir statt der Größen q' die p einführen, so haben wir einmal die Gleichungen

$$\frac{dq}{dt} = \frac{\partial T}{\partial p}\,,$$

denn in der Beziehung zwischen q' und p kommt die Kräftefunction gar nicht vor, bloß die lebendige Kraft, und hinzu kommen die dynamischen Gleichungen

$$\frac{dp}{dt} = -\frac{\partial T}{\partial q} + Q\,,$$

und dieß ist also die Modification, die im allgemeinen Falle, wenn sie zwischen p und q aufgestellt werden, die dynamischen Differentialgleichungen erleiden. Q kann auch t explicite enthalten, da die Componenten $X\,Y\,Z$ die Zeit enthalten können. In solchen Ausdrücken Q kommen die Bedingungsgleichungen selbst nur in sofern vor, als sie dazu gedient haben, die Coordinaten durch die Größen q auszudrücken, aber nicht mehr selber in der Form, wie sie gegeben sind. In der ersten lagrangischen Form waren zu den Componentenwerthen $X\,Y\,Z$ noch Ausdrücke $\lambda\frac{\partial \varphi}{\partial x} \ldots \lambda\frac{\partial \varphi}{\partial y} \ldots \lambda\frac{\partial \varphi}{\partial z} \ldots$ addirt, wo $\varphi = 0 \ldots$ die Bedingungsgleichungen, also diese sind, wie wir gezeigt, in der neuen Form eliminirt, d.h. verschwinden identisch[322]. Wir werden also wieder solche $2n$ Differentialgleichungen haben

---

[322] In der Hs.: „… d.h. identisch verschwinden“.

$$\frac{dq_1}{dt} = \frac{\partial T}{\partial p_1} \quad , \quad \frac{dq_2}{dt} = \frac{\partial T}{\partial p_2} \quad , \quad \dots \quad \frac{dq_m}{dt} = \frac{\partial T}{\partial p_m}$$

$$\frac{dp_1}{dt} = -\frac{\partial T}{\partial q_1} + Q_1, \quad \frac{dp_2}{dt} = -\frac{\partial T}{\partial q_2} + Q_2, \quad \dots \quad \frac{dp_m}{dt} = -\frac{\partial T}{\partial q_m} + Q_m$$

Wenn wir auf dieses System Differentialgleichungen die Theorie des Multiplicators anwenden, welche ich wenigstens historisch auseinandergesetzt habe[323], so kann man leicht erkennen, daß man den Multiplicator dieses Systems, in dem Sinne, wie ich diesen Ausdruck brauche, $= 1$ setzen kann, und daher auch in diesem allgemeinen Falle, wo beliebige Bedingungsgleichungen zwischen den Coordinaten gegeben sind, immer die letzte Differentialgleichung erster Ordnung zwischen zweien Größen q, die zu integriren übrig bleibt, wenn man $2m - 2$ Integrale gefunden hat, auf Quadraturen zurückführbar ist. - Wir wollen also den Fall wieder betrachten, wo die Componenten der Kräfte sich bloß durch die Coordinaten ausdrücken lassen und die Zeit nicht explicite enthalten. Dann können wir dieses System Differentialgleichungen durch die Proportion darstellen

$$dq_1 : dq_2 \quad \dots : dq_m : \quad dp_1 \quad : \quad dp_2 \quad \dots : \quad dp_m$$

$$= \frac{\partial T}{\partial p_1} : \frac{\partial T}{\partial p_2} \quad \dots : \frac{\partial T}{\partial p_m} : -\frac{\partial T}{\partial q_1} + Q_1 : -\frac{\partial T}{\partial q_2} + Q_2 \quad \dots : -\frac{\partial T}{\partial q_m} + Q_m$$

Diese Proportion zwischen den Größen dp und dq vertritt die Rolle von $2m - 1$ Differentialgleichungen erster Ordnung, aus denen die Zeit t selber ganz herausgegangen ist. Die Zeit t wird schließlich dann wieder durch einen Ausdruck gefunden, ausgedrückt durch die Größen q. Die Größen $Q_1 \, Q_2 \dots$ Q_m enthalten gleichfalls bloß $q_1 \, q_2 \dots q_m$, nicht die Zeit t. Ich hatte eine allgemeine partielle Differentialgleichung angegeben, um den Multiplicator M zu finden, aus dieser ergab sich, daß der Multiplicator immer $= 1$ gesetzt werden kann, wenn die Summe der partiellen Differentialquotienten der den Differentialen proportionalen Größen, jeder Differentialquotient nach der Variabeln genommen, deren Differential der Größe proportional ist, wenn diese Summe verschwindet. Dies Summe besteht für unsern Fall aus Ausdrücken folgender Form

$$\frac{\partial}{\partial q}\frac{\partial T}{\partial p} \quad \text{und} \quad \frac{\partial}{\partial p}\left(-\frac{\partial T}{\partial q} + Q\right)$$

Aber $Q_1 \, Q_2 \dots$ enthalten gar nicht $p_1 \, p_2 \dots p_m$, also fallen sie bei der partiellen Differentiation ganz fort. Nehmen wir aber 2 solche partiellen Differentialquotienten zusammen:

---

[323]S. oben die Vorlesungen XXIV - XXVI, insbes. S. 156f. (mit $m = 3n$).

$$\frac{\partial^2 T}{\partial q\, \partial p} \quad \text{und} \quad -\frac{\partial^2 T}{\partial p\, \partial q},$$

so zerstören sie sich gegenseitig, also verschwindet in der That die Summe, indem sich von den $2m$ Größen je 2 gegenseitig aufheben. Wir können daher aus der früher gegebenen Regel den Satz ableiten. Wenn man von den $2m - 1$ Integralen $2m - 2$ gefunden hat mit $2m - 2$ willkürlichen Constanten, die α_1 $\alpha_2 \ldots \alpha_{m-2}$ heißen sollen, so kann man alle $2m$ Variable q und p durch zwei von ihnen und durch diese willkürlichen Constanten ausdrücken. Sind diese 2 Variabeln z.B. q_1 und q_2, so wird man noch folgende Differentialgleichung zu integriren haben[:]

$$\frac{\partial T}{\partial p_1}\, dq_2 - \frac{\partial T}{\partial p_2}\, dq_1 = 0$$

Von dieser Differentialgleichung erster Ordnung zwischen q_1 und q_2, die man erhält, wenn man mittelst der gefundenen Integrale aus $\frac{\partial T}{\partial p_1}$ und $\frac{\partial T}{\partial p_2}$ die Variabeln $p_1\, p_2 \ldots p_m$ und $q_3\, q_4 \ldots q_m$ eliminirt (so daß nur $q_1\, q_2$ und $\alpha_1\, \alpha_2 \ldots \alpha_{m-2}$ bleiben), und die manchmal eine sehr furchtbare Gestalt annehmen kann, so daß man vor dem Gedanken erschrickt, sie integriren zu wollen, von dieser Differentialgleichung kann man immer den Multiplicator angeben, auf welchem Wege, durch welche Integrale, man auch zu ihr gelangt ist. Wenn man nämlich die $2m - 2$ Variabeln durch $q_1\, q_2$ und die $2m - 2$ willkürlichen Constanten ausdrückt, so wird der Multiplicator die Functionaldeterminante dieser $2m-2$ Variabeln, nach den willkürlichen Constanten genommen. - Dieser Satz erstreckt sich also auf den ganz allgemeinen Fall, in dem die Kräfte irgendwelche Functionen der Coordinaten sind und zwischen den Punkten irgend welche Bedingungsgleichungen gegeben sind, die sich durch Gleichungen zwischen den Coordinaten ausdrücken lassen.

Wir wollen nun wieder zu dem Fall der Kräftefunction zurückkehren, weil der doch immer der wichtigste von allen ist, und sehen, wie die symbolische Gleichung

$$\delta \int (T + U)\, dt = 0$$

durch diese Gleichungen erfüllt wird. Wir haben gesehen, daß sich durch diese symbolische Gleichung die zweite Form der lagrange'schen Differentialgleichungen der Dynamik am leichtesten ableiten läßt, und noch leichter, wie aus dem Princip der kleinsten Action, und daß man sogar diese Form wählen muß, wenn das Princip der kleinsten Action nicht stattfindet, oder wenn das Potenzial die Zeit noch explicite enthält. Wir wollen unter dem Integralzeichen statt $T + U$ die Function $H = T - U$ einführen, und zwar gelingt dieß auf folgende Weise. Für T hatten wir gesetzt, daß es in q' eine homogene Function der 2ten Ordnung war[:]

$$T = q_1' \left(\frac{\partial T}{\partial q_1'}\right) + q_2' \left(\frac{\partial T}{\partial q_2'}\right) \ldots + q_m' \left(\frac{\partial T}{\partial q_m'}\right) - T$$

Wir haben daher auch, wie ich schon bemerkt habe, weil

$$q_1' = \frac{\partial T}{\partial p_1} \quad \text{so wie} \quad p_1 = \frac{\partial T}{\partial q_1'} \quad \text{ist:}$$

$$T = p_1 \frac{\partial T}{\partial p_1} + p_2 \frac{\partial T}{\partial p_2} \ldots + p_m \frac{\partial T}{\partial p_m} - T$$

Für T können wir nun in den partiellen Differentialquotienten nach p und q' H schreiben, da H und T nur um U verschieden sind, welches nur q enthält. Danach wird

$$T = p_1 \frac{\partial H}{\partial p_1} + p_2 \frac{\partial H}{\partial p_2} \ldots + p_m \frac{\partial H}{\partial p_m} - T \quad \text{oder}$$

$$T + U = p_1 \frac{\partial H}{\partial p_1} + p_2 \frac{\partial H}{\partial p_2} \ldots + p_m \frac{\partial H}{\partial p_m} - H$$

Hier ist H nicht mehr eine homogene Function der Größen p_1, weil von der homogenen Function T noch U abgezogen wird. Aber die Größe $T + U$ behält doch den Character dieses Ausdrucks, von welchem wir interessante Eigenschaften gefunden haben. Man kann daher die symbolische Gleichung, wo statt $T + U$ die Function H der Variabeln p und q erscheint,

$$0 = \delta \int dt \left\{ p_1 \frac{\partial H}{\partial p_1} + p_2 \frac{\partial H}{\partial p_2} \ldots + p_m \frac{\partial H}{\partial p_m} - H \right\}$$

darstellen. Wir betrachten hier wieder den allgemeinen Fall, wo U [die Zeit] t auch noch explicite enthalten kann. Ich will nun annehmen, H solle irgend eine Function der Größen p q und t sein, und die Größen p seien mit den ersten Differentialquotienten der Größen q durch folgende Gleichungen verbunden[:]

$$\frac{dq_1}{dt} = \frac{\partial H}{\partial p_1}, \qquad \frac{dq_2}{dt} = \frac{\partial H}{\partial p_2}, \qquad \ldots \qquad \frac{dq_m}{dt} = \frac{\partial H}{\partial p_m}$$

welches die erste Hälfte unserer Differentialgleichungen war. Diese Relationen setzen wir fest zwischen p und den vollständigen Differentialen der Größen q, die übrigens in H ganz beliebig vorkommen sollen. Mittelst dieser Relationen soll man nun die Variation *des Integrals* so reduciren, daß die Größe, die zuletzt unter dem Integralzeichen zurückbleibt, mit Hilfe der noch anzunehmenden und stattfindenden Differentialgleichungen verschwindet. Variiren wir den Ausdruck unter dem Integralzeichen, so erhalten wir, wenn wir die Gleichungen

$$\frac{\partial H}{\partial p} = \frac{dq}{dt}$$

benutzen und in H selbst p und q variiren:

$$\delta p_1 \frac{\partial H}{\partial p_1} + \delta p_2 \frac{\partial H}{\partial p_2} \ldots + \delta p_m \frac{\partial H}{\partial p_m} + p_1 \delta \frac{dq_1}{dt} + p_2 \delta \frac{dq_2}{dt} + \ldots + p_m \delta \frac{dq_m}{dt}$$

$$- \delta p_1 \frac{\partial H}{\partial p_1} - \delta p_2 \frac{\partial H}{\partial p_2} \ldots - \delta p_m \frac{\partial H}{\partial p_m} - \delta q_1 \frac{\partial H}{\partial q_1} - \delta q_2 \frac{\partial H}{\partial q_2} \ldots - \delta q_m \frac{\partial H}{\partial q_m}$$

Hier heben sich die Variationen von p fort, und außerdem lassen sich die in $\delta \frac{dq}{dt}$ multiplicirten Glieder durch partielle Integration so reduciren, daß unter dem Integralzeichen nur Ausdrücke in δq multiplicirt bleiben, die sich mit dem andern Theil unseres Ausdrucks vereinigen. Man hat nämlich partiell integrirt:

$$\int p \delta \frac{dq}{dt}\, dt = \int p \frac{d\delta q}{dt}\, dt = p \delta q - \int \delta q \frac{dp}{dt}\, dt$$

folglich wird

$$\delta \int (T + U) = p_1 \delta q_1 + p_2 \delta q_2 \ldots + p_m \delta q_m$$

$$- \int dt \left\{ \left(\frac{dp_1}{dt} + \frac{\partial H}{\partial q_1} \right) \delta q_1 + \left(\frac{dp_2}{dt} + \frac{\partial H}{\partial q_2} \right) \delta q_2 \ldots + \left(\frac{dp_m}{dt} + \frac{\partial H}{\partial q_m} \right) \delta q_m \right\}$$

Da nun die sämtlichen Variationen δq unabhängig sind und auf keine Weise aufeinander reductibel, so muß, wenn der Ausdruck, der unter dem Integralzeichen zurückgeblieben ist, verschwinden soll, jeder einzelne in δq multiplicirte Ausdruck verschwinden, also

$$\frac{dp_1}{dt} + \frac{\partial H}{\partial q_1} = 0 \qquad \frac{dp_2}{dt} + \frac{\partial H}{\partial q_2} = 0 \qquad \ldots \qquad \frac{dp_m}{dt} + \frac{\partial H}{\partial q_m} = 0$$

sein, womit man also die übrigen m dynamischen Differentialgleichungen erhalten hat. Umgekehrt sehen wir, daß wenn diese Differentialgleichungen stattfinden, so verschwindet in der transformirten Variation des Integrals der Ausdruck unter dem Integralzeichen. Man hat also durch eine ungemein leichte Rechnung die dynamischen Differentialgleichungen aus dem Verschwinden der Variation und umgekehrt das Verschwinden der Variation aus den Differentialgleichungen abgeleitet.

XXXV   *Variationsrechnung und Hamiltonsche gewöhnliche Differentialgleichungen.*

Ich komme nun schließlich zu einer Form, in welcher das System der dynamischen Differentialgleichungen dargestellt werden kann, die das ganze Problem auf ein anderes Gebiet versetzt. Ich schicke hier folgende allgemeine Grundlagen voraus. Die Aufgaben der Variationsrechnung haben zu einer Betrachtung des Größten und Kleinsten geführt, wofür verlangt wird, daß die Variation eines Integrals zwischen bestimmten Grenzen verschwindet. Hierzu ist eins Haupt- und erstes Erforderniß, daß wenn man unter dem Integralzeichen variirt und das Integral so transformirt, daß die Variationen nicht mehr auf einander mittelst Integrationen zurückgeführt werden können, so daß man unter dem Integralzeichen ein lineäres Aggregat von ganz willkürlichen Functionen erhält, nämlich ein Aggregat von Variationen, oder von solchen Functionen, die nur in ihren Grenzwerthen gegeben sind, oder deren Genzwerthe allein gewissen Bedingungen unterworfen sind, während die Zwischenwerthe der Functionen aus der Bedingung der Continuität folgen, daß ein solches Integral also niemals verschwinden kann, oder daß sich auch nur über seinen Werth irgend Etwas aussagen läßt, wenn nicht einzeln die Ausdrücke, die in die ganz willkürlichen Functionen multiplicirt sind, verschwinden. Dieß geschieht nun mittelst gewisser Differentialgleichungen, die erfüllt werden müssen, welche ich der Kürze wegen die isoperimetrischen Differentialgleichungen zu nennen pflege, wegen einer besondern Gattung solcher Probleme, die man isoperimetrische nennt, weil darin nicht unter allen Curven, sondern nur unter allen, die einen gewissen Umfang haben, diejenige gesucht wird, die ein Maximum oder Minimum als Eigenschaft hat. Die Integration dieser isoperimetrischen Differentialgleichungen führt eine gewisse Anzahl willkürlicher Constanten mit sich, man kann dann alle Variabeln durch eine und die willkürlichen Constanten ausdrücken, oder die Integration sich wenigstens ausgeführt denken, so daß man eine Function von einer Variabeln und den willkürlichen Constanten hat, und dann die Grenzen dafür, die entweder gegeben sind oder denen man wenigstens constante Werthe zu Grunde liegend denken kann, zwischen denen vielleicht noch gewisse Bedingungen erfüllt werden müssen.

So wird stets der Werth des Integrals eine Function der willkürlichen Constanten und der Grenzen, zwischen den Grenzwerthen können noch Bedingungen gegeben sein (wenn z.B. die Grenze auf einer gegebenen Linie liegen soll). Nun kann man das Problem noch auf ganz andre Art fassen, wo nicht von einem Maximum oder Minimum oder dem Verschwinden einer Variation die Rede ist, sondern so, daß zwischen den unbekannten Functionen solche Differentialgleichungen aufgestellt werden sollen, daß man ohne die Differen-

tialgleichungen zu integriren die Variation des Integrals angeben kann, und
zwar ohne daß noch weiter ein Integral dabei vorkommt, vollständig explicite angeben kann durch die Anfangs[-] und Endwerthe der Variabeln oder
ihrer Differentialquotienten, die hierbei vorkommen, so daß gar Nichts mehr
zu integriren bleibt. Daß dieß möglich ist, ist die Voraussetzung, daß man
die Variation zum Verschwinden bringen kann, denn so lange noch eine unbestimmte Variation unter dem Integralzeichen bleibt, geht dieß nicht. Die
erste Bedingung ist also, daß die Integration ausgeführt werden kann, und
dieß geht immer, wenn die isoperimetrischen Differentialgleichungen stattfinden. Hierbei kann man nun stehen bleiben, und von der zweiten Bedingung,
daß die Variation verschwinden müsse, abstrahiren.
Man kommt hier in vielen Fällen auf höchst merkwürdige Resultate, indem man nicht eine Variation verschwinden läßt, sondern den Ausdruck
der Variation einer Function erhält und daher Werthe ihrer partiellen Differentialquotienten. Zwischen diesen Werthen kann man dann, wenn man
sie näher betrachtet, eine Relation aufstellen, welche dem entsprechen, daß
diese Variationen die Variationen einer so und so bestimmten Function sind,
und gelangt dadurch dahin, die Integration der isoperimetrischen Differentialgleichungen zurückzuführen auf die Integration einer einzigen partiellen
Differentialgleichung erster Ordnung, die aber nicht lineär ist. Dieß ist eine sehr lehrreiche und wichtige Betrachtung, weil sie von größtem Umfange
ist, und nicht bloß auf den Fall der Variation eines Integrals sich erstreckt,
sondern auch [auf den Fall,] wenn die zu variirende Function durch eine
Differentialgleichung gegeben ist, überhaupt auf die allgemeinsten Fälle der
Variation eines Ausdrucks. Wir wollen die Function, die wir hier zu betrachten haben[324],

$$S = \int \left(p_1 \frac{\partial H}{\partial p_1} + p_2 \frac{\partial H}{\partial p_2} + \ldots + p_m \frac{\partial H}{\partial p_m} - H \right) dt$$

nennen, und zwar ist in unserem Falle $H = T - U$, wo T eine homogene
Function der 2ten Ordnung der Größen p ist, in der die Coefficienten Functionen von q sind, und wo U bloß $q_1 \, q_2 \ldots q_m$ und außerdem t enthält. In
den folgenden Betrachtungen werde ich aber annehmen, daß H irgend eine
Function der Größen $p_1 \, p_2 \ldots p_m, q_1 \, q_2 \ldots q_m$ und t ist, da es unnöthig ist,
jene Beschränkung hinzuzufügen, um ihnen einen allgemeinen analytischen
Charakter zu geben. Es kommt nur jetzt nicht darauf an, $\delta S = 0$ zu machen, sondern überhaupt δS zu finden, wenn zwischen den $2m + 1$ Variabeln

---

[324] W.R. Hamilton führte diese Funktion am Ende seines berühmten Essays *On a General Method in Dynamics* (Hamilton 1834a) als „auxiliary function", bestimmt durch die
„characteristic function" (vgl. S. 238, Anm. 346) vermöge $V = t \cdot H + S$, ein (*Papers* II,
160f.). Erst in seinem *Second Essay* (Hamilton 1835) bringt er ihre Bedeutung für seine
Theorie durch die Bezeichnung „principal function" zum Ausdruck (*Papers* II, 166ff.).

solche Bedingungen stattfinden, daß man die Integration wirklich ausführen kann. Um Alles zu bestimmen, will ich das Integral S zwischen den Grenzen 0 und t nehmen. Es werden also $q_1 \, q_2 \ldots q_m$, $p_1 \, p_2 \ldots p_m$ als Functionen betrachtet werden von t und $2m$ willkürlichen Constanten, so daß eigentlich nur diese willkürlichen Constanten variirt werden, deren Werth ist das Einzige, was sich ändern kann, indem die Formeln dieser Functionen durch die Differentialgleichungen bestimmt sind. Wie, durch welche Größen, man sich die Function S am zweckmäßigsten ausgedrückt denkt, das wird die Form lehren, in welcher wir die Variation finden - denn wenn δS als lineäres Aggregat von den Variationen gewisser Größen, die von einander unabhängig sind, auch vermöge der Integralgleichungen, die man als gefunden voraussetzt, gefunden wird, so wird man am zweckmäßigsten die Function S durch diese Variabeln sich ausgedrückt denken, weil man dann unmittelbar die Werthe ihrer partiellen Differentialquotienten, die unter diesen Annahmen gefunden werden, betrachtet. - Ich will die Betrachtungen, die ich zuletzt angestellt habe, wiederholen, damit wir den vollständigen Gang der Rechnung haben, die nöthig ist, um δS zu finden.

Die Gleichungen, durch welche die vollständigen Differentialquotienten von q mit den Größen p verbunden sind, waren

$$\frac{dq_1}{dt} = \frac{\partial H}{\partial p_1}, \qquad \frac{dq_2}{dt} = \frac{\partial H}{\partial p_2} \quad \ldots \quad \frac{dq_m}{dt} = \frac{\partial H}{\partial p_m}$$

Übrigens behält H dieselbe Allgemeinheit, die wir früher vorausetzten[325]. Es wird also, da die Variationen von p fortfallen,

$$\delta S = \int \left(p_1 \delta \frac{dq_1}{dt} + p_2 \delta \frac{dq_2}{dt} \ldots + p_m \delta \frac{dq_m}{dt} \right. \\ \left. - \frac{\partial H}{\partial q_1} \delta q_1 - \frac{\partial H}{\partial q_2} \delta q_2 \ldots - \frac{\partial H}{\partial q_m} \delta q_m \right) dt$$

Nun kann man in $\delta \frac{dq}{dt}$ die Zeichen δ und d vertauschen, und dafür $\frac{d\delta q}{dt}$ schreiben, das ist kein Satz, sondern liegt unmittelbar in der Definition. Denn δq ist die Änderung von q als der Function, welche q von t ist, so daß man zu q eine kleine Function hinzusetzt, die immer einen unendlich kleinen Werth behalten soll, und ebenso ist $\delta \frac{dq}{dt}$ die Änderung, welche das Differential von q durch diese Änderung erfährt. Wenn sich aber q in $q + \delta q$ [verwandelt,] so verwandelt sich $\frac{dq}{dt}$ in $\frac{d}{dt}(q + \delta q)$, also hat man

$$\frac{d\delta q}{dt} = \frac{\delta dq}{dt};$$

---

[325] Vgl. hierzu oben, Vorlesung XXXIV (S. 214).

wenn q um δq, ändert sich q um $d\delta q$ und diese Änderung wird aber als Änderung von $dq\,\delta dq$ genannt, also liegt die Gleichung bloß in der Definition. Dieser Satz ist elementarer als der, worauf man ihn gewöhnlich zurückführt, daß es einerlei ist bei partiellen Differentialquotienten, nach welcher Ordnung man differentiirt. Dann ist also in unserm Ausdruck jedes p in einen vollständigen Differentialquotienten multiplicirt, und man kann partiale integriren, d.h. aus jedem Integral

$$\int p\delta \frac{dq}{dt}\,dt = \int p\frac{d\delta q}{dt}\,dt \quad \text{wird} \quad = p\delta q - \int \delta q\frac{dp}{dt}\,dt\,.$$

Da das Integral aber zwischen 0 und t genommen wird, muß stehen

$$p\delta q - p^0\delta q^0\,,$$

wenn p^0 und q^0 die Anfangswerthe von p und q bezeichnen. Ich bemerke, daß man im Allgemeinen δq^0 nicht als identisch betrachten kann mit dem Anfangswerthe von δq, d.i. mit $(\delta q)^0$, dieß wird nur der Fall, wenn der Anfangswerth von t nicht variirt wird, geschieht dieß, so besteht $\delta\,(q^0)$ aus zwei Theilen und ist

$$= (\delta q)^0 + q'^0\delta t^0\,,$$

wo δt^0 der Werth ist, um welchen man den Anfangswerth t^0 der unabhängigen Variable t ändert. Indessen kommt dieß hier nicht vor und ich kann unter δq^0 den Anfangswerth von δq verstehen. Es wird danach

$$\int\limits_0^t p\delta \frac{dq}{dt}\,dt = p\delta q - p^0\delta q^0 - \int\limits_0^t \delta q\frac{dp}{dt}\,dt \quad \text{und}$$

$$\delta S = p_1\delta q_1 + p_2\delta q_2 \ldots + p_m\delta q_m - p_1^0\delta q_1^0 - p_2^0\delta q_2^0 \ldots - p_m^0\delta q_m^0$$

$$- \int\limits_0^t \left\{ \left(\frac{dp_1}{dt} + \frac{\partial H}{\partial q_1}\right)\delta q_1 + \left(\frac{dp_2}{dt} + \frac{\partial H}{\partial q_2}\right)\delta q_2 \ldots + \left(\frac{dp_m}{dt} + \frac{\partial H}{\partial q_m}\right)\delta q_m \right\}\,dt$$

Diese Gleichung hat rechts zwei Theile, von denen der eine unter dem Integralzeichen verschwinden muß, wenn die Variation angegeben werden soll[326]. Man erhält hierdurch für unsern besondern Fall die dynamischen Differentialgleichungen

$$\frac{dp_1}{dt} + \frac{\partial H}{\partial q_1} = 0 \qquad \frac{dp_2}{dt} + \frac{\partial H}{\partial q_2} = 0 \qquad \ldots \qquad \frac{dp_m}{dt} + \frac{\partial H}{\partial q_m} = 0$$

---

[326]In der Hs.: „... soll angegeben werden".

welche in Verbindung mit den andern Gleichungen, die zwischen den p_1 p_2 ... p_m und den Differentialen $\frac{dq_1}{dt}$ $\frac{dq_2}{dt}$ ... $\frac{dq_m}{dt}$ gegeben sind, das ganze System der Differentialgleichungen zwischen den $2m + 1$ Variabeln p q und t bilden. Wenn diese Gleichungen erfüllt sind, so sind die $2m$ Größen p und q durch so viele Gleichungen gegeben, die diese Größen ausdrücken durch t und durch $2m$ andere Variable, die man aber in den Differentialgleichungen als Constanten betrachtet, für die Werthe der Functionen, die p und q sind, also sind diese willkürlichen Constanten ebenfalls Variabeln, weil man für sie beliebig verschiedene Werthe setzen kann, so lange man sie nicht bestimmt hat. Es ist sehr wichtig, daß man die willkürlichen Constanten überhaupt in ihrer Bedeutung fasse: es sind ebenfalls Variabeln, die nur während gewisser Differentiationen nicht mit differentiirt werden sollen. Wenn also der Integralausdruck in δS verschwindet, folgt die Variation von S[:]

$$\delta S = p_1 \delta q_1 + p_2 \delta q_2 \ldots + p_m \delta q_m - p_1^0 \delta q_1^0 - p_2^0 \delta q_2^0 \ldots - p_m^0 \delta q_m^0$$

Will man nun in dem Ausdrucke für S auch noch nach t differentiiren oder t variiren, indem man sich also die Größen q und p ausgedrückt denkt durch t und die willkürlichen Constanten und nach t differentiirt, so wird dieß durch die Gleichung selber gegeben, durch welche S definirt wird. Man hat nämlich[327]

$$\frac{dS}{dt} = p_1 \frac{\partial H}{\partial q_1} + p_2 \frac{\partial H}{\partial q_2} \ldots + p_m \frac{\partial H}{\partial q_m} - H$$

In diesem Ausdruck wird S so nach t differentiirt, daß wenn man es irgendwie ausdrückt durch die Größen q und p und die willkürlichen Constanten, denn mittelst der Integralgleichung kann man, wenn man noch nicht fest definirt, welche Größen S enthalten soll, den Ausdruck unendlich vielfach verändern - daß dann sämtliche q und p als Functionen von t betrachtet werden; so daß man auch nach q und p zu differentiiren hat. Denn nur unter dieser Annahme, daß q und p Functionen von t sind, findet diese Gleichung, durch welche S definirt wird, statt, z.B. wenn S nur q_1 q_2 ... q_m und t enthält, muß man nicht partiell nach t differentiiren, sondern auch die q als Functionen von t betrachten. Jetzt bemerke ich, daß zwischen den Werthen q_1 q_2 ... q_m und q_1^0 q_2^0 ... q_m^0 keine Gleichung stattfinden kann, daß nur vermittelst der Integralgleichungen eine Relation zwischen den Größen q und q^0 unmöglich ist. Dieß folgt aus allgemeinen Betrachtungen über die Natur eines Systems Differentialgleichungen, worüber ich in einem Bande des Crelle'schen Journals eine sehr umfangreiche Abhandlung geschrieben habe[328].

---

[327] Die linke Seite der folgenden Formel lautet in der Hs. „$\frac{\partial S}{\partial t}$(?) $= \ldots$", wobei das Fragezeichen nicht sicher ist. Es bestünde jedoch „zurecht", denn die rechte Seite stellt nicht die partielle, sondern die totale Ableitung von S nach t dar. Vgl. unten Vorlesung XXXVI (S. 223).

[328] Jacobi bezieht sich auf seine „große und für den ganzen weiteren Ausbau der Analysis

XXXVI Hamiltonsche partielle Differentialgleichung und ihre Anwendung auf ein freies mechanisches System.

Ich hatte zuletzt die Bemerkung gemacht, daß zwischen den Variabeln q_1 q_2 ... q_m, ihren Anfangswerthen und der Zeit t keine Gleichung bestehen kann, die zu dem System der vollständigen Integralgleichungen gehört. Dieß ist ein particulärer Satz, der zu einem System allgemeiner Betrachtungen über Systeme von Differentialgleichungen gehört. Ich will Ihnen den Beweis dieses besonderen Theorems kurz mittheilen. Die Natur der Aufgabe verlangt, daß die Anfangswerthe der q und ihrer ersten Differentialquotienten vollkommen willkürlich sind. Statt der Größen p kann man nämlich die Größen q_1' q_2' ... q_m' einführen, und die höhern Differentialquotienten von q werden dann durch die niedrigeren, die Größen q und die Zeit selber mittelst der Differentialgleichungen gegeben. Wenn man also q nach dem taylorschen Lehrsatz nach den Potenzen der Zeit entwickelt, so wird das erste Glied und der Coefficient des zweiten durch die willkürlichen Constanten unmittelbar gegeben sein: nämlich

$$q = q^0 + q'^0 t + etc.$$

und die höhern [Glieder] werden durch die Differentialgleichungen und durch die aus jenen durch Differentiation noch abgeleiteten Gleichungen, wenn man $t = 0$ setzt, in jenen willkürlichen Constanten gegeben, so daß man die Reihenentwicklung von q nach den Potenzen von t so weit fortsetzen kann, als man will. Die beiden ersten Glieder werden willkürlich sein, und aus diesen $2m$ willkürlichen Constanten werden die übrigen Coefficienten mittelst der Differentialgleichungen alle bestimmt. Hätte man auch eine Gleichung zwischen q_1 q_2 ... q_m q_1^0 q_2^0 ... q_m^0 und t, so muß diese Gleichung wenigstens eine der Größen q enthalten und diese soll q_1 sein, und man kann nun q_1 durch die übrigen Größen sich ausgedrückt denken, d.h. $q_1 = u$, wo u [die] q_2 q_3 ... q_m q_1^0 q_2^0 ... q_m^0 und t enthält. Differentiiren wir nach t und setzen $t = 0$, so erhalten wir $q_1^0 =$ einer Function von (q_1^0) q_2^0 ... q_m^0 und $q_2'^0$ $q_3'^0$ ... $q_m'^0$. Solche Gleichung aber kann es nicht geben, da q_1^0 eine völlig willkürliche Größe ist, die durch die andern Anfangswerthe gar nicht bestimmt ist - rechts kommt $q_1'^0$ gar nicht vor, da q_1 in u nicht vorkommt, also im Differential nicht q_1' und so in q_1^0 nicht der Anfangswerth.

Nach diesen Bemerkungen komme ich zum Ausdrucke der Variation

und Mechanik fundamentale Arbeit" (Koenigsberger 1904a, 214) *Über die Reduction der Integration der partiellen Differentialgleichungen erster Ordnung zwischen irgend einer Zahl Variabeln auf die Integration eines einzigen Systems gewöhnlicher Differentialgleichungen* (Jacobi 1837b).

$$\delta S = p_1 \delta q_1 + p_2 \delta q_2 \ldots + p_m \delta q_m - p_1^0 \delta q_1^0 - p_2^0 \delta q_2^0 \ldots - p_m^0 \delta q_m^0$$

zurück. Wenn man sich S bloß durch t und die willkürlichen Constanten q_1^0 $q_2^0 \ldots q_m^0$ p_1^0 $p_2^0 \ldots p_m^0$ ausgedrückt denkt, so würde die Variation von S ein lineäres Aggregat von den Variationen δq_1^0 $\delta q_2^0 \ldots$ und δp_1^0 $\delta p_2^0 \ldots$ werden; um aus unserm Ausdruck ein solches Aggregat zu erhalten, müßte man sich q_1 q_2 $\ldots q_m$ noch ausgedrückt denken durch die willkürlichen Constanten q_1^0 $q_2^0 \ldots$ p_1^0 $p_2^0 \ldots$ und t und dann für δq_1 $\delta q_2 \ldots \delta q_m$ die Variationen dieser Ausdrücke substituiren. Man kann aber auch umgekehrt den $2m$ Integralgleichungen [eine] solche Form geben, daß p_1^0 $p_2^0 \ldots p_m^0$ und p_1 $p_2 \ldots p_m$ selber ausgedrückt werden durch t q_1 $q_2 \ldots q_m$ q_1^0 $q_2^0 \ldots q_m^0$, und dann diese Werthe von p_1^0 $p_2^0 \ldots p_m^0$ in den Ausdruck von S substituiren, dadurch erhält S die Form einer Function von t q_1 $q_2 \ldots q_m$ q_1^0 $q_2^0 \ldots q_m^0$. Es werden also statt der willkürlichen Constanten p^0 mittelst der Integralgleichungen die Größen q_1 $q_2 \ldots q_m$, die Variabeln selber eingeführt, denn im Allgemeinen sind die Integralgleichungen $2m$ Gleichungen zwischen $4m+1$ Größen, und man kann immer $2m$ durch die übrigen $2m+1$ ausdrücken, so daß man im Allgemeinen beliebige $2m + 1$ Größen als die unabhängigen Variabeln einführen kann, zwischen denen mittelst der Integralgleichungen keine Gleichung existirt; und ich habe nun besonders nachgewiesen, daß als solche unabhängige Größen q_1 $q_2 \ldots q_m$ q_1^0 $q_2^0 \ldots q_m^0$ und t genommen werden können, weil es zwischen ihnen keine Gleichung gibt. Denken wir uns S so ausgedrückt, wie ich immer in der Folge annehmen werde, so gibt die gefundene Variation unmittelbar die Werthe der partiellen Differentialquotienten der Function S, nämlich

$$\frac{\partial S}{\partial q_1} = p_1, \qquad \frac{\partial S}{\partial q_2} = p_2 \qquad \ldots \qquad \frac{\partial S}{\partial q_m} = p_m$$

$$\frac{\partial S}{\partial q_1^0} = -p_1^0, \qquad \frac{\partial S}{\partial q_2^0} = -p_2^0 \qquad \ldots \qquad \frac{\partial S}{\partial q_m^0} = -p_m^0$$

Diese Gleichungen können zu gleicher Zeit als Integralgleichungen betrachtet werden, und zwar als die Integralgleichungen in der Form, in welcher man die $2m$ Größen p_1 $p_2 \ldots p_m$ und p_1^0 $p_2^0 \ldots p_m^0$ durch die übrigen $2m + 1$ Größen ausdrückt. Das Verschwinden des Ausdruckes unter dem Integralzeichen gab uns die Differentialgleichungen, die Betrachtung des Ausdrucks außerhalb des Integralzeichens gibt uns nun eine merkwürdige Form der Integralgleichungen, und die Integralgleichungen selber, wenn wir die Function S kennen. Wie die Differentialgleichungen mittelst der partiellen Differentiale einer Function H ausgedrückt werden, so finden wir hier die vollständigen Integralgleichungen ausgedrückt durch die partiellen Differentialquotienten einer Function S, also bei den Differentialgleichungen kennt man die Function H, denn die Differentialgleichungen sind eben gegeben, bei den Integralgleichungen kennt man die Function nicht, die Integralgleichungen sind

aber gesucht. Aber die Aufsuchung der vollständigen Integralgleichungen ist
jetzt auf die Kenntniß der einzigen Function S zurückgeführt[329]. Kennt man
aber auch diese Function S nicht, so ist schon diese Darstellung von großer
Wichtigkeit. Man sieht also, daß wenn man mittelst der Integralgleichungen
die Größen $p_1\, p_2\, \ldots\, p_m\, p_1^0\, p_2^0\, \ldots\, p_m^0$ durch $q_1\, q_2\, \ldots\, q_m\, q_1^0\, q_2^0\, \ldots\, q_m^0$ und t ausdrückt, daß diese sämtlichen Ausdrücke die partiellen Differentialquotienten
einer einzigen Function S werden, was immer, wie Sie wissen, eine sehr große
Anzahl von Bedingungen erfordert und daher Eigenschaften des Ausdrucks
rechts vom Gleichheitszeichen enthält. Die Function S haben wir nun auf
eine Art definirt, daß wir sie immer finden können, wenn wir die Differentialgleichungen vollständig integrirt haben. Es dient also, was wir gefunden
haben, dazu, zu zeigen, daß man die Integralgleichungen immer, wenn man
sie gefunden [hat], in diese merkwürdige Form bringen kann, wo $2m$ Größen
durch $2m + 1$ andre ausgedrückt werden, und diese Ausdrücke die partiellen
Differentialquotienten derselben Function sind. Man kann aber unabhängig
von diesem System vollständiger Differentialgleichungen und ihren vollständigen Integralgleichungen S noch auf eine ganz andere Art definiren. Wenn
man nämlich S vollständig nach t differentiirt, nicht partiell, sondern so, daß
man $q_1\, q_2\, \ldots\, q_m$ als Functionen von t betrachtet, so erhält man

$$\frac{dS}{dt} = \frac{\partial S}{\partial q_1}\frac{dq_1}{dt} + \frac{\partial S}{\partial q_2}\frac{dq_2}{dt} \ldots + \frac{\partial S}{\partial q_m}\frac{dq_m}{dt} + \frac{\partial S}{\partial t}$$

wo $\frac{\partial S}{\partial t}$ das partielle Differential nach t bedeutet. Dieser Ausdruck ist also
andrerseits nach der Definition von S selber gleich

$$\frac{dS}{dt} = p_1\frac{\partial H}{\partial p_1} + p_2\frac{\partial H}{\partial p_2} \ldots + p_m\frac{\partial H}{\partial p_m} - H$$

Nun ist aber

$$p_1 = \frac{\partial S}{\partial q_1}, \qquad p_2 = \frac{\partial S}{\partial q_2} \qquad \ldots \qquad p_m = \frac{\partial S}{\partial q_m}$$

vermittelst der Integralgleichungen, und

$$\frac{\partial H}{\partial p_1} = \frac{dq_1}{dt}, \qquad \frac{\partial H}{\partial p_2} = \frac{dq_2}{dt}, \qquad \ldots \qquad \frac{\partial H}{\partial p_m} = \frac{dq_m}{dt}$$

vermittelst der Differentialgleichungen. Wir bekommen also, wenn wir fortlassen, was sich auf beiden Seiten [weg]hebt, die Gleichung

---

[329] Hamilton selber betont in ganz ähnlichen Worten (s. *Papers* II, 212) die Bedeutung
seiner „principal function" S und grenzt sie so gegen die Lagrange-Funktion L ab: „Lagrange's function *states*, Mr. Hamilton's function would *solve* the problem. The one serves
to form the *differential* equations of motion, the other would give their *integrals*" (ebd.,
213).

$$\frac{\partial S}{\partial t} = -H$$

Also finden wir so noch den partiellen Differentialquotienten von S nach t, so genommen, daß die Größen q als constant betrachtet werden. Es ist aber H eine gegebene Function von $t\, q_1\, q_2\, \ldots q_m$ und $p_1\, p_2\, \ldots p_m$, wenn wir daher für $p_1\, p_2\, \ldots p_m$ die Werthe substituiren $\frac{\partial S}{\partial q_1}\, \frac{\partial S}{\partial q_2}\, \ldots \frac{\partial S}{\partial q_m}$, so können wir die gefundene Formel so aussprechen, daß S eine solche Function von $q_1\, q_2\, \ldots q_m\, t$ und den willkürlichen Constanten ist, daß wenn wir in die Function $-H$ für $p_1\, p_2\, \ldots p_m$ setzen $\frac{\partial S}{\partial q_1}\, \frac{\partial S}{\partial q_2}\, \ldots \frac{\partial S}{\partial q_m}$, daß dann der partielle Differentialquotient von S nach t herauskommt, oder S ist eine Lösung der partiellen Differentialgleichung[330]

$$\frac{\partial S}{\partial t} + H = 0$$

wenn man sich in H für $p_1\, p_2\, \ldots$ die partiellen Differentialquotienten $\frac{\partial S}{\partial q_1}\, \frac{\partial S}{\partial q_2}$ $\ldots$ gesetzt denkt, also eine partielle Differentialgleichung erster Ordnung, in welcher S die gesuchte Function, $q_1\, q_2\, \ldots q_m$ die unabhängigen Variabeln bedeuten und die partiellen Differentialquotienten mit $p_1\, p_2\, \ldots p_m$ bezeichnet sind. Diese Lösung enthält m willkürliche Constanten $q_1^0\, q_2^0\, \ldots q_m^0$ und ist daher eine vollständige Lösung. Das Wesen einer vollständigen Lösung ist in den Lehrbüchern nicht so auseinandergesetzt, wie man es bei strengen Untersuchungen braucht, namentlich wie wir es hier brauchen, ich werde daher über die vollständigen Lösungen einige Worte sagen müssen. Überhaupt ist die Theorie der partiellen Differentialgleichungen erster Ordnung, die nicht linear sind, noch nicht so auseinandergesetzt, wie man sie in der Theorie der Differentialgleichungen der Mechanik braucht, und wenn man letztere mit Nutzen studiren will, so ist es ein Geschäft, dem man sich unterziehen muß, jene Theorie noch zu begründen. Hierzu habe ich große und aufhaltende Arbeiten gemacht, die ich aber zum Theil noch nicht bekannt gemacht habe[331].

Damit Ihnen die Sache klarer werde, will ich, ehe ich weiter gehe, erst den einfachen Fall betrachten, wo keine Verbindungen zwischen den materiellen Punkten stattfinden, wir also für $q_1\, q_2\, \ldots q_m$ die $3n$ rechtwinkligen Coordinaten selber setzen können. Zuerst fragt sich, was werden dann die

---

[330] Die folgende Gleichung, heute gewöhnlich als „Hamilton-Jacobi-Gleichung" bezeichnet, wurde von Hamilton als eine von *zwei* partiellen Differentialgleichungen zur Beschreibung eines mechanischen Systems eingeführt (Hamilton 1835; s. *Papers* II, 168f.); vgl. auch Jacobis Kritk unten, S. 225f..

[331] Jacobi hat diese Arbeiten in seinen drei letzten Lebensjahren nicht mehr veröffentlicht. Eine Aufstellung aller Manuskripte zur Theorie der Differentialgleichungen, die von A. Clebsch aus Jacobis Nachlaß herausgegeben wurden, findet sich in Jacobi *Werke* VII, 438; s. hierunter insbes. Jacobi 1866e.

Größen $p_1\ p_2\ \ldots\ p_m$. Diese sind die partiellen Differentialquotienten der halben lebendigen Kraft nach $q_1'\ q_2'\ \ldots\ q_m'$, d.h. hier nach den $3n$ Differentialquotienten $x'\ y'\ z'$. Nun war

$$T = \frac{1}{2} \sum m \left(x'^2 + y'^2 + z'^2\right),$$

es werden also die m Größen p vertreten durch die Produkte mx', my', $mz'\ \ldots$, d.i. die $3n$ Componenten der Geschwindigkeiten mit den respectiven Massen multiplicirt. Wenn wir statt $x'\ y'\ z'$ die Größen $mx'\ my'\ mz'$ einführen, d.i. T als Function von q und p betrachten, wird

$$T = \frac{1}{2} \sum \frac{1}{m} \left\{(mx')^2 + (my')^2 + (mz')^2\right\}$$

Hier nun ist zu setzen $\frac{\partial S}{\partial x}\ \frac{\partial S}{\partial y}\ \frac{\partial S}{\partial z}$ statt $mx'\ my'\ mz'\ \ldots$, und ferner, um $H = T - U$ zu erhalten, noch U abzuziehen, wo nur die Coordinaten nebst t vorkommen. Dann wird die partielle Differentialgleichung

$$U = \frac{\partial S}{\partial t} + \frac{1}{2} \sum \frac{1}{m} \left\{\left(\frac{\partial S}{\partial x}\right)^2 + \left(\frac{\partial S}{\partial y}\right)^2 + \left(\frac{\partial S}{\partial z}\right)^2\right\}$$

wo die Summe auf alle materiellen Punkte auszudehnen ist.

Ehe ich an die allgemeine Theorie dieser partiellen Differentialgleichungen gehe, will ich an besonderen Beispielen den Nutzen, den man aus den dargestellten Transformationen ziehen kann, erörtern. Denn die allgemeine Theorie ist, da eben so sehr viele Lücken sind in den darüber bekannten Sachen, sehr weitläufig, und ich weiß nicht, wie viel uns die Zeit davon zu nehmen gestattet. Es ist zuerst nothwendig, daß man die Betrachtung umkehrt, und zeigt, daß jede vollständige Lösung dieser Differentialgleichung auch hinreicht, um das vollständige System Integralgleichungen zu finden. Dieß ist ein großer Fehler, den Hamilton, dem man diese wichtige Reduction verdankt, begangen hat, er hat geglaubt, daß gerade diese specielle Form, die verlangt, daß man die Differentialgleichungen integrirt hat, daß nur diese jene Eigenschaft hat, und er hat, um diese specielle Form zu bezeichnen, noch eine zweite partielle Differentialgleichung hinzugefügt[332]. Nun kann man aber mit zweien gar Nichts machen: es war die eine vollständig hinreichend, er hat sich allen Nutzen und alle Anwendung seiner Resultate vollkommen abgeschnitten. Er hat auch gar nicht versucht, in wiefern das Wenige, was Lagrange in seiner théorie des fonctions und seinen leçons sur le calcul des fonctions über partielle Differentialgleichungen gelehrt hat, von Nutzen für

---

[332] Die folgende Kritik an Hamilton findet sich fast gleichlautend bereits in den früheren Arbeiten Jacobi 1837a und 1837b; s. *Werke* IV, 50f. und 73f..

die Mechanik ist; ich habe in einem Briefe an die pariser Akademie vor einigen Jahren bemerkt, daß schon die wichtigsten Sätze durch die Anwendung
der lagrange'schen Vorschriften für die Integration partieller Differentialgleichungen erster Ordnung zwischen 3 Variabeln sich ableiten lassen[333]. Man
hat in Frankreich deßhalb Hamiltons Arbeiten überaus wenig geschätzt, und
es hat mir Mühe gekostet, erst durch die Folgerungen, die ich daranknüpfte,
ihre Wichtigkeit hervorzuheben. Wie wenig diese Hamilton selbst erkannt
hat, geht daraus hervor, daß als ich vor einigen Jahren ihm darüber Compli-
mente machte, er mir sagte, er habe sie schon vergessen[334]. Und vergessen
darf man sie ja nicht, sondern [muß] sie zu einem neuen Anfangspunkt für
die analytische Mechanik machen.

XXXVII   *Vollständige Lösung einer partiellen Differentialgleichung erster Ordnung; Eulerscher „Vertauschungssatz".*

Wenn wir in der Gleichung, die wir gefunden haben,

$$\frac{\partial S}{\partial t} = -H$$

nach geschehener Differentiation $t = 0$ setzen, so verwandeln sich gleichzeitig
die Variabeln, durch welche H ausgedrückt ist, in ihre Anfangswerthe. H ist
uns aber ausgedrückt gegeben durch t, $q_1\, q_2 \ldots q_m$, $p_1\, p_2 \ldots p_m$. Wenn wir
die dann enstehende Function mit H^0 bezeichnen, so wird dieses eine Func-
tion von $q_1^0\, q_2^0 \ldots q_m^0$ und $p_1^0\, p_2^0 \ldots p_m^0$; die Größen p^0 können nun ausgedrückt
werden durch die Gleichungen

$$\frac{\partial S}{\partial q^0} = -p^0$$

---

[333] Gemeint ist offenbar seine knappe Mitteilung *Intégration d'une classe de fonctions différentielles* (Jacobi 1836e; s. hierzu näher Jacobi 1837a, 1837b, 1837c).

[334] Jacobi nahm, gemeinsam mit seinem Freund W. Bessel, im Sommer 1842 in Manchester an der Jahresversammlung der *British Association* teil. Seinem Bruder schreibt er später: „Als ich in Manchester Hrn. Hamilton über seine Arbeiten über analytische Mechanik becomplementirte, sagte er mir, er hätte dieselben bereits vergessen. Dies kam mir wie ein irischer Bull vor, da er nicht so viel gemacht hatte, um das Recht zu haben, diese Arbeiten zu vergessen" (Brief an M.H. Jacobi vom 31. Dez. 1846; Ahrens 1907a, 142; vgl. auch 144, Anm. 1); zu Hamiltons Sicht dieser Begegnung s. Hankins 1980, 198. Trotz mancher kritischer Seitenhiebe, v.a. von Seiten Jacobis, überwog gegenseitiger Respekt. Jacobi empfahl Hamilton dessen Landsleuten als „the Lagrange of your country", Hamilton wiederum bezeichnete ihn als „Jacobi, the great one of that name" (Graves 1882-1891 II, 388 bzw. III, 432).

und wir erhalten dann den Werth, den $\frac{\partial S}{\partial t}$ für $t = 0$ annimmt, ausgedrückt durch die Größen $q_1^0 \, q_2^0 \ldots q_m^0$ und die partiellen Differentialquotienten von S nach diesen Größen q^0 genommen. Hamilton hat es für nöthig gehalten, diese Bedingungsgleichung hinzuzufügen, eine Gleichung, welche nicht die partiellen Differentialquotienten von S nach den Variabeln, sondern nach den willkürlichen Constanten genommen, enthält[335]. Er ist deßhalb von jeder Anwendung seiner schönen Entdeckung abgehalten worden, weil er geglaubt hat, gerade diese besondre Function S wäre nöthig, die Integralgleichungen abzuleiten, während gerade die Wichtigkeit jener Zurückführung auf eine partielle Differentialgleichung darin besteht, daß jede vollständige Lösung der letzteren hinreicht, das System der vollständigen Integralgleichungen abzuleiten.

Man muß eine vollständige Lösung einer partiellen Differentialgleichung erster Ordnung (die nicht linear zu sein braucht) als eine solche definiren, aus welcher man durch Elimination der willkürlichen Constanten mittelst der partiellen Differentialquotienten keine andere partielle Differentialgleichung erster Ordnung ableiten kann, als die gegebene selbst. Solcher vollständigen Lösungen gibt es unendlich viele, die so unähnlich sein können, daß sie gar nichts Gemeinschaftliches zu haben scheinen: gleichwohl kann man nach einer von Lagrange gegebenen Regel aus einer alle übrigen ableiten[336]. Diese Regel besteht darin, daß man eine willkürliche Constante als eine willkürliche Function der übrigen setzt, und dann die nach diesen genommenen partiellen Differentialquotienten gleich Null annimmt, und dann die übrig gebliebenen willkürlichen Constanten mittelst dieser Gleichungen eliminirt. Also wenn n unabhängige Variabeln sind, so wird die Anzahl der willkürlichen Constanten einer vollständigen Lösung ebenfalls n betragen; sei nun S die vollständige Lösung, und $q_1 \, q_2 \ldots q_n$ [seien] die unabhängigen Variabeln, so setze man

$$\frac{\partial S}{\partial q_1} = p_1 \qquad \frac{\partial S}{\partial q_2} = p_2 \qquad \ldots \qquad \frac{\partial S}{\partial q_n} = p_n \, ,$$

und drücke mittelst dieser Gleichungen die willkürlichen Constanten, die ich $\alpha_1 \, \alpha_2 \ldots \alpha_n$ nennen will, durch die Größen q und p aus. Setzt man dann diese Werthe in S [ein], dann erhält man S gleich einer Function der unabhängigen Variabeln und der ersten partiellen Differentialquotienten, ohne willkürliche Constante. Damit nun S eine vollständige Lösung sei, müssen die willkürlichen Constanten so in S eingehen, daß man auch wirklich die Werthe von α_1

---

[335] S. hierzu Hamiltons *Second Essay* (Hamilton 1835; *Papers* II, 168f.); vgl. auch S. 224, Anm. 330.

[336] S. den Aufsatz *Sur les intégrales particulières des équations différentielles* (Lagrange 1774, Art. IV bzw. *Oeuvres* IV, 62ff.); vgl. auch Lagrange 1772 und zur Erläuterung Engelsmann 1980.

$\alpha_2 \ldots \alpha_n$ durch die Größen q und p mittelst jener n Gleichungen ausdrücken kann; es könnte nämlich vorkommen, daß wenn man einige dieser Größen ausgedrückt hat, und ihre Werthe in die übrigen Gleichungen substituirt, die willkürlichen Constanten aus diesen von selber herausgehen. In diesem Falle würde man außer der gegebenen noch andre partielle Differentialgleichungen erhalten können, in welchen weniger Differentiale vorkommen, als in der gegebenen Gleichung. Solche Fälle können gerade in dieser Theorie sehr häufig vorkommen, die Anzahl der willkürlichen Constanten kann in S sogar unendlich sein, und sie können in die Function so eingehen, daß man sie auch nicht verringern kann, indem man sie irgendwie combinirt, so daß ihre Anzahl nothwendig eine unendliche ist, und doch ist die Lösung nicht vollständig. Wenn man auch α_n als beliebige Function der übrigen Constanten $\alpha_1 \alpha_2 \ldots \alpha_{n-1}$ setzt, und nachdem man dieß gethan,

$$\frac{\partial S}{\partial \alpha_1} = 0 \qquad \frac{\partial S}{\partial \alpha_2} = 0 \qquad \ldots \qquad \frac{\partial S}{\partial \alpha_{n-1}} = 0$$

setzt, und dann mittelst dieser Gleichungen $\alpha_1 \alpha_2 \ldots \alpha_{n-1}$ aus S eliminirt, so bekommt man wieder eine Lösung. Man kann aber auch α_n und α_{n-1} als zwei willkürliche Functionen der übrigen Constanten $\alpha_1 \alpha_2 \ldots \alpha_{n-2}$ setzen, und dann die nach diesen genommenen partiellen Differentialquotienten = 0 setzen, so wird man durch Elimination von $\alpha_1 \alpha_2 \ldots \alpha_{n-2}$ aus S wieder eine Lösung bekommen, und so kann man fortfahren. Man kann den Beweis führen, den Lagrange nicht gegeben hat, daß man auf diese Art wirklich alle Lösungen erhält, die es gibt, so daß wenn man irgend eine beliebige Function S kennt, mit beliebigen Constanten, die der Differentialgleichung genügt, so kann man immer so bestimmen, wie viele willkürliche Constanten man als Functionen der übrigen anzusetzen hat, und was das für Functionen sein müssen, damit man gerade diese bestimmte Lösung erhält. Dieser Beweis erst zeigt, daß die Lagrange'sche Theorie wirklich complet ist, und daß die Lösung, aus der man alle Lösungen ableiten kann, mit Recht den Namen einer vollständigen verdient. Ich will mich hier mit diesem Beweis nicht aufhalten, ich werde Ihnen[337] aber bei der nächsten Gelegenheit bekannt machen, wo Sie ihn nachsehen können; er gehört nothwendig zu einer ordentlich auseinandergesetzten Theorie der partiellen Differentialgleichungen erster Ordnung[338]. Sie können sich ihn auch selber suchen - Wenn nun die Functionen, welche die einen Constanten von den andern sind, wieder alle zusammengenommen n willkürliche Constanten enthalten, so wird die

---

[337] In der Hs.: „ihn".

[338] Die Ausführungen des Beweises findet sich z.B. in Jacobis nachgelassener Schrift *Über die vollständigen Lösungen einer partiellen Differentialgleichung erster Ordnung* (Jacobi 1866c, §4; *Werke* V, 413ff.).

neue Lösung S wieder n willkürliche Constanten enthalten, und [wird] im
Allgemeinen wieder eine vollständige Lösung sein, der man es aber durchaus
nicht ansehen wird, daß sie aus der ersten abgeleitet ist. Wenn die gegebene partielle Differentialgleichung die gesuchte Function nicht selber enthält,
sondern nur außer den unabhängigen Variabeln die ersten Differentialquotienten vorkommen, wie dieß in der Regel in den Anwendungen auf Mechanik
der Fall ist, so kann man eine willkürliche Constante mit der Function S
durch Addition unmittelbar verbunden denken, also

$$S = F + \alpha_n$$

setzen, wo F Function von $q_1 \, q_2 \ldots q_n$ und den willkürlichen Constanten α_1
$\alpha_2 \ldots \alpha_{n-1}$ ist. Die Werthe der partiellen Differentialquotienten

$$\frac{\partial S}{\partial q_1} = \frac{\partial F}{\partial q_1} \qquad \frac{\partial S}{\partial q_2} = \frac{\partial F}{\partial q_2} \qquad \ldots \qquad \frac{\partial S}{\partial q_n} = \frac{\partial F}{\partial q_n}$$

enthalten die willkürliche Constante α_n dann gar nicht, will man aber die
willkürlichen Constanten eliminiren, so kann [man] nicht die Gleichung $S =
F + \alpha_n$ zu Hilfe nehmen, sondern man muß mittelst jener Gleichungen die $n -
1$ willkürlichen Constanten eliminiren, wodurch man eine Gleichung zwischen
den partiellen Differentialquotienten, aber ohne S selber erhält. In diesem
Falle wird man nur zu sorgen haben, daß die Lösung, die man sucht, $n - 1$
willkürliche Constanten enthalte, indem man immer eine durch Addition
hinzufügen kann.

Nun will ich noch eine sehr wichtige Bemerkung hinzufügen, die zwar
ganz particulärer Natur ist, aber in der Anwendung von großer Wichtigkeit:
sie findet sich schon im 3ten Bande der Eulerschen Integralrechnung, der etwa
1770 erschien[339], obgleich man sie neuerdings immer Monge zuschreibt, sie
steht in genauer Beziehung mit Betrachtungen, die ich bereits angestellt habe. Man hat nämlich folgenden Satz: in jeder partiellen Differentialgleichung
erster Ordnung kann man die Variabeln und die partiellen Differentialquotienten mit einander vertauschen, wenn man gleichzeitig für die gesuchte
Function S die Function substituirt

$$q_1 \frac{\partial S}{\partial q_1} + q_2 \frac{\partial S}{\partial q_2} \ldots + q_n \frac{\partial S}{\partial q_n} - S$$

die ich R nennen will. Man hat nämlich offenbar, wenn wir mit $p_1 \, p_2 \ldots$ die
partiellen Differentialquotienten von S bezeichnen

---

[339] S. hierzu das „Scholion" in §82 des (genau 1770 erschienenen) dritten Bandes der
Institutiones calculi integralis (Euler 1768-1770 III) sowie die sich daran anschließenden
Ausführungen (*Opera omnia* (1)13, 62ff.); zum Zusammenhang mit S. Lies Theorie der
Berührungstransformationen und Jacobis Einfluß hierauf s. Hawkins 1991.

$$dS \;=\; p_1 dq_1 + p_2 dq_2 \ldots + p_n dq_n$$

$$dR \;=\; q_1 dp_1 + q_2 dp_2 \ldots + q_n dp_n + p_1 dq_1 \ldots + p_n dq_n - dS$$

$$\;=\; q_1 dp_1 + q_2 dp_2 \ldots + q_n dp_n$$

so daß also, wenn man R als Function von $p_1\, p_2 \ldots p_n$ betrachtet, also diese Größen statt $q_1\, q_2 \ldots q_n$ einführt, man die Gleichungen

$$\frac{\partial R}{\partial p_1} = q_1 \qquad \frac{\partial R}{\partial p_2} = q_2 \qquad \ldots \qquad \frac{\partial R}{\partial p_n} = q_n$$

erhält. Hat man nun eine Gleichung von der Form

$$0 = \varphi \left\{ S, \frac{\partial S}{\partial q_1}, \frac{\partial S}{\partial q_2}, \ldots, \frac{\partial S}{\partial q_n}, q_1, q_2, \ldots, q_n \right\}$$

die identisch wird, wenn man den Werth von S in $q_1\, q_2 \ldots q_n$ substituirt, so kann man, wenn man

$$\frac{\partial S}{\partial q_1} = p_1 \qquad \frac{\partial S}{\partial q_2} = p_2 \qquad \ldots$$

setzt, dieß als eine Gleichung betrachten zwischen S und den Größen p und q. Setzt man hier für S seinen Werth

$$q_1 \frac{\partial S}{\partial q_1} + q_2 \frac{\partial S}{\partial q_2} + q_n \frac{\partial S}{\partial q_n} - R$$

oder, was dasselbe ist

$$S = p_1 \frac{\partial R}{\partial p_1} + p_2 \frac{\partial R}{\partial p_2} \ldots + p_n \frac{\partial R}{\partial p_n} - R$$

so erhält man eine Gleichung von der Form

$$0 = \varphi \left\{ p_1 \frac{\partial R}{\partial p_1} + p_2 \frac{\partial R}{\partial p_2} \ldots + p_n \frac{\partial R}{\partial p_n} - R, \; p_1, p_2, \ldots, p_n, \; \frac{\partial R}{\partial p_1}, \frac{\partial R}{\partial p_2}, \ldots, \frac{\partial R}{\partial p_n} \right\}$$

Hier sind $p_1\, p_2 \ldots p_n$ die unabhängigen Variabeln. Setzt man also an die Stelle der partiellen Differentialquotienten in der gegebenen Differentialgleichung die unabhängigen Variabeln, und setzt man an die Stelle der unabhängigen Variabeln die partiellen Differentialquotienten, so hat man dagegen an die Stelle der Function selber zu setzen die Summe der partiellen Differentialquotienten, jeden mit der Variable multiplicirt, nach welcher differentiirt worden ist, weniger die Function selber. In dem Falle, wo S gar nicht vorkommt, auf den es uns hauptsächlich ankommt, findet diese letzte Substitution gar nicht statt, und man erhält den schönen und wichtigen Satz, daß man in jeder partiellen Differentialgleichung erster Ordnung die Variabeln mit den entgegengesetzten Differentialquotienten vertauschen kann. Dieser Satz auf zwei Variable beschränkt, gibt einen Satz, den man den Satz über reciproke Flächen nennt, und von dem man unter diesem Titel Monge[340] als den Erfinder betrachtet: das ist also immer dieser Euler'sche Satz. Nun ist noch zu bemerken, daß diese Vertauschung durchaus nicht auf alle Variable sich auszudehnen braucht, sondern man kann auch nur einige Variabeln mit den partiellen Differentialquotienten vertauschen, wobei nur einige entsprechende Änderungen eintreten. Wir nehmen der Kürze halber 2 Variable q_1 und q_2 zur Vertauschung, denn dasselbe gilt von allen, dann wird man setzen

$$R \;=\; q_1 p_1 + q_2 p_2 - S \quad \text{und bekommt}$$
$$dR \;=\; q_1 dp_1 + q_2 dp_2 + p_1 dq_1 + p_2 dq_2 - dS \quad \text{oder}$$
$$dR \;=\; q_1 dp_1 + q_2 dp_2 - p_3 dq_3 - p_4 dq_4 \ldots - p_n dq_n$$

Hier haben wir, daß wenn man R als Function von $p_1\, p_2\, q_3\, q_4\, \ldots\, q_n$ betrachtet, daß dann

$$\frac{\partial R}{\partial p_1} = q_1 \qquad \frac{\partial R}{\partial p_2} = q_2$$

und übrigens

$$-\frac{\partial R}{\partial q_3} = p_3 \qquad -\frac{\partial R}{\partial q_4} = p_4 \qquad \ldots \qquad -\frac{\partial R}{\partial q_n} = p_n$$

also mit negativen Zeichen, die Differentialquotienten von R nach q erhalten den entgegengesetzten Werth wie die von S nach derselben Variabeln. Dieß steht auch in Einklang mit früher angestellten Betrachtungen. Übrigens ist

$$S = p_1 \frac{\partial R}{\partial p_1} + p_2 \frac{\partial R}{\partial p_2} - R$$

Wir werden also Folgendes erhalten:

$$0 = \varphi \left\{ p_1 \frac{\partial R}{\partial p_1} + p_2 \frac{\partial R}{\partial p_2} - R, p_1, p_2, -\frac{\partial R}{\partial q_3}, \ldots, -\frac{\partial R}{\partial q_n}, \frac{\partial R}{\partial p_1}, \frac{\partial R}{\partial p_2}, q_3, \ldots, q_n \right\}$$

---

[340] Jacobi bezieht sich vermutlich auf dessen *Mémoire sur le calcul intégral des équations aux différences partielles* (Monge 1784b); s. zu dieser Arbeit und ihrer Vorgeschichte Taton 1951, 289f..

Also besteht die Änderung darin, daß an die Stelle der partiellen Differentialquotienten nach q_1 und q_2 zwei unabhängige Variabeln p_1 und p_2 getreten sind, die übrigen Differentialquotienten haben sämtlich den entgegengesetzten Werth erhalten; an die Stelle von q_1 und q_2 sind umgekehrt die partiellen Differentialquotienten nach p_1 und p_2 getreten, die übrigen sind unverändert, endlich ist S ersetzt worden durch die Summe der partiellen Differentialquotienten der Function nach den eingetauschten Variabeln, mit diesen respective multiplicirt, weniger der Function selber. Wenn die Function selber also nicht vorkommt, so hat man die einfache Regel: man kann einige Variabeln mit den nach ihnen genommenen partiellen Differentialquotienten vertauschen, wenn man zugleich an die Stelle der übrigen partiellen Differentialquotienten ihre negativen Werthe setzt. Man erhält dann eine neue partielle Differentialgleichung, deren Lösung nicht dieselbe ist, wie die Lösung der gegebenen: beide Lösungen hängen aber so von einander ab, daß sie bloß durch Differentiiren aus einander können abgeleitet werden, so daß aus der Integration der einen Gleichung auch die der andern folgt. Diese einfachen Betrachtungen sind in der Anwendung auf mechanische Probleme von immenser Wichtigkeit.

<table>
<tr><td>

XXXVIII

</td><td>

Reduktion partieller Differentialgleichungen erster Ordnung und Anwendung auf das Dreikörper-Problem.

</td></tr>
</table>

Diese Vertauschung der unabhängigen Variabeln mit den Differentialquotienten ist in einigen particulären Fällen von großer Wichtigkeit und man findet im 3ten Bande von Eulers Integralrechnung eine große Menge von interessanten Beispielen darüber, die fast alle in der Mechanik zur Anwendung kommen[341]. Die allgemeinen Methoden müssen nämlich stets gewisse Voraussetzungen annehmen, die in einzelnen Fällen nicht überall stattfinden, man muß daher so viel als mögliche particuläre Fälle besonders berücksichtigen[342], und darin besteht der Vorzug der eulerschen Arbeiten, daß er sie durch particuläre Beispiele illustrirt, die möglichst vollständig alle Fälle, die vorkommen können, umfassen. Die Beispiele bei Euler haben nicht allein den Zweck, das Verständnis der allgemeinen Methode zu erläutern, sondern auch zu erschöpfen für den jedesmaligen Standpunkt, welchen die Wissenschaft einnimmt; wenn letztere einen Fortschritt macht, so kann die

---

[341] Vgl. S. 229, Anm. 339.

[342] Darübergeschrieben: „erschöpfend", gemeint ist wohl: „... so viel[e] als mögliche particuläre Fälle erschöpfend berücksichtigen".

allgemeine Methode wichtiger werden, indem man neue Fälle auffindet, in denen sie paßt: denn man kann nicht verlangen, daß man eine Methode findet, die alle Aufgaben löst, eine Methode wird die Probleme, auf die sie anwendbar [ist], immer nur unter gewissen Voraussetzungen lösen können, und es ist wichtig, dieß jedesmal möglichst vollständig anzugeben.

Wenn nämlich einige unabhängige Variabeln in der Differentialgleichung nicht selber vorkommen, und auch die partiell differentiirte Function nicht selber eingeht, sondern nur ihre partiellen Differentialquotienten, so kann man nach der Bemerkung von Euler die partielle Differentialgleichung sogleich auf eine andere reduciren, wo auch nicht die Differentialquotienten nach den fehlenden Variabeln genommen vorkommen, so daß das Problem auf eine geringere Anzahl Variabeln zurückgebracht ist, was natürlich ein großer Vortheil ist. Denn jetzt kommt die Differentialgleichung auf eine andere zurück, wo zwar die früher fehlenden unabhängigen Variabeln vorkommen, aber die nach ihnen genommenen Differentialquotienten fehlen. Wenn in der gegebenen partiellen Differentialgleichung, die S nicht selbst enthält, $\frac{\partial S}{\partial q_1}$ vorkam, aber nicht q_1, so steht in der transformirten Gleichung, in der die Function R nur differentiirt erscheint, zwar die Variable p_1, aber nicht der Differentialquotient $\frac{\partial R}{\partial p_1}$. Wenn aber dieß Differential nicht vorkommt, ist die Variable eine Constante, denn um die Differentialgleichung zu bilden, wird nicht nach ihr differentiirt, sie vertritt die Stelle einer Constante und man wird die Gleichung ebenso integriren, als wenn die Variable eine Constante wäre. Man wird also in solchen Fällen die Gleichung auf eine andere reduciren können, in der gewisse Differentialquotienten nicht vorkommen, wodurch eine Anzahl von Variabeln ganz als Variable herausgehen und dafür Constanten werden. Hierdurch erhält man die Vereinfachung, auf die ich schon aufmerksam gemacht habe bei der 2ten lagrange'schen Form der dynamischen Differentialgleichungen[343], aus welcher nämlich erhellt, daß wenn der Ausdruck der lebendigen Kraft durch die Größen q und q' eine Größe q nicht selber enthält, daß man dann immer ein Integral finden kann. Noch deutlicher geht dieß aus der letzten Form der gewöhnlichen dynamischen Differentialgleichungen hervor. Diese Gleichungen theilten sich in m Paare, jedes Paar von der Form

$$\frac{dq}{dt} = \frac{\partial H}{\partial p} \, , \qquad \frac{dp}{dt} = -\frac{\partial H}{\partial q}$$

wenn nun H nicht eine Größe q enthält, so folgt hieraus, daß $p = const$ wird, weil $\frac{\partial H}{\partial q}$ verschwindet, es kann dann die Gleichung

$$\frac{dq}{dt} = \frac{\partial H}{\partial p}$$

---

[343] Vgl. oben, Vorlesung XXI; insbes. S. 193, Anm. 307.

ganz fortgelassen werden, weil in allen übrigen Gleichungen q gar nicht vorkommt. Für p kann man dann einen constanten Werth setzen, d.h. p als willkürliche Constante betrachten in den übrigen Gleichungen; man hat dann ein System Gleichungen mit 2 Gleichungen weniger. Hat man dieses System integrirt, so nimmt man die eine Gleichung

$$\frac{dq}{dt} = \frac{\partial H}{\partial p}$$

und findet hieraus q mittelst einer Quadratur, nachdem man die in t gefundenen Werthe der in $\frac{\partial H}{\partial p}$ vorkommenden Variabeln eingesetzt hat. Dieß ist aber ein Hauptmittel, um die Integration eines Systems gewöhnlicher Differentialgleichungen zu reduciren, daß man sie in Gleichungen zu theilen sucht, so daß die eine Gruppe gewisse Variabeln gar nicht enthält, und man sie für sich integriren kann, so daß man alle darin vorkommenden Variabeln durch *eine* ausdrücken kann, und dann die so gefundenen Ausdrücke in die übrigen Differentialgleichungen zu setzen hat. Man erlangt dadurch eben solche Reductionen, als wenn man Integrale gefunden hätte, indem man das System Differentialgleichungen auf eine niedrigere Ordnung reducirt, z.B. daß man statt einer Differentialgleichung zweiter Ordnung zwei Differentialgleichungen erster Ordnung nur zu integriren braucht. Das ist eine der wichtigsten Reductionen, und es werden dadurch in vielen Fällen, wenn die übrig bleibenden Integrationen sich auf bloße Quadraturen beschränken, und man die Quadraturen nicht rechnet, eben solche Reductionen erlangt, als wenn man Integrale gefunden hätte.

Wenn man z.B. das Problem der 3 Körper nimmt, so hat man da 9 Differentialgleichungen 2ter Ordnung, das Problem wird vollständig integrirt 18 Constanten enthalten, oder das System Differentialgleichungen ist von der 18ten Ordnung. 6 Integrale liefert der Satz von der Erhaltung des Schwerpunkts, mit 6 willkürlichen Constanten, 4 weitere Integrale mit soviel Constanten folgen aus dem Satz von der lebendigen Kraft und den drei Flächensätzen, man hat also noch 8 Integralgleichungen zu suchen mit sovielen willkürlichen Constanten. Indeß die Zeit selber kann man nach der Bemerkung, die ich gemacht habe, eliminiren, und sie ausschließlich durch eine Quadratur bestimmen, wie immer, wenn in der Kräftefunction die Zeit t nicht explicite vorkommt. Das Problem ist also eines von der 7ten Ordnung, oder man hat 7 Integralgleichungen mit 7 willkürlichen Constanten aufzusuchen: ich habe aber in einer Abhandlung „über Elimination der Knoten aus dem Problem der drei Körper"[344] gezeigt, daß man das Problem zurückbringen kann auf eines der sechsten Ordnung. Ich werde den Inhalt dieses

---

[344] Vgl. S. 143, Anm. 222.

Satzes kurz historisch bemerken. Es werden statt zweier Körper andere eingeführt, die mit den gegebenen so in Verbindung stehen, daß wenn die Lage
der einen bestimmt ist, auch die Lage der andern folgt, indem die gleichnamigen Coordinaten sich gegenseitig lineär ausdrücken; ferner sind diese neuen
Punkte nur aus Größen von der Ordnung der störenden Kräfte von denen,
für die sie eingeführt wurden, entfernt, so daß ihre Bahnen annäherungs-
weise auch als Ellipsen betrachtet werden können. Man betrachtet in der
Mechanik des Himmels die Bahnen der Planeten als veränderliche Ellipsen,
d.h. als Ellipsen, deren Elemente veränderlich sind: dieß lehrt auch folgende
Betrachtung. Wenn ein Planet allein in der Welt mit der Sonne wäre, so
würde er sich um die Sonne in einer Ellipse drehen, diese seine Bahn ist
vollkommen bestimmt, wenn man einen Ort kennt, den er zu einer gewissen
Zeit einnimmt, und die Größe und die Richtung seiner Geschwindigkeit an
diesem Orte. Sowie aber diese Geschwindigkeit in Größe und Richtung eine
plötzliche Änderung erleidet dadurch, daß der Planet noch einen Stoß bekommt an dem Orte, so wird er von dem Moment an eine ganz andre Bahn
beschreiben um die Sonne, diese muß wieder ein Kegelschnitt sein, aber mit
andern Elementen. Wenn auch noch ein zweiter Planet sich um die Sonne
bewegt, so zieht er den ersten auch an, es bekommt daher in der That der
erste Planet einen Stoß, und zwar in jedem Moment, an jedem Orte, aber
nur einen unendlich kleinen, seine Geschwindigkeit wird in jedem Moment
alterirt, und er hat in jedem Moment eine elliptische Bahn um die Sonne,
aber mit immer andern Elementen zu beschreiben. In mehreren Fällen wird
es daher vortheilhaft, nicht mehr die Coordinaten seines Ortes aufzusuchen,
sondern die Elemente der Ellipse, die der Planet zu jeder Zeit an jedem Ort
um die Sonne beschreibt, so daß man also die Constanten der elliptischen
Bewegung als Functionen der Zeit betrachtet. Dieß ist die Idee der Variation
der Constanten. Der Satz, den ich Ihnen mittheilen wollte, ist in Folgendem
enthalten. Wenn man also einen festen Punkt als das anziehende Centrum
setzt, durch den Punkt und den Ort des Planeten zur Zeit t und die Richtung
seiner Geschwindigkeit an diesem Ort, oder, was dasselbe ist, durch die Tangente an seine wirkliche Bahn eine Ebene legt, so ist diese Ebene die Ebene
seiner Bahn zur Zeit t, in welcher er sich an dem Orte befindet. Diese Ebene
ändert sich fortwährend, und berührt den Kegel, der durch das anziehende
Centrum und seine wirkliche Bahn gelegt wird. Wenn man nun statt der
beiden Planeten zwei fingirte Punkte nimmt, auf die Art, wie ich erwähnt
habe, daß lineare Gleichungen zwischen den Coordinaten stattfinden, so habe ich gezeigt, daß man das immer so thun kann, daß die Durchschnittslinie
der Ebenen der beiden Bahnen immer in einer festen Ebene bleibt. Die Ebenen gehen beide durch den festen Punkt, den man als anziehendes Centrum
betrachtet, die Durchschnittslinie geht also auch durch diesen festen Punkt,

und diese soll nach dem Satze immer in einer festen Ebene bleiben, die also
auch durch diesen Punkt geht. Es ist also für jeden Augenblick zu bestimmen, wo in dieser festen Ebene die Durchschnittslinie liegt, was immer durch
eine einzige Winkelgröße geschieht, den Winkel, den die Durchschnittslinie
mit einer festen Linie in der festen Ebene bildet. Dann hat man nur noch,
um die Lage der beiden Bahnen zu bestimmen, die Neigung der Ebene der
Bahn zur festen Ebene zu kennen nöthig, was also wieder durch einen Winkel geschieht, und endlich ist der Ort des Punktes jedes der beiden Planeten
in jeder der beiden Ebenen anzugeben, wo jede Bestimmung dann wieder
2 Constanten erfordert, nämlich die Bestimmung des Winkels, den die vom
Planeten nach dem Centrum gezogene Linie mit der Durchschnittslinie bildet, in der veränderlichen Ebene der Bahn angenommen, und dann die Entfernung der fingirten Planeten vom festen Centrum. Es erfordert also die
Bestimmung jeder der beiden fingirten Planeten, wenn die Durchschnittslinie gegeben ist, 3 Größen, die Neigung der Bahn, den Winkel der Gesichtslinie, wie man sagen kann, mit dem gemeinschaftlichen Durchschnitt, und
die Entfernung vom Centrum. Wenn man diese 6 Größen und als 7te den
Winkel einführt, den die Durchschnittslinie mit einer in der festen Ebene
angenommenen festen Linie bildet, so bilden diese Größen die 7 Variabeln
des Problems und sind daher durch die Zeit zu bestimmen. Nun besteht der
gefundene Satz hauptsächlich darin, daß dieser letzte Winkel, welcher aber
der gemeinschaftliche Knoten der beiden Bahnen auf der festen Ebene ist,
daß dieser Winkel ganz aus den übrigen Differentialgleichungen herausgeht,
so daß man nur zwischen den angegebenen 6 Größen (den beiden Neigungen, beiden Entfernungen und beiden Winkelbestimmungen oder Längen,
wenn man will) 5 Differentialgleichungen erster Ordnung hat, und daß dann
die Zeit und der gemeinschaftliche Knoten beider Bahnen durch Quadraturen bestimmt werden. Die Differentialgleichungen und diese neuen Variabeln
habe ich in der angeführten Abhandlung aufgestellt (ich habe dieselbe vor
der pariser Akademie selbst vorgelesen - sie ist abgedruckt in den comptes
rendus dieser Akademie, in Schumacher's astronomischen Nachrichten und
in Crelle's Journal, Band 26)[345]. So kann man also das Problem auf eines
von der 5ten Ordnung reduciren; aber diese letzte von mir bewirkte Reduction hat einen ganz andern Character als alle früheren, die früheren wurden
durch eine wirkliche Integration bewirkt, so daß dadurch eine willkürliche
Constante hineinkam, aber die von mir bewirkte ist durch eine künstliche
Gruppierung der Gleichungen und Variabeln des Problems erreicht, so daß
eine Variable herausgeht und zuletzt durch Quadraturen bestimmt wird, wo

---

[345]S. Jacobi 1842c. Jacobi hielt seinen Vortrag - von der Jahrestagung der *British Association* in Manchester zurückkehrend (vgl. S. 226, Anm. 334) - am 8. Aug. 1842 vor der
Pariser Akademie (Koenigsberger 1904a, 288f.).

dann die willkürliche Constante mit der Variable des Knotens, durch Addition verbunden, hinzukommt. Die Methoden, die partiellen Differentialgleichungen erster Ordnung zu integriren, sind hauptsächlich darauf gerichtet, solche Variabeln erfinden zu lehren. Man kann nun auch durch eine ganz einfache Betrachtung finden, daß für den Fall, wo eine oder mehrere Variable fehlen, die Gleichung zurückgeführt werden kann auf eine andere, wo eine gleiche Anzahl unabhängiger Variablen gar nicht vorkommt, oder vielmehr, wo die nach ihnen genommenen partiellen Differentialquotienten nicht vorkommen, oder noch genauer, wo statt der partiellen Differentialquotienten willkürliche Constanten stehen, so daß wenn die unabhängigen Variabeln nicht selbst vorkommen, oder nur für ihre Differentialquotienten willkürliche Constanten gesetzt werden, von diesen Variabeln keine Spur mehr als Variabeln geblieben ist.

XXXIX   *Vollständige Lösung der Hamiltonschen partiellen Differentialgleichung und Integration der Hamiltonschen gewöhnlichen Differentialgleichungen.*

Wir haben gesehen, daß wenn in einer partiellen Differentialgleichung mehrere unabhängige Variable fehlen, und nur die nach ihnen genommenen partiellen Differentialquotienten vorkommen, man die Gleichung immer auf eine andere zurückführen kann, die eine gleiche Anzahl unabhängiger Variable weniger enthält; man kann nämlich statt der nach den fehlenden Variabeln genommenen Differentialquotienten willkürliche Constanten substituiren. Noch einfacher sieht man dieß durch folgende Betrachtung. Wir wollen annehmen, daß in der partiellen Differentialgleichung, in welcher S die unbekannte Function und $q_1 q_2 \ldots q_n$ die unabhängigen Variabeln sind, 2 Variable q_1 und q_2 fehlen. Dann kann man statt S eine Function S_1 einführen, die durch die Gleichung

$$S = S_1 + \alpha_1 q_1 + \alpha_2 q_2$$

gegeben ist, wo α_1 und α_2 willkürliche Constanten seien und S_1 die Variabeln q_1 und q_2 nicht enthalten soll. Aus dieser Gleichung folgt

$$\frac{\partial S}{\partial q_1} = \alpha_1 \qquad \frac{\partial S}{\partial q_2} = \alpha_2$$

und außerdem hat man

$$\frac{\partial S}{\partial q_3} = \frac{\partial S_1}{\partial q_3}, \qquad \frac{\partial S}{\partial q_4} = \frac{\partial S_1}{\partial q_4} \qquad \ldots \qquad \frac{\partial S}{\partial q_n} = \frac{\partial S_1}{\partial q_n}$$

Wenn nun die gegebene Differentialgleichung auch die unbekannte Function S selber nicht enthält, so wird die Differentialgleichung, durch welche S_1 ausgedrückt wird, aus der gegebenen erhalten, indem man statt S S_1 setzt und für die beiden Differentialquotienten $\frac{\partial S}{\partial q_1}$ und $\frac{\partial S}{\partial q_2}$ die willkürlichen Constanten α_1 und α_2. Wenn nun diese Gleichung integrirt wird, so wird der Werth von S_1 $n-3$ willkürliche Constanten enthalten außer α_1 und α_2, die in der Differentialgleichung schon vorkommen, weil letztere 2 Variable weniger hat, und außerdem eine willkürliche Constante, die man immer durch Addition mit S_1 verbinden kann, wenn die unbekannte Function nicht selber vorkommt in der Differentialgleichung. Der Werth von S, der durch die Gleichung

$$S = S_1 + \alpha_1 q_1 + \alpha_2 q_2$$

gegeben wird, wird dann, wie es sein muß, $n-1$ willkürliche Constanten enthalten, und man kann leicht sehen, aus dem Begriff der vollständigen Lösung, daß wenn S_1 eine vollständige Lösung der betreffenden Gleichung [ist,] auch das daraus abgeleitete S eine vollständige Lösung ist.

Wir wollen dieß auf den Fall anwenden, wo unsre Function H nicht die Größe t enthält, wie es also immer der Fall ist in der Anwendung auf Mechanik, wenn das Princip der Erhaltung der lebendigen Kraft stattfindet. Nach der entwickelten Regel setzen wir[346]

$$S = V - ht$$

und nehmen an, V solle t nicht selber enthalten, dann wird

$$\frac{\partial S}{\partial t} = -h$$

und die übrigen partiellen Differentialquotienten von S und V werden, nach denselben Variabeln genommen, gegenseitig einander gleich. Unsere partielle Differentialgleichung

$$\frac{\partial S}{\partial t} + H = 0$$

reducirt sich jetzt auf

$$H = h$$

---

[346] V ist die von Hamilton so genannte „charakteristische Funktion" (vgl. S. 217, Anm. 324).

wo h eine Constante ist, und wo man für die Größen $p_1\, p_2 \ldots p_m$, welche in H vorkommen, zu setzen hat $\frac{\partial V}{\partial q_1}, \frac{\partial V}{\partial q_2} \ldots \frac{\partial V}{\partial q_m}$. Wenn also der Satz von der lebendigen Kraft stattfindet, so wird man die partielle Differentialgleichung $H = h$ zu integriren haben, in welcher keine Spur mehr von t vorkommt, sondern welche eine Gleichung ist zwischen den partiellen Differentialquotienten von V nach $q_1\, q_2 \ldots q_m$ genommen und den Variabeln $q_1\, q_2 \ldots q_m$ selber. Man kann ferner noch anmerken, daß diese partielle Differentialgleichung in den Problemen der Mechanik in Bezug auf die Differentialquotienten nur bis auf den 2ten Grad steigt: sie erhält im Allgemeinen in diesem Falle die Form, die eine homogene Function des zweiten Grades von den partiellen Differentialquotienten, deren Coefficienten Functionen der unabhängigen Variabeln sind, gleich einer Function dieser unabhängigen Variabeln wird. Für den Fall eines freien Systems materieller Punkte, zwischen deren Coordinaten also keine Bedingungsgleichungen stattfinden, kann man für $q_1\, q_2 \ldots q_m$ die $3n$ rechtwinkligen Coordinaten setzen, und dann erhält die partielle Differentialgleichung $H = h$ die folgende Form, in der U das Potenzial oder die Kräftefunction und h die willkürliche Constante ist:

$$\frac{1}{2} \sum \frac{1}{m} \left\{ \left(\frac{\partial V}{\partial x} \right)^2 + \left(\frac{\partial V}{\partial y} \right)^2 + \left(\frac{\partial V}{\partial z} \right)^2 \right\} = U + h$$

Ich kehre nun zur allgemeinen Differentialgleichung

$$\frac{\partial S}{\partial t} + H = 0$$

zurück, und will beweisen, daß wenn man eine vollständige Lösung für S kennt, daß man dann auch die vollständigen Integralgleichungen kennt von dem System gewöhnlicher Differentialgleichungen

$$\frac{dq_1}{dt} = \frac{\partial H}{\partial p_1} \qquad \frac{dp_1}{dt} = -\frac{\partial H}{\partial q_1} \qquad \frac{dq_2}{dt} = \frac{\partial H}{\partial p_2} \qquad \frac{dp_2}{dt} = -\frac{\partial H}{\partial q_2} \qquad \text{etc.}$$

S ist eine Function der $m + 1$ unabhängigen Variabeln $q_1\, q_2 \ldots q_m$ und t, und da man voraussetzt, es sei eine vollständige Lösung der partiellen Differentialgleichung

$$\frac{\partial S}{\partial t} + H = 0\,,$$

so involvirt es m willkürliche Constanten, die ich $\alpha_1\, \alpha_2 \ldots \alpha_m$ nennen will. Ich betrachte nämlich den Fall, der hauptsächlich in der Mechanik angewendet wird, wo H nicht S selber enthält. Man kennt also eine solche Function S, mit m willkürlichen Constanten und von der Beschaffenheit, daß wenn man ihre nach $q_1\, q_2 \ldots q_m$ genommenen partiellen Differentialquotienten für $p_1\, p_2 \ldots p_m$ substituirt, die Summe $\frac{\partial S}{\partial t} + H$ identisch gleich Null wird. Ich behaupte, daß dann die $2m - 2$ Integralgleichungen, welche zwischen den $2m + 1$ Größen $q,\, p$ und t stattfinden, folgende sein werden:

$$\frac{\partial S}{\partial q_1} = p_1 \qquad \frac{\partial S}{\partial q_2} = p_2 \qquad \cdots \qquad \frac{\partial S}{\partial q_m} = p_m$$

$$\frac{\partial S}{\partial \alpha_1} = \beta_1 \qquad \frac{\partial S}{\partial \alpha_2} = \beta_2 \qquad \cdots \qquad \frac{\partial S}{\partial \alpha_m} = \beta_m$$

wo $\beta_1\,\beta_2 \ldots \beta_m$ neue willkürliche Constanten sind, so daß die Größen α und β zusammen die $2m$ willkürlichen Constanten der $2m$ Integralgleichungen bilden. Dieß ist das System der vollständigen Integralgleichungen des obigen Systems Differentialgleichungen. Kennt man also eine solche vollständige Lösung S mit den m Constanten α (die zweite Constante kann durch Addition hinzugefügt werden), so braucht man nicht ein Integral nach dem andern zu bestimmen, sondern man kann wie aus einem Füllhorn alle Integrale aus der einen Lösung herausschütten: die analytische Mechanik kriegt daher eine ganz andere Behandlung. In den Fällen, die man überhaupt behandelt hat, wird es eben so leicht, die Function S zu finden, als eines der Integrale. Um zu beweisen, daß dieß die vollständigen Integralgleichungen sind, differentiirt man sie und substituirt für die Differentiale der Variabeln oder für ihre Verhältnisse die aus den gegebenen Differentialgleichungen entnommenen Werthe, und zeigt, daß durch diese Substitution die durch Differentiation der Integralgleichungen hervorgebrachten Gleichungen identisch werden. Wenn die Integralgleichungen dann alle von einander unabhängig sind und man aus ihnen keine Gleichung ableiten kann, die gar keine willkürlichen Constanten enthält, so ist dieß der Beweis, daß die Integralgleichungen ein vollständiges System bilden. Dieß ist nämlich die beste Definition für ein vollständiges System Integralgleichungen für gewöhnliche Differentialgleichungen, daß man sagt, es darf aus ihnen keine Gleichung abgeleitet werden können, die von allen willkürlichen Constanten ganz frei ist: diese Definition reicht völlig hin, um Alles zu beweisen, was sich auf den Charakter eines solchen Systems bezieht, und man braucht nicht die Bestimmung in die Definition besonders aufzunehmen, daß die genügende Anzahl willkürlicher Constanten vorhanden sei. Die aufgestellten Integralgleichungen[347] haben nun diesen Charakter. Man kann den Beweis, daß sie die vollständigen Integralgleichungen des gegebenen Systems Differentialgleichungen sind, in zwei Theile theilen, und zuerst zeigen, daß das System überhaupt den Charakter eines vollständigen Systems, wie oben definirt wurde, habe, dann durch Differentiation und Substitution der gegebenen Differentialgleichung nachweisen, daß eben diese dadurch integrirt werden. Wir untersuchen also zuerst, daß man die willkürlichen Constanten aus den Gleichungen auf keine Weise eliminiren

---

[347] In der Hs. steht „Differentialgleichungen" und über „Differential" ist ohne Durchstreichung „Integral" hinzugefügt. Der Kontext zeigt, daß „Integralgleichungen" gemeint sind.

kann, wo wir noch nicht berücksichtigt [haben], daß sie jenen bestimmten
Differentialgleichungen genügen sollen. Diesen Charakter des vollständigen
Systems haben aber die Gleichungen: denn erstens ist klar, daß aus den m
Gleichungen der Form

$$\frac{\partial S}{\partial \alpha} = \beta$$

keine Größe β eliminirt werden kann, (natürlich auch nicht mit Zuhilfenahme
der Gleichungen

$$\frac{\partial S}{\partial q} = p$$

die gar kein β enthalten), denn in jeder Gleichung kommt eine neue Constante β hinzu und es ist klar, daß wenn die Größe, die in jeder Gleichung
auf der einen Seite des Gleichheitszeichens steht, in allen übrigen Gleichungen nicht vorkommt (auf keiner Seite), sie nicht eliminirt werden kann. Man
fragt sich noch, ob etwa aus der andern Hälfte der Gleichungen, in denen β
nicht steht, von der Form

$$\frac{\partial S}{\partial q} = p \, ,$$

es möglich ist, in besondern speciellen Fällen die m Constanten α zu eliminiren, denn im Allgemeinen kann dieß natürlich nicht geschehen, weil dann aus
m Gleichungen nur $m - 1$ Größen sich eliminiren ließen. Aber man könnte
denken, daß in speciellen Fällen die α in gewisser Verbindung stehen, daß z.B.
eine Gleichung existirt, die gar kein α enthält und durch deren Combination
mit andern Gleichungen mehrere verschiedene Gleichungen erhalten worden
sind, aus denen es dann umgekehrt möglich sein muß, wiederum jene Gleichung abzuleiten, die Größen α also zu eliminiren. Die Antwort ist, daß ein
solcher Fall nicht eintreten kann, sobald S eine vollständige Lösung ist, wie
vorausgesetzt worden [ist]. Denn eine solche Gleichung würde eine Gleichung
zwischen den Differentialquotienten $\frac{\partial S}{\partial q_1}$ $\frac{\partial S}{\partial q_2}$ $\ldots$ $\frac{\partial S}{\partial q_m}$ sein, also eine partielle
Differentialgleichung ohne willkürliche Constanten zwischen denselben un-
abhängigen Variabeln, als die für S gegebene partielle Differentialgleichung,
und doch von derselben verschieden. Dann kann aber nach der gegebenen
Definition einer vollständigen Lösung S keine sein, und da dieß vorausgesetzt wurde, ist der Beweis geführt, daß die aufgestellten Integralgleichungen den Charakter eines vollständigen Systems haben. Man sieht übrigens,
wie wichtig es ist, daß wir eine ordentliche Definition einer vollständigen
Lösung aufgestellt haben, weil man nur dann alle Einwände beseitigen kann.
Es bleibt uns zu zeigen, daß durch Differentiation der Integralgleichungen,
wenn die gegebenen Differentialgleichungen substituirt werden, identische
Gleichungen erhalten werden. Wir differentiiren zuerst eine Gleichung von
der Form

$$\frac{\partial S}{\partial q} = p$$

vollständig nach t und erhalten

$$\frac{\partial^2 S}{\partial q \partial q_1}\frac{dq_1}{dt} + \frac{\partial^2 S}{\partial q \partial q_2}\frac{dq_2}{dt} \cdots + \frac{\partial^2 S}{\partial q \partial q_m}\frac{dq_m}{dt} + \frac{\partial^2 S}{\partial q \partial t} = \frac{dp}{dt}$$

wo q eine der m Größen $q_1\, q_2 \ldots q_m$ oder, wenn wir wollen, eine der $m+1$ Größen $q_1\, q_2 \ldots q_m$ und t ist[348]. Substituirt man die Differentialgleichungen, nach denen

$$\frac{dq}{dt} = \frac{\partial H}{\partial p} \quad \text{und} \quad \frac{dp}{dt} = -\frac{\partial H}{\partial q} \quad [\text{ist}],$$

so wird

$$\frac{\partial^2 S}{\partial q \partial q_1}\frac{\partial H}{\partial p_1} + \frac{\partial^2 S}{\partial q \partial q_2}\frac{\partial H}{\partial p_2} \cdots + \frac{\partial^2 S}{\partial q \partial q_m}\frac{\partial H}{\partial p_m} + \frac{\partial^2 S}{\partial q \partial t} + \frac{\partial H}{\partial q} = 0$$

Nun wissen wir aber, daß wenn wir für $p_1\, p_2 \ldots p_m$ die partiellen Differential-quotienten[349] $\frac{\partial S}{\partial q_1}\, \frac{\partial S}{\partial q_2} \ldots \frac{\partial S}{\partial q_m}$ setzen, die Größe $\frac{\partial S}{\partial t} + H$ identisch verschwindet, wenn wir also mit $p_1\, p_2 \ldots p_m$ diese partiellen Differentialquotienten bezeichnen, können wir unsre Gleichung auch so schreiben[:]

$$\frac{\partial H}{\partial p_1}\frac{\partial p_1}{\partial q} + \frac{\partial H}{\partial p_2}\frac{\partial p_2}{\partial q} \cdots + \frac{\partial H}{\partial p_m}\frac{\partial p_m}{\partial q} + \frac{\partial^2 S}{\partial t \partial q} + \frac{\partial H}{\partial q} = 0$$

wo die Ordnung der Factoren vertauscht worden ist. Der Ausdruck, welcher hier gleich Null wird, ist der partielle Differentialquotient von $H + \frac{\partial S}{\partial t}$ nach q genommen, wenn man vorher in H die Werthe p durch die Differentialquotienten $\frac{\partial S}{\partial q}$ ersetzt hat. Denn wenn wir $\frac{\partial S}{\partial t} + H$ partiell differentiiren wollen nach q, indem wir in $H\ p_1\, p_2 \ldots p_m$ als Functionen von $q_1\, q_2 \ldots q_m$ betrachten, und zwar $= \frac{\partial S}{\partial q_1}\, \frac{\partial S}{\partial q_2} \ldots \frac{\partial S}{\partial q_m}$ setzen, so erhalten wir die hinge-schriebene Gleichung. Aber durch diese Substitution geht H identisch über in $-\frac{\partial S}{\partial t}$, es wird daher die Gleichung, welche erfüllt werden muß, für jedes q wirklich identisch. Nun kommt es darauf an, das zweite System Gleichungen von der Form

---

[348] In der Hs.: „... und t ist (??)". Die Fragezeichen beziehen sich offenbar auf den Fall $q = t$. Hier geht die rechte Seite der obigen Gleichung aber wegen $\frac{\partial S}{\partial t} = -H$ über in

$$\begin{aligned}
\frac{dH}{dt} &= \frac{\partial H}{\partial t} + \sum_{i=1}^{m}\frac{\partial H}{\partial q_i}\frac{\partial q_i}{\partial t} + \sum_{i=1}^{m}\frac{\partial H}{\partial p_i}\frac{\partial p_i}{\partial t} \\
&= \frac{\partial H}{\partial t} + \sum_{i=1}^{m}\frac{\partial H}{\partial q_i}\frac{\partial H}{\partial p_i} - \sum_{i=1}^{m}\frac{\partial H}{\partial p_i}\frac{\partial H}{\partial q_i} = \frac{\partial H}{\partial t}
\end{aligned}$$

über in $-\frac{\partial H}{\partial q}$. Die folgende Herleitung erfaßt also auch diesen Fall.

[349] In der Hs. fehlt hier beim ersten Quotienten der Index 1.

$$\frac{\partial S}{\partial \alpha} = \beta$$

auch zu differentiiren und zu zeigen, daß die durch Einführung der Differentialgleichungen erhaltenen Gleichungen identisch werden. Da hat man nun analog, wenn α eine der Constanten $\alpha_1 \; \alpha_2 \ldots \alpha_m[:]$

$$\frac{\partial^2 S}{\partial \alpha \partial q_1}\frac{dq_1}{dt} + \frac{\partial^2 S}{\partial \alpha \partial q_2}\frac{dq_2}{dt} + \cdots + \frac{\partial^2 S}{\partial \alpha \partial q_m}\frac{dq_m}{dt} + \frac{\partial^2 S}{\partial \alpha \partial t} = 0$$

und wenn wir wieder die Differentialgleichungen

$$\frac{dq}{dt} = \frac{\partial H}{\partial p}$$

substituiren,

$$\frac{\partial^2 S}{\partial \alpha \partial q_1}\frac{\partial H}{\partial p_1} + \frac{\partial^2 S}{\partial \alpha \partial q_2}\frac{\partial H}{\partial p_2} + \cdots + \frac{\partial^2 S}{\partial \alpha \partial q_m}\frac{\partial H}{\partial p_m} + \frac{\partial^2 S}{\partial \alpha \partial t} = 0$$

wo wir wieder

$$\frac{\partial S}{\partial q} = p$$

setzen und die Ordnung der Factoren umdrehen:

$$\frac{\partial H}{\partial p_1}\frac{\partial p_1}{\partial \alpha} + \frac{\partial H}{\partial p_2}\frac{\partial p_2}{\partial \alpha} \cdots + \frac{\partial H}{\partial p_m}\frac{\partial p_m}{\partial \alpha} + \frac{\partial^2 S}{\partial t \partial \alpha} = 0$$

Hier ist der Ausdruck, der verschwinden soll, das genaue partielle Differential von $H + \frac{\partial S}{\partial t}$ nach α, wenn man vorher in H für $p_1 \; p_2 \ldots p_m$ die Werthe $\frac{\partial S}{\partial q_1}$ $\frac{\partial S}{\partial q_2} \ldots \frac{\partial S}{\partial q_m}$ gesetzt denkt, denn α kommt in H nur insofern vor, als es in p_1 $p_2 \ldots p_m$ enthalten ist, wenn man für sie die Werthe $\frac{\partial S}{\partial q}$ substituirt. Dieß ist aber die Bedingung, daß $\frac{\partial S}{\partial t} + H$ identisch gleich Null wird, also auch der partielle Differentialquotient dieser Größe nach α. Es ist somit bewiesen, daß durch das aufgestellte System Integralgleichungen das gegebene System Differentialgleichungen vollständig integrirt wird.

In der nächsten Stunde werde ich noch einige Beispiele geben.

XL   *Hamiltonsche partielle Differentialgleichung im Falle der Erhaltung der lebendigen Kraft; Anwendung auf das Problem der Zentralkraftbewegung in Polarkoordinaten.*

Wir wollen von der Methode, die partiellen Differentialgleichungen zu reduciren, wenn in ihnen die unbekannte Function und eine oder mehrere Variabeln nicht vorkommen, eine Anwendung auf den Fall machen, wo in den mechanischen Problemen der Satz von der lebendigen Kraft gilt, oder die Function H die Variable t nicht selber enthält. Nach der allgemeinen Regel hat man

$$S = V - ht$$

zu setzen, wo h eine willkürliche Constante ist, und angenommen wird, daß V die Variable t nicht enthält, sondern eine Function sei von $q_1\, q_2 \ldots q_m$ und $m - 1$ willkürlichen Constanten, die $m$te Constante ist dann eben h, so daß S doch m willkürliche Constanten enthält (außer der, die durch Addition hinzutreten kann). Man hat dann

$$\frac{\partial S}{\partial t} = -h$$

und die partiellen Differentialquotienten von S nach den Größen q sind dieselben wie die partiellen Differentialquotienten von V nach q. Hierdurch verwandelt sich die partielle Differentialgleichung

$$\frac{\partial S}{\partial t} + H = 0$$

deren vollständige Lösung S ist, für V in

$$H = h$$

wo in H für die Größen $p_1\, p_2 \ldots p_m$ die Differentiale $\frac{\partial V}{\partial q_1}\, \frac{\partial V}{\partial q_2} \ldots \frac{\partial V}{\partial q_m}$ zu substituiren sind. Nennen wir die Constanten, die in S und V vorkommen, $\alpha_1\, \alpha_2 \ldots \alpha_m$, so ist eine derselben $-h = \alpha_m$. Nun haben wir, in S ausgedrückt, die $2m$ Integralgleichungen zweierlei Art

$$\frac{\partial S}{\partial q} = p \quad \text{und} \quad \frac{\partial S}{\partial \alpha} = \beta$$

gehabt, wir werden also jetzt die Integralgleichungen erhalten

$$\frac{\partial V}{\partial q_1} = p_1 \qquad \frac{\partial V}{\partial q_2} = p_2 \qquad \cdots \qquad \frac{\partial V}{\partial q_m} = p_m \qquad \text{und}$$

$$\frac{\partial V}{\partial \alpha_1} = \beta_1 \qquad \frac{\partial V}{\partial \alpha_2} = \beta_2 \qquad \cdots \qquad \frac{\partial V}{\partial \alpha_{m-1}} = \beta_{m-1}$$

endlich

$$\frac{\partial S}{\partial \alpha_m} = -\frac{\partial S}{\partial h} = -\frac{\partial V}{\partial h} + t = \beta_m$$

wo die Differentiation gemacht ist, insofern h als Coefficient von t vorkommt und dann insofern h noch in V steht, denn dieß muß sein - und zwar nicht als Constante, die den Constanten der vollständigen Lösung angehört - weil die Differentialgleichung, durch welche V bestimmt wird, $H = h$ ist, kommt also h in der Differentialgleichung vor, muß sie auch in jeder Lösung derselben vorkommen. Wenn wir $\beta_m = -\tau$ setzen, so bekommen wir als $2m$te Integralgleichung

$$\frac{\partial V}{\partial h} = t + \tau$$

wo τ eine willkürliche Constante [ist]. Diese letzte Gleichung ist nun von großer Wichtigkeit und vermehrt sehr die Schönheit dieser Theorie. Denn wir sehen, daß die Lösung V, die der Gleichung $H = h$ entspricht, wenn man nur einen vollständigen Werth von ihr kennt, nicht nur hinreicht, sämtliche vollständigen Integralgleichungen zu geben, die zwischen den $2m$ Größen p und q stattfinden, sondern auch ohne weitere Integration den Ausdruck der Zeit durch die Bestimmungsstücke der Positionen der materiellen Punkte oder durch die Größen q. Differentiirt man dieses V nach den Größen q partiell, so erhält man unmittelbar die Größen p, und differentiirt man V nach den willkürlichen Constanten, so erhält man, wenn man diese Differentiale einer willkürlichen Constanten gleichsetzt, die Gleichungen abgesondert, welche zwischen den Bestimmungsstücken q der materiellen Punkte stattfinden. Also wenn $m = 3$ und man die freie Bewegung eines materiellen Punktes betrachtet, werden die beiden Gleichungen der Bahn

$$\frac{\partial V}{\partial \alpha_1} = \beta_1 \quad \text{und} \quad \frac{\partial V}{\partial \alpha_2} = \beta_2$$

sein, und man erhält gleich fertig die endlichen Gleichungen, ohne daß irgend ein Differential darin vorkommt. Und endlich erhält man durch diese Function V auch den Ausdruck der Zeit, gleichfalls durch eine einzige partielle Differentiation. Es ist also das gegebene Problem auf die Erforschung einer einzigen Function zurückgeführt. Die weitere Theorie lehrt noch andere große Vortheile, nämlich daß diese willkürlichen Constanten, die wir eingeführt haben, h und τ, $\alpha_1 \ldots \alpha_{m-1}$ und $\beta_1 \ldots \beta_{m-1}$, vor allen andern willkürlichen Constanten, die man aufstellen kann, die merkwürdigsten Eigenschaften voraus haben. Wenn die Bewegungen gestört werden durch das Hinzutreten von neuen kleinen Kräften, und man stellt das Problem noch unter der alten Form dar, wo man aber die Constanten α β und h τ als variabel betrachten muß, so erhält man, wenn man die Differentialgleichungen des gestörten Problems so aufstellt, daß man diese variabeln Constanten als Elemente des Problems wählt, die Endgleichungen des gestörten Problems ohne einen einzigen Federstrich, und sogar ganz allgemein. Die *Aufstellung* der Formeln für die Variation der Constanten erfordert sonst in den einfachsten Fällen, z.B. bei der elliptischen Bewegung, ungeheure Rechnung, wie Sie in der analytischen Mechanik sehen können, wo noch die Rechnung mit besonderem Geschicke geführt ist[350]. Doch hiervon will ich jetzt nicht handeln, sondern lieber zu einem Beispiele übergehen, welches uns die elliptische Bewegung geben kann.

An der elliptischen Bewegung ist, wenn wir die anziehende Masse $= 1$ setzen,

$$U = \frac{1}{r},$$

wenn wir das anziehende Centrum als fest setzen und [man] r die Entfernung des bewegten Punktes vom anziehenden nennt. Ferner [ist]

$$T = \frac{1}{2}\left(x'^2 + y'^2 + z'^2\right)$$

Da die rechtwinkligen Coordinaten x y z den Größen q entsprechen, erhalten wir die Größen p, wenn wir nach x' y' z' differentiiren, und finden sogleich, daß x' y' z' für [die Größen] p stehen, weil

$$\frac{\partial T}{\partial x'} = x'$$

u.s.w.₀ Nun war

$$H = T - U$$

und hier sollten für die Größen p, also für x' y' z', die Differentialquotienten $\frac{\partial V}{\partial q}$ oder $\frac{\partial V}{\partial x}$ $\frac{\partial V}{\partial y}$ $\frac{\partial V}{\partial z}$ substituirt werden. Setzt man dann $H = h$, so erhält man die partielle Differentialgleichung

$$\frac{1}{2}\left\{\left(\frac{\partial V}{\partial x}\right)^2 + \left(\frac{\partial V}{\partial y}\right)^2 + \left(\frac{\partial V}{\partial z}\right)^2\right\} = \frac{1}{r} + h$$

---

[350] Vgl. die *Méchanique Analitique* Part. II, Sect. 6 (Lagrange 1788, 337-371) für Lagranges „frühe" diesbezüglichen Rechnungen; zur späteren Entwicklung der Variation der Konstanten bei Lagrange s. Grattan-Guinness 1990 I, 375ff..

auf deren Integration daher unsere Aufgabe zurückkommt. Nun wollen wir aber andere Variable einführen, Polarcoordinaten, worauf wir durch den Ausdruck

$$U = \frac{1}{r} \quad \text{wo} \quad r = \sqrt{(x^2 + y^2 + z^2)} \quad \text{[ist]}$$

geführt werden. Setzen wir also

$$x = r \cos\varphi \qquad y = r \sin\varphi \cos\psi \qquad z = r \sin\varphi \sin\psi$$

und betrachten jetzt $r\ \varphi$ und ψ als die Größen q, so ist sogleich

$$T = \frac{1}{2}\left(r'^2 + r^2\varphi'^2 + r^2 \sin^2\varphi\,\psi'^2\right)$$

wenn wir wieder die vollständigen Differentialquotienten nach t mit Accenten bezeichnen. Hieraus folgen die Größen $p[:]$

$$p_1 = \frac{\partial T}{\partial r'} = r' \qquad p_2 = \frac{\partial T}{\partial \varphi'} = r^2\varphi' \qquad p_3 = \frac{\partial T}{\partial \psi'} = r^2 \sin^2\varphi\,\psi'$$

und führt man diese statt $r'\ \varphi'\ \psi'$ ein, wird

$$T = \frac{1}{2}\left(p_1^2 + \frac{p_2^2}{r^2} + \frac{p_3^2}{r^2 \sin^2\varphi}\right)$$

Hier endlich sollen $p_1\ p_2\ p_3$ mit $\frac{\partial V}{\partial r}\ \frac{\partial V}{\partial \varphi}\ \frac{\partial V}{\partial \psi}$ vertauscht werden. Die Integration der Differentialgleichung der elliptischen Bewegung eines nach dem newton'schen Gesetz nach einem festen Punkt angezogenen Punktes hängt daher von folgender partieller Differentialgleichung erster Ordnung ab:

$$\left(\frac{\partial V}{\partial r}\right)^2 + \left(\frac{\partial V}{\partial \varphi}\right)^2 \frac{1}{r^2} + \left(\frac{\partial V}{\partial \psi}\right)^2 \frac{1}{r^2 \sin^2\varphi} = \frac{2}{r} + 2h$$

Von dieser Gleichung soll irgend eine vollständige Lösung gefunden werden. Man kann nun dieselbe auf verschiedene Art durch particuläre Methoden integriren, die sich leicht darbieten und die von der Gattung derjenigen sind, die Euler im dritten Bande seiner Integralrechnung[351] auseinandergesetzt hat. Man kann nämlich eine Methode anwenden, eine solche partielle Differentialgleichung zu integriren, die eben so leicht ist, als die Integration einer gewöhnlichen Differentialgleichung, wo die Variabeln separirt sind: man kann jeden einzelnen der Terme besonders betrachten, aus denen die Differentialgleichung besteht. Hierzu denken wir uns

---

[351] Euler 1768-1770 III (vgl. S. 229, Anm. 339); zum Separationsansatz dort s. insbes. *Opera omnia* (1)13, 35ff..

$$V = V_1 + V_2$$

in zwei Theile zerlegt, von denen der zweite r nicht enthalten soll, und der erste der Differentialgleichung

$$\left(\frac{\partial V_1}{\partial r} \right)^2 = \frac{2}{r} + 2h$$

genügen [soll]. Dann erhält man, da

$$\frac{\partial V_1}{\partial \varphi} = \frac{\partial V_1}{\partial \psi} = \frac{\partial V_2}{\partial r} = 0$$

die Differentialgleichung

$$\left(\frac{\partial V_1}{\partial r} \right)^2 + \frac{1}{r^2} \left(\frac{\partial V_2}{\partial \varphi} \right)^2 + \frac{1}{r^2 \sin^2 \varphi} \left(\frac{\partial V_2}{\partial \psi} \right)^2 = 2h + \frac{2}{r}$$

und nach der Bestimmung für V_1 die Differentialgleichung

$$\frac{1}{r^2} \left(\frac{\partial V_2}{\partial \varphi} \right)^2 + \frac{1}{r^2 \sin^2 \varphi} \left(\frac{\partial V_2}{\partial \psi} \right)^2 = 0$$

oder nach Multiplication mit r^2 für V_2 die Gleichung

$$\left(\frac{\partial V_2}{\partial \varphi} \right)^2 + \frac{1}{\sin^2 \varphi} \left(\frac{\partial V_2}{\partial \psi} \right)^2 = 0$$

Man sieht, daß man hier ebenso fortfahren und

$$V_2 = V_3 + V_4$$

setzen könnte, wo V_3 nur φ und V_4 nur ψ enthalte, und zwar ergibt sich sogleich, daß beide Größen sich auf willkürliche Constanten reduciren würden. Da nun auch zu V_1 die willkürliche Constante, wie leicht zu sehen, bloß durch Addition hinzugefügt erscheint, so würden sich die 3 willkürlichen Constanten in V zu einer einzigen vereinigen, keineswegs also eine vollständige Lösung, die wir suchen, gewonnen sein. Eine geringe Modification unseres Verfahrens wird aber diesen Übelstand vermeiden. Wir können nämlich zuerst eine Constante α einführen, indem wir die Function V_1 von r so bestimmen, daß wir für V_2 die Differentialgleichung

$$\left(\frac{\partial V_2}{\partial \varphi} \right)^2 + \frac{1}{\sin^2 \varphi} \left(\frac{\partial V_2}{\partial \psi} \right)^2 = \alpha$$

erhalten. Weil bereits mit r^2 multiplicirt worden ist, bestimmt sich dann V_1 aus der Differentialgleichung

$$\left(\frac{\partial V_1}{\partial r}\right)^2 = \frac{2}{r} + 2h - \frac{\alpha}{r^2} \quad \text{oder} \quad V_1 = \int \sqrt{\left(2h + \frac{2}{r} - \frac{\alpha}{r^2}\right)}\, dr$$

Hätte ich

$$\left(\frac{\partial V_1}{\partial r}\right)^2 = \frac{2}{r} + 2h - \alpha$$

annehmen, oder die rechte Seite der ursprünglich für V gegebenen Differentialgleichung in $\left(\frac{2}{r} + 2h - \alpha\right) + \alpha$ zerlegen wollen, indem sich der erste Theil auf V_1, der zweite auf V_2 beziehen sollte, so wäre die Gleichung

$$\frac{1}{r^2}\left(\frac{\partial V_2}{\partial \varphi}\right)^2 + \frac{1}{r^2 \sin^2 \varphi}\left(\frac{\partial V_2}{\partial \psi}\right)^2 = \alpha$$

zur Bestimmung von V_2 geblieben, welches nach der Voraussetzung r nicht enthalten darf, wie hiernach unmöglich wäre. Jetzt können wir die Gleichung

$$\left(\frac{\partial V_2}{\partial \varphi}\right)^2 + \frac{1}{\sin^2 \varphi}\left(\frac{\partial V_2}{\partial \psi}\right)^2 = \alpha$$

analog behandeln, und eine zweite Constante einführen, indem wir rechts statt α setzen $\left(\alpha - \frac{\beta}{\sin^2 \varphi}\right) + \frac{\beta}{\sin^2 \varphi}$. Zerlegen wir nun $V_2 = V_3 + V_4$ in 2 Functionen, eine von φ und eine von ψ, und bestimmen V_3 aus

$$\left(\frac{\partial V_3}{\partial \varphi}\right)^2 = \alpha - \frac{\beta}{\sin^2 \varphi}$$

so bleibt wegen

$$\frac{\partial V_3}{\partial \psi} = \frac{\partial V_4}{\partial \varphi} = 0$$

für V_4 die einfache Gleichung

$$\frac{1}{\sin^2 \varphi}\left(\frac{\partial V_4}{\partial \psi}\right)^2 = \frac{\beta}{\sin^2 \varphi} \quad \text{oder} \quad \left(\frac{\partial V_4}{\partial \psi}\right)^2 = \beta$$

Hierdurch haben wir also gefunden

$$V_3 = \int \sqrt{\left(\alpha - \frac{\beta}{\sin^2 \varphi}\right)}\, d\varphi \quad \text{und} \quad V_4 = \int \sqrt{\beta}\, d\psi = \psi\sqrt{\beta} + \gamma$$

so daß endlich, wenn wir den Werth von

$$V_1 = \int \sqrt{\left(2h + \frac{2}{r} - \frac{\alpha}{r^2}\right)}\, dr$$

damit vereinigen, erhalten wird

$$V = V_1 + V_3 + V_4 = \int \sqrt{\left(2h + \frac{2}{r} - \frac{\alpha}{r^2}\right)}\, dr + \int \sqrt{\left(\alpha - \frac{\beta}{\sin^2 \varphi}\right)}\, d\varphi + \psi\sqrt{\beta}$$

wo wir γ weggelassen haben, weil wir die Constante vernachlässigen, die durch bloße Addition zur Function hinzugefügt wird. Es bleiben uns nun die 6 Integralgleichungen des Problems aus der gefundenen Function V abzuleiten. Differentiiren wir diese Function partiell nach r φ und ψ, so wird

$$p_1 = \frac{dr}{dt} = \frac{\partial V}{\partial r} = \sqrt{\left(2h + \frac{2}{r} - \frac{\alpha}{r^2}\right)}, \quad \text{ferner}$$

$$p_2 = r^2 \frac{d\varphi}{dt} = \frac{\partial V}{\partial \varphi} = \sqrt{\left(\alpha - \frac{\beta}{\sin^2 \varphi}\right)} \quad \text{und} \quad p_3 = r^2 \sin^2 \varphi \frac{d\psi}{dt} = \frac{\partial V}{\partial \psi} = \sqrt{\beta}$$

Die letzte Formel ist der eine Flächensatz in Bezug auf die Ebene, in welcher der Winkel ψ gezählt wird. Diese Gleichungen braucht man aber gar nicht, denn man will die endlichen Gleichungen haben. Die Bahn des Punktes wird erhalten, wenn ich V nach α und β partiell differentiire und die partiellen Differentialquotienten neuen willkürlichen Constanten gleichsetze, die respective α_1 β_1 heißen mögen. Dann ist

$$\alpha_1 = \frac{\partial V}{\partial \alpha} = -\frac{1}{2} \int \frac{dr}{r\sqrt{2hr^2 + 2r - \alpha}} + \frac{1}{2} \int \frac{\sin \varphi\, d\varphi}{\sqrt{\alpha \sin^2 \varphi - \beta}}$$

die Gleichung zwischen r und φ, die Gleichung der Bahn in der Ebene, die durch die (z) $x$axe und den bewegten Planeten gelegt ist. Die andere Gleichung

$$\beta_1 = \frac{\partial V}{\partial \beta} = -\frac{1}{2} \int \frac{d\varphi}{\sin \varphi \sqrt{\alpha \sin^2 \varphi - \beta}} + \frac{1}{2} \frac{\psi}{\sqrt{\beta}}$$

ist zwischen φ und ψ. Endlich bekommen wir die Zeit $t + \tau = \frac{\partial V}{\partial h}$ durch die Gleichung

$$t + \tau = \int \frac{r\, dr}{\sqrt{2hr^2 + 2r - \alpha}}$$

So bekommt man also alle 6 Integralgleichungen auf einen Schlag durch bloßes partielles Differentiiren einer einzigen Function.

XLI   *Integration linearer partieller Differenti-algleichungen erster Ordnung nach Euler und spezieller nichtlinearer partieller Differentialgleichungen erster Ordnung nach Lagrange.*

Die partielle Differentialgleichung, die wir integrirt haben, enthält die Variable ψ nicht selber, man hätte deßhalb auf dieselbe auch die Methode anwenden können, nach welcher man statt V eine andere Function V_1 einführt, für welche

$$V = V_1 + \alpha\psi$$

ist, dadurch wird, wie ich auseinandergesetzt habe, die Differentialgleichung auf eine andere zurückgeführt, die die Variable ψ gar nicht enthält. Man kann für eine andere Wahl der Variabeln der Differentialgleichung noch andere Formen geben, und sie durch andere particuläre Methoden integriren. Ich werde darauf zurückkommen, und will jetzt zuerst noch eine allgemeine Betrachtung vorausschicken.

Ich will nämlich sprechen über das, was man bis jetzt über die Integration der partiellen Differentialgleichungen erster Ordnung, die nicht linär sind, geleistet hat. Euler konnte gar Nichts allgemein zurückführen auf gewöhnliche Differentialgleichungen, dagegen hat er diesen Mangel wieder ersetzt durch die interessanten Behandlungen particulärer Fälle, so daß durch die spätere Behandlung allgemeinerer Fälle nicht so viel gewonnen ist, in dem diese fast auch nur ausgeführt werden kann in den particulären Fällen, die Euler schon vorher behandelt hat. Es war bei Euler eine merkwürdige Entfremdung von der Behandlung eines Systems gewöhnlicher Differentialgleichungen, und namentlich blieb ihm der Gedanke fremd, der uns jetzt so elementar ist, daß man nicht begreift, wie ihn jemand nicht gehabt haben sollte: daß man die Integralgleichungen auf die Form bringen könnte, daß die einzelnen willkürlichen Constanten gleichgesetzt werde könnten [mit] Functionen der Variabeln, die keine Constanten enthalten. Solche *lineären* partiellen Differentialgleichungen zwischen 3 Variabeln, von denen eine die unbekannte Function, also 2 unabhängige Variable, der einfachste denkbare Fall, den hat er nicht auf gewöhnliche Differentialgleichungen zurückführen können, auch nicht, wenn die Differentialgleichung linär ist, sondern es ist ihm nur in den besondern Fällen gelungen, wo das System zweier gewöhnlicher Differentialgleichungen dreier Variabeln, die hierbei zu integriren sind, sich zertheilen läßt in zwei Differentialgleichungen erster Ordnung, von denen jede nur 2 Variable enthält: dieß war der ihm geläufige Fall. Die simultane Betrachtung mehrerer Differentialgleichungen lag ihm ferner. Lagrange hat auch erst die nicht lineären partiellen Differentialgleichungen erster Ordnung, die eigentlich ein viel tieferes Studium erfordern, auf gewöhnliche Differentialgleichungen reducirt, ehe es ihm gelungen [ist], die lineären partiellen Differentialgleichungen dahin zurückzuführen. Das ist für uns jetzt etwas so ungeheuer Leichtes und diese Zurückführung ist so eng mit der Definition der Integration eines Systems gewöhlicher Differentialgleichungen verbunden, daß man Beides gar nicht trennen kann. Denn sei ein System gewöhnlicher Differentialgleichungen gegeben, welches man immer durch eine Proportion darstellen kann:

$$dx \, : \, dy \, : \, dz \, : \, dw \ldots = X \, : \, Y \, : \, Z \, : \, W \ldots$$

und ein Integral derselben sei

$$F = \alpha \, ,$$

wo F die willkürliche Constante α nicht enthält, so muß man identisch haben:

$$0 = \frac{\partial F}{\partial x}X + \frac{\partial F}{\partial y}Y + \frac{\partial F}{\partial z}Z + \frac{\partial F}{\partial w}W + \text{etc.}$$

d.h. ohne daß man eine andre Integralgleichung zu Hilfe nimmt, weil durch dieselbe neue willkürliche Constanten eingeführt würden. Also eine lineäre partielle Differentialgleichung zu integriren, ist etwas ganz Identisches damit, ein Integral eines Systems gewöhnlicher Differentialgleichungen zu finden, das Eine ist gar keine andere Aufgabe als das Andere. Wenn man aber eine lineäre partielle Differentialgleichung hat, in welcher die Function selber vorkommt, und nicht bloß, wie in der obigen Gleichung für F, ihre partiellen Differentialquotienten, so kann man sie gleich auf den letzten Fall zurückführen. Wenn nämlich die Differentialgleichung, aus welcher eine Variable x als Function der übrigen $x_1, x_2, x_3 \ldots$ bestimmt werden soll, folgende Form hat, wo die Coefficienten $X \, X_1 \, X_2 \ldots$ auch x enthalten:

$$X = X_1 \frac{\partial x}{\partial x_1} + X_2 \frac{\partial x}{\partial x_2} + X_3 \frac{\partial x}{\partial x_3} \quad \text{etc.}$$

so sagt man so: wenn $x = f(x_1, x_2, x_3 \ldots)$ eine Lösung dieser Gleichung ist, und dieselbe enthält auch nur eine willkürliche Constante, so kann man die Gleichung $x = f$ immer nach dieser Constanten, die wir α nennen, auflösen, so daß man erhält $F(x, x_1, x_2 \ldots) = \alpha$, wo die Function F α nicht mehr enthält. Durch Differentiation folgt hieraus[:]

$$\frac{\partial F}{\partial x}\frac{\partial x}{\partial x_1} + \frac{\partial F}{\partial x_1} = 0$$

folglich

$$\frac{\partial x}{\partial x_1} = -\frac{\dfrac{\partial F}{\partial x_1}}{\dfrac{\partial F}{\partial x}} \qquad \text{ebenso} \qquad \frac{\partial x}{\partial x_2} = -\frac{\dfrac{\partial F}{\partial x_2}}{\dfrac{\partial F}{\partial x}} \qquad \text{u.s.w.}$$

Hierdurch kann man die partielle Differentialgleichung mit der unbekannten Function x auf eine andere zurückführen, wo F als Function der Variabeln x x_1 x_2 ... bestimmt wird, so daß zu den vorhandenen unabhängigen Variabeln noch x als neue hinzugetreten ist. Das Wichtige dabei aber ist, daß die neue Differentialgleichung nicht nur gleichfalls linear, sondern homogen wird, also ohne constantes Glied, und die Function F kommt selber gar nicht vor. Man hat nämlich

$$0 = \frac{\partial F}{\partial x}X + \frac{\partial F}{\partial x_1}X_1 + \frac{\partial F}{\partial x_2}X_2 + \frac{\partial F}{\partial x_3}X_3 + \dots$$

Man kann also jede lineäre partielle Differentialgleichung 1° Ordnung zurückführen auf diese Form, die unmittelbar herauskommt auf ein Integral eines Systems gewöhnlicher Differentialgleichungen. Das scheint so plausibel, daß man sich wundert, wie es eine Zeit gegeben, wo Euler und Lagrange davon keine Ahnung gehabt haben. Das sind aber gerade die wichtigsten Fortschritte in der Mathematik, von denen man sich gar nicht denken kann, daß man sie einmal nicht gewußt hat.

Die erste Arbeit von Lagrange über partielle Differentialgleichungen zur Behandlung der nicht lineären partiellen Differentialgleichungen erster Ordnung zwischen einer abhängigen Variabeln oder gesuchten Function z und zwei unabhängigen Variabeln x und y ist folgende[352]. Wenn man

$$\frac{\partial z}{\partial x} = p \qquad \frac{\partial z}{\partial y} = q$$

setzt, so hat man am allgemeinsten eine Gleichung zwischen x, y, z, p, q, die ich mit $\varphi = 0$ bezeichnen will. Um nun z als Function von x und y zu finden, braucht man noch zwei Gleichungen zwischen diesen Größen, um aus ihnen p und q eliminiren zu können. Wenn man aber nur noch eine hat, so kann man p und q als Functionen von x y und z ausdrücken. Man hat also dann eine Gleichung

$$dz - p\,dx - q\,dy = 0 \,,$$

---

[352] Jacobi bezieht sich auf die Abhandlung *Sur l'integration des équations a différences partielles du premier ordre* (Lagrange 1772; s. *Oeuvres* III, 550f.).

in welcher p und q Functionen von $x\ y\ z$ sind: wenn diese Gleichung der Bedingung der Integrabilität genügt, so kann man durch ihre Integration eine Gleichung zwischen $x\ y\ z$ finden, welches die gesuchte Gleichung ist. Es wird also darauf ankommen, die zweite Gleichung, die ich $\psi = 0$ nennen will, und die, mit $\varphi = 0$ combinirt, dazu dienen soll, p und q als Functionen von $x\ y\ z$ zu bestimmen, so zu wählen, daß die Gleichung

$$dz = pdx + qdy$$

die Bedingung der Integrabilität erfüllt, wenn p und q, durch $x\ y\ z$ ausgedrückt, eingesetzt werden. Dieß ist der Gedankengang von Lagrange, und wie Sie sehen, sehr einfach. Man kann sich nun denken, daß durch die gegebene Gleichung $\varphi = 0$ q bereits als Function von $x\ y\ z$ und p ausgedrückt sei, so daß in der Gleichung

$$dz - pdx - qdy = 0$$

q eine gegebene Function von $x\ y\ z\ p$ sei. Es kann die Aufgabe dann so ausgesprochen werden, p so als Function von $x\ y\ z$ hinzustellen, wodurch also auch q eine gegebene Function von $x\ y\ z$ wird, daß die angegebene Gleichung die Bedingung der Integrabilität erfüllt. Diese Bedingung ist nun die, daß wenn man p als Function bloß von x und y betrachtet, indem man denn also auch noch z als Function von x und y ansieht, daß dann[353]

$$\left[\frac{\partial p}{\partial y}\right] = \left[\frac{\partial q}{\partial x}\right]$$

ist. Denn da q Function von $x\ y\ z$ und p und das als Function von $x\ y\ z$ zu bestimmende p als Function von x und y und in Folge dessen auch [von] z angesehen wird, ist dadurch auch q als Function von x und y anzusehen, und so der Differentialquotient $\left[\frac{\partial q}{\partial x}\right]$ zu verstehen. Da p unmittelbar gefunden werden soll als Function von $x\ y\ z$, so wird

$$\left[\frac{\partial p}{\partial y}\right] = \frac{\partial p}{\partial y} + \frac{\partial p}{\partial z}q$$

Da ferner q gegeben ist als Function von $x\ y\ z\ p$, so sind auch seine partiellen Differentialquotienten gegeben und man hat

$$\left[\frac{\partial q}{\partial x}\right] = \frac{\partial q}{\partial x} + \frac{\partial q}{\partial z}p + \frac{\partial q}{\partial p}\left[\frac{\partial p}{\partial x}\right],$$

---

[353] Die eckigen Klammern sollen (s.u.) darauf hinweisen, daß bei der Bildung der Ableitung lediglich x und y als unabhängige Variable aufzufassen sind, d.h. $p = p(x, y, z(x,y))$ und $q = q(x, y, p(x, y))$ ist.

$$\text{wobei}^{354} \qquad \left[\frac{\partial p}{\partial x}\right] = \frac{\partial p}{\partial x} + \frac{\partial p}{\partial z}p,$$

zu combiniren. Folglich wird der Ausdruck der einfachen Bedingung der Integrabilität, wenn wir p und q in der festgesetzten Art als Functionen von x y z respective p ansehen[:]

$$\frac{\partial p}{\partial y} + \frac{\partial p}{\partial z}q = \frac{\partial q}{\partial x} + \frac{\partial q}{\partial z}p + \left(\frac{\partial p}{\partial x} + \frac{\partial p}{\partial z}p\right)\frac{\partial q}{\partial p}$$

wo bloß die partiellen Differentialquotienten $\left[\frac{\partial p}{\partial y}\right]$ und $\left[\frac{\partial q}{\partial x}\right]$ so ausgedrückt sind, wie sie ausgedrückt werden müssen nach der Art und Weise, wie man die Größen als Functionen von einander betrachtet. Gegeben sind die partiellen Differentialquotienten von q nach x z und p, gesucht sind mit p [auch] $\frac{\partial p}{\partial x}$ $\frac{\partial p}{\partial y}$ $\frac{\partial p}{\partial z}$. Ordnen wir die Gleichung nach dem Schema

$$X = X_1\frac{\partial x}{\partial x_1} + X_2\frac{\partial x}{\partial x_2} + X_3\frac{\partial x}{\partial x_3}$$

wo also x dem p und x_1 x_2 x_3 den x y z entsprechen, so wird

$$\frac{\partial q}{\partial x} + \frac{\partial q}{\partial z}p = -\frac{\partial q}{\partial p}\frac{\partial p}{\partial x} + \frac{\partial p}{\partial y} + \left(q - p\frac{\partial q}{\partial p}\right)\frac{\partial p}{\partial z}$$

und dieß ist die partielle Differentialgleichung, durch welche p als Function von x y z bestimmt wird. Diese partielle Differentialgleichung ist nicht homogen, weil rechts ein Glied ohne die partiellen Differentialquotienten als Function p steht, und enthält die unbestimmte Function p selber, weil sie in q vorkommt, und also auch in den partiellen Differentialquotienten von q, und außerdem noch explicite. Um sie nun in eine andre homogene zu verwandeln, in der die gesuchte Function oder abhängige Variable nicht selber vorkommt, nach der Regel, die ich gegeben habe, nimmt man an, daß der Werth von p, in x y z ausgedrückt, wenigstens eine Constante α enthalte, und denkt sich die deshalbige Gleichung nach α aufgelöst, wodurch man $\alpha = f$ erhält, wo f eine Function von x y z und p ist. Multiplicirt man dann die Gleichung mit $\frac{\partial f}{\partial p}$ und berücksichtigt, daß

$$\frac{\partial f}{\partial p}\frac{\partial p}{\partial y} = -\frac{\partial f}{\partial y} \qquad \frac{\partial f}{\partial p}\frac{\partial p}{\partial z} = -\frac{\partial f}{\partial z} \quad \text{und} \quad \frac{\partial f}{\partial p}\frac{\partial p}{\partial x} = -\frac{\partial f}{\partial x}$$

so wird, wenn man Alles auf eine Seite bringt:

$$\left(\frac{\partial q}{\partial x} + p\frac{\partial q}{\partial z}\right)\frac{\partial f}{\partial p} - \frac{\partial q}{\partial p}\frac{\partial f}{\partial x} + \frac{\partial f}{\partial y} + \left(q - p\frac{\partial q}{\partial p}\right)\frac{\partial f}{\partial z} = 0$$

---

[354] In der Hs.: „womit".

Um hier eine Lösung f zu finden, hat man ein Integral aufzusuchen nach der lagrange'schen Theorie von folgendem System gewöhnlicher Differentialgleichungen, 3 Gleichungen zwischen 4 Variabeln, durch die Proportion[355]

$$dx \; : \; dy \; : \; dz \; : \; dp = \frac{\partial q}{\partial p} \; : \; -1 \; : \; p\frac{\partial q}{\partial p} - q \; : \; -p\frac{\partial q}{\partial z} - \frac{\partial q}{\partial x}$$

Um diese Gleichung symmetrisch zu machen in Bezug auf p und q, wollen wir statt der partiellen Differentialquotienten von q die partiellen Differentialquotienten der gegebenen Gleichung $\varphi = 0$ einführen, durch die wir erst q als Function von $x\,y\,z$ und p kennen gelernt haben. Dergleichen ist immer ein Prüfstein, ob man sich nicht verrechnet oder verschrieben hat, weil man voraus weiß, daß das Resultat in Bezug auf x, y und p, q symmetrisch werden muß. Nun folgt aus $0 = \varphi(x, y, z, p, q)[:]$

$$0 = \frac{\partial\varphi}{\partial x} + \frac{\partial\varphi}{\partial q}\frac{\partial q}{\partial x} \qquad 0 = \frac{\partial\varphi}{\partial y} + \frac{\partial\varphi}{\partial q}\frac{\partial q}{\partial y} \qquad \text{etc.}$$

wenn man also die partiellen Differentialquotienten von q mit $\frac{\partial\varphi}{\partial q}$ multiplicirt, so kommen die entsprechenden partiellen Differentialquotienten von φ heraus, nur mit entgegengesetzten Zeichen. Wir werden hiernach, wenn wir die rechte Seite unserer Proportion mit $\frac{\partial\varphi}{\partial q}$ multipliciren, erhalten

$$dx \; : \; dy \; : \; dz \; : \; dp = -\frac{\partial\varphi}{\partial p} \; : \; -\frac{\partial\varphi}{\partial q} \; : \; -p\frac{\partial\varphi}{\partial p} - q\frac{\partial\varphi}{\partial q} \; : \; +p\frac{\partial\varphi}{\partial z} + \frac{\partial\varphi}{\partial x}$$

Um zu sehen, ob diese Gleichungen symmetrisch sind, wollen wir die Größe hinzufügen, welche dem Differential dq proportional ist. Aber

$$dq = -\left\{\frac{\partial\varphi}{\partial x}dx + \frac{\partial\varphi}{\partial y}dy + \frac{\partial\varphi}{\partial z}dz + \frac{\partial\varphi}{\partial p}dp\right\} \; : \; \frac{\partial\varphi}{\partial q}$$

wie man durch Differentiiren der symbolischen Gleichung $\varphi = 0$ erhält. Um also die dq proportionale Größe zu erhalten, multipliciren wir die vier Größen, die $dx\,dy\,dz\,dp$ proportional sind, respective mit $\frac{\partial\varphi}{\partial x}\,\frac{\partial\varphi}{\partial y}\,\frac{\partial\varphi}{\partial z}\,\frac{\partial\varphi}{\partial p}$, addiren die Produkte und dividiren mit $-\frac{\partial\varphi}{\partial q}$. Dann wird [man] aber erhalten

$$dx \; : \; dy \; : \; dz \; : \; dp \; : \; dq \; =$$
$$-\frac{\partial\varphi}{\partial p} : -\frac{\partial\varphi}{\partial q} : -p\frac{\partial\varphi}{\partial p} - q\frac{\partial\varphi}{\partial q} : \frac{\partial\varphi}{\partial x} + p\frac{\partial\varphi}{\partial z} : \frac{\partial\varphi}{\partial y} + q\frac{\partial\varphi}{\partial z}$$

---

[355] Wie bei früheren Verhältnisgleichungen, so sind auch hier und im folgenden die Terme rechts in Klammern gesetzt zu denken.

Diese Proportion geht hervor, wenn wir dq hinzufügen, woraus die vollkommene Symmetrie erhellt. In einer solchen symmetrischen Form sind aber die Differentialgleichungen leicht zu behalten. Die Proportionalität von dq mit der fünften Größe lehrt nichts Neues, da man sie durch Combinirung der übrigen Gleichungen mit der, die durch unmittelbare Differentiation von $\varphi = 0$ hervorgeht, erhält. Nun haben wir gesehen, daß wenn[356] wir nur ein Integral dieses Systems Differentialgleichungen, außer der gegebenen Gleichung $\varphi = 0$, kennen (es gibt noch drei Integrale, aber es ist gleichviel welches, oder wie aus diesen zusammengestzt), wenn es nur eine willkürliche Constante hat, daß man dadurch die Function f von $x\,y\,z\,p$ hat, und somit eine Gleichung $f = \alpha$ oder $\psi = \alpha$, mittelst deren man das Problem augenblicklich zurückführt auf die Integration einer Differentialgleichung zwischen 3 Variabeln, die der Bedingung der Integrabilität genügt.

<table>
<tr><td>

XLII

</td><td>

Integrabilitätsbedingungen für partielle Differentialgleichungen erster Ordnung mit drei Variabeln; Anwendung auf die Mechanik.

</td></tr>
</table>

Die Bedingung der Integrabilität einer Gleichung

$$dz = pdx + qdy\,,$$

wo p und q gegebene Functionen von $x\,y\,z$ sind, sind zuerst von Condorcet und Euler schon vor sehr langer Zeit aufgestellt worden[357], es kommt aber darauf an, wann diese Bedingung erfüllt wird, damit diese Gleichung aus einer Gleichung zwischen $x\,y\,z$ erhalten werden kann, auch die Mittel anzugeben, um diese Gleichung zu integriren. Diese finden Sie in dem kleinen Lacroix, wenigstens in der spätern Ausgabe, aufgenommen[358]. Es wird dazu erfordert die successive Integration zweier Differentialgleichungen erster Ordnung, jede zwischen zwei Variabeln. Die Vorschrift, die dazu gegeben

---

[356] In der Hs. irrtümlich: „wenn wenn".

[357] Euler stellt eine allgemeinere Integrabilitätsbedingung bereits (ohne Beweis) am Ende seiner Abhandlung *Analytica explicatio methodi maximorum et minimorum* auf (Euler 1764c; s. *Opera omnia* (1)25, 207), Condorcet (nach Cantor 1900-1908 IV, 904f.) nahezu gleichzeitig in seinem Werk *Du calcul integral* (Condorcet 1765).

[358] Mit dem „kleinen Lacroix"ist der *Traite élementaire du calcul différentiel et du calcul integral* gemeint, der in der 1. Aufl. 1802 und in 2. Aufl. 1806 erschien (Lacroix 1806). Es handelt sich um eine komprimierte Version des dreibändigen *Traite du calcul differentiell et du calcul integral*, einem (in der Übersetzung J.P. Grüsons) auch in Deutschland verbreiteten Analysis-Lehrbuch (Lacroix 1797-1800 bzw. 1799/1800).

wird, verlangt, daß die eine Gleichung schon integrirt ist, ehe man zur Integration der andern übergeht: dieß ist aber nicht nöthig, ich habe, wenn ich nicht irre, in meiner großen Abhandlung über den Multiplicator gezeigt, daß man das Verfahren so einrichten kann, daß man die beiden Gleichungen unabhängig von einander integrirt, so daß die eine nicht Größen enthält, die von der Integration der andern abhängen[359]. Ich habe dort die allgemeine Bedingung der Integrabilität aufgestellt, oder wenigstens die Bedingung der Integrabilität für ein viel allgemeineres Problem. Nämlich Pfaff (der vor etwa 30 Jahren zu Halle gestorben ist)[360] hat den für die Integralrechnung überaus merkwürdigen Satz gefunden, daß eine lineäre Differentialgleichung zwischen $2n - 1$ oder $2n$ Variabeln immer durch ein System von n Gleichungen integrirt werden kann: Im Allgemeinen erfordert eine Differentialgleichung zwischen 3 Variabeln, wenn sie der Bedingung der Integrabilität nicht genügt, 2 Gleichungen, um sie zu integriren, die aber unendlich variirt werden können: es erfordert daher nach dem Pfaff'schen Satze eine Differentialgleichung zwischen 4 Variabeln, also von der Form

$$0 = X\,dx + Y\,dy + Z\,dz + W\,dw$$

auch nur 2 Gleichungen. Die Frage ist nun, die Bedingung anzugeben, wann eine solche Gleichung zwischen $2n$ Variabeln durch weniger als n Gleichungen integrirt werden kann: diese wichtige Aufgabe habe ich in der angeführten Abhandlung gelöst und die Bedingungen für die verschiedenen Fälle, die stattfinden, angegeben.

Ich will uns damit hier nicht aufhalten, auch nicht mit der Integration bei 3 Variabeln, weil Sie letzteres in den Lehrbüchern finden können, und weil in dem Fall, der hauptsächlich in der Mechanik vorkommt, wo die Gleichung die Function nicht selber enthält, dieß nicht nöthig ist. Nämlich wir nannten die unbekannte Function z; wenn diese in der partiellen Differentialgleichung $\varphi = 0$ gar nicht vorkommt, wird q eine Function nur von x y und p, und man hat dann nur die Function zu suchen, welche p von x und y ist, damit

---

[359] Jacobi bezieht sich hier auf seine *Theoria novi multiplicatoris* (Jacobi 1844a und 1845b) insbes. deren §21 (s. *Werke* IV, 426-439.). Hier untersucht er die Bedingungen dafür, daß eine gewöhnliche Differentialgleichung 1. Ordnung zwischen p Variabeln durch weniger als $\frac{1}{2}p$ Gleichungen integriert werden kann (ebd., 426). Der von Jacobi im folgenden skizzierte Satz über die Integration einer linearen Differentialgleichung in 3 Variabeln wird dort eher beiläufig mitgeteilt (ebd., 430f.).

[360] J.F. Pfaff starb 1825 in Halle. Seine wichtigste mathematische Abhandlung, auf die sich auch Jacobi hier bezieht, erschien in den Abhandlungen der Berliner Akademie unter dem Titel *Methodus generalis, aequationes differentiarum partialum, necnon aequationes differentiales vulgares, utrasque primi ordinis, inter quotcunque variabiles complete integrandi* (Pfaff 1815; s. hierzu auch Jacobi 1827e).

$pdx + qdy$ ein vollständiges Differential wird. Das System gewöhnlicher Differentialgleichungen, von dem man irgend ein Integral kennen muß, welches man dann als zweite Gleichung zu der gegebenen fügt, um p und q durch die unabhängigen Variabeln zu bestimmen, aus diesem System gewöhnlicher Differentialgleichungen geht z im angegebenen Falle ganz heraus, so daß man nur ein System von 2 Differentialgleichungen durch eine Gleichung zwischen $x\ y\ p$ zu integriren hat. Man erhält die Proportion[:] $dx\ :\ dy\ :\ dp$ verhalten sich wie gegebene Functionen von $x\ y\ p$, die Sie unmittelbar abschreiben können aus den gegebenen Formeln, wenn Sie

$$\frac{\partial \varphi}{\partial z} = 0$$

setzen. Dann erhält man ohne Weiteres[361]

$$dx\ :\ dy\ :\ dp\ :\ dq = \frac{\partial \varphi}{\partial p}\ :\ \frac{\partial \varphi}{\partial q}\ :\ -\frac{\partial \varphi}{\partial x}\ :\ -\frac{\partial \varphi}{\partial y}$$

indem sich aus

$$dz = pdx + qdy$$

von selbst versteht, daß dz einer Gleichung $p\frac{\partial \varphi}{\partial p} + q\frac{\partial \varphi}{\partial q}$ proportional ist. Dieß wären also 3 Gleichungen zwischen den 4 Größen $x\ y\ p\ q$, aber die eine Integralgleichung ist schon $\varphi = 0$, durch welche man eine Größe eliminiren kann. Von diesem Systeme Differentialgleichungen braucht man nur ein einziges Integral zu kennen, so wird die Gleichung

$$dz = pdx + qdy$$

integrabel, und da p und q Functionen nur von x und y sind, so heißt das soviel, als[:] $pdx + qdy$ wird ein vollständiges Integral, wenn man die Werthe von p und q, die sich durch das gefundene Integral ergeben, substituirt, und die gesuchte Function z erhält man durch eine bloße Quadratur. Hier lassen sich folgende wichtige Betrachtungen anstellen: Es wird immer von den Analysten als ein großer Vortheil betrachtet, das Integral einer partiellen Differentialgleichung auf die Integration eines Systems gewöhnlicher Differentialgleichungen zurückzuführen: wir sehen aber, daß die Integration eines Systems gewöhnlicher Differentialgleichungen, welches wir hier aufgestellt

---

[361] Vgl. zur folgenden Verhältnisgleichung oben, S. 256 (mit $\frac{\partial \varphi}{\partial z} = 0$). In der Hs. ist die rechte Seite falsch wiedergegeben als:

$$„ = \frac{\partial \varphi}{\partial p}\ :\ \frac{\partial \varphi}{\partial q} = -\frac{\partial \varphi}{\partial x}\ :\ -\frac{\partial \varphi}{\partial y}“.$$

hatten, gerade dadurch auf eine vortheilhafte Weise sich behandeln und integriren läßt, daß es sich auf eine partielle Differentialgleichung zurückführt. Wir setzen voraus, man kennt ein Integral dieses Systems, wenn man dieses kennt, so bleibt noch eine Differentialgleichung erster Ordnung zwischen 2 Variabeln zu integriren und das ist in der Regel ein verzweifeltes Problem; aber wir sehen aus unserer Betrachtung, daß wenn man nur ein einziges Integral der partiellen Differentialgleichung kennt, daß man dann nicht mehr für dieses System Differentialgleichungen eine Differentialgleichung noch zu integriren hat, sonder daß Alles von bloßen Quadraturen abhängt. Wenn nämlich dieß eine Integral, welches man gefunden hat, die willkürliche Constante α enthält, so daß die Functionen von x und y, welche man p und q gleich findet, auch die willkürliche Constante α enthalten, es wird nach der aufgestellten Theorie

$$\frac{\partial z}{\partial \alpha} = \beta$$

die zwischen x und y stattfindende Integralgleichung sein, mit den beiden willkürlichen Constanten α und β. Wenn man also von diesem System Differentialgleichungen außer der gegebenen Gleichung $\varphi = 0$ zwischen $x\,y\,p$ und q noch die Integralgleichung $\psi = \alpha$ kennt, so wird die dritte Gleichung, die zwischen x und y stattfindet,

$$\frac{\partial z}{\partial \alpha} = \beta \, ,$$

welche Gleichung man auch so ausdrücken kann[:]

$$\int \left(\frac{\partial p}{\partial \alpha} dx + \frac{\partial q}{\partial \alpha} dy \right) = \beta$$

denn mit $pdx + qdy$ ist auch $\frac{\partial p}{\partial \alpha} dx + \frac{\partial q}{\partial \alpha} dy$ ein vollständiges Differential, und das Integral dann einer willkürlichen Constanten gleichgesetzt, gibt die dritte Gleichung zwischen x und y. Hamilton hätte daher eine sehr wichtige Entdeckung für die Mechanik machen können, und zwar für den einfachsten und interessantesten Fall (denn die einfachsten Fälle sind die interessantesten), wenn er seiner Zurückführung auf eine partielle Differentialgleichung nur das hinzugefügt hätte, was Lagrange in der betreffenden Theorie geleistet hat[362]. Man wird daraus folgendes mechanische Theorem erhalten: Wenn ein Punkt [, der] sich in einer gegebenen Fläche bewegen muß, und für diese Bewegung der Satz von der lebendigen Kraft stattfindet[363], noch von Kräften sollicitirt wird, die von einer beliebigen Anzahl von anziehenden Centren oder von constanten Parallelkräften herrühren, so wird man mittelst der Gleichung der

---

[362] Zu der Kritik an Hamilton vgl. auch Vorlesung XXXVI; insbes. S. 225, Anm. 332.
[363] In der Hs. folgt hier eine Lücke.

Fläche die 3 Coordinaten $x\ y\ z$ durch 2 Größen $q_1\ q_2$ ausdrücken können. Ist T die halbe lebendige Kraft, oder was dasselbe ist, das halbe Quadrat der Geschwindigkeit des Punktes, in seine Masse multiplicirt, die wir in diesem Falle $= 1$ setzen können, so setze man

$$\frac{\partial T}{\partial q_1'} = p_1 \qquad \frac{\partial T}{\partial q_2'} = p_2 \, ;$$

also drücke man $\frac{1}{2} v^2$ durch $q_1'\ q_2'$ aus und eliminire diese mittelst

$$p_1 = \frac{\partial T}{\partial q_1'} \qquad p_2 = \frac{\partial T}{\partial q_2'}$$

welches lineäre Gleichungen in $q_1'\ q_2'$ sind, wo die Coefficienten Functionen von $q_1\ q_2$ sind. Mittelst dieser also führe man die p statt der q' ein. Ist dann U das Potenzial, so daß der Satz von der lebendigen Kraft wird

$$T = U + h$$

wo h eine Constante ist, so setzt man

$$T - U = H$$

und sucht noch ein zweites Integral (außer dem des Satzes der lebendigen Kraft, welcher $H = h$ gibt) von dem System der dynamischen Differential-gleichungen

$$dq_1 \ : \ dq_2 \ : \ dp_1 \ : \ dp_2 = \frac{\partial H}{\partial p_1} \ : \ \frac{\partial H}{\partial p_2} \ : \ -\frac{\partial H}{\partial q_1} \ : \ -\frac{\partial H}{\partial q_2}$$

Wenn ein solches Integral

$$H_1 = h_1$$

ist, wo H_1 eine Function (von $xy\ p\ q$, d.h. hier) von $q_1\ q_2\ p_1\ p_2$, h_1 eine Constante ist, so drückt man mittelst dieser beiden Gleichungen

$$H = h \quad \text{und} \quad H_1 = h_1$$

p_1 und p_2 durch q_1 und q_2 aus, und es wird dann die endliche Gleichung zwischen den Variabeln q_1 und q_2, durch welche man die 3 Coordinaten des Punktes ausgedrückt hat, folgende:

$$\int \left(\frac{\partial p_1}{\partial h_1} dq_1 + \frac{\partial p_2}{\partial h_1} dq_2 \right) = const.$$

Es wird ferner die Zeit ausgedrückt durch die beiden Größen q_1 und q_2 mittelst

$$t + \tau = \frac{\partial V}{\partial h} = \int \frac{\partial p_1}{\partial h} dq_1 + \frac{\partial p_2}{\partial h} dq_2$$

worin die Relation zwischen Zeit und Raumgrößen enthalten ist. Die Ausdrücke unter den Integralzeichen sind vollständige Differentiale, darin besteht eben das Eigenthümliche des Satzes. Also z.B. bei der geödatischen Linie auf irgend einer beliebigen Fläche, für welche immer eine Differentialgleichung zweiter Ordnung zwischen 2 Variabeln ist, wird man immer, wenn man sie auf eine Differentialgleichung 1° Ordnung zurückgeführt hat, auf welche Art dieß auch geschehen sein mag, diese nach einer allgemeinen Regel durch bloße Quadraturen integriren können. Ich habe diesen Satz vor sehr langer Zeit der pariser Akademie in einem Briefe mitgetheilt, weil es interessant war, daß über einen so elementaren Fall der Mechanik noch irgend Etwas bemerkt werden konnte[364]. Poisson hat in Liouville's Journal diese Formel, die ich ohne Beweis gegeben hatte, bewiesen, aber auf einem äußerlichen Wege, ohne in ihr Wesen einzudringen, indem er zeigte, daß der Satz richtig sei, daß wirklich vollständige Differentialien da seien und die Integrale wirklich genügten, was er durch rückwärts angestelltes Differentiiren verifizirte[365]. Dieß hat natürlich gar kein Interesse, denn dieß besteht darin, die Methode anzugeben, durch welche auf so Etwas gekommen worden ist. Dieser an sich sehr interessante Satz hat aber dadurch an Werth verloren, daß ich später gezeigt habe, daß dasselbe auch dann gilt, wenn die Kräfte irgend beliebige Functionen der Coordinaten sind, nicht solche, die durch partielle Differentiation eines Potenzials dargestellt werden können, daß man also auch dann das Problem, wenn es auf eine Differentialgleichung erster Ordnung zurückgeführt ist, durch bloße Quadraturen erledigt[366]. Aber bei dem speciellen Fall, der sich darauf bezieht, daß der Satz von der lebendigen Kraft gilt, findet der Umstand statt, daß dieselbe Methode eine Aussicht auf große Verallgemeinerung gewährt, indem man das allgemeinste Problem der Art auf eine partielle Differentialgleichung erster Ordnung reduciren kann, während die Ausdehnung des Satzes über den Fall der lebendigen Kraft, die ich Ihnen schon mitgetheilt habe, und die in dem Princip des letzten Multiplicators besteht, nicht leicht verallgemeinert werden kann.

---

[364] Jacobis Brief wurde am 18. Juli 1836 in der Pariser Akademie gelesen und unter dem Titel *Sur le mouvement d'un point et sur un cas particulier du problème des trois corps* veröffentlicht (Jacobi 1836c; s. zu den obigen Relationen *Werke* IV, 38). Bereits am 24. Juni 1836 teilte er Bessel sein Ergebnis mit (Koenigsberger 1904a, 193).

[365] Eine kurze Anzeige dieses Beweises wurde in der Sitzung der Pariser Akademie vom 3. Mai 1837 mitgeteilt (Poisson 1837a, 632); die von Jacobi angesprochene ausführliche Abhandlung in „Liouvilles Journal" erschien unter dem Titel *Remarques sur l'integration des équations différentielles de la dynamique* (s. Poisson 1837b, insbes. 334-336).

[366] S. hierzu Jacobis *Note sur l'intégration des équations différentielles de la dynamique* (Jacobi 1837c).

Der zuletzt angeführte Satz gilt auch natürlich, wenn die Fläche eine Ebene ist, bei der Bewegung eines isolirten Punktes in der Ebene, also z.B. bei der elliptischen Bewegung eines Planeten um die Sonne in ihrer Ebene, und dieß will ich als Beispiel nehmen, um die Methode zu erläutern. Wir kennen da nämlich außer dem Integral der lebendigen Kraft noch das des Flächensatzes, haben also die Gleichungen

$$\frac{1}{2}\left(x'^2 + y'^2\right) = h \quad \text{und} \quad xy' - x'y = h_1$$

x und y sind hier $q_1\, q_2$ und $x'\, y'$ sind $p_1\, p_2$. Nach der Regel sind also x' und y' in x und y auszudrücken, die gefundenen Werthe partiell nach h und h_1 zu differentiiren und noch die Integrationen der hieraus zusammengestellten vollständigen Differentiale auszuführen. Multipliciren wir die Gleichung

$$x'^2 + y'^2 = 2h \quad \text{mit} \quad x^2 + y^2$$

und ziehen das Quadrat der zweiten

$$xy' - x'y = h_1$$

davon ab, so erhält man

$$xx' + yy' = \sqrt{2h\left(x^2 + y^2\right) - h_1^2} = \sqrt{\varrho}$$

der Kürze halber. Diese Gleichung, mit der des Flächensatzes verbunden, gibt, da beide linear sind, ohne Weiteres

$$x'\left(x^2 + y^2\right) = x\sqrt{\varrho} - h_1 y$$
$$\text{und} \quad y'\left(x^2 + y^2\right) = y\sqrt{\varrho} - h_1 x$$

so daß die Werthe von x' und y' als Functionen von $x\, y\, h\, h_1$ gefunden sind. Die partielle Differentiation nach h_1 und h gibt wegen

$$\frac{\partial \varrho}{\partial h_1} = -2h_1 \quad \text{und} \quad \frac{\partial \varrho}{\partial h} = 2\left(x^2 + y^2\right)$$

$$\text{sogleich} \quad \left(x^2 + y^2\right)\frac{\partial x'}{\partial h_1} = -\frac{h_1 x}{\sqrt{\varrho}} - y \quad \text{und} \quad \frac{\partial x'}{\partial h} = \frac{x}{\sqrt{\varrho}}$$

$$\text{so wie} \quad \left(x^2 + y^2\right)\frac{\partial y'}{\partial h_1} = -\frac{h_1 y}{\sqrt{\varrho}} + x \quad \text{und} \quad \frac{\partial y'}{\partial h} = \frac{y}{\sqrt{\varrho}}$$

Nun haben wir nach dem Frühern als Gleichungen der Bahn und der Zeit

$$\int\left(\frac{\partial x'}{\partial h_1}dx + \frac{\partial y'}{\partial h_1}dy\right) = \beta \quad \text{und} \quad t + \tau = \int\left(\frac{\partial x'}{\partial h}dx + \frac{\partial y'}{\partial h}dy\right)$$

wo wir die Werthe der partiellen Differentialquotienten substituiren:

$$\beta = \int \frac{1}{x^2 + y^2} \left\{ \left(-\frac{h_1 x}{\sqrt{\varrho}} - y \right) dx + \left(-\frac{h_1 y}{\sqrt{\varrho}} + x \right) dy \right\}$$

$$= -h_1 \int \frac{x\,dx + y\,dy}{(x^2 + y^2)\sqrt{\varrho}} + \int \frac{x\,dy - y\,dx}{x^2 + y^2}$$

$$= -\frac{h_1}{2} \int \frac{d\,(x^2 + y^2)}{(x^2 + y^2)\sqrt{2h\,(x^2 + y^2) - h_1^2}} + \int \frac{d\left(\dfrac{y}{x}\right)}{1 + \left(\dfrac{y}{x}\right)^2}$$

woraus man sieht, daß die Integrationen sich wirklich ausführen lassen, oder die Differentiale vollständige sind. Wir bemerken, was häufig vorkommt, daß überhaupt $\frac{x\,dy - y\,dx}{r}$, wenn r eine beliebige homogene Function der 2ten Ordnung ist, ein vollständiges Differential ist, wie durch Division von Zähler und Nenner durch x^2 erhellt. Die Integrale selbst folgen mit großer Leichtigkeit und geben die Gleichung der Ellipse um den Brennpunkt, wo aber die Lage der $x$axe beliebig [ist], so daß sie nicht mit der großen Axe zusammenfällt. Ich habe diese Formeln gegeben, nicht weil ich es für die beste Art halte, diese Gleichungen so zu integriren, sondern nur, um die allgemeine Methode an einem Beispiel zu erläutern.

XLIII   *Aufstellung der Differentialgleichungen des allgemeinen Störungsproblems mit Hilfe der Variation der Konstanten.*

Ich will Ihnen jetzt eine neue Theorie in der Variation der Constanten vortragen, wie sie gegründet wird auf diese Zurückführung der mechanischen Probleme auf eine partielle Differentialgleichung. Es wäre freilich für Sie interessant, wenn Sie mit der gewöhnlichen Theorie sich genau bekannt machten, damit Sie sähen, was eigentlich geleistet wird durch die neuen Betrachtungen, wie sie in das innerste Wesen der Sache eindringen. Die Conception, die man hierbei zu nehmen hat, ist nicht ganz leicht: man findet in der Regel, daß die Leichtigkeit der Rechnung im umgekehrten Verhältniß steht zur Leichtigkeit der Betrachtung.

Wir wollen wieder unser System Differentialgleichungen betrachten,

$$\frac{dq}{dt} = \frac{\partial H}{\partial p} \quad \text{und} \quad \frac{dp}{dt} = -\frac{\partial H}{\partial q},$$

wo H Function von $p\,q$ und t ist. Wir wollen jetzt annehmen, daß die Function H eine Änderung erleide, welche in der Anwendung dieser Theorie immer einen kleinen numerischen Werth behalten muß, worauf es uns hier aber nicht ankommt. H ändert sich also in $H + \Omega$, die zu integrirenden Gleichungen werden dann m Paare sein von der Form

$$\frac{dq}{dt} = \frac{\partial H}{\partial p} + \frac{\partial \Omega}{\partial p}\,, \qquad \frac{dp}{dt} = -\frac{\partial H}{\partial q} - \frac{\partial \Omega}{\partial q}$$

Ω wird hier wieder auf die allgemeinste Weise angesehen als Function der Größen q und p und von t. In der gewöhnlichen Anwendung, die auf das Störungsproblem gemacht wird, enthält Ω die Größen p gar nicht, aber hier in der allgemeinen Betrachtung setzen wir diese Beschränkung nicht voraus. Ich nenne nun wieder S eine vollständige Lösung der partiellen Differentialgleichung[367]

$$\frac{\partial S}{\partial t} + H = 0\,,$$

wenn man in H für $p_1\,p_2 \ldots p_m$ die partiellen Differentialquotienten nach q_1 $q_2 \ldots q_m$ einführt. Wir werden also eine neue partielle Differentialgleichung zu integriren haben, in der für H $H + \Omega$ steht, und die Lösung dieser neuen will ich mit $S + R$ bezeichnen. Die partielle Differentialgleichung wird man dann so darstellen können[:]

$$dS + dR = p_1 dq_1 + p_2 dq_2 \ldots + p_m dq_m - (H + \Omega)\, dt$$

denn wenn wir das vollständige Differential hinschreiben, so erhält es diesen Werth, wenn man für $p_1\,p_2 \ldots p_m$ die partiellen Differentialquotienten der Function $S + R$ nach $q_1\,q_2 \ldots q_m$ setzt. Wir wollen nun statt der Größen q und p andere Variabeln einführen, und zwar diejenigen Größen, Functionen von p und q, welche in dem ungestörten Problem constante Werthe erhalten. Da wir in der Differentialgleichung $m + 1$ unabhängige Variable haben, t und $q_1\,q_2 \ldots q_m$, so wird die vollständige Lösung außer der Constante, die durch Addition hinzugefügt wird, m willkürliche Constanten $\alpha_1\,\alpha_2 \ldots \alpha_m$ enthalten. Die Gleichungen, welche zwischen den willkürlichen Constanten und den Variabeln stattfinden, sind

$$\frac{\partial S}{\partial q_1} = p_1 \qquad \frac{\partial S}{\partial q_2} = p_2 \qquad \ldots \qquad \frac{\partial S}{\partial q_m} = p_m\,, \text{ ferner habe ich}$$

$$\frac{\partial S}{\partial \alpha_1} = \beta_1 \qquad \frac{\partial S}{\partial \alpha_2} = \beta_2 \qquad \ldots \qquad \frac{\partial S}{\partial \alpha_m} = \beta_m\,;$$

---

[367] Vgl. zur folgenden Herleitung die Ausführungen zum „ungestörten" Problem in den Vorlesungen XXXVIf. und Jacobis nachgelassene Schrift *Über diejenigen Probleme der Mechanik in welchen eine Kräftefunction existirt und über die Theorie der Störungen* (Jacobi 1866b, s. *Werke* V, insbes. 338-395).

diese Gleichungen betrachte ich jetzt nicht mehr als Integralgleichungen, sondern als Gleichungen, welche zwischen den $2m$ Größen α und β und den $2m + 1$ Größen q p und t stattfinden, so daß nun α und β Variable werden, welche durch diese Gleichungen als Functionen der Größen q p und t bestimmt werden. Dieß ist die Conception, auf welcher die Variation der Constanten beruht, α und β sind jetzt Variable, das ungestörte Problem wird erhalten, wenn ich diese Functionen Constanten gleich setze. Diese Functionen will ich jetzt statt der Größen q und p in die Gleichung für $dS +$ dR einführen, als Variable der partiellen Differentialgleichung. Das wird im Allgemeinen nicht möglich sein, ohne daß man die Anzahl der Variabeln vermehrt, im Allgemeinen würden rechterhand $2m + 1$ Differentialquotienten der sämtlichen Variabeln erscheinen, aber in diesem besondern Falle ereignet es sich, daß sich die Anzahl von Differentialquotienten nicht vermehrt. Also wenn wir zuerst $p_1\,p_2\,\ldots\,p_m$ eliminiren, erhalten wir die Gleichung

$$dS + dR = \frac{\partial S}{\partial q_1}dq_1 + \frac{\partial S}{\partial q_2}dq_2\ldots + \frac{\partial S}{\partial q_m}dq_m - (H + \Omega)\,dt$$

$\frac{\partial S}{\partial q_1}\ldots\frac{\partial S}{\partial q_m}$ sind Functionen der Größen q und α und t, die nicht die Größen p enthalten. Denken wir auch in H und Ω dieselben Substitutionen ausgeführt, so bleiben uns die Variabeln q und diese würden zu eliminiren sein mittelst der Gleichungen

$$\frac{\partial S}{\partial \alpha} = \beta\,,$$

aus denen die q bestimmt werden als Functionen von t und $2m$ Variabeln α und β. Nun wird aber das Differential von S, welches gegeben ist als Function der Größen q α und $t[:]$

$$dS = \frac{\partial S}{\partial q_1}dq_1 + \frac{\partial S}{\partial q_2}dq_2\ldots + \frac{\partial S}{\partial q_m}dq_m + \frac{\partial S}{\partial \alpha_1}d\alpha_1 + \frac{\partial S}{\partial \alpha_2}d\alpha_2\ldots + \frac{\partial S}{\partial \alpha_m}d\alpha_m + \frac{\partial S}{\partial t}dt$$

Weil aber $\frac{\partial S}{\partial t}$ identisch $= -H$, wenn wir in H für p wieder dieselbe Substitution $\frac{\partial S}{\partial q}$ machen, denn das ist die Definition von S, daß nach dieser Bedingung als Function der Größen q und t bestimmt sein soll, folgt

$$dS = \frac{\partial S}{\partial q_1}dq_1 + \frac{\partial S}{\partial q_2}dq_2\ldots + \frac{\partial S}{\partial q_m}dq_m - H\,dt + \frac{\partial S}{\partial \alpha_1}d\alpha_1\ldots + \frac{\partial S}{\partial \alpha_m}d\alpha_m$$

S ist eine Hilfsfunction, in der auch $\alpha_1\,\alpha_2\ldots\alpha_m$ nicht mehr Constanten sind, sondern es sind die angegebenen Functionen (, wie sie aus den Gleichungen $\frac{\partial S}{\partial q} = p$ bestimmt werden können). Substituirt man dieß, so folgt

$$dR = -\frac{\partial S}{\partial \alpha_1}d\alpha_1 - \frac{\partial S}{\partial \alpha_2}d\alpha_2\ldots - \frac{\partial S}{\partial \alpha_m}d\alpha_m - \Omega dt$$

Die Functionen von q und t, welche für $\frac{\partial S}{\partial \alpha_1}$ $\frac{\partial S}{\partial \alpha_2}$ ... stehen, sind aber β_1 β_2 ... genannt worden: Sie sehen, die Systeme der Integralgleichungen sind jetzt bloß eine Einführung von Bezeichnungen, α nennen wir die Functionen, die durch Auflösung der Gleichungen

$$\frac{\partial S}{\partial q} = p$$

erhalten werden, und β die Functionen $\frac{\partial S}{\partial \alpha}$. Also endlich

$$dR = -\beta_1 d\alpha_1 - \beta_2 d\alpha_2 \ldots - \beta_m d\alpha_m - \Omega dt$$

In die Function Ω haben wir noch für die q und p die Größen α und β einzuführen, und haben dann unmittelbar die Transformation der partiellen Differentialgleichung. Diese partielle Differentialgleichung wird die Form erhalten

$$\frac{\partial R}{\partial t} + \Omega = 0$$

Denn da, wenn man R differentiirt, nur die Differentiale $d\alpha$ und dt vorkommen, so wird R eine Function von α_1 α_2 ... α_m und t, und es werden $-\beta_1$ $-\beta_2$ ... $-\beta_m$ die partiellen Differentialquotienten, nach den α genommen; der partielle Differentialquotient nach t wird ferner $-\Omega$. Das heißt also, so viel R ist eine solche Function von α_1 α_2 ... α_m und t, daß wenn ich die ersten partiellen Differentialquotienten nach diesen Größen bilde, der partielle Differentialquotient nach t genommen aus den übrigen partiellen Differentialquotienten und den Variabeln α_1 α_2 ... α_m und t auf eine gegebene Weise zusammengesetzt ist: nämlich $\frac{\partial R}{\partial t}$ ist aus den Größen α und t und den Differentialquotienten $\frac{\partial R}{\partial \alpha}$ ebenso zusammengesetzt, wie die Function Ω aus denselben Größen α und t und den Größen $-\beta$. Ich erhalte also die neue partielle Differentialgleichung, indem ich aus der Function Ω oder der sogenannten Störungsfunction mittelst der Gleichungen des ungestörten Problems die Größen q_1 q_2 ... q_m p_1 p_2 ... p_m eliminire, und also die Störungsfunction bloß ausdrücke durch α_1 α_2 ... α_m β_1 β_2 ... β_m und t, und dann in diese Function für β_1 β_2 ... β_m substituire $-\frac{\partial R}{\partial \alpha_1}$ $-\frac{\partial R}{\partial \alpha_2}$ ... $-\frac{\partial R}{\partial \alpha_m}$. Habe ich diese Function Ω so bestimmt, so wird

$$\frac{\partial R}{\partial t} + \Omega = 0$$

die partielle Differentialgleichung, durch welche R bestimmt wird, so daß in dieser Gleichung die Größen α_1 α_2 ... α_m β_1 β_2 ... β_m und t die Variabeln sind. Wenn man in die gewöhnlichen gegebenen Differentialgleichungen des gestörten Problems die neuen Variabeln einführt, so muß man dasselbe

System gewöhnlicher Differentialgleichungen erhalten, welches mit der partiellen Differentialgleichung zusammenhängt und durch dieselbe vollständig integrirt wird, wovon die Rechnung leicht überzeugt; beide hängen ganz genau zusammen, die partielle Differentialgleichung und das System gewöhnlicher Differentialgleichungen. Wenn wir nun annehmen, daß $\epsilon_1 \, \epsilon_2 \ldots \epsilon_m$ die willkürlichen Constanten sind, welche die vollständige Lösung, die man für R erhält, in sich trägt, so werden die Integralgleichungen des gestörten Problems

$$\frac{\partial R}{\partial \alpha_1} = -\beta_1 \qquad \frac{\partial R}{\partial \alpha_2} = -\beta_2 \qquad \ldots \qquad \frac{\partial R}{\partial \alpha_m} = -\beta_m \quad \text{und}$$

$$\frac{\partial R}{\partial \epsilon_1} = \eta_1 \qquad \frac{\partial R}{\partial \epsilon_2} = \eta_2 \qquad \ldots \qquad \frac{\partial R}{\partial \epsilon_m} = \eta_m$$

wo $\eta_1 \, \eta_2 \ldots \eta_m$ neue willkürliche Constanten sind; die Größen α und β aber, welche hier vorkommen, sind Functionen von $q_1 \, q_2 \ldots q_m \, p_1 \, p_2 \ldots p_m$ und t, und zwar, wie sie durch das ungestörte Problem bestimmt worden sind. Der Vortheil, den man hierdurch erreicht, besteht darin, daß man Größen als Variable eingeführt hat, welche sich nur wenig ändern, so daß ihr Unterschied von constanten Werthen von der Ordnung der störenden Kräfte ist, denn im ungestörten Problem werden sie Constanten. Das System gewöhnlicher Differentialgleichungen endlich, welches mit der partiellen Differentialgleichung

$$\frac{\partial R}{\partial t} = -\Omega$$

zusammenhängt, wird folgendes:

$$\frac{d\alpha_1}{dt} = -\frac{\partial \Omega}{\partial \beta_1}, \qquad \frac{d\alpha_2}{dt} = -\frac{\partial \Omega}{\partial \beta_2} \qquad \ldots \qquad \frac{d\alpha_m}{dt} = -\frac{\partial \Omega}{\partial \beta_m}$$

$$\frac{d\beta_1}{dt} = \frac{\partial \Omega}{\partial \alpha_1}, \qquad \frac{d\beta_2}{dt} = \frac{\partial \Omega}{\partial \alpha_2} \qquad \ldots \qquad \frac{d\beta_1}{dt} = \frac{\partial \Omega}{\partial \alpha_m}$$

Wir kennen also unmittelbar und ohne eine Zeile Rechnung, wenn wir das ungestörte Problem durch die angegebene Methode integrirt haben, d.h. indem wir die vollständigen Integrale ableiteten aus einer einzigen Function, die einer partiellen Differentialgleichung erster Ordnung genügt, augenblicklich die Differentialgleichungen der gestörten Elemente. Um diese Differentialgleichungen aufzustellen, ist gewöhnlich eine bedeutend viel größere Rechnung nöthig, als um das ursprüngliche Problem zu integriren, für den Fall der elliptischen Bewegung sind Rechnungen von mehreren Bogen nöthig, wie elegant man sie auch wenden mag - hier erhält man die Differentialgleichungen des gestörten Problems in der vollendeten Einfachheit. Nämlich man kann als Elemente beliebige $2m$ Functionen der $2m$ willkürlichen Constanten einführen, in diesem Fall würde im Allgemeinen jeder vollständige Differentialquotient $\frac{d\alpha}{dt}$ ausgedrückt werden durch ein Aggregat sämtlicher partieller Differentialquotienten der Störungsfunction, während hier jeder vollständige Differentialquotient durch einen einzigen partiellen Differentialquotienten von Ω ausgedrückt wird. Durch die neue Methode wird also zugleich dasjenige System willkürlicher Constanten als Elemente eingeführt, für welche die Störungsgleichungen die einfachste Form erhalten. Bei der elliptischen Bewegung hatte man schon ungefähr solche Elemente, wie sie sich hier darbieten, wenn man sie auch nicht so rein hatte, so hatten doch mehrere Elemente die Eigenschaft, daß sich ihre Differentialien durch einen oder 2 partielle Differentialquotienten der Störungsfunction darstellten, es zerstörten sich sehr viele, und man sah es als einen besonderen Zufall an, daß die Coefficienten dieser Differentialquotienten nach langen Entwicklungen Null wurden oder die positive oder negative Einheit. Für unsren Fall sieht man die Nothwendigkeit dazu ein.

XLIV *Anwendung auf Kometenbewegung und das Problem der Stabilität des Weltsystems nach Lagrange und Laplace für Störungen erster Ordnung.*

Wenn man die Störungsgleichungen betrachtet, so geben diese die vollständigen Differentialien der veränderlichen Elemente, ausgedrückt durch die partiellen Differentialquotienten der Störungsfunction, wenn man die Störungsfunction durch die variabeln Elemente und die Zeit ausdrückt. Wenn die Störungsfunction sehr klein ist, also in Ω ein kleiner Zahlenfactor eingeht, wie dieß im Sonnensystem der Fall ist, wenn die Bewegung eines Planeten um die Sonne durch die Anziehung eines andern Planeten gestört ist, wo dieser Zahlenfactor gleich wird der Masse des störenden Planeten, dividirt durch die Sonnenmasse (die bei Weitem größte Planetenmasse ist die des Jupiter, wo dieser Bruch circa 0,001 beträgt) - in diesem Falle werden die Werthe der veränderlichen Elemente gleich Constanten + Functionen der Zeit, die in einen kleinen Zahlenfactor multiplicirt sind. Diese Functionen erhält man durch die Integration der Differentialgleichungen. Man kann nämlich, da die Function Ω in einen kleinen Zahlenfactor multiplicirt ist, in ihr die Elemente als constant ansehen, wenn man die Größen von der zweiten Ordnung der störenden Kräfte vernachlässigt, denn die Elemente sind von Constanten nur verschieden um Größen von der ersten Ordnung, und da Ω selbst schon eine Größe der ersten Ordnung ist, so wird der Fehler, den man begeht, erst von der zweiten Ordnung sein. Wenn man also nur die ersten Potenzen der störenden Kräfte berücksichtigen will, so erhält man jedes Element unmittelbar durch die Integration nach der Zeit. Diese Integration nach der Zeit wird in manchen Fällen, z.B. beim Encke'schen Cometen[368], auf eine künstliche Weise ausgeführt nach der Methode der mechanischen Quadratur, indem man die Werthe der zu integrirenden Function berechnet für hinlänglich kleine Intervalle, um den Werth des Integrals nach und nach zu erhalten für die immer wachsende Zeit. Auf diese Weise wird der Encke'sche Comet, seitdem man seine Bahn erkannt hat (etwa 1000 Tage Umlaufszeit), verfolgt, immer von einem Erscheinen bis zum andern. Wenn die Elemente hierdurch nach und nach, nach einigen Tagen eine merkliche Veränderung erlitten haben, so werden bei der Berechnung der Ausdrücke rechts vom Gleichheitszeichen, die zu integriren sind, die veränderten Ausdrücke substituirt, und so verfolgt man den Cometen Schritt für Schritt, indem man ihn an jedem Ort, an den er auf seiner Bahn gelangt, hinbegleitet. Die ganze Zwischenzeit, während welcher man ihn so begleiten muß, hat kein Interesse, weil man ihn nur in Erdnähe beobachten kann, dann kann man erst wieder die Rechnung mit den Beobachtungen vergleichen. Kommt er andern Planeten, z.B. dem Jupiter nahe, so betrachtet man die Störungen durch den Jupiter ebenso. So ist der Encke'sche Comet seit Bestimmung seiner Revolution verfolgt worden: dieß ist jedesmal eine sehr große Arbeit und hat nicht das geringste wissenschaftliche Interesse! Indessen[369] sind die mathematischen Methoden noch sehr unvollkommen - - das Problem der Störungen ist noch sehr jung in rein analytischer Auffassung - man hat sich im ersten Jahrhundert größtentheils damit begnügt, durch die Beobachtungen sich aufmerksam machen zu lassen auf periodische Glieder, so daß man also die Beobachtungen darzustellen gesucht hat durch gewisse sinus und cosinus, die der Zeit proportional sind, und die Zeit[370] hat man nur auf einfache Art aus den mittleren Bewegungen des

---

[368] Auf den „Encke'schen Cometen" wurde der Berliner Astronom J.F. Encke im November 1818 durch Beobachtungen von J.-L. Pons aufmerksam gemacht. In der Folgezeit wies Encke dessen Ellipsenbahn (mit 3,6jähriger Umlaufszeit) nach und zeigte, daß der Komet identisch mit früher festgestellten war - u.a. mit einem bereits 1811 von Pons beobachteten, weshalb Encke selber von „Pons'schen Kometen" sprach. Zuerst wurde der Komet offenbar 1786 von C. Herschel wahrgenommen. Encke veröffentlichte seine Ergebnisse in dem Aufsatz *Ueber einen merkwürdigen Kometen, der wahrscheinlich bei dreijähriger Umlaufszeit schon zum vierten Male beobachtet ist* (Encke 1819; s. auch Encke 1820). Seine geringe Umlaufszeit machte den Kometen zu einem interessanten Objekt der Störungstheorie. Nach dem im folgenden von Jacobi beschriebenen Iterationsverfahren berechnete Encke die Einzelstörungen mit Intervallen von 50 Tagen (für den Jupiter) bis zu 10 Tagen (für Merkur und Erde). S. hierzu näher Bruhns 1869, 59-68.

[369] In der Hs. heißt es: „Indessen da die mathematischen Methoden noch sehr unvollkommen sind ... ".

[370] Ohne Durchstreichung darübergeschrieben: „die Winkel".

störenden und des gestörten Planeten zusammengesetzt; dann hat man die numerisch gefundenen Coefficienten gesucht analytisch zu bestimmen. Erst in diesem Jahrhundert hat man versucht, alle Terme, die möglicher Weise von Einfluß sein könnten, analytisch abzuleiten. Bei Störungen aber wie der des Encke'schen Cometen hören alle dazu gebrauchten Methoden, wie sie in der *mécanique céleste* stehen[371], auf, wenn man von einer analytischen Reihenentwicklung sprechen will. Erst in der letzten Zeit hat Hansen in Gotha die Kühnheit gehabt, auch dieß Problem anzugreifen[372]. Man nennt die Methode des Mitgehens auf jeden Punkt der Bahn die Berechnung der speciellen Störungen, und setzt entgegen die allgemeinen oder absoluten Störungen, wenn man eine analytische Entwicklung wagt. Hauptsächlich interessant ist es zu wissen, ob durch die Integration der Gleichungen

$$d\alpha = -\frac{\partial\Omega}{\partial\beta}dt \quad \text{und} \quad d\beta = \frac{\partial\Omega}{\partial\alpha}dt$$

die Zeit außerhalb des Sinuszeichens kommt, weil man dann Terme erhält, die der Zeit proportional wachsen, auch selbst in der ersten Annäherung. Das wird nun immer der Fall sein, wenn man die Function Ω in eine Reihe entwickelt, die nach sinus und cosinus der Vielfachen von t fortgeht, und das ganz constante Glied, das nicht in sin oder cos multiplicirt ist, von mehreren der Elemente abhängt. Ist es z.B. Function von α, so wird in $\frac{\partial\Omega}{\partial\alpha}$ das constante Glied oder der mittlere Werth, der nicht abhängt von cos und sin, nicht Null werden, und daher wird β einen Term enthalten, der mit der Zeit wächst. Wenn nun β ein Winkel ist und nur der cosin und sin von β in dem Ausdrucke von[373] U vorkommt, so wird dadurch wenigstens nichts Unendliches in den Ausdrücken erzeugt, oder kein Term eingeführt, der mit der wachsenden Zeit selbst unendlich wird, so daß sich damit eine Stabilität des Systems vereinigen läßt. Vorzüglich aber ist es interessant zu wissen, ob das Element, von welchem die Dimensionen der Bahn abhängen, ob dieses ein solches der Zeit proportionales Glied enthält. Wenn der Satz von der lebendigen Kraft gilt, so wird ein solches Element, von welchem die Dimensionen abhängen, die Constante h sein, immer für den Fall, wo das Potenzial U eine

---

[371] Die Störungstheorie findet Eingang in alle fünf Bände von Laplaces *Traité de mécanique céleste* (*Oeuvres* I-V). S. hierzu näher Grattan-Guinness 1990 I, 316ff., 371ff.; II, 1180ff..

[372] S. dessen Abhandlung über die *Ermittlung der absoluten Störungen in Ellipsen von beliebiger Excentricität und Neigung* (Hansen 1843). Hansens Schüler J.A.Ch. Zech führte diese Arbeit weiter in seiner Habilitationschrift *Die vom neunfachen der mittleren Anomalie des Saturns abhängigen Störungen des Encke'schen Kometen* (Zech 1845).

[373] In der Hs. folgt „q", darübergesetzt ist ohne Durchstreichung „U" als Bezeichnung für die hier gemeinte Potentialfunktion.

homogene Function der Coordinaten ist. Wir wollen im Allgemeinen annehmen, die Kräftefunction U sei eine homogene Function von der Ordnung $-i$, für das Weltsystem wird dazu $i = 1$ sein, oder vielmehr für die newtonsche Attraction, weil da U ein Aggregat ist von den umgekehrten Werthen der gegenseitigen Entfernungen. Nun wollen wir annehmen, es seien die Coordinaten ausgedrückt als Functionen der Zeit. Man wird dann immer sämtliche Coordinaten mit einer willkürlichen Constanten multipliciren können und die Zeit ebenfalls mit einer davon abhängigen Constanten, so daß sämtliche Differentialgleichungen ungeändert bleiben. Die Differentialgleichungen haben die Form

$$\frac{d^2 x}{dt^2} = \frac{\partial U}{\partial x}$$

und $\frac{\partial U}{\partial x}$ ist eine homogene Function von der Ordnung $-(i+1)$. Wenn wir alle Coordinaten mit f multipliciren, wird $\frac{d^2 x}{dt^2}$ mit f multiplicirt und $\frac{\partial U}{\partial x}$ mit f^{i+1} dividirt. Wenn wir also t gleichzeitig mit $f^{1+\frac{i}{2}}$ multipliciren, so wird $\frac{d^2 x}{dt^2}$ mit f^{i+2} dividirt, beide Seiten der Differentialgleichung erscheinen also durch dieselbe Größe f^{i+1} dividirt, und f geht ganz heraus, so daß die Gleichungen nicht geändert werden. Für den Fall der newtonschen Attraction erhalten wir wegen $i = 1$, daß die Differentialgleichungen ungeändert bleiben, wenn man die Coordinaten sämtlich mit f und gleichzeitig die Zeit mit $f^{\frac{3}{2}}$ multiplicirt. Wenn die Zeit immer unter den cos und sin zeichen vorkommt bei den Coordinaten, wie es nöthig ist, wenn das System nicht auseinandergehen soll, so werden nur die Zahlen geändert, die unter dem sin cos zeichen mit der Zeit multiplicirt sind, die sämtlichen Coefficienten im Ausdrucke der Coordinate werden mit f multiplicirt, wodurch also alle Dimensionen sich proportional f ändern, gleichzeitig ändert sich die Zeit im Verhältniß von $f^{\frac{3}{2}}$, wodurch also das eine berühmte kepler'sche Gesetz folgt. Wenn wir den Satz von der lebendigen Kraft

$$T = U + h$$

betrachten, so wird die lebendige Kraft T durch die angegebene Änderung mit f^i dividirt, da der vollständige Differentialquotient jeder Coordinate durch $f^{\frac{i}{2}}$ dividirt wird, und da wir das Gleiche von U gesehen haben, muß auch

$$h = T - U \,,$$

wenn die Coordinaten mit f, die Zeit mit $f^{\frac{i}{2}+1}$ multiplicirt werden, mit f^i dividirt werden. Im Weltsystem also wird h mit f dividirt, und der reciproce Werth ändert sich proportional f. Es werden daher die Dimensionen abhängen von dem Werthe der Constante h. Dieß stimmt auch mit der elliptischen Bewegung, wo h der reciproce Werth der großen Axe bedeutet. Je mehr wir also h im Weltsystem verkleinern, in demselben Verhältniß wachsen die Dimensionen; wenn so durch f dividirt wird, werden sämtliche Coordinaten, Functionen der Zeit, mit f multiplicirt, die Zeit selbst (unter dem cos sin zeichen und in den Werthen der Coordinate) mit $f^{\frac{3}{2}}$, wie es ganz bei den verschiedenen Planeten der Fall ist. Das Längenmass [ist] die große Axe. Es wird also darauf ankommen, ob der Ausdruck der Constante h, wie er sich durch die Störungen verändert, ob diese Störungen immer der Zeit proportionale Terme enthalten können, weil wenn h unendlich oder Null werden kann, das System auseinandergehen kann: für $h = 0$ folgt Bewegung in einer Parabel, wen h unendlich werden oder nur namhafte Veränderung erleiden kann, können die Dimensionen in großem Maasse durch die Störungen geändert werden. Man hat daher sich früh [damit] beschäftigt, den Werth von $\frac{dh}{dt}$ zu entwickeln, und da hat man zu seiner großen Beruhigung gefunden, daß wenn man nach den Potenzen der Excentricität entwickelt, die Coefficienten der ersten Potenzen sich alle wegheben. Dieß zeigte Laplace[374], bis dann Lagrange in den berliner Memoiren, in einem der früheren Bände vor etwa 60 Jahren, aus den Störungsgleichungen selbst durch einen bloßen Schluß gezeigt hat, daß im Werthe von $\frac{dh}{dt}$ kein ganz constantes Glied vorkommt[375]. Dieß wollen wir nun hier ganz allgemein durch folgende Betrachtungen beweisen.

Es wird nämlich zunächst darauf ankommen, da sich ja zwei Elemente in der Störungsfunction, wie ich sie aufgestellt habe, entsprechen, was das Element ist, welches dem h entspricht. Da hatten wir die Formel

$$\frac{\partial V}{\partial h} = t + \tau \quad \text{oder} \quad \frac{\partial V}{\partial h} - t = \tau \quad \text{wenn} \quad S = V - ht$$

$$\alpha_m = -h \qquad \beta_m = -\tau$$

Diese Constante τ ist, wenn der Satz von der lebendigen Kraft gilt, mit t innig verbunden, und kommt nirgends anders vor, so daß beide Größen t und τ in eine Größe zusammenwachsen, wo sie auch vorkommen, unter den cos und sin zeichen erscheinen sie immer verbunden, denn t kommt in allen

---

[374] Jacobi bezieht sich hier insbes. auf dessen *Mémoire sur les solutions particulières des équations différentielles et sur les inégalités seculaire des planètes* (Laplace 1772a, s. hierzu auch Lagrange 1775) sowie auf die *Récherches sur le calcul intégral et sur le système du monde* (Laplace 1772b; vgl. S. 67, Anm. 106). Laplaces spätere Stabilitätsuntersuchungen (Laplace 1785, 1786) erscheinen *nach* der Arbeit Lagranges (s. Anm. 375).

[375] S. hierzu den Aufsatz *Sur les variations séculaires des mouvemens moyens des planètes* in den *Nouveaux Mémoires* der Berliner Akademie (Lagrange 1783), den Lagrange selber als „supplement à la *Théorie générale des variations séculaires*" ansah (*Oeuvres* V, 382; s. Lagrange 1782).

übrigen Gleichungen nicht vor, τ auch nicht weiter, und $\frac{\partial V}{\partial h}$ enthält auch nur die andern Elemente. Wenn wir also die Größen q und p ausdrücken durch die Elemente und die Zeit, so hat man $m-1$ Constanten α, $m-1$ Constanten β, die Constante h und noch die eine Größe $t + \tau_0$. Wenn wir nun für diese beiden Elemente h und τ die Differentialgleichungen des gestörten Problems betrachten, so werden diese sein

$$\frac{dh}{dt} = -\frac{\partial \Omega}{\partial \tau} \quad \text{und} \quad \frac{d\tau}{dt} = \frac{\partial \Omega}{\partial h}$$

τ wird, wie alle übrigen Elemente in dem gestörten Problem, eine Function von t, da aber τ nur in der Verbindung $t + \tau$ vorkommt, wird

$$\frac{\partial \Omega}{\partial \tau} = \frac{\partial \Omega}{\partial t}$$

wenn man Ω nur nach t differentiirt, sofern es explicite vorkommt, und nicht die Coordinaten als Functionen von t behandelt. Hat man Ω in eine Reihe entwickelt, die nach den cos und sin der der Zeit proportionalen Winkel fortgehen, und man differentiirt partiell nach t, so verschwindet natürlich das ganz constante Glied, und $\frac{\partial \Omega}{\partial t}$ oder $\frac{dh}{dt}$ ist nur ein Aggregat von sin und cos, so daß man nach der Integration h ohne ein Glied erhält, das mit t unbestimmt wächst. Das war die große Entdeckung, die man mit dem Namen der Stabilität des Weltsystems begreift, und allerdings eine der schönsten Entdeckungen von Lagrange, weil die Quälereien mit der Entwicklung nach den successiven Potenzen der Excentricität nun aufhörten, und die Sache in ihrer wahren Natur erkannt wurde. Indessen gilt diese ganze Stabilitätsbetrachtung nur für die Terme der ersten Ordnung, d.i. von der Ordnung der ersten Potenz der Massen. Wenn man die Näherung weiter treibt, so hört dieß auf, und es ist dann nöthig, die analytische Entwicklung anders aufzustellen und tiefer einzudringen in die Natur der Differentialgleichungen, um nicht doch selbst für die Störungen der großen Axe, d.i. für dieses h außer den periodischen Termen noch Terme zu bekommen, die rein der Zeit proportional sind. Nämlich die gewöhnliche Art, wie man die Näherung weiter treibt, ist nach dem taylor'schen Satze folgende: Nachdem man zuerst rechts die Elemente als constant betrachtet hat, findet man durch Integration nach t die Functionen, die zu den constanten Werthen hinzukommen, und welche die Glieder der ersten Ordnung sind in Bezug auf die störende Masse. Wenn man diese Werthe nun rechts substituirt, so bekommt man noch Terme der zweiten Ordnung hinzu, und deren Integration gibt nun wieder die neuen Coordinaten der nächst höhern Ordnung. Wenn man die Werthe der Elemente bis auf die n^{te} Ordnung der Massen kennt, und man substituirt die Werthe in die Ausdrücke rechts, welche in eine kleine Größe von der Ordnung der störenden Masse multiplicirt sind, so erhält man rechts die Terme genau bis auf die $\overline{n+1}^{\text{te}}$ Ordnung, und kann durch Integration die Elemente auf dieselbe Ordnung genau finden, so daß man durch Fortsetzung nach und nach die Terme auf jede Ordnung genau finden kann. Wenn nun aber die Natur des Problems erfordert, daß Functionen der störenden Masse in die Zeit multiplicirt sind unter den cos und sin zeichen, also wenn die Constante h^{376} in dem wirklichen Ausdrucke, den man nicht kennt, die störende Masse selbst involvirt, so folgt es aus der Natur der Sache, daß eine Entwicklung nach den Potenzen der störenden Masse nicht anders geschehen kann, als indem zu gleicher Zeit die Zeit außerhalb des sinuszeichens heraustritt: man wird daher, wenn man dieß vermeiden will, für die höhern Ordnungen andere Mittel ergreifen, als streng nach den Potenzen der störenden Masse zu entwickeln.

XLV   8. März 48

Berücksichtigung von Störungen höherer Ordnung; Ungleichheit von Jupiter und Saturn nach Laplace.

Das Thema, meine Herren, von dem wir jetzt handeln, ist sehr zeitgemäß, ich meine die Variation der arbiträren Constanten^{377}. -

Über die Stabilität des Weltsystems und die Invariabilität der großen Axe bin ich in einiges Detail eingegangen und habe gezeigt, daß aus dem Ausdruck für $\frac{dh}{dt}$ folgt, daß der Ausdruck von h keinen der Zeit proportionalen Term enthält. Ich will nun näher eingehen in den Ausdruck für $\frac{d\tau}{dt}$, der durch die Gleichung

$$\frac{d\tau}{dt} = \frac{\partial \Omega}{\partial h}$$

gegeben ist. Dieses τ ist mit der Zeit t durch Addition verbunden: wenn also in dem variabeln Ausdruck für τ ein der Zeit proportionales Glied vorkommt, so wird dadurch der Charakter der Formel gar nicht verändert, indem nur

---

^{376}In der Hs. folgt eine Freilassung von einer halben Zeile.

^{377} Wie bereits die ungewöhnliche Datierung der Vorlesung („8. März 48") spielt wohl auch diese Einleitungsbemerkung Jacobis auf die politischen Vorgänge in Berlin an: Bereits am 6. und 7. März hatten sich die Studenten in den sog. „Zeltenversammlungen" mit der Forderung nach politischen und universitären Reformen der Volksbewegung gegen die bestehende Monarchie angeschlossen (Lenz 1990-1918 II(2), 190-195), die am 18. d.M. in der „berliner Märzrevolution"(s. S. 296) kulminierte. Auch Jacobi trat durch öffentliche Reden im „constitutionellen Klub" für die „republikanische" Seite, d.h. für eine *politisch* gemeinte „Variation der arbiträren Constanten" ein; s. hierzu näher Ahrens 1907a.

die Constante eine Änderung erleidet; es vereinigt sich dieser Term mit dem
Ausdruck τ, der zu t addirt ist. Es wird also dadurch nur die mittlere Bewegung verändert. Es kommt also im Ausdruck τ etwas anderes Merkwürdiges
vor, nämlich ein Term, der eine doppelte Integration erfordert. Vermittelst
des kepler'schen Satzes, daß die Quadrate der Umlaufszeiten sich wie die
Cuben der großen Axen verhalten, ist das t unter den cos und sin zeichen
multiplicirt mit einer Function von h: nämlich wir hatten da einen Satz,
daß wenn man h durch f dividirt und t mit $f^{\frac{3}{2}}$ multiplicirt, die Formeln
nicht geändert werden, wenn die Dimensionen mit f multiplicirt werden.
Hieraus geht hervor, daß unter den cos und sin zeichen t mit $h^{\frac{3}{2}}$ multiplicirt
vorkommt, wie auch ganz richtig [ist], denn es ist dividirt durch $a^{\frac{3}{2}}$, wenn
a die halbe große Axe ist. So kommen also im ungestörten Problem solche
Vielfache vor: $\genfrac{}{}{0pt}{}{\cos}{\sin}\, ih^{\frac{3}{2}}(t + \tau)$. Denn wenn ich t mit $f^{\frac{3}{2}}$ multiplicire, h mit
f dividire, ändert sich der Ausdruck nicht. Und wenn der Term eine Coor-
dinate ausdrückt, wird er in $\frac{1}{h}$ multiplicirt sein, damit die erste Dimension
herauskommt. h ist mit U von der − ersten [Ordnung]. Wenn man, um den
Ausdruck

$$\frac{d\tau}{dt} = \frac{\partial \Omega}{\partial h}$$

zu bekommen, nach h differentiirt, so hat man zu überlegen, daß die Störungs-
function von der −1sten Ordnung ist, so daß wenn $\genfrac{}{}{0pt}{}{\cos}{\sin}\, ih^{\frac{3}{2}}(t + \tau)$ ein Term
der Störungsfunction ist, er noch in h multiplicirt sein muß, und dieser kann
in eine Function derjenigen Elemente $(i\,\Omega\,e\,\ldots)$[378] multiplicirt sein, die von
keiner Dimension sind. h aber kann nur in der angegebenen Verbindung im
Ausdrucke der Störungsfunction vorkommen, da es das einzige Element ist,
welches eine Dimension hat, und zwar wie Ω die -erste. Wir schreiben daher
als allgemeinen Term in der Entwicklung der Störungsfunction

$$C_i h \,\genfrac{}{}{0pt}{}{\cos}{\sin}\, ih^{\frac{3}{2}}(t + \tau)$$

C_i enthält Terme, die von dem störenden Planeten abhängen, und den Elementen des gestörten mit Ausnahme von h und τ. Das ist schon eine wichtige Bemerkung für die Kenntniss eines Problems, wenn man weiß, wie die
Constanten darin vorkommen. Differentiiren wir nun nach h, so fällt bei
Differentiation des nicht trigonometrischen Factors h einfach weg, und man

---

[378] Mit den in der Klammer angeführten, aber nicht erläuterten „Elementen" sind folgen-
de Bestimmungsstücke der Bahnellipse gemeint (vgl. etwa Jacobi *Werke* IV, 139):
i: Neigung der Bahnebene gegen die verwendete Koordinatenebene
Ω: Knoten der Bahnebene mit der Koordinatenebene
e: Exzentrizität der Ellipse.

erhält bei der Integration nach t periodische Glieder. Differentiirt man aber cos oder sin, so erhält man Terme von der Form

$$\mp \frac{3}{2} i C_i h^{\frac{3}{2}} (t + \tau) \,\, {\textstyle{\sin \atop \cos}} \,\, i h^{\frac{3}{2}} (t + \tau)$$

es wird also noch t als Factor von cos oder sin erscheinen. Um hier nach t zu integriren, befolgt man das Verfahren der partiellen Integration, die bei einem solchen Ausdruck $t \cos nt$, wenn man mit dem periodischen Term beginnt, gibt:

$$\int t \cos nt \, dt = \frac{t}{n} \sin nt - \frac{1}{n} \int \sin nt \, dt = \frac{t}{n} \sin nt + \frac{1}{n^2} \cos nt$$

Man erhält also durch die doppelte Integration nach dem periodischen Term n^2 im Nenner. Wenn also n eine sehr kleine Größe ist, so kann es sich ereignen, daß die Terme sehr groß werden. Darin besteht nämlich die große Schwierigkeit dieses Problems, alle Terme zu ermitteln, die durch besondere Umstände groß werden können, dieß zu erweisen, muß man in sehr großes Detail eingehen, welches dieses Problem zu dem allerwiderwärtigsten in der Mathematik macht, indem gar kein festes Prinzip zu dieser Ermittelung aufzustellen ist. Ein solcher Fall tritt ein, wenn die mittlern Bewegungen des störenden und des gestörten Planeten nahe commensurabel sind, wie dieß z.B. beim Jupiter und Saturn der Fall ist, indem nahezu in derselben Zeit, in welcher sich der Saturn zweimal um die Sonne bewegt, der Jupiter 5 Umläufe vollendet. Der Factor C_i nämlich enthält Reihen, die nach dem cos und sin der mittlern Anomalie des störenden Planeten fortschreiten (d.i. des der Zeit proportionalen Winkels). Wenn man also beide trigonometrische Factoren in einen Ausdruck zusammenzieht durch Addition und Subtraction der Winkel, so können unter dem sin und cos zeichen Ausdrücke von der Form $i\mu + i'\mu'$ [auftreten], wo i und i' ganze positive oder negative Zahlen und μ und μ' die mittlern Anomalien der beiden Planeten bezeichnen. Diese sind aber Ausdrücke

$$\mu = \frac{t}{a^{\frac{3}{2}}} = t h^{\frac{3}{2}} \qquad \mu' = \frac{t}{a'^{\frac{3}{2}}}$$

wenn a und a' die großen Halbaxen des gestörten und störenden Planeten sind. Wenn also diese Größen $a^{\frac{3}{2}}$ und $a'^{\frac{3}{2}}$ für 2 Planeten, von denen der eine den andern stört, nahe commensurabel sind, so kann $i\mu + i'\mu'$ gleich werden der Zeit multiplicirt in einen sehr kleinen Zahlenfactor. Würden beide genau commensurabel, so würde ein solcher Term rein verschwinden können. In solchen Fällen also, wenn man C_i mit dem Factor $t \cos nt$ verbindet, wo unter dem sin und cos zeichen $i\mu + i'\mu'$ erscheint, kann durch den Factor n^2 im Nenner ein sehr großer Zahlenfactor entstehen. In der Theorie des

Jupiter und Saturn, wo $\frac{\mu}{\mu'}$ nahe $\frac{2}{5}$ ist, ereignet es sich, daß dieser Factor gerade von der Ordnung des Verhältnisses der Jupiter[-] und Sonnenmasse ist, so daß die Kleinheit der Störungen dadurch wieder compensirt wird, und der Term wird nur dadurch klein, daß C_i in einen Term dritter Ordnung in Bezug auf die Excentricität multiplicirt ist, so daß es nicht die Masse, sondern dieser Umstand ist, der den Term klein macht. Es wird nämlich im Allgemeinen die Regel gelten, daß ein Term mit $\genfrac{}{}{0pt}{}{\cos}{\sin} (i\mu + i'\mu')$ von der Ordnung der Differenz $i' - i$ in Bezug auf die Excentricität ist: also hier von der dritten Ordnung, dadurch beträgt der Term noch[379] $8 - 900''$. Dieß ist die berühmte große Ungleichheit in der Jupiter[-] und Saturntheorie, eine der berühmtesten Entdeckungen von Laplace[380], man kannte die Abweichungen lange durch die Beobachtungen, ohne daß durch die Theorie der Gravitation der Grund aufgefunden wurde. Alle diese Terme sind solche, die eine sehr lange Periode haben, denn damit nt sich um 2π ändert, muß t um $\frac{2\pi}{n}$ sich ändern, also wenn die Laufzeit Jahre [beträgt] und n sehr klein ist, wird $\frac{2\pi}{n}$, welches die Zeit ist, innerhalb derer der Term seinen größten Werth einmal im Positiven und einmal im Negativen erhält, wird diese Periode einen sehr langen Zeitraum umfassen. Ebenso werden die Terme, die der Zeit proportional sind, durch besondere Umstände, welche die Analysis lehrt in der Theorie der Planetenstörungen, wenigstens bei den größern Planeten in kleine Constanten multiplicirt, so daß ihre Werthe erst in großen Intervallen beträchtlich werden. Deßhalb nennt man diese der Zeit proportionalen Terme, wie [sie] in den Ausdrücken mancher Elemente vorkommen, säculäre Terme. Wenn man für lange Epochen die Bahnen zurückberechnen will, so pflegt man an die Elemente nur diese säculären Terme anzubringen, obgleich sie für kleine Zeiträume von den periodischen Störungen (so nennt man die durch die cos und sin Glieder ausgedrückten) überwogen werden. Man pflegt da manchmal noch zu diesen säcularen Störungen diese Terme, die mit besonders großen Constanten behaftet sind und von den großen Ungleichheiten herrühren, hinzuzunehmen, denn namentlich, wenn man weiter integriren wollte, wo man höhere Potenzen der Masse zu berücksichtigen hätte, werden diese wieder durch den Factor n im Nenner vergrößert. Da die Störung von h von besonderem Interesse ist, hat man sich nicht mit Lagrange's schöner Entdeckung beruhigt, daß unter den Termen von der ersten Potenz der Masse kein der Zeit proportionales Glied sich finden kann, sondern hat die Untersuchung fortgestzt auch für die zweiten Potenzen der

---

[379] Gemeint ist, daß dieser Term noch 800 bis 900 *Bogensekunden* beträgt.

[380] S. hierzu dessen *Mémoire sur les inégalités séculaires des planètes et des satellites* und die große Abhandlung *Théorie de Jupiter et de Saturn* (Laplace 1785 und 1786). Zur Geschichte der großen Ungleichheit von Jupiter und Saturn s. Wilson 1985; zu Laplace insbes. 15ff. und 239ff..

Masse, und hierüber will ich noch einige Worte sagen, da die Entdeckung sehr
lehrreich ist, und zeigt, wie die Ausdrücke durch die einfachen partiellen Differentialquotienten der Störungsfunction, wodurch man Dinge einführt, die
sonst gar nicht traitabel[381] sind, dazu dienen, Sätze abzuleiten, Schlüsse zu
machen und Resultate zu übersehen, deren es sonst ganz unmöglich wäre,
habhaft zu werden.

XLVI   *Untersuchung der Störungen zweiter Ordnung und ihrer Zeitabhängigkeit.*

Wir wollen nun untersuchen, ob die gestörten Ausdrücke der Elemente in
den Termen von der zweiten Ordnung der störenden Massen ein der Zeit
proportionales Glied enthalten können. Das Element h wird bestimmt durch
die Gleichung

$$\frac{dh}{dt} = -\frac{\partial \Omega}{\partial \tau},$$

und τ kommt in Ω nur mit t verbunden vor: d.h. insofern t vorkommt in den
Elementen des störenden Planeten, ist natürlich τ nicht damit verbunden,
wohl aber stets in den Elementen des gestörten Planeten. Wir nehmen nun
an, α und β seien irgend zwei einander entsprechende Elemente, wofür also

$$\frac{d\alpha}{dt} = -\frac{\partial \Omega}{\partial \beta} \quad \text{und} \quad \frac{d\beta}{dt} = \frac{\partial \Omega}{\partial \alpha}$$

Zu Ω setzt man für die Coordinaten des störenden wie des gestörten Planeten
die Ausdrücke, wie sie sich für die rein elliptische Bewegung ergeben, betrachtet die Elemente als constant, und eine einfache Integration gibt dann, wie
ich bemerkt habe, die erste Correction. Wenn wir nun die Terme kennen
lernen wollen, die in das Quadrat der störenden Masse multiplicirt sind, so
müssen wir jedes Element α noch vermehren um das Integral, welches seine
Correction gibt, und es werden dann solche Terme noch hinzukommen in der
Gleichung $\frac{dh}{dt} = -\frac{\partial \Omega}{\partial \tau}[:]$

$$\frac{\partial^2 \Omega}{\partial \tau \partial \alpha} \int \frac{\partial \Omega}{\partial \beta} dt - \frac{\partial^2 \Omega}{\partial \tau \partial \beta} \int \frac{\partial \Omega}{\partial \alpha} dt$$

In Bezug auf je zwei einander entsprechende Elemente α und β kommt ein
solcher Ausdruck hinzu, also wenn wir das Problem der gestörten elliptischen
Bewegung betrachten, würden drei solche Terme vorkommen, weil man da
6 Elemente hat. Also

---

[381] Frz., hier im Sinne von: „verträglich".

$$\delta h = \int dt \sum \left(\frac{\partial^2 \Omega}{\partial \tau \partial \alpha} \int \frac{\partial \Omega}{\partial \beta} dt - \frac{\partial^2 \Omega}{\partial \tau \partial \beta} \int \frac{\partial \Omega}{\partial \alpha} dt \right)$$

Die unter dem $\sum$ zeichen hinzutretenden Glieder sind von der Ordnung des Quadrats der störenden Masse, da der Ausdruck zweimal Ω enthält und Ω in einen Factor von der Ordnung der störenden Masse[382] multiplicirt ist. Das Ganze ist mit dt zu multipliciren und zu integriren. Wir betrachten zuerst den Fall, wo α und β nicht die Constanten h und τ bedeuten. Dann enthält der Factor von $\frac{\partial^2 \Omega}{\partial \tau \partial \alpha}$ nur periodische Glieder. Wenn wir in $\partial \Omega$ einen Term wieder betrachten

$$C_i \; {\textstyle \sin \atop \textstyle \cos} \; n(t + \tau) \, ,$$

wo C_i von den Coordinaten des störenden Planeten abhängt, und die übrigen Elemente des gestörten Planeten enthält außer h und τ, welche Elemente alle nicht in n vorkommen, sondern n wird bloß durch h ausgedrückt, so entsteht aus dem Term mit dem Factor $\frac{\partial^2 \Omega}{\partial \tau \partial \alpha}$ folgender[:]

$$n \frac{\partial C_i}{\partial \alpha} \; {\textstyle \cos \atop \textstyle - \sin} \; n(t + \tau) \, .$$

α kommt bloß in C_i vor, n ist ein ganzes Vielfaches von $h^{\frac{3}{2}}$. Wenn nun aus einem solchen Ausdruck eine Constante hervorgehen soll, so ist das nur dann möglich, wenn er wieder mit einem Term multiplicirt ist, der einen ${\textstyle \cos \atop \textstyle \sin}$ von demselbem Vielfachen[383] $n(t + \tau)$ enthält. C_i ist nämlich eine Reihe, welche nach den cos und sin der Vielfachen der mittlern Anomalie des störenden Planeten fortschreitet, und wo die Coefficienten die Elemente des gestörten enthalten. In $\frac{\partial C_i}{\partial \alpha}$ werden also bloß die Coefficienten differentiirt, und es wird eine Reihe hervorgehen, welche nach ganz andern incommensurabeln Vielfachen von t fortgeht, weil die beiden mittlern Anomalien incommensurabel sind. Der andere Ausdruck muß also noch in ${\textstyle \cos \atop \textstyle \sin} \; n(t + \tau)$ multiplicirt sein, und auch der andere Factor, wenn man denselben sich entwickelt denkt, muß einen Term in dasselbe Vielfache von t multiplicirt enthalten, weil nur aus dem Quadrat eines sinus oder cosinus ein constantes Glied folgen kann. Es wird also darauf ankommen, ob

$$\int \frac{\partial \Omega}{\partial \beta} dt$$

solche Terme enthält, und wir brauchen dann bloß denselben Term

---

[382] In der Hs. folgt ein durchstrichener Abschnitt von 10 Zeilen, bevor Jacobi mit dem hier sich anschließenden Text fortfährt.

[383] Im folgenden Term ist über dem τ (ohne erkennbaren Grund) ein Fragezeichen angebracht.

$$C_i \; \genfrac{}{}{0pt}{}{\cos}{\sin} \; n(t+\tau)$$

zu betrachten. Dieß ganz constante Glied nämlich gibt nach der Integration nach t dann ein der Zeit proportionales Glied. Dieser Factor $\frac{\partial^2\Omega}{\partial\tau\partial\alpha}$ enthält kein von cos und sin freies Glied, weil dieß durch die Differentiation nach τ verschwindet, denn τ kommt nur unter dem sin und cos zeichen vor. $\frac{\partial\Omega}{\partial\beta}$ wird einen ähnlichen Ausdruck geben, nur daß statt $\frac{\partial C_i}{\partial\alpha}$ $\frac{\partial C_i}{\partial\beta}$ steht. Ein Term in C_i sei

$$= c \; \genfrac{}{}{0pt}{}{\cos}{\sin} \; n'(t+\tau') \,,$$

wo n' und τ' ähnliche Ausdrücke sind in Bezug auf den störenden Planeten, und n' und n incommensurabel. n ist ein Vielfaches von $\frac{1}{a^{\frac{3}{2}}}$ und n' von $\frac{1}{a'^{\frac{3}{2}}}$, wo a und a' die halben großen Axen sind. $\frac{\partial C_i}{\partial\alpha}$ enthält daher Terme

$$\frac{\partial c}{\partial\alpha} \; \genfrac{}{}{0pt}{}{\cos}{\sin} \; n'(t+\tau')$$

und $\frac{\partial C_i}{\partial\beta}$ entsprechend[384]

$$\frac{\partial c}{\partial\beta} \; \genfrac{}{}{0pt}{}{\cos}{\sin} \; n'(t+\tau') \,.$$

Um die Integration von

$$\int \frac{\partial\Omega}{\partial\beta} dt$$

auszuführen, muß ich diese beiden Winkel in einen vereinigen, und bekomme dann zwei cos und sin, in welchen t einmal in $n+n'$ und das andere Mal in $n-n'$ multiplicirt ist, und diese beiden Zahlen $n+n'$ und $n-n'$ kommen dann bei der Integration in den Nenner. Es wird also $\int \frac{\partial\Omega}{\partial\beta} dt$ solch einen Term enthalten

$$\frac{\partial c}{\partial\beta} \; \genfrac{}{}{0pt}{}{\cos}{\sin} \; \{n(t+\tau) + n'(t+\tau')\}$$

---

[384] In der (an dieser Stelle kaum lesbaren) Hs. wird in der folgenden Formel das Argument von cos bzw. sin mit $(n't+\tau)$ angegeben, d.h. die erste Klammer ist falsch gesetzt und es muß heißen: $n'(t+\tau)$.

und noch dividirt durch $n \pm n'$. Aus diesem Factor gehen eben solche Terme hervor, die aber in $\frac{\partial c}{\partial \alpha}$ multiplicirt sind. n enthält bloß h oder a, und n' [enthält bloß] h' oder a', wenn also α und β weder h noch τ sind, so würden n und n' gar nicht von α und β afficirt. Aus solchen Producten können nun ganz constante Glieder hervorgehen, aber es ist von demselben Product ganz genau derselbe Ausdruck abzuziehen, in welchem bloß α und β mit einander vertauscht sind, so daß diese Terme sich gegenseitig zerstören, weil jeder in $\frac{\partial c}{\partial \alpha} \frac{\partial c}{\partial \beta}$ multiplicirt ist, und ein ähnlicher Term im zweiten Ausdruck entsteht, weil letzterer entsteht durch Vertauschung von α und β. D.h. wenn ich mir Alles entwickelt denke nach den cos und sin der Vielfachen der beiden mittlern Anomalien, d.h. der Winkel $i\mu$ und $i'\mu'$, und mit c den Coefficienten von $\genfrac{}{}{0pt}{}{\cos}{\sin} (i\mu + i'\mu')$ bezeichne, so können aus dem einen Product Terme hervorgehen von der Form $\frac{\partial c}{\partial \alpha} \frac{\partial c}{\partial \beta} \times const.$, oder die nicht in ein periodisches Glied multiplicirt sind, und außerdem durch die Integration nur noch Factoren haben, die bloß h enthalten, und derselbe Term wird auch in dem abzuziehenden zweiten Product erhalten.

Es bleibt also nur noch übrig die Untersuchung, wenn $\alpha = h$ und $\beta = \tau$. In diesem Falle erhalten wir

$$\frac{\partial^2 \Omega}{\partial \tau \partial h} \int \frac{\partial \Omega}{\partial \tau} dt - \frac{\partial^2 \Omega}{\partial \tau^2} \int \frac{\partial \Omega}{\partial h} dt$$

zu integriren, um den Zuwachs δh zu bestimmen. In $\frac{\partial^2 \Omega}{\partial \tau \partial h}$ tritt t als Factor heraus, indem t als Factor von h unter dem trigonometrischen Zeichen multiplicirt ist. Es werden also in $\frac{\partial \Omega}{\partial h}$ solche Terme erhalten[:] $t \genfrac{}{}{0pt}{}{\cos}{\sin} pt$. Ein solcher Ausdruck wird nun in einen ebenfalls periodischen multiplicirt. In $\frac{\partial \Omega}{\partial h}$ kommen also Terme $ct \genfrac{}{}{0pt}{}{\cos}{\sin} pt$ [vor], wo pt die Form $i\mu + i'\mu'$ hat, und μ und μ' incommensurabel [sind.] Ich möchte es ganz übersichtlich fassen. Es wird sich zuletzt wieder so herausstellen, daß die Ausdrücke ganz dieselben werden und beide in c multiplicirt, so daß sie sich gegenseitig wieder zerstören; Sie können versuchen, sich das vollständig zu Hause auf einem etwas großen Bogen Papier zu entwickeln; es gilt mehr zu rechnen, als ich gedacht habe. Sie haben jetzt eine Vorstellung bekommen, wie man zu den Termen höherer Ordnung fortgeht, und eben gesehen, wie sich gewisse Terme zerstören. Das kommt häufig vor und es passirt noch heute in der Störungstheorie, daß die Rechner finden, wie positive und negative Glieder am Ende sich fortheben, ohne zu wissen warum. Hätte man andere Elemente gewählt, so würde jeder Ausdruck $\frac{d\alpha}{dt}$ einem Aggregat von 5 Termen gleich geworden sein und durch Multiplication wären 16 Terme entstanden, und zuletzt würde sich doch finden, daß sich das in die Zeit multiplicirte Glied aufhebt. Bei einer weniger weisen Elementenwahl würde man also erst nach weitläufigen Rechnungen zu diesem Resultate kommen, und da die Rechner gewöhnlich nicht an mathematische Überlegung gewöhnt sind, finden sie dergleichen nach vieler Mühe und sehen zu ihrer großen Verwunderung, daß aus großen Größen kleine werden.

Wir wenden uns wieder zu allgemeinen Betrachtungen. Die Störungsgleichungen waren m Paare Gleichungen von der Form

$$\frac{d\alpha}{dt} = -\frac{\partial\Omega}{\partial\beta} \quad \text{und} \quad \frac{d\beta}{dt} = \frac{\partial\Omega}{\partial\alpha}$$

α und β waren hier nicht beliebige willkürliche Constanten, sondern gerade solche, wie sie durch die vollständige Lösung der partiellen Differentialgleichung eingeführt worden sind. Wir wollen nun sehen, wie die Formeln werden, wenn man für die Elemente irgend ein anderes System Constanten einführt, d.h. wenn man in den vollständigen Integralgleichungen des Systems Differentialgleichungen statt der besondern Constantensysteme α und β, irgend beliebige, die ich mit a und b bezeichnen will, verwendet, so daß $a_1 \, a_2 \ldots a_m \, b_1 \, b_2 \ldots b_m$ beliebige $2m$ voneinander unabhängige Functionen der α und β werden. Man erhält hieraus

$$\frac{da}{dt} = \sum \frac{\partial a}{\partial\alpha}\frac{d\alpha}{dt} + \sum \frac{\partial a}{\partial\beta}\frac{d\beta}{dt} = \sum \frac{\partial a}{\partial\beta}\frac{\partial\Omega}{\partial\alpha} - \sum \frac{\partial a}{\partial\alpha}\frac{\partial\Omega}{\partial\beta}$$

wenn man die Summen respective auf alle Elemente α und β erstreckt. Statt der partiellen Differentialquotienten $\frac{\partial\Omega}{\partial\alpha}$ und $\frac{\partial\Omega}{\partial\beta}$ haben wir nun die von Ω nach a und b einzuführen, um die Ausdrücke der vollständigen Differentialien der variirten Constanten a und b durch die Störungsfunction zu erhalten.

XLVII *Poissons Theorem in der Störungstheorie und dessen allgemeine Bedeutung als „Fundamentalsatz der Dynamik".*

Ich hatte die Aufgabe gestellt, wenn man irgend ein System von $2m$ willkürlichen Constanten in die Integration der Differentialgleichungen eingeführt hat, die ich $a_1 \, a_2 \ldots a_{2m}$ nenne, den Werth von $\frac{da}{dt}$ zu finden. Jedes a kann als gegebene Function betrachtet werden der Constanten $\alpha_1 \, \alpha_2 \ldots \alpha_m \, \beta_1 \, \beta_2 \ldots \beta_m$, folglich hat man

$$\frac{da}{dt} = \sum_\alpha \frac{\partial a}{\partial\alpha}\frac{d\alpha}{dt} + \sum_\beta \frac{\partial a}{\partial\beta}\frac{d\beta}{dt}$$

wo $\sum_\alpha$ und $\sum_\beta$ respective die Ausdehnung der Summen auf alle Elemente α und β bedeuten. Setze ich hier

$$\frac{d\alpha}{dt} = -\frac{\partial\Omega}{\partial\beta} \qquad \frac{d\beta}{dt} = \frac{\partial\Omega}{\partial\alpha}$$

und lasse die Summen auf die m zusammengehörenden Elementenpaare α_1 β_1, α_2 β_2 ... α_m β_m sich erstrecken, so wird

$$\frac{da}{dt} = \sum \left(\frac{\partial a}{\partial\beta}\frac{\partial\Omega}{\partial\alpha} - \frac{\partial a}{\partial\alpha}\frac{\partial\Omega}{\partial\beta} \right)$$

Hier sollen die Differentialquotienten von Ω nach α und β noch durch die nach den Größen a genommenen ersetzt werden. Wenn i successive die Zahlen 1 2 ... $2m$ bedeutet, so ist offenbar

$$\frac{\partial\Omega}{\partial\alpha} = \sum_i \frac{\partial\Omega}{\partial a_i}\frac{\partial a_i}{\partial\alpha} \quad \text{und} \quad \frac{\partial\Omega}{\partial\beta} = \sum_i \frac{\partial\Omega}{\partial a_i}\frac{\partial a_i}{\partial\beta}$$

Setzt man also, welche Form sogleich einleuchtet,

$$\frac{da}{dt} = \sum_i c_i \frac{\partial\Omega}{\partial a_i} \quad \text{so wird}$$

$$c_i = \sum \left(\frac{\partial a}{\partial\beta}\frac{\partial a_i}{\partial\alpha} - \frac{\partial a}{\partial\alpha}\frac{\partial a_i}{\partial\beta} \right)$$

welche Summe wieder m Terme enthält, indem man der Reihe nach alle zugehörigen Combinationen von α und β setzt. Wenn man daher die Bezeichnung[385] (i, k) für folgenden Ausdruck einführt:

$$(i,k) = \left(\frac{\partial a_i}{\partial\alpha_1}\frac{\partial a_k}{\partial\beta_1} - \frac{\partial a_i}{\partial\beta_1}\frac{\partial a_k}{\partial\alpha_1} \right) + \left(\frac{\partial a_i}{\partial\alpha_2}\frac{\partial a_k}{\partial\beta_2} - \frac{\partial a_i}{\partial\beta_2}\frac{\partial a_k}{\partial\alpha_2} \right) \ldots +$$
$$\left(\frac{\partial a_i}{\partial\alpha_m}\frac{\partial a_k}{\partial\beta_m} - \frac{\partial a_i}{\partial\beta_m}\frac{\partial a_k}{\partial\alpha_m} \right)$$

so wird

$$\frac{da_k}{dt} = (1,k)\frac{\partial\Omega}{\partial a_1} + (2,k)\frac{\partial\Omega}{\partial a_2} \ldots + (2m,k)\frac{\partial\Omega}{\partial a_{2m}}$$

Hier fehlt der Term, der in $\frac{\partial\Omega}{\partial a_k}$ multiplicirt ist, weil $(k,k) = 0$. Ebenso hat man, wie von selbst erhellt,

$$(i,k) + (k,i) = 0$$

---

[385] Hierbei handelt es sich um die „Poisson-Klammer" (a_i, a_k) der Konstanten a_i und a_k; vgl. S. 133, Anm. 206.

Dieser mit (i, k) bezeichnete Ausdruck ist eines der merkwürdigsten Gebilde der Analysis, es liegen in ihm die allertiefsten Geheimnisse verborgen. Von dem Satz, den wir gefunden, ist folgender Satz das Corollar. „Wenn man die Differentiale der gestörten Elemente, für welche man irgend ein System unabhängiger willkürlicher Constanten nehmen kann, als ein lineäres Aggregat der nach den Elementen genommenen partiellen Differentialquotienten der Störungsfunction ausdrückt, so werden die Coefficienten bloß Functionen der Elemente". Dieser Satz wurde 1808 in derselben Sitzung zugleich von Lagrange und Laplace der pariser Academie überreicht, und machte ein ungeheures Aufsehen[386]. Laplace bewies ihn zunächst für das Problem der 3 Körper, und Lagrange zeigte seine vollständige Allgemeinheit für alle Probleme der Mechanik, für welche der Satz der lebendigen Kraft gilt und wo das Potenzial auch t explicite enthalten kann. Es hat nicht leicht ein Satz ein solches Aufsehen erregt, wie dieser, obgleich man sagen muß, daß der Nutzen, der daraus gezogen worden ist, sehr gering ist, man hat ein unbestimmtes Vorgefühl seiner Wichtigkeit gehabt, aber nie die große Bedeutung des Satzes selber eingesehen. Wir wollen ganz unabhängig hiervon sehen, wie die Formeln werden, wenn man unmittelbar aus den Differentialgleichungen für irgend ein System willkürlicher Constanten die Werthe dieser Differentialquotienten sucht. Die ungestörten Differentialgleichungen waren

$$\frac{dq}{dt} = \frac{\partial H}{\partial p} \quad \text{und} \quad \frac{dp}{dt} = -\frac{\partial H}{\partial q}$$

und in den gestörten kam noch Ω hinzu. Der Term Ω soll zu H noch hinzukommen, wenn man in den Ausdrücken für q und p, durch die Zeit t und in die Elemente, die Elemente als variabel betrachtet. Man wird also die Gleichungen haben

$$\sum_i \frac{\partial q}{\partial a_i} \frac{da_i}{dt} = \frac{\partial \Omega}{\partial p} \quad \text{und} \quad \sum_i \frac{\partial p}{\partial a_i} \frac{da_i}{dt} = -\frac{\partial \Omega}{\partial q}$$

Nämlich wenn man vollständig differentiirt, würde man erhalten

---

[386] Beide Mathematiker stellten ihre Arbeiten am 17. Aug. 1808 im *Bureau des Longitudes* und in der folgenden Woche in der Akademie vor. Laplaces Vortrag wurde umgehend als *Supplément* zum dritten Band des *Traité de Mécanique céleste* veröffentlicht (Laplace 1808, s. insbes. *Oeuvres* III, 340), Lagranges Vortrag folgte als *Mémoire sur la théorie des variations des éléments des planètes* (Lagrange 1808a, insbes. Art. 7; s. auch 1808b und 1808c). Die zeitliche Koinzidenz ist kein Zufall: Beide Mathematiker wurden zur Weiterführung ihrer früheren Untersuchungen über Störungstheorie (s. S. 273, Anm. 374f.) angeregt durch Poissons Arbeit *Sur les inégalités séculaires des moyens mouvemens des planètes* (Poisson 1808; s. auch 1809, 267f.), die am 16. Aug. 1808 (sic!) in der Akademie mitgeteilt wurde (Grattan-Guinness 1990 I, 373f.).

$$\frac{dq}{dt} = \sum_i \frac{\partial q}{\partial a_i}\frac{da_i}{dt} + \frac{\partial q}{\partial t} \quad \text{und} \quad \frac{dp}{dt} = \sum_i \frac{\partial p}{\partial a_i}\frac{da_i}{dt} + \frac{\partial p}{\partial t}$$

wo $\frac{\partial q}{\partial t}$ und $\frac{\partial p}{\partial t}$ nicht nach den Elementen differentiirt ist, sondern nach dem explicite in q und p enthaltenen t. Diese partiellen Differentiale sind aber die vollständigen Differentiale, wie sie im ungestörten Problem gelten, weil in diesem die Elemente constant sind, und vermittelst der Gleichungen des ungestörten Problems heben sich diese gegen $\frac{\partial H}{\partial p}$ und $-\frac{\partial H}{\partial q}$ [weg], wenn man in H wieder die Werthe von p und q setzt, in denen die Elemente als constant betrachtet werden. Dieselben Ausdrücke gelten auch für das gestörte Problem, aber dann sind die Elemente Functionen von t. Wollen wir nun[387] $\frac{\partial \Omega}{\partial p}$ und $\frac{\partial \Omega}{\partial q}$ ersetzen durch die partiellen Differentialquotienten, die nach den Elementen genommen werden, so haben wir die analogen Summen zu substituiren

$$\frac{\partial \Omega}{\partial p} = \sum_i \frac{\partial \Omega}{\partial a_i}\frac{\partial a_i}{\partial p} \qquad \frac{\partial \Omega}{\partial q} = \sum_i \frac{\partial \Omega}{\partial a_i}\frac{\partial a_i}{\partial q}$$

folglich

$$\sum_i \frac{\partial q}{\partial a_i}\frac{da_i}{dt} = \sum_{i'} \frac{\partial \Omega}{\partial a_i'}\frac{\partial a_i'}{\partial p}, \qquad \sum_i \frac{\partial p}{\partial a_i}\frac{da_i}{dt} = -\sum_{i'} \frac{\partial \Omega}{\partial a_i'}\frac{\partial a_i'}{\partial q}$$

Diese $2m$ linearen Gleichungen sind aufzulösen, wenn man die Werthe der $2m$ Differentialquotienten $\frac{da_i}{dt}$ finden will. Die Auflösung dieser beiden Systeme von Gleichungen geschieht am einfachsten, wenn man sie nach Hinzufügung der Factoren $\frac{\partial a}{\partial q}$ respective $\frac{\partial a}{\partial p}$ unter der Form schreibt

$$\sum_i \frac{\partial a}{\partial q}\frac{\partial q}{\partial a_i}\frac{da_i}{dt} = \sum_i \frac{\partial a}{\partial q}\frac{\partial a_i}{\partial p}\frac{\partial \Omega}{\partial a_i}$$

$$\text{und} \quad \sum_i \frac{\partial a}{\partial p}\frac{\partial p}{\partial a_i}\frac{da_i}{dt} = -\sum_i \frac{\partial a}{\partial p}\frac{\partial a_i}{\partial q}\frac{\partial \Omega}{\partial a_i}$$

oder nach vorgenommener Addition

$$\sum_i \left\{ \frac{\partial a}{\partial q}\frac{\partial q}{\partial a_i} + \frac{\partial a}{\partial p}\frac{\partial p}{\partial a_i} \right\} \frac{da_i}{dt} = \sum_i \left\{ \frac{\partial a}{\partial q}\frac{\partial a_i}{\partial p} - \frac{\partial a}{\partial p}\frac{\partial a_i}{\partial q} \right\} \frac{\partial \Omega}{\partial a_i}$$

Solche Gleichungen kann man für jedes Paar von Werthen p und q aufstellen, und die Summe bilden, wodurch

$$\sum_i \frac{da_i}{dt} \sum_k \left\{ \frac{\partial a}{\partial q_k}\frac{\partial q_k}{\partial a_i} + \frac{\partial a}{\partial p_k}\frac{\partial p_k}{\partial a_i} \right\} = \sum_i \frac{\partial \Omega}{\partial a_i} \sum_k \left\{ \frac{\partial a}{\partial q_k}\frac{\partial a_i}{\partial p_k} - \frac{\partial a}{\partial p_k}\frac{\partial a_i}{\partial q_k} \right\}$$

---

[387] In der Hs. folgt ein nachträglich eingefügtes „in".

entsteht. Hier ist

$$\sum_k \frac{\partial a}{\partial q_k} \frac{\partial q_k}{\partial a_i} + \frac{\partial a}{\partial p_k} \frac{\partial p_k}{\partial a_i}$$

offenbar dem partiellen Differentialquotienten $\frac{\partial a}{\partial a_i}$ gleich, also Null, so oft a von a_i verschieden ist, für $a = a_i$ der Einheit gleich. Damit folgt

$$\frac{da}{dt} = \sum_i c_i \frac{\partial \Omega}{\partial a_i} = \sum_i \frac{\partial \Omega}{\partial a_i} \sum_k \left\{ \frac{\partial a}{\partial q_k} \frac{\partial a_i}{\partial p_k} - \frac{\partial a}{\partial p_k} \frac{\partial a_i}{\partial q_k} \right\}$$

Indessen kann man auch ohne Auflösung eines linearen Gleichungensystems direkt zu diesem Resultate auf folgendem Wege gelangen. Durch Behandlung des ungestörten Problems sind die Größen a als solche Functionen von t und den Variabeln p und q bestimmt, welche willkürlichen Constanten gleich werden, oder was dasselbe ist, deren Differentialquotienten nach der Zeit mit Hilfe der ungestörten Differentialgleichungen

$$\frac{dq}{dt} = \frac{\partial H}{\partial p} \quad \text{und} \quad \frac{dp}{dt} = -\frac{\partial H}{\partial q}$$

identisch verschwinden müssen. Man erhält also wegen

$$\frac{da}{dt} = \sum \frac{\partial a}{\partial q_i} \frac{dq_i}{dt} + \sum \frac{\partial a}{\partial p_i} \frac{dp_i}{dt} + \frac{\partial a}{\partial t}$$

im ungestörten Problem identisch

$$0 = \sum \frac{\partial a}{\partial q_i} \frac{\partial H}{\partial p} - \sum \frac{\partial a}{\partial p_i} \frac{\partial H}{\partial q} + \frac{\partial a}{\partial t}$$

Im gestörten Problem aber finden die Werthe statt

$$\frac{dq}{dt} = \frac{\partial H}{\partial p} + \frac{\partial \Omega}{\partial p} \qquad \frac{dp}{dt} = -\frac{\partial H}{\partial q} - \frac{\partial \Omega}{\partial q}$$

folglich

$$\frac{da}{dt} = \sum \frac{\partial a}{\partial q_i} \left(\frac{\partial H}{\partial p_i} + \frac{\partial \Omega}{\partial p_i} \right) - \sum \frac{\partial a}{\partial p_i} \left(\frac{\partial H}{\partial q_i} + \frac{\partial \Omega}{\partial q_i} \right) + \frac{\partial a}{\partial t}$$

wo man die identisch verschwindenden Glieder auf der rechen Seite weglassen darf, und damit die Gleichung erhält

$$\frac{da}{dt} = \sum_k \frac{\partial a}{\partial q_k} \frac{\partial \Omega}{\partial p_k} - \frac{\partial a}{\partial p_k} \frac{\partial \Omega}{\partial q_k}$$

Substituirt man hier wieder die partiellen Differentialquotienten von Ω nach den Elementen und setzt

$$\frac{\partial \Omega}{\partial p} = \sum_i \frac{\partial \Omega}{\partial a_i}\frac{\partial a_i}{\partial p} \qquad \frac{\partial \Omega}{\partial q} = \sum_i \frac{\partial \Omega}{\partial a_i}\frac{\partial a_i}{\partial q}$$

so wird

$$\frac{da}{dt} = \sum_i \frac{\partial \Omega}{\partial a_i} \sum_k \left\{ \frac{\partial a}{\partial q_k}\frac{\partial a_i}{\partial p_k} - \frac{\partial a}{\partial p_k}\frac{\partial a_i}{\partial q_k} \right\}$$

oder wenn man l statt k und a_k statt a schreibt:

$$\frac{da_k}{dt} = \sum_i \frac{\partial \Omega}{\partial a_i} \sum_l \left\{ \frac{\partial a_k}{\partial q_l}\frac{\partial a_i}{\partial p_l} - \frac{\partial a_k}{\partial p_l}\frac{\partial a_i}{\partial q_l} \right\}$$

Früher hatten wir die Gleichung gefunden

$$\frac{da_k}{dt} = (1,k)\frac{\partial \Omega}{\partial a_1} + (2,k)\frac{\partial \Omega}{\partial a_2} \ldots + (2m,k)\frac{\partial \Omega}{\partial a_{2m}}$$

wo

$$(i,k) = c_i = \sum_l \left\{ \frac{\partial a_i}{\partial \alpha_l}\frac{\partial a_k}{\partial \beta_l} - \frac{\partial a_i}{\partial \beta_l}\frac{\partial a_k}{\partial \alpha_l} \right\}$$

während aus der jetzigen Ableitung der Werth desselben Coefficienten folgt

$$(i,k) = \sum_l \left\{ \frac{\partial a_i}{\partial p_l}\frac{\partial a_k}{\partial q_l} - \frac{\partial a_i}{\partial q_l}\frac{\partial a_k}{\partial p_l} \right\}$$

Damit erhalten wir folgenden Satz: *Wenn a_i und a_k (ganz unabhängig von irgend einer genauesten Voraussetzung) Functionen*[388] *der $2m$ Größen $q_1 \ldots q_m\,p_1 \ldots p_m$ sind, deren Differentiale identisch verschwinden, wenn man die Differentialgleichungen*

$$\frac{dq_1}{dt} = \frac{\partial H}{\partial p_1} \quad \ldots \qquad \frac{dp_1}{dt} = -\frac{\partial H}{\partial q_1} \quad \ldots$$

substituirt, wo H irgend eine Function der Größen p und q bedeutet, so wird der Ausdruck[389]

$$\frac{\partial a_i}{\partial p_1}\frac{\partial a_k}{\partial q_1} - \frac{\partial a_i}{\partial q_1}\frac{\partial a_k}{\partial p_1} + \ldots$$

---

[388] In der Hs. ist der folgende (hier *kursivierte*) Satz durch Anführungszeichen zu Beginn jeder Zeile hervorgehoben. Nach „Function" zu Beginn folgt in der Hs.: „[von t und] der $2m$ Größen ... ".

[389] Gemeint ist die obige Poisson-Klammer (i,k).

mittelst der Integralgleichungen des aufgestellten Systems Differentialgleichungen einer Constante gleich.

Also wenn $a_i = const.$ und $a_k = const.$ zwei beliebige Integralgleichungen für das aufgestellte System Differentialgleichungen bedeuten, so kann man aus ihren partiellen Differentialquotienten einen dritten Ausdruck zusammensetzten, welcher wieder eine Constante mittelst der Differentialgleichungen werden oder dessen vollständiges Differential durch Substitution der Differentialgleichungen verschwinden muß. Dieß ist der allermerkwürdigste Satz, der bis jetzt über die Integration der Differentialgleichungen gefunden ist; man hat aber immer versäumt, ihn an sich zu betrachten, sondern hat bloß daraus das Corollar gezogen, daß die Coefficienten der partiellen Differentialquotienten der Störungsfunction in den Ausdrücken für die vollständigen Differentiale der Elemente constant sind, und nicht die Zeit explicite enthalten, sondern bloß die Elemente. Auf den Satz der Integralrechnung ist man nicht aufmerksam gewesen, der ohne alle Analogie dasteht, und darum habe ich sagen können, daß der Satz dreißig Jahre aufgestellt und doch nicht bekannt gewesen sei[390]. Die Formeln rühren von Poisson her, und er hat auch bewiesen, daß wenn man den Ausdruck nach der Zeit differentiirt, er identisch verschwindet[391]. Das ist einer der sonderbarsten Vorgänge, daß man aus *zwei* Integralgleichungen durch bloße partielle Differentiation derselben eine *dritte* Function ableiten kann, die mittelst der Integralgleichungen constant ist, darauf ist Niemand aufmerksam gewesen. Es können nun *zwei* Fälle eintreten. Erstens verschwindet die neue Function identisch, indem sich alle ihre Terme zerstören. Es kann auch sein, daß sich die neue Function durch a_i und a_k ausdrücken läßt, das sind Alles besondere Fälle, die eintreten können.

Aber es kann auch der Fall eintreten, und dieß wird sogar der allgemeine sein, wofern a_i und a_k nicht ganz besondere Verbindungen sind, daß man dadurch ein *drittes Integral* erhält, d.h. daß (i, k) eine von noch anderen Elementen als a_i und a_k abhängige Function wird, und damit selbst als neues Element angesehen werden kann. Es wird sich da ereignen können, daß man aus zwei Integralen alle übrigen durch bloße partielle Differentiation findet. Dieß ist der wesentliche Fundamentalsatz, auf den das ganze Integrationsgeschäft der dynamischen Differentialgleichungen gegründet werden muß, und aus dem man bisher keinen Nutzen gezogen hat, weil man ihn als einen Satz der Störungstheorie betrachtet hat, während er gerade im ungestörten Problem den wichtigsten Dienst leistet. Z.B. wenn $a_i = const.$ und $a_k = const.$ zwei von den Flächensätzen bedeuten, so gibt der mit (i, k) be-

---

[390] Vgl. Jacobi 1840b (*Werke* IV, 145); s. auch S. 133, Anm. 206.

[391] Wiederum in seinem *Mémoire sur la variation des constantes arbitraires dans le questions de mécanique* (Poisson 1809, 280).

zeichnete Ausdruck, der aus a_i und a_k gebildet wird, wenn man ihn $= const.$ setzt, den dritten Flächensatz. Derselbe wird dadurch eine rein analytische Folge der beiden andern. Es werden somit ganz neue Gesichtspunkte über die Integration der Differentialgleichungen eröffnet. Wenn man früher so glücklich war, ein Integral zu finden, so machte man damit weiter Nichts, als eine Variable zu eliminiren. Jetzt ist die große Neugierde: wird der in Verbindung mit einem andern Integrale gebildete Ausdruck (i, k) identisch verschwinden oder Function der bekannten Integrale, oder wird es ein neues Integral geben. Jeder dieser Fälle hat eine besondere Bedeutung in der allgemeinen Theorie dieser Differentialgleichungen.

XLVIII   *Anwendung des „Fundamentalsatzes" auf die drei Flächensätze; Beziehung zur Lagrangeschen Störungstheorie und allgemeine analytische Darstellung.*

Als ein Beispiel der allgemeinen merkwüdigen Theorie, vermittelst deren man allgemein aus zwei Integralen eines dynamischen Problems ein drittes ableiten kann, und auch ein viertes, und bisweilen alle Integrale des Problems, indem man das aufgefundene mit den früheren verbindet, will ich den Fall betrachten, in welchem die beiden Integrale zwei von den Flächensätzen sind. Ich will hierbei annehmen, daß das System ganz frei ist, wo die Größen q mit den Coordinaten $x\,y\,z$ und die p mit den in die Massen multiplicirten Componenten der Geschwindigkeit $mx'\ my'\ mz'$ übereinkommen. Der allgemeine Satz war: wenn a und b zwei Functionen, welche willkürliche Constanten werden, so daß $a = c\ \ b = c$ zwei Integralgleichungen bilden, daß dann auch

$$\sum \frac{\partial a}{\partial q}\frac{\partial b}{\partial p} - \frac{\partial b}{\partial q}\frac{\partial a}{\partial p} = const.$$

wird, wo die $\sum$ auf alle m solcher Ausdrücke auszudehnen ist, die entstehen, wenn man statt $p\,q$, gleichzeitig entsprechend $p_1\,q_1,\ p_2\,q_2 \ldots p_m\,q_m$ setzt. Setzt man

$$q_1 = x \quad q_2 = y \quad q_3 = z \quad \ldots \quad p_1 = m'x \quad p_2 = my' \quad p_3 = mz' \quad \ldots$$

so bekommt man den durch die Formel ausgedrückten Satz:

$$\sum \frac{1}{m}\left(\frac{\partial a}{\partial x}\frac{\partial b}{\partial x'} - \frac{\partial b}{\partial x}\frac{\partial a}{\partial x'} \right) = const.$$

Die Summe ist auf alle Coordinaten aller materiellen Punkte des Systems auszudehnen, oder wenn man die Summation auf n materielle Punkte beziehen will

$$\sum \frac{1}{m} \left\{ \left(\frac{\partial a}{\partial x} \frac{\partial b}{\partial x'} - \frac{\partial b}{\partial x} \frac{\partial a}{\partial x'} \right) + \left(\frac{\partial a}{\partial y} \frac{\partial b}{\partial y'} - \frac{\partial a}{\partial y'} \frac{\partial b}{\partial y} \right) + \left(\frac{\partial a}{\partial z} \frac{\partial b}{\partial z'} - \frac{\partial a}{\partial z'} \frac{\partial b}{\partial z} \right) \right\}$$

$$= const.$$

Diese Constante kann nun aber sehr verschiedene Bedeutungen haben: sie kann eine Zahl sein, wie 1 oder 0, oder auch eine Function von a und b sein, oder sie kann endlich eine neue willkürliche Constante sein, in welchem letzteren Falle man ein neues Integral erhält. Der Fall, wo der Ausdruck identisch Null wird, liefert zwar kein neues Integral, ist aber, wie eine genauere Analyse der Theorie lehrt, doch von großer Wichtigkeit für die Integration der Differentialgleichungen. Dagegen ist der Fall, wo der Ausdruck einer andern numerischen Constante gleich wird, von dem geringsten Interesse; es lehrt die Theorie, daß in solchem Falle eines der beiden Integrale a und b höchstens die Stelle der auszuführenden Quadratur vertritt, ohne daß dadurch ein wesentlicher Fortschritt im Integrationsgeschäft geschieht. Die drei Fälle sind ganz wesentlich verschieden. Ist dieß aber nicht der Fall - hat man ein Integral a und man findet ein anders $b = const$, so kann man schließen, daß das Integral das Problem wesentlich vereinfacht, so daß man die Ordnung der Integration nicht um eine, sondern um 2 Ordnungen verringern kann. Wir kehren zu den Flächensätzen zurück, wo

$$a = \sum m \left(xy' - yx' \right) \qquad b = \sum m \left(xz' - zx' \right)$$

und erhalten durch partielle Differentiation

$$\frac{\partial a}{\partial x} = my' , \qquad \frac{\partial b}{\partial x'} = -mz \qquad \frac{\partial a}{\partial x'} = -my \qquad \frac{\partial b}{\partial x} = mz'$$

$$\frac{\partial a}{\partial y} = -mx' \qquad \frac{\partial b}{\partial y'} = 0 \qquad \frac{\partial a}{\partial y'} = mx \qquad \frac{\partial b}{\partial y} = 0$$

$$\frac{\partial a}{\partial z} = 0 \qquad \frac{\partial b}{\partial z'} = mx \qquad \frac{\partial a}{\partial z'} = 0 \qquad \frac{\partial b}{\partial z} = -mx'$$

Es trifft sich hier, daß jede der Coordinaten oder ihr Differentialquotient nur in einem einzigen Terme vorkommt, und darum bestehen die partiellen Differentialquotienten ebenfalls nur aus einzelnen Termen. Man erhält nun leicht, da alles Übrige sich forthebt, und $q = x \ldots p = mx' \ldots [:]$

$$const = \sum m \left(yz' - zy' \right) = c$$

Es folgt also ohne irgend eine geometrische Betrachtung bloß dadurch, daß a und b Integrale für ein System Differentialgleichungen von der aufgestellten Form, daß neben den Flächensätzen in Bezug auf die xy und xz ebene auch der dritte Flächensatz für die yz ebene gelten muß. Hier haben wir also den Fall, wo ein neues Integral aus den beiden gegebenen erhalten wird, ohne irgend eine Integration durch bloßes partielles Differentiiren der gefundenen Integralgleichungen. Wenn Sie z.B. aus den 6 elliptischen Integralen irgend zwei bilden, in denen alle 6 elliptischen Elemente zusammen vorkommen, auf eine ganz willkürliche Art, aber es müssen gerade diese einfachsten Formen (Elemente) selber vermieden werden, also z.B.[:] Sie stellen durch Multiplication mit willkürlichen Zahlen oder Potenzerhebungen willkürliche Combinationen dar, so werden Sie aus *zweien* dieser alle sechs ableiten, und nur wenn man die Integrale wählt, die man gewöhnlich als die einfachsten nimmt, die aber allgemeinen mechanischen Problemen angehören, wie z.B. die Flächensätze, entweder *kein* oder nur *ein* neues. Wenn man

$$c = \sum m\,(yz' - zy') \qquad \text{mit} \qquad \begin{aligned} a &= \sum m\,(xy' - x'y) \\ b &= \sum m\,(xz' - zx') \end{aligned} \qquad \text{oder}$$

combinirt, so kommt man auf kein neues Integral, sondern auf die frühern zurück. Hier also ist der Gebrauch unsers Satzes begrenzt; es gibt aber Fälle, wo zwei Integrale statt ein oder kein neues, deren zwei oder drei geben, und dieß ist das neue Moment, welches in die Theorie der Integration der Differentialgleichungen hineingekommen ist, daß die Integralgleichungen keinen gleichgültigen Charakter zu einander haben, sondern jede ist als ein besonderes Individuum aufzufassen, dessen Charakter aus seiner Beziehung zu den bereits gefundenen hervorgeht, und welches so beschaffen [ist], daß es entweder nur einen untergeordneten Werth hat, oder im günstigsten Fall in den Stand setzt, alle Integrale durch partielle Differentiation finden zu können. Es ist daher eine Unterscheidung gekommen in Etwas, was bisher ununterschieden war, und dieß ist immer ein großer Gewinn für die Wissenschaft.

Wenn wir für a und b zwei zusammengehörige willkürliche Constanten aus dem vollständigen Integrale der partiellen Differentialgleichung nehmen, so wird der Ausdruck (i, k) der positiven oder negativen Einheit gleich; combiniren wir aber irgend zwei andre von diesen $2m$ Constanten $\alpha\,\beta$ mit einander, so verschwindet der Ausdruck immer. Wir wenden uns wieder zu dem gefundenen Fundamentalsatz der Dynamik, den man kannte, ohne seine Bedeutung einzusehen, so daß Lagrange in der 2ten Ausgabe seiner Mécanique analytique[392], wo sich dieser Satz unter der Form findet, daß die Coeffi-

---

[392] Es folgt eine Durchstreichung und am rechten Rand die Ergänzung: „Vol. II, Sect. VIII, Art. 6 … nicht in der Méc. anal. sondern in … ". Der Zusatz bleibt unverständlich, weil sich Lagrange genau in dem angegebenem Artikel auf Poisson 1809 bezieht (s. Lagrange

cienten der Störungsformel constant sind, die Poisson'sche Analysis wegen ihrer Schwierigkeit und Tiefe rühmt, ohne daß er für nöthig findet, den Satz selbst in seine analytische Mechanik aufzunehmen. Dieser Fundamentalsatz war nämlich, als er erfunden wurde, weiter Nichts als eine andre Form eines schon bekannten Satzes. Lagrange hatte nämlich Formeln aufgestellt, durch welche man die partiellen Differentialquotienten $\frac{\partial \Omega}{\partial a}$ umgekehrt als lineares Aggregat ausdrückt durch die Differentiale der gestörten Elemente, während nach den hier aufgestellten Formeln $\frac{da}{dt}$ ausgedrückt war durch ein Aggregat von den partiellen Differentialquotienten der Störungsfunction. Den Coefficienten, der im Ausdrucke von $\frac{da_k}{dt}$ in $\frac{\partial \Omega}{\partial a_i}$ multiplicirt war, nannten wir (i, k). Lagrange drückte umgekehrt die Coefficienten von $\frac{da_k}{dt}$ in $\frac{\partial \Omega}{\partial a_i}$ aus, und hatte den Satz gefunden, daß die Coefficienten der Differentiale der gestörten Elemente in diesen Formeln Constanten sind, indem er diese Ausdrücke differentiirt und aufweist, daß die Differentialien mit Hilfe der Ausdrücke des ungestörten Problems verschwinden, sie also reine Functionen der Elemente sind. Für Lagrange war also der Poisson'sche Satz Nichts als die Umkehrung eines Systems linearer Gleichungen: er hatte die $\frac{\partial \Omega}{\partial a}$ ausgedrückt und Poisson die $2m$ Größen $\frac{da}{dt}$ durch einander. Durch die gemeine Auflösung von $2m$ Gleichungen mußte sich das Eine aus dem Andren ergeben, wenn die Coefficienten der einen Gleichungen Functionen der bloßen Elemente sind, kann das Resultat ihrer Auflösung auch nicht t enthalten, und so war für Lagrange der Poisson'sche Satz nur eine Form des seinigen. Der Beweis von Poisson war aber zugleich schwieriger als der von Lagrange, und namentlich deßhalb, weil Poisson nicht die Form der Differentialgleichungen kannte, da er erst p und q einführte, aber nicht wußte, daß die schöne Form daraus folgt. Er hatte zwar auch die Eigenschaften gekannt, die wir durch $\frac{\partial H}{\partial p}$ und $-\frac{\partial H}{\partial q}$ ausgedrückt haben[393], und kam doch nicht darauf, sämtliche Ausdrücke als partielle Differentialquotienten einer Function darzustellen, dadurch wurde seine Analysis äußerst complicirt, und Lagrange erkannte bloß die analytische Kraft Poisson's an, Poisson selbst hat später seine Methode verlassen, weil die Lagrange'sche leichter sich behandeln ließe für die Störungsformeln. Die Formel an sich zu behandeln, daran hatte Niemand in 30 Jahren gedacht; mir selbst ging es so: ich mußte bei der Theorie der[394] gewöhnlichen und partiellen Differentialgleichungen erster Ordnung mit Nothwendigkeit von Neuem auf den Satz geführt werden, und obgleich ich den Satz kannte, erkannte ich ihn nicht, da ich an die Störungstheorie nicht dachte. Ich schrieb

---

Oeuvres XII, 174; s. auch 176 und 72-101 sowie XI, 351-363).

[393] Vgl. hierzu S. 210, Anm. 321.

[394] In der Handschrift folgt „g ? y" oder „g ? p", wobei die zweite Variante als Abkürzung für die folgende Bezeichnung wahrscheinlich sein dürfte.

an die pariser und die berliner Akademie - den pariser Brief bekam ich von der Post zurück[395], in Berlin verhinderte ich die Lesung. Die Sätze werden oft ganz erkenntlich bloß dadurch, daß man ein andres Wort unterstreicht. Die Wichtigkeit besteht darin - und diese haben die Lagrange'schen Coefficienten auch nicht, sondern sind andrer Art - daß man durch Differentiation aus 2 Integralen ein drittes ableiten kann.

Ich will nun den Fundamentalsatz in die Form eines rein identischen Satzes kleiden: dieß ist in allen Fällen von großer Wichtigkeit, daß man einen Satz ganz abgesehen von seinem Zusammenhang ganz für sich ausspricht, und womöglich in die Form einer reinen Identität bringt, oder eine Gleichung aufstellt, in welcher alle Terme sich wirklich zerstören. Dieser Satz ist folgender. Wir schreiben statt des mit (i, k) bezeichneten Ausdruckes

$$(a, b) = \sum \left(\frac{\partial a}{\partial q} \frac{\partial b}{\partial p} - \frac{\partial b}{\partial q} \frac{\partial a}{\partial p} \right)$$

wo a und b Functionen von $2m$ Variabeln, die sich in zwei Gruppen $p_1\, p_2 \ldots p_m,\ q_1\, q_2 \ldots q_m$ theilen, dergestalt, daß jede Variable q der einen Gruppe in bestimmter Beziehung zu einer Variabeln p der andern Gruppe steht. Mit Rücksicht hierauf wird die Summe gebildet, indem man für $q\,p$ immer ein zusammenhängendes Paar Variable setzt. Wenn dieß der Fall ist, so gilt von der Function (a, b) folgender Satz:
Wenn man neben a und b noch eine dritte Function c derselben Variabeln p und q annimmt (in dem Satze, den ich ausspreche, sind $a\,b\,c$ beliebige Functionen, die mit den Integralen eines Systems Differentialgleichungen Nichts zu thun haben), so kann man die Functionen (b, c), (c, a), (a, b) bilden. Combinirt man nun diese drei Functionen mit den gegebenen Functionen $a\,b\,c$ und bildet in Bezug auf je zwei derselben wieder ähnliche Ausdrücke, so verschwindet das Aggregat[396]

$$0 = (a, (b, c)) + (b, (c, a)) + (c, (a, b))$$

indem sich in dieser identischen Gleichung alle Terme gegenseitig zerstören. Man sieht es diesem Ausdrucke nicht an, daß durch ihn die ganze analytische Mechanik eine andre Form erhält. Sie können sich zu Ihrer Übung diese

---

[395]Wobei es Jacobi später nicht versäumte, der Pariser Akademie einen Brief *Sur un théorème de Poisson* (Jacobi 1840b) zukommen zu lassen; er enthält „quelques remarques sur la plus profonde découverte de M. *Poisson*, mais qui, je crois, n'a été bien comprise ni par *Lagrange*, ni par les nombreux géomètres qui l'ont citée, ni par son auteur lui-même" (Jacobi *Werke* IV, 145). Ihm geht es schon in diesem Brief darum, darauf hinzuweisen, daß durch zwei Integrale a, b der Bewegung ein drittes (a, b) usw. erzeugt werden kann.

[396]Die folgende Beziehung wird heute gewöhnlich „Jacobi-Identität" genannt (s. etwa Goldstein 1976, 284). Jacobi fand sie (vermutlich) Ende 1838. S. Jacobi 1862, Art. 26 (*Werke* V, 46) bzw. Jacobi 1906, 48 und 52 (Anm. von A. Clebsch).

Formel beweisen: es ist nur nöthig, daß Sie einen solchen Ausdruck partiell differentiiren und zeigen, daß jedem positiven Term ein negativer entspricht. Nun wollen wir die Anwendung davon machen. Für c will ich unsre Function H setzen, die also noch eine Variable t enthalten kann, welche aber hier bei diesem Differentiationsgeschäfte die Stelle einer Constanten vertritt. Es wird dann

$$(b,c) = \sum \left(\frac{\partial b}{\partial q} \frac{\partial H}{\partial p} - \frac{\partial b}{\partial p} \frac{\partial H}{\partial q} \right)$$

und vermittelst der Differentialgleichungen des dynamischen Problems

$$(b,c) = \sum \left(\frac{\partial b}{\partial q} \frac{dq}{dt} + \frac{\partial b}{\partial p} \frac{dp}{dt} \right)$$

Also würde (b,c) das vollständige Differential $\frac{db}{dt}$ sein, nur fehlt noch $\frac{\partial b}{\partial t}$, denn b ist im Allgemeinen Function der Größen p q und t. Wenn also $b = const.$ ein Integral ist, so wird die Summe

$$(b,c) = -\frac{\partial b}{\partial t},$$

weil das vollständige Differential eines Integrals identisch verschwinden muß. Also

$$(b,H) = -\frac{\partial b}{\partial t},$$

wo t eine Größe, die als Constante bisher betrachtet wurde. Ebenso folgt

$$(H,a) = -(a,H) = \frac{\partial a}{\partial t},$$

und somit

$$\left(a, -\frac{\partial b}{\partial t} \right) + \left(b, \frac{\partial a}{\partial t} \right) + (H,(a,b)) = 0$$

Nun ist

$$\left(a, -\frac{\partial b}{\partial t} \right) + \left(b, \frac{\partial a}{\partial t} \right) = -\frac{\partial}{\partial t}(a,b)$$

denn wenn wir (a,b) nach t differentiiren, und die Ordnung der Differentiation immer vertauschen, so bekommen wir dasselbe, als wenn wir einmal für a $\frac{\partial a}{\partial t}$ setzen, und das andere Mal für b $\frac{\partial b}{\partial t}$ und dann addiren. Also

$$\frac{\partial(a,b)}{\partial t} = \left(\frac{\partial a}{\partial t}, b \right) + \left(a, \frac{\partial b}{\partial t} \right)$$

Man differentiirt dieses wie ein gewöhnliches Product. Nun geht mit $-b$ der Ausdruck ins Negative über, es wird also endlich

$$-\frac{\partial(a,b)}{\partial t} + (H,(a,b)) = 0$$

Wenn man $(H,(a,b))$ entwickelt, z.B. $(a,b) = A$ schreibt, so hat man, wie oben gezeigt, durch Substitution der Differentialgleichungen

$$\frac{dA}{dt} = (A,H) + \frac{\partial H}{\partial t}$$

also [wird] der Ausdruck gleich — dem vollständigen Differentialquotienten $\frac{d}{dt}(a,b)$. Da der Ausdruck identisch verschwindet, so haben wir für den Fall, daß $0 = H$ und a und b, Constanten gleichgesetzt, Integrale werden des Systems Differentialgleichungen, den Satz, daß

$$\frac{d}{dt}(a,b) = 0$$

wird mittelst der Differentialgleichungen, oder daß die eine Function

$$(a,b) = const.$$

wird.

Ich will nun die Form behandeln, in welcher Lagrange die Störungsgleichungen auseinandergesetzt hat, indem die Bemerkungen, die sich hieran knüpfen, ganz verschiedener Art sind. Ich habe schon erwähnt, daß Lagrange umgekehrt die einzelnen Differentialquotienten der Störungsfunction durch Differentiale der gestörten Elemente ausdrückt.

XLIX   Am Tage vor der berliner Märzrevolution

Störungsgleichungen in Hamiltonscher Form und Herleitung der Theoreme von Laplace und Poisson; Störungen nicht freier Systeme nach Lagranges Multiplikatorform.

Ich will die Hamilton'sche Form zuerst nehmen, als [der] am deutlichsten, und hernach auf die Lagrange[-]Multiplicatorform die Anwendung geben.

Wenn wir den Ausdruck bilden wollen $\frac{\partial\Omega}{\partial a}$, wo a eines der Elemente und Ω Function von $t\,q$ und p ist, wo wir die q und p ausgedrückt denken als Functionen der Elemente $a_1\,a_2\,\ldots\,a_m$ und t, so ist nach den bekannten Regeln partieller Differentiation

$$\frac{\partial \Omega}{\partial a} = \sum \frac{\partial \Omega}{\partial q}\frac{\partial q}{\partial a} + \sum \frac{\partial \Omega}{\partial p}\frac{\partial p}{\partial a}$$

Ω ist nur in sofern Function von den Elementen, als sie in q und p vorkommen, p von[397] t und a, q von t und a. Die Differentialgleichungen des gestörten Problems sind

$$\frac{dq}{dt} = \frac{\partial H}{\partial p} + \frac{\partial \Omega}{\partial p} \qquad \text{und} \qquad \frac{dp}{dt} = -\frac{\partial H}{\partial q} - \frac{\partial \Omega}{\partial q} \qquad \text{folglich}$$

$$\frac{\partial \Omega}{\partial q} = -\frac{\partial H}{\partial q} - \frac{dp}{dt} \qquad\qquad \frac{\partial \Omega}{\partial p} = -\frac{\partial H}{\partial p} + \frac{dq}{dt} \qquad .$$

Durch Substitution folgt

$$\frac{\partial \Omega}{\partial a} = -\sum \frac{\partial H}{\partial q}\frac{\partial q}{\partial a} - \sum \frac{\partial H}{\partial p}\frac{\partial p}{\partial a} + \sum \left(\frac{\partial p}{\partial a}\frac{dq}{dt} - \frac{\partial q}{\partial a}\frac{dp}{dt} \right)$$

Hier ist

$$\sum \frac{\partial H}{\partial q}\frac{\partial q}{\partial a} + \frac{\partial H}{\partial p}\frac{\partial p}{\partial a} = \frac{\partial H}{\partial a} \quad .$$

Die Differentiale $\frac{dq}{dt}$ und $\frac{dp}{dt}$ theilen sich in zwei Theile, indem nach t differentiirt wird, sofern es außerhalb der Elemente vorkommt, und andrerseits, sofern es in den Elementen steht, [also] diese als Functionen der Zeit betrachtet werden. Wenn wir die expliciten Differentialquotienten durch das cursive ∂ bezeichnen, so erhalten wir dieselben Ausdrücke, wie die im ungestörten Problem den Differentialquotienten von q und p gleich werden. Dieselben sind aber im ungestörten Problem den partiellen Differentialquotienten

$$\frac{dq}{dt} = \frac{\partial H}{\partial p} \quad \text{und} \quad \frac{dp}{dt} = -\frac{\partial H}{\partial q}$$

gleich. Daraus entsteht

$$\sum \frac{\partial p}{\partial a}\frac{dq}{dt} - \frac{\partial q}{\partial a}\frac{dp}{dt} = \sum \frac{\partial p}{\partial a}\frac{\partial H}{\partial p} + \frac{\partial q}{\partial a}\frac{\partial H}{\partial q} = \frac{\partial H}{\partial a}$$

und dieß hebt sich mit den bereits vorhandenen analogen Termen weg. Dieß muß auch sein, weil die Terme, die von der Störungsfunction abhängen, in einen kleinen Factor multiplicirt sind, also können die Terme, die von H abhängen, nicht übrig bleiben; die Ausdrücke sind homogen in Bezug auf Ω, die Gleichung darf sich nicht ändern, wenn ich Ω mit einer Constante multiplicire. Folglich hat man, wenn man H fortläßt:

---

[397] In der Hs. folgt: "q t und a, ...", wobei q durch Unterstreichung markiert ist. Offenbar handelt es sich, wie der Kontext erhellt, bei der Nennung von q in der „Argumentenliste" um einen Irrtum.

$$\frac{\partial \Omega}{\partial a} = \sum \left(\frac{\partial p}{\partial a} \frac{d'q}{dt} - \frac{\partial q}{\partial a} \frac{d'p}{dt} \right)$$

wo d' bezeichnet, daß nur nach der Zeit in den Elementen differentiirt wird, also

$$\frac{d'q}{dt} = \sum \frac{\partial q}{\partial a_k} \frac{da_k}{dt} \, , \qquad \frac{d'p}{dt} = \sum \frac{\partial p}{\partial a_k} \frac{da_k}{dt}$$

Setzen wir nun

$$\frac{\partial \Omega}{\partial a_i} = \sum [a_i, a_k] \frac{da_k}{dt}$$

so ist[398]

$$[a_i, a_k] = \sum \left(\frac{\partial p}{\partial a_i} \frac{\partial q}{\partial a_k} - \frac{\partial p}{\partial a_k} \frac{\partial q}{\partial a_i} \right)$$

und die Summe bedeutet, daß man die Paare $p_1 \, q_1$, $p_2 \, q_2$, ... $p_m \, q_m$ einzusetzen hat. Diese Ausdrücke in eckigen Klammern nun sind es, von denen Lagrange bewiesen hat, daß sie bloße Functionen der Elemente sind: sie werden, wie Sie sehen, umgekehrt gebildet durch die partiellen Differentialquotienten der Variabeln nach den Elementen genommen, während die früheren Ausdrücke in runden Klammern die partiellen Differentialquotienten der Elemente nach den Variabeln enthielten. Mit den einen müssen die andern Constanten sein, da durch Auflösung linearer Gleichungen beide auseinander folgen. Beide beziehen sich auf die beiden Hauptformen, in welche man Systeme von Integralen darstellt, (die Darstellungen von Poisson und Lagrange, letztere kam früher), je nachdem man die Variabeln als Functionen von t und den Elementen, oder die willkürlichen Elemente als Functionen der Variabeln und von t darstellt: Es fragt sich, ob man auch hier einen allgemeinen analytischen Satz ableiten kann. Derselbe wird heißen: Wenn a_i und a_k zwei beliebige willkürliche Constanten in dem System der vollständigen Integralgleichungen bedeuten, so wird für $a_i = a$, $a_k = b[:]$

$$\frac{\partial p_1}{\partial a} \frac{\partial q_1}{\partial b} - \frac{\partial p_1}{\partial b} \frac{\partial q_1}{\partial a} + \frac{\partial p_2}{\partial a} \frac{\partial q_2}{\partial b} - \frac{\partial p_2}{\partial b} \frac{\partial q_2}{\partial a} \pm \ldots = const.$$

Dieß gibt, wenn die Function links nicht identisch verschwindet, und auch nicht einer Zahl ($\pm 1 \ldots$) gleich wird, eine Integralgleichung - die Gleichung wird identisch eine Constante, oder gibt eine Function, die einer Constanten gleich gesetzt werden kann. Aber wir können hier nicht dadurch aus zwei Integralen ein drittes ableiten, weil wir nicht wissen, wie a und b durch die

---

[398] Hier handelt es sich um die sog . „Lagrange-Klammern", die in *dieser* Form in dem *Mémoire sur la théorie générale de la variation des constantes arbitraires* eingeführt werden (Lagrange 1808b; s. *Oeuvres* VI, 790ff.).

Variabeln ausgedrückt sind. Dagegen gilt[399] folgender merkwürdige Satz: Wenn man weiß, wie zwei willkürliche Constanten in die Ausdrücke von p und q eingehen, so kann man hieraus ein Integral finden. Diese Kenntniß, wie gewisse willkürliche Constanten in sämtliche Integralgleichungen oder in die Ausdrücke der Variabeln durch die Zeit und die Elemente eingehen, wird man immer dann erlangen, wenn man in den Differentialgleichungen statt der Variabeln eine Anzahl andrer substituiren kann, mittelst Ausdrücken, die willkürliche Constanten enthalten, welche aber aus den Differentialgleichungen herausgehen. Dieß ist z.B. der Fall, wenn die Differentialgleichungen unabhängig sind von der Lage der Coordinaten, wie z.B. die Differentialgleichungen des Problems der drei Körper; oder in dem Problem von n Körpern. Diese Differentialgleichungen müssen so beschaffen sein, daß wenn man für die rechtwinkligen Coordinaten andre rechtwinklige Coordinaten nimmt, daß dann die sechs willkürlichen Constanten, welche die Lage des Coordinatensystems bestimmen, ganz herausgehen. Man wird daher annehmen können, daß die vollständigen Integralgleichungen in einem solchen Problem, in welchem die Kräfte nur von der gegenseitigen Anziehung von Punkten herrühren, und in welchem es keine festen Punkte gibt, folgende Form haben[:]

$$a + \alpha x + \beta y + \gamma z = u$$
$$a' + \alpha' x + \beta' y + \gamma' z = u'$$
$$a'' + \alpha'' x + \beta'' y + \gamma'' z = u'' \quad \ldots$$

wo $a\ a'\ a'' \ldots$ beliebige Constanten sind, die von dem gewählten Anfangspunkt des Coordinatensystems bestimmt werden, und die 9 Coefficienten $\alpha\ \beta\ \gamma$ die bekannten 9 Größen sind (zwischen denen 6 Relationen stattfinden), die von den cosinus[-Werten] der Winkel bestimmt werden, die die Coordinatenaxen der beiden Systeme miteinander machen. Die $u\ u'\ u''$ sollen dagegen Functionen sein von der Zeit und von sechs Elementen - willkürliche Constanten - weniger, als die vollständige Integration erfordert, weil sechs willkürliche Constanten schon auf der linken Seite des Gleichheitszeichens sich befinden. Man wird leicht beweisen können, daß durch solche Substitutionen die Differentialgleichungen sich gar nicht verändern; nämlich wenn wir für $x\ y\ z$ in den Differentialgleichungen diese Ausdrücke setzen, die links vom Gleichheitszeichen stehen, daß man wieder ganz dieselben Gleichungen in $x\ y\ z$ erhält, so daß wenn

$$x = u, \qquad y = u', \qquad z = u'',$$
$$x_1 = u_1, \qquad y_1 = u_1', \qquad z_1 = u_1'' \quad \ldots$$

---

[399] In der Handschrift stattdessen: „ist".

genügen, es auch die allgemeinen Ausdrücke thun. Oder besser so, daß die Werthe von $x\ y\ z$, durch die Zeit und die willkürlichen Constanten ausgedrückt, die Form haben

$$
\begin{aligned}
x &= A + \alpha u + \alpha' u' + \alpha'' u'' \\
y &= B + \beta u + \beta' u' + \beta'' u'' \\
z &= C + \gamma u + \gamma' u' + \gamma'' u''
\end{aligned}
$$

wo $A\ B\ C$ willkürliche Constanten sind und ebenso die drei Gößen, von denen die $\alpha\ \beta\ \gamma$ abhängen, und die u Functionen der Zeit und von 6 Elementen weniger sind, als die vollständige Integration erfordert, also u Functionen von $6(n-1)$ Constanten beim Problem der n Körper. Wenn wir auf diesen Fall den Satz anwenden, welchen man aus der Lagrange'schen Entdeckung, daß die Coefficienten seiner Störungsformeln constant sind, ableiten kann, so werden wir aus dieser Form Integrale erlangen, d.h. wir werden Functionen der Variabeln finden, die willkürlichen Constanten gleich sind. Das ist höchst merkwürdig; es ergibt sich sehr leicht, daß für den Fall hier die q mit den Coordinaten, die p mit den nach der Zeit genommenen vollständigen Differentialquotienten der Coordinaten, jeder mit der Masse noch multiplicirt, übereinkommen. Man wird hierdurch die drei Flächensätze und die drei Sätze von der Erhaltung des Schwerpunkts finden! Sie haben das nur unmittelbar einzusetzen, und ich will mich nicht dabei aufhalten.

Ich will nun aber die ursprüngliche Form der dynamischen Differentialgleichungen betrachten, welche folgende war

$$
m\frac{d^2x}{dt^2} = \frac{\partial H}{\partial x} + \lambda\frac{\partial u}{\partial x} + \mu\frac{\partial v}{\partial x} + \ldots \text{ etc.}
$$

wo $u = v = 0$ die Bedingungsleichungen u.s.w. u.s.w.$_\circ$ H ist aber jetzt nur eine Function der Coordinaten und der Zeit t, welche die ersten Differentialquotienten der Coordinaten nicht enthält. Die Gleichungen des gestörten Problems sollen wiederum aus diesen erhalten werden, wenn man für H $H+\Omega$ setzt, wo Ω wie H Function der $3n$ Coordinaten und von t ist, aber die Geschwindigkeiten $x'\ y'\ z'$ nicht enthält. Von dieser Form der Differentialgleichung ist Lagrange ausgegangen; sie sind hier gewissermaßen beschränkter, da in den vorigen Betrachtungen die Störungsfunction sämtliche Größen q und p enthalten konnte. Wir haben nun ganz die Betrachtungen, die wir oben angestellt hatten, zu wiederholen. Nämlich es wird

$$
\frac{\partial \Omega}{\partial a} = \sum \frac{\partial \Omega}{\partial x}\frac{\partial x}{\partial a} \quad , \text{ die Summation auf alle Coordinate bezüglich -}
$$

$$
\frac{\partial \Omega}{\partial x} = -\frac{\partial H}{\partial x} - \lambda\frac{\partial u}{\partial x} - \mu\frac{\partial v}{\partial x} \ldots + m\frac{d^2x}{dt^2}
$$

Substituirt man dieß in $\sum \frac{\partial \Omega}{\partial x}\frac{\partial x}{\partial a}$, so fallen die in $\lambda\,\mu \ldots$ multiplicirten Aggregate fort, denn wenn wir in die Bedingungsgleichungen für $x\,y\,z \ldots$ ihre Werthe substituiren, so müssen die Bedingungsgleichungen identisch erfüllt werden, weil sechs Gleichungen zwischen t und den willkürlichen Constanten vorkommen. Aber die Zeit kann keinem constanten Werth gleich werden, also $\sum \frac{\partial u}{\partial x}\frac{\partial x}{\partial a} = 0$ etc.₀ Damit folgt der Ausdruck

$$\frac{\partial \Omega}{\partial a} = \sum m \frac{d^2 x}{dt^2}\frac{\partial x}{\partial a} - \sum \frac{\partial H}{\partial x}\frac{\partial x}{\partial a}$$

den wir weiter transformiren, die Bedingungsgleichungen sind ganz herausgegangen[400].

Finis.

---

[400] Mit dieser Vorlesung vom „Tage vor der berliner Märzrevolution" (s. S. 296) enden Jacobis *Vorlesungen über analytische Mechanik* am Freitag, den 17. März 1848. Das etwas abrupte Ende legt die Vermutung nahe, daß Jacobi in einer weiteren Vorlesungsstunde die Störung unfreier Systeme nach der Lagrangeschen Multiplikatorform zum Abschluß bringen wollte. (Diese werden nicht behandelt in seiner großen nachgelassenen Schrift Jacobi 1866b; allgemeine Berichte über Jacobis „späte" Untersuchungen zur Störungstheorie finden sich in Jacobi 1852, 1891b und bei Scheibner 1882.) Laut Archiv der Humboldt-Universität nahmen die einsetzenden politischen Unruhen (vgl. S 275, Anm. 377) aber *keinen* Einfluß mehr auf den Vorlesungsbetrieb, während der Chronist der Universität (Lenz 1910-1918 III(2), 223) diese Möglichkeit offen läßt. Er bemerkt nämlich zu den am 18. März kulminierenden *politischen* „Störungen nicht freier System" folgendes: „An Kollegbesuch war unter solchen Umständen nicht zu denken. Zum Glück war das Semester so gut wie zu Ende; vom 20. März ab waren alle Auditorien geschlossen, und nur die Aula blieb im Allgemeinbesitz der Studenten, die Stätte ihrer geistigen Ringkämpfe."

Archivalien und Handschriften

Berlin-Brandenburgische Akademie der Wissenschaften, Archiv
Nachlaß F.W. Bessel:
- Ms. B 15:   Briefwechsel zwischen Bessel und Jacobi.

Nachlaß C.G.J. Jacobi, Gr. III (Vorlesungsnachschriften):
- Ms. A 5:   Vorlesungen über Variationsrechnung.
                      Ausgearbeitet von J.G. Rosenhain
                      (Königsberg, WS 1837/38).

- Ms. A 6:   Theorie der Zahlen. Ausgearbeitet von J.G.
                      Rosenhain (Königsberg, WS 1836/37).

- Ms. A 8a: Transformation und Integration der Grundgleich-
                      ungen der Dynamik. Ausgearbeitet von J.G.
                      Rosenhain (Königsberg, WS 1837/38).

- Ms. A 8b: Abschrift von Ms. A 8a [von fremder Hand].

- Ms. B 22:   Vorlesungen über analytische Mechanik.
                      Ausgearbeitet von W. Scheibner
                      (Berlin, WS 1847/48) [Abschrift, vermut-
                      lich angefertigt von F.K.A.Magener].

- Ms. B 40:   Dynamik. Ausgearbeitet von C.W. Borchardt
                      (Königsberg WS 1842/43) [geführt als:
                      „Vorlesung über Mechanik", o.D.].

Humboldt-Universität zu Berlin, Universitätsbibliothek
- Autograph Nr.189:   Brief von A. Clebsch an Unbekannt vom
                      8. Dez. 1862.

Humboldt-Universität zu Berlin, Bibliothek des Mathematischen Instituts
- Sign. Ls Wj 44:   F. Joachimsthal: Analytische Mechanik, nach den
                      Vorlesungen vom WS 1848/49 von O. Hermes
                      [Beigebunden: C.G.J. Jacobi, Analytische
                      Mechanik, 1847/48. Vorlesungsausarbeitung
                      von F. Joachimsthal.].

Niedersächsische Staats- und Universitätsbibliothek Göttingen,
Handschriftenabteilung

Briefe von und an C.W. Borchardt:
- Ms. philos. 193m,   Brief von A. Clebsch an C.W. Borchardt vom
  Nr. 19:   17. Dez. 1862, die Herausgabe der Jacobischen
                        Dynamik-Vorlesung betreffend.

Nachlaß C. Neumann:
- Ms. 52:   Auszüge von Carl Neumann über eine Vorlesung
                        über Mechanik von Jacobi aus dem WS 1847/48
                        (in Berlin), wörtlich nach einer Ausarbeitung von
                        Wilh. Scheibner, später Prof. in Leipzig.

Nachlaß B. Riemann:
- M. 19; M. 22, M. 45: Varia; Präparationen zu Vorlesungen;
                        Vorlesungsmanuskripte.

Ruhr-Universität Bochum, Bibliothek des Mathematischen Instituts

- Sign. 30966   C.G.J. Jacobi, Vorlesungen über analytische
                        Mechanik. Ausgearbeitet von W. Scheibner
                        (Berlin, WS 1847/48).

Staatsbibliothek zu Berlin, Handschriftenabteilung

Nachlaß H.C. Schumacher (Haus 1):
- M. 21:   Briefwechsel zwischen Schumacher und Jacobi.

Nachlaß E. Du Bois-Reymond (Haus 2):
- K. 9, M.1, Bl. 70:   Verzeichnis von Heften Jacobis [K. Weierstraß
                        an die Königliche Akademie der Wissenschaften,
                        vom 30. Juli 1881].

Universität Halle, Archiv
                        Personalakte Wilhelm Scheibner.

Abbildungsnachweis

Bibliographisches Institut   Bildtafel I (S. LIX)
& F.A. Brockhaus AG

Bildarchiv Bruckmann, München   Bildtafel IX (S. LXVII)

Die Albertina   Bildtafel VII (S. LXV)
Universität in Königsberg 1544-1994.
Berlin/Bonn 1994 (S. 119)

Faulmann, K.: Im Reiche des Geistes.   Legende zur Bildtafel IX
Illustrirte Geschichte der Wissenschaften.   (S. LXVIII)
Wien/Pest/Leipzig 1894 (S. 670)

Humboldt-Universität zu Berlin   Bildtafeln V, VI, VIII
Archiv der Universitätsbibliothek   (S. LXIII, LXIV, LXVI)

Niedersächsische Staats- und   Bildtafel IV (S. LXII)
Universitätsbibliothek Göttingen,
Handschriftenabteilung

Ruhr-Universität Bochum, Bibliothek des   Bildtafel II (S. LX)
Mathematischen Instituts

Universität Leipzig, Archiv   Bildtafel III (S. LXI)

Abkürzungsverzeichnis

AHES	Archive for History of Exact Sciences
AIHS	Archives Internationales d'Histoire des Sciences
AN	(Schumachers) Astronomische Nachrichten
BGWL	Berichte über die Verhandlungen der Königlich-Sächsischen Gesellschaft der Wissenschaften zu Leipzig; Mathematisch-Physische Classe
BUSL	(Férussacs) Bulletin universel des Sciences et de l'Industrie. Prém. Sect.: Bulletin des Sciences mathématiques, astronomiques, physique et chimique
BVWB	Bericht über die zur Bekanntmachung geeigneten Verhandlungen der Königlich-Preussischen Akademie der Wissenschaften zu Berlin
BWG	Berichte zur Wissenschaftsgeschichte
CASP	(Novi) Commentarii academiae scientiarum imperialis petropolitanae
CRAS	Comptes rendus de l'Académie des Sciences, Paris
DSB	Dictionary of Scientific Biography
HASB	Histoire de l'Academie Royale des Sciences de Berlin
HASP	Histoire de l'Academie Royale des Sciences de Paris
HIMA	Historia Mathematica
JDMV	Jahresberichte der deutschen Mathematiker-Vereinigung
JEP	Journal de l'École Polytechnique
JMPA	(Liouvilles) Journal de mathématiques pures et appliquées
JRAM	(Crelles bzw. Borchardts) Journal für die reine und angewandte Mathematik
MASB	(Nouveaux) Mémoires de l'Académie Royale des Sciences et des Belles-lettres de Berlin
MASP	Mémoires de l'Académie Royale des Sciences de Paris
MINP	Mémoires de l'Institut national, classe des sciences mathématiques et physiques
NTM	Schriftenreihe für Geschichte der Naturwissenschaften, Technik und Medizin
OKEW	Ostwalds Klassiker der exakten Wissenschaften
PTRS	Philosophical Transactions of the Royal Society of London
RHSA	Revue d'Histoire des Sciences et de leurs Applications
SPAW	Sitzungsberichte der Königlich Preußischen Akademie der Wissenschaften zu Berlin

Literaturverzeichnis

Ahrens, W.:
    1904 C.G.J. Jacobi und die Jacobi-Biographie, in: Mathamatisch-Naturwissenschaftliche Blätter 1, 165-172.
    1907a C.G.J. Jacobi als Politiker. Ein Beitrag zu seiner Biographie. Leipzig.

Ahrens, W. (Hg.):
    1907b Briefwechsel zwischen C.G.J. Jacobi und M.H. Jacobi. Leipzig.

Ahrens, W./Stäckel, P. (Hgg.):
    1908 Der Briefwechsel zwischen C.G.J. Jacobi und P.H. von Fuss über die Herausgabe der Werke Leonhard Eulers. Leipzig.

D'Alembert, J. le R.:
    1743 Traité de dynamique. Paris (repr. Brüssel 1967).
    1758 Traité de dynamique. 2. Aufl., Paris (repr. Paris 1921).

Anaxagoras:
    1827 Anaxagorae Clazomenii fragmenta, quae supersunt, omnia, collecta commentarioque illustrata ab E. Schaubach. Lipsae.

Archimedes:
    1824 Archimedes' vorhandene Werke. Aus dem Griechischen und mit Erläuterungen und Anmerkungen von E. Nizze. Stralsund.

D'Arcy, P.:
    1747 Problème de dynamique, in: MASP (1752), 344-361.
    1749 Réflexions sur le Principe de la moindre action de Mr. de Maupertuis, in: MASP (1753), 531-538.
    1752 Réplique à un Mémoire de Mr. de Maupertuis sur le principe de la moindre action, inséré dans les Mémoires de l'Académie Royale des Sciences de Berlin, de l'année 1752, in: MASP (1756), 503-519.

Argelander, F.W.A.:
    1822 Untersuchungen über die Bahn des grossen Cometen vom Jahre 1811. Königsberg.
    1835 DLX stellarum fixarum positiones mediae ineunte anno 1836. Helsingfors.
    1837 Über die eigene Bewegung des Sonnensystems. Petersburg.
    1844 De stella β lyrae variabli disquisitio. Bonn.

Aristoteles:
    1831 Aristotelis opera ex recensione Immanuelis Bekkeri edidit Academia Regia Borussia. 2 Bde., Berlin (Edito altera quam curavit Olof Gigon. 2 Bde., Berlin 1960).
    1881 Mechanische Probleme (Quaestiones Mechanicae). Hg. von F.T. Poselger. Mit einem Vorworte von M. Rühlmann. Hannover.

Aristoteles: [Forts.]
1936 Minor works. On colours, On things heard, Physiognomics, On plants, On marvellous things heard, Mechanical Problems, On indivisible lines, Situations and names of winds, On Melissus, Xenophanes, and Georgias. With an English Translation by W.S. Hett. London/Cambridge (Mass.).
1957 Kleine Schriften zur Physik und Metaphysik (Die Lehrschriften. Hg. von P. Gohlke, Bd. 15). Paderborn.
1967 Physikvorlesung. Übers von H. Wagner (Werke. Hg. von E. Grumach, Bd. 11). Darmstadt.

Arnold, V.I.:
1988 Mathematische Methoden der klassischen Mechanik. Berlin.

Bacharach, M.:
1883 Abriss der Geschichte der Potentialtheorie. Göttingen.

Bailly, P.:
1796/1797 Geschichte der neuern Astronomie. Aus dem Französischen mit Anmerkungen von J.M.C. Bartels. 2 Bde., Leipzig.

Belhoste, B.:
1991 Augustin-Louis Cauchy. A Biography. Transl. by F. Ragland. Berlin/Heidelberg/New York.

Benvenuto, E.:
1991 An introduction to the history of structural mechanics. 2 Bde., Berlin/Heidelberg/New York.

Bernoulli, Daniel:
Die Werke. Hg. von D. Speiser. (Bisher) 2 Bde. (1 und 3), Basel/Boston/Stuttgart 1982/1987.
1748 Remarques sur le principe de la conservation des forces vives pris dans un sens général, in: HASB (1750), 4, 356-364. = Werke III, 197-206.

Bernoulli, Jakob:
Opera omnia. Hg. von G. Cramer. 2 Bde., Genf 1744 (repr. Brüssel 1971).

Bernoulli, Johann I:
Opera omnia. Hg. von G. Kramer. 4 Bde., Lausanne/Genf 1742 (repr. Hildesheim 1968).

Bessel, F.W.:
Abhandlungen. Hg. von R. Engelmann. 3 Bde., Leipzig 1875/1876.
1818 Fundamente astronomiae pro anno MDCCLV deducta ex observationibus viri incomparabilis James Bradley in Specula astronomica Grenovicensi. Regiomonti.
1838 Bestimmung der Entfernung des 61. Sterns des Schwans, in: AN 16(Nr. 365f.), 65-95 = Abhandlungen II, 217-231.
1848 Populäre Vorlesungen über wissenschaftliche Gegenstände. Hg. von H.C. Schumacher. Hamburg.

Bessel, F.W.: [Forts.]
    1878 Recensionen. Hg. von R. Engelmann. Leipzig.
Bialas, V.:
    1990 Keplers komplizierter Weg zur Warheit: Von neuen Schwierigkeiten, die
        „Astronomia Nova" zu lesen, in: BWG 13, 167-176.
Biermann, K.R.:
    1973 Die Mathematik und ihre Dozenten an der Berliner Universität. Berlin.
Binet, J.P.M.:
    1813 Mémoire sur un Système de Formules analytiques, et leur application à
        des considérations géométriques, in: JEP (1)9, Cah. 16, 280-354.
Bohlmann, G.:
    1897 Übersicht über die wichtigsten Lehrbücher der Infinitesimal-Rechnung
        von Euler bis auf die heutige Zeit, in: JDMV 6, 91-110.
Boltzmann, L.:
    1903 Über die Prinzipien der Mechanik. Zwei akademische Antrittsreden. Leip-
        zig.
Borchardt, W. (Hg.):
    1875 Correspondance mathématique entre Legrendre et Jacobi, in: JRAM 80,
        205-279.
Bos, H.J.M.:
    1980 Mathematics and Rational Mechanics, in: G.S. Rousseau/R. Porter
        (Hgg.): The Ferment of Knowledge. Studies in the Historiography of
        Eighteenth-Century Science. Cambridge, 327-355.
Bossut, Ch.:
    1804 Versuch einer allgemeinen Geschichte der Mathematik. Aus dem Französi-
        schen übersetzt und mit Anmerkungen und Zusätzen begleitet von N.T.
        Reimer. 2 Teile, Hamburg.
Boyer, C.B.:
    1956 History of Analytic Geometry. New York.
Bradley, J.:
    1748 A Letter to the Right honourable George Earl of Macclesfield concerning
        an apparent Motion observed in some of the fixed Stars, in: PTRS (1750),
        45, 1-43.
    1798/1805 Astronomical Observations made at the Royal Observatory at
        Greenwich from 1750 to 1765. 2 Bde., Oxford.
Braunmühl, A. von:
    1900/1903 Vorlesungen über Geschichte der Trigonometrie. 2 Bde., Leipzig.
Brown, H.:
    1963 Maupertuis „philosophe": Enlightenment and the Berlin academy, in:
        Studies on Voltaire and the Eigteenth Century 24, 254-269.
Bruhns, K.C.:
    1869 Johann Franz Encke. Leipzig.

Brunet, P.:
1929 Maupertuis: Étude biographique. L'oeuvre et sa place dans la pensée scientifique et philosophique du XVIIIe siècle. Paris.

Bruns, H.:
1891 Bericht über den astronomischen Nachlass C.G.J. Jacobis, in: Jacobi Werke VII, 284-305. Berlin.

Burkhardt, H.:
1908 Entwicklungen nach oscillirenden Functionen und Integration der Differentialgleichungen der mathematischen Physik = JDMV 1901-1908, 10 (repr. New York 1969).

Busch, A.L.:
1846 Vorschule der darstellenden Geometrie. Mit einem Vorwort von C.G.J. Jacobi. Berlin.

Cantor, M.:
1900-1908 Vorlesungen über Geschichte der Mathematik. 4 Bde., Leipzig (repr. New York/Stuttgart 1965).
1905 Art. Jacobi, C.G.J., in: Allgemeine Deutsche Biographie, Bd. 50. Leipzig, 598-602.

Carathéodory, C.:
1935 Variationsrechnung und partielle Differentialgleichungen erster Ordnung. Leipzig.
1952 Einführung des Herausgebers zu: Methodus inveniendi lineas curvas, in: Euler, Opera omnia (1)24. Bern, VII-LXII.

Carnot, L.N.M.:
1803 Principes fondamentaux de l'équilibre et du mouvement. Paris.
1813 Réflexions sur la métaphysique du calcul infinitésimal. 2. Aufl.; 2 Bde., Paris.

Cauchy, A.-L.:
Oeuvres complètes. 27 Bde. (in 2 Reihen), Paris 1882-1974.
1815a Sur le nombre des valeurs qu'une fonction peut acquérir lorsqu' on y permute de toutes le manières possibles les quantités qu'elle renferme, in: JEP (1)10, Cah. 17, 1-28 = Oeuvres (2)1, 64-90.
1815b Sur les fonctions qui ne peuvent obtenir que deux valeurs égales et des signes contraires par suite des transpositions opérées entre les variables qu'elles renferment, in: JEP (1)10, Cah. 17, 29-112 = Oeuvres (2)1, 91-169.
1841a Note sur la formation des fonctions alternées qui servent à résoudre le problème de l'élimination, in: CRAS 12, 414-426 = Oeuvres (1)6, 87-99.
1841b Note sur les diverses suites que l'on peut former avec des termes données, in: Exercises d'analyse et de phys. math. 2, 145-150 = Oeuvres (2)12, 167-172.
1841c Mémoire sur les fonctions alternées et sur les sommes alternées, in: Exercises d'analyse et de phys. math. 2, 151-159 = Oeuvres (2)12, 173-182.

Cauchy, A.-L.: [Forts.]
> 1841d Mémoire sur les sommes alternées, connues sous le nom de résultantes, in: Exercises d'analyse et de phys. math. 2, 160-176 = Oeuvres (2)12, 183-201.
>
> 1841e Mémoire sur les fonctions differentielles alternées, in: Exercises d'analyse et de phys. math. 2, 176-187 = Oeuvres (2)12, 202-213.

Cayley, A.:
> 1857 Report on the Recent Progress of the Theoretical Dynamics, in: Reports of the British Association for the Advancement of Science. London, 1-42.

Chasles, M.:
> 1839 Geschichte der Geometrie, hauptsächlich mit Bezug auf die neueren Methoden. Aus dem Französischen übertragen von L.A. Sohncke. Halle.

Clagett, M.:
> 1959 The Science of Mechanics in the Middle Ages. Madison.

Clebsch, A.:
> 1861 Ueber Jacobi's Methode, die partiellen Differentialgleichungen erster Ordnung zu integrieren, und ihre Ausdehnung auf das Pfaff'sche Problem. Auszug aus einem Schreiben an den Herausgeber, in: JRAM 59, 190-192.

Cleve, F.M.:
> 1973 The Philosophy of Anaxagoras. The Hague.

Condorcet, M.J.A.:
> 1765 Du calcul integral. Paris.

Coolidge, J.L.:
> 1940 A History of Geometrical Methods. Oxford.

Costabel, P.:
> 1976 Pierre Varignon, in: DSB 13, 584-587.
>
> 1979 L'affaire Maupertuis-Koenig et les „questions de fait", in: K. Figala/E.H. Berninger (Hgg.): Arithmos-Arrythmos; Skizzen zur Wissenschaftsgeschichte. Festschrift für J.O. Fleckenstein zum 65. Geburstag. München, 29-48.
>
> 1986 Introduction à Correspondance d'Euler avec Maupertuis, in: Euler Opera omnia (4)A 6. Basel, 4-28.

Cournot, A.:
> 1827 Extension du principe des vitesses virtuelles au cas où les conditions des liaisons sont exprimées par inégalités, in: BUSL 8, 165-170.

Cramer, G.:
> 1750 Introduction à l'analyse des lignes courbes algébraiques. Genf.

Crowe. M.J.:
> 1967 A History of Vector Analysis: The Evolution of the Idea of a Vectorial System. Notre Dame (repr. New York 1985).

Cyganova, N.J.:
> 1983/1984 Die Entwicklung des Prinzips des kleinsten Zwanges in den Arbeiten deutscher Forscher des 19. Jahrhunderts, in: NTM 20, 25-38 (1. Teil) und 21, 79-90 (2. Teil).

Delambre, J.B.S.:
1819 Histoire de l'Astronomie ancienne et du moyen-âge. 4 Bde., Paris.

Descartes, R.:
Oeuvres. Hg. von C. Adam/P. Tannery. 13 Bde., Paris 1897-1913 (Nouvelle présentation, en co-édition avec le Centre National de la Recherche Scientifique. Paris 1964-1974).

Diels, H./Kranz, W. (Hgg.):
1964 Die Fragmente der Vorsokratiker. Griechisch und Deutsch von H. Diels. Hg. von W. Kranz. 11. Aufl.; 3 Bde., Berlin.

Diemer, A./König, G.:
1991 Was ist Wissenschaft?, in: A. Hermann/Ch. Schönbeck (Hgg.): Technik und Wissenschaft (Technik und Kultur, Bd. 10). Düsseldorf, 3-28.

Dieudonné, J.:
1985 Geschichte der Mathematik, 1700-1900. Braunschweig/Wiesbaden.

Diogenes Laertius:
1990 Leben und Meinungen berühmter Philosophen. Aus dem Griechischen übers. von O. Apelt (Philosophische Bibliothek, Bde. 53/54). 3. Aufl.; 2 Bde., Hamburg.

Dirichlet, P.G.L.:
1852 Gedächtnisrede auf C.G.J. Jacobi, in: Abhandlungen der Königlichen Akademie der Wissenschaften zu Berlin aus dem Jahre 1852, 225-252 = Jacobi Werke I, 1-28.

Dirksen, E.H.:
1823 Analytische Darstellung der Variationsrechnung. Berlin.

Dühring, E.:
1873 Kritische Geschichte der allgemeinen Principien der Mechanik. Berlin.

Düring, I.:
1966 Aristoteles. Darstellung und Interpretation seines Denkens. Heidelberg.

Dugas, R.:
1955 A History of Mechanics. Neuchatel/New York.

Duhem, P.:
1980 The Evolution of Mechanics. Hg. von G.A.F. Oravas. Alphen a.d. Rijn/ Germantown.

Eelsau, H./Herrmann, D.B.:
1985 Johann Heinrich Mädler (1794-1874). Eine dokumentarische Biographie. Berlin.

Encke, J.F.:
Gesammelte mathematische und astronomische Abhandlungen. 3 Bde., Berlin 1888/1889.
1819 Ueber einen merkwürdigen Kometen, der wahrscheinlich bei dreijähriger Umlaufszeit schon zum vierten mal bei seiner Zurückführung zur Sonne beobachtet ist, in: Astronomisches Jahrbuch für das Jahr 1821. Hg. von J.E. Bode. Berlin, 180-202.

Encke, J.F.: [Forts.]
  1820 Ueber die Bahn des Pons'schen Kometen nebst Berechnung seines Laufs
       bei der nächsten Wiederkehr im Jahre 1822, in: Astronomisches Jahrbuch
       für das Jahr 1823. Hg. von J.E. Bode. Berlin, 211-223.
  1832 Ableitung der Formeln von Monge für die Transformation der Coordi-
       naten im Raume, in: Astronomisches Jahrbuch für das Jahr 1834. Hg. von
       J.F. Encke. Berlin, 305-310 = Abhandlungen III, 79-84.

Engelsmann, S.B.:
  1980 Lagrange's early contributions to the theory of first-order partial diffe-
       rential equations, in: HIMA 7, 7-32.

Ermann, A. (Hg.):
  1852 Briefwechsel zwischen W. Olbers und F.W. Bessel. 2 Bde., Leipzig.

Euler, L.:
  Leonhardi Euleri Opera omnia sub auspiciis societatis scientiarium naturalium
       helveticae. (Bisher) 72 Bde. in 4 Serien. Leipzig bzw. (ab 1952) Zürich und
       Basel 1911-1986.
  1736 Mechanica sive motus scientia analytice exposita. 2 Bde., Petersburg =
       Opera omnia (2), 1 und 2 [übersetzt als 1848/1850].
  1744 Methodus inveniendi lineas curvas maximi minimive proprietate gauden-
       tes sive solutio problematis isoperimetrici latissimo sens accepti. Lausan-
       ne/Genf = Opera omnia (1)24.
  1750a Lettre de M. Euler à M. Merian, in: MASB (1752), 6, 520-532 = Opera
       omnia (2)5, 132-142.
  1750b Exposé concernant l'examen de la lettre de M. de Leibnitz, alléguée par
       M. le Professeur Koenig, dans le mois de mars 1751 des Actes de Leipzig,
       à l'occasion du principe de la moindre action, in: HASB (1752),6, 52-62 =
       Opera omnia (2)5, 64-73.
  1751a Harmonie entre les principes générales de repos et de mouvement de M.
       de Maupertuis, in: MASB (1753), 7, 169-198 = Opera omnia (2)5, 152-176.
  1751b Sur le principe de la moindre action, in: MASB (1753), 7, 199-218 =
       Opera omnia (2)5, 179-193.
  1751c Examen de la dissertation de M. le Professeur Koenig, insérée dans les
       acts de Leipzig, pour le mois de mars 1751, in: MASB (1753), 7, 219-245
       = Opera omnia (2)5, 194-213.
  1760 Problème. Un corps étant attire en raison réciproque quarrée des distan-
       ces vers deux points fixes donnés trouver les cas où la courbe décrite par le
       corps sera algébrique resolu, in: MASB (1767), 16, 228-249 = Opera omnia
       (2)6, 274-293.
  1764a De motu corporis ad duo centra virium fixa attracti, in: CASP (1766),
       10, 207-242 = Opera omnia (2)6, 209-246.
  1764b Considerationes de motu corporum coelestium, in: CASP (1766), 10,
       544-558 = Opera omnia (2)25, 246-257.
  1764c Analytica explicatio methodi maximorum et minimorum, in: CASP
       (1766), 10, 94-134 = Opera omnia (1)25, 177-207.

Euler, L.: [Forts.]

1765a De motu corporis ad duo centra virium fixa attracti, in: CASP (1767), 11, 152-184 = Opera omnia (2)6, 247-273.

1765b De motu rectilinio trium corporum se mutuo attrahentium, in: CASP (1767), 11, 144-151 = Opera omnia (2)25, 281-289.

1768-1770 Institutiones calculi integralis. 3 Bde., Petersburg = Opera omnia (1)11, 12 und 13.

1775 Formulae generales pro translatione quacunque corporum rigidorum, in: CASP (1776), 20, 189-207 = Opera omnia (2)9, 84-98.

1785 De motu trium corporum se mutuo attrahentium super eadem linea recta, in: Nova acta academiae scientiarum Petropolitanae (1788), 3, 126-142.

1848/1850 Leonhard Euler's Mechanik oder analytische Darstellung der Wissenschaft von der Bewegung. Übers. und hg. von J.P. Wolfers. 2 Bde., Greifswald [Übersetzung von 1736].

Faulmann, K.:

1894 Im Reiche des Geistes. Illustrirte Geschichte der Wissenschaften. Wien/ Pest/Leipzig.

Fermat, P. de:

Oeuvres. Hg. von P. Tannery/Ch. Henry. 4 Bde., Paris 1891-1912; Suppl.bd. hg. von C. de Waard. Paris 1922.

Flamsteed, J.:

1725 Historia coelestis britanicae volumina tria. London.

Fleischauer, Ch.:

1964 L'Akakia de Voltaire. Édition critique, in: Studies on Voltaire and the Eighteenth Century 30, 7-145.

Fontius, M.:

1966 Voltaire in Berlin. Zur Geschichte der bei G.C. Walther veröffentlichten Werke Voltaires. Berlin.

Fourier, J.B.J.:

Oeuvres. Hg. von G. Darboux. 2 Bde., Paris 1888/1890.

1798 Memoire sur la Statique, contenant la démonstration du principe des Vitesses virtuelles, et la théorie des Momens, in: JEP (1)2, Cah. 5, 20-60 = Oeuvres II, 475-521.

1822 Théorie analytique de la chaleur. Paris.

Fraser, C.:

1985 D'Alemberts Principle. The Original Formulation and Application in Jean d'Alemberts Traité de Dynamique, in: Centaurus 28, 31-61.

Fries, J.F.:

1822 Die mathematische Naturphilosophie nach philosophischer Methode bearbeitet. Ein Versuch. Heidelberg (Sämtliche Schriften. Hg. von G. König/L. Geldsetzer, Bd. 13. Aalen 1979).

1842 Versuch einer Kritik der Principien der Wahrscheinlichkeitsrechnung. Braunschweig (Sämtliche Schriften. Hg. von G. König/L. Geldsetzer, Bd. 14. Aalen 1974).

Fuss, P.H. (Hg.):
   1843 Correspondances mathématique et physique de quelques célèbres géomètres du XVIliéme siècle, précédée d'une notice sur les travaux de Léonard
        Euler, tant imprimés qu' inédits et publiée sous les auspices de l'Académie
        Imperiale des Sciences de Saint-Pétersbourg. 2 Bde., Petersburg (repr. New
        York/London 1968).

Galilei, G.:
   Le Opere. Edizione Nazionale. Hg. A. Favaro. 20 Bde., 1890-1909.
   1960 On Motion and Mechanics. Hg. von S. Drake/I.E. Drabkin. Madison.
   1973 Unterredungen und mathematische Demonstrationen über zwei neue
        Wissenszweige, die Mechanik und die Fallgesetze betreffend (Nachdruck
        aus OKEW, Bde. 11, 24 und 25. Hg. von A. v. Oettingen. Leipzig 1890-
        1904). Darmstadt.

Gauß, C.F.:
   Werke. Hg. von der Königlichen Gesellschaft der Wissenschaften zu Göttingen.
        Göttingen (Bde. 1-6); Leipzig (Bde. 7-10); Berlin (Bde. 11-12) 1863-1929.
   1801 Disquisitiones arithmeticae. Lipsae = Werke I.
   1809 Theoria motus corporum coelestium in sectionibus conicis. Hamburg =
        Werke VII.
   1829 Über ein neues allgemeines Grundgesetz der Mechanik, in: JRAM 4,
        232-235 = Werke V, 25-28.
   1841 Intensitas vis magneticae terrestris ad mensuram absolutam revocata,
        in: Commentationes societatis regiae scientiarum Gottingensis recentiores
        8, 2-44 = Werke V, 79-118 [übersetzt als 1894].
   1894 Die Intensität der erdmagnetischen Kraft, auf absolutes Maass zurückgeführt. Hg. von E. Dorn (OKEW, Bd. 53). Leipzig.

Gehler, J.S.T. (Hg.):
   1790-1798 Physikalisches Wörterbuch oder Versuch einer Erklärung der vornehmsten Begriffe und Kunstwörter der Naturlehre. 2. Aufl.; 4 Bde. und
        1 Suppl.bd., Leipzig.
   1825-1845 Physikalisches Wörterbuch, neu bearbeitet von Brandes, Gmelin,
        Horner, Muncke, Pfaff. 11 Bde. (in 21 Bdn.), Leipzig.

Gerlach, W./List, M.:
   1987 Johannes Kepler. Der Begründer der modernen Astronomie. 3. Aufl.,
        München/Zürich.

Gillispie, Ch.C.:
   1971 Lazare Carnot Savant. Princeton/New Jersey.

Gillispie, Ch.C. (Hg.):
   1970-1981 Dictionary of Scientific Biography. 14 Bde. und 2 Suppl.bde., New
        York.

Goldstein, H.:
   1976 Klassische Mechanik. 6. Aufl., Wiesbaden.

Goldstine, H.H.:
  1980 A History of the Calculus of Variations from the 17th through the 19th Century. New York/Heidelberg/Berlin.

Gottwald, S./Ilgauds, H.-J./Schlote, K.-H. (Hgg.):
  1990 Lexikon bedeutender Mathematiker. Leipzig.

Graf, J.H.:
  1889 Geschichte der Mathematik und der Naturwissenschaften in den bernischen Landen vom Wiederaufblühen der Wissenschaften bis in die neuere Zeit. Drittes Heft, 1. Abt.: Die erste Hälfte des XVIII. Jahrhunderts. Bern/Basel.

Grant, R.:
  1852 History of physical astronomy from the earliest ages to the middle of the nineteenth century. London (repr. New York/London 1966).

Grassmann, H.G.:
  1844 Die lineale Ausdehnungslehre, ein neuer Zweig der Mathematik dargestellt und durch Anwendungen auf die übrigen Zweige der Mathematik, wie auch auf die Statik, Mechanik, die Lehre vom Magnetismus und die Krystallonomie erläutert. Leipzig.

Grattan-Guiness, I.:
  1990 Convolutions in French Mathematics, 1800-1840. From the Calculus and Mechanics to Mathematical Analysis and Mathematical Physics. 3 Bde., Basel/Boston/Stuttgart.

Graves, R.P.:
  1882-1891 Life of Sir William Rowan Hamilton. 3 Bde., Dublin.

Green, G.:
  1895 Ein Versuch, die mathematische Analysis auf die Theorien der Elektricität und des Magnetismus anzuwenden (OKEW, Bd. 61). Hg. von A. v. Oettingen/A. Wangerin. Leipzig.

Grigor'ian, A.T.:
  1965 On the Development of Variational Principles of Mechanics, in: AIHS 18, 23-35.

Grosser, M.:
  1970 Entdeckung des Planeten Neptun. Aus dem Amerikanischen von J.P. Kaufmann. Frankfurt a.M..

Grunert, J.A.:
  1832 Über die Verwandlungen der Coordinaten im Raume, in: JRAM 8, 153-159.

Haas, A.E.:
  1909 Die Entwicklungsgeschichte des Satzes von der Erhaltung der Kraft. Wien.

Hamel, J.:
  1984 Friedrich Wilhelm Bessel. Leipzig.

Hamilton, W.R.:
   The Mathematical Papers. 3 Bde., Cambridge 1931/1940/1967
      Bd. 1: Geometrical Optics. Hg. von A.W. Conway/M. Synge.
      Bd. 2: Dynamics. Hg. von A.W. Conway/A.J. McConnell.
      Bd. 3: Algebra Hg. von H. Halberstam/R.E. Ingram.
   1834a On a general Method in Dynamics; by which the Study of Motions of
      all free Systems of attracting or repelling Points is reduced to the Search
      and Differentiation of one central Relation, or characteristic Function, in:
      PTRS (2), 247-308 = Papers II, 103-161.
   1834b On the Application to Dynamics of a General Mathematical Method
      Previously applied to Optics, in: British Association Reports, 513-518 =
      Papers II, 212-216.
   1835 Second Essay on a General Method in Dynamics, in PTRS (1), 95-144
      = Papers II, 162-211.

Hankins, T.L.:
   1967 The Reception of Newton's second Law of Motion in the Eigteenth Cen-
      tury, in: AIHS 20, 43-65.
   1980 Sir William Rowan Hamilton. Baltimore/London.

Hansen, P.A.:
   1831 Untersuchungen über die gegenseitigen Störungen des Jupiters und Sa-
      turns. Gekrönte Preisschrift. Berlin.
   1843 Ermittlung der absoluten Störungen in Ellipsen von beliebiger Excentri-
      cität und Neigung. Gotha.

Harnack, A. v.:
   1900 Geschichte der Königlich-Preußischen Akademie der Wissenschaften zu
      Berlin. 3 Bde., Berlin.

Hawkins, Th.:
   1991 Jacobi and the Birth of Lie's Theory of Groups, in: AHES 42, 187-278.

Heath, T.L.:
   1910 Diophantus of Alexandria. A study in the history of greek algebra. 2.
      Aufl., Cambridge.

Helmholtz, H. v.:
   Wissenschaftliche Abhandlungen. 3 Bde., Leipzig 1882/1883/1895.
   1847 Ueber die Erhaltung der Kraft. Berlin.
   1887 Zur Geschichte des Princips der kleinsten Action, in: SPAW(1), 225-236
      = Abhandlungen III, 249-263.
   1911 Vorlesungen über die Dynamik discreter Massenpunkte (1898). 2. Aufl.,
      Leipzig.
   1966 H. von Helmholtz über sich selbst. Hg. von D. Goetz. Leipzig.

Hermann, J.:
   1716 Phoronomia, sive de viribus et motibus corporum solidorum et fluidorum
      libri duo. Amsterdam.

Herrmann, D.B.:
  1978 Geschichte der Astronomie von Herschel bis Hertzsprung. 2. Aufl., Berlin.
  1985 [s. Eelsau, H.]
Herschel, F.W.:
  The Scientific Papers of Sir William Herschel. Ed. by the Royal Society and
    the Royal Astronomical Society. 2 Bde., London 1912.
  1783 On the Proper Motion of the Sun and Solar System; with an Account of
    several Changes that have happened among the fixed Stars since the Time
    of Mr. Flamsteed, in: PTRS (1783), 73, 247-283 = Papers I, 108-130.
Hertz, H.:
  1894 Die Prinzipien der Mechanik in neuem Zusammenhang dargestellt. Leip-
    zig (repr. Darmstadt 1963).
Hiebert, E.N.:
  1962 Historical roots of the principle of conservation of energy. Madison.
Hölder, O.:
  1896 Über die Principien von Hamilton und Maupertuis, in: Nachrichten der
    Königlichen Gesellschaft der Wissenschaften zu Göttingen, Mathematisch-
    physikalische Klasse, 122-127.
Hooykaas, R.:
  1963 Das Verhältnis von Physik und Mechanik in historischer Sicht. Wiesba-
    den.
Ideler, L.:
  1806 Historische Untersuchungen über die astronomischen Beobachtungen der
    Alten. Berlin.
Ivory, J.:
  1834 On the Equilibrium of a Mass of Homogeneous Fluid at liberty, in: PTRS
    (2), 491-530.
Jacobi, C.G.J.:
  Gesammelte Werke. Hg. auf Veranlassung der Königlich Preussischen Akade-
    mie der Wissenschaften von C.W. Borchardt (Bd. 1), K. Weierstraß (Bde.
    2-7) und E. Lottner(Suppl.bd.). 7 Bde. und 1 Suppl.bd., Berlin 1881-1891.
    Bd. 1: 1881   Bd. 2: 1882   Bd. 3 1884   Bd. 4: 1886
    Bd. 5: 1890   Bd. 6: 1891   Bd. 7: 1891   Suppl.bd.: 1884
  Mathematische Werke (Opuscula mathematica). 3 Bde., Berlin 1846/1851/1871.
  1827a Euleri formulae de transformatione coordinatorum, in: JRAM 2, 188-
    189 = Werke VII, 3-5.
  1827b Ueber die Hauptaxen der Flächen der zweiten Ordnung, in: JRAM 2,
    227-233 = Werke III, 45-53.
  1827c De singulari quadam duplicis Integralis transformatione, in: JRAM 2,
    234-242 = Werke III, 55-66.
  1827d Ueber die Integration der partiellen Differentialgleichungen erster Ord-
    nung, in: JRAM 2, 317-329 = Werke IV, 1-15.

Jacobi, C.G.J.: [Forts.]

1827e Ueber die Pfaffsche Methode, eine gewöhnliche lineäre Differentialgleichung zwischen $2n$ Variabeln durch ein System von n Gleichungen zu integriren, in: JRAM 2, 347-357 = Werke IV, 17-29.

1827f Über die Bestimmung der Rectascension und Declination eines Sterns aus den gemessenen Distanzen desselben von zwei bekannten Sternen, in: JRAM 2, 345-346 = Werke VII, 91-93.

1830 Problèmes d'analyse, in: JRAM 6, 212 = Werke VI, 183.

1832 De transformatione integralis duplicis indefiniti [...], in: JRAM 8, 253-279 und 321-357 = Werke III, 91-158.

1833 De transformatione et determinatione integralium duplicium commentatio tertia, in: JRAM 10, 101-128 = Werke III, 159-189.

1834 Über die Figur des Gleichgewichts, in: Annalen der Physik 33, 229-233 = Werke II, 17-22.

1835 De usu theoriae integralium ellipticorum et integralium Abelianorum in analysi Diophantea, in: JRAM 13, 353-355 = Werke II, 51-55.

1836a Observationes geometricae, in: JRAM 15, 309-312 = Werke VII, 20-23.

1836b Über ein neues Integral für den Fall der drei Körper, wenn die Bahn des störenden Planeten kreisförmig angenommen und die Masse des gestörten vernachlässigt wird. Auszug aus einem Schreiben an die Akademie der Wissenschaften zu Berlin, in: BVWB, Juli, 59-60 [enthalten in 1836c].

1836c Sur le mouvement d'un point et sur un cas particulier du problème des trois corps. Lettres adressée à l'Académie des Sciences de Paris (lu dans le séance du 18 Juillet 1836), in: CRAS 3, 59-61 = Werke IV, 35-38.

1836d Vorläufige Anzeige über die Resultate der Untersuchungen zur Vervollständigung der Variationsrechnung, sowie über die Integration der Differentialgleichungen der analytischen Mechanik, in: BVWB, December, 115-119 [Zusammenfassung von1837a].

1836e Integration d'une classe de fonctions différentielles. Extrait d'une lettre adressée à l'Académie des Sciences de Paris (lu dans le séance du 7 Novembre 1836), in: CRAS 3, 536.

1837a Zur Theorie der Variationsrechnung und der Differentialgleichungen. Auszug eines Schreibens an Herrn Encke, Secretär der mathematisch-physikalischen Klasse der Akademie der Wissenschaften zu Berlin, in: JRAM 17, 68-82 = Werke IV, 39-55 [übersetzt als 1838a].

1837b Über die Reduction der Integration der partiellen Differentialgleichungen erster Ordnung zwischen irgend einer Zahl Variabeln auf die Integration eines einzigen Systems gewöhnlicher Differentialgleichungen, in: JRAM 17, 97-162 = Werke IV, 57-127 [übersetzt als 1838c].

1837c Note sur l'intégration des équations différentielles de la dynamique (lu dans le séance du 17 Juillet 1837), in: CRAS 5, 61-67 = Werke IV, 129-136.

1838a Sur le Calcul des Variations et sur la Théorie des Équations différentielles, in: JMPA 3, 44-59 [Übersetzung von 1837a].

1838b Neues Theorem der analytischen Mechanik, in BVWB, December, 178-182 = JRAM 1846, 30, 117-120 = Werke IV, 137-142.

Jacobi, C.G.J.: [Forts.]

1838c Sur la Réduction de l'intégration des Equations différentielles partielles du premier ordre [...], in: JMPA 3, 60-96 und 161-201 [Übersetzung von 1837b].

1839 Note von der geodätischen Linie auf einem Ellipsoid und den verschiedenen Anwendungen einer merkwürdigen analytischen Substution. Gelesen in der Akademie der Wissenschaften zu Berlin am 18. April 1839, in: BVWB, April, 62-66 = JRAM 1839, 19, 309-313 = Werke II, 57-63 [übersetzt als 1841d].

1840a Neue Formeln von Jacobi, für einen Fall der Anwendung der kleinsten Quadrate (Mitgeteilt von F.W. Bessel), in: AN 17(Nr. 404), 305-307 = Werke VII, 387-388.

1840b Sur un théorème de Poisson. Lettre adressée à M. le Président de l'Académie des Sciences de Paris (lu dans le séance du 21 Septembre 1840), in: CRAS 11, 529-530 = JMPA 1840, 5, 350-351 = Werke IV, 143-146.

1841a De formatione et proprietatibus determinantium, in: JRAM 22, 285-318 = Werke III, 355-393 [übersetzt als 1896a].

1841b De determinantibus functionalibus, in: JRAM 22, 319-359 = Werke III, 393-438 [übersetzt als 1896b].

1841c De functionibus alternantibus earumque divisione per productum e differentis elementorum conflatum, in: JRAM 22, 360-371 = Werke III, 439-452.

1841d De la ligne géodésique sur un ellipsoide, et des différentes usages d'une transformation analytique remarquable, in: JMPA 6, 267-272 [Übersetzung von 1839].

1842a De motu puncti singularis, in: JRAM 24, 5-27 = Werke IV, 263-288.

1842b Sur un noveau principe général de la Mécanique analytique, in: CRAS 15, 202-205 = Werke IV, 289-294.

1842c Sur l'élimination des noeuds dans le problème des trois corps, in: CRAS 15, 236-255 = AN 20(Nr. 462), 81-98 = JRAM 1843, 26, 115-131 = JMPA 1844, 9, 313-333 = Werke IV, 295-314.

1842d Zusatz zu der Abhandlung: „Sur l'élimination des noeuds dans le problème des trois corps", in: AN 20(Nr. 462), 99-102 = Werke VII, 315-316.

1842e Über einige merkwürdige Curventheoreme, in: AN 20(Nr. 463), 115-120 = Werke IV, 34-39.

1843 Bericht über neue Entwickelungen in der Störungsrechnung. Auszug aus einem in der Akademie der Wissenschaften zu Berlin am 9. Februar 1843 gelesenen Schreiben, in: BVWB, Februar, 50-53 = Werke VII, 94-96.

1844a Theoria novi multiplicatoris systemati aequationum differentialium vulgarium applicandi. Pars I, in: JRAM 27, 199-268 = Werke IV, 317-394 [Fortsetzung mit 1845b].

1844b Sulla condizione di uguagianza di due radici dell'equazione cubica, dalla quale dipendono gli assi principale di una superficie del second' ordine, in: Giornale Arcadico 99, 3-11 = JRAM 1846, 30, 46-50 = Werke III; 459-465.

Jacobi, C.G.J.: [Forts.]

1844c Sul principio dell' ultimo moltiplicatore, e suo uso come nuovo principio generale di meccanica, in: Giornale Arcadico 99, 129-146 = Werke IV, 511-522 [übersetzt als 1845c].

1845a Über eine neue Auflösungsart der bei der Methode der kleinsten Quadrate vorkommenden linearen Gleichungen, in: AN 22(Nr. 523), 297-306 = Werke III, 467-478.

1845b Theoria novi multiplicatoris systemati aequtionum differentialium vulgarium applicandi. Pars II, in: JRAM 29, 213-279 und 333-376 = Werke IV, 395-509 [Fortsetzung von 1844a].

1845c Sur le principe du dernier multiplicatuer et sur son usage comme nouveau principe général de mécanique, in: JMPA 10, 337-34? [Übersetzung von 1844c].

1846a Über ein leichtes Verfahren, die in der Theorie der Säcularstörungen vorkommenden Gleichungen numerisch aufzulösen, in: JRAM 30, 51-94 = Werke VII, 97-144.

1846b Über Descartes' Leben und seine Methode, die Vernunft richtig zu leiten und die Wahrheit in den Wissenschaften zu suchen (Vortrag vom 3. Januar 1846 in der Berliner Singakademie). Berlin = Werke VII, 309-327.

1846c Vorwort zu A.L. Busch, Vorschule der darstellenden Geometrie. Berlin = Werke VII, 328-331.

1846d Zwei Beispiele zur neuen Methode der Dynamik. Gelesen in der Akademie der Wissenschaften zu Berlin am 23. November 1846, in: BVWB, November, 351-355 = Werke IV, 523-528.

1847 Über die Kenntnisse des Diophantus von der Zusammensetzung der Zahlen aus zwei Quadraten nebst Emendation der Stelle Probl. Arithm. V. 12. Gelesen in der Akademie der Wissenschaften zu Berlin am 5. August 1847, in: BVWB, August, 265-278 = Werke VII, 332-344.

1848a Über eine pariculäre Lösung der partiellen Differentialgleichung $\frac{\partial^2 V}{\partial x^2} + \frac{\partial^2 V}{\partial y^2} + \frac{\partial^2 V}{\partial z^2} = 0$, in: JRAM 36, 113-134 = Werke II, 191-216.

1848b Auszug eines Schreibens von Jacobi an Schumacher, in: AN 28(Nr. 651), 43-46 = Werke VII, 345.

1848c Versuch einer Berechnung der grossen Ungleichheit des Saturns nach einer strengen Entwicklung, in: AN 28(Nr. 653f.), 65-94 = Werke VII, 145-174.

1849a Sur la Rotation d'un corps. Extrait d'une lettre adressée à l'Académie des Sciences (lu dans le séance du 30 juillet 1849), in: CRAS 29, 97-103 = JRAM 1850, 39, 293-350 = Werke II, 289-352.

1849b Über das Vorkommen eines ägyptischen Bruchnamens in Ptolemaeus' Geographie. Gelesen in der Akademie der Wissenschaften zu Berlin am 16. August 1849, in: BVWB, August, 222-226 = Werke VII, 346-350.

1850a Untersuchungen über die Konvergenz der Reihe, durch welche das Keplersche Problem gelöst wird. Von Franz Carlini, bearbeitet von C.G.J. Jacobi, in: AN 30(Nr. 709-712), 197-254 = Werke VII, 189-245.

Jacobi, C.G.J.: [Forts.]

    1850b Vorläufige Mittheilung über den von Lagrange behandelten Fall der Rotation eines schweren Körpers [...], in: BVWB, Februar, 77.

    1850c Mündliche Mittheilung über einen kostbaren Codex der Ptolemäischen Optik [...] im Besitze der Königlichen Bibliothek, in: BVWB, Februar, 77.

    1850d Über ein neu aufgefundenes Manuscript von Leibniz, nebst Bemerkungen über die Schrift: „Opusculum de praxi numerorum, quod Algorismum vocant". Gelesen in der Akademie der Wissenschaften zu Berlin am 11. November, in: BVWB, November, 426-428 = Werke II, 352-354.

    1851a Auszug eines Schreibens des Herrn Director P.A. Hansen an Herrn Professor C.G.J. Jacobi und zweier Schreiben des Herrn Professor C.G.J. Jacobi an Herrn Director P.A. Hansen, in: JRAM 42, 1-31 = Werke VII, 246-279.

    1851b Auszug eines Schreibens von C.G.J. Jacobi an E. Heine, in: JRAM 42, 35-40 = Werke II, 353-360.

    1851c Catalogue de la bibliothèque de feu M. C.-G.-J. Jacobi. Berlin/London.

    1852 Bericht über die Störungsrechnungen C.G.J. Jacobi's. Von E. Luther, in: BVWB, April, 187-189 und 194 = Werke VII, 280-283.

    1855 Solution nouvelle d'un problème fondamental de géodésie. Communiquée par E. Luther, in: AN 41(Nr. 974), 209-215 = JRAM 1857, 53, 335-341 = Werke II, 417-424.

    1861 Über die Abbildung eines ungleichaxigen Ellipsoids auf einer Ebene, bei welcher die kleinsten Theile ähnlich bleiben. Mitgetheilt durch S. Cohn, in: JRAM 59, 74-88 = Werke II, 399-416.

    1862 Nova methodus, aequationes differentiales partiales primi ordinis inter numerum variabilium quemcunque propositas integrandi. Ed. A. Clebsch, in: JRAM 60, 1-181 = Werke V, 1-189 [übersetzt als 1906].

    1865 De investigando ordine systematis aequationum differentialium vulgarium cujuscunque. Ed. C.W. Borchardt, in: JRAM 64, 297-320 = Werke V, 191-216.

    1866a Vorlesungen über Dynamik. Nebst fünf hinterlassenen Abhandlungen desselben. Hg. von A. Clebsch. Berlin.

    1866b Über diejenigen Probleme der Mechanik, in welchen eine Kräftefunction existirt, und über die Theorie der Störungen. Mitgetheilt durch A. Clebsch, in: Jacobi 1866a, 303-470 = Werke V, 217-395.

    1866c Über die vollständigen Lösungen einer partiellen Differentialgleichung erster Ordnung. Mitgetheilt durch A. Clebsch, in: Jacobi 1866a, 471-509 = Werke V, 397-438.

    1866d Über die Integration der partiellen Differentialgleichungen erster Ordnung zwischen vier Variabeln. Mitgetheilt durch A. Clebsch, in: Jacobi 1866a, 510-533 = Werke V, 439-464.

    1866e De aequationum differentialium isoperimetricarum transformationibus earumque reductione ad aequationem differentialem partialem primi ordinis non linearem. Ed. A. Clebsch, in: Jacobi 1866a, 534-549 = Werke V, 465-482.

Jacobi, C.G.J.: [Forts.]

1866f De aequationem differentialium systemate non normali ad formam normalem revocando. Ed. A. Clebsch, in: Jacobi 1866a, 550-578 = Werke V, 483-513.

1866g Regel zur Bestimmung des Inhalts der Sternpolygone. Mitgetheilt durch O. Hermes, in: JRAM 65, 173-174 = Werke VII, 40-41.

1882a Fragments sur la rotation d'un corps. Communiqués par E. Lottner, in: Werke II, 425-514.

1882b Zur Geschichte der elliptischen und Abelschen Transcendenten, in: Werke II, 516-521.

1886 Problema trium corporum mutuis attractionibus cubis distantiarum inverse proportionalibus recta linea se moventium. Ed. A. Wangerin, in: Werke IV, 531-539.

1891a Über die Curve, welche alle von einem Punkte ausgehenden geodätischen Linien eines Rotationsellipsoides berührt. Mitgetheilt durch A. Wangerin, in: Werke VII, 72-87.

1891b Bericht über den astronomischen Nachlass C.G.J. Jacobi's. Von H. Bruns, in: Werke VII, 284-305.

1891c Über die Pariser polytechnische Schule. Ein Vortrag, gehalten am 22. Mai 1835 in einer öffentlichen Sitzung der physikalisch-ökonomischen Gesellschaft zu Königsberg, in: Werke VII, 355-370.

1896a Ueber die Bildung und die Eigenschaften der Determinanten (OKEW, Bd. 77). Hg. von P. Stäckel. Leipzig [Übersetzung von 1841a].

1896b Ueber die Functionaldeterminante (OKEW, Bd. 78). Hg. von P. Stäckel. Leipzig [Übersetzung von 1841b].

1901 Eine in den hinterlassenen Papieren Franz Neumann's vorgefundene Rede von C.G.J. Jacobi. Veröffentlicht von W. von Dyck, in: Sitzungsberichte der Bayrischen Akademie der Wissenschaften; Mathematisch-physikalische Klasse (1902) 31, 203-208 = Mathematische Annalen 1903, 56, 252-256 [übersetzt in Knobloch/Pieper/Pulte 1995, 110-114].

1906 Neue Methode zur Integration partieller Differentialgleichungen erster Ordnung zwischen irgend einer Anzahl von Veränderlichen (OKEW, Bd. 156). Hg. von G. Kowalewski. Leipzig [Übersetzung von 1862].

Jarrett, T.:
1831 An essay on algebraic development. Cambridge.

Jones, P.S.:
1976 Art. Vandermonde, A.-T. in: DSB XIII, 571-572.

Jungnickel, Ch./McCormmach, R.:
1986 Intellectual Mastery of Nature. Theoretical Physics from Ohm to Einstein. 2 Bde., Chicago/London.

Kabitz, W.
1913 Über eine in Gotha aufgefundene Abschrift des von S. König in seinem Streite mit Maupertuis und der Akademie veröffentlichten, seinerzeit für unecht erklärten Leibnizbriefes, in: SPAW 33(2), 632-638.

Kästner, A.G.:

    1766 Anfangsgründe der höheren Mechanik. Göttingen.

    1796-1800 Geschichte der Mathematik seit der Wiederherstellung der Wissenschaften bis an das Ende des achtzehnten Jahrhunderts. 4 Bde., Göttingen.

Kant, I.:

    1968 Schriften zur Naturphilosophie (Theorie-Werkausgabe, Hg. von W. Weischedel, Bd. IX). Frankfurt a.M..

Kepler, J.:

    Gesammelte Werke. Hg. von der Kepler-Kommission der Bayrischen Akademie der Wissenschaften. (Bisher) 20 Bde., München 1937-1988.

    1609 Astronomia nova. Prag = Werke III.

    1611 Dioptrice. Augsburg = Werke IV, 327-414.

    1619 Harmonice mundi. Linz = Werke VI.

Kirchhoff, G.R.:

    1876 Vorlesungen über mathematische Physik, Bd. 1: Mechanik. Leipzig.

Klein, F.:

    1926/1927 Vorlesungen über die Entwicklung der Mathematik im 19. Jahrhundert. 2 Bde., Berlin (repr. Darmstadt 1986).

Kleinert, A.:

    1974 Die allgemeinverständlichen Physikbücher der französischen Aufklärung. Aarau.

Klügel, G.S.:

    1803-1836 Mathematisches Wörterbuch oder Erklärung der Begriffe, Lehrsätze, Aufgaben und Methoden der Mathematik mit den nöthigen Beweisen und literarischen Nachrichten begleitet in alphabetischer Ordnung. 8 Bde., Leipzig.

Knobloch, E.:

    1991 Premiers développements de „l'analyse": le problème à deux et trois corps chez Euler et Lagrange, in: F. de Gandt/Ch. Vilain/J. Peiffer (Hgg.): Actes des Journées d'Histoire et de Epistémologie, à l'Observatoire de Meudon les 22 et 23 Juin 1989. Paris, 21-55.

Knobloch, E./Pieper, H./Pulte, H.:

    1995 „... das Wesen der reinen Mathematik verherrlichen". Reine Mathematik und mathematische Naturphilosophie bei C.G.J. Jacobi. Mit seiner Rede zum Eintritt in die philosophische Fakultät der Universität Königsberg, in: Mathematische Semesterberichte 42, 99-132.

König, G.:

    1972 Art. Extremalprinzipien, in: Historisches Wörterbuch der Philosophie, Bd. 2. Basel, 880-883.

    1991 [s. Diemer, A.]

König, J.S.:

1749 Mémoire sur la véritable raison du défaut de la règle de Cardan dans le cas irréducible des équations du troisième degré, et sa bonté dans les autres, in: HASB (1751), 180-192.

König, J.S.: [Forts.]

1751 De universali principio aequilibrii et motus, in vi viva reperto, deque nexu inter vim vivam et actionem, utriusque minimo, dissertatio, in: Nova Acta Eruditorum, 125-135 und 162-176 = Euler Opera omnia (2)5, 303-324.

1752 Appell au public du jugement de l'Académie Royale de Berlin, sur un fragment de lettre de Mr. de Leibnitz, cité par Mr. Koenig. Leiden = Maupertuisiana 1753, Teil 2.

Koenigsberger, L.:

1901 Die Prinzipien der Mechanik. Leipzig.

1904a Carl Gustav Jacobi. Festschrift zur Feier der hundertsten Wiederkehr seines Geburtstages. Leipzig.

1904b Carl Gustav Jacobi. Rede zu der von dem internationalen Mathematiker-Kongreß in Heidelberg veranstalteten Feier der hundersten Wiederkehr seines Geburtstages gehalten am 9. August 1904, in: JDMV 13, 405-435.

Krafft, F.:

1970 Dynamische und statische Betrachtungsweise in der antiken Mechanik. Wiesbaden.

1982 Das Selbstverständnis der Physik im Wandel der Zeit. Weinheim.

Kronecker, L.:

1891 Verzeichniss der Vorlesungen, welche Jacobi an den Universitäten zu Berlin und Königsberg gehalten hat, in: JRAM 108, 332-334 = Jacobi Werke VII, 409-412.

Kuhn, T.S.:

1980 Die kopernikanische Revolution. Braunschweig/Wiesbaden.

1981 Die Struktur der wissenschaftlichen Revolutionen. Zweite revidierte und um das Postskriptum von 1969 ergänzte Auflage. Frankfurt a.M..

Kusch, E.:

1896 C.G.J. Jacobi und Helmholtz auf dem Gymnasium. Programm des Victoria-Gymnasiums zu Potsdam. Potsdam.

Lacroix, S.F.:

1797-1800 Traité du calcul différentiel et du calcul integral. 3 Bde., Paris [Übersetzung von Bd. 1 und 2 als 1799/1800].

1799/1800 Lehrbegriff des Differenz- und Integralcalculs. Aus dem Französischen übersetzt und mit Zusätzen und Anmerkungen von J.P. Grüson. 2 Bde., Berlin.

1806 Traité élémentaire du calcul differentiel et du calcul integral. 2. Aufl., Paris.

1810-1819 Traité du calcul différentiel et du calcul integral. 2. Aufl.; 3 Bde., Paris.

Lagrange, J.L.:

Oeuvres. Hg. von A. Serret/G. Darboux. 14 Bde., Paris 1867-1892.

1759 Recherches sur la méthode de maximis et minimis, in: Miscellanea Taurinensia 1, 18-32 = Oeuvres I, 3-20.

1760a Essai d'une nouvelle méthode pour déterminer les maxima et les minima des formules indéfinies, in: Miscellanea Taurinensia 1760/1761 (1762), 2, 173-195 = Oeuvres I, 335-362.

1760b Application de la méthode exposée dans le mémoire précédent à la solution de différens Problèmes de Dynamique, in: Miscellanea Taurinensia 1760/1761 (1762), 2, 196-268 = Oeuvres I, 365-468.

1764 Recherches sur la libration de la Lune dans lesquelles on tâche de résoudre la Question proposée par l'Académie Royale des Sciences, pour le Prix de l'année 1764, in: Recueil de pieces qui ont remporté les Prix de l'Académie Royale des Sciences de Paris (1777), 9, 1-50 = Oeuvres VI, 5-61.

1769a Recherches sur le mouvement d'un corps qui est attiré vers deux centres fixes. Premiere mémoire où l'on suppose que l'attraction est un raison inverse des carrés des distances, in: Miscellania Taurinensa 1766-1769 (1773), 4, 188-215 = Oeuvres II, 67-94.

1769b Recherches sur le mouvement d'un corps qui est attiré vers deux centres fixes. Second mémoire où l'on applique la méthode précédente à différentes hypothèses d'attraction, in: Miscellania Taurinensa 1766-1769 (1773), 4, 216-243 = Oeuvres II, 94-121.

1772 Sur l'intégration des équations à différences partielles du premier ordre, in: MASB (1774), (2), 353-372 = Oeuvres III, 549-575.

1774 Sur les integrales particulières des équations differentielles, in: MASB (1776), (2),197-275 = Oeuvres IV, 5-108.

1775 Extrait d'une lettre de Lagrange à Laplace de 10 avril 1775 sur la théorie des inégalités séculaires des planètes, in: HASP 1772 (1775), (1), 655-656 = Oeuvres VI, 631-632.

1777 Remarques générale sur le mouvement de plusieurs corps, in: MASB (1779), (2), 155-172 = Oeuvres IV, 401-418.

1781 Théorie des variations séculaires des élémens des Planètes. Première Partie, contenant les principes et les formules générales pour déterminer ces variations, in: MASB (1783), (2), 199-276 = Oeuvres V, 125-207.

1782 Théorie des variations séculaires des élémens des planètes. Seconde Partie, contenant la détermination des ces variations pour chacune des planetes principales, in: MASB (1784), (2), 191-223 = Oeuvres V, 381-414.

1783 Sur les variations séculaires des mouvemens moyens des planètes, in: MASB (1785), 2, 191-223 = Oeuvres V, 347-377.

1788 Méchanique Analitique. Paris [übersetzt als 1797b].

1797a Théorie des fonctions analytiques contenant les principes du calcul différentiel, dégagés de toute considération d'infiniment petits ou d'évanouissans, de limites ou de fluxions, et réduits à l'analyse algebraique des quantités finies. Paris [übersetzt als 1798/1799].

Lagrange, J.L.: [Forts.]

    1797b Analytische Mechanik. Deutsch hg. von F.W.A. Murhard. Göttingen [Übersetzung von 1788].

    1798 Sur le principe des vitesses virtuelles, in: JEP (1)2, Cah. 5, 115-118 = Oeuvres VII, 317-321.

    1798/1799 Theorie der analytischen Functionen. Deutsch von J.P. Grüson. 2 Bde., Berlin [Übersetzung von 1797a].

    1806 Leçons sur le calcul des fonctions. Nouvelle édition, revue et augmentée par l'Auteur. Paris = *Oeuvres* X.

    1808a Mémoire sur la théorie des variations des élémens des planètes, et en particulier des variations des grands axes de leurs orbites, in: MINP (1809), 9 (2), 1-72 = Oeuvres VI, 713-768.

    1808b Mémoire sur la théorie générale de la variation des constantes arbitraires, dans tous les problèmes de la mécanique, in: MINP (1809), 9(2), 257-302 = Oeuvres VI, 771-804.

    1808c Supplément au mémoire sur la théorie générale de la variation des constantes arbitraires, dans tous les problèmes de la mécanique, in: MINP (1809), 9(2), 363-364 = Oeuvres VI, 805.

    1811/1815 Mécanique analytique. Nouvelle édition, revue et augmentée par l'auteur. 2 Bde., Paris [übersetzt als 1887].

    1813 Théorie des fonctions analytiques. Nouvelle édition, revue et augmentée par l'auteur. Paris [übersetzt als 1823].

    1823 Theorie der analytischen Functionen (Mathematische Werke, Bd. 1). Deutsch hg. von A.L. Crelle. Berlin.

    1847 Théorie des fonctions analytiques. Troisième édition, revue et suivie d'une note par M.J.-A. Serret. Paris = Oeuvres IX.

    1853/1855 Mécanique analytique. Revue, corrigée et annotée par J. Bertrand. 3. Aufl.; 2 Bde., Paris = Oeuvres XI und XII.

    1887 Analytische Mechanik. Deutsch hg. von H. Servus. Berlin [Übersetzung von 1811/1815].

Lalande, J.-J.L. de:

    1775 Astronomisches Handbuch oder die Sternkunst in einem kurzen Lehrbegriff. Leipzig.

Lanczos, C.:

    1966 The Variational Priniples of Mechanics. Toronto.

Laplace, P.S. de:

    Oeuvres complètes. Publiées sous les auspices de l'Académie des Sciences. 14 Bde., Paris 1878-1912 (repr. Hildesheim 1966).

    1772a Mémoire sur les Solutions particulières des équations différentielles et sur les inégalités séculaires des planètes, in: MASP (1775), (1), 343-377 und 651-656 = Oeuvres VIII, 325-361 und 361-366.

    1772b Recherches sur le calcul intégral et sur le système de monde, in: HASP (1775), (2), 267-376 und 533-554 = Oeuvres VIII, 369-477 und 478-501.

Laplace, P.S. de: [Forts.]
  1785 Mémoire sur les inégalités séculaires des planètes et des satellites, in:
      HASP 1784-1787 (1787), 1-50 = Oeuvres XI, 49-92.
  1786 Théorie de Jupiter et de Saturn, in: HASP 1785 (1788), 33-160 und 1786
      (1788), 201-234 = Oeuvres XI, 95-207 und 211-239.
  1808 Supplément au Traité de Mécanique céleste, présenté au Bureau des
      Longitudes le 17 Aout 1808, in: Oeuvres III, 325-350.
  1825 Traité de mécanique céleste. 4. Aufl.; 5 Bde., Paris 1799-1825 = Oeuvres
      I-V.
  1835 Exposition du système du monde. 6. Aufl., Paris 1835 = Oeuvres VI.

Lebesgue, Henri:
  1955 L'oeuvre mathematique de Vandermonde, in: Enseignement mathémati-
      ques (2)1, 203-223.

Legendre, A.-M.:
  1786 Sur la manière de distinguer les maxima des minima dans le Calcul des
      Variations, in: HASP (1788), 7-37.
  1805 Nouvelles Methodes pour la Détermination des Orbits des Cometes. Pa-
      ris.

Leibniz, G.W.:
  Mathematische Schriften. Hg. von C.I. Gerhardt. 7 Bde., Berlin/Halle 1849-
      1863.
  Philosophische Schriften. Hg. von C.I. Gerhardt. 7 Bde., Berlin 1875-1890.
  1686 Brevis demonstratio erroris memorabilis Cartesii et aliorum circa legem
      naturalem, secundum quam volunt a Deo eandem semper quantitatem mo-
      tus conservari, in: Acta Eruditorum, 161-163 = Mathematische Schriften
      2(2), 117-119.

Lenz, Max:
  1910-1918 Geschichte der königlichen Friedrich-Wilhelms Universität zu Ber-
      lin. 4 Bde., Halle.

Leroy, C.F.A.:
  1840 Analytische Geometrie im Raum. Deutsch von C.A. Kaufmann. Stutt-
      gart.

Lexell, A.J.:
  1775 Theoremata nonulla generalia de translatione corporum rigidorum, in:
      CASP (1776), 20, 239-270.

Lindt, R.:
  1904 Das Prinzip der virtuellen Verrückungen, in: Abhandlungen zur Ge-
      schichte der Mathematischen Wissenschaften 18, 145-196.

Liouville, J.:
  1851 Memoire sur les figures ellipsoïdales à trois axes inégeaux qui peuvent
      convenir à l'équilibre d'une masse liquide homogene, in: JMPA 16, 241-254.

Lorey, W.:
  1916 Das Studium der Mathematik an den deutschen Universitäten seit An-
       fang des 19. Jahrhunderts. Leipzig/Berlin.
Lützen, J.:
  1995 Interactions between Mechanics and Diffferential Geometry in the 19th
       Century, in: AHES 49, 1-72.
Mach, E.:
  1909 Die Geschichte und die Wurzel des Satzes von der Erhaltung der Arbeit.
       Zweiter, unveränderter Abdruck nach der in Prag 1872 erschienenen ersten
       Auflage. Leipzig.
  1933 Die Mechanik: historisch-kritisch dargestellt. 9. Aufl., Leipzig (repr.
       Darmstadt 1982).
Mädler, J.H. von:
  1846 Die Centralsonne, in: AN 24(Nr. 566), 213-240.
  1847/1848 Untersuchungen über die Fixstern-Systeme. 2 Bde., Mitau/Leipzig.
  1873 Geschichte der Himmelskunde der ältesten bis auf die neueste Zeit. 2
       Bde., Braunschweig.
Maupertuis, P.L.M. de:
  Oeuvres. 4 Bde., Lyon 1768 (repr. Hildesheim/New York 1974).
  1744 Accord de différentes Loix de la Nature qui avoient jusqu' ici paru in-
       compatibles, in: MASP (1748), 417-426 [mit Änderungen auch in Oeuvres
       IV, 3-28].
  1746 Les Lois du Mouvement et du Repos déduites d'un Principe Metaphy-
       sique, in: HASB (1748), 2, 267-294 [mit Änderungen auch in Oeuvres IV,
       31-42].
  Maupertuisiana
  1753 Sammlung aller Streitschriften, die über das vorgebliche Gesetz der Natur
       zwischen Maupertuis und König gewechselt wurden. Leipzig.
Mayer, A.:
  1886 Die beiden allgemeinen Sätze der Variationsrechnung, welche den beiden
       Formen des Princips der kleinsten Action in der Dynamik entsprechen, in:
       BGWL 38, 343-355.
McCormmach, R.: [s. Jungnickel, Ch.]
Mikhaïlov, G.K.:
  1959 Notizen über die unveröffentlichten Manuskripte von Leonhard Euler,
       in: K. Schröder (Hg.): Sammelband der zu Ehren des 250. Geburtstages
       Leonhard Eulers der deutschen Akademie der Wissenschaften zu Berlin
       vorgelegten Abhandlungen. Berlin, 256-279.
Minding, F.:
  1835 Untersuchungen betreffend die Frage nach einem Mittelpuncte nicht pa-
       ralleler Kräfte, in: JRAM 14, 289-315.
Monge, G.:
  1784a Mémoire sur l'expression analytique de la géneration ses Surfaces cour-
        des, in: MASP (1787), 85-117.

Monge, G.: [Forts.]
  1784b Mémoire sur le calcul intégral des équations aux différences partielles, in: MASP (1787), 118-192.
  1809 Essai d'Application de l'Analyse a quelques parties de la Géométrie élémentaire, in: JEP (1)8, Cah. 15, 68-117.

Montucla, J.F.:
  1799-1802 Histoire des mathématiques. Nouvelle édition, considérablement augmentée et prolongée jusque vers l'époque actuelle. 4 Bde., Paris.

Muir, T.:
  1900-1923 The Theory of Determinants in the Historical Order of Development. 4 Bde., London (repr. New York 1960).

Nesselmann, G.H.F.:
  1842 Die Algebra der Griechen. Nach den Quellen bearbeitet. Berlin.

Neuenschwander, E.:
  1981 Lettres de Bernhard Riemann a sa famille, in: R. Taton/P. Dugac (Hgg.): Cahiers du séminaire d'Histoire des Mathématiques. Universite Pierre et Marie Curie, Centre Alexandré Koyré. Paris, 2: 85-131.

Neumann, C.:
  1865 Der gegenwärtige Standpunkt der mathematischen Physik. Akademische Antrittsrede, gehalten in der Aula der Universität Tübingen am 9. November 1865. Tübingen.
  1869 Ueber den Satz der virtuellen Verrückungen, in: BGWL 21, 257-280.
  1870 Ueber die Principien der Galilei-Newtonschen Theorie. Akademische Antrittsvorlesung, gehalten in der Aula der Universität Leipzig am 3. November 1869. Leipzig.
  1887/1888 Grundzüge der analytischen Mechanik, insbesondere der Mechanik starrer Körper, in: BGWL 39, 153-190 und 40, 22-88.
  1908a Einige Äußerungen C.G.J. Jacobis über die Prinzipien der analytischen Mechanik, in: BGWL 60, 80-84.
  1908b Worte zum Gedächtnis an Wilhelm Scheibner. Nekrolog gesprochen in der öffentlichen Gesamtsitzung beider Klassen am 14. November 1908, in: BGWL 60, 377-380.

Neumann, F.E.:
  1883 Einleitung in die theoretische Physik. Hg. von C. Pape. Leipzig.

Newton, I.:
  1687 Philosophia naturalis principia mathematica. London (repr. Brüssel 1966).
  1934 Mathematical Principels of Natural Philosophy and the System of the World. Transl. by A. Motte; revised by F. Cajori. 2 Bde., Berkeley/Los Angeles/London (repr. 1982).

Nieto, M.M.:
  1972 The Titius-Bode Law of Planetary Distances: Its History and Theory. Oxford/New York/Toronto.

Nobis, H.M.:
  1966 Die wissenschaftliche Bedeutung der peripatetischen „Quastiones Mechanicae" als Anlaß für die Frage nach ihrem Verfasser, in: Maia. Rivistadi
     letterature classiche 18, 265-276.
Olbers, W.:
  1797 Abhandlung über die leichteste und bequemste Methode, die Bahn eines
     Cometen zu berechnen. Weimar.
Orieux, J.:
  1985 Das Leben des Voltaire. Aus dem Frz. von J. Kirchner. Frankfurt a.M..
Ostrogradsky, M.V.:
  1831 Note sur la variation des constantes arbitraires dans les problèmes de
     mécanique. St.-Petersburg.
  1833 Mémoiré sur l'intégration des équations à différences partielles relatives
     aux petites vibrations des corps élastiques. St.-Petersbourg.
  1835 Considérations générales sur les moments des forces, in: Mémoires de
     l'Académie des Sciences de St.-Petersbourg, VI sér., sciences math. et phys.
     1835-1838 (1838), 1, 129-150.
  1838 Mémoire sur les déplacements instantanés des systèmes assujettis à
     des conditions variables, in: Mémoires de l'Académie des Sciences de St.-
     Petersbourg, VI sér., sciences math. et phys. 1835-1838 (1838), 1, 565-600.
  1841 Sur le principe des vitesses virtuelles et sur la force d'inertie, in: Bulletin
     Scientifique publié par l'Académie des Sciences de St.-Pétersbourg (1842),
     10, 34-41.
  1848 Sur les intégrales des équationes générales de la dynamique, in: Bulletin
     Scientifique publié par l'Académie des Sciences de St.-Pétersbourg (1850),
     8, 33-43.
Peters, C.A.:
  1848 Recherches sur la parallaxe des étoiles fixes. St.-Petersbourg.
Pfaff, J.F.:
  1797 Disquisitiones analyticae maxime ad calculum integral, et doctrinam
     serierum pert. Helmstedt.
  1815 Methodus generalis, aequationes differentiarum partialium, necnon aequationes differentiales vulgares, utrasque primi ordinis, inter quotcunque variabiles complete integrandi, in: Abhandlungen der mathematischen
     Klasse der Königlich-Preussischen Akademie der Wissenschaften 1814/1815
     (1818), 76-136.
Piazzi, G.:
  1803 Praecipuarum stellarum innerantium positiones mediae ineunte seculo
     XIX. Panormi.
Pieper, H.:
  1982 Jacobi in Berlin, in: Institut für Theorie, Geschichte und Organisation der Wissenschaften der Akademie der Wissenschaften der DDR (Hg.):
     Die Entwicklung Berlins zum Wissenschaftszentrum (1870-1930), Teil IV.
     Berliner Wisssenschaftshistorische Kolloquien VII, Heft 30, 1-35.

Pieper, H.: [Forts.]
  1984 Jacobis Bemühungen um die Herausgabe Eulerscher Schriften und Briefe,
     in: Wissenschaftliche Zeitschrift PH Erfurt; Mathematisch-Naturwissen-
     schaftliche Reihe 20, 78-98.
  1995 [s. Knobloch, E.]

Pieper, H. (Hg.):
  1987 Briefwechsel zwischen Alexander von Humboldt und C.G. J. Jacobi.
     Berlin.

Popper, K.R.:
  1982 Logik der Forschung. 7. Aufl., Tübingen.

Poincaré, H.:
  1897 Les Idées de Hertz sur la Mécanique, in: Revue générale des Sciences 8,
     734-743.
  1905 La Valeur de la Science. Paris.
  1914 Wissenschaft und Hypothese. Autorisierte deutsche Ausgabe mit erläu-
     ternden Anmerkungen von F. und L. Lindemann. 3. Aufl., Leipzig.

Poinsot, L.:
  1803 Eléments de statique. Paris.
  1806a Sur la composition des momens et la composition des aires, in JEP (1)6,
     Cah. 13, 182-205.
  1806b Théorie générale de l'équilibre et du mouvement des Systèmes, in: JEP
     (1)6, Cah. 13, 206-241.
  1830 Eléments de statique. 5. Aufl., Paris.
  1834 Eléments de statique. 6. Aufl., Paris.
  1837 Eléments de statique. 7. Aufl., Paris.
  1838 Note sur une certaine démonstration du principe des vitesses virtuelles,
     qu' on trouve au chapitre III de livre 1er de la „Mécanique céleste", in:
     JMPA 3, 244-248.
  1842 Eléments de statique. 8. Aufl., Paris.
  1846 Remarque sur un point fondamental de la Mécanique analytique de La-
     grange, in: JMPA 11, 241-253.
  1975 La Théorie générale de l'équilibre et du mouvement des systèmes. Édition
     critique et commentaire par P. Bailhache. Paris.

Poisson, S.D.:
  1808 Sur les inégalités séculaires des moyens mouvemens des planètes (lu à
     l'Institut le 20. Juin 1808), in: JEP (1809), (1)8, Cah. 15, 1-56.
  1809 Mémoire sur la variation des constantes arbitraires dans les questions de
     mécanique (lu à l'Institut le 16 Octobre 1809), in: JEP (1809), (1)8, Cah.
     15, 266-344.
  1811 Traité de mécanique. 2 Bde., Paris [übersetzt als 1825].
  1825 Lehrbuch der Mechanik. Aus dem Frz. von J.L.E. Schmidt. 2 Bde., Stutt-
     gart.
  1830 Rapport sur l'ouvrage de M. Jacobi, in: BUSL 13, 249-266.
  1831 Rapport sur l'ouvrage de M. Jacobi, in: MINP 10, 73-118.

Poisson, S.D.: [Forts.]
  1833 Traité de mécanique. 2. Aufl.; 2 Bde., Paris [übersetzt als 1835/1836,
      1885 und 1890].
  1835/1836 Lehrbuch der Mechanik. Nach der zweiten, sehr vermehrten Aus-
      gabe von M.A. Stern. Berlin.
  1837a Remarques sur l'integration des équations différentielles de la dynami-
      que, in: CRAS 4, 631-632 [„Extrait" von 1837b].
  1837b Remarques sur l'integration des équations différentielles de la dynami-
      que, in: JMPA 2, 317-336.
  1890 Lehrbuch der Mechanik. Deutsch hg. von F.A. Pfannstiel. 2 Bde., Dort-
      mund [Übersetzung von 1833].

Poselger, F.T.:
  1829 Über Aristoteles Mechanische Probleme (gelesen in der Akademie der
      Wissenschaften am 9. April 1829), in: Abhandlungen der mathematischen
      Klasse der Königlichen Akademie der Wissenschaften zu Berlin (1832),
      57-92 [abgedruckt auch als: Aristoteles 1881].

Prange, G.:
  1935 Die allgemeinen Integrationsmethoden der analytischen Mechanik, in:
      Encyklopädie der mathematischen Wissenschaften mit Einschluß ihrer An-
      wendungen, Bd. 4(2). Leipzig, 506-804.

Pulte, H.:
  1989 Das Prinzip der kleinsten Wirkung und die Kraftkonzeptionen der ratio-
      nalen Mechanik. Eine Untersuchung zur Grundlegungsproblematik bei L.
      Euler, P. L. M. de Maupertuis und J. L. Lagrange. Stuttgart.
  1993a Die Newton-Rezeption in der rationalen Mechanik des 18. Jahrhunderts.
      Wissenschaftstheoretische, -historische und -historiographische Reflexio-
      nen zu einem kontroversen Thema, in: Hochschule für Technik, Wirtschaft
      und Verkehr (Hg.): Beiträge zur Geschichte von Technik und technischer
      Bildung, Heft 7. Leipzig, 33-59.
  1993b Zum Niedergang des Euklidianismus in der Mechanik des 19. Jahrhun-
      derts, in: Allg. Ges. für Philosophie/TU Berlin (Hgg.): XVI. Deutscher
      Kongreß für Philosophie 1993. Sektionsbeiträge, Bd. II. Berlin, 833-840.
  1994 C.G.J. Jacobis Vermächtnis einer „konventionalen" analytischen Me-
      chanik: Vorgeschichte, Nachschriften und Inhalt seiner letzten Mechanik-
      Vorlesung, in: Annals of Science, 51, 497-519.
  1995 [s. Knobloch, E.]
  1996 Jacobis Kritik an Lagrange: Ein unbeachteter Beitrag zur Grundlegung
      der analytischen Mechanik [im Erscheinen].

Reich, K.:
  1973 Die Geschichte der Differentialgeometrie von Gauß bis Riemann (1828-
      1868), in: AHES 11, 273-382.

Riemann, B.:

 Gesammelte mathematische Werke, wissenschaftlicher Nachlass und Nachträge. Nach der Ausgabe von H. Weber und R. Dedekind neu hg. von R. Narasimhan. Berlin/Heidelberg/New York und Leipzig 1990.

 1880 Schwere, Elektricität und Magnetismus. Bearbeitet von K. Hattendorff. 2. Aufl., Hannover.

 1882 Partielle Differentialgleichungen und ihre Anwendungen auf physikalische Fragen. Hg. von K. Hattendorff. 3. Aufl., Braunschweig.

Rosenberger, F.:

 1882-1890 Die Geschichte der Physik. 3 Bde., Braunschweig (repr. Hildesheim 1965).

Rühlmann, M.:

 1885 Vorträge über die Geschichte der technischen Mechanik und der damit in Zusammenhang stehenden mathematischen Wissenschaften. 2 Bde., Leipzig (repr. Hildesheim/New York 1979).

Rund, H.:

 1966 The Hamilton-Jacobi-Theory in the Calculus of Variations. London/Toronto/New York.

Sabra, A.I.:

 1981 Theories of Light from Descartes to Newton. 2. Aufl., Cambridge/London/New York.

Scharlau, W.:

 1981 The Origins of Pure Mathematics, in: H.N. Jahnke/M. Otte (Hgg.): Epistemological and Social Problems of the Sciences in the Early Nineteenth Century. Dordrecht/Boston/London, 331-347.

Schaubach, J.K.:

 1802 Geschichte der griechischen Astronomie bis auf Eratosthenes. Göttingen.

 1828 Ueber die Begriffe der Alten von der Bewegung der Erde nach Ptolemaeus etc.. Meiningen.

Scheibner, W.:

 1882 Einige Arbeiten C.G.J. Jacobis auf dem Gebiete der Störungstheorie, in: AN 102(Nr. 2444), 304-319.

 1893 Über eine Methode von C.G.J. Jacobi zur Bestimmung des Restes unendlicher Reihen, in: BGWL 45, 432-443.

Schell, W.J.F.:

 1868/1870 Theorie der Bewegung und der Kräfte. Ein Lehrbuch der theoretischen Mechanik mit besonderer Rücksicht auf die Bedürfnisse technischer Hochschulen. 2 Bde., Leipzig.

Schneider, I.:

 1981 Die Arbeiten von Gauß im Rahmen der Wahrscheinlichkeitsrechnung: Methode der kleinsten Quadrate und Versicherungswesen, in: Ders. (Hg.), Carl Friederich Gauß (1775-1855). Sammelband von Beiträgen zum 200. Geburtstag. München, 143-172.

Schofield, M.:
    1980 An Essay on Anaxagoras. Cambridge.
Scriba, C.J.:
    1973 Art. Jacobi, C.G.J., in: DSB VII, 50-56.
Simon, H.:
    1896 Vandermondes Vornamen, in: Zeitschrift für Mathematik und Physik 41,
        83-85.
Simonov, N.I.:
    1968 Sur les recherches d'Euler dans le domaine des équations différentielles,
        in: RHSA 21, 131-156.
Stäckel, P.:
    1893 Bemerkungen zur Geschichte der geodätischen Linien, in: BGWL 45,
        447-467.
Stepanow, W.W.:
    1982 Lehrbuch der Differentialgleichungen. 5. Aufl., Berlin.
Strauch, G.W.:
    1849 Theorie und Anwendung des sogenannten Variationscalculs. Zürich.
Streintz, H.:
    1883 Die physikalischen Grundlagen der Mechanik. Leipzig.
Struve, F.G.W.:
    1837 Mensurae micrometricae. St.-Petersburg.
    1847 Études d'Astronomie stellaire. St.-Petersburg.
Szabò, I.:
    1979 Geschichte der mechanischen Prinzipien. Basel/Boston/Stuttgart.
Taton, R.:
    1951 L'oeuvre scientifique de Monge. Paris.
    1969 Madame de Châtelet, traductrice de Newton, in: AIHS 22, 185-210.
    1974 Inventaire chronologique de l'oeuvre de Lagrange, in: RHSA 27, 3-36.
Thiele, R.:
    1982 Leonhard Euler. Leipzig.
    1993 A French Officer in Prussian Magdeburg, in: The Mathematical Intelli-
        gencer 15(1), 53-57.
Todhunter, I.:
    1861 A History of the Progress of the Calculus of Variations during the Nine-
        teenth Century. Cambridge.
Tonelli, G.:
    1987 La Pensée philosophique de Maupertuis. Son Milieu et ses Sources.
        Édition posthume par C. Cesa. Hildesheim/Zürich.
Truesdell, C.A.:
    1960 The Rational Mechanics of Flexible or Elastic Bodies, 1638-1788. Intro-
        duction to Leonhardi Euleri Opera omnia, Vol. X et XI serieri secundae =
        Euler Opera omnia (2), 11(2). Zürich.

Truesdell, C.A.: [Forts.]
1968 Essays in the History of Mechanics. Berlin/Heidelberg/New York.
Vandermonde, A.-T.:
1771a Mémoire sur la résolution des équations, in: MASP (1774), 365-416.
1771b Remarques sur les problèmes de situation, in: MASP (1774), 566-574.
1772a Mémoire sur des irrationelles de différens ordres avec une application du cercle, in: MASP (1775), (1), 489-498.
1772b Mémoire sur élimination, in: MASP (1776), (2), 516-552.
1888 Abhandlungen aus der reinen Mathematik. In deutscher Sprache hg. von C. Itzigsohn. Berlin.
Varignon, P.:
1687 Projet d'une nouvelle mécanique. Paris.
1725 Nouvelle mécanique ou statique. 2 Bde., Paris.
Volk, O.:
1983 Eulers Beiträge zur Theorie der Bewegungen der Himmelskörper, in: Leonhard Euler, 1707-1783. Beiträge zu Leben und Werk. Gedenkband des Kantons Basel-Stadt. Basel/Boston/Stuttgart, 345-361.
Voss, A.:
1901 Die Prinzipien der rationellen Mechanik, in: Encyklopädie der Mathematischen Wissenschaften mit Einschluß ihrer Anwendungen, Bd. 4(1). Leipzig, 1-121.
Wangerin, A.:
1907 Franz Neumann und sein Wirken als Forscher und Lehrer. Braunschweig.
Westfall, R.S.:
1971 Force in Newton's Physics. The Science of Dynamics in the Seventeenth Century. London/New York.
Whittaker, E.T.:
1927 A treatise on the analytical dynamics of particles and rigid bodies with an introduction to the problem of three bodies. Cambridge.
Wieland, W.:
1962 Die aristotelische Physik. Untersuchungen über die Grundlegung der Naturwissenschaft und die sprachlichen Bedingungen der Prinzipienforschung bei Aristoteles. Göttingen.
Wilson, C.A.:
1980 Perturbation and Solar tables from Lacaille to Delambre, in: AHES 22, 53-304.
1985 The great inequality of Jupiter and Saturn: from Kepler to Laplace, in: AHES 33, 15-290.
Wolf, R.:
1841 Die Lehre von den geradlinigen Gebilden in der Ebene. Bern.
1877 Geschichte der Astronomie. München.
1890/1892 Handbuch der Astronomie, ihrer Geschichte und Literatur. 4 Teile in 2 Bdn., Zürich (repr. Hildesheim/New York 1973).

Wolff, Ch.:
   1710 Anfangsgründe der mathematischen Wissenschaften. 4 Bde., Halle.
   1713-1741 Elementa Matheseos Universae. 5 Bde., Genf.
   1716 Mathematisches Lexikon, Leipzig (Gesammelte Werke, I. Abt., Bd.11.
        Hg. und bearbeitet von J.E. Hofmann. Hildesheim/New York 1978).
Wolff, L.:
   1845 Lehrbuch der Geometrie. Berlin.
Wolff, M.:
   1978 Geschichte der Impetustheorie. Untersuchungen zum Ursprung der klas-
        sischen Mechanik. Frankfurt a.M..
Youschkevitch, A.:
   1967 Michael Ostrogradski et les progrès de la science au XIX siècle. Paris.
Zech, J.A.C.:
   1845 Die vom neunfachen der mittleren Anomalie des Saturn abhängigen
        Störungen des Encke'schen Kometen. Tübingen.

Personeregister

X   X., Y. (?-?) 177

Z
Zech, Julius August Christoph (1821-
        1864) 271

Sachregister

Das Fotoalbum für Weierstraß

von Reinhard Bölling

1994. XII, 116 Seiten mit zweisprachigem Textteil. Gebunden. ISBN 3-528-06602-4

Aus dem Inhalt: Zur Biographie von Karl Weierstraß – Entstehungsgeschichte des Fotoalbums – Die Geburtstagsfeier – Dokumente (11 Briefe) – Die Porträts – Biographische Angaben zu den abgebildeten Personen – Alphabetisches Personenverzeichnis

Karl Weierstraß (1815–1897) gehört zu den führenden Mathematikerpersönlichkeiten des vorigen Jahrhunderts, der entscheidend das heutige Erscheinungsbild der Analysis geprägt hat. Das Kernstück des Buches bildet die Reproduktion eines Fotoalbums, das Weierstraß 1885 zu seinem 70. Geburtstag als Geschenk überreicht wurde. Das Album, das über 70 Jahre unbemerkt in einem Berliner Museum geschlummert hatte, enthält die Porträts von mehr als 300 Schülern, Freunden und Kollegen aus ganz Europa – ein außerordentliches Dokument der Verehrung und Anerkennung, die dem Jubilar entgegengebracht wurde. Im Textteil des Buches gibt Reinhard Bölling interessante historische Erläuterungen, die sowohl biographische Angaben über Weierstraß und die an der Vorbereitung der Jubiläumsfeier beteiligten Personen als auch die Entstehungsgeschichte des Albums betreffen.

Über den Autor: Dr. Reinhard Bölling ist Mathematiker und Mathematikhistoriker und lehrt an der Universität Potsdam.

Verlag Vieweg · Postfach 1546 · 65005 Wiesbaden

MIX
Papier aus verantwortungsvollen Quellen
Paper from responsible sources
FSC® C105338

If you have any concerns about our products,
you can contact us on
ProductSafety@springernature.com

In case Publisher is established outside the EU,
the EU authorized representative is:
Springer Nature Customer Service Center GmbH
Europaplatz 3, 69115 Heidelberg, Germany

Printed by Libri Plureos GmbH
in Hamburg, Germany